··· 数据科学与商务智能系列

DATA VISUALIZATION

Exploring and Explaining with Data

数据可视化

数据探索和解释

[美] 杰弗里·D. 坎姆（Jeffrey D. Camm）
詹姆斯·J. 科克伦（James J. Cochran）
迈克尔·J. 弗里（Michael J. Fry）
杰弗里·W. 欧曼（Jeffrey W. Ohlmann） 著

肖勇波 上官莉莉 译

本书旨在向读者介绍数据可视化方面的重要理论和最新实践。本书包含入门知识讲解、图表类型的选择、颜色的有效使用、如何可视化地探索数据、如何构建数据仪表盘、如何以令人信服的方式用数据直观地解释概念和结果等内容。本书主线清晰、资料丰富、简明易懂，通过大量生动有趣的例子对数据可视化的方法做了清晰的阐述。

本书可作为大数据管理与应用、商业数据分析、信息管理与信息系统、统计学等专业本科生和研究生的教材，也可作为相关工作者的参考读物。

图书在版编目（CIP）数据

数据可视化：数据探索和解释 /（美）杰弗里 · D. 坎姆（Jeffrey D. Camm）等著；肖勇波，上官莉莉译 . —北京：机械工业出版社，2024.3

（数据科学与商务智能系列）

书名原文：Data Visualization: Exploring and Explaining with Data

ISBN 978-7-111-75089-5

Ⅰ. ①数…　Ⅱ. ①杰… ②肖… ③上…　Ⅲ. ①可视化软件 – 数据处理　Ⅳ. ① TP317.3

中国国家版本馆 CIP 数据核字（2024）第 053379 号

机械工业出版社（北京市百万庄大街 22 号　邮政编码 100037）

策划编辑：张有利　　　　责任编辑：张有利

责任校对：孙明慧　李　婷　　责任印制：张　博

北京利丰雅高长城印刷有限公司印刷

2024 年 6 月第 1 版第 1 次印刷

185mm × 260mm · 24.5 印张 · 563 千字

标准书号：ISBN 978-7-111-75089-5

定价：119.00 元

电话服务	网络服务
客服电话：010-88361066	机　工　官　网：www.cmpbook.com
010-88379833	机　工　官　博：weibo.com/cmp1952
010-68326294	金　　书　　网：www.golden-book.com
封底无防伪标均为盗版	机工教育服务网：www.cmpedu.com

P R E F A C E

前言

本书旨在向读者介绍数据可视化方面的重要理论和最新实践。这是首批主要为大学课程设计的数据可视化书籍之一。书中包含入门知识讲解、图表类型的选择、颜色的有效使用、如何可视化地探索数据、如何构建数据仪表盘、如何以令人信服的方式用数据直观地解释概念和结果等内容。当今社会，数据驱动着经济的发展，这些概念对分析师、自然科学家、社会科学家、工程师、医疗专业人士、商业专业人士以及几乎所有需要与数据交互的人来说都变得越来越重要。掌握本书所讲授的技能，对所有想更好地运用数据和更准确地解读数据的人都会很有帮助。

本书为本科生或研究生设计了一个学期的课程。本书中使用的例子来自商业实践中的各个领域，包括会计、金融、运营和人力资源管理，以及体育、政治、科学、医学和经济学领域。商学院的本科生和研究生以及其他专业领域的学生都能学习。

本书简明易懂，读者不需要拥有数学或统计学的高深知识即可学习。前 5 章涵盖了构建好图表的重要基础性问题。第 1 章介绍了数据可视化以及它如何融入更广泛的分析领域，简要介绍了数据可视化的历史，讨论了不同类型的数据和各种图表的实例。第 2 章根据可视化的目标和需要可视化的数据类型，为选择合适的图表类型提供了指导。第 3 章介绍了图表设计中的最佳实践，包括对预注意属性、格式塔原则和数据 – 墨水比的讨论。第 4 章讨论了颜色的属性、如何有效地使用颜色，以及在数据可视化中使用颜色的一些常见错误。第 5 章涵盖了可视化和描述观测值中发生的变异性这一重要主题，介绍了分类变量和定量变量频率分布的可视化、位置度量和差异度量，以及置信区间和预测区间。

第 6 章和第 7 章结合实例详细阐述了如何利用数据可视化进行探索和解释。第 6 章讨论了可视化在探索性数据分析中的运用，考虑了个体变量的探索以及不同变量之间的关系，讨论了便于探索的数据组织方式以及缺失数据的影响，同时专门讲解了时间序列数据和地理空间数据可视化。第 7 章阐述了如何用数据可视化来进行解释和形成影响力，包括了解受众需求和自己掌握的信息，以及使用预注意属性来更好地传达信息。第 8 章讨论了如何设计和构建用于决策的数据仪表盘与数据可视化集合。第 9 章介绍了如何负责任地使用数据可视化，以避免给受众造成混淆或误导受众。同时，第 9 章还阐述了理解数据的重要性，以便准确地传达数据蕴含的信息，并讨论了数据可视化中的不同设计如何影响传达给受众的信息。

作为教材，本书不仅适合以前学习过统计学基础课程的学生，也适合以前没有学习过统计学课程的学生。最具技术含量的两个章节，即第 5 章（变量的可视化）和第 6 章（可视化地探索数据），在进行介绍时并不要求学生具备统计学知识，因此对所有的技术概念都进行了详细的介绍。对于曾经学习过统计学课程的学生，这些章节在可视化的处理过程中对统计学内容做了很好的回顾。本书涵盖了数据可视化的完整课程，因此也可以作为统计或分析基础课程用书。结合各章节重点介绍的内容，课程学习建议如表 0-1 所示。

表 0-1　课程学习建议

章节	第 1 章	第 2 章	第 3 章	第 4 章	第 5 章	第 6 章	第 7 章	第 8 章	第 9 章
核心内容	介绍	图表类型	设计	颜色	变异性	探索	解释	数据仪表盘	原理
完整的数据可视化课程	●	●	●	●	●	●	●	●	●
注重展示的数据可视化课程	●	●	●	●			●		●
统计学基础课程部分		●	●	●	●	●			●
分析学课程部分		●	●	●	●	●			●

特点与教学法

本书的风格和格式与我们编写的其他教材相似。以下列出了本书设置的特色栏目，以及使用的应用软件的具体特点。

- 学习目标。每章章首都列出了该章的学习目标，详细列出了学生完成本章的学习后应该能够做什么和理解什么。
- 数据可视化改造案例。除第 1 章外，每章都包含一个数据可视化改造案例，是可视化问题的真实再现，读者可以使用本章中讨论的原则对图像进行改进。这些案例来自许多不同领域的组织，包括政府机构、零售行业、体育行业、科学界、政治界和娱乐行业等。

- 注释和评论。在许多章节的结尾处，我们提供了注释和评论，以使学生对该部分有更多的了解。
- 练习题。每章章末都设置了大量练习题，以帮助学生更好地掌握该章讲述的内容。练习题分为概念题和应用题。概念题测试学生对章节中介绍的概念的理解程度，应用题则需要学生动手操作，构建或编辑图表。
- 数据文件（DATAfiles）和图表文件（CHARTfiles）。用作示例的数据集和章末练习题中的数据集是命名为 DATAfiles 的 Excel 文件，包含完整图表的 Excel 文件命名为 CHARTfiles，均可供读者下载。
- 应用软件。由于 Microsoft Excel 使用广泛、应用便捷，我们选择它作为软件来进行细致的操作演示。Excel 的应用贯穿全书，每当我们介绍一种新型的图表时，都会对如何在 Excel 中创建图表提供详细的分步说明。MindTap 中还提供了使用 Tableau 和 Power BI 创建教科书中的许多图表的分步说明。

MindTap

MindTap 是一个可定制的数字化课程解决方案，包括交互式电子书、自动评分练习和来自教科书的问题与解决方案反馈、带测验的交互式可视化小程序、章节概述和问题演练视频等。MindTap 还包括运用 Tableau 和 Power BI 创建教科书中的图表的分步说明。读者可以通过 Cengage 账户获取更多关于 MindTap 的信息。

教师和学生资源

教师和学生资源可通过在线方式获得。教师资源包括教师手册、教育者指南、PowerPoint® 幻灯片、解决方案和答案指南以及 Cognero® 提供的测试库。学生资源包括书中所用实验数据的数据集。请登录 www.cengage.com 获取在线资源。

致谢

我们要感谢以下审稿人的工作，他们为本书编写提供了有益的改进建议。谢谢：

Xiaohui Chang 俄勒冈州立大学（Oregon State University）

Wei Chen 宾夕法尼亚州约克学院（York College of Pennsylvania）

Anjee Gorkhali 苏斯克汉纳大学（Susquehanna University）

Rita Kumar 加利福尼亚州州立理工大学波莫纳分校（Cal Poly Pomona）

Barin Nag 美国陶森大学（Towson University）

Andy Olstad 俄勒冈州立大学（Oregon State University）

Vivek Patil 贡萨加大学（Gonzaga University）

Nolan Taylor 印第安纳大学（Indiana University）

我们还要感谢在 Cengage 工作的整个团队在编写本书过程中提供的建议和支持：高级产品经理 Aaron Arnsparger，高级内容经理 Conor Allen，高级学习设计师 Brandon Foltz，数字化交付引领 Mark Hopkinson，副主事专家 Nancy Marchant，内容项目经理 Jessica Galloway，内容质量保证工程师 Douglas Marks，MPS 公司的高级项目经理 Anubhav Kaushal。

Anthony Bacon、Philip Bozarth、Sam Gallagher、Anna Geyer、Matthew Holmes 和 Christopher Kurt 等技术内容开发人员对本书的 MindTap 内容进行了开发，我们也对他们表示感谢。

杰弗里 · D. 坎姆

詹姆斯 · J. 科克伦

迈克尔 · J. 弗里

杰弗里 · W. 欧曼

C O N T E N T S

目 录

CHAPTER 1

第1章 入门

■ **学习目标**

学习目标1 定义分析，描述不同的分析类型
学习目标2 描述不同类型的数据并给出每个类型的示例
学习目标3 描述数据可视化在实践中的各种应用
学习目标4 识别本章讲解的各种图表

假设你想搭车去听一场音乐会，所以你选择了使用手机上的优步（Uber）应用程序。输入音乐会的地址后，手机自动识别出你的位置，应用程序上显示出多种方案及对应的价格。你在选择了一个方案并与司机确认了信息后，收到了司机的姓名、车牌号、汽车品牌和型号等信息，以及司机和汽车的照片。应用程序中实时更新的地图显示出司机的位置和到达前剩余时间。

我们在生活中不停地使用数据来做出决策。数据展示的方式直接影响了我们利用数据需要花费的精力。在优步的例子中，我们输入数据（目的地）并获得了能让我们做出明智决定的数据（价格）。我们在看到决策结果的同时，也能收到司机姓名、汽车品牌和型号及车牌号等信息，这让我们感到更安全。在地图上看到汽车行驶的进度，给我们指明了驾驶人的路线。在应用程序中看到司机的行进过程可以消除一定的不确定性，并在一定程度上让我们的注意力从等待时间上转移。总而言之，展示哪些数据以及如何展示这些数据会影响我们了解情况和做出更明智决策的能力。

天气图、飞机座位图、汽车仪表盘、道琼斯工业平均指数（Dow Jones Industrial Average，DJIA）表现图表、健身追踪器——所有这些都涉及数据的可视化展示。**数据可视化**（Data visualization）是指利用图表、图形、地图等展示手段对数据及信息进行图形化表示。我们用视觉处理信息的能力很强。例如，在图表、图形或地图中展示的数值型数据能让我们更

容易地看到数据集中变量之间的关系。当数据以可视化的方式展示时，我们更容易理解数据的趋势、模式和分布。

本书的主题是如何有效地展示数据，以发现和描述数据中包含的信息。我们在数据的可视化展示设计、颜色的有效使用以及图表类型选择方面提供了最佳实践。本书的目标是指导读者有效地创建数据可视化。本书借助案例（尽可能使用真实数据），介绍了可视化的原则和洞悉数据的指南，并向读者传达了相关重点内容。

随着分析在商业、工业、科研、工程项目和政府机构中的应用越来越多，数据可视化的重要性日益凸显。我们首先从分析及数据可视化在这个快速发展领域中的作用开始讨论。

1.1 分析概述

分析（Analytics）是将数据转化为洞察力以做出更好决策的科学过程。[㊀]有三项发展极大地推动了分析在提升生活中所有方面的决策水平上的广泛应用：

- 技术进步产生了让人难以置信的数据量，例如销售点扫描仪技术、电子商务及社交网络、各种机械设备上的传感器（如飞机引擎、汽车、温度计和由物联网所支持的农业机械）、手机等个人电子设备产生了大量数据。企业自然希望利用这些数据来提高其运营效率和盈利能力，更好地了解顾客，并更有效、更有竞争性地给产品定价。科学家和工程师利用这些数据发明新产品，改进现有产品，并对自然与人类行为做出新的、基础性的研究发现。
- 持续的研究推动了方法论的发展，包括有效处理和探索海量数据的计算方法的进步，以及用于数据可视化、机器学习、最优化和模拟的速度更快的算法。
- 更好的计算硬件、并行计算和云计算（用互联网远程使用硬件和软件）使计算能力和存储能力得到了爆炸式增长，使我们能较以往更快、更准确地做出更重大的决策。

总之，大量数据的可用性、分析方法的改进以及计算能力和存储量的大幅提升，使分析学、数据科学和人工智能得到了爆炸性发展。

分析可以涉及像制作报告这样简单的技术，也可以涉及像大规模最优化和模拟那样复杂的技术。分析方法通常分为三大类：描述性分析、预测性分析和规范性分析。

描述性分析（Descriptive analytics）是描述所发生事情的分析工具的集合。它包括数据查询（从数据库中查找具有特定特征的信息）、报告、描述性或汇总统计和数据可视化等技术。描述性数据挖掘技术，如聚类分析（对具有相似特征的数据点进行分组）也属于这一类。一般来说，这些技术是对现有的数据或者从预测性或规范性分析中输出的数据进行汇总和描述。

预测性分析（Predictive analytics）是使用由历史数据构建的数学模型来预测未来事件或更好地理解变量之间关系的技术。这类技术包括回归分析、时间序列预测、计算机模拟

㊀ 本书中我们采用运筹学与管理科学研究所（Institute for Operations Research and the Management Sciences，INFORMS）制定的关于分析的定义。

和预测数据挖掘。例如，过去的天气数据被用于构建预测未来天气的数学模型。类似地，过去的销售数据可以用来预测季节性产品（如吹雪机、冬衣和泳衣）的未来销量。

规范性分析（Prescriptive analytics）是提出决策或行动方案的数学或逻辑模型。它包括数学最优化模型、决策分析和启发式或基于规则的系统。例如，供应网络最优化模型列出了一个公司的每个工厂应生产的各种产品的数量、应向每个配送中心运送多少，以及每个顾客应由哪个配送中心提供服务以最小化成本且满足服务约束等方案。

数据可视化对于这三种类型的分析至关重要。我们将在下一节中通过示例进行更详细的讨论。

1.2 为什么将数据可视化

我们创建数据可视化有两个原因：探索数据和交流 / 解释信息。让我们更详细地讨论数据可视化的这些用途，检验这两种用途的区别，并思考它们如何与前文描述的分析类型相关联。

1.2.1 用于探索的数据可视化

数据可视化是一个用于探索数据的强有力工具，能让分析者更容易地识别数据中的模式，发现异常或不规则之处，更好地理解变量间的关系。当数据以可视化形式展示而不是简单罗列时，我们发现数据的类型特征的能力会更强，速度也会更快。

下面我们来看一个探索数据可视化的例子。表 1-1 和图 1-1 所示的是动物园参观人数数据。（动物园每月参观人数数据可以在文件 *Zoo* 中找到。）对比表 1-1 和图 1-1，我们可以发现柱形图比数据表更容易展示出数据的模式。**柱形图**（Column chart）用柱高来表示各种类型或不同时间段的数值型数据。在图 1-1 中，时间段为一年中的不同月份。

表 1-1 动物园每月参观人数

1 月	2 月	3 月	4 月	5 月	6 月	7 月	8 月	9 月	10 月	11 月	12 月
5 422	4 878	6 586	6 943	7 876	17 843	21 967	14 542	8 751	6 454	5 677	11 422

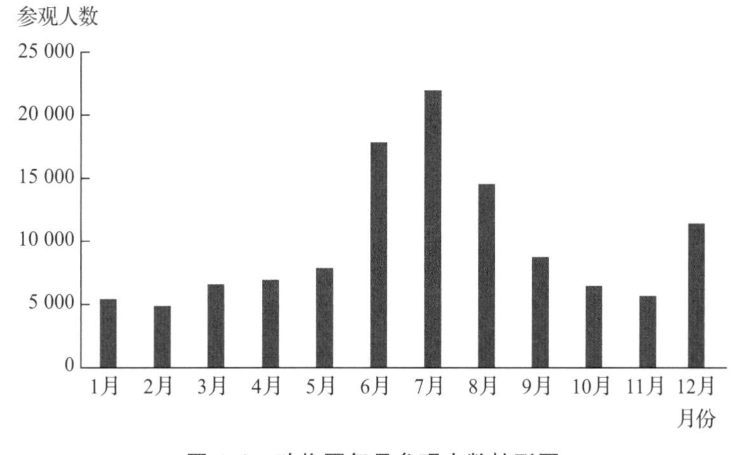

图 1-1 动物园每月参观人数柱形图

直觉和经验告诉我们：在夏季，随着许多学龄儿童放暑假离开学校，可以预计动物园的参观人数应达到最大值。图 1-1 证实了这点，因为动物园的参观人数在 6 月、7 月和 8 月这些夏季月份最高。此外，我们可以看到：随着平均气温逐渐升高，参观人数从 2 月到 5 月逐渐增加；随着平均气温逐渐降低，参观人数从 9 月到 11 月逐渐减少。但为什么动物园在 12 月和 1 月的参观人数不遵循这一模式呢？事实证明，该动物园从 11 月底到 1 月初会举办一个叫“灯光节”的活动，而孩子们在 12 月下半月到 1 月初的假期期间会离开学校。因此尽管冬天气温更低，动物园夜间的参观人数仍然会增加。

数据可视化探索是描述性分析的一个重要组成部分。数据可视化还可以直接用于监控关键绩效指标，即衡量一个组织相对于其目标的表现。**数据仪表盘**（Data dashboard）是一种数据可视化工具，可提供多种输出结果并可实时更新。正如汽车仪表盘能在驾驶时测量速度、发动机温度和其他重要的性能数据一样，企业数据仪表盘可以测量绩效指标（如与公司设定的目标相比的销量、库存水平和服务水平等）。数据仪表盘在绩效偏离目标时会警示管理层，以便采取纠正性措施。

可视化数据探索对于确保模型假设适用于预测性分析和规范性分析也至关重要。在使用数据建模之前理解数据可以提高分析的可信度，对于确定和解释哪种类型的模型合适也很重要。

我们用统计学家弗朗西斯·安斯科姆（Francis Anscombe）提供的两个数据集作为在建模前展示可视化探索数据的重要性的例子。[㊀]表 1-2 展示了这两个数据集，每个数据集包含 11 对 X−Y 数据。在表 1-2 中，两个数据集中 X 和 Y 的均值以及标准差都相同。因此，只基于这些常用的汇总统计指标，这两个数据集是无法区分的。

表 1-2 安斯科姆给出的两个数据集

	数据集 1		数据集 2	
	X	*Y*	*X*	*Y*
	10	8.04	10	9.14
	8	6.95	8	8.14
	13	7.58	13	8.74
	9	8.81	9	8.77
	11	8.33	11	9.26
	14	9.96	14	8.1
	6	7.24	6	6.13
	4	4.26	4	3.10
	12	10.84	12	9.13
	7	4.82	7	7.26
	5	5.68	5	4.74
均值	9	7.501	9	7.501
标准差	3.317	2.032	3.317	2.032

㊀ Anscombe, F. J., “The Validity of Comparative Experiments,” Journal of the Royal Statistical Society, Vol. 11, No. 3, 1948, pp. 181-211.

图 1-2 以散点图的可视化形式展示了这两个数据集。散点图（Scatter chart）是两个定量变量之间关系的图形化展示。一个变量用横轴表示，另一个变量用纵轴表示。散点图用于更好地理解所考虑的两个变量间的关系。尽管两个不同的数据集中 *X* 和 *Y* 具有相同的均值与标准差，但 *X* 和 *Y* 之间的关系是不同的。

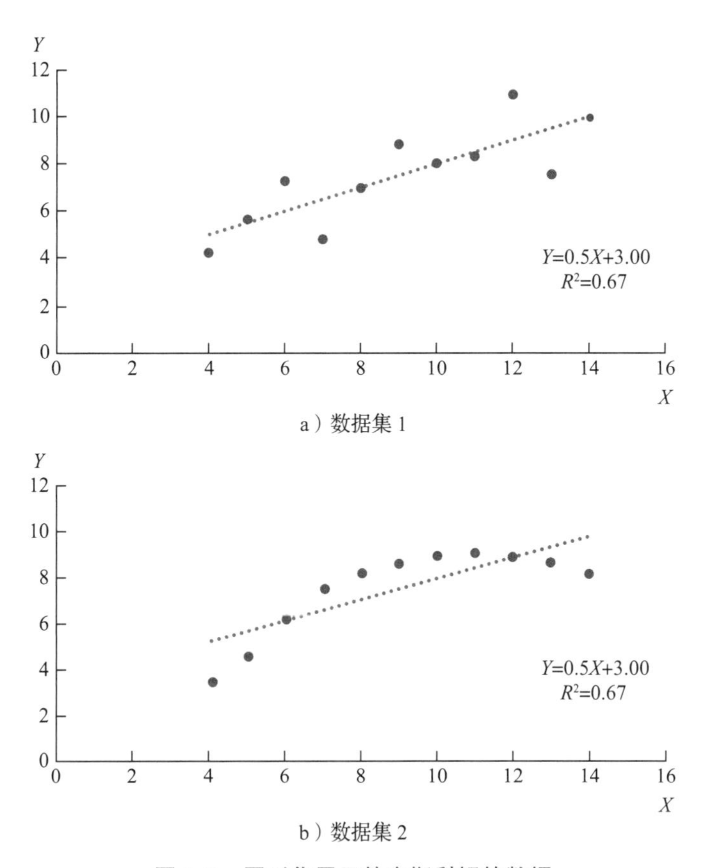

图 1-2　图形化展示的安斯科姆的数据

最常用的预测模型之一是线性回归模型，它涉及寻找数据的最佳拟合线。在图 1-2 中，我们展示了每个数据集的最佳拟合线。注意，两个数据集的最佳拟合线是相同的。实际上，拟合线对数据的拟合程度的衡量指标（由统计量 R^2 表示）也是相同的（67%的数据变化可由最佳拟合线解释）。我们已经对数据进行了图形化，可以在图 1-2a 中看到，用直线对数据集进行拟合是合适的。但是，如图 1-2b 所示，直线形式的拟合线并不适用于数据集 2。我们需要为数据集 2 找到一个不同的、更合适的数学方程式。对于数据集 2，图 1-2b 所示的拟合线在 *X* 小于 5 或大于 14 时，*Y* 的值可能会被严重高估。

因此，在应用预测性分析和规范性分析前，最好先对所使用的数据进行可视化探索。这有助于分析人员避免误用更复杂的技术，降低结果不佳的风险。

1.2.2　用于解释的数据可视化

数据可视化对于解释数据中发现的关系和预测性及规范性模型的结果也很重要。更一般地说，数据可视化有助于与受众沟通并确保受众理解和专注于想传达的信息。

让我们看看《华尔街日报》（*The Wall Street Journal*）上的一篇文章“在选择新工作前了解企业文化”中的例子。[㊀]文章讨论了寻找新工作时实现文化契合的重要性。难以理解公司文化或与该文化不一致会导致对工作的不满意。图 1-3 是对文章中出现的一个条形图的重建。**条形图**（Bar chart）展示了对分类数据的汇总，用水平条的长度来展示定量变量的数值大小。

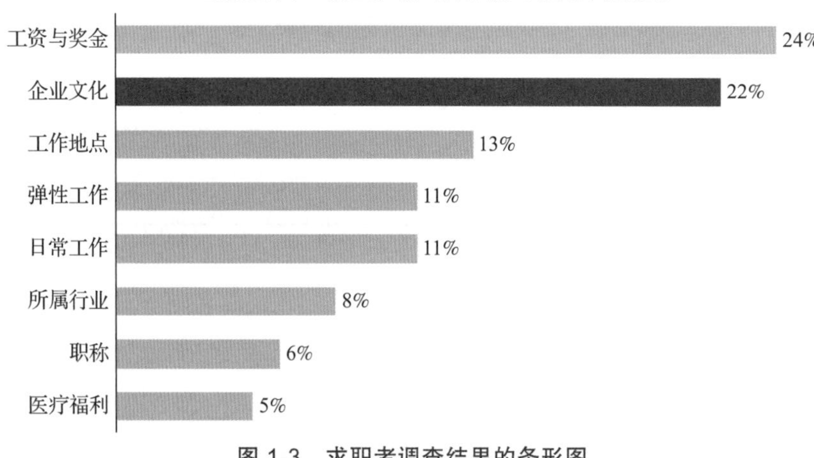

图 1-3 求职者调查结果的条形图

图 1-3 显示了 10 002 名受访者将不同因素列为求职时最重要因素的分布。注意，我们把文章中关注的“企业文化”用深蓝色条形表示。读者可以立刻看到：只有“工资与奖金”比“企业文化”被更频繁地提到（占比更高）。当你第一眼看到此图时，能得到的信息是企业文化是求职者提到的排在第二位的重要因素。作为读者，可以基于该信息判断这篇文章是否值得一读。

1.3 数据类型

对于特定类型的数据，有些类型的图表会较其他图表更有效。因此，让我们讨论一下可能遇到的不同类型的数据。

表 1-3 中是构成道琼斯工业平均指数的部分公司的信息，包括公司名称、股票代码、行业类型、股价和交易量（交易的股份数量）。

表 1-3 道琼斯工业平均指数成分股数据（2020 年 4 月 3 日）

公司名称	股票代码	行业类型	股价 / 美元	交易量 / 股
苹果公司	AAPL	技术	241.41	32 470 017
美国运通公司	AXP	金融服务	73.6	9 902 194
波音公司	BA	制造	124.52	36 489 379

㊀ Lublin, J. S. “Check Out the Culture Before a New Job,” *The Wall Street Journal*, January 16, 2020.

（续）

公司名称	股票代码	行业类型	股价 / 美元	交易量 / 股
卡特彼勒公司	CAT	制造	114.67	4 803 174
思科系统公司	CSCO	科技	39.06	21 235 157
雪佛龙公司	CVX	石油	75.11	14 317 998
迪士尼公司	DIS	娱乐	93.88	14 592 062
高盛公司	GS	金融服务	146.93	2 773 298
家得宝公司	HD	零售	178.7	6 762 357
IBM 公司	IBM	科技	106.34	3 909 196
英特尔公司	INTC	科技	54.13	23 906 062
强生公司	JNJ	制药	134.17	9 409 033
摩根大通公司	JPM	金融服务	84.05	20 363 095
可口可乐公司	KO	食品	43.83	13 294 556
麦当劳公司	MCD	食品	160.33	4 361 094
3M 公司	MMM	混合联合业	133.79	3 461 642
默克公司	MRK	制药	76.25	9 181 539
微软公司	MSFT	科技	153.83	41 243 284
耐克公司	NKE	服装	78.86	8 297 443
辉瑞公司	PFE	制药	33.64	30 306 371
宝洁公司	PG	消费品	115.08	7 520 086
旅行者公司	TRV	金融服务	93.89	1 595 000
联合健康集团	UNH	医疗保健	229.49	4 356 992
雷神公司	UTX	混合联合业	86.01	13 203 254
维萨公司	V	金融服务	151.85	11 649 519
威瑞森电信公司	VZ	电信	54.7	16 304 703
沃尔格林公司	WBA	零售	40.72	6 489 129
沃尔玛公司	WMT	零售	119.48	9 390 287
埃克森 - 美孚公司	XOM	石油	39.21	48 094 821

1.3.1　定量数据和分类数据

定量数据（Quantitative data）是用数值表示大小的数据，可以进行加、减、乘、除等算术运算。例如，交易量就是一个定量数据，我们可以对表 1-3 中的交易量进行求和以计算道琼斯工业平均指数成分股的总交易量。

分类数据（Categorical data）是通过标签或名称来识别项目类别的数据，无法对分类数据进行算术运算。我们可以通过统计观测值的数量或计算每一类别中观测值的占比来总结分类数据。例如，表 1-3 中的“行业类型”列中的数据就是分类数据。我们可以统计一下每个行业中的企业数目，例如，食品行业中有两家公司：可口可乐公司和麦当劳公司，但我们无法直接对“行业类型”列中的数据进行算术运算。

1.3.2　横截面数据和时间序列数据

我们对横截面数据和时间序列数据进行一下区分。**横截面数据**（Cross-sectional data）

是在（近乎）同一时间点收集的多个实体的数据。表 1-3 中的数据就是横截面数据，因为它们描述了同一时间点（2020 年 4 月 3 日）不同公司的情况。

时间序列数据（Time series data）是横跨多个时间点（分钟、小时、日、月、年等）收集的数据。时间序列数据的图表常出现在商业、经济和科学出版物中。这种图表有助于分析师了解过去发生的事情，识别随时间变化的趋势并预测时间序列的未来水平。例如，图 1-4 中的时间序列图展示了 2010 年 1 月至 2020 年 4 月的道琼斯指数值（Dow Jones Index Values）。图中展示了该值从 2010 年至 2019 年末保持的上升趋势，但由于新冠疫情大流行对经济的影响，2020 年初数值出现急剧下降。

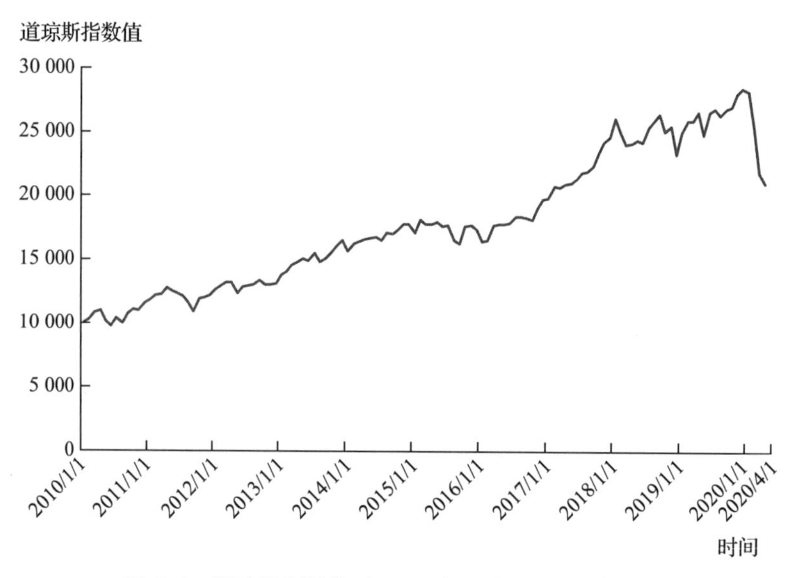

图 1-4　道琼斯指数值（2010 年 1 月—2020 年 4 月）

1.3.3　大数据

大数据（Big data）并没有一个被普遍接受的定义。大数据最一般的定义可能是：任何一组无法通过使用典型台式计算机的标准数据处理技术来处理的规模太大或太复杂的数据。大数据可以用 4 个“V”来表示：

- 数据量（Volume）——生成数据的数量
- 速度（Velocity）——生成数据的速度
- 多样性（Variety）——生成数据的类型和结构的多样性
- 准确性（Veracity）——生成数据的可靠性

数据量与速度会对处理分析（包括数据可视化）构成挑战，可能需要专门的数据管理软件（如 Hadoop）和更大容量的硬件（增加服务器或云计算设备）。可以通过将视频、语音和文本数据转换为可以应用标准数字可视化技术的数值型数据来处理大数据的多样性。

总而言之，数据类型会影响传达信息时应使用的图表类型。图 1-1 中的动物园参观人数数据就是时间序列数据。因为数值是每个月的总参观人数，而我们想要逐月进行比较，因此我们使用了图 1-1 中的柱形图，柱高能让我们轻松地完成比较。对比图 1-1 和图 1-4，图 1-4 中展示的同样是时间序列数据（这里道琼斯指数的值是每月第一个交易日的道琼斯指数现值），它们本质上提供了数值的时间路径，因此我们使用折线图来强调时间上的连续性。第 2 章将更详细地讨论如何选择有效的图表类型。

1.4 实践中的数据可视化

在商业和科学的各个领域，数据可视化被用来探索和解释数据并指导决策。即使是谷歌、优步、亚马逊等分析能力很强的公司，也严重依赖数据可视化。消费品巨头宝洁公司，即汰渍（Tide）、帮宝适（Pampers）、佳洁士（Crest）和速易洁（Swiffer）等家居品牌的制造者，它在包括数据可视化在内的分析领域也投入巨大。宝洁公司已经在全球超过 50 个地点建造了 Business Sphere ™。Business Sphere 是一种能展示数据可视化技术的会议室，它展示了宝洁的高管和经理用于做出更好决策的数据与信息。下面让我们简要讨论商业、工程、科学和体育等职能领域使用数据可视化的一些方式。

1.4.1 会计领域

会计是一个数据驱动的职业。会计人员编制财务报表（包括税收所需的报告）并审查其准确性及与法律法规、最佳实践的一致性。数据可视化是每一位会计师的工具包中的一部分，常用于检测可能指示数据错误或欺诈的异常值。让我们以本福特定律（Benford's Law）为例，来说明会计中的数据可视化。

本福特定律，又称首位数字定律，基于公司支出账户等许多实际的数值数据集，给出了所有数字的首位数字在 1 到 9 之间取值的期望概率。图 1-5 为展示本福特定律的柱形图。我们将概率四舍五入至小数点后 4 位。例如，我们看到首位数字为 1 的概率为 0.301 0，为 2 的概率为 0.176 1，以此类推。

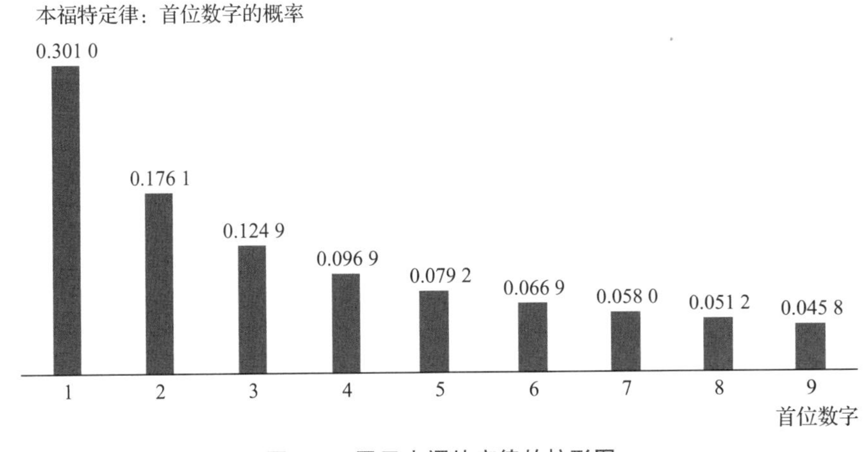

图 1-5 展示本福特定律的柱形图

本福特定律可以用于检测欺诈行为。如果一个数据集中首位数字的分布不符合本福特定律，则说明可能需要进一步调查是否存在欺诈行为。图 1-6 的图表类型为**簇状柱形图**（Clustered column chart，又称并列柱形图）。簇状柱形图是在同一图表中展示多个变量的柱形图，不同变量通常用不同的颜色表示。在图 1-6 中，两个变量分别为本福特定律给出的概率与 Tucker 公司应收账款（他人欠公司的钱）条目中的 500 个随机样本的首位数字数据。数据出现的频率被用来估计 Tucker 所有应收账款条目的首位数字出现的概率。可以看到，首位数字为 5 和 9 的数据出现次数过多且首位数字为 1 的数据出现次数低于预期，因此有必要对 Tucker 公司的审计员进行进一步调查。

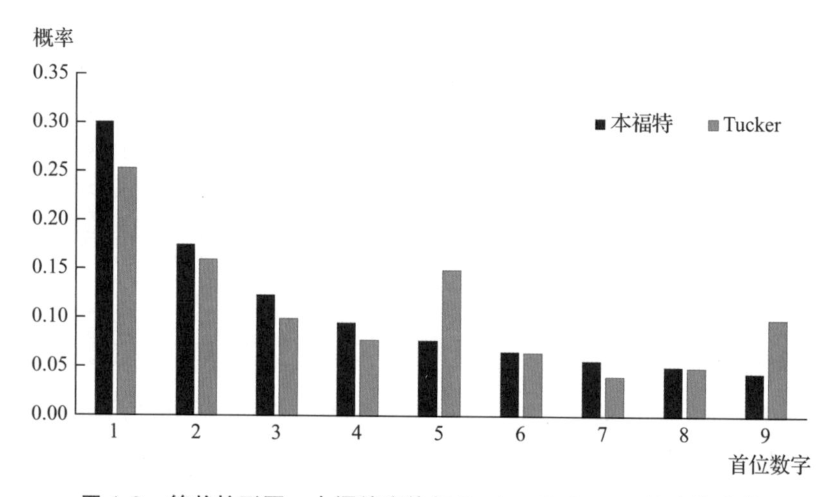

图 1-6 簇状柱形图：本福特定律与 Tucker Software 的应收账款

1.4.2 金融领域

与会计一样，金融类的业务领域也是数据驱动的。金融是与投资有关的业务领域。金融分析师也被称为“量化分析师”，他们利用海量的金融数据来决定何时买卖股票、债券等金融工具。在金融领域中，数据可视化有助于识别趋势、评估风险及追踪所关注的指标的实际值与预测值。

雅虎金融和其他网站能下载每日股价数据。例如 *Verizon* 文件包含了电信公司威瑞森无线（Verizon Wireless）公司五天的股价。每个观测值都包括日期、当日最高股价、当日最低股价与当日收盘股价。Excel 中有数个用上述数据追踪股票行情的图表。图 1-7 用一个**盘高 - 盘低 - 收盘图**（High-low-close stock chart，也称为股价图）展示了威瑞森无线公司的股票的最高价、最低价和收盘价等数据随着时间的变化。垂直线条表示当日每股股价的范围，线条上的标注点表示当日每股收盘价。图表展示了收盘价是如何随时间变化的以及每天股价的波动情况。

1.4.3 人力资源管理领域

人力资源管理是组织中专注于招聘、培训与留住员工的职能。随着分析在业务中使用次数的增加，人力资源管理已变得更加受数据驱动。事实上，人力资源管理有时也被称为“人员分析”。人力资源管理专家使用数据与分析模型来组建高绩效团队、监控生产力状况和员工绩效，并确保员工队伍的多样性。数据可视化是人力资源管理的重要组成部分，人力资源管理专家利用数据仪表盘监控相关数据，以实现拥有高绩效员工队伍的目标。

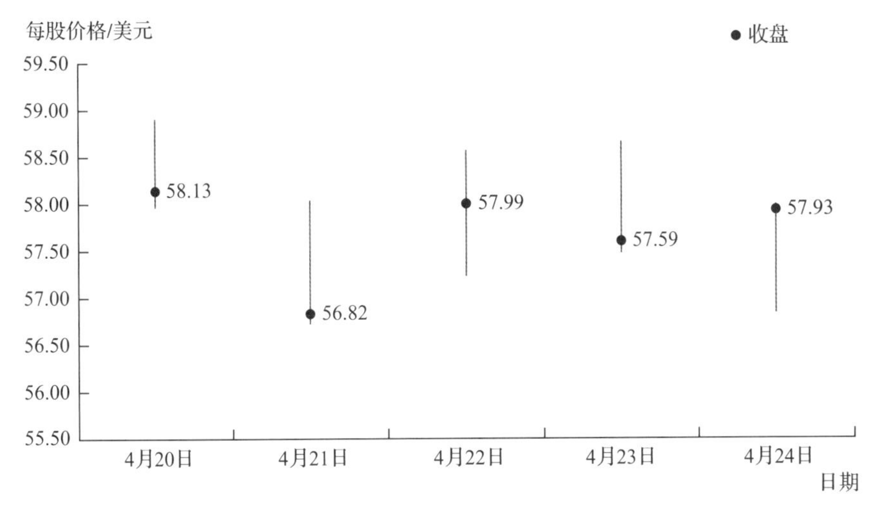

图 1-7 威瑞森无线公司的盘高 - 盘低 - 收盘图

人力资源管理专家的一个主要关注点是员工流动性，即组织劳动力的流动性。当员工离职时，往往会出现由于职位空缺而导致的生产力损失。同时，新聘用的员工通常需要一段培训期来获得经验，这意味着员工在公司任职之初难以充分发挥生产力。图 1-8 是一个堆积柱形图，按月可视化展示了员工流动情况。**堆积柱形图**（Stacked column chart）是显示随时间变化的或不同类别的部分与整体比较的柱形图。不同的颜色用于表示不同的类别。在图 1-8 中，员工的增加（聘用新员工）用正数和深蓝色表示，员工的减少（员工离职）用负数和浅蓝色表示。我们可以看到，1 月以及 7 月至 10 月是离职人数最多的月份，而 4 月至 6 月是新增员工数量最多的月份。图 1-8 这样的可视化方式有助于更好地理解和管理劳动力波动。

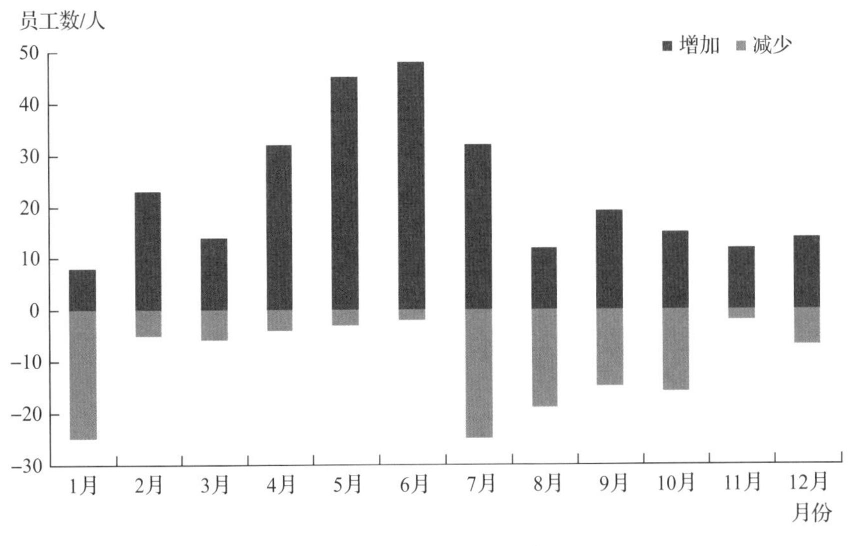

图 1-8 每月员工流动堆积柱形图

1.4.4 市场营销领域

市场营销是分析最热门的应用领域之一。分析可用于最优定价、季节性商品的降价定价和营销预算的优化分配，等等。利用推文、社交网络等中的文本数据进行情感分析以判断影响力，以及用于了解网站流量与销量的网络分析，就是数据可视化助力营销效率提高的例子。

让我们分析一家软件公司的网站的有效性。图 1-9 展示了网站访问者转化为订阅用户再转化为续订用户这一过程。**漏斗图**（Funnel chart）是展示各种类别的数值变量从较大值到较小值的变化过程的图表。在图 1-9 中“漏斗”的顶部，我们追踪了一段时间（如 6 个月）内网站的全部首次访问者。如图 1-9 所示，在这些首次访问者中，74%的人在初次访问后会不少于一次地返回网站；61%的人下载了该软件的 30 天试用版；47%的人最终联系了支持人员；28%的人订购了软件的一年期服务；17%的人最终续订了软件。这种漏斗图可用于比较不同网站配置、机器人使用与否或支持服务变化等不同情况下的转化效率。

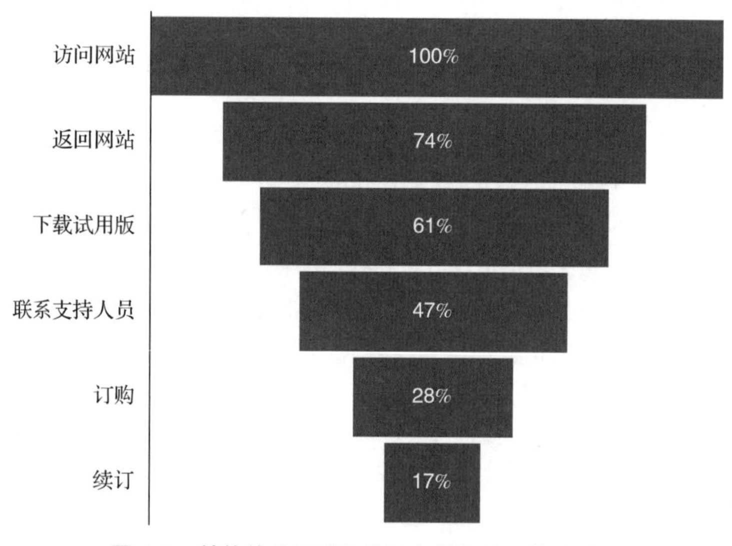

图 1-9　某软件公司网站访问者转化情况的漏斗图

1.4.5 运营领域

与市场营销一样，分析大量应用于商业中的运营管理。运营管理涉及生产管理与商品和服务的分销，包括负责计划与调度、库存计划制订、需求预测与供应链优化等。图 1-10 展示了某产品月销量的时间序列数据。为制订有成本效益的生产计划，运营经理可能需要预测未来 12 个月（第 37 至第 48 个月份）的月销量。由图 1-10 中的时间序列数据可以看出，月销量可能会重复呈现随时间缓慢增加的模式。运营经理可以利用这些观测值来指导预测并进行检验，以得出第 37 至第 48 个月份的合理预测。

1.4.6 工程领域

工程领域严重依赖数学与数据。因此，数据可视化是每位工程师的工具包中的一项重要技术。例如，工业工程师监控生产过程以确保其“受控”或按预期运行。控制图（Control chart）是一种用于帮助分析者判断生产过程是处于控制状态还是失控状态的图形化展示。感兴趣的变量相对控制下限与上限的情况被按时间顺序绘制出来。观察图 1-11 所示的每袋 10 磅[1]的狗粮的生产质量控制图。每一分钟会有一袋狗粮从流水线上生产出来并被自动称重。称重结果与由历史数据统计得到的控制下限及上限一起绘制在图中。当这些点介于控制下限与上限之间时，认为生产过程受控。当这些点开始有规律地出现在控制范围外或开始出现如图 1-11 所示的大幅波动时，则应当检查生产过程并进行必要修正。

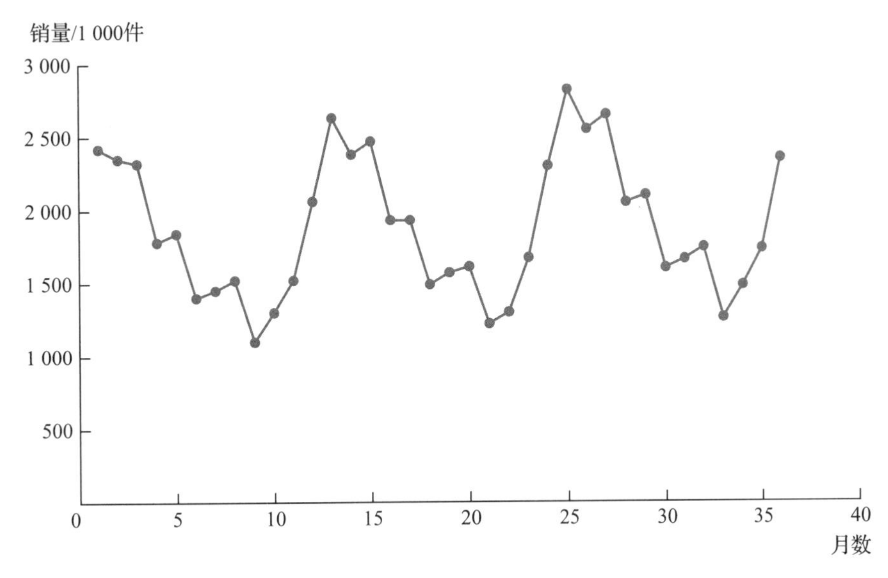

图 1-10　某产品月销量的时间序列数据

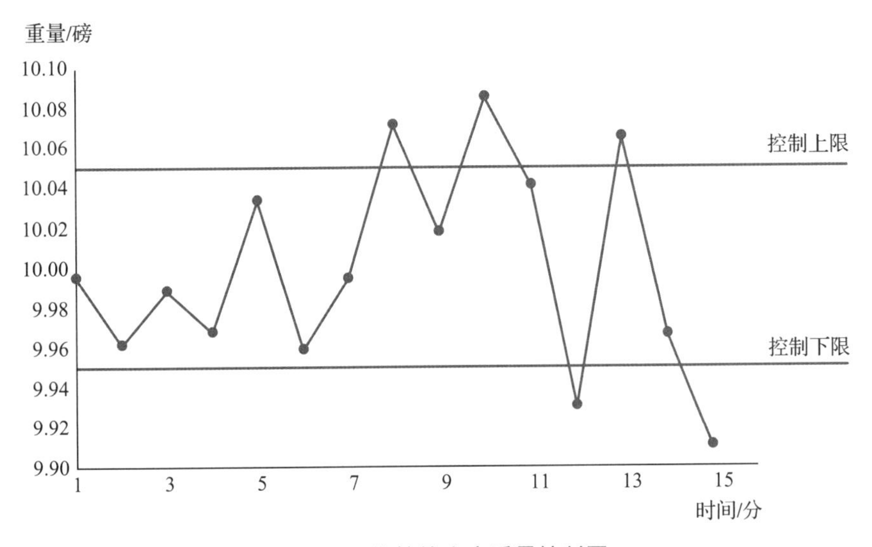

图 1-11　狗粮的生产质量控制图

[1] 1 磅 =0.453 6 千克。

1.4.7 科学领域

自然科学与社会科学研究极度依赖于数据分析和可视化来探索数据及解释分析结果。地理数据常见于自然科学研究中，因此地图被频繁使用。例如，天气情况、流行病分布和物种分布可以在地理地图上表示。地理地图不仅可以用于展示数据，也可以展示预测模型的结果。图 1-12 就是一个例子。预测飓风路径是一个复杂的问题，众多模型都有自己的一组影响变量（也称为模型特征），来产生不同的预测结果。在地图上展示每个模型的结果可以让大家了解所有模型给出的预测路径的不确定性，并将警报发布至更广泛的人群。由于多条路径类似于意大利面，因此这种类型的地图有时被称为"意大利面条图"。通常来讲，**意大利面条图**（Spaghetti chart）是用线条来描述系统中每条可能路径的可能流量的图表。

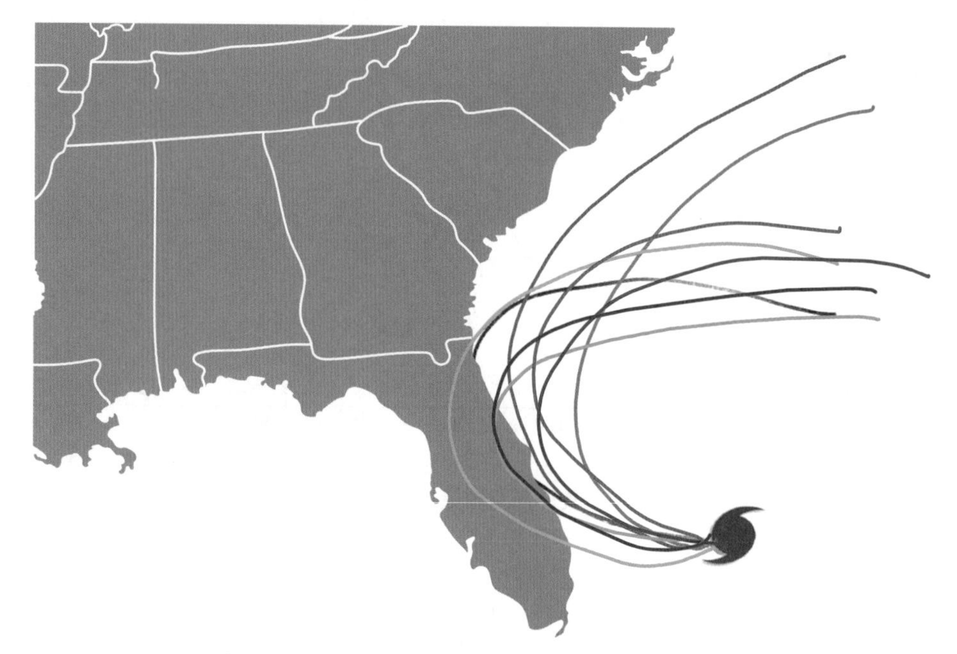

图 1-12 多个预测模型的飓风路径的意大利面条图

1.4.8 体育领域

自 2003 年知名作家迈克尔·刘易斯（Michael Lewis）的《点球成金》（*Moneyball*）一书出版以来，分析方法在体育界中的应用产生了巨大的影响。刘易斯的书讲述了奥克兰田径运动队（the Oakland Athletics）是如何使用分析方法对球员进行评估，以有限的预算组建了一支有竞争力的队伍的。如今，使用分析方法来评估球员与场上策略在整个职业体育圈都十分常见。数据可视化是分析方法在体育领域应用的一个关键组成部分。教练常会在场边使用平板电脑来做出实时决策，如喊出战术及替换运动员。

图 1-13 是数据可视化在篮球领域中的应用示例。**投篮图**（Shot chart）用于展示球员在篮球比赛中的投射位置，用不同的符号或颜色表示命中和未命中。图 1-13 展示了 NBA 球员克里斯·保罗（Chris Paul）的投篮情况，蓝色圆点表示命中，橙色 × 表示未命中。其他 NBA 球队可以利用这张图表来帮助制定防守克里斯·保罗的战术。

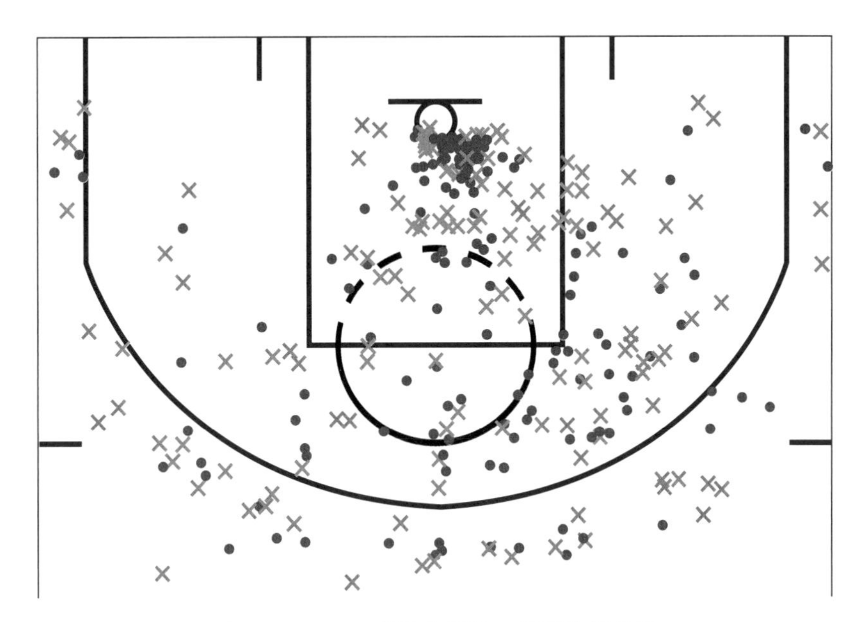

图 1-13 NBA 球员克里斯 · 保罗的投篮图

资料来源：数据来自 https://www.basketball-reference.com/。

注释和评论

图表（Chart）被认为是比图形（Graph）更通用的术语。例如，图表包括地图、条形图等，但图形通常指的是图 1-4（折线图）那一类。不过在本书中，我们会交替使用图表和图形两种术语，不做区分。

◎ 总结

作为介绍性章节，本章首先介绍了分析——将数据转化为更有效的信息以做出更好决策的科学过程。我们讨论了三种类型的分析：描述性分析、预测性分析与规范性分析。描述性分析描述了已经发生的事情，包括报告、数据可视化、数据仪表盘、描述性统计和一些数据挖掘技术等工具。预测性分析是利用过去的数据来预测未来事件或理解变量间关系的技术。这些技术包括回归、数据挖掘、预测和模拟。规范性分析使用输入数据来对决策或行动方案提出建议。这类分析技术包括基于规则的模型、仿真、决策分析和最优化。描述性分析和预测性分析可以帮助我们更好地了解与我们的决策方案相关的不确定性与风险。

本书侧重于描述性分析，尤其是数据可视化。数据可视化可用于探索数据、解释数据和分析输出。我们探索数据的目的是更轻松地识别模式、识别数据中的异常或不规则性并更好地理解变量间的关系。可视化展示数据增强了我们识别数据这些特征的能力。我们常把多个相关变量的图表放在数据仪表盘中。数据仪表盘是图表、地图和汇总数据的集合，随着新数据的出现而更新。许多组织和企业使用数据仪表盘来探索与监控绩效数据，如库存水平、销量和生产质量等。

我们还使用数据可视化来解释数据与数据分析的结果。随着数据对商业的驱动作用日益凸显，能用数据可视化讲述引人注目的故事来影响决策制定变得越来越重要。本书的剩余部分将致力于讲解如何实现数据可视化，以清晰地传达令人信服的信息。

应使用什么类型的图表取决于拥有的数据类型和预期的信息。因此，我们讨论了不同类型的数据。定量数据是用于表示数值大小的数据，即“有多少”，可以对定量数据执行算术运算（如加法、减法等）；分类数据是通过标签或名称识别项目类型的数据，不能对分类数据进行算术运算。横截面数据是在（大致）相同的时间点从多个实体收集的数据；而时间序列数据是在多个时间点从单个变量收集的数据。大数据是无法用典型台式计算机进行数据技术处理的任何一组过于庞大或复杂的数据集，包括文本、音频和视频数据。

在本章结束时，我们讨论了数据可视化在会计、金融、人力资源管理、市场营销、运营、工程、科学和体育等领域中的应用，并为每个领域提供了一个示例。从第2章起，本书每一章都将从介绍数据可视化的实际应用开始。每个数据可视化改造案例都是我们所讨论内容的真实可视化演示，通过应用该章的原理进行优化操作。

◎ 术语解析

分析：将数据转化为洞察力以做出更好决策的科学过程。

条形图：展示分类数据汇总的图表，用水平条的长度来展示定量变量的大小。

大数据：无法通过使用典型台式计算机的标准数据处理技术来处理的任何一组太大或太复杂的数据。大数据包括文本、音频和视频数据。

分类数据：通过标签或名称来识别项目类别的数据，无法对分类数据进行算术运算。

簇状柱形图：在同一图表中展示多个感兴趣的变量的柱形图，不同变量通常用不同颜色或深浅的并排的柱表示。

柱形图：用柱高表示各种类型或时间段的数值型数据的图表。

控制图：感兴趣的变量相对于控制下限和上限的情况按时间顺序绘制出来，得到的图形化展示。

横截面数据：在（近乎）同一时间点从多个实体收集的数据。

数据仪表盘：提供多种输出并可实时更新的数据可视化工具。

数据可视化：使用图表、图形和地图等展示手段对数据及信息进行的图形化表示。

描述性分析：描述所发生的事情的分析工具的集合。

漏斗图：展示某一个数值变量逐渐变小的过程的图表，例如最终实现销售的网站访问者的百分比。

盘高－盘低－收盘图（股价图）：展示股票的最高价、最低价和收盘价随时间变化的图表。

预测性分析：使用由历史数据构建的数学模型来预测未来事件或更好地理解变量间关系的技术。

规范性分析：提出决策或行动方案的数学或逻辑模型。

定量数据：表示数值大小的数据，即“有多少”。我们可以对定量数据进行加、减、乘、除等算术运算。

散点图：两个定量变量间关系的图形化展示。一个变量用横轴表示，另一个变量用纵轴表示。

投篮图：展示篮球运动员在篮球比赛中出手位置的图表，用不同符号或颜色表示命中和未命中。

意大利面条图：描绘经过系统的可能流量的图表，用线条表示每种可能的路径。

时间序列数据：横跨多个时间点（分钟、小时、日、月、年等）收集的数据。

◎ 练习题

1. **分析的类型。**指出以下每个例子所代表的分析类型（描述性分析、预测性分析或规范性分析）。**学习目标 1**

（1）数据仪表盘

（2）寻找最小化加班时间的生产计划的模型

（3）预测下一季度销量的模型

（4）条形图

（5）分配金融投资以实现金融目标的模型

2. **交通规划。**一位分析专业人员被要求安排下一季度的产品发货情况。她采用了以下流程：

步骤1：对于12个分销中心，分别绘制过去三年对产品的季度需求图。

步骤2：根据每个分销中心的图，开发预测模型以预测每个分销中心下一季度的需求。

步骤3：取每个分销中心下一季度的预测值，并将这些预测值与公司的4个工厂的产能及每个工厂到每个分销中心的运输速度一起输入到优化模型中。优化模型给出了满足所预测需求的情况下最小化的成本。

请描述在上述三个步骤中使用的分析类型。**学习目标 1**

3. **《华尔街日报》（*The Wall Street Journal*）订阅者特征。**《华尔街日报》在订阅者调查中询问了一系列关于订阅者特征与兴趣的问题。说明以下每个问题能否提供分类数据或定量数据。**学习目标 2**

（1）您的年龄是多少？

（2）您的性别是？

（3）您第一次阅读《华尔街日报》是什么时候？高中、大学、职业生涯早期、职业生涯中期、职业生涯晚期还是退休后？

（4）您在目前的工作或岗位上工作了多久？

（5）您下次会考虑购买哪种类型的汽车？（调查中给出了9种汽车类型选项，包括轿车、跑车、SUV、小型货车等。）

4. **比较智能手表。**《消费者报告》（*Consumer Reports*）为其订阅者提供了产品评估。下表展示了《消费者报告》关于5款智能手表的以下特点的数据，其中总分是指对多种性能因素的评分，价格是指零售价，推荐是指《消费者报告》是否会基于性能和优势而推荐购买该款智能手表，最佳购买选择是指若《消费者报告》推荐购买，是否同样认为该款智能手表是基于性能与价值的“最佳选择”。

品牌	总分	推荐	最佳购买选择	价格
Apple Watch Series 5	84	是	否	395 美元
Fitbit Versa 2	78	是	是	200 美元
Garmin Venu	77	是	否	350 美元
Fitbit Versa Lite	65	否	否	100 美元

对于以上 4 种数据，指出它们是定量数据还是分类数据，以及是横截面数据还是时间序列数据。**学习目标 2**

5. **房价与面积。**假设我们想更好地了解房价与房屋面积之间的关系，且已于 2021 年 1 月 3 日从 Zillow 网站收集了俄亥俄州辛辛那提市的某个社区的 75 套房屋的房价与面积。**学习目标 2、3**

（1）这些数据是定量数据还是分类数据？

（2）这些数据是横截面数据还是时间序列数据？

（3）以下哪种类型的图表可以最好地展示这些数据？请说出原因。

1）条形图。

2）柱形图。

3）散点图。

6. **Netflix 订阅者。**下图展示了 2010 年至 2019 年 Netflix 的订阅者总数。**学习目标 1、2、3**

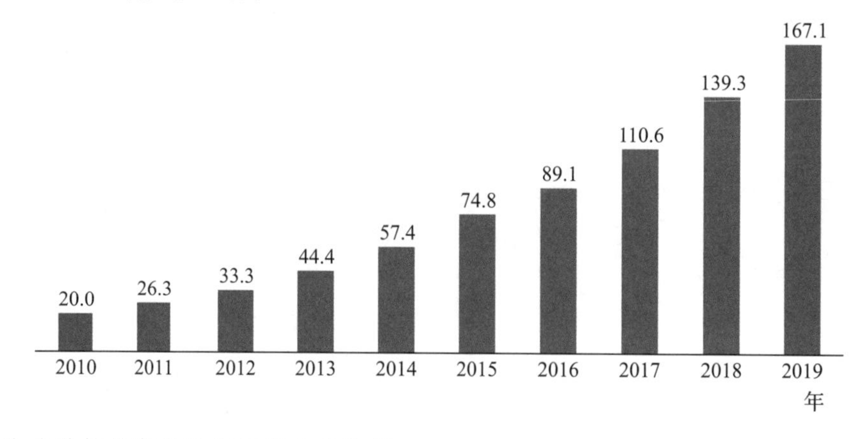

（1）这些数据是定量数据还是分类数据？

（2）这些数据是横截面数据还是时间序列数据？

（3）这是什么类型的图表？

7. **美国地区的 Netflix 订阅者。**参考上一题，假设除了 Netflix 订阅者总数外，还有 2010 年至 2019 年居住在美国的订阅者人数。如果想强调的信息是有多少增长量来自美国，以下哪类图表最能展示数据？请说出原因。**学习目标 2、3**

1）条形图。

2）簇状柱形图。

3）堆积柱形图。

4）股价图。

8. **数据科学家如何度过一天。**《华尔街日报》报道了一项对数据科学家的调查结果。该调查询问了数据科学家是如何生活的。下图展示了每周花费在探索数据与展示分析上少于5小时和至少5小时的受访者的百分比。**学习目标 2、3、4**

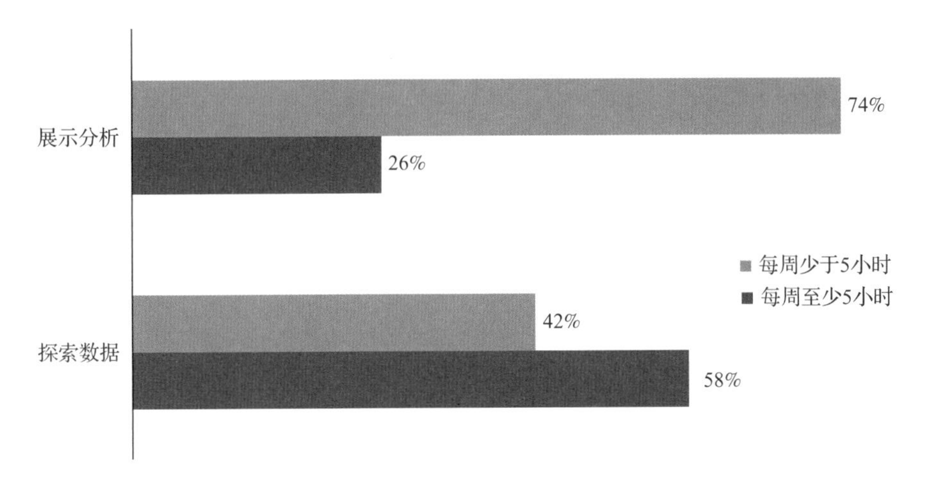

（1）这些数据是定量数据还是分类数据？

（2）这些数据是横截面数据还是时间序列数据？

（3）这是什么类型的图表？

（4）基于这张图表，你可以得出什么结论？

9. **道琼斯工业平均指数中的行业。**参考表1-3中给出的道琼斯工业平均指数成分股数据。下图展示了构成该指数的每个行业的公司数量。**学习目标 3**

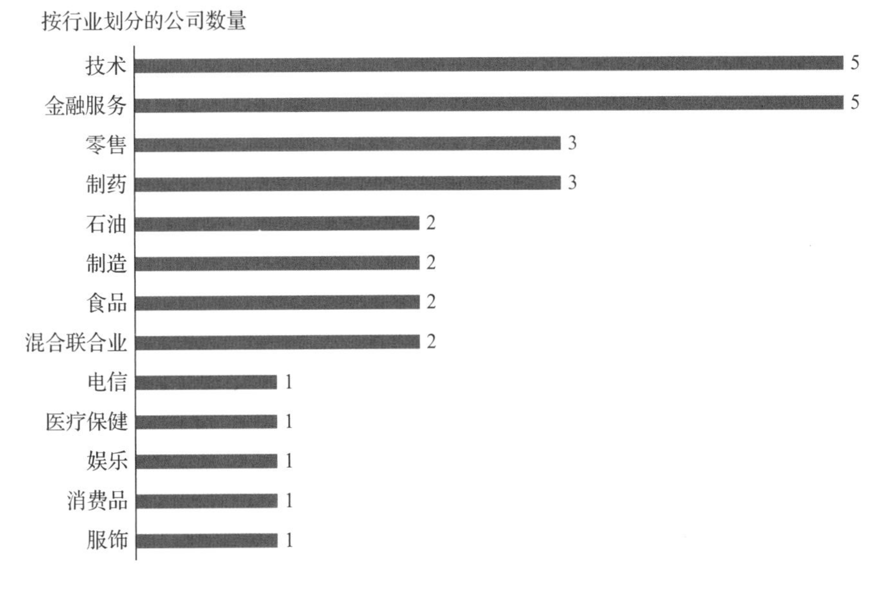

（1）这是什么类型的图表？

（2）在道琼斯工业平均指数中，哪个行业的公司数量最多？

10. **工作因素。**下图与图1-3共用一组数据，即将某种因素列为选择工作时最重要因素的受访者百分比。**学习目标3、4**

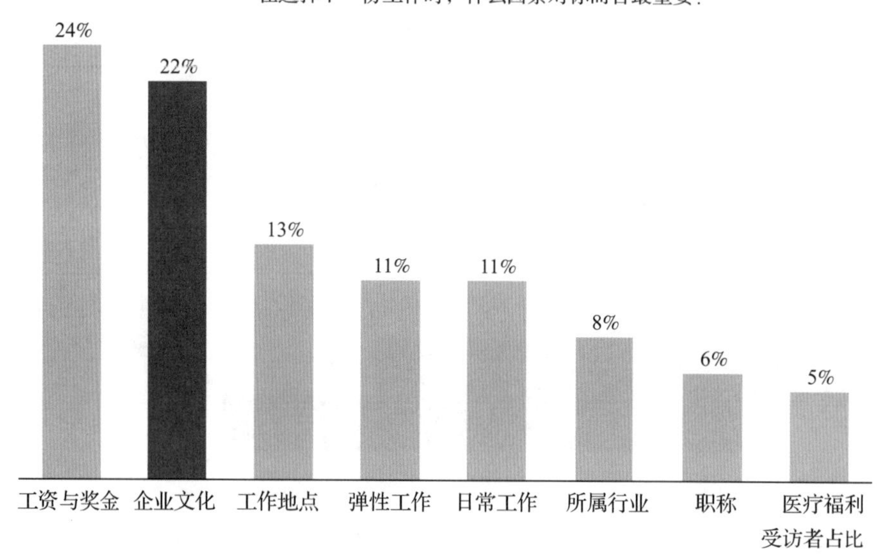

（1）这是什么类型的图表？

（2）被提到次数排名第5的因素是什么？

11. **退休财务问题。**美国注册会计师协会所做的个人财务规划趋势调查的结果表明，48%的受访者会担心退休后自己的钱不够用。引起这些担忧的主要原因及提到这些原因的受访者比例如下。**学习目标3、4**

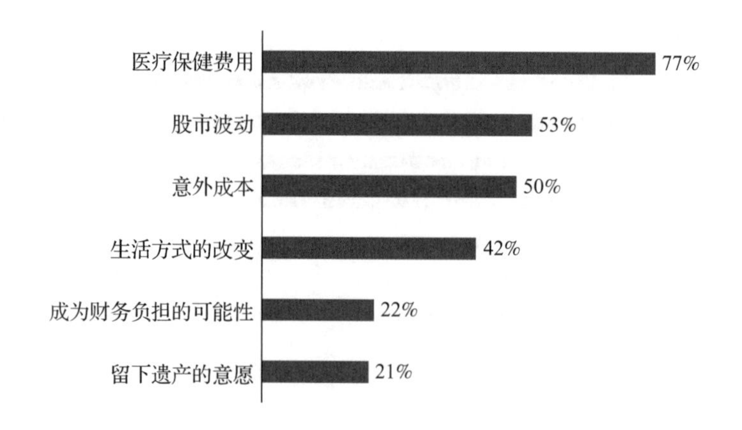

（1）这是什么类型的图表？

（2）有48%的受访者对退休有财务上的担忧（“担心钱不够用”），那么在全部受访者中，有多大比例的受访者存在退休后的医疗保健费用问题？

12. **硕士项目招生。**数据科学全日制硕士项目的招聘过程包括以下步骤。项目负责人会获取参加过美国研究生入学考试（GRE）并表示对数据科学感兴趣的大四本科生的电子邮件地址，并发送一封邀请他们参加线上信息会议的电子邮件。在信息会议上，教师会谈论该项目并回答问题。学生通过门户网站进行项目申请。招生委员会做出录取与否及是否提供财务资助的决定。如果学生被录取，必须决定接受还是拒绝该录取通知。观察以下关于数据科学全日制硕士项目招生情况的图表。**学习目标 3、4**

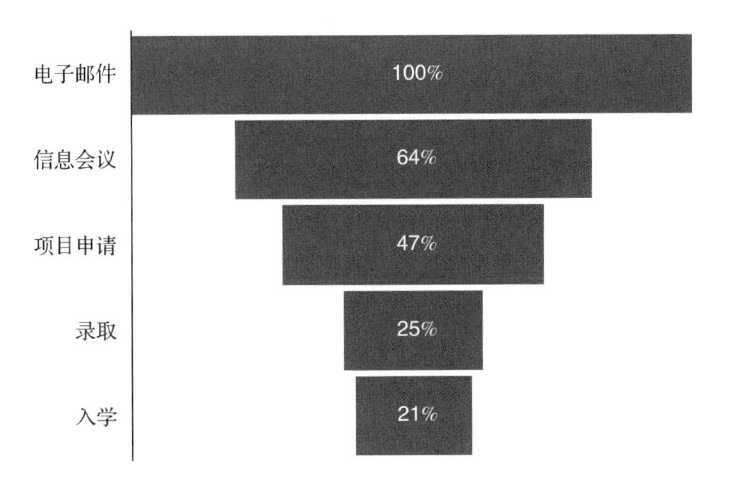

（1）这是什么类型的图表？

（2）以下哪项是对“入学比率为21%”的正确解释？

1）在收到电子邮件的学生中，21%入学了。

2）在被录取的学生中，21%入学了。

3）在申请该项目的学生中，21%入学了。

4）以上均不是。

13. **化学过程控制**。下图是化学制造过程中关于温度的控制图。从这个过程中，你能观察到什么？**学习目标 3**

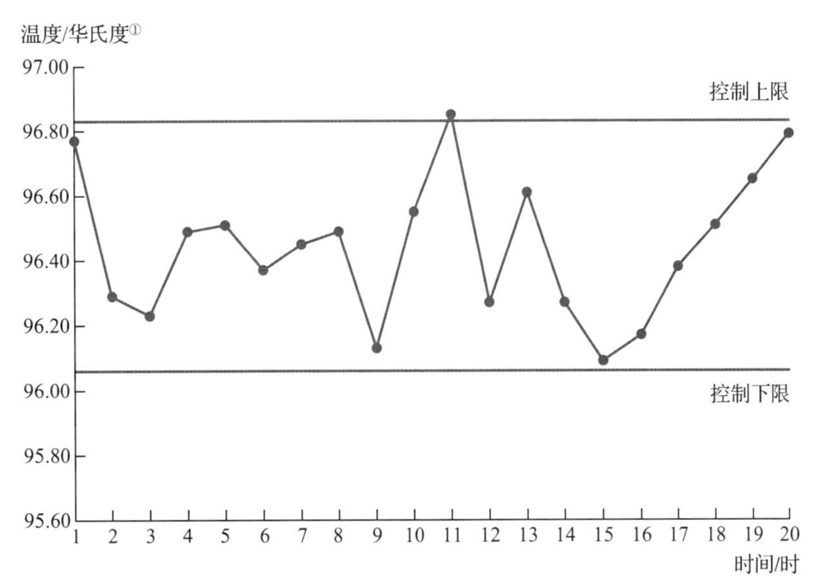

①表示温度数值时，华氏温度 t_F 与摄氏温度 t 的换算公式为 $\frac{t_F}{°F}=\frac{9}{5}\frac{t}{℃}+32$。

14. **购买二手车**。下图显示了同一品牌、型号和年份的 18 辆二手车的样本数据。**学习目标 2、3、4**

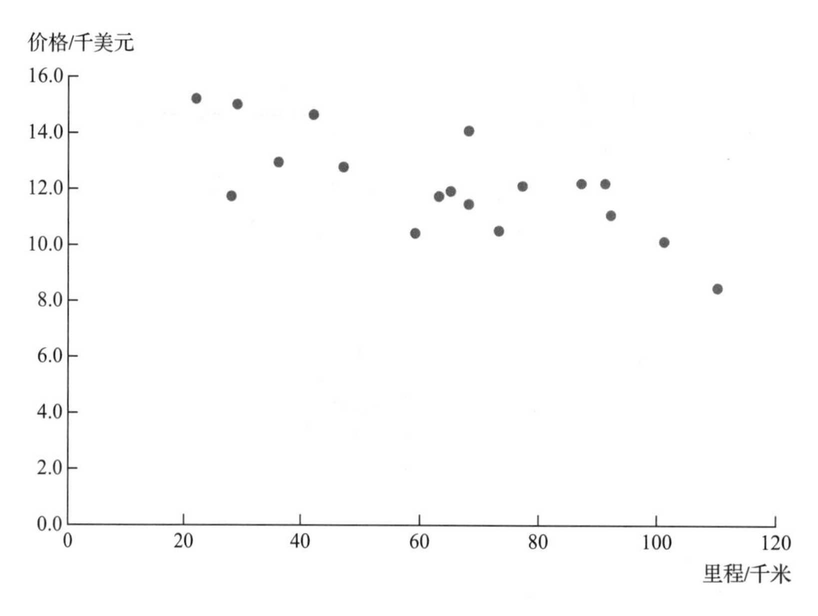

（1）这些数据是定量数据还是分类数据？

（2）这是什么类型的图表？

（3）你会如何利用这张图表来寻找想买的二手车？

15. **追踪股价**。下面的盘高－盘低－收盘图给出了埃克森－美孚公司在 12 个月内的股价。数据为每月第一个交易日的每股最低价、最高价和收盘价。你能对这 12 个月内的股价及波动做出怎样的分析？**学习目标 3**

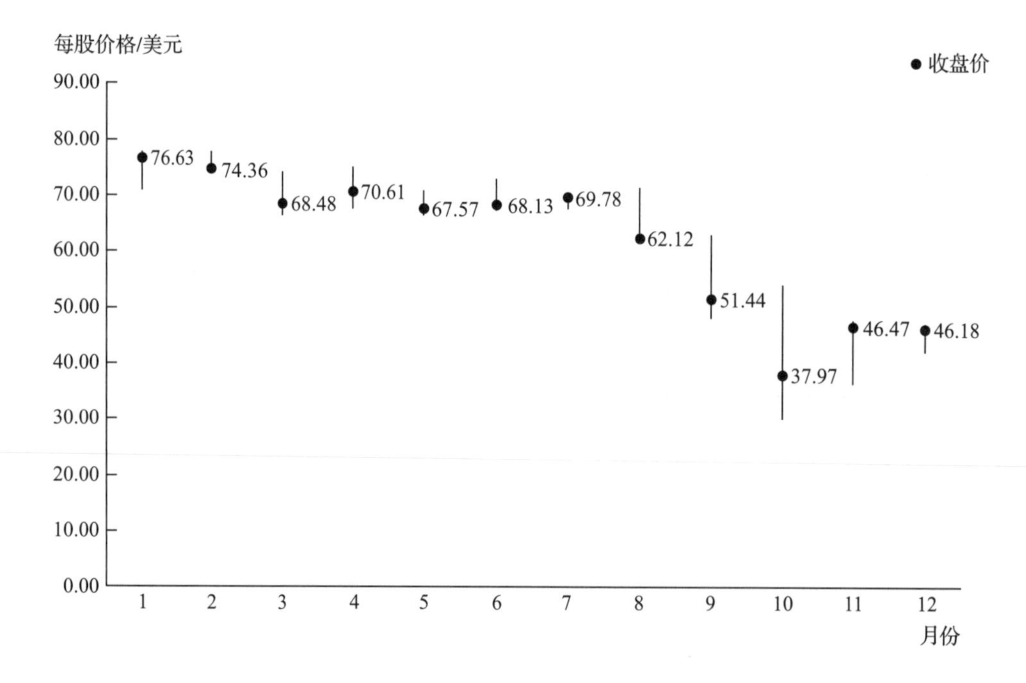

C H A P T E R 2

第2章 选择图表类型

■ **学习目标**

学习目标 1　用 Excel 创建图表

学习目标 2　用 Excel 修改图表

学习目标 3　为给定的目标与数据类型确定合适的图表类型

学习目标 4　从图表中解读有效的信息

学习目标 5　识别应避免的图表类型并明确原因

■ **数据可视化改造案例**

纽约市审计长办公室

纽约市审计长办公室约有 800 名员工。会计师、经济学家、工程师、投资分析师、信息技术支持人员与行政支持人员共同服务于纽约市审计长“确保纽约市的财政健康”的使命。审计长办公室负责：审计情况与效率、城市承包的诚信、管理资产以保护养老金、处理对城市的索赔和风险管理、管理城市债券、落实劳工权利和促进纽约市的财政健康与合理的预算。

在其工作中，审计长办公室生成各种年度报告，包括年度审计报告、纽约市代理合同年度分析、年度索赔报告和资本债务与债务年度报告等。图 2-1 来自资本债务与债务年度报告。它展示了分配给十个支出类别的金额与占 2020—2023 财政年度 702.4 亿美元的预算总额的百分比。

该报告的受众是公众，最有可能是纳税的、对政府如何分配其预算感兴趣的纽约市的居民。对特定领域有兴趣的人也可能对这个图表感兴趣，例如公园与娱乐的倡导者可能想知道为该方向分配了多少资金以及相比其他支出类别的情况。

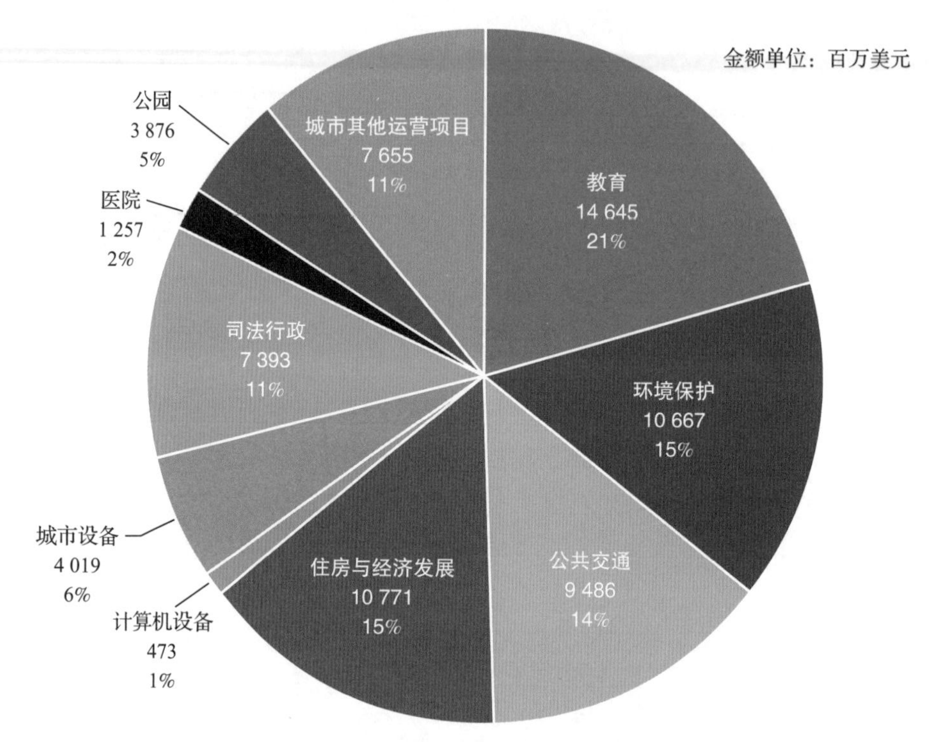

图 2-1 展示纽约市预算分配的饼图

资料来源：纽约市管理和预算办公室，2020 财年通过的资本承诺计划，2019 年 10 月。

注：由于四舍五入的原因，百分比之和并不等于 100%。

图 2-2 是展示预算分配金额的水平条形图。大多数数据可视化专家建议尽量避免使用饼图，而应使用条形图。

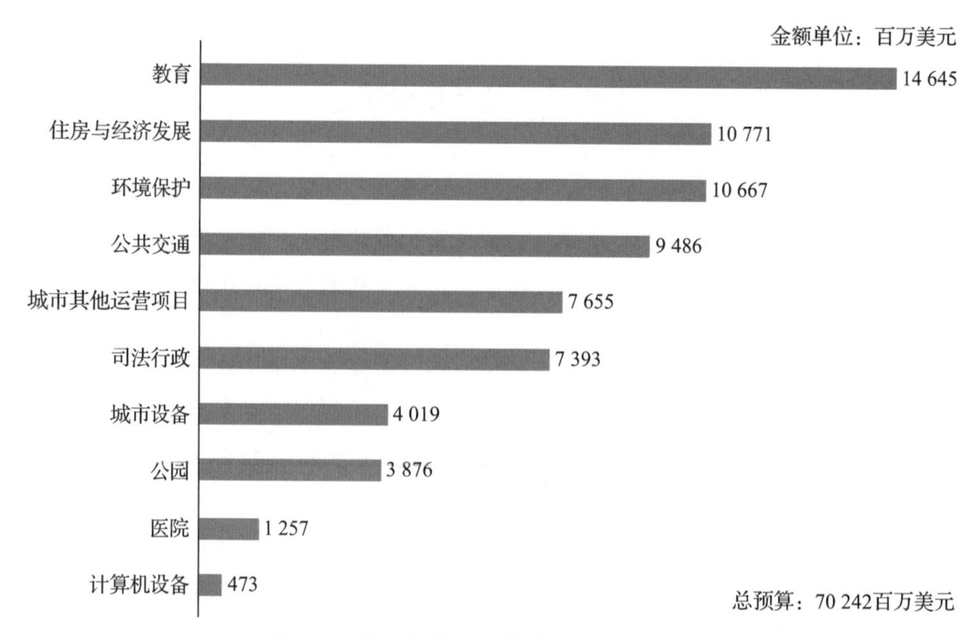

图 2-2 展示纽约市预算分配金额的条形图

首先，科学表明我们更擅长评估长度差异而不是角度与面积的差异：在图 2-1 中，难以判断“城市其他运营项目”与“司法行政”哪个类别的预算分配更多（事实上，这两个类别的预算分配十分接近）；但在图 2-2 中，由于我们按分配预算的金额进行了排序，因此可以看到“城市其他运营项目”的条形更长（且在列表中出现的排序更靠前）。其次，在图 2-2 中，我们不再需要使用不同的颜色来区分类别，因为不同条形已用于区分类别。两次，我们选择使用水平条形图而不是垂直条形图以使类别标签更易于阅读（其中一些较长）。最后，在图 2-2 中，我们用实际预算分配数值并删除了图 2-1 所示的百分比，因为百分比会让条形图更拥挤。我们选择仅使用数值是因为条形的长度已经代表了相对分配金额，对百分比感兴趣的读者可以自行计算。

在本章中，我们会更详细地讨论如何选择合适的图表类型以最有效地向读者传达信息。在纽约市审计长办公室的案例中，在比较不同类别的预算分配金额以便纽约市选民能比较支出类别并自行评估预算分配时，条形图更加适用。

可供选择的图表种类繁多，每一种都是为了一个目的而设计的。了解可用的不同类型的图表以及为什么某些图表更适合于某一目的，将使你成为更好的数据分析师与数据沟通者。在本章中，我们描述了一些最常用的图表类型并说明了应在何时使用它们。我们还讨论了一些更高级的图表及应避免使用的图表。

2.1　定义数据可视化的目标：选择合适的图表

如何选择一种合适的图表？如果图表的目标是解释，那么这个问题的答案取决于你希望传达给受众的信息。如果目标是探索，最佳图表类型取决于你希望从数据中得到答案的问题。同时，拥有的数据类型也可能会影响图表选择。以下为一些比较常见的图表目标：

- 构成（Composition）——所考虑实体的整体构成，如图 2-2 中的条形图。
- 排序（Ranking）——项目的相对顺序，图 2-2 也是一个排序的例子，因为我们将条形按长度进行了排序。
- 相关 / 关系（Correlation/Relationship）——两个变量是如何相互关联的，如美国各个城市的平均低温与年平均降雪量之间的关系。
- 分布（Distribution）——项目的分布方式，如呼叫中心按小时统计的一天中接收的呼叫数量。

如前所述，拥有的数据类型也会影响图表的选择。例如，当我们在汇总分类数据时，条形图或柱形图往往是合适的图表。大学课程中学生成绩的等级属于类别数据。选择条形图或柱形图来汇总获得每个成绩等级的学生是合适的。

散点图适合表示两个定量变量之间的关系。以时间为横轴的条形图、散点图和折线图通常是时间序列数据的最佳选择。如果数据具有空间成分，则地理地图可能是一个不错的选择。

创建出色的数据可视化是一项最好通过实践来学习的技能。因此，在详细了解各种类型的图表以及它们最适合的情况之前，我们将详细说明如何在 Excel 中创建和编辑图表。

2.2 在 Excel 中创建与编辑图表

在本节中，我们讨论如何在 Excel 中创建与编辑图表。让我们从如何创建第 1 章所讨论的动物园参观数据图表开始。*Zoo* 文件中按月划分的动物园参观人数如图 2-3 所示。我们按以下步骤使用这些数据创建柱形图。

	A	B
1	月份	参观人数
2	1月	5 422
3	2月	4 878
4	3月	6 586
5	4月	6 943
6	5月	7 876
7	6月	17 843
8	7月	21 967
9	8月	14 542
10	9月	8 751
11	10月	6 454
12	11月	5 677
13	12月	11 422

图 2-3 *Zoo* 文件中的数据

2.2.1 在 Excel 中创建图表

以下步骤展示了如何用文件 *Zoo* 中的数据在 Excel 中创建柱形图。

步骤 1 选中单元格 A1:B13。

步骤 2 单击菜单栏中的**“插入”**选项。

步骤 3 单击**“图表”**中的**“插入柱形图或条形图”**按钮。

当柱形图和条形图子类型列表出现时，单击**“簇状柱形图”**按钮。

利用上述步骤创建的图表如图 2-4 所示。我们可以通过以下步骤来改善图 2-4 中柱形图的外观：删除水平网格线，添加轴标签以更好地定义坐标轴，删除图表的边框。这些改进将使图表变得更简单、更明确。

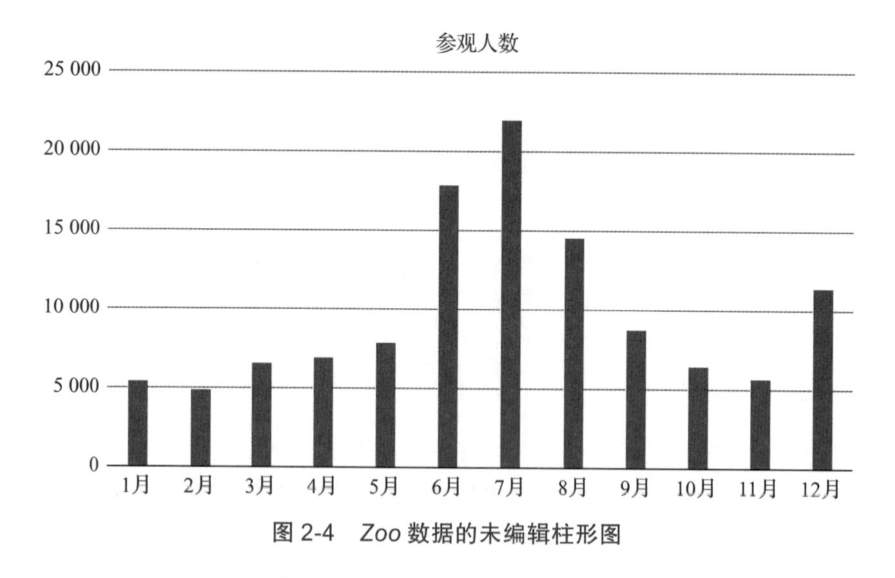

图 2-4 *Zoo* 数据的未编辑柱形图

2.2.2 在 Excel 中编辑图表

此处我们将逐步说明如何编辑如图 2-4 所示的柱形图（包含在文件 *ZooChart* 中），使其如图 2-5 所示。这些编辑步骤在本书的后续章节中也会使用，以改进在 Excel 中创建的大多数图表的格式。

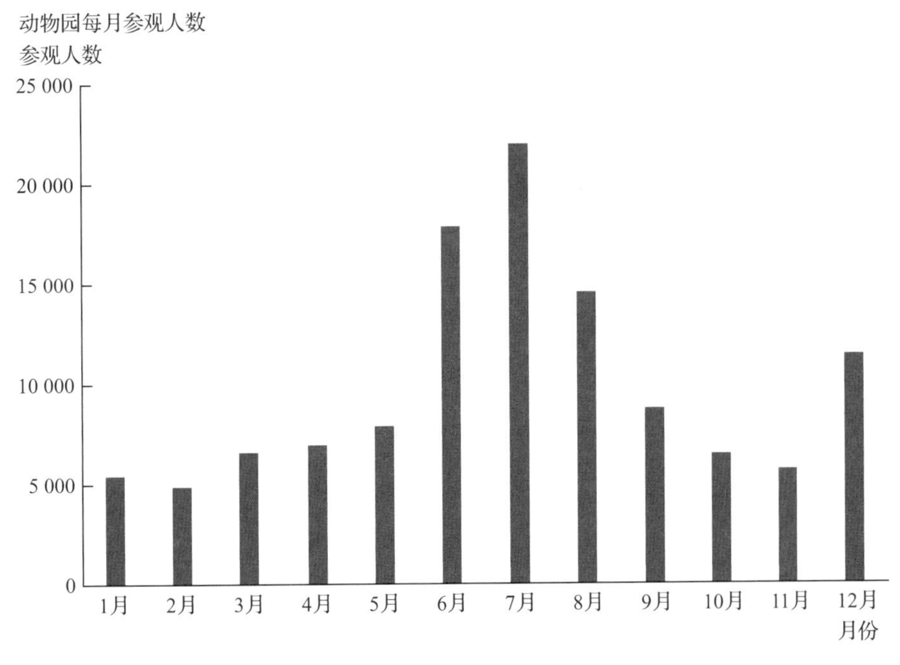

图 2-5　动物园每月参观人数柱形图

步骤 1 的目的是删除水平网格线，步骤 2 的目的是编辑标题。

步骤 1　单击图表上的任意位置，然后单击图表标题的边框并按下“删除”键。

单击 **“图表元素”** 按钮 ＋。㊀

取消勾选 **“网格线”**，勾选 **“坐标轴标题”**。

步骤 2　单击图表上方的 **“图表标题”** 文本框并将其替换为“动物园每月参观人数”。

在文本框内，突出“动物园每月参观人数”。

选中后单击菜单栏中的 **“开始”** 选项，在 **“字体”** 中选择 **“Calibri”“字号 16 加粗”**。

要想更改标题的位置，单击标题的边框并将其向左滑动，使其位于纵轴上方。

步骤 3 ～步骤 5 设置了横轴的格式与轴标签。

步骤 3　双击横轴的任意标签。

步骤 4　当 **“设置坐标轴格式”** 的任务窗格出现后，单击 **“填充与线条”** 按钮。

单击 **“线条”**。

㊀ **“图表元素”** 按钮在 Mac 版本的 Excel 中不可用。请参阅本节末的“注释和评论”栏目中有关如何在 Mac 版本的 Excel 中访问这些功能的说明。

选择**“实线”**。

在**“颜色”**右侧的下拉菜单中，在**“主题颜色”**下选择“黑色”。

步骤 5　单击菜单栏中的“开始”选项，在**“字体”**中选择“Calibri”，**“字号 10.5”**。

步骤 6 ～步骤 9 设置了纵轴的格式与轴标签。

步骤 6　双击纵轴的任一标签。

步骤 7　当**“设置坐标轴格式”**的任务窗格出现后，单击**“填充与线条”**按钮 。

单击**“线条”**。

选择**“实线”**。

在**“颜色”**右侧的下拉菜单中，在**“主题颜色”**下选择**“黑色”**。

步骤 8　在**“设置坐标轴格式”**的任务窗格中，单击**“轴选项”**按钮 。

单击**“刻度线”**。

在**“主刻度线类型”**右侧选择**“内部”**。

步骤 9　单击菜单栏中的“开始”选项，在**“字体”**中选择“Calibri”，**“字号 10.5”**。

步骤 10 ～步骤 11 添加了坐标轴标题并设置了格式。

步骤 10　选择横轴标题，将光标置于文本框边界上并将其向右拖到横轴末端。

在**“字体”**中选择**“等线”**，选择**“字号 10.5”**，单击**“加粗”**按钮。

输入“月份”。

步骤 11　选择纵轴标题，右击并选择**“设置坐标轴标题格式”**，单击**“大小与属性”**按钮 ，单击**“对齐方式”**，在下拉菜单中**“文字方向”**右侧选择**“横排”**。将光标置于文本框边界上并将其向右拖到纵轴顶端与纵轴标签对齐。

在**“字体”**中选择**“等线”**，选择**“字号 10.5”**，单击**“加粗”**按钮。

输入“参观人数”。

步骤 12 ～步骤 13 消除了图表的边框。

步骤 12　单击图表（横轴与纵轴分割出的矩形区域外的任何位置）。[1]

步骤 13　在**“设置图表区格式”**任务窗格中单击**“图表选项”**。

单击**“填充与线条”**按钮 。

单击**“边框”**。

单击**“无线条”**。

利用这些步骤生成了如图 2-5 所示的柱形图。在后面的章节中，我们将介绍可用于进一步改进图表的其他设计元素。

---

[1] 在步骤 12 中，如果在横轴与纵轴分割出的矩形区域中单击，将激活**“设置绘图区格式”**任务窗格，而不是**“设置图表区格式”**任务窗格。

注释和评论

1. **“图表元素”**按钮 ⊞ 在 Mac 版本的 Excel 中不可用。要在 Mac 版本的 Excel 中使用**“图表元素”**功能，应双击图表，然后单击**“图表设计”**选项，在**“图表布局”**组中单击**“添加图表元素”**。
2. 在 Excel 中选择数据填充图表时，最左侧的数据列通常以图表上的横轴表示。可以通过右击图表选择**“选择数据源”**，在**“选择数据源”**对话框中单击**“切换行 / 列”**来切换数据到横轴或纵轴。
3. 要在 Excel 中使用不相邻的数据列来创建图表，请选择要包含在图表中的最左侧列，按住“Ctrl”键，然后选择要包含的其他数据列。
4. **“图表元素”**按钮提供多种功能，包括添加或删除轴和轴标题、图表标题、数据标签、网格线、图例和趋势线。
5. 也可以使用文本框创建轴标题：单击功能区上的**“插入”**，单击**“文本”**，然后选择希望轴标题出现的位置。
6. **“图表样式”**按钮允许更改选择的图表类型的样式与图表的配色方案。**“图表样式”**按钮在 Mac 版本的 Excel 中不可用。要在 Mac 版本的 Excel 中访问**“图表样式”**的功能，可以双击图表，单击**“图表设计”**选项卡，然后单击**“图表样式”**组中的样式。要更改配色方案，请单击**“图表样式”**组中的**“更改颜色”**按钮。

2.3　散点图与气泡图

在探索数据时，我们经常对两个定量变量之间的关系感兴趣。例如，我们可能对房屋的面积和房屋成本或对汽车的使用年限及其年度维护成本感兴趣。散点图（Scatter chart）是两个定量变量之间关系的图形化表示。一个变量显示在横轴上，另一个变量显示在纵轴上，并且使用符号来绘制定量变量值的有序对。散点图适用于更好地理解两个定量变量之间的关系。当试图展示与两个以上定量变量的关系时，气泡图则是一种合适的图表。

2.3.1　散点图

文件 *Snow* 中包含美国 51 个主要城市的平均低温（以华氏度为单位）和年平均降雪量（以英寸[1]为单位），部分数据如图 2-6 所示。

	A	B	C	D
1	城市	州	平均低温	年平均降雪量
2	亚特兰大	佐治亚州	53	2.9
3	奥斯汀	得克萨斯州	59	0.6
4	巴尔的摩	马里兰州	45	20.2
5	伯明翰	亚拉巴马州	53	1.6
6	波士顿	马萨诸塞州	44	43.8
7	布法罗	纽约州	40	94.7
8	夏洛特	北卡罗来纳州	49	4.3
9	芝加哥	伊利诺伊州	41	36.7
10	辛辛那提	俄亥俄州	43	11.2
11	克利夫兰	俄亥俄州	43	68.1
12	哥伦布	俄亥俄州	44	27.5
13	达拉斯	得克萨斯州	57	1.5
14	丹佛	科罗拉多州	36	53.8
15	底特律	密歇根州	42	42.7
16	哈特福特	康涅狄格州	40	40.5

图 2-6　*Snow* 文件的部分数据

[1] 1 英寸 =0.025 4 米。

其中平均值是基于 30 年的数据而得出的。假设我们对这两个变量之间的关系感兴趣。直觉告诉我们，平均低温越高，年平均降雪量越低，但这种关系的本质是什么？

利用数据绘制的散点图如图 2-7 所示。这个散点图是按照以下步骤创建的。

步骤 1　选中单元格 C1:D52。

步骤 2　单击菜单栏中**“插入”**选项。

步骤 3　单击**“图表”**中**“插入散点图（*X*，*Y*）或气泡图”**按钮，当图表子类型列表出现时，单击**“散点图”**按钮，随后按照 2.2 节所述编辑图表。

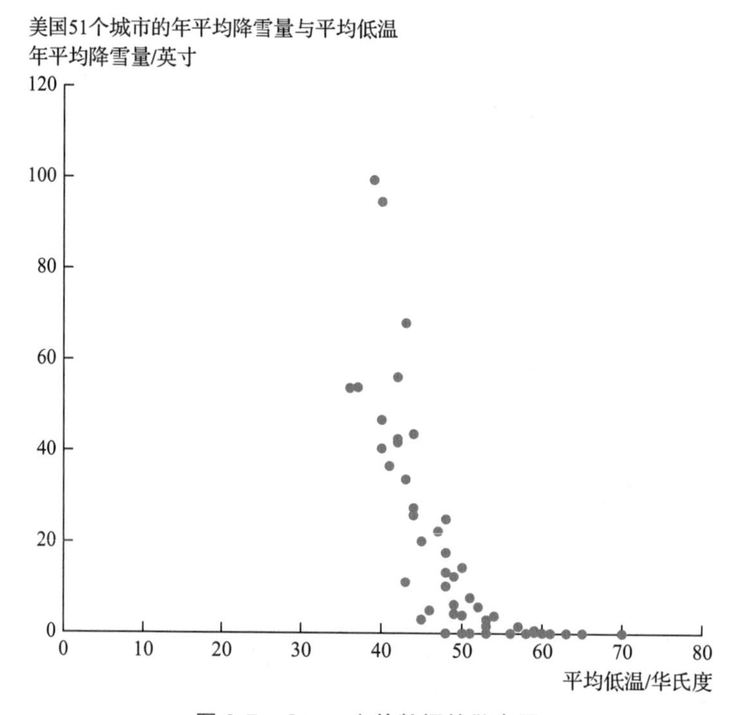

图 2-7　*Snow* 文件数据的散点图

图 2-7 中的每个点代表一对数字。在此例子中，51 个城市中的每个城市都有一对测量值。测量值是以华氏度为单位的平均低温和以英寸为单位的年平均降雪量。从图 2-7 中我们可以直观地看出，对于气候温暖的城市，年平均降雪量趋于零。

散点图是探索成对定量数据最有用的图表之一。但该如何探索两个以上定量变量之间的关系呢？在探索三个定量变量之间的关系时，气泡图可能会提供帮助。

2.3.2　气泡图

气泡图（Bubble chart）是使用不同大小的圆形（我们称之为气泡）来显示第三个定量变量的一种散点图。

文件 *AirportData* 中包含 15 个机场的样本数据，如图 2-8 所示。对于每个机场，我们有以下定量变量：美国运输安全局（TSA）非优先队列中的平均等待时间（以分为单位）、机场最便宜的现场停车费率（以美元 / 天为单位）以及一年中的登机乘客数量（包括转机的登机乘客，以百万人为单位）。

	A	B	C	D
1	机场代码	TSA等待时间/分	停车费率/（美元/天）	年登机乘客数量/百万人
2	ATL	10.30	14.00	49.06
3	CLT	9.45	7.00	22.19
4	DEN	8.35	8.00	27.02
5	AUS	5.30	8.00	5.80
6	STL	4.80	7.00	6.25
7	SMF	7.30	10.00	4.60
8	RDU	6.75	6.50	4.80
9	EWR	9.90	18.00	18.80
10	SFO	7.25	18.00	24.00
11	LAX	6.40	12.00	36.10
12	SLC	4.50	10.00	10.80
13	SAN	8.80	15.00	9.70
14	MSY	4.60	16.00	5.30
15	IAD	3.0	10.00	10.70
16	BNA	2.50	12.00	5.60

图 2-8 *AirportData* 文件中的数据

利用数据绘制的气泡图如图 2-9 所示。该图表的创建步骤如下：

步骤 1 选中单元格 B1:D16。

步骤 2 单击菜单栏中的**“插入”**选项卡。

步骤 3 单击**“图表”**中**“插入散点图（*X*，*Y*）或气泡图”**按钮，当图表子类型列表出现时，单击**“气泡图”**按钮，随后按照 2.2 节所述编辑图表。

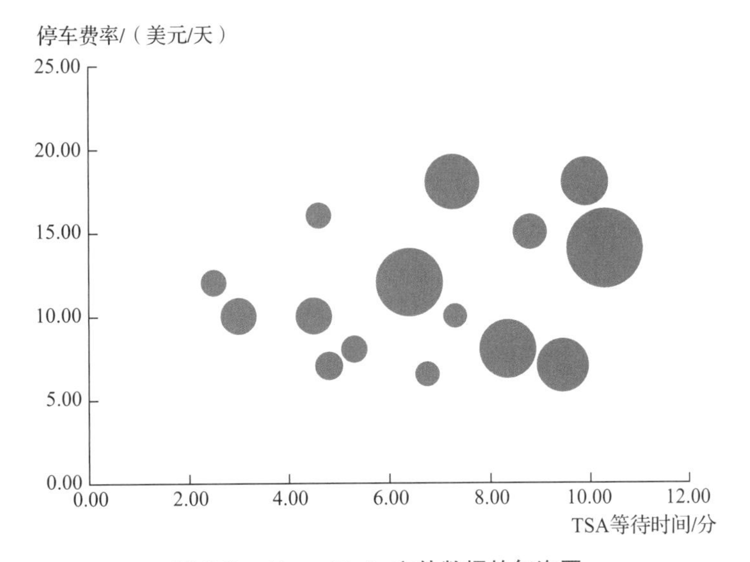

图 2-9 *AirportData* 文件数据的气泡图

我们在横轴上绘制 TSA 等待时间，在纵轴上绘制停车费率，并改变每个气泡的大小来表示年登机乘客数量。我们发现，乘客较少的机场的等待时间往往比乘客较多的机场要短。停车费率和乘客数量之间的关系似乎不大。等待时间较短的机场确实往往有较低的停车费率。

在气泡图中，你可能希望更改与 *X* 轴（横轴）值、*Y* 轴（纵轴）值和气泡大小对应的变量。在 Excel 中创建图表后，可以用以下步骤更改这些赋值，如图 2-10 所示。

步骤 1　右击任一气泡，单击**"选择数据"**。

步骤 2　当**"选择数据源"**对话框出现后，单击**"图例项（系列）"**下的**"编辑"**按钮。

步骤 3　在**"*X* 轴系列值："**文本框中输入想置于横轴的数据所在的位置，不要包含标题列，选择数据源对话框，如图 2-10 所示。

步骤 4　在**"*Y* 轴系列值："**与**"系列气泡大小："**文本框中重复步骤 3，单击**"确定"**按钮。

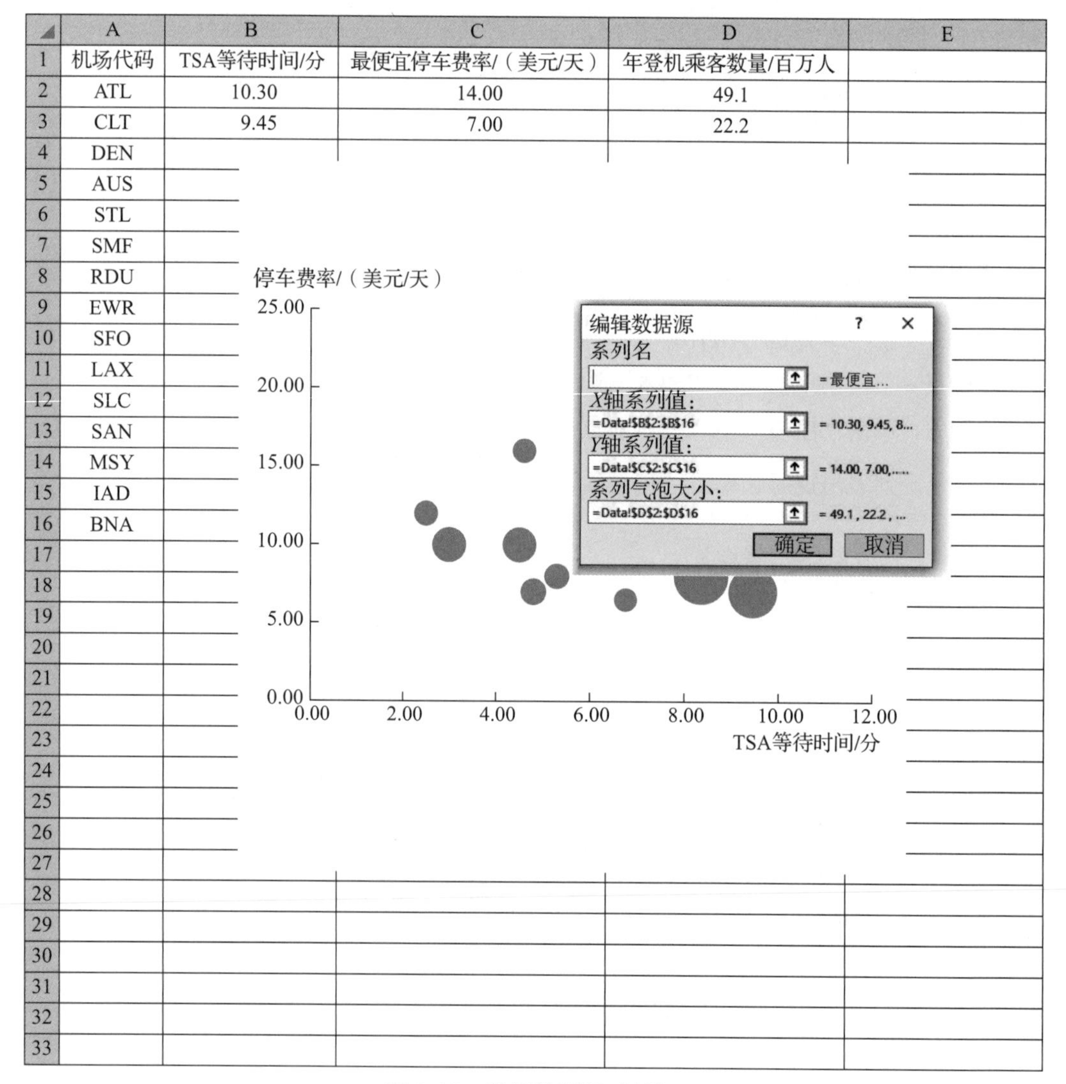

图 2-10　选择数据源对话框

2.4　折线图、柱形图与条形图

在本节中，我们考虑折线图的可视化操作，它是上一节中讨论的散点图的自然扩展。我们还将介绍用于展示分类数据的柱形图和条形图的可视化操作。

2.4.1　折线图

在折线图中，用一个点来表示一对定量变量的值，一个值对应横轴，另一个值对应纵轴，并用一条线连接这些点。折线图对于时间序列数据（在一段时间内收集的数据，如分钟、小时、天、年等）非常有用。让我们看看 Cheetah Sports 的例子。Cheetah Sports 销售跑鞋，并在美国各地的购物中心设有零售店。文件 *Cheetah* 中包含 Cheetah Sports 过去十年的销售额（以百万美元为单位），这些数据如图 2-11 所示。图 2-12 展示了利用这些销售数据在 Excel 中创建的散点图和折线图。

	A	B
1	年份	销售额/百万美元
2	1	87
3	2	90
4	3	110
5	4	145
6	5	170
7	6	154
8	7	177
9	8	175
10	9	183
11	10	195

图 2-11　*Cheetah* 文件数据

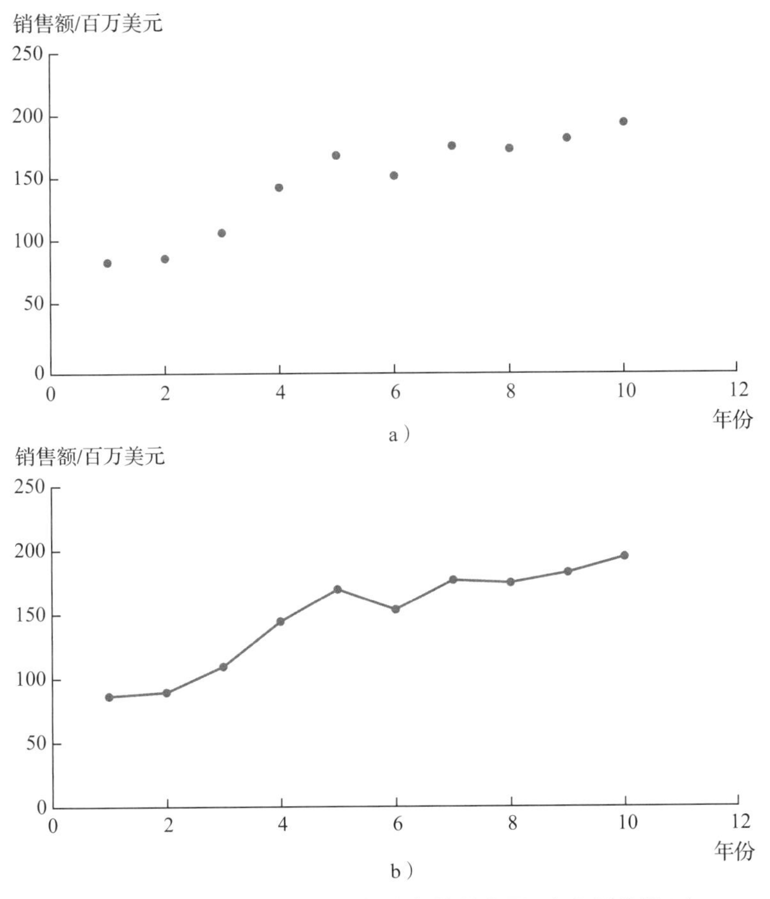

图 2-12　Cheetah Sports 销售额的散点图 a）和折线图 b）

我们利用以下步骤创建了 Cheetah Sports 销售数据的折线图，如图 2-12b 所示。

步骤 1 选中单元格 A1:B11。

步骤 2 单击菜单栏中的 **“插入”** 选项卡。

步骤 3 单击 **“图表”** 中 **“插入（*X*，*Y*）散点图或气泡图”** 按钮。

选择 **“带直线和数据标记的散点图”**。

依照 2.2 节所述编辑图表。

比较图 2-12b 和图 2-12a，在点之间添加的线表明了连续性，使读者更容易看出和理解随时间发生的变化。

让我们看看第二个示例，该示例展示了单个图表中的多条线。Cheetah Sports 有两个销售区域：东部区域和西部区域。文件 *CheetahRegion* 中包含按地区划分的十年期间的销售额，如图 2-13 所示。

	A	B	C	D
1	年份	东部销售额/百万美元	西部销售额/百万美元	总销售额/百万美元
2	1	59	28	87
3	2	57	33	90
4	3	68	42	110
5	4	91	54	145
6	5	109	61	170
7	6	96	58	154
8	7	110	67	177
9	8	72	103	175
10	9	63	120	183
11	10	65	130	195

图 2-13　*CheetahRegion* 文件数据

Cheetah Sports 各地区销售额如图 2-14 所示。要创建图 2-14 所示的折线图，请选择文件 *CheetahRegion* 中的单元格 A1:C11（不要选择 D1:D11），然后按照前面所讲的步骤 2 和 3 构建折线图。除了 2.2 节中的图表编辑之外，我们还将配色方案更改为 “Monochromatic Palette 1”（使用 2.2 节末尾的“注释和评论”中介绍的“图表样式”选项）。

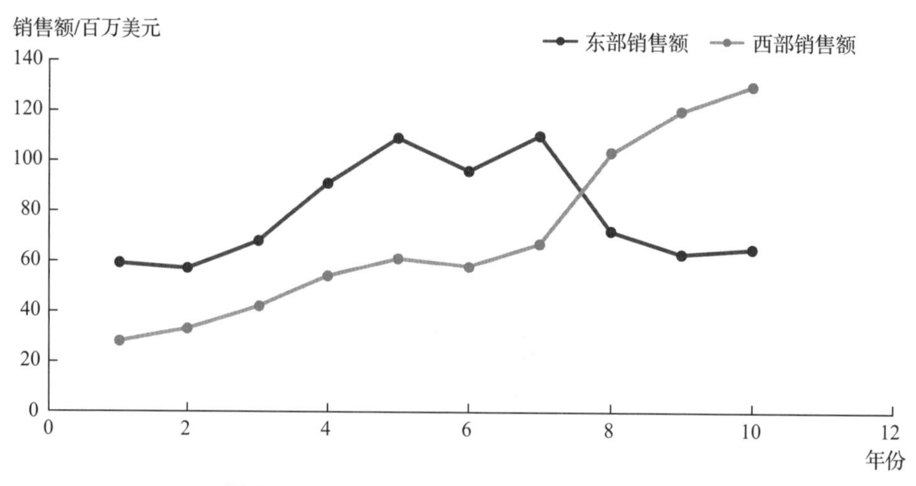

图 2-14　Cheetah Sports 区域销售额折线图

从图 2-14 可以看出，在这十年的最后三年中，西部地区的销售额有所增长，而东部地区的销售额自第七年以来大幅下降。

2.4.2　柱形图

柱形图（Column chart）按类别或时间段显示定量变量，使用柱形展示定量变量的大小。我们已经看到了动物园参观数据中的柱形图示例，其中类别是一年中的月份，定量变量是动物园参观人数。让我们继续通过图 2-11 所示的 CheetahSports 的年销售额的例子，详细说明何时使用柱形图。

我们通过以下步骤创建图 2-15 所示的 Cheetah Sports 销售额柱形图。

步骤 1　选中单元格 A1:B11。

步骤 2　单击菜单栏中的 **“插入”** 选项卡。

步骤 3　单击 **“图表”** 中 **“插入柱形图或条形图”** 按钮。

选择 **“簇状柱形图”**。

Excel 将年份显示为定量变量。为了更正，我们需要采用以下步骤：

步骤 4　右击图表，选择 **“更改图表类型”**。

步骤 5　当 **“更改图表类型”** 任务窗格出现后，选择绘制适当数量变量（在本例中为用 10 个单色柱绘制的单一变量“销售额”）的 **簇状柱形图**，单击 **“确定”** 按钮。

依照 2.2 节所述编辑图表。

下一步骤的目的是为每个柱形添加数据标签。

步骤 6　单击 **“图表元素”** 按钮，选择 **“数据标签”**。

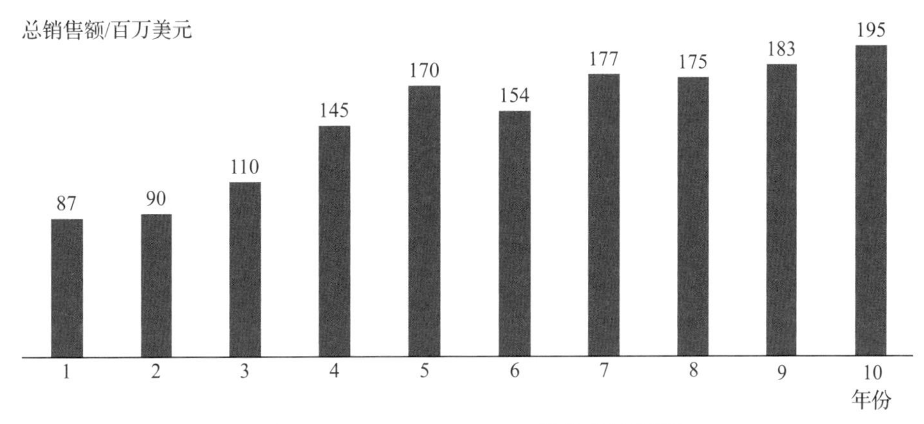

图 2-15　Cheetah Sports 销售额柱形图

图 2-12b 中的折线图和图 2-15 中的柱形图都是 Cheetah Sports 销售额的良好展示。利用折线图可以更轻松地查看销售额随时间的变化情况。如果读者重视每年的销售额，则首选带有数据标签的柱形图。在折线图中添加数据标签通常会使图表过于混乱。如果有许多类别或时间段，那么折线图（不带数据标签）将优于带有数据标签的柱形图，因为柱形图会显得过于杂乱且使标签难以分辨。

现在让我们重新回到 *CheetahRegion* 文件中 Cheetah Sports 的区域数据。让我们使用这些数据构建一个簇状柱形图并将其与图 2-14 中的折线图进行比较。**簇状柱形图**（Clustered column chart）按类别或时间段以不同颜色显示多个定量变量，柱高表示定量变量的大小。具有多个变量的簇状柱形图也被称为并列柱形图。

要创建图 2-16 中的簇状柱形图，请选择文件 *CheetahRegion* 中的单元格 A1:C11，如图 2-13 所示（不要选择单元格 D1:D11）。按照之前所述的步骤创建柱形图。除了 2.2 节中的图表编辑步骤之外，我们还将配色方案更改为 Monochromatic Palette 1。

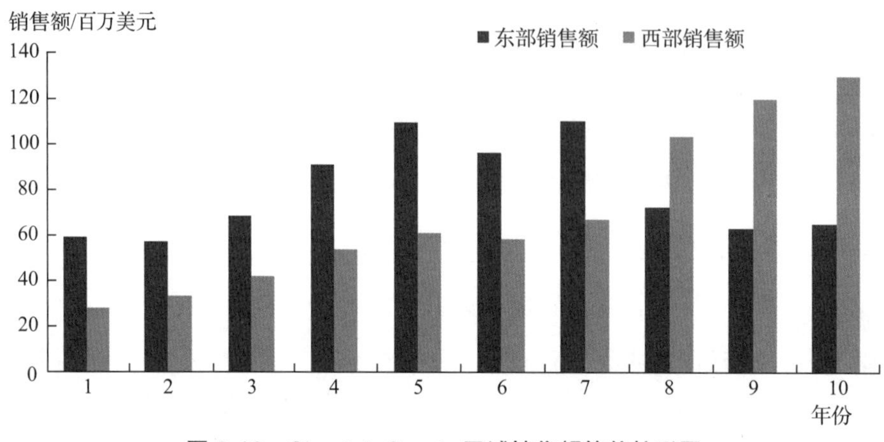

图 2-16　Cheetah Sports 区域销售额簇状柱形图

比较图 2-14 和图 2-16 可以看到，一个区域内的销售额随时间的变化在折线图中更为明显。图 2-16 中的簇状柱形图显得杂乱无章且销售额的变化不像图 2-14 那样明显。在图 2-16 中添加数据标签会使簇状柱形图更加杂乱。

虽然图 2-14 比图 2-16 更适合展示 Cheetah Sports 的区域销售数据，但这两个图表都没有显示出东部和西部地区占总销售额的比例，很难说明总销售额是如何变化的。我们通过使用堆积柱形图使这一点更加明显。**堆积柱形图**（Stacked column chart）是使用颜色来表示每个子类别对总量贡献的柱形图。

要为 Cheetah Sports 创建堆积柱形图，我们选择文件 *CheetahRegion* 中的单元格 A1:C11，并重复前面创建柱形图的步骤 2 ～步骤 5——除了在步骤 3 中，我们单击**“图表”**中**“插入柱形图或条形图”**按钮并选择**“堆积柱形图”**。经过图表编辑，我们得到如图 2-17 所示的堆积柱形图。它显示了按年份划分的东部和西部地区销售额的组合，柱形的总高度表示总销售额水平。

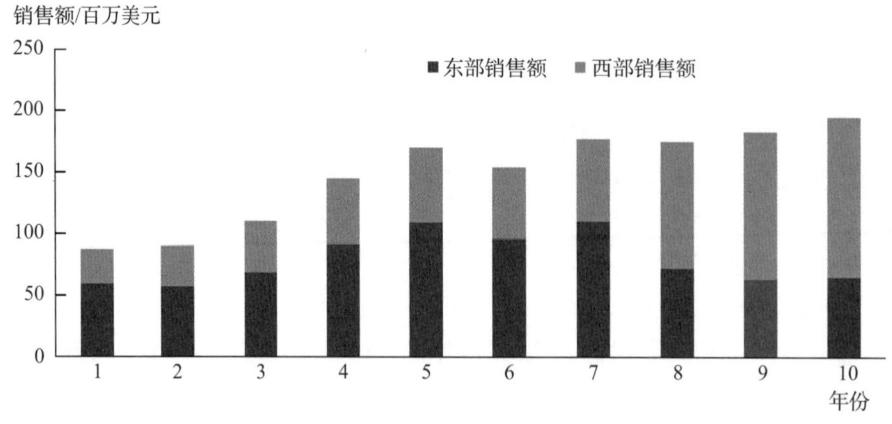

图 2-17　Cheetah Sports 区域销售额堆积柱形图

Cheetah Sports 区域销售数据的例子说明了一个重要原则，即什么是合适的图表不仅取决于数据的类型，还取决于分析的目标和受众的需求。如果展示每个区域内销售额随时间推移的变化是一个关键点，那么折线图是一个不错的选择。如果展示总销售额水平以及每个区域在不同时间段对总销售额的贡献很重要，那么堆积柱形图是一个不错的选择。

2.4.3　条形图

条形图（Bar chart）显示分类数据的汇总，使用水平条的长度来显示定量变量的大小。也就是说，条形图是"侧翻"的柱形图。与柱形图一样，条形图对于比较分类变量很有用，并且在没有太多类别时最有效。关于纽约市预算分配的数据可视化改造案例中的图 2-2 就是一个很好的例子。如该案例所示，条形图在展示组成时可以很好地替代饼图。如图 2-2 所示，对数据进行排序，使得各组按定量变量的大小排列的顺序一目了然。如果类别名称很长，则条形图优于柱形图，因为它更容易水平显示名称（以提高易读性）。但是，对于时间序列数据，柱形图更好，因为它从左到右更自然地显示时间的推移。

簇状条形图（Clustered bar chart）展示了不同类别或时间段的多个定量变量，使用水平条形的长度表示定量变量的大小，并使用不同的条形和颜色表示不同的变量。与堆积柱形图一样，堆积条形图（Stacked bar chart）是用颜色来反映每个子类别对总数的贡献的条形图。与创建柱形图一样，通过单击**"图表"**中**"插入柱形图或条形图"**按钮，然后选择**"簇状条形图"**或**"堆积条形图"**，可以在 Excel 中使用簇状条形图和堆积条形图。

注释和评论

1. 在本节中，我们展示了如何使用**"插入散点图（*X*，*Y*）或气泡图"**按钮以及**"带直线和数据标记的散点图"**来构建折线图。我们也可以选择使用**"插入折线图或面积图"**按钮。这适用于时间序列数据，但该选项假定使用者要用数值型数据进行绘制。例如，Cheetah Sports 的数据中时间周期是数值而非实际年份，在图表上以线条的形式呈现，而不是被解释为横轴上的不同的类别。
2. 在第 3 章中，我们将讨论试图在单个图表上呈现过多信息的问题。在某些情况下，最好使用两个相似的图表，而不是将条形 / 柱形图或簇状条形 / 柱形图堆积在一起。

2.5　地图

在本节中，我们将介绍三种用于展示各种类型数据的地图。你可能很熟悉地理地图，该类地图对于展示具有空间或地理成分的数据非常有用。我们还将讨论热图和树状图。这三种地图都可以在 Excel 中使用。

2.5.1　地理地图

地理地图（Geographic map）通常被定义为展示物理现实的地理特征和排列的图表。

美国的地理地图展示了各州的边界以及各州的排列方式。**分级统计图**（Choropleth map）是地理地图中的一种，它使用颜色的深浅或者不同的颜色或符号来表示按地理区域或行政区域划分的定量或分类变量。

让我们考虑创建一个美国各州人口的分级统计图，其中颜色用于表示每个州的人口。较深的颜色表示较多的人口数量，较浅的颜色表示较少的人口数量。

人口数据可以在文件 *StatePopulation* 中找到。数据集的一部分如图 2-18 所示。

以下步骤将使用深浅程度不同的颜色创建一个分级统计图，以表示每个州的人口规模。

	A	B
1	州	2020年估计人口/人
2	加利福尼亚州	39 937 489
3	得克萨斯州	29 472 295
4	佛罗里达州	21 992 985
5	纽约州	19 440 469
6	宾夕法尼亚州	12 820 878
7	伊利诺伊州	12 659 682
8	俄亥俄州	11 747 694
9	佐治亚州	10 736 059
10	北卡罗来纳州	10 611 862

图 2-18 *StatePopulation* 部分数据

步骤 1 选择单元格 A1:B51。

步骤 2 单击菜单栏中的**"插入"**选项卡。

步骤 3 单击**"图表"**中的**"地图"**按钮 。

选择**"着色地图"**。

在按照 2.2 节所述编辑图表标题后，我们得到图 2-19 中的美国地图。该地图显示美国人口最多的州是加利福尼亚州、得克萨斯州、佛罗里达州和纽约州。

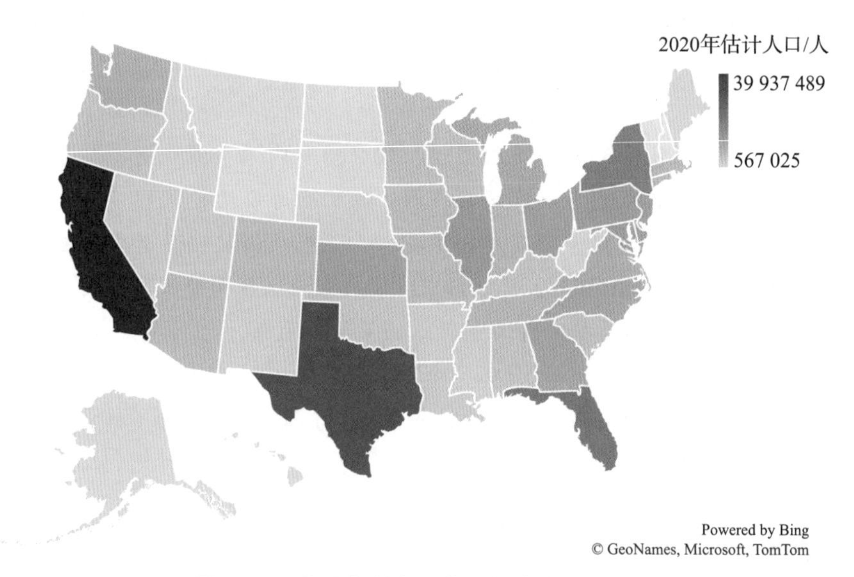

图 2-19 美国各州人口的分级统计图

对于具有分类数据的分级统计图，让我们思考亚马逊如何能够如此快速地向美国客户交付包裹的例子。亚马逊从分销中心分发客户订单，这些分销中心储存了亚马逊销售的大部分产品。文件 *AmazonFulfill* 包含按美国各州分类的数据，其中用"是"或"否"来表示该州是否至少有一个亚马逊分销中心。亚马逊分销中心数据集的一部分如图 2-20 所示。

	A	B
1	州	亚马逊分销中心
2	亚拉巴马州	是
3	阿拉斯加州	否
4	亚利桑那州	是
5	阿肯色州	是
6	加利福尼亚州	是
7	科罗拉多州	是
8	康涅狄格州	是
9	特拉华州	是
10	佛罗里达州	是

图 2-20　亚马逊分销部分数据

选择单元格 A1:B51 并按照美国各州人口例子中列出的步骤 2 ～步骤 3 得到如图 2-21 所示的地图。亚马逊在美国 50 个州中的 38 个州至少拥有一个分销中心。没有分销中心的州往往人口相对稀少或地处偏远。显然，亚马逊有很多分销中心，以确保其交货时间。

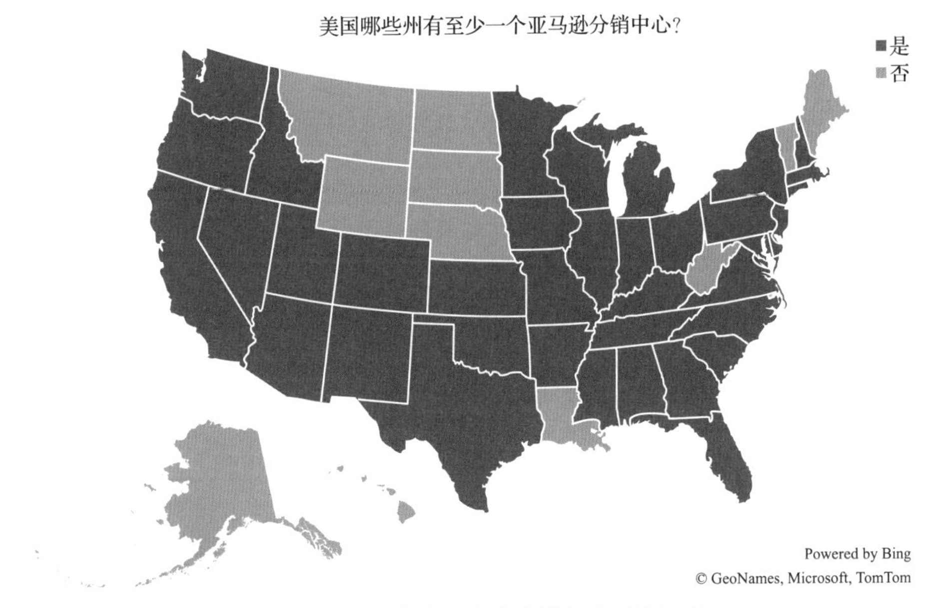

图 2-21　用颜色表示分类变量的分级统计图

接下来我们考虑两种有用的（非地理）地图类型。

2.5.2　热图

热图（Heat map）是数据的二维图形表示，它使用颜色的深浅来表示数值大小。让我们观察文件 *SameStoreSales* 中的数据，如图 2-22 所示。其中行对应于商店位置，列对应于一年中的月份，给出的百分比表示商店销售额的同比变化。这种百分比变化指标通常用于零售行业，被称为“同店销售额”。例如，圣路易斯商店 1 月份的销售额比去年同期下降了 2%。

	A	B	C	D	E	F	G	H	I	J	K	L	M
1		一月	二月	三月	四月	五月	六月	七月	八月	九月	十月	十一月	十二月
2	圣路易斯	–2%	–1%	–1%	0%	2%	4%	3%	5%	6%	7%	8%	8%
3	凤凰城	5%	4%	4%	2%	2%	–2%	–5%	–8%	–6%	–5%	–7%	–8%
4	奥尔巴尼	–5%	–6%	–4%	–5%	–2%	–5%	–5%	–3%	–1%	–2%	–1%	–2%
5	奥斯汀	16%	15%	15%	16%	18%	17%	14%	15%	16%	19%	18%	16%
6	辛辛那提	–9%	–6%	–7%	–3%	3%	6%	8%	11%	10%	11%	13%	11%
7	旧金山	2%	4%	5%	8%	4%	2%	4%	3%	1%	–1%	1%	2%
8	西雅图	7%	7%	8%	7%	5%	4%	2%	0%	–2%	–4%	–6%	–5%
9	芝加哥	5%	3%	2%	6%	8%	7%	8%	5%	8%	10%	9%	8%
10	亚特兰大	12%	14%	13%	17%	12%	11%	8%	7%	7%	8%	5%	3%
11	迈阿密	2%	3%	0%	1%	–1%	–4%	–6%	–8%	–11%	–13%	–11%	–10%
12	明尼阿波里斯市	–6%	–6%	–8%	–5%	–6%	–5%	–5%	–7%	–5%	–2%	–1%	–2%
13	丹佛	5%	4%	1%	1%	2%	3%	1%	–1%	0%	1%	2%	3%
14	盐湖城	7%	7%	7%	13%	12%	8%	5%	9%	10%	9%	7%	6%
15	罗利	4%	2%	0%	5%	4%	3%	5%	5%	9%	11%	8%	6%
16	波士顿	–5%	–5%	–3%	4%	–5%	–4%	–3%	–1%	1%	2%	3%	5%
17	匹兹堡	–6%	–6%	–4%	–5%	–3%	–3%	–1%	–2%	–2%	–1%	–2%	–1%

图 2-22 *SameStoreSales* 文件中的同店销售额数据

图 2-23 展示了图 2-22 中给出的同店销售额数据的热图。图 2-23 中红色阴影单元格表示当月同店销售额下降，蓝色阴影单元格表示当月同店销售额上升。

	A	B	C	D	E	F	G	H	I	J	K	L	M
1		一月	二月	三月	四月	五月	六月	七月	八月	九月	十月	十一月	十二月
2	圣路易斯	–2%	–1%	–1%	0%	2%	4%	3%	5%	6%	7%	8%	8%
3	凤凰城	5%	4%	4%	2%	2%	–2%	–5%	–8%	–6%	–5%	–7%	–8%
4	奥尔巴尼	–5%	–6%	–4%	–5%	–2%	–5%	–5%	–3%	–1%	–2%	–1%	–2%
5	奥斯汀	16%	15%	15%	16%	18%	17%	14%	15%	16%	19%	18%	16%
6	辛辛那提	–9%	–6%	–7%	–3%	3%	6%	8%	11%	10%	11%	13%	11%
7	旧金山	2%	4%	5%	8%	4%	2%	4%	3%	1%	–1%	1%	2%
8	西雅图	7%	7%	8%	7%	5%	4%	2%	0%	–2%	–4%	–6%	–5%
9	芝加哥	5%	3%	2%	6%	8%	7%	8%	5%	8%	10%	9%	8%
10	亚特兰大	12%	14%	13%	17%	12%	11%	8%	7%	7%	8%	5%	3%
11	迈阿密	2%	3%	0%	1%	–1%	–4%	–6%	–8%	–11%	–13%	–11%	–10%
12	明尼阿波里斯市	–6%	–6%	–8%	–5%	–6%	–5%	–5%	–7%	–5%	–2%	–1%	–2%
13	丹佛	5%	4%	1%	1%	2%	3%	1%	–1%	0%	1%	2%	3%
14	盐湖城	7%	7%	7%	13%	12%	8%	5%	9%	10%	9%	7%	6%
15	罗利	4%	2%	0%	5%	4%	3%	5%	5%	9%	11%	8%	6%
16	波士顿	–5%	–5%	–3%	4%	–5%	–4%	–3%	–1%	1%	2%	3%	5%
17	匹兹堡	–6%	–6%	–4%	–5%	–3%	–3%	–1%	–2%	–2%	–1%	–2%	–1%

图 2-23 同店销售额热图

我们利用以下步骤创建如图 2-23 所示的热图。

步骤 1 选择单元格 B2:M17。
步骤 2 单击菜单栏中的**“开始”**选项卡。
步骤 3 单击**“样式”**中的**“条件格式”**。
选择**“色阶”**，单击**“蓝 - 白 - 红色阶”**。

图 2-23 中的热图能够帮助读者轻松识别趋势和模式。我们可以看到，奥斯汀全年都呈现增长，而匹兹堡的同店销售额一直为负。辛辛那提的同店销售额在年初为负数，但在 5 月之后逐渐转为正值。此外，我们可以通过颜色阴影区分奥斯汀的强劲正增长和芝加哥不太显著的正增长。销售经理可以使用如图 2-23 所示的热图来识别可能需要采取对策的商店，以及可能为最佳实践提供建议的商店。热图可以有效地用于跨时间和空间传递数据。

2.5.3 树状图

树状图（Treemap）使用矩形的大小、颜色和排列来显示不同类别的定量变量的大小，每个类别都可进一步分解为不同子类别。矩形的大小代表一个类别 / 子类别中定量变量的大小。矩形的颜色代表类别，一个类别的所有子类别排列在一起。

进一步分解为子类别的分类数据称为分层数据。**分层数据**（Hierarchical data）可以用树状结构表示，其中树的分支指向不同类别和子类别。例如，让我们观察 *BrandValues* 文件中给出的前十大最有价值品牌数据，数据如图 2-24 所示。

	A	B	C
1	行业	品牌	价值/10亿美元
2	科技	苹果	205.5
3	科技	谷歌	167.7
4	科技	微软	125.3
5	科技	亚马逊	97.0
6	科技	脸书	88.9
7	饮料	可口可乐	59.2
8	科技	三星	53.1
9	休闲娱乐	迪士尼	52.2
10	汽车	丰田	44.6
11	餐饮	麦当劳	43.8

图 2-24 *BrandValues* 文件数据

资料来源：https://www.forbes.com。

注：脸书的创始人马克·扎克伯格于 2021 年 10 月 28 日宣布将公司名称更改为 Meta（来源于 Metaverse，即元宇宙）。Meta 作为官方公司名称，涵盖 Facebook、Instagram、WhatsApp、Messenger、Horizon 等业务领域，脸书这一社交平台的名称不改变。

图 2-25 显示了这些数据的层次结构（或称为树结构）。树的根节点是前十大最有价值品牌。类别是每个公司所处的行业，子类别是品牌名称，品牌价值是数量变量。

图 2-26 是品牌价值数据的树状图示例。通过以下步骤使用 *BrandValues* 文件中的数据在 Excel 中创建树状图。

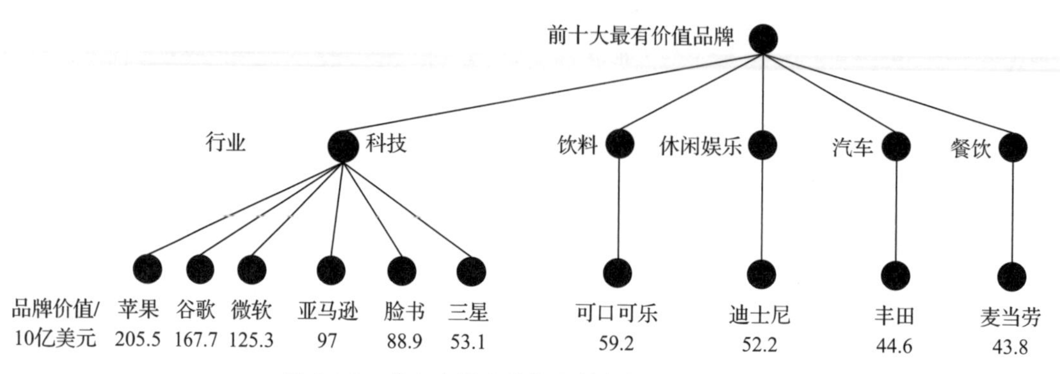

图 2-25　前十大最有价值品牌数据的层次结构

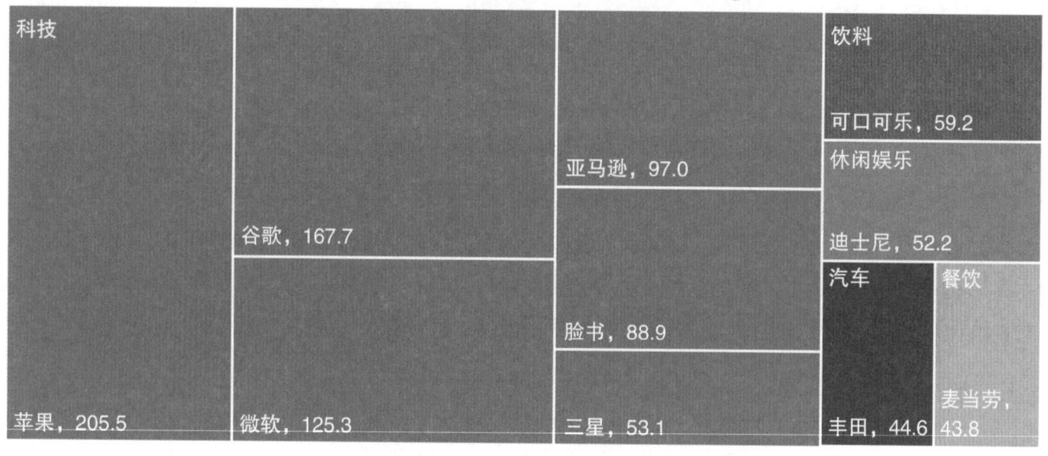

图 2-26　前十大最有价值品牌树状图

步骤 1　选中单元格 A1:C11。

步骤 2　按以下步骤根据行业对数据进行排序。

单击菜单栏中的**“数据”**选项卡。

单击**“排序和筛选”**中的**“排序”**按钮。

在**“排序”**对话框的下拉菜单中选择**“行业”**。

在**“次序”**下拉菜单中选择**“升序”**。

步骤 3　单击菜单栏中**“插入”**选项卡。

单击**“图表”**中的**“插入层次结构图表”**。

在下拉菜单中选择**“树状图”**。

要展示品牌价值，采用以下步骤。

步骤 4　选中任一品牌标签后右击。

选择**“设置数据标签格式”**。

在下拉菜单中选择**“文本选项”**，选择**“标签选项”**，勾选**“值”**。

图 2-26 所示树状图中的颜色对应于行业。每个矩形代表一个品牌，矩形的大小表示品牌价值的大小。我们看到，前十名中有六个科技品牌。苹果、谷歌和微软是品牌价值最高的三个。

2.6　何时使用表格

一般来说，图表（Chart）通常能比表格（Table）更快、更容易地向读者传达信息，但在某些情况下，表格更合适。在以下情况下应使用表格：

- 需要参考具体数值。
- 需要在不同的值之间进行精确的比较，而不仅仅是相对比较。
- 展示的值具有不同的单位或非常不同的量级。

让我们来看看 Gossamer Industries 的案例。当 Gossamer Industries 的会计部门汇总公司的年度数据时，收入和支出的具体数值很重要，而不仅仅是相对值。因此，这些数据应呈现在类似于表 2-1 的表格中。读者可以在 Gossamer 文件中获得这些数据。

表 2-1　Gossamer Industries 每月收入与支出准确值表

	月份						总和
	一月	二月	三月	四月	五月	六月	
支出 / 美元	48 123	56 458	64 125	52 158	54 718	50 985	326 567
收入 / 美元	64 124	66 125	67 125	48 178	51 785	55 678	353 015

类似地，如果“准确了解每月收入超过支出多少”这一信息很重要，那么最好将其显示为表格，而不是如图 2-27 所示的折线图。

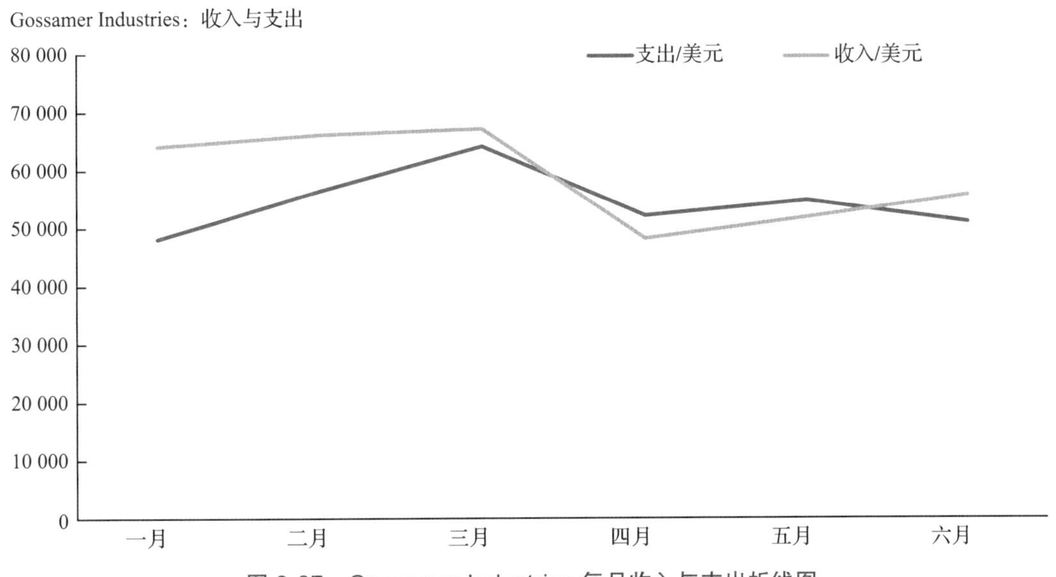

图 2-27　Gossamer Industries 每月收入与支出折线图

请注意，从图 2-27 中很难确定每月收入和支出的具体数值。我们可以使用数据标签添加这些值，但它们会使图形变得杂乱。一个更好的解决方案是将图表和表格组合起来，如图 2-28 所示，以便读者可以轻松查看每月收入和支出的变化，同时也可以了解准确的数值。

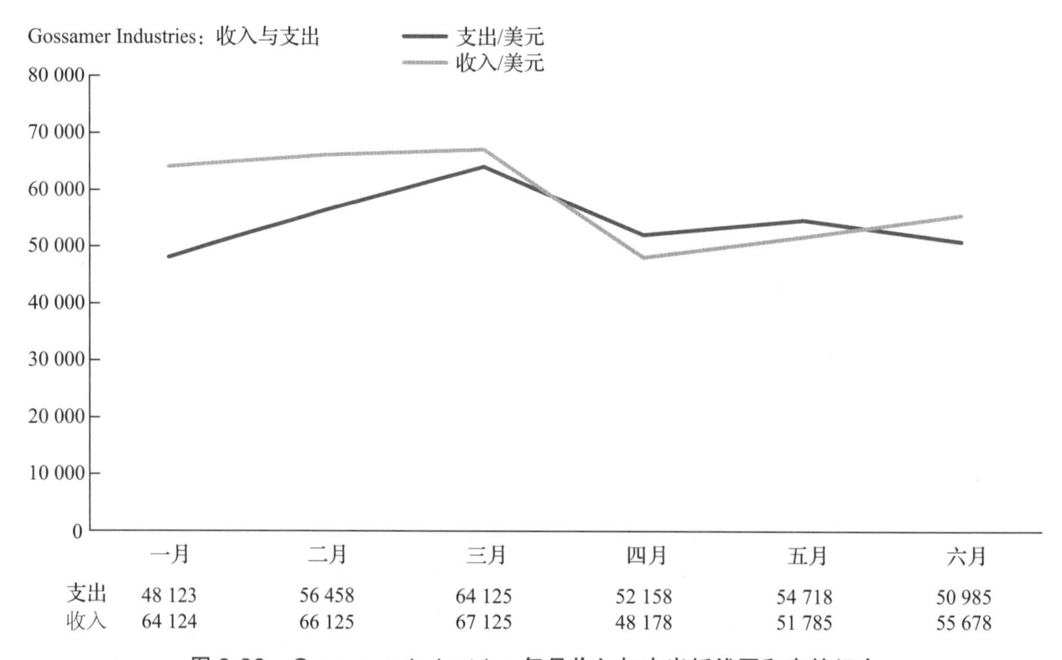

图 2-28 Gossamer Industries 每月收入与支出折线图和表的组合

以下步骤显示了如何创建如图 2-28 所示的带有表格的折线图。

步骤 1 选中单元格 A2:G4。

步骤 2 单击菜单栏中的**“插入”**选项卡。

步骤 3 单击**“图表”**中的**“插入折线图或面积图”**按钮。

步骤 4 当柱形图和条形图子类型列表出现时，单击**“折线图”**按钮。

步骤 5 单击图表的任意位置。

单击**“图表元素”**按钮 +。

勾选**“数据表”**。

依照 2.2 节所述编辑图表。

现在假设我们希望显示每个月的收入、支出和员工人数数据。支出和收入以美元衡量，员工人数以人数衡量。尽管所有这些值可以用多个纵轴一起展示在折线图上，但是通常不建议采取这种做法。因为这些值的大小差异很大（支出和收入为数万美元，而员工人数为每月 10 人左右），很难在单个图表上解释变化情况。因此，建议使用类似于表 2-2 的表格。

表 2-2　Gossamer Industries 员工人数、支出与收入

	月份						总和
	一月	二月	三月	四月	五月	六月	
员工人数	8	9	10	9	9	9	
支出 / 美元	48 123	56 458	64 125	52 158	54 718	50 985	326 567
收入 / 美元	64 124	66 125	67 125	48 178	51 785	55 678	353 015

2.7　其他专业图表

在本节中，我们将讨论另外三种图表类型：瀑布图、股价图和漏斗图。瀑布图和股价图主要用于财务分析，而漏斗图则主要用于营销和销售分析。

2.7.1　瀑布图

瀑布图（Waterfall chart）是一种可视化显示图表，展示了正负变化对感兴趣变量的累积影响。它可以展示一系列类别（例如不同时间段）感兴趣变量的变化，变化的幅度由在先前累积变化基础上的柱形的高度表示。

让我们继续采用 Gossamer Industries 的例子，观察文件 *GossamerGP* 中的数据，如图 2-29 所示。其中毛利润是收入和成本之间的差额。

	A	B	C	D	E	F	G	H
1	月份							
2		一月	二月	三月	四月	五月	六月	总和
3	支出/美元	48 123	56 458	64 125	52 158	54 718	50 985	326 567
4	收入/美元	64 124	66 125	67 125	48 178	51 785	55 678	353 015
5	毛利润/美元	16 001	9 667	3 000	−3 980	−2 933	4 693	26 448
6								

图 2-29　Gossamer 支出、收入与毛利润数据

利用以下步骤创建如图 2-30 所示的瀑布图。

步骤 1　选中单元格 A2:H2，按住“Ctrl”键的同时选中单元格 A5:H5。

步骤 2　单击菜单栏中的**“插入”**选项卡。

步骤 3　单击**“图表”**中的**“插入瀑布图、漏斗图、股价图、曲面图或雷达图”**按钮。当子类型列表出现后，单击**“瀑布图”**按钮。

注意，在初始图表中，“总和”被视为另一个月份。以下步骤将使“总和”正确显示，如图 2-30 所示。

步骤 4　双击“总和”的柱形以激活**“设置数据系列格式”**任务窗格，再次单击该柱形以激活**“设置数据点格式”**任务窗格。

步骤 5　当**“设置数据点格式”**任务窗格出现后，单击**“系列选项”**按钮。勾选**“设置为总和”**。

随后依照 2.2 节所述编辑图表。

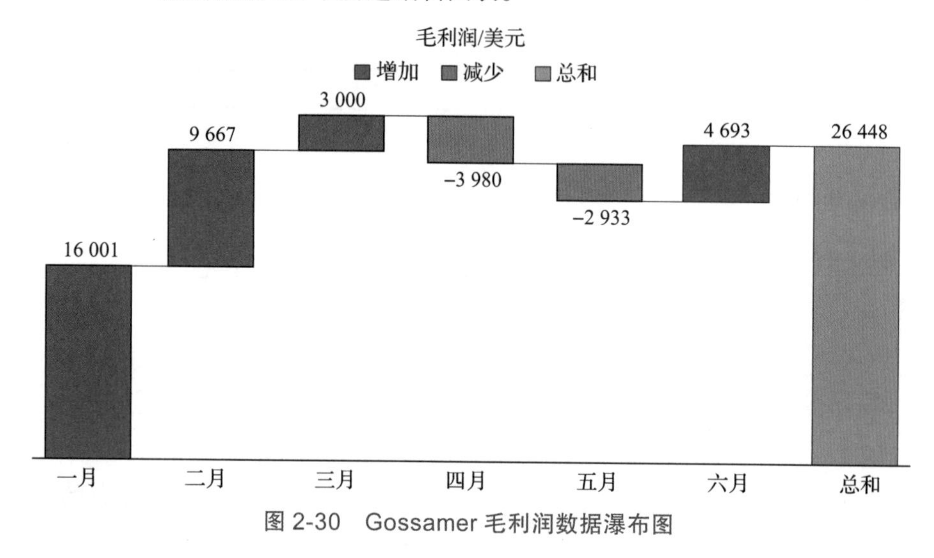

图 2-30　Gossamer 毛利润数据瀑布图

图 2-30 显示了按月划分的毛利润，蓝色表示毛利润为正值，橙色表示毛利润为负值。柱形的上端或下端数值表示毛利润的累积水平。对于正向变化，柱形的上端是累积水平，对于负向变化，柱形的下端是累积水平。在这里，我们看到累积毛利润从 1 月到 3 月上升，在 4 月和 5 月下降，在 6 月上升到累积毛利润 26 448 美元。

2.7.2 股价图

股价图（Stock chart）是股票价格随时间变化的图形显示。让我们观察文件 *Verizon* 中给出的电信公司 Verizon Communications 的股票价格数据。如图 2-31 所示，其中列出了 4 月的 5 个交易日的数据：日期、开盘价（交易日开始时的每股价格）、最高价（交易日内观察到的每股最高价）、最低价（交易日内观察到的每股最低价）、收盘价（交易日结束时的每股价格）。

	A	B	C	D	E
1	日期	开盘价	最高价	最低价	收盘价
2	4月20日	58.10	58.91	57.96	58.13
3	4月21日	57.39	58.04	56.72	56.82
4	4月22日	57.41	58.57	57.23	57.99
5	4月23日	58.12	58.66	57.47	57.59
6	4月24日	57.64	57.99	56.83	57.93

图 2-31　Verizon Communications 股价数据

Excel 提供了四种不同类型的股票图表。我们在这里说明最简单的一种，即盘高 - 盘低 - 收盘股价图。[⊖]**盘高 - 盘低 - 收盘股价图**（High-low-close stock chart）是显示股票价

⊖ Excel 还提供开盘 - 盘高 - 盘低 - 收盘图、成交量 - 盘高 - 盘低 - 收盘图、成交量 - 开盘 - 盘高 - 盘低 - 收盘图。这些图表将股票开盘价和交易量的数据添加到基本的盘高 - 盘低 - 收盘图中。

格在几个时间点的最高价、最低价和收盘价的图表。每个时间点的最高价和最低价之间的差异由垂直条表示，收盘价由条上的标记表示。

以下步骤用于创建 Verizon 股票价格数据的盘高 – 盘低 – 收盘股价图，如图 2-32 所示。

步骤 1 选中单元格 A1:A6，按住“Ctrl”键，同时选中单元格 C1:E6。

步骤 2 单击菜单栏中的**“插入”**选项卡。

步骤 3 单击**“图表”**中的**“插入瀑布图、漏斗图、股价图、曲面图或雷达图”**按钮。

当子类型列表出现后，单击**“盘高 – 盘低 – 收盘图”**按钮。

依照 2.2 节所述编辑图表。

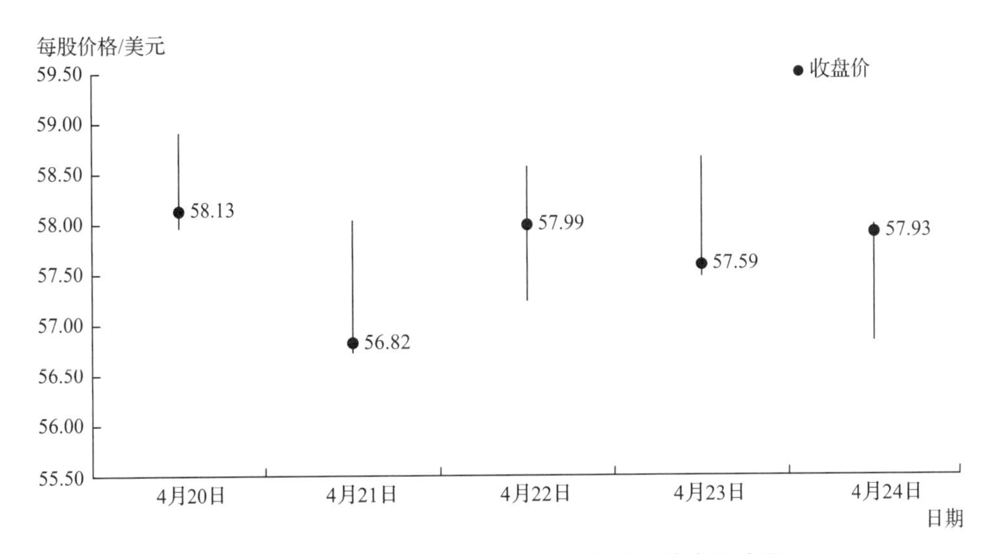

图 2-32 Verizon Wireless 盘高 – 盘低 – 收盘股价图

利用以下步骤添加收盘价标签与标记。

步骤 4 单击**“图表元素”**按钮，选中**“数据标签”**。

步骤 4 在每个垂直条上放置了三组标签（每股最高价、收盘价和最低价）。利用以下步骤清理不必要的显示元素。

步骤 5 单击任一每股最高价标签，按“删除”键。对每股最低价标签进行同样的操作。

步骤 6 在某一垂直条上，单击收盘价标签对应的数据点。

步骤 7 当**“设置数据系列格式”**任务窗格出现后，单击**“填充与线条”**按钮，再单击**“标记”**。

在**“填充”**下，选择**“纯色填充”**，并在**“颜色”**右侧的下拉菜单中选择**“黑色”**。

在**“边框”**下，选择**“实线”**，并在**“颜色”**右侧的下拉菜单中选择**“黑色”**。

在**“宽度”**右侧选择**“3 磅”**。

图 2-32 给出了 5 天的每股收盘价。我们看到，在 4 月 20 日、21 日和 23 日，价格在交易价格区间的低端附近收盘。4 月 24 日收盘价接近当日最高价。4 月 22 日收盘价接近交易价格区间的中间位置。

2.7.3 漏斗图

另一个专业的图表是漏斗图。漏斗图（Funnel chart）显示了各种嵌套类别的定量变量从较大值到较小值的变化过程。漏斗图通常用于显示通过一系列步骤转换为最终销售的销售线索的进展情况。在一系列嵌套类别中，任何较大值到较小值的进展都可以用漏斗图来说明。作为一个例子，让我们观察一家公司，其目标是增加数据科学家团队中合格成员的数量。数据科学家的招聘过程包括以下步骤：①发布招聘广告，候选人申请成为申请人；②对申请人进行技术测试，通过者被视为技术合格；③技术合格的申请人被邀请进行 Zoom 面试，根据 Zoom 面试结果，部分技术合格的申请人成为入围者，并被邀请参加现场面试；④根据考试成绩和现场面试结果，确定向部分入围者提供职位；⑤最终录用。

此例子的数据在文件 *DataScienceSearch* 中，如图 2-33 所示。利用这些数据制作的漏斗图如图 2-34 所示。首先，我们给出了创建此图表的步骤，接着提供了图表的简要总结。

	A	B
1	阶段	申请人数量/人
2	申请	51
3	技术合格	37
4	入围	12
5	提供职位	7
6	最终录用	4

图 2-33 数据科学家招聘数据

以下步骤用于创建如图 2-34 所示的漏斗图。

步骤 1 选中单元格 A1:B6。

步骤 2 单击菜单栏中的**“插入”**选项卡。

步骤 3 单击**“图表”**中的**“插入瀑布图、漏斗图、股价图、曲面图或雷达图”**按钮。

当子类型列表出现后，单击**“漏斗图”**按钮。

依照 2.2 节所述编辑图表。

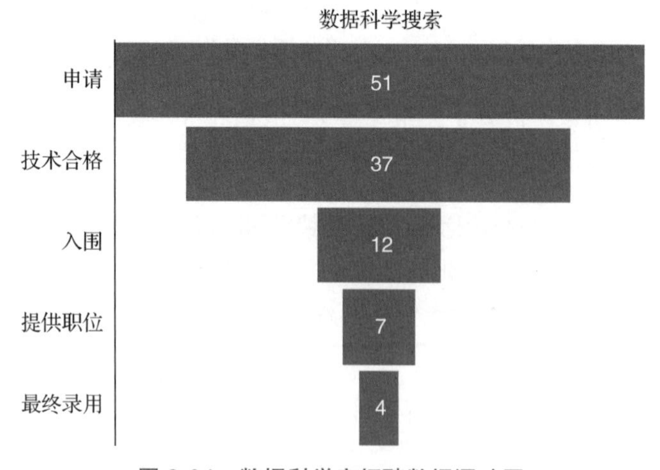

图 2-34 数据科学家招聘数据漏斗图

漏斗图显示了随着流程的进展，申请人“领域”不断缩小的过程。我们看到这个过程从拥有 51 名申请人开始，到录用 4 名新员工结束。具体来说，我们观察到 Zoom 面试将范围从 37 名技术合格的申请人缩小到 12 名受邀参加现场面试的入围者。

2.8 图表选择指南与总结

在本节中，我们对本章进行了总结，讨论了图表选择的指南。

2.8.1 图表选择指南

规则通常存在例外情况，即使在数据可视化专家之间也经常存在分歧，因此我们根据可视化目标和正在分析的数据类型提供一般性建议。

目标：展示关系。

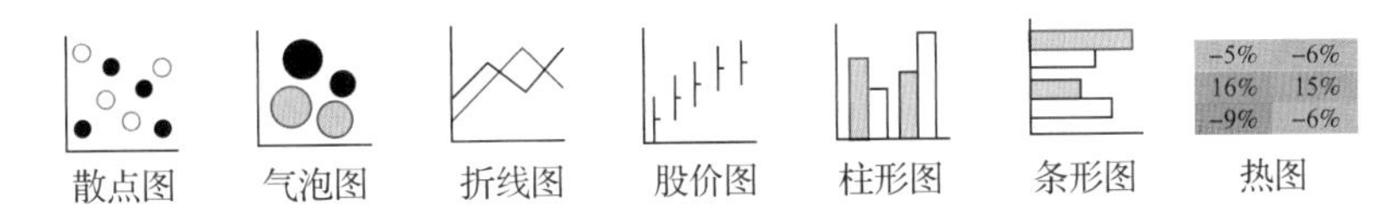

为了显示两个定量变量之间的关系，我们推荐使用散点图。一个例子是图 2-7 的散点图中显示的平均低温和平均降雪量数据。在处理三个定量变量时，可以使用气泡图。折线图可用于强调连续数据点的模式，通常用于显示随时间变化的关系。股价图可用于显示时间和股票价格之间的关系。柱形图、条形图和热图可用于显示类别之间存在的关系。

目标：展示分布。

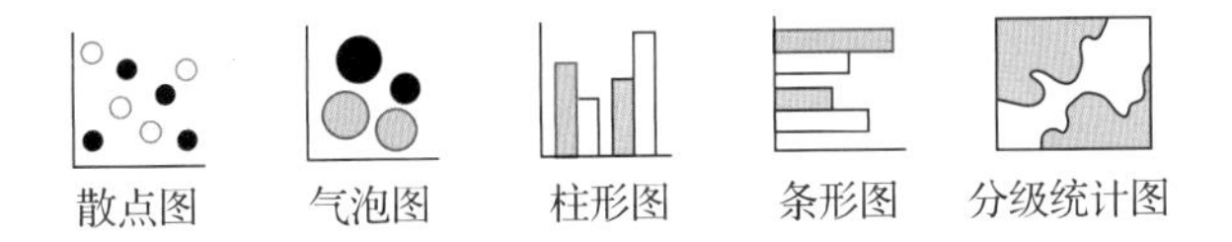

除了可用于显示定量变量之间的关系外，散点图和气泡图还可用于显示定量变量值如何在每个变量的范围内分布。例如，从图 2-7 中的散点图可以看出，51 个城市中只有 2 个城市的年平均降雪量大于 80 英寸。

柱形图和条形图可用于显示感兴趣变量在离散类别或时间段内的分布。例如，图 2-5 显示了动物园参观人数按时间（月）的分布。如前所述，随着时间的推移，应该使用柱形图而不是条形图，因为柱形图可以更自然地展示从左到右的时间进展。分级统计图显示了地理空间上定量或分类可行的分布。图 2-19 和图 2-21 就是相应的例子。

目标：展示组成。

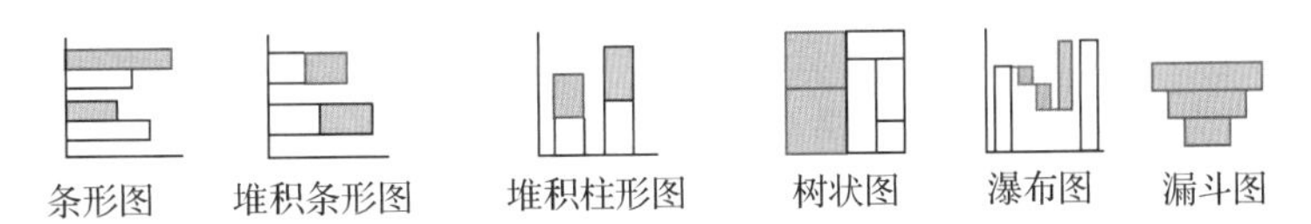

当目标是展示实体的组成时，条形图是一个不错的选择，它可以按对整体的贡献进行排序。图 2-2 中的纽约市预算分配金额就是一个例子。堆积条形图适合显示不同类别的组

成，堆积柱形图适合显示时间序列的组成。图 2-17 中按地区划分的 Cheetah Sports 的销售额是一个包含时间序列数据的堆积柱形图的好例子。

树状图可以显示分类变量之间存在层次结构的情况下的组合。在图 2-26 中，我们看到了行业内公司的品牌价值（感兴趣的定量变量）。例如，前十名中的六个品牌由科技企业组成，所有其他板块仅各有一个品牌。

瀑布图可以显示感兴趣的定量变量随时间或类别的组成。例如，图 2-30 显示了毛利润随时间变化的组成。漏斗图还显示了从漏斗底部到顶部的组合，即漏斗顶部的原始集合的组合。图 2-34 中招聘流程就是一个漏斗图的例子。

虽然饼图的目标是显示组成，但我们不建议使用饼图，原因将于下一节中讨论。

目标：展示排名。

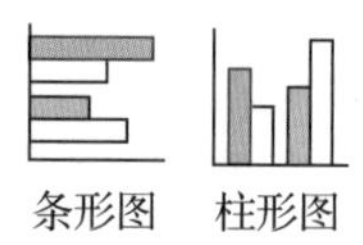

条形图和柱形图都对跨类别感兴趣的横截面定量数据进行排序，可以有效地显示类别在定量变量上的排名顺序。如图 2-2 所示，纽约市预算中按支出分配排列的十个类别就是一个例子。

在尝试选择图表类型时，我们建议先了解受众的需求以确定图表的目标，并了解拥有的数据类型，然后根据本节提供的指导选择图表。与大多数分析工具一样，在对数据可视化做出最终决策之前尝试不同的方法非常重要。

2.8.2　应避免的图表

在本节中，我们将讨论一些应该避免的图表。许多数据可视化专家认为应该避免使用一些图表，通常是因为图表过于杂乱，或者大多数读者需要花费太多精力才能快速准确地解释图表。在这里，我们提供了一些我们认为应该避免使用的图表的指导。

正如我们在本章开头的数据可视化改造案例中已经讨论过的，许多专家建议应该避免使用饼图：考虑使用条形图，而不是饼图。这是因为科学表明，我们更擅长评估长度的差异，而不是角度和面积。尤其是在按长度排序时，长度上的细微差异可以比面积更好地被观测到。另外，使用条形图可以简化图表，因为不再需要为每个类别设置不同的颜色。图 2-1 和图 2-2 显示了饼图和条形图之间的区别，并说明了为什么首选后者。

另一个要避免的图表是雷达图。**雷达图**（Radar chart）也称为蜘蛛图或网络图，是在极坐标网格上显示多个定量变量的图表，每个变量都设有一个轴。每个轴上的定量值与给定类别的线相连。多个类别可以叠加在同一个雷达图上。

让我们观察为 Newton 提供所需组件的四个供应商的绩效数据。Newton 制造高性能台式计算机，Newton 的管理层需要选择供应商来提供组件，并收集了有关延迟发货百分比、交付的缺陷组件百分比以及每个供应商的单位成本的数据。这些数据在文件 *NewtonSuppliers* 中，如图 2-35 所示。图 2-36 是根据这些数据创建的雷达图。

	A	B	C	D
1	供应商	延迟发货百分比（%）	缺陷组件百分比（%）	每单位成本/美元
2	Ace	7	3	3.00
3	Beaty	10	4	3.00
4	Foster	3	1	3.00
5	Rolf	11	3	3.00

图 2-35　Newton 组件供应商绩效数据

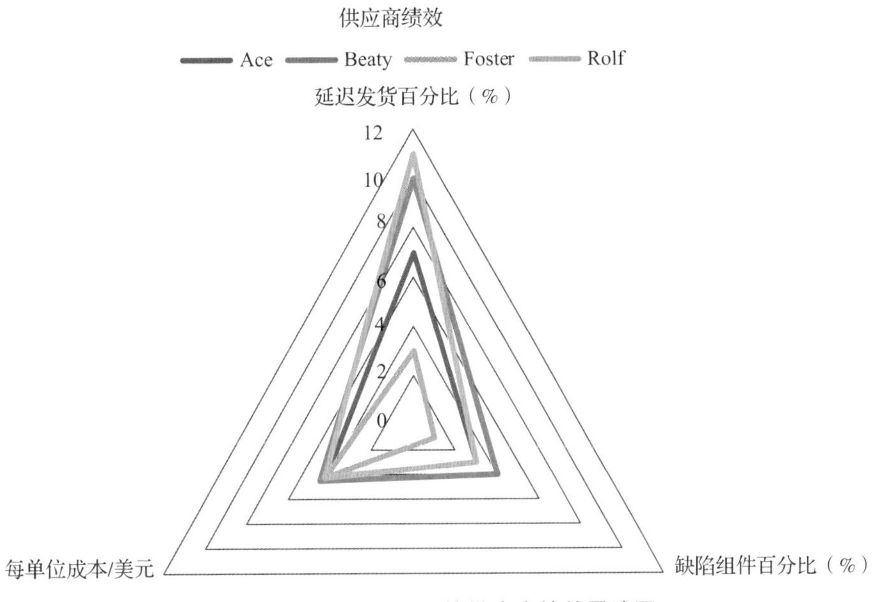

图 2-36　Newton 组件供应商绩效雷达图

图 2-36 中的雷达图有三个坐标轴，对应图 2-35 中的三列数据。幸运的是，这三个变量的数值大小大致相同，差异很大的变量会扭曲雷达图。四个供应商各有不同的颜色，数据通过线条连接。由于 Newton 可能希望延迟发货百分比、缺陷组件百分比和单位成本的值较低，因此占主导地位的供应商的图形将完全位于其竞争对手内部。从图 2-36 可以看出，供应商 Foster 可能是最佳选择，但在图中很难区分每单位的成本。从中可以看出，即使使用这个非常小的数据集，雷达图也非常拥挤，使读者难以解读。

或许更好的选择是图 2-37 所示的簇状柱形图。在这里我们可以看到，Foster 在延迟发货百分比和缺陷组件百分比方面明显更好，并且在价格上具有竞争力。请注意，对于更多的供应商而言，即使是簇状柱形图也会变得杂乱无章。通常，制造商会开发一个评分模型，以便计算出评分并用于比较供应商。

除了过于杂乱等问题之外，雷达图的另一个问题是，随着因子数量的增加，它变得更趋向圆形，并存在与饼图相同的问题。最后，虽然在我们的三因素示例中并不那么明显，但实际上雷达图中轴的顺序可以极大地改变雷达图呈现的画面，从而改变读者的感知。基于这些原因，我们建议避免使用雷达图。

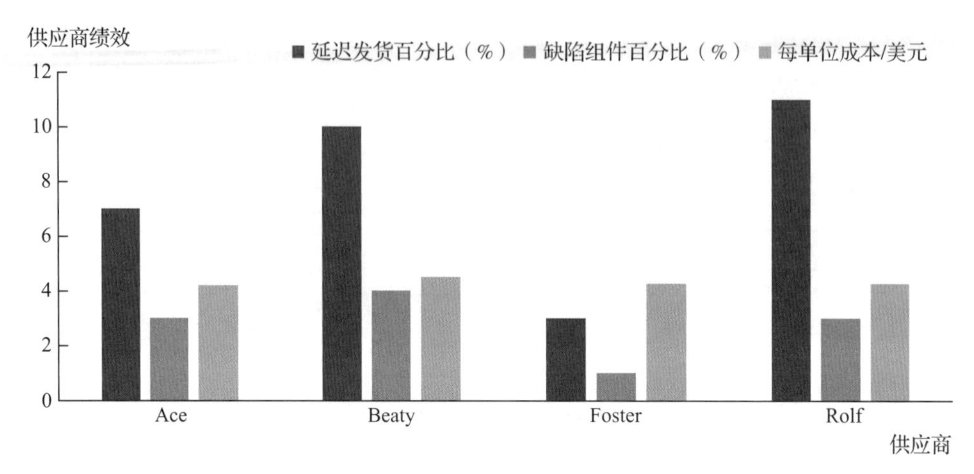

图 2-37　Newton 组件供应商绩效簇状柱形图

另一种让许多人难以阅读的图表是面积图。**面积图**（Area chart）是一种线条之间的区域用颜色填充的折线图。图 2-38 是图 2-13 所示 Cheetah Sports 区域销售数据的面积图。面积图显示了体量并传达了连续性，但更简单的折线图（例如图 2-14）或堆积柱形图（例如图 2-17）提供了更清晰简明的替代方案。

在第 3 章中，我们将更详细地讨论如何消除图表中的混乱。

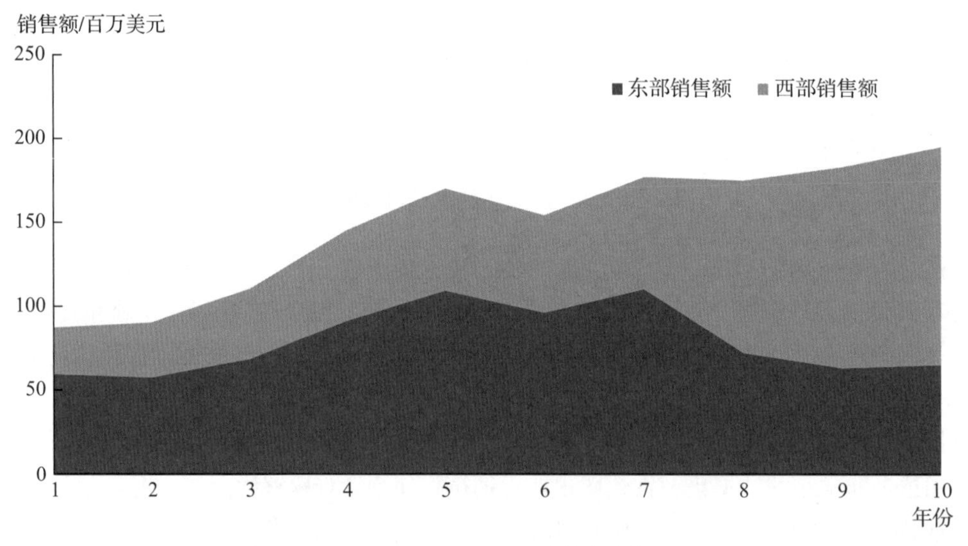

图 2-38　Cheetah Sports 区域销售数据面积图

Excel 还提供组合图。**组合图**（Combo chart）在同一个图表上组合了两个单独的图表，例如柱形图和折线图。双轴图是组合图的一种形式，这一内容将在第 9 章中讨论。组合图可能会显得过于杂乱且难以解释，尤其是当包含多条纵轴时。

最后，我们建议始终避免在选择的任何图表上使用不必要的维度。许多 Excel 图表有二维和三维版本。我们建议避免使用三维版本，因为第三个维度通常不会增加额外的信息量，但会导致更多的混乱。

2.8.3　Excel 的推荐图表工具

Excel 通过其推荐图表工具为图表选择提供指导。**“推荐的图表”**按钮位于菜单栏的**“插入”**选项卡的**“图表”**中。以下步骤使用图 2-3 所示文件 *Zoo* 中的动物园参观人数数据演示了推荐图表工具的使用方法。

步骤 1　选中单元格 A1:B13。

步骤 2　单击菜单栏的**“插入”**选项卡。

步骤 3　单击**“图表”**中的**“推荐的图表”**按钮 推荐的图表。

“插入图表”对话框如图 2-39 所示，推荐了四种不同的图表类型：柱形图（也显示在右侧）、条形图、漏斗图和组合图。单击左侧四个图表中的任何一个，都会将该图表放大并显示在右侧，与图 2-39 中右侧显示柱形图的方式相同。这样可以在提交图表之前查看图表的放大版本。

步骤 4　选择**“簇状柱形图”**图表，单击**“确定”**按钮。

依照 2.2 节所述编辑图表。

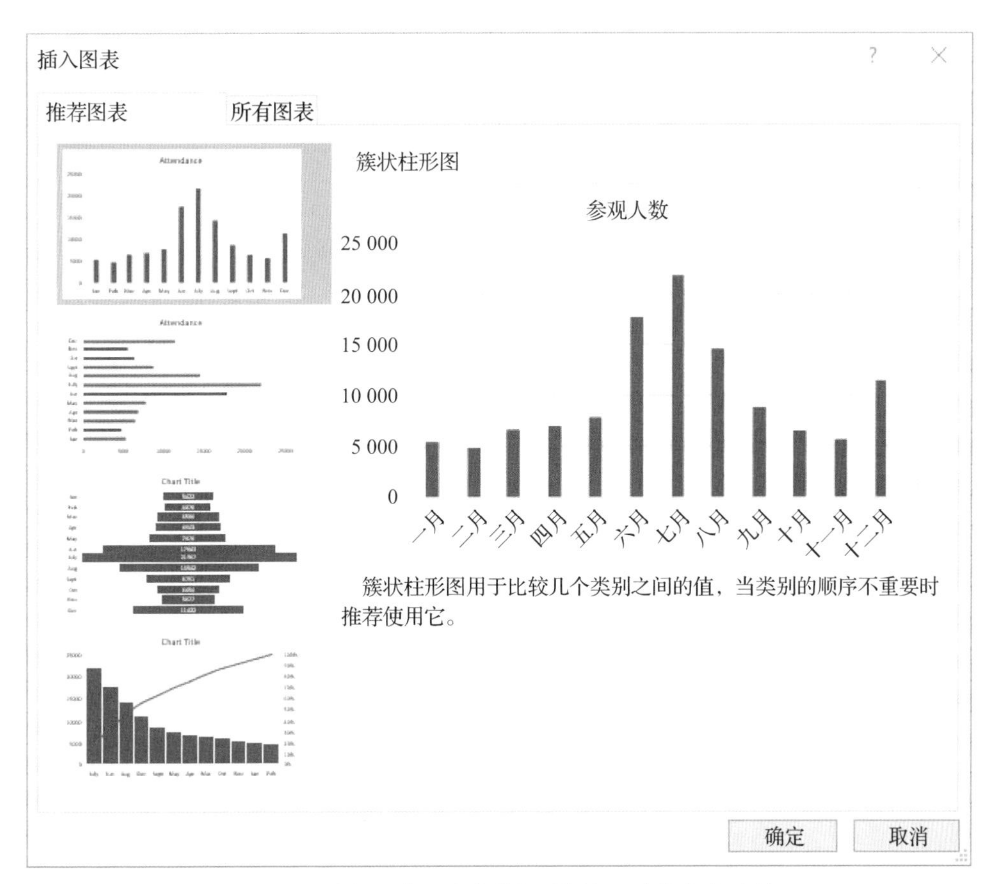

图 2-39　动物园参观人数数据“插入图表”任务窗格

注释和评论

1. 单击**"推荐的图表"**按钮后，可以看到从**"插入图表"**任务窗格中选择**"所有图表"**选项卡会生成所有可用的图表类型的列表。单击任何列出的图表可提供所选图表的预览。因此，在菜单栏的**"插入"**选项卡的"图表"中选择图表的替代方法是单击**"推荐的图表"**按钮，选择**"所有图表"**选项卡并从列表中选择。
2. 推荐图表工具并不总是推荐与本章建议一致的图表类型。事实上，有时我们不推荐的图表类型会显示为推荐图表下的选项。在图 2-39 所示的最后两个选择中，这一情况很明显。使用漏斗图来展示动物园参观人数是一个糟糕的选择，因为该图无法显示从高值到低值的自然过程。同样，组合图表按照参观人数降序对月份进行排序，如果目标是更好地了解参观人数随时间变化的模式，选择组合图表可能对这些时间序列数据没有用处。

◎ 总结

在本章中，我们讨论了分析的目标和数据类型如何影响图表选择。我们提供了在 Excel 中创建和编辑图表的详细步骤。我们还讨论了各种流行的图表类型，并提供了在 Excel 中创建这些图表的步骤。

散点图显示成对的定量变量，对于检测模式非常有用。气泡图是一种通过不同大小的点（气泡）表示第三个定量变量的散点图。折线图是一种用线连接点的散点图。折线图同散点图一样，非常适合检测模式，对于时间序列数据非常有用。折线图通过连接代表数据点的点，比散点图体现出更明显的连续性。

柱形图通过使用柱形的高度来表示定量变量按类别或时间段表示的数量级。簇状柱形图是使用不同的颜色和并排的柱形显示多个定量变量的柱形图。堆积柱形图是通过使用颜色表示子类别对总数的贡献来显示每列组成的柱形图。

与柱形图类似，条形图用长度来表示定量变量的大小，但它使用水平条形而不是垂直柱形。簇状条形图和堆积条形图与其对应的柱形图相似，但它们使用水平条形而不是垂直柱形来表示定量变量的大小。

我们还讨论了三种类型的地图。分级统计图是使用颜色的深浅或者不同颜色或符号来表示按地理区域或行政区域划分的定量或分类变量的地理地图。热图是数据的二维图形表示，它使用不同的颜色来表示数值大小。树状图使用不同大小的矩形和颜色来显示与层次类别相关的定量数据。我们简要讨论了何时使用表格或表格和图表的组合：如果需要展示精确值，表格或表格和图表的组合可能是最佳选择。

我们讨论了三个专业的图表：瀑布图、股价图和漏斗图。瀑布图显示了一个感兴趣变量的正负变化的累积效应。股价图显示随着时间的推移有关股票股价的各种信息。例如，盘高 - 盘低 - 收盘股价图显示了股票价格随时间变化的最高价、最低价和收盘价。漏斗图显示了定量变量在各种嵌套类别中从较大值到较小值的进展。

我们提供了有关如何根据图表的目标和显示的数据类型选择合适图表的指南，还讨论了一些要避免的图表类型。在本章最后，我们讨论了 Excel 中的推荐图表工具。

◎ 术语解析

面积图：线条之间的区域用颜色填充的一种折线图。

条形图：一种按类别显示定量变量的图表，使用水平条形的长度来显示定量变量的大小。

气泡图：使用不同大小的圆形（我们称之为气泡）来显示第三个定量变量的散点图。

分级统计图：一种使用颜色的深浅或者不同颜色或符号来表示按地理区域或行政区域划分的定量或分类变量的地理地图。

簇状条形图：一种显示不同类别或时间段的多个定量变量的图表，使用水平条形的长度表示定量变量的大小，并使用不同的条形和颜色表示不同的类别。

簇状柱形图：以不同颜色显示类别或时间段的多个定量变量的图表，柱形的高度表示定量变量的大小。

柱形图：按类别或时间段显示定量变量的图表，使用垂直条形显示定量变量的大小。

组合图：在同一图表上组合两个单独的图表（例如柱形图和折线图）的图表。

漏斗图：显示定量变量在各种嵌套类别中从较大值到较小值的变化过程的图表。

地理地图：显示物理现实的地理特征和排列的图表。

热图：数据的二维图形表示，使用深浅不同的颜色来表示数值大小。

分层数据：可以用树状结构表示的数据，其中树的分支代表不同类别和子类别。

盘高 - 盘低 - 收盘股价图：显示股票价格随时间变化的最高价、最低价和收盘价的图表。

折线图：使用一个点表示一对定量变量的值，一个值对应横轴，另一个值对应纵轴，并用一条线连接这些点。

雷达图：在极坐标网格上显示多个定量变量的图表，每个变量都设有一个轴。每个轴上的定量值与给定类别的线相连。

散点图：两个定量变量之间关系的图形表示。一个变量用横轴表示，另一个变量用纵轴表示，并且绘制出定量变量值的有序对。

堆积条形图：使用颜色表示每个子类别对总数的贡献的条形图。

堆积柱形图：显示部分到整体的比较的柱形图（无论是随着时间推移还是跨类别的比较）。不同的颜色或颜色的深浅用于表示柱形中整体的不同部分。

股价图：股票价格随时间变化的图形显示。

树状图：使用矩形的大小、颜色和排列来显示不同类别的定量变量的大小的图表，每个类别进一步分解为不同子类别。矩形的大小代表一个类别 / 子类别中定量变量的大小。矩形的颜色代表类别，一个类别的所有子类别排列在一起。

瀑布图：正负变化对感兴趣变量的累积影响的图形化展示。变化的依据可以是不同时间段或不同类别，变化的幅度由在先前累积变化基础上的柱形的高度表示。

◎ 练习题

概念题

1. **区域销量**。考虑以下按地区划分的销售额百分比的数据。**学习目标 3**

销售区域	占总销售额百分比
东部	28%
北部	14%
南部	36%
西部	22%

（1）应该使用条形图还是饼图来显示这些数据？解释说明。

（2）列出两种可以提高可解释性的改进图表格式。

2. **部门的学术构成**。你正在对公司部门的构成进行分析，目标是比较各部门的学术背景组合，你为学术背景定义了以下类别：商业、工程和其他。四个部门中每个部门的每个类别的员工所占百分比数据如下表所示。**学习目标 3**

部门	商业	工程	其他
A	84%	0%	16%
B	45%	43%	12%
C	48%	20%	32%
D	17%	68%	15%

哪种图表最适合显示这些数据？

3. **油价图**。以下两张图表（第一个是折线图，第二个是柱形图）均显示了美国连续 36 个月每加仑[㊀]汽油的平均价格（单位：美元）。**学习目标 3**

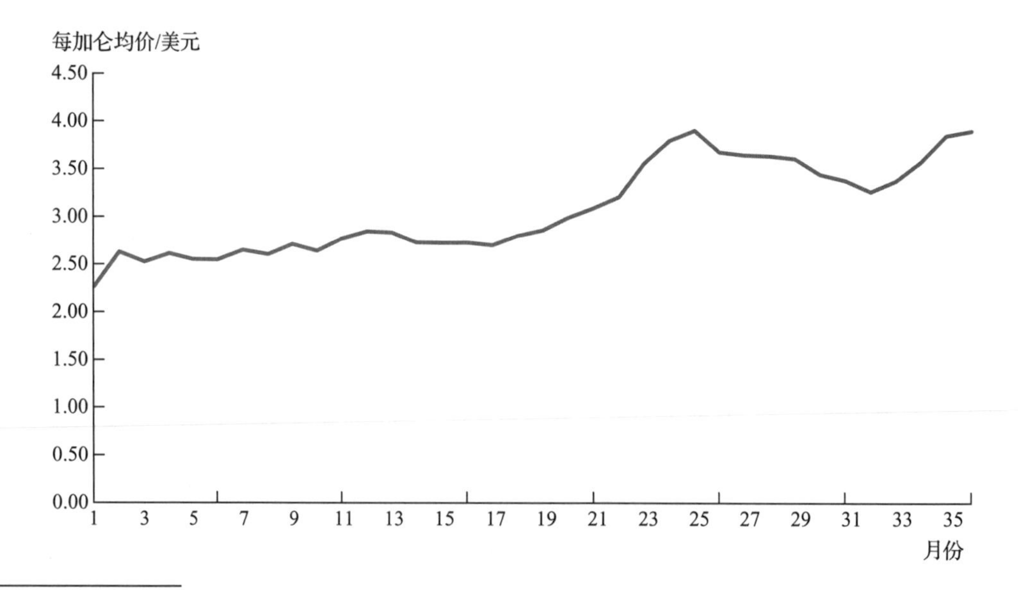

㊀ 1 美加仑≈3.785 分米^3

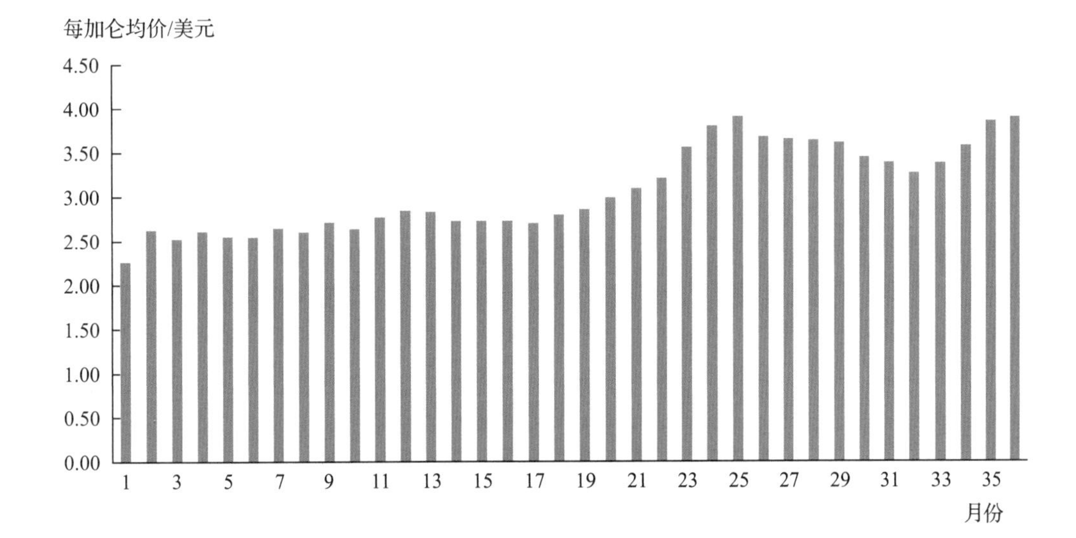

考虑以下图表，哪种图表更好地展示了数据？为什么？

1）折线图。

2）柱形图。

4. **皮卡车销售情况。**下图显示了美国制造商在一年内的皮卡车销量（资料来源：《华尔街日报》）。你必须选择其中一个图表进行编辑，以生成最终图表供你向管理层进行演示。**学习目标3、5**

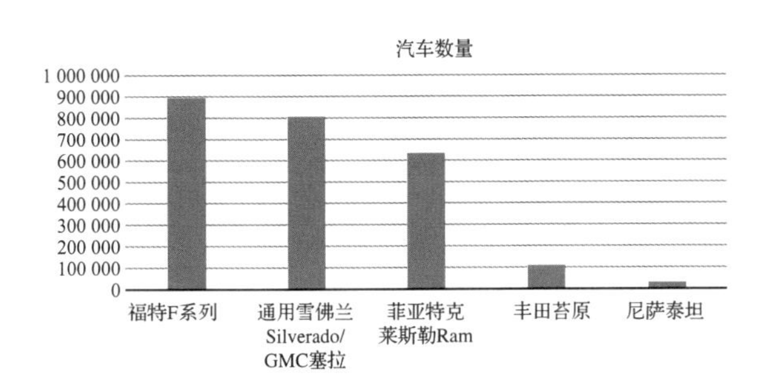

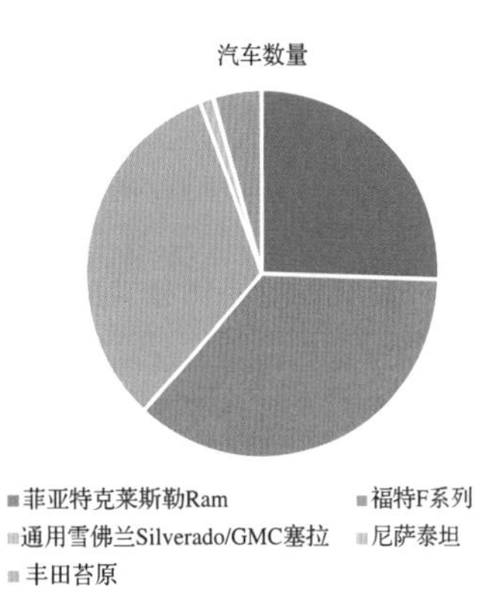

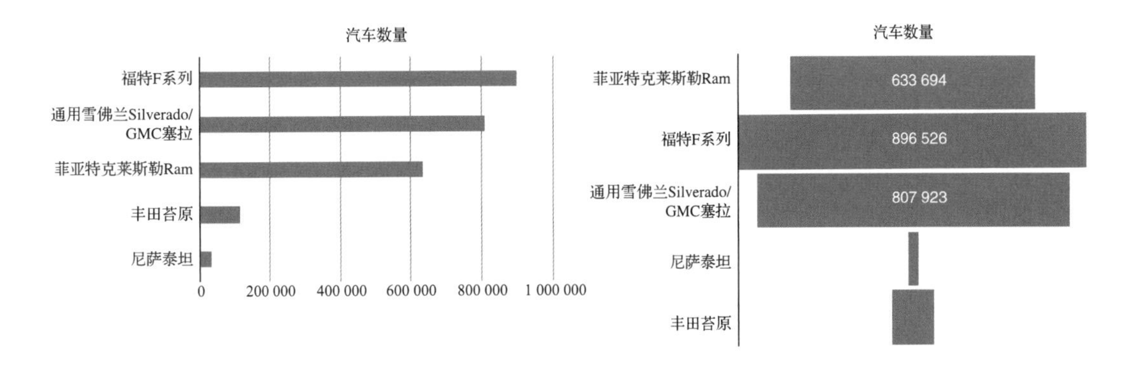

哪种图表最适合展示这些数据？为什么？

1）柱形图。

2）饼图。

3）条形图。

4）漏斗图。

5. **NCAA 女子篮球。**自 1994 年以来，NCAA 女子篮球锦标赛由 64 支球队的首发阵容，经过 63 场单淘汰赛，最终确定冠军。以下两个图表（漏斗图和条形图）显示了锦标赛从 64 支球队开始的进展情况。哪种图表最好地展示了这些数据？为什么？**学习目标 3**

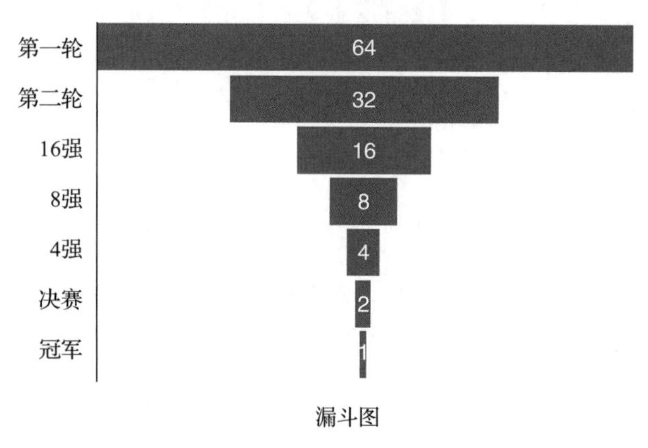

漏斗图

NCAA女子篮球锦标赛

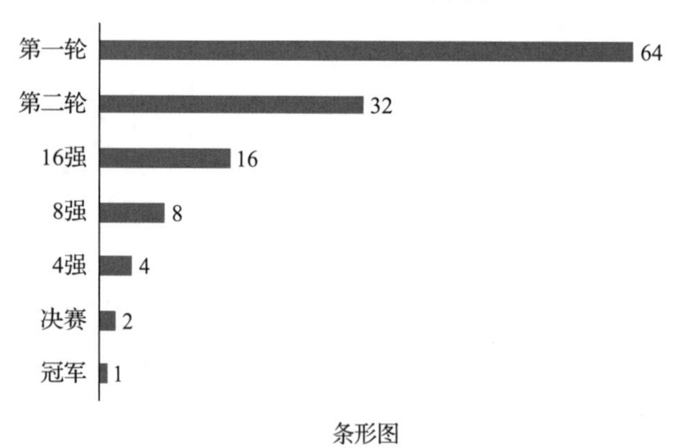

条形图

1）漏斗图。

2）条形图。

6. **全球机器人供给。**国际机器人联合会（The International Federation of Robotics）估计了每年全球工业机器人的供应量。下图显示了 2009 年至 2021 年全球工业机器人供应量的估计值，其中第一幅是折线图，第二幅是柱形图。哪种图表更好地展示了这些数据？为什么？**学习目标 3**

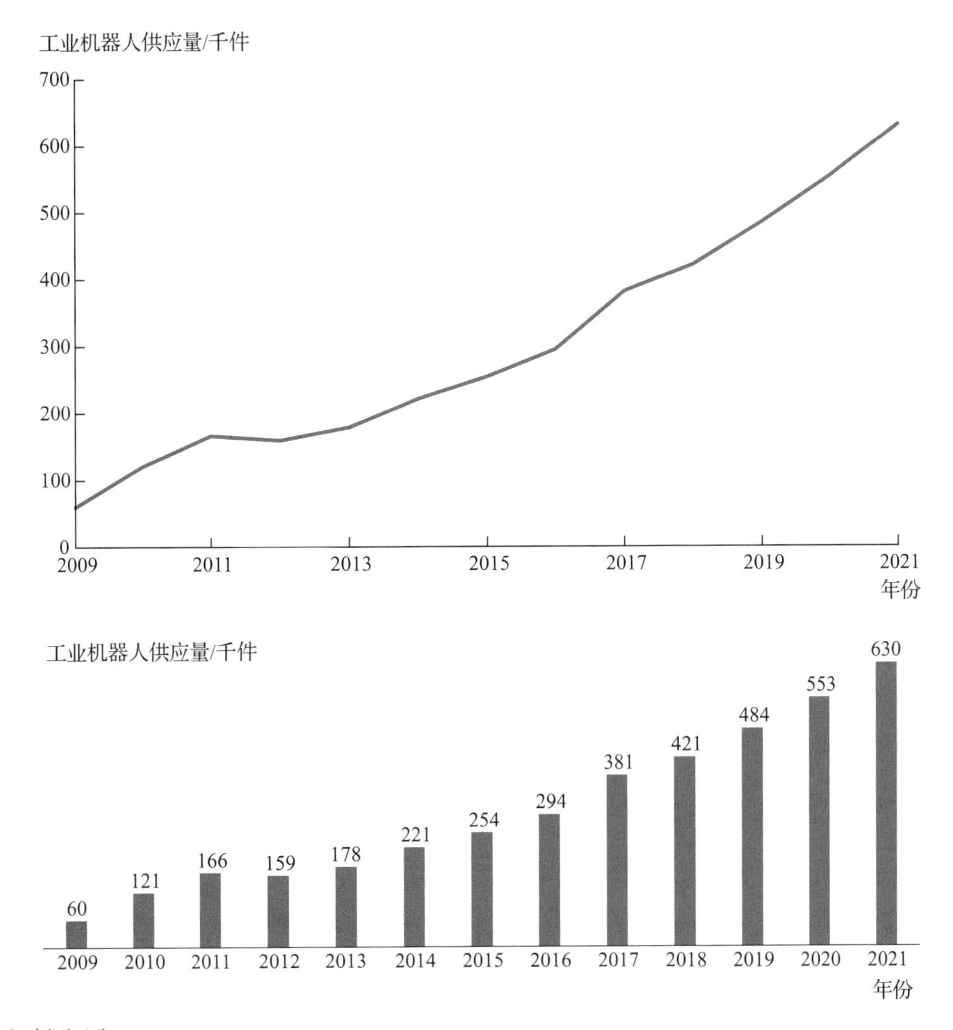

1）折线图。

2）柱形图。

7. **研发项目投资组合**。Ajax 公司使用投资组合方法来管理其研发项目。Ajax 希望保持混合项目以平衡其研发活动的预期回报和风险概况。考虑 Ajax 有六个研发项目的情况，如下表所示。每个项目都有一个期望回报率和一个风险估计值（一个介于 1 和 10 之间的值，其中 1 代表风险最小，10 代表风险最大）。Ajax 希望可视化当前的研发项目，以跟踪其研发组合的整体风险和回报。**学习目标 3**

项目	期望回报率（%）	风险估计值	投资资本 / 百万美元
1	12.6	6.8	6.4
2	14.8	6.2	45.8
3	9.2	4.2	9.2
4	6.1	6.2	17.2
5	21.4	8.2	34.2
6	7.5	3.2	14.8

以下哪种图表最适合展示这些数据？为什么？

1）堆积条形图。

2）折线图。

3）气泡图。

4）漏斗图。

8. **电子营销活动。**吉尔伯特家具公司为其高端台灯发起了一场新的营销活动。电子商务分析师 Lauren Stevens 一直在跟踪活动的进展，并根据发送给客户列表的电子邮件收集了以下数据：68%的人打开了电子邮件，29%的人点击了电子邮件中的网络链接，11%的人将台灯添加到购物车中，9%的人购买了台灯。**学习目标 3**

下列哪种图表最适合展示这些数据？

1）漏斗图。

2）堆积条形图。

3）折线图。

4）气泡图。

9. **选择最佳图表类型。**为下面描述的每个数据集选择最合适的图表类型（条形图、气泡图、分级统计图、折线图）。每种图表类型只使用一次。**学习目标 3**

（1）10 种产品的广告预算、销售人员数量、市场份额百分比。

（2）美国各州对薯片的年需求量（吨）。

（3）7 名区域销售人员的年销售额（百万美元）。

（4）1900—2020 年美国每年的人口。

10. **迪士尼门票价格。**下面三张图表显示了 2000 年至 2020 年迪士尼世界（Walt Disney World）普通门票的价格。第一幅是条形图，第二幅是面积图，第三幅是散点图。**学习目标 3**

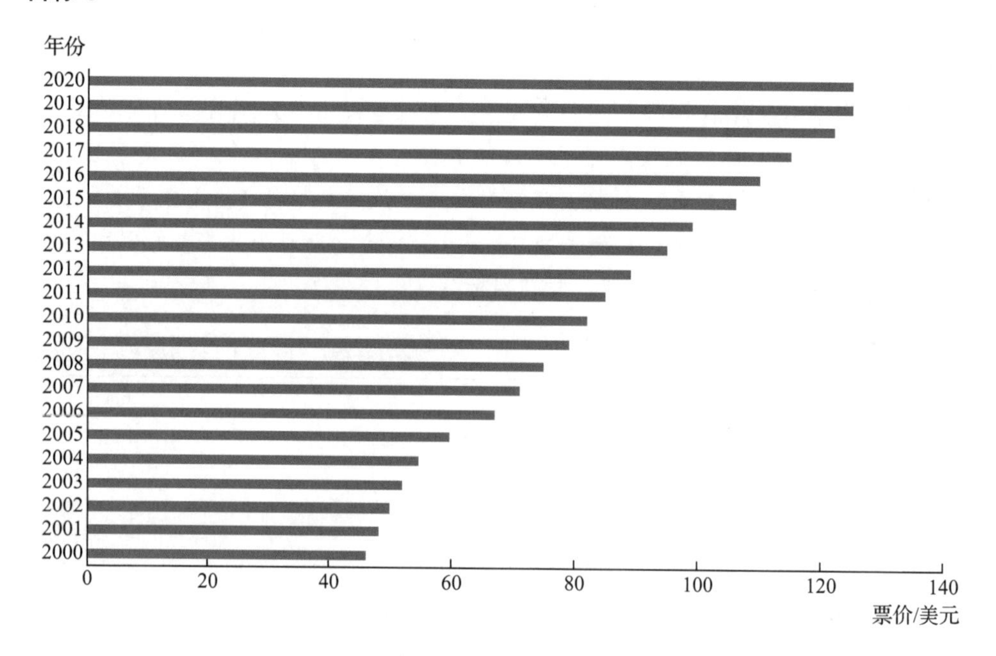

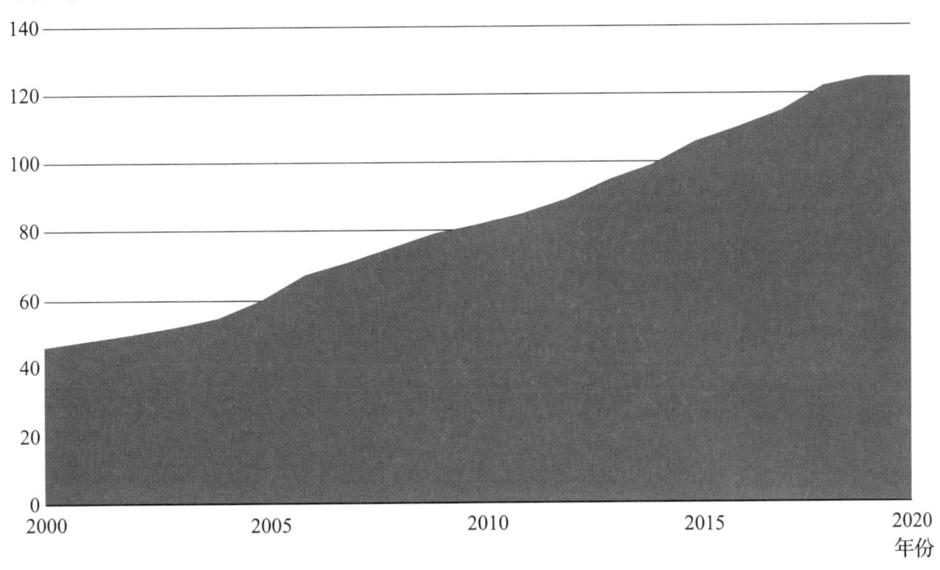

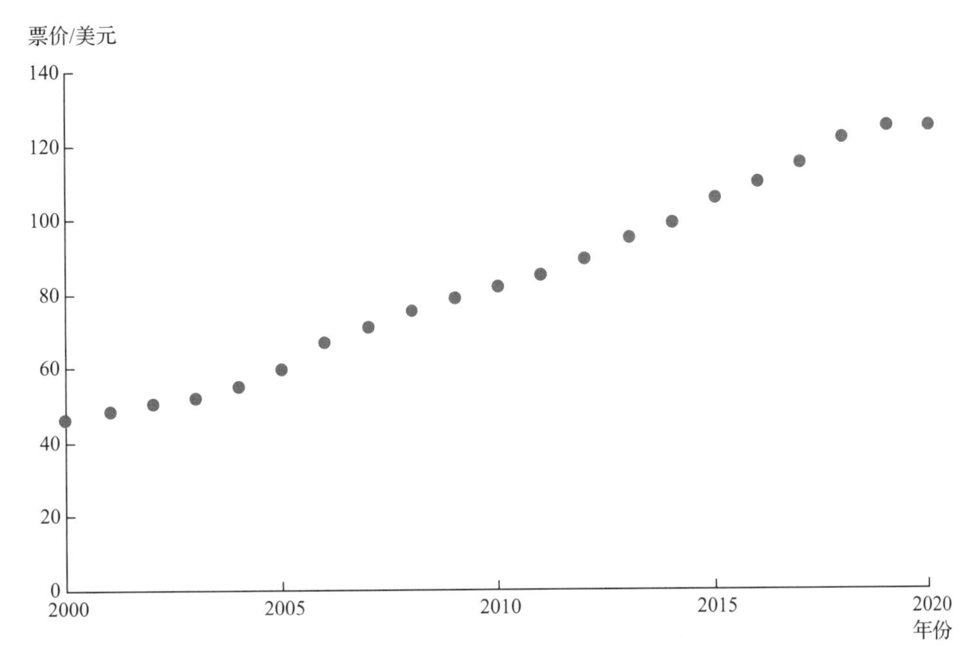

哪种图表更好地展示了这些数据？为什么？

1）条形图。

2）面积图。

3）散点图。

11. **探索私立大学。**学者以 103 所私立大学为样本，收集了关于创办年份、学费和费用（不包括食宿）以及在六年内获得学位的本科生百分比的数据（资料来源：《世界年鉴》）。以下两个图表分别绘制了学费与创办年份之间的关系，以及毕业率与创办年份之间的关系。**学习目标 4**

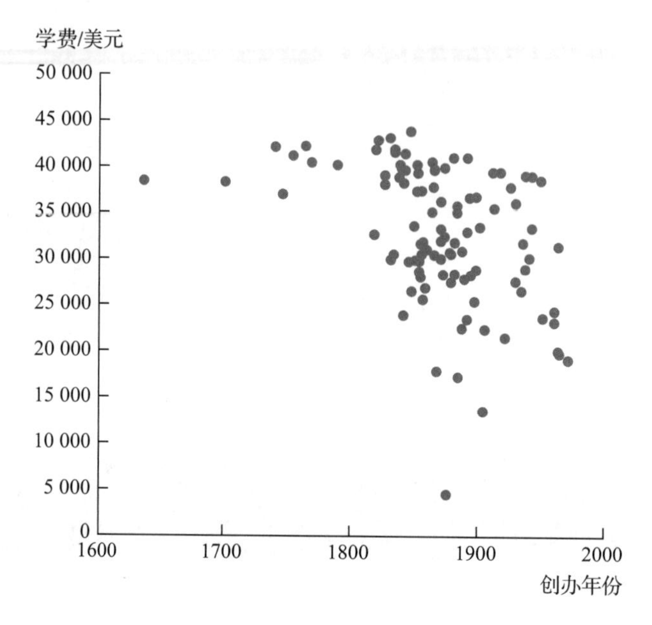

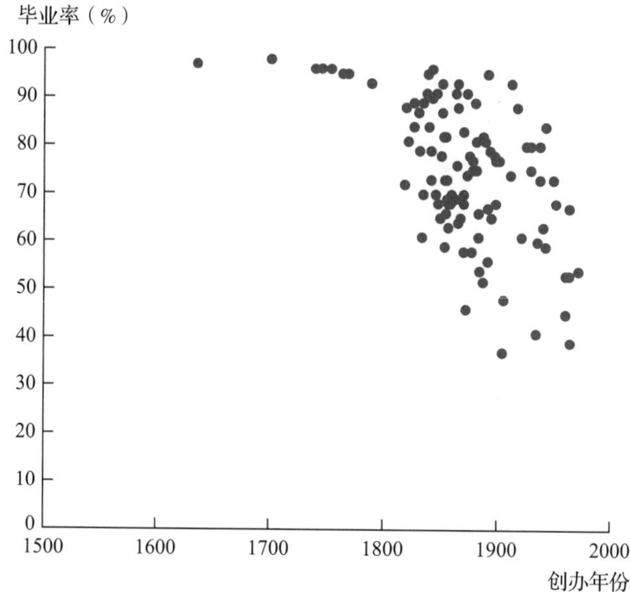

（1）这两张图表分别属于哪一种类型？

1）折线图。

2）散点图。

3）股价图。

4）瀑布图。

（2）以下哪项最好地描述了学费和创办年份之间的关系？

1）1800 年之前创办的私立大学价格昂贵，但 1800 年之后创办的私立大学学费差异较大。

2）私立大学的创办年份和学费之间没有明显的关系。

3）私立大学越新，学费越高。

（3）以下哪项最好地描述了毕业率与创办年份之间的关系？

1）私立大学的创办年份和毕业率之间没有明显的关系。

2）私立大学越新，毕业率越高。

3）1800 年之前创办的私立大学毕业率高，但 1800 年之后创办的私立大学毕业率差异较大。

12. **汽车产量数据。**国际汽车制造商组织（the Organisation Internationale des Constructeurs d'Automobiles，OICA）提供了世界范围内汽车制造商的生产数据。以下三个图表——一个折线图、一个带表格的折线图和一个簇状柱形图，显示了近五年来四个不同制造商的汽车产量。**学习目标 3**

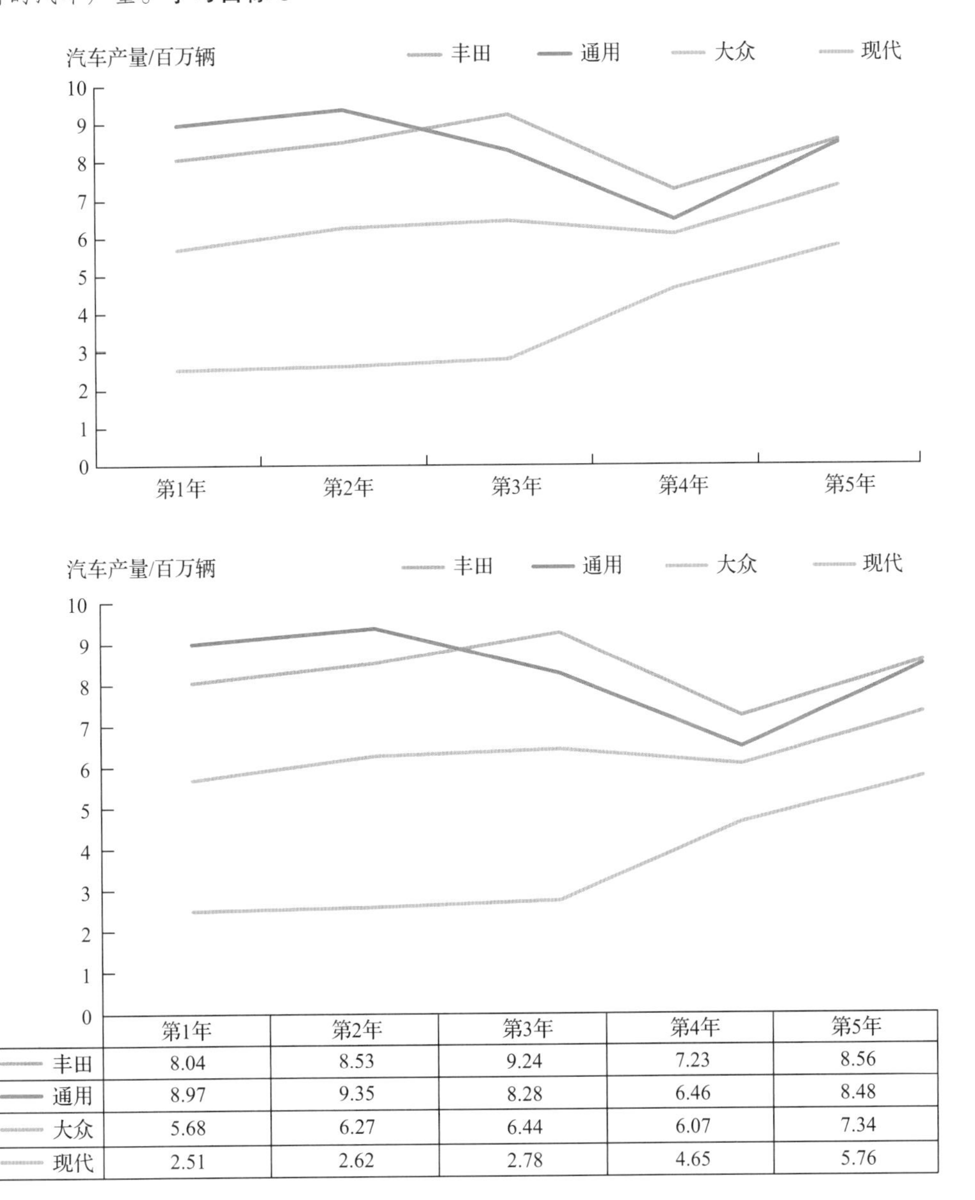

	第1年	第2年	第3年	第4年	第5年
丰田	8.04	8.53	9.24	7.23	8.56
通用	8.97	9.35	8.28	6.46	8.48
大众	5.68	6.27	6.44	6.07	7.34
现代	2.51	2.62	2.78	4.65	5.76

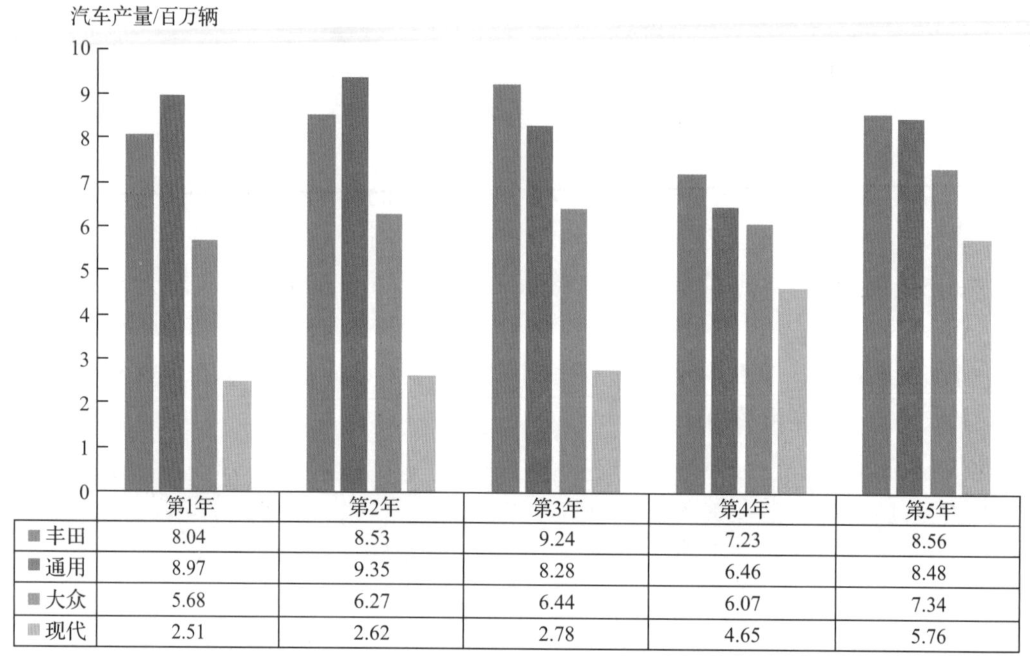

	第1年	第2年	第3年	第4年	第5年
丰田	8.04	8.53	9.24	7.23	8.56
通用	8.97	9.35	8.28	6.46	8.48
大众	5.68	6.27	6.44	6.07	7.34
现代	2.51	2.62	2.78	4.65	5.76

哪种图表更好地展示了这些数据？为什么？

1）折线图。

2）带表格的折线图。

3）带表格的簇状柱形图。

13. **新兴国家的智能手机拥有量。**假设我们有以下关于新兴国家人群中按年龄划分的智能手机拥有量的调查结果。**学习目标 3、4**

年龄类别	拥有智能手机比例（%）	拥有其他手机比例（%）	无手机比例（%）
18～24岁	49	46	5
25～34岁	58	35	7
35～44岁	44	45	11
45～54岁	28	58	14
55～64岁	22	59	19
65岁及以上	11	45	44

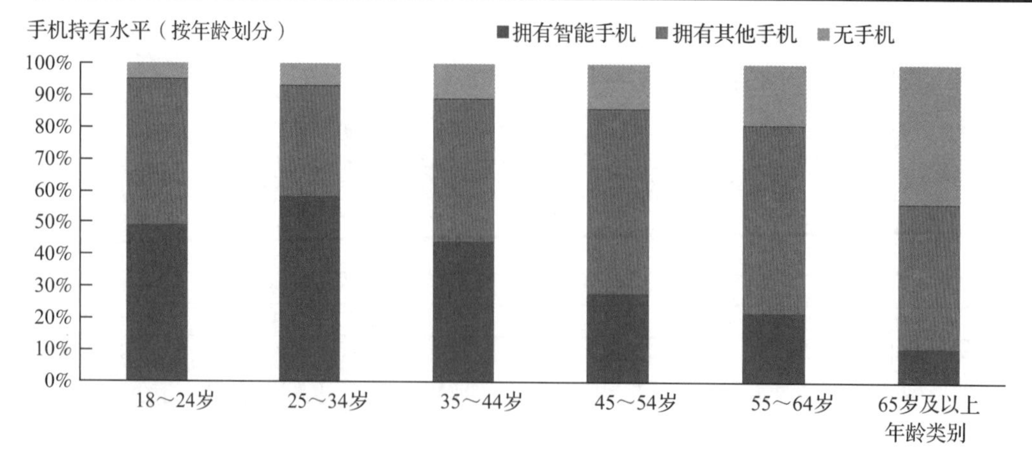

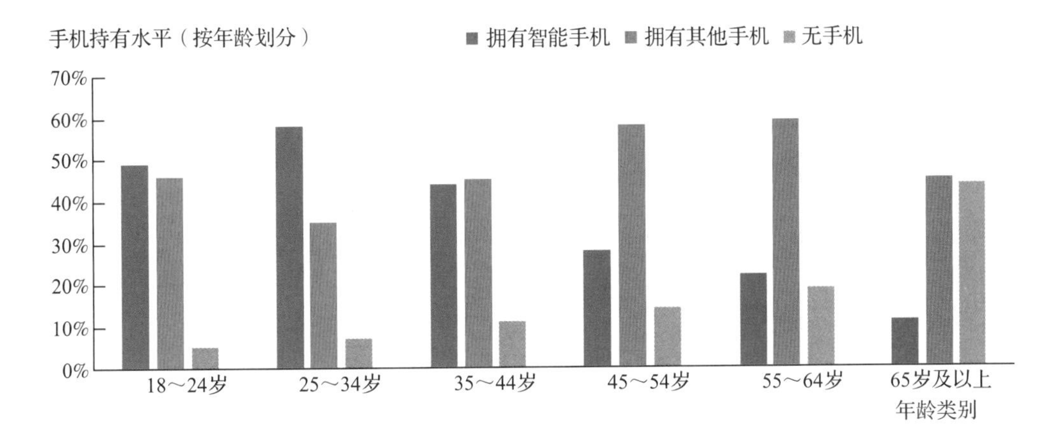

（1）以下哪种图表更好地展示了这些数据？

1）堆积柱形图。

2）簇状柱形图。

（2）与年轻人相比，老年人不太可能拥有智能手机。这一陈述是对还是错？

14. **家居用品需求**。在供应链计划中，需求通常以物品装运的磅数来衡量。下面的分级统计图显示了美国多个州对家居用品的需求，以百万英镑计算。**学习目标 4**

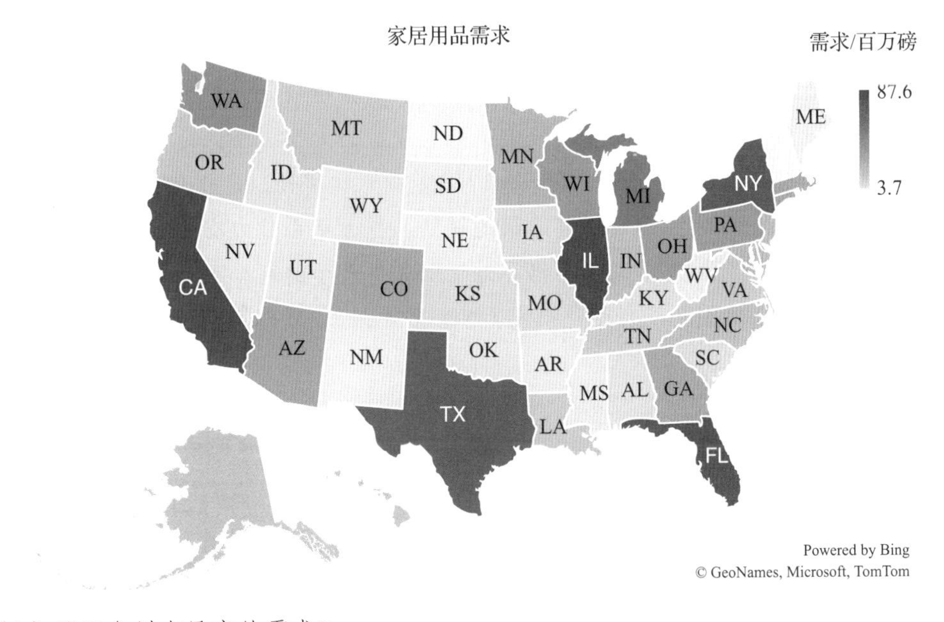

（1）哪五个州有最高的需求？

（2）将此图与显示了对州人口的估计的图 2-19 进行比较。对家居用品的需求与人口有关吗？解释你的回答。

15. **可口可乐股价**。以下股价图显示了可口可乐在两周内的股价表现。请注意，5 月 16 日和 5 月 17 日是周六和周日，是非交易日。**学习目标 4**

（1）这是什么类型的图表？

（2）哪一天可能有最大日内价格波动率？

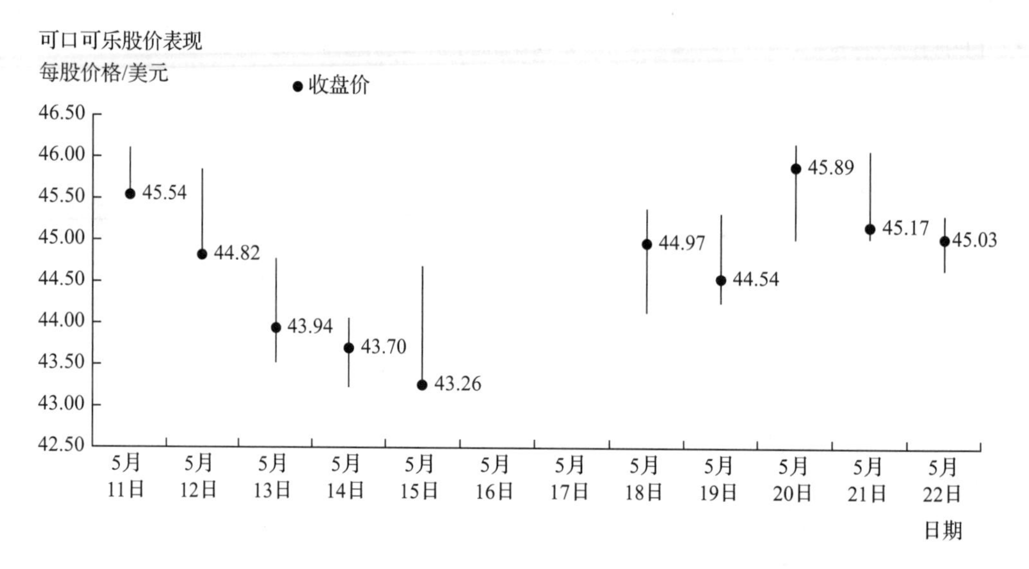

（3）5 月 22 日的收盘价是多少？

（4）如果你在 5 月 19 日以收盘价买入 100 股，并在 5 月 22 日以收盘价卖出所有这些股票，你的收益或损失是多少（忽略交易费用）？

16. **日内交易。**开盘－盘高－盘低－收盘股票走势图除了包含最高价、最低价和收盘价之外，还加入了每股开盘价，来表示股票价格在特定日期从开盘到收盘的变化。如果用矩形来表示，矩形的上下边界由每股的开盘价和收盘价决定。黑色表示当天亏损，白色表示当天获利。矩形的长度表示股价损失或收益的大小。下图是可口可乐为期两周的股价表现。请注意，5 月 16 日和 5 月 17 日是周六和周日，是非交易日。

日内交易是在同一天购买然后出售股票的做法。作为新手日内交易者，你的策略是在一天开始时买入并在一天结束时卖出。对于图表中显示的可口可乐数据，你在哪些日子会获得收益，在哪些日子会遭受损失（忽略交易成本）？**学习目标 4**

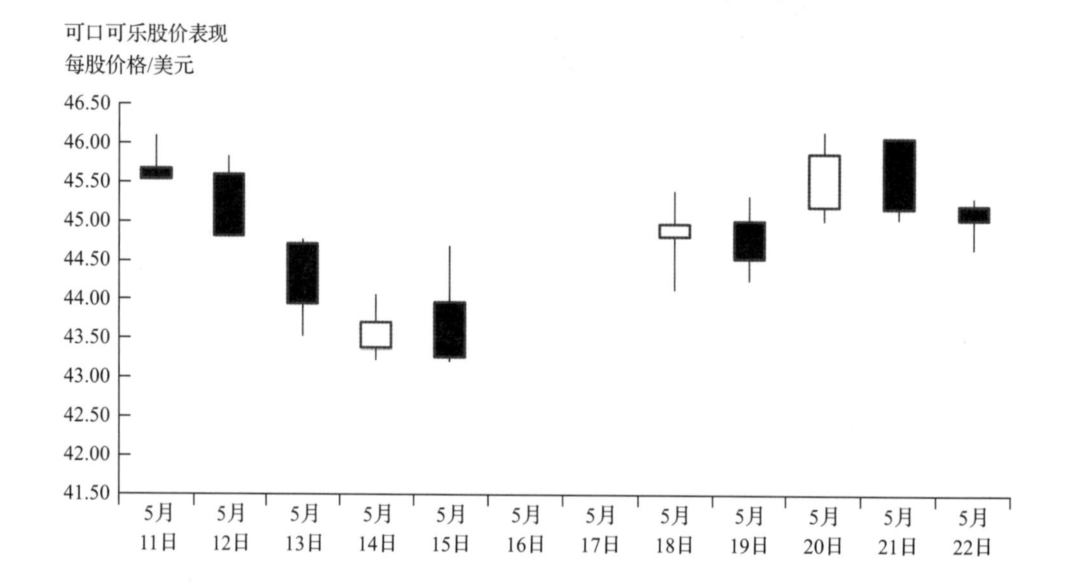

应用题

17. **智能音箱使用率。** Futuresource咨询公司对智能音箱的拥有者进行了一项调查，以更好地了解他们如何使用这些设备（资料来源：《华尔街日报》）。文件*SmartSpeaker*包含在11项活动中使用智能音箱的受访者百分比。**学习目标1、2、4**
    （1）构建一个按类别显示受访者百分比的条形图。使用"人们如何使用他们的智能音箱"作为图表标题。编辑图表以使其更易于解释。添加数据标签。
    （2）对数据按百分比依照从小到大的顺序排列，并在相应图表中注明差异。
    （3）在调查的类别中，智能音箱最流行的用途是什么？最不流行的用途是什么？
18. **年龄与拼车。** 一项盖洛普民意调查显示，30%的美国人经常使用来福车（Lyft）或优步等拼车服务。*RideShare*文件包含按年龄类别划分的调查结果。**学习目标1、2、4**
    （1）构建一个柱形图，按年龄类别显示使用拼车服务的受访者百分比。使用"谁使用拼车？"作为图表标题，"年龄"作为横轴标题。编辑图表以使其更易于解释。添加数据标签。
    （2）你能得出什么结论？
19. **探索私立大学。** 在这个问题中，我们重新审视练习题11中的图表。这些图表显示了学费和创办年份之间的关系，以及毕业率和创办年份之间的关系。这两个图表很相似。考虑文件*Colleges*中的数据。该文件包含以下102所私立大学样本的数据：创办年份、学费（不包括食宿）以及在六年内获得学位的本科生百分比（资料来源：《世界年鉴》）。**学习目标1、2、4**
    （1）创建一个散点图来探索学费和毕业率之间的关系。使用"毕业率与学费"作为图表标题，"学费"作为横轴标题，"毕业率"作为纵轴标题。
    （2）你能得出什么结论？
20. **顶级管理。** The Drucker Institute根据来自以下五个因素的综合得分对企业的管理效率进行排名：客户满意度、员工敬业度与发展、创新、财务实力和社会责任。文件*ManagementTop25*包含该研究所根据综合得分排名前25位的公司（资料来源：《华尔街日报》）。对于每家公司，给出了行业板块、公司名称和综合得分。**学习目标1、2、4**
    （1）使用这些数据创建一个树状图，以板块为类别，公司为子类别，综合得分作为定量变量。使用" Management Top 25"作为图表标题。提示：请务必先按板块对数据进行排序。
    （2）在前25名公司最多的板块中，哪家公司的综合得分最高？
21. **生物多样性保护。** 生态学家通常用区域内存在的不同物种的数量来衡量一个区域的生物多样性。自然保护区是由政府专门划定的有助于维持生物多样性的土地。在建立自然保护区网络时必须小心谨慎，以使网络中可以存在最大数量的物种。地理位置也很重要，因为保护区过于靠近可能会使整个网络面临风险，例如遭受火灾。这类规划的初始步骤通常涉及绘制每个地区存在的物种数量。文件*Species*包含美国50个州中每个州存在的独特物种的数量。**学习目标1、2、4**

（1）创建一个按州显示物种数量的分级统计图。使用“每个州的物种数量”作为图表标题。添加数据标签。

（2）分析美国的物种分布：美国哪些地区的物种相对较多？哪些地区的物种相对较少？

（3）哪两个州的物种最多？

22. **迪士尼票价**。我们重新审视练习题10，它显示了2000年至2020年迪士尼世界普通门票的价格。然而，这些价格并未考虑到这些年来的通货膨胀因素。文件*DisneyPricesAdjusted*给出了2000年至2020年的普通门票价格（名义票价）和根据通货膨胀调整的普通门票价格。**学习目标1、2、4**

（1）创建一个折线图，显示2000年至2020年的名义票价和调整后的门票价格。

（2）说明调整后的门票价格数据展示了哪些名义票价数据没能显示的内容。

23. **气泡图标签**。下面的气泡图用横轴显示了TSA等待时间（以分为单位），用纵轴显示了最便宜的每日停车费率，每个气泡的大小代表一年中的登机乘客数量（以百万人为单位）。文件*AirportBubbleChart*包含此图表。**学习目标2、4**

（1）利用以下步骤将标签添加到气泡中，以使每个气泡都可以轻松识别机场代码。

步骤1 单击图表中的任意位置。

步骤2 单击**“图表元素”**按钮，勾选**“数据标签”**，将登机乘客数量填入每个气泡中。

步骤3 单击**“图表元素”**按钮，将光标移至**“数据标签”**上方，单击右侧的黑色三角形以打开下拉菜单。在下拉菜单中单击**“其他选项”**以展开**“设置数据标签格式”**任务窗格。

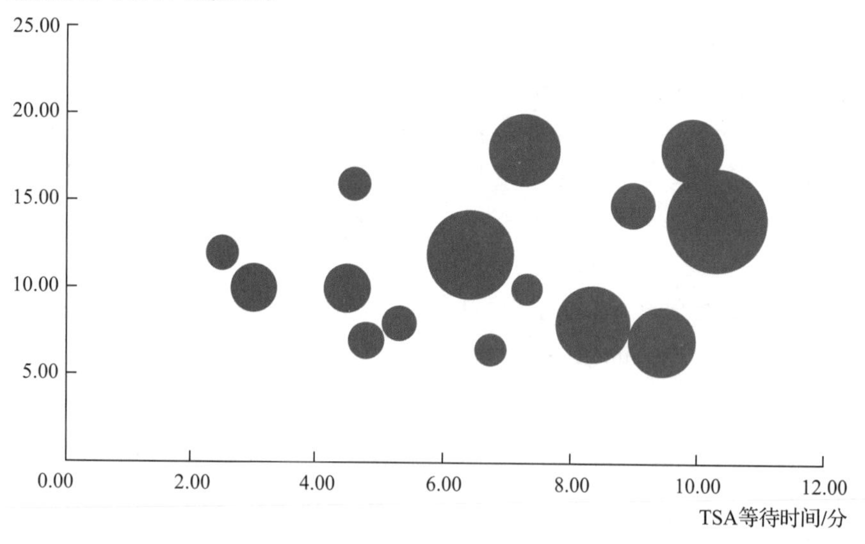

步骤4 当**“设置数据标签格式”**任务窗格出现后，在**“标签包括”**下方勾选**“单元格中的值”**，单击**“选择范围”**按钮。当**“数据标签区域”**对话框打开后，选中单元格A2:A16，单击**“确定”**按钮。

步骤5 在**“设置数据标签格式”**任务窗格中，取消勾选**“标签包括”**下方的**“Y值”**。

（2）在这个问题上，哪个机场的 TSA 等待时间最短？哪个机场的登机人数最多？

24. **区域人数增减。**美国大学人口普查局（The United States Univ Census Bureau）跟踪美国每个州和地区的人口变化情况。人口净迁移率是反映人口从一个地区向另一个地区流动的指标。正的净迁移率意味着迁入该地区的人数多于离开该地区的人数，负的净迁移率意味着离开该地区的人数多于迁入该地区的人数。在数学上，净迁移率 N 定义如下：

$$N=\frac{(I-E)}{M}\times 1\,000$$

式中　I——在该年份移入该地区的人数；

E——在该年份离开该地区的人数；

M——该地区的年中人口。

文件 *NetMigration* 包含美国四个地区的净迁移率。**学习目标 1、4**

（1）用**“蓝 - 白 - 红色阶”**条件格式创建热图。

（2）哪些地区正在流失人口？哪些地区正在增加人口？

25. **利润表。**利润表是公司在给定时期内的收入和成本的汇总。*BellevueBakery* 文件中的数据是利润表的一个示例。它包含去年 Bellevue Bakery 的收入和成本。收入包括总销售额和其他收入。成本包括退货、销售商品成本、广告支出、工资 / 薪水、其他运营费用和税收。计算公式如下：

净销售额 = 总销售额 − 退货

毛利润 = 净销售额 − 其他收入 − 销售商品成本

税前净利润 = 毛利润 − 广告支出 − 工资 / 薪水 − 其他运营费用

净利润 = 税前净利润 − 税收

创建 Bellevue Bakery 利润表的瀑布图。使用“Bellevue Bakery 利润表”作为图表标题。单击与上述每个计算相关的列，然后选择“设置为汇总”。编辑图表以使其更易于解释。**学习目标 1、2**

26. **马拉松纪录。***MarathonRecords* 文件包含 6 到 90 岁男性与女性参赛者的马拉松世界纪录（其中缺少 9 岁和 10 岁参赛者的纪录）。**学习目标 1、2、4**

（1）创建一个散点图，以横轴为年龄，纵轴为女性参赛者马拉松纪录。使用“女性马拉松纪录 / 分”作为纵轴标题，“年龄 / 岁”作为横轴标题。编辑图表以改进可解释性。

（2）创建一个散点图，以横轴为年龄，纵轴为男性参赛者马拉松纪录。使用“男性马拉松纪录 / 分”作为纵轴标题，“年龄 / 岁”作为横轴标题。编辑图表以改进可解释性。

（3）创建一个散点图，反映女性马拉松纪录与年龄的关系以及男性马拉松纪录与年龄的关系。选择**“带直线的散点图”**。使用“马拉松纪录 / 分”作为纵轴标题，“年龄 / 岁”作为横轴标题。编辑图表以改进可解释性。

（4）根据以上图表，你能对女性和男性马拉松纪录得出什么结论？

C H A P T E R 3

第3章

数据可视化与设计

■ 学习目标

学习目标 1 理解预注意属性的含义，并学会如何在数据可视化中使用颜色、形式、空间位置和动势相关的预注意属性

学习目标 2 解释如何利用格式塔的相似性、接近性、封闭性和连接原则来创建有效的数据可视化

学习目标 3 理解数据 - 墨水比的定义，并学会如何通过数据整理来提高这个比率，进而创建更容易解释的数据可视化

学习目标 4 通过最小化所需的目光移动，应用预注意属性、格式塔原则以及数据整理，创建使读者更容易理解的数据可视化

学习目标 5 学会判断在特定数据可视化的文本中不同字体的优劣

学习目标 6 列举数据可视化设计中常见的几种错误，并学会避免这些错误

■ 数据可视化改造案例

快餐店销售

用于进行数据比较的图表是分析人员最常用的数据可视化类型之一。我们创建图表来比较企业收入、国家人口、学生考试分数、不同地区的降雨量等。尽管有很多用于图表比较的方法，但是我们必须适当地设计图表，这样才能保证我们的图表不会使读者产生混淆或者导致他们在解释时遇到困难。

考虑一下如图 3-1 所示的图表。这张图表比较了几家主要快餐店的销售额，形成了一个类似柱形图的图表。使用图形和标志可以使图表在视觉上更有吸引力，但我们应该确保它们的使用不会分散读者的注意力，或导致他们难以正确地解释图表。图 3-1 中的每个标

志都是二维的，所以对读者而言，会很自然地通过每个标志的总体大小或所占空间的面积来比较销售额。然而，这并不是图表所传达出的内容，在这张图表中，被用于进行比较的实际上是每个标志的高度，而每个标志的宽度没有传达任何有意义的信息。因此，为了提高这个图表的清晰度，最好去掉图表中标志的宽度这一毫无意义的维度。

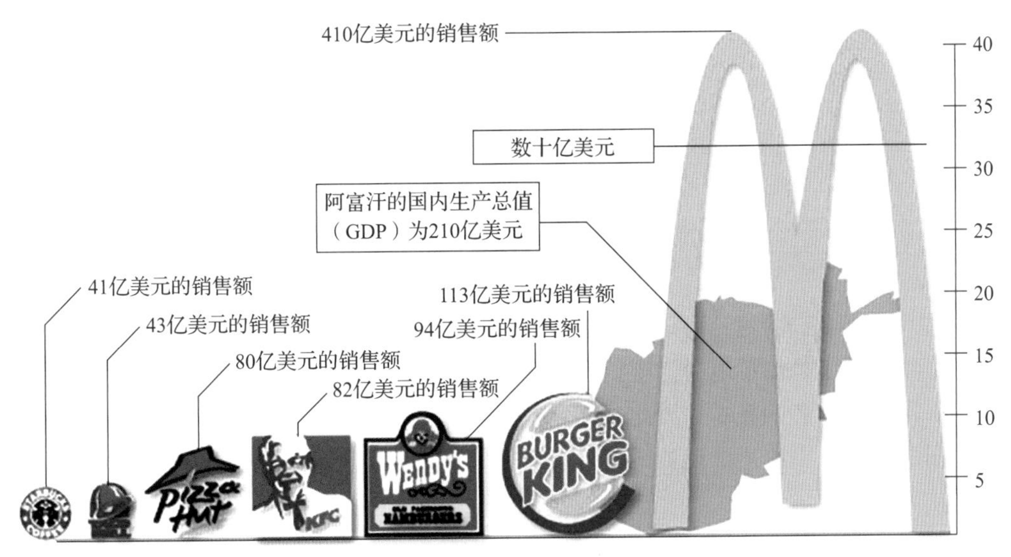

图 3-1　使用标识比较快餐店销售额

资料来源：http://www.princeton.edu/~ina/infographics/starbucks.html。

还有其他几个设计元素导致这个图表难以解释。图中显示了阿富汗的国内生产总值（GDP），给出这样的一个参考值是有效的，因为它可以给读者一个背景来感受这些销售金额的规模。然而，在这里使用阿富汗的地图会导致几个问题。首先，同上，地图的形状再次掩盖了实际被用于比较的东西，因为只有图形的高度能直观体现，而不是形状的整体大小。其次，这个图形被麦当劳和汉堡王的标志部分遮挡了，难以看清。最后，读者对阿富汗的地图有多熟悉是有争议的，所以不清楚这个图形是否为读者提供了额外的信息或有用的参考。

我们还注意到，这个图表的纵轴位于图表的右侧，这是很不常见的。读者通常希望看到纵轴位于图表左侧。此外，纵轴的标题也不在轴的旁边，这就要求读者需要把他们的目光从一个地方移到另一个地方，从而造成他们难以理解。

图 3-2 与图 3-1 显示了相同的数据，但是我们通过对图表的设计进行了一些修改，以便于读者理解。我们把图表改成了一个更典型的柱形图，使用柱形图的长度而不是标志来对快餐店的销售额进行相对比较。同时，也把纵轴移到了图表的左边，并且把纵轴的标签重新定位在纵轴之上，这使得读者更容易看懂这个图表。此外，还在柱形图上使用了一条水平线来表示阿富汗的国内生产总值，做出这一改变的原因是这个值代表的变量（GDP）与纵轴上显示的变量（销售额）不同，这就清楚地说明了这条水平线只是为了给其他值的比例尺提供参考。如果包含快餐店的标志能够使图表更具有视觉吸引力，那么可以将其作为每列的横轴标签，用以替代实际名称。

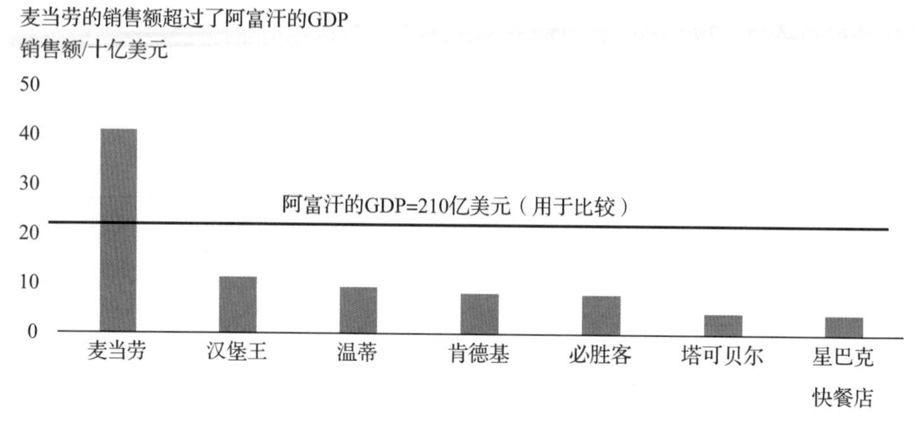

图 3-2 通过改进的柱形图来比较快餐店的销售额

在本章中，我们将讨论可以帮助创建有效的数据可视化的特定设计元素。然而，良好的数据可视化并不是简单地通过遵循一系列步骤来创建的。图表或表格的有效性取决于它能否很好地满足读者的需求。因此，创建有效可视化的第一步是理解图表或表格的目的和读者的需求。本章中所述的设计元素可以用来最有效地实现可视化的指定目的，并满足读者的需求。

本章首先讨论预注意属性，这是我们的大脑在潜意识下处理的视觉属性。我们还介绍了格式塔原则，它解释了人们如何感知周围的世界。然后，我们演示了如何使用预注意属性和格式塔原则，通过数据整理和提高数据 - 墨水比来改进数据可视化。我们还讨论了在数据可视化中尽量减少读者所需的目光移动和使用适当的字体强调文本的重要性，以使读者更容易理解可视化。最后，我们总结了数据可视化设计中常见的错误以及避免这些错误的方法。

3.1 预注意属性

当我们在“看”一个数据可视化的图表或表格时，我们的眼睛和大脑都参与了这个过程。眼睛接收来自可视化内容反射的光线，输入这一信息，之后大脑必须针对输入的信息进行区分和处理。大脑解释进入眼睛的反射光线的过程被称为**视觉感知**（Visual perception）。

视觉感知的过程与大脑中记忆的工作方式有关。在一个非常高的水平上，有三种记忆形式会影响视觉感知：标志性记忆、短期记忆和长期记忆。**标志性记忆**（Iconic memory）是处理速度最快的记忆形式。大脑会自动处理存储在标志性记忆中的信息，这些信息在标志性记忆中的保存时间在一秒钟以内。**短期记忆**（Short-term memory）可以保存信息的时间约为一分钟，大脑通过分块或者将相似的信息进行分组来完成。尽管估计的情况有所差异，但大多数人在他们的短期记忆中可以掌握大约四块视觉信息块。例如，如果在条形图或柱形图中使用了超过四种不同的颜色 / 类别，大多数人会发现很难记住哪种颜色代表哪个类别。**长期记忆**（Long-term memory）是我们长期存储信息的记忆形式。大多数长期记忆是通过重复和强化而形成的，但它们也可以通过巧妙地运用讲故事的方式来形成。

对于大多数数据可视化而言，标志性记忆和短期记忆对视觉处理是最重要的。特别地，了解可视化的哪些方面可以在标志性记忆中被加工，有助于设计有效的可视化。预注意属性即指那些可以被标志性记忆处理的特征。我们可以使用一个简单的例子来说明预注意属性在数据可视化中的作用。请观察图 3-3，并尽快计算出图中数字 7 的数量。

正确的答案是在这个图中有 14 个数字 7。即使你能找到所有的 14 个数字 7，它也可能会花费你相当多的时间，而且你很可能会数错。图 3-4 和图 3-5 演示了如何使用预注意属性来使快速计算数字 7 的数量变得更加容易。

7	3	4	1	3	4	5	6	4	0
3	0	6	9	0	4	5	8	6	3
2	7	2	2	9	9	4	5	2	1
2	2	4	5	2	0	9	2	0	4
2	4	0	7	6	9	3	0	0	4
7	7	8	9	2	6	7	2	4	7
6	1	3	3	2	1	4	4	9	0
3	6	6	2	7	5	5	2	5	4
1	1	4	0	6	3	4	0	5	1
3	7	5	2	7	5	7	7	3	9
3	3	8	6	9	5	5	3	6	4
7	6	0	3	0	9	9	0	2	9
4	6	9	4	8	2	6	5	8	3
9	3	9	2	2	8	4	3	9	8
5	8	8	2	9	1	2	4	8	5
1	7	4	0	1	1	9	9	5	8

图 3-3　计算在此图中出现的数字 7 的数量

7	3	4	1	3	4	5	6	4	0
3	0	6	9	0	4	5	8	6	3
2	7	2	2	9	9	4	5	2	1
2	2	4	5	2	0	9	2	0	4
2	4	0	7	6	9	3	0	0	4
7	7	8	9	2	6	7	2	4	7
6	1	3	3	2	1	4	4	9	0
3	6	6	2	7	5	5	2	5	4
1	1	4	0	6	3	4	0	5	1
3	7	5	2	7	5	7	7	3	9
3	3	8	6	9	5	5	3	6	4
7	6	0	3	0	9	9	0	2	9
4	6	9	4	8	2	6	5	8	3
9	3	9	2	2	8	4	3	9	8
5	8	8	2	9	1	2	4	8	5
1	7	4	0	1	1	9	9	5	8

图 3-4　通过颜色的预注意属性来计算数字 7 的数量

图 3-4 用颜色来区分数字 7：每个 7 都是橙色的，其他所有数字都是黑色的。这使得数字 7 更容易识别，而且可以很容易地快速找到所有的 14 个数字 7。图 3-5 使用大小来区分数字 7。因为 7 比其他所有数字都大，所以更容易很快找到它们。颜色和大小都是预注意属性，我们在标志性记忆中处理这些东西，并立即依靠它们做出区分。这个简单的例子展示了在数据可视化中使用预注意属性来传达信息的能力。

7	3	4	1	3	4	5	6	4	0
3	0	6	9	0	4	5	8	6	3
2	7	2	2	9	9	4	5	2	1
2	2	4	5	2	0	9	2	0	4
2	4	0	7	6	9	3	0	0	4
7	7	8	9	2	6	7	2	4	7
6	1	3	3	2	1	4	4	9	0
3	6	6	2	7	5	5	2	5	4
1	1	4	0	6	3	4	0	5	1
3	7	5	2	7	5	7	7	3	9
3	3	8	6	9	5	5	3	6	4
7	6	0	3	0	9	9	0	2	9
4	6	9	4	8	2	6	5	8	3
9	3	9	2	2	8	4	3	9	8
5	8	8	2	9	1	2	4	8	5
1	7	4	0	1	1	9	9	5	8

图 3-5　通过形式的预注意属性（特别是大小）来计算数字 7 的数量

在数据可视化中正确使用预注意属性可以减少**认知负荷**（Cognitive load），或者减少准确和有效处理数据可视化所传达的信息所需的工作量。这使得读者能够更轻易解释数据可视化。与视觉感知相关的预注意属性一般分为四类：颜色、形式（包括大小）、空间位置和动势。我们将详细介绍这些预注意属性，以了解如何使用它们来减少认知负荷，并创建有效的数据可视化。

3.1.1 颜色

在数据可视化方面，**颜色**（Color）包含色调、饱和度和亮度三个属性。图 3-6 显示了这些不同方面的颜色差异。**色调**（Hue）是指我们通常认为的不同颜色的基础，例如，红色、蓝色和橙色。在专业术语中，色调是根据光在可见光光谱上所占据的位置来定义的。**饱和度**（Saturation）是指颜色的强度或纯度，定义为颜色中灰色的含量。**亮度**（Luminance）是指颜色的明亮程度，定义为颜色中黑色与白色的含量。

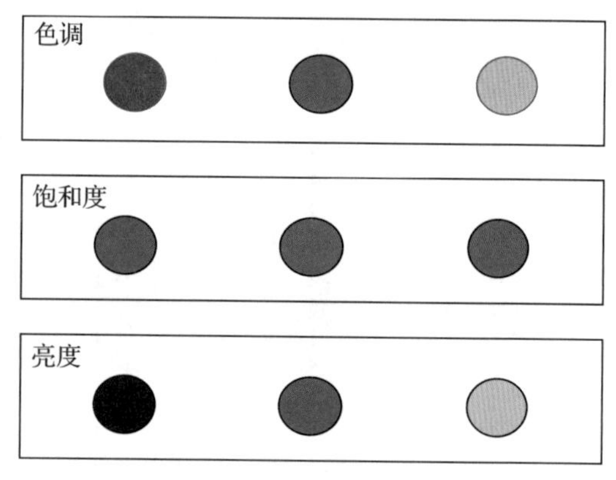

图 3-6 色调、饱和度和亮度是颜色的预注意属性的三个方面

色调、饱和度和亮度都可以用来将用户的注意力吸引到数据可视化的特定部分，并用来区分可视化中的值。在数据可视化中使用色调的差异可以创建突出的、鲜明的对比，而改变饱和度或亮度可以创建更柔和的、更不鲜明的对比。

对区分特定方面的数据可视化来说，颜色是一个非常有效的属性。然而，我们必须小心，不要过度使用颜色，因为它会在可视化中分散注意力。还需要注意的是，有些人患有色盲症，这影响了他们区分某些颜色的能力。因为颜色在数据可视化中使用极为广泛，所以我们将在第 4 章中更详细地讨论这种预注意属性。

3.1.2 形式

形式（Form）包括方向、大小、形状、长度和宽度等预注意属性。这些属性都可以用来引起人们对数据可视化的特定方面的关注。图 3-7 显示了这些与形式相关的预注意属性的示例。

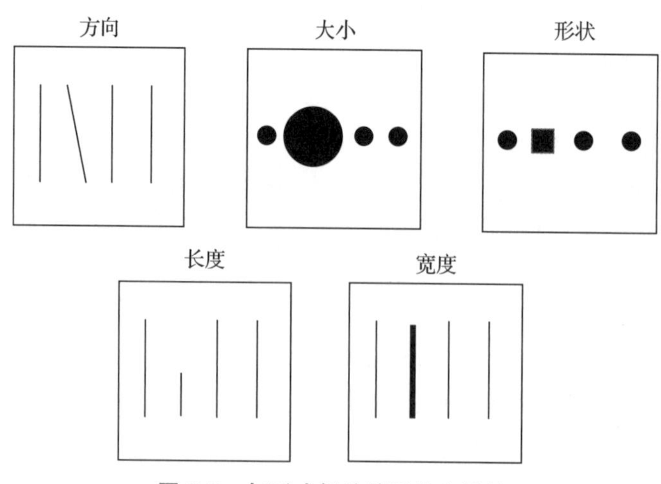

图 3-7 与形式相关的预注意属性

方向（Orientation）是指一个对象在数据可视化中的相对位置的变化。它是在线形图中出现的一个常见的预注意属性。考虑图 3-8，它显示了用于给糖尿病患者注射胰岛素的一种特定形式的注射器在欧洲和美国的销售情况。这些线条方向的不同让读者很容易感受到，2019 年和 2020 年欧洲的销售额增长速度远远快于美国。

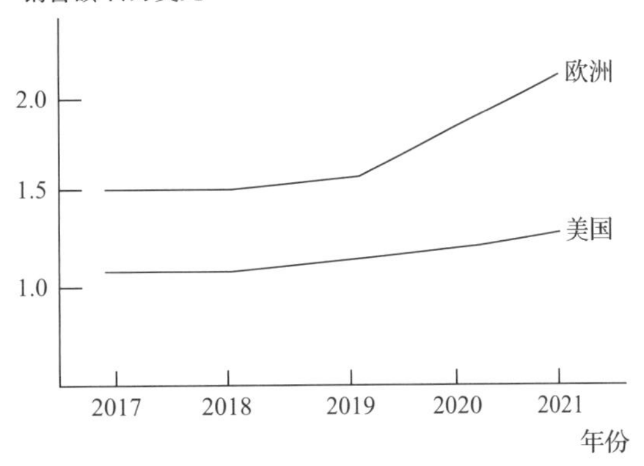

图 3-8　对方向的预注意属性的演示

因为欧洲销售额线比美国销售额线要陡得多，所以这些线的方向是不同的。可以发现，自 2019 年以来，欧洲的销售额增长速度远远快于美国。

大小（Size）是指一个对象在可视化过程中所占据的二维空间的相对值。在数据可视化中使用大小时必须小心谨慎，因为人们并不是特别擅长判断物体的二维大小的相对差异。考虑图 3-9，它显示了一对正方形和一对圆。试着确定更大的正方形和更大的圆分别比更小的正方形和更小的圆大多少。

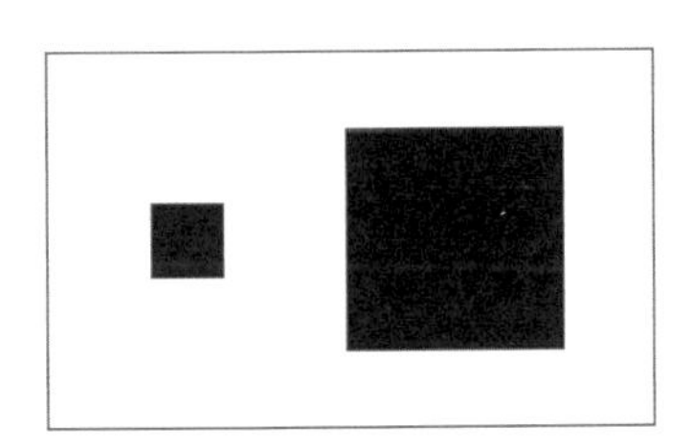
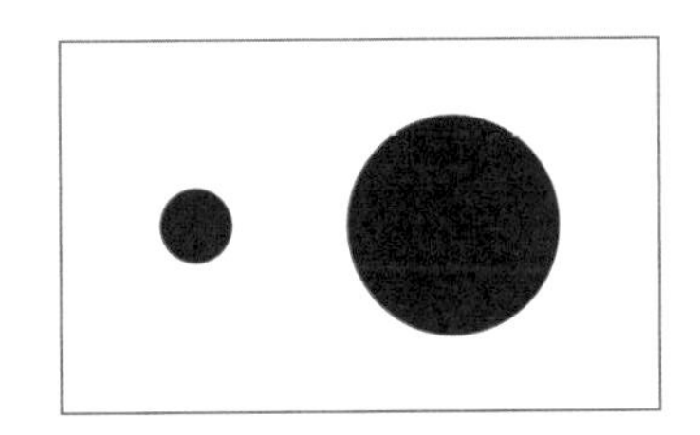
图 3-9　大小的预注意属性的演示：更大的正方形和更大的圆分别比更小的正方形和更小的圆大多少

更大的正方形和更大的圆的面积都是更小的正方形和更小的圆的面积的 9 倍。大多数人并不擅长估计这种相对大小的差异，所以我们在使用大小的属性来传递关于相对数量的信息时必须谨慎。

大多数人难以估计二维大小的相对差异，这是通常不建议在数据可视化中使用饼图的一个主要原因。除了饼图，通常还有其他不太依赖大小属性来传达数量上的相对差异的表示方法。我们在第 2 章中讨论了饼图的规避问题。

形状（Shape）是指在数据可视化中使用的对象的类型。与大小和方向相反，形状的预注意属性通常不传达数量意义。在折线图中，直线的方向（向上、保持平坦或向下）通常提供了一种数量变化的感觉。对于大小，大多数人认为一个更大的物体传达了更大的数量。一般而言，大多数形状并不具体地对应于特定的定量数量。尽管如此，形状可以有效地用于可视化中吸引注意力，或作为一种将常见的项目分组并且区分来自不同组的项目的方式。

图 3-10 使用颜色和形状的属性来显示项目是如何分组的。假设有 20 个项目代表了一个公司的 20 名员工。在图 3-10a 中，我们使用不同的颜色将项目分为三组：橙色、蓝色

和黑色。颜色可以代表相应员工所获得的学位类型，如橙色可以代表商学类学位，蓝色可以代表工程类学位，黑色可以代表任何其他学位。在图 3-10b 中，我们使用不同的形状将项目分为三组：圆、正方形和三角形。形状可以代表相应员工的最高受教育程度水平，如圆圈可以代表学士学位，三角形可以代表硕士学位，正方形可以代表博士学位。在任何一种情况下，大脑都可以快速处理这些可视化，并将这些项目划分为不同的组。图 3-10c 使用了颜色和形状两种属性，将项目分为 9 组——每个颜色（学位类型）和形状（最高受教育程度）的组合为一组。它需要更高的认知负荷来确定哪些项目属于同一组。这说明了为什么我们必须小心，不要过度使用预注意属性的组合，否则我们将失去大脑快速识别这些属性的能力。

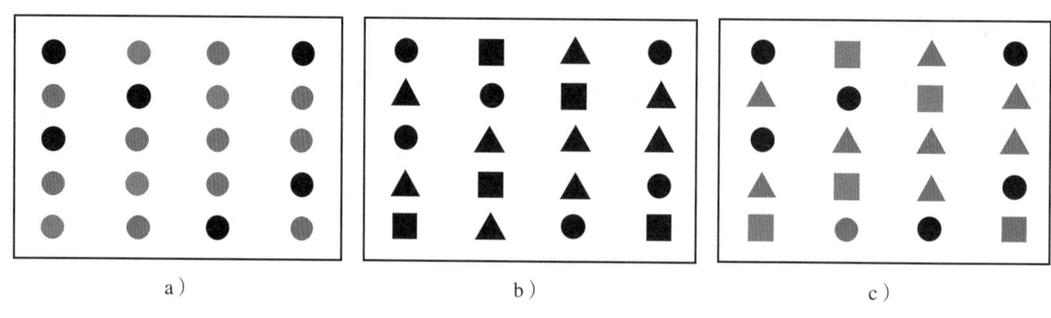

图 3-10 按颜色和形状对项目分组

当我们提到数据可视化中长度和宽度的预注意属性时，通常是指它们与线、条或列一起使用的情况。因此，**长度**（Length）指线或杆 / 柱的水平、垂直或对角线距离，**宽度**（Width）指线或杆 / 柱的厚度（见图 3-7）。长度对于说明定量值很有用，因为更长的线对应更大的值。长度是柱形图和条形图中广泛应用的可视化方法。因为相对长度比相对大小更容易比较，所以柱形图和条形图通常比饼图更适合用来可视化数据。观察由 8 个客户经理管理的账户数量这一数据，数据来自文件 *AccountsManagedChart*。图 3-11 将这些相同的数据显示为饼图（用“饼块”大小表示账户数量，用颜色表示经理）和条形图（用条形图长度表示账户数量，用纵轴上的标签表示经理）。

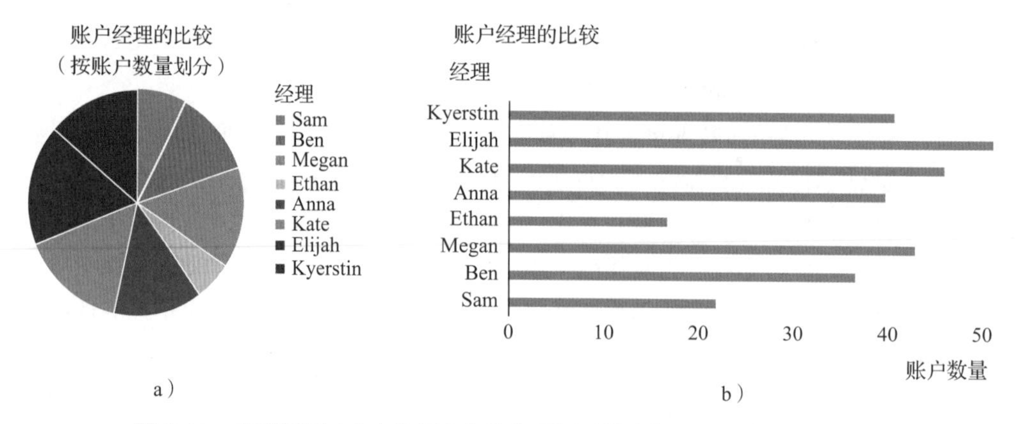

图 3-11 使用饼图（大小和颜色）和条形图（长度）显示账户管理的数据

相较于图 3-11a 中的饼图，通过图 3-11b 中的条形图可以更容易看出，管理最多账户的经理是 Elijah，排在第二位的是 Kate。我们可以通过使用 Excel 排序函数使柱形图更容易解释，按长度由长到短进行排序，如下面的步骤所述。这些数据在 *AccountsManagedChart* 文件中，如图 3-12 所示。

	A	B
1	账户经理	账户数量
2	Sam	21
3	Ben	35
4	Megan	41
5	Ethan	16
6	Anna	38
7	Kate	44
8	Elijah	49
9	Kyerstin	39

图 3-12　*AccountsManagedChart* 文件中的数据

应用以下步骤进行排序，可以获得如图 3-13 所示的图表。

步骤 1　选择单元格 A1:B9。

步骤 2　单击功能区上的 **“数据”** 选项卡。

选择 **“排序”**。

步骤 3　当出现 **“排序”** 对话框时：

勾选 **“数据包含标题”** 复选框。

在 **“排序依据”** 列表框中选择 **“账户数量”**，并在 **“次序”** 列表框中选择 **“升序”**。

单击 **“确定”** 按钮。

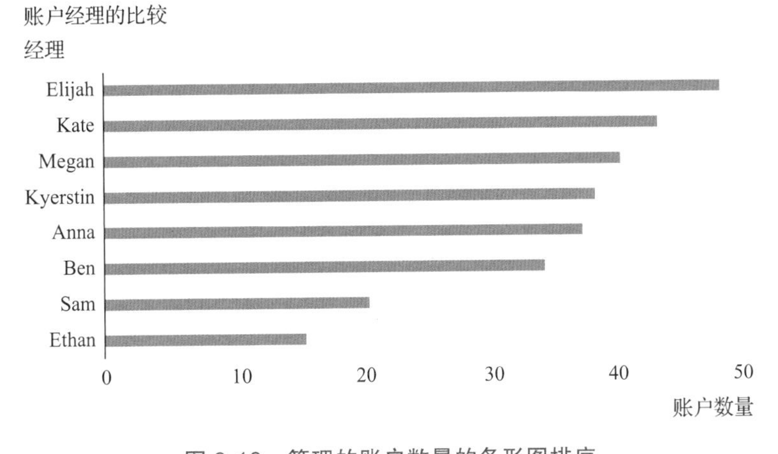

图 3-13　管理的账户数量的条形图排序

线宽在数据可视化中使用的频率较低。在数据可视化中最常见的用途之一是桑基图。**桑基图**（Sankey chart）通常描绘实体的流量比例，其中线条的相对宽度代表相对流量。图 3-14 显示了文理学院学生毕业时预期毕业专业和实际毕业专业的桑基图。我们可以在图 3-14 中看到，大多数预期主修人文学科的学生毕业时仍主修人文学科，但我们也看到，一些学生从人文学科转向社会科学，较少转向自然科学 / 工程和交叉学科研究。对于图 3-14 中预期的主修专业来说，毕业时哪个毕业专业人数更多是相对容易解释的。然而，由于比较相对线宽并不容易，因此在毕业专业中，对来自不同预期专业的毕业生的比例进行比较变得更加困难。桑基图表就会变得难以解释，所以应该小心，不要试图在这种类型的可视化中包含太多的信息。

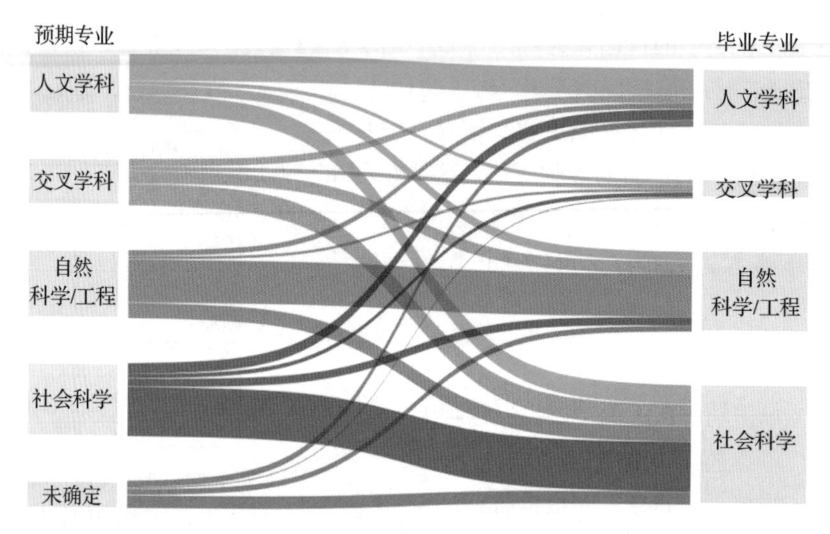

图 3-14 使用线宽属性的桑基图表

资料来源：https://www.swarthmore.edu/institutional-research/majors。

3.1.3 空间位置

空间位置（Spatial positioning）是指物体在某个定义空间内的位置。在数据可视化中最常用的空间位置是二维定位。散点图是利用空间位置的预注意属性的一种常见的图表。图 3-15 是显示年收入和年龄之间关系的散点图。从图中各点的空间位置来看，我们不难看出，年长的人的年收入较高，而年轻人的年收入较低。

3.1.4 动势

人类善于探测动势。因此，闪烁和运动等预注意属性可以有效地将注意力吸引到数据可视化的特定项目或部分。闪烁（Flicker）是指通过闪光等效果来吸引人们的注意力，而运动（Motion）则涉及定向移动，可以用来显示可视化中的变化。由于许多图表都是静态的，所以在许多数据可视化环境下，元素是不可能移动的。然而，当数据可视化工具允许使用动态时，它可以用来将观察者的注意力转移到可视化的某些区域，或显示随着时间或空间而产生的变化。因为本书的重点是静态可视化，所以我们不会详细介绍使用动势的预注意属性，但是我们应该注意，如果在可视化中过度使用动势，它也会变得具有压倒性并且分散读者的注意力。

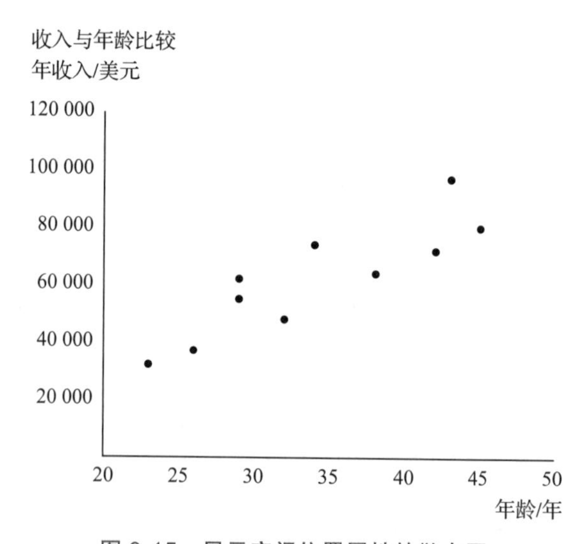

图 3-15 显示空间位置属性的散点图

3.2　格式塔原则

格式塔[㊀]原则（Gestalt principles）是指人们如何解释和感知所见事物的指导原则。这些原则可以用于设计有效的数据可视化。这些原则一般描述了人们如何定义他们所看到的事物中的秩序和意义。我们将把讨论范围限制在与数据可视化设计最密切相关的四个格式塔原则上：相似性、接近性、封闭性和连接性。理解这些原则有助于创建更有效的数据可视化，并有助于区分数据可视化中杂乱的设计和有意义的设计。

3.2.1　相似性

格式塔的相似性（Similarity）原则指出，人们认为具有相似特征的物体属于同一群体。这些特征可以是颜色、形状、大小、方向或任何预注意属性。当数据可视化包含具有相似特征的对象时，一定要知道，这传达给读者的信息是这些对象应该被视为属于同一个群体。图 3-16 是图 3-10 所示内容的一部分，但在这里，我们将用它来表示格式塔的相似性原理。读者会感知到相同颜色或相同形状的物体属于同一群体。当我们设计一个可视化对象时，需要理解这一点，并确保只使属于同一组的对象具有相似的特征。

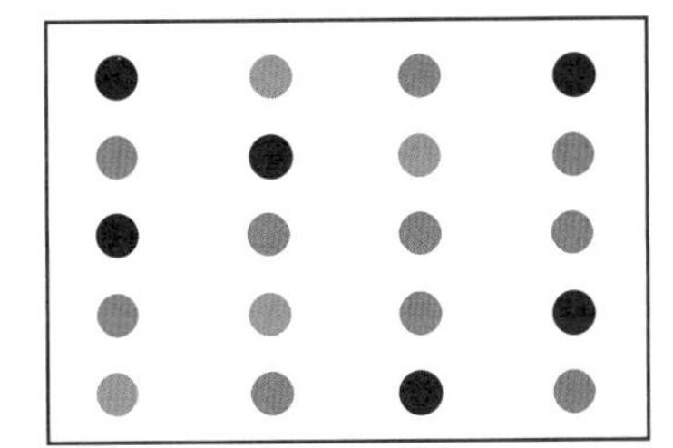
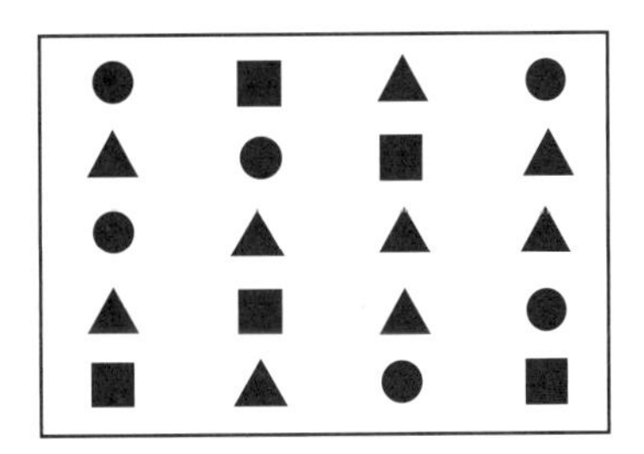

图 3-16　相似性的格式塔原理的说明

3.2.2　接近性

格式塔的接近性（Proximity）原则指出，人们认为在物理上彼此接近的物体属于一个群体。人们通常认为在物理意义上靠近的物体属于同一组，并将彼此远离的物体分离成不同的组。接近性的原则在包括散点图在内的许多数据可视化图表中都有体现。

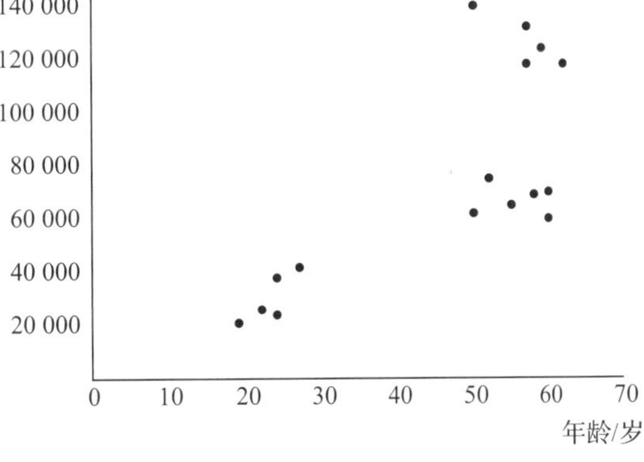

图 3-17　说明格式塔接近性原则的散点图

假设一家公司想要对其客户进行市场细分分析，以更多地了解购买其产品的客户。该公司收集了客户的年龄和年收入的数据。图 3-17 是显示客户年

㊀ 格式塔是一个德语单词，意思是“形式”。格式塔原理基于可以追溯到 20 世纪早期马克斯·韦特海默、库尔特·科夫卡和其他人进行的实验，实验中研究了人们如何看待他们周围的世界。

龄和年收入之间关系的简单散点图。在这里，我们自然地倾向于根据这些点的接近程度，将其视为三个不同的客户组。这是格式塔接近性原则的一个例子。

3.2.3 封闭性

格式塔的**封闭性**（Enclosure）原则指出，物理上被封闭在一起的物体被视为属于同一组。我们可以使用图 3-17 的两个修改版本来说明这个原理。我们可以简单地通过为已经很接近的点创建一个包围圈来加强相似性原则（见图 3-18a）。或者，假设除了年收入和年龄之外，客户还有第三个属性，可以用来对这些客户分组，如教育背景。如果我们想直观地显示某些客户具有相似的教育背景这一特征，那么我们可以使用封闭性原则来说明这一点，即使客户在图表中并没有紧密地出现在一起。图 3-18b 显示了这一点。请注意，封闭性可以在图表中以多种方式表示。在图 3-18a 中，我们用阴影区域来覆盖所有的点。在图 3-18b 中，我们使用了虚线框。[⊖]一般来说，我们只需要创建一种封闭形式，让读者将被封闭的对象视为同一组的成员。

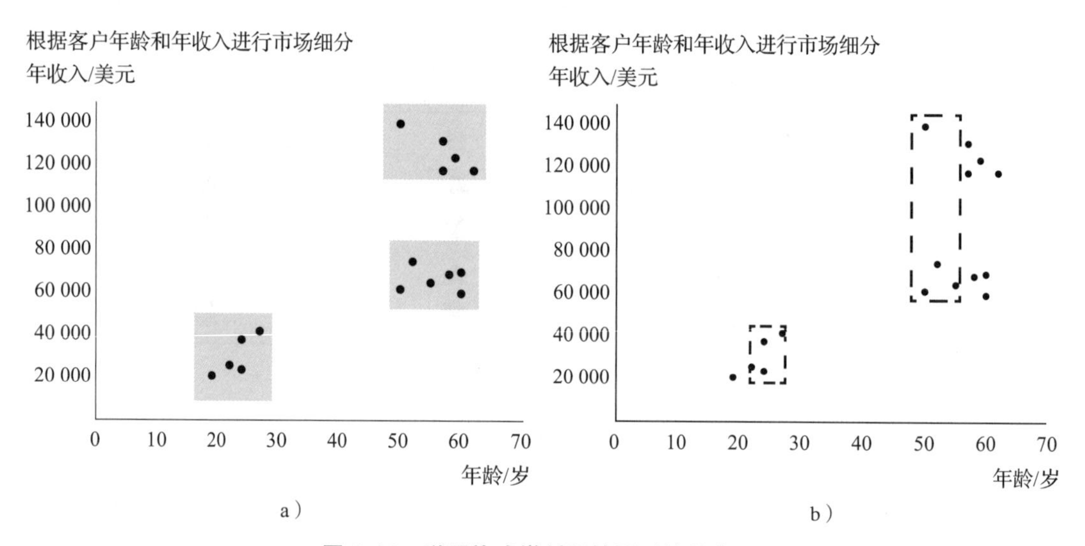

图 3-18 说明格式塔封闭性原则的散点图

3.2.4 连接性

格式塔的**连接性**（Connection）原则表明，人们把以某种方式连接在一起的对象解释为属于同一个群体。连接性原则在数据可视化中经常用于时间序列数据。考虑一家数据中心公司，它希望将其预测与过去 14 天内来自客户的实际服务器负载进行比较。图 3-19a 显示了该公司在过去 14 天内服务器负载峰值（按每秒请求计算）的预测值和实际值。下面来比较图 3-19a 和图 3-19b。

⊖ 要在 Excel 中创建图 3-18 中的虚线框，请单击功能区上的“插入”，然后单击“插入图片”组中的“形状”。

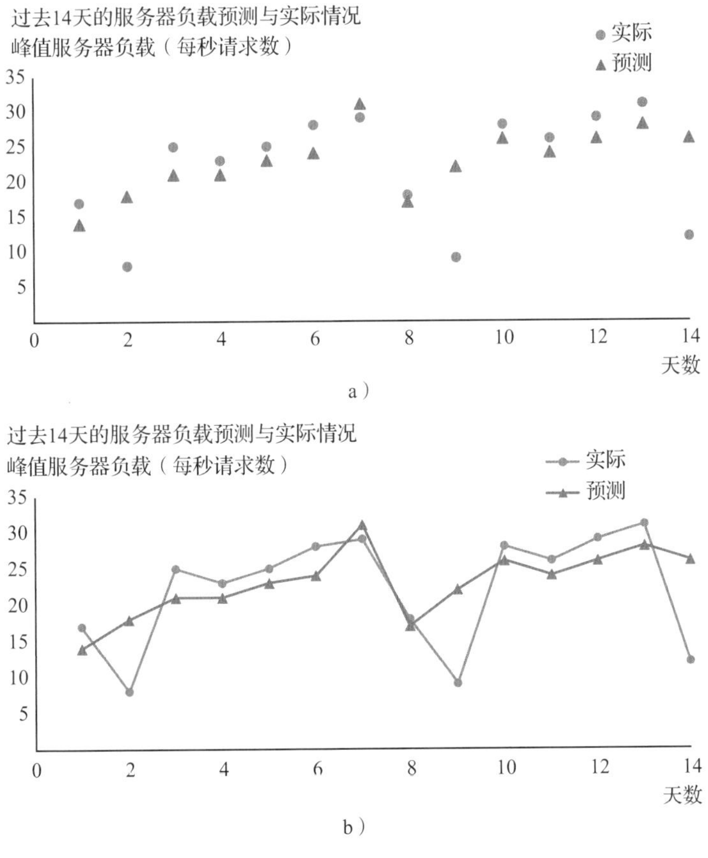

图 3-19　说明格式塔连接性原则的时间序列数据图

在图 3-19b 中，我们连接了每个系列中的标记。连接这些标记可以使数据中的趋势更加明显，并且更容易将预测值与实际值分离。是否保留时间序列图中单个数据点的标记主要取决于个人偏好。这里，我们保留了标记，但也可以删除它们，只显示线。由于时间序列数据是连接起来的，因此读者会将这些点解释为属于同一组，模式会变得更加明显。在图 3-19b 中，连接性原则使读者更容易看到，在我们的数据中出现了某种重复的模式，其中服务器负载连续几天增加然后下降，而且我们的预测总是高估需求最低的日子里的峰值需求。

3.3　数据 – 墨水比

预注意属性和格式塔原则的概念对于理解可用于可视化数据的特征以及思考如何处理可视化是有价值的。然而，它很容易过度使用任何一个特征，并降低区分和吸引注意力的有效性。一个有效的数据可视化的指导原则是，表格或图表应该说明数据，以帮助读者产生洞察力和理解力。表格或图表不应过于混乱，以免掩盖数据或难以解释。

关于这一原则的一种常见的思路是最大化数据 – 墨水比，它是由爱德华·塔夫特（Edward Tufte）在 1983 年出版的《定量信息的视觉显示》一书中介绍的概念。**数据 – 墨水比**（Data-ink ratio）衡量的是数据 – 墨水占表格或图表中使用的墨水总量的比例，其中数据－墨水是指向读者传达数据含义所必需的墨水；非数据－墨水是指在向读者传达数据含义时没有任何实际用途的墨水。在图 3-11a 中，饼图使用颜色和图例来区分 8 个管理者。该图中的柱形图在没有这些特征的情况下传达了相同的信息，因此具有较高的数据－墨水比。

让我们考虑一下精致工业公司的例子，这是一家生产优质丝绸服装产品的公司。精致工业公司对追踪其最受欢迎的商品之一（一种特殊款式的围巾）的销售情况很感兴趣。表 3-1 和图 3-20 采用了较低的数据－墨水比来显示这种款式的围巾的销售情况。这两个示例都类似于使用通用默认设置的 Excel 生成的表格和图表。在表 3-1 中，大多数网格线都没有任何用处。同样，在图 3-20 中，图表中的网格线也几乎没有提供额外的信息。在这两种情况下，可以在不减少传达信息的情况下删除这些线条的大部分。然而，图 3-20 中遗漏了一个重要的信息：轴的标题。一般来说，图表中的轴应该总是有标题的。在度量的意义和单位都很明显的情况下，也有极少数例外，例如轴显示月份的名称（即一月、二月、三月等）。对于大多数图表，我们建议标注坐标轴，以避免读者误解，并减少读者所需的认知负荷。

表 3-1　低数据－墨水比的表示例

围巾销量			
天	销量（单位）	天	销量（单位）
1	150	11	170
2	170	12	160
3	140	13	290
4	150	14	200
5	180	15	210
6	180	16	110
7	210	17	90
8	230	18	140
9	140	19	150
10	200	20	230

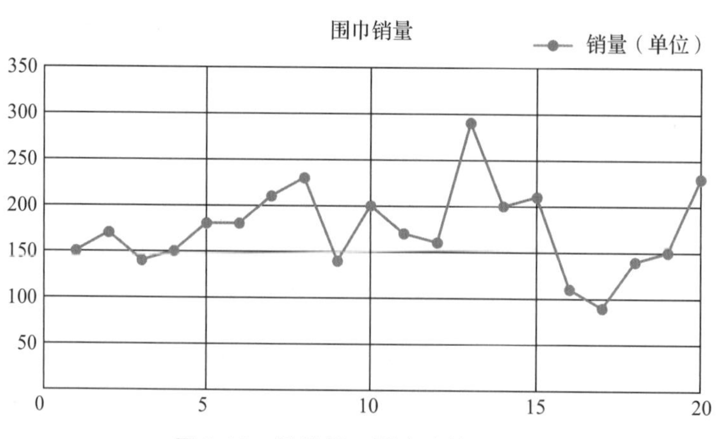

图 3-20　低数据－墨水比的图示例

表 3-2 显示了删除网格线后的新表。删除表 3-1 中的网格线会提高数据 - 墨水比，因为表中更大比例的墨水用于传递信息（实际数字）。类似地，删除图 3-20 中不必要的水平和垂直网格线会提高数据 - 墨水比。请注意，删除这些网格线并删除每个数据点的标记（或减小其大小）会使确定图表中绘制的准确值变得更加困难。因此，了解读者的需求对于定义什么是对读者来说好的可视化是至关重要的。如果读者需要知道不同日期的确切销售额，那么可以在图表中增加墨水来标记每个数据点，甚至将数据显示为表格，而不是图表。

表 3-2　通过删除不必要的网格线来提高表中的数据 - 墨水比

围巾销量			
天	**销量**（单位）	**天**	**销量**（单位）
1	150	11	170
2	170	12	160
3	140	13	290
4	150	14	200
5	180	15	210
6	180	16	110
7	210	17	90
8	230	18	140
9	140	19	150
10	200	20	230

在许多情况下，**留白**（White space）即数据可视化中没有标记的部分，可以提高表格或图表的可读性。这一原理与提高数据 - 墨水比的思路类似。考虑表 3-2 和图 3-21，删除不必要的线条增加了空白空间，使阅读表格和图表都变得更容易。创建有效的表格和图表的基本思想是使它们尽可能简单地向读者传达信息。以下步骤描述了如何修改图 3-20，使其如图 3-21 所示。

步骤 1　单击 *ScarfSalesChart* 文件中图表的任何位置。

单击 **“图表元素”** 按钮 ＋。[㊀]

取消勾选 **“网格线”** 复选框。

取消勾选 **“图例”** 复选框。

步骤 2　双击图表中的一个数据点。

当出现 **“设置数据点格式”** 任务窗格时，单击 **“填充和线”** 图标，选择 **“标记”** 。

在 **“标记选项”** 下选择 **“无”**。

步骤 3　单击图表标题“围巾销量”。

将此文本框拖至左侧，使其与纵轴对齐。

㊀ “图表元素”按钮在 Mac 版本的 Excel 中不可用。关于如何在 Mac 版本的 Excel 中访问这些功能的描述，请参见第 2.2 节末尾的“注释和评论”。

单击功能区上的**“主页”**选项卡，选择**“对齐”**组中的**“左对齐”**按钮 ☰ 以使图表标题左对齐。

单击图表标题文本框，在现有图表标题下输入“销量（单位）”，并将此文本的字体更改为**“Calibri 10.5 粗体”**以创建纵轴标题（见图 3-21）。

步骤 4 单击功能区上的**“插入”**选项卡，选择**“文本”**组中的**“文本框”**。

在文本框中输入“天数”并将其放置在横轴末端下方。

将此文本的字体更改为**“Calibri 10.5 粗体”**以创建横轴标题（见图 3-21）。

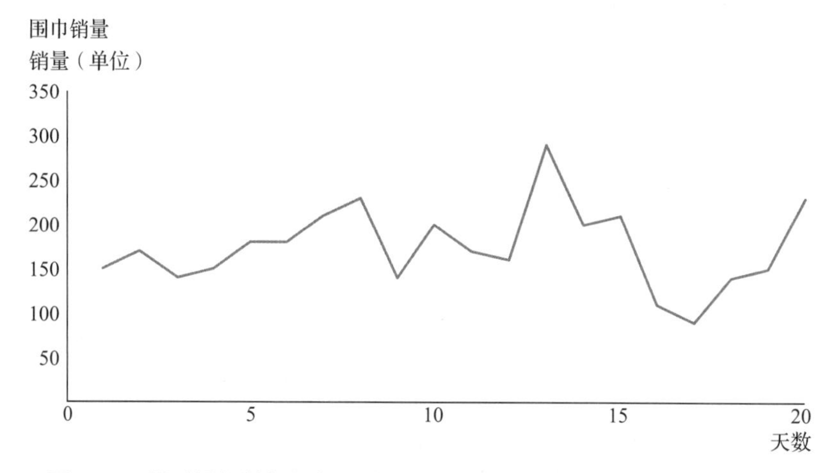

图 3-21 通过添加轴标题与删除不必要的线和标签来提高数据 - 墨水比

对比图 3-20 和图 3-21，也说明了编辑在 Excel 中创建的默认图表的重要性。如果没有额外的编辑，在 Excel 中创建的大多数图表将看起来更像图 3-20，而不是图 3-21。重要的是，要花额外的时间在需要的地方添加轴标题，删除不必要的网格线，并合理设计图表标题，以提高在 Excel 中创建的图表的数据 - 墨水比。这将大大提高这些图表的视觉吸引力，并使读者更容易解读。

提高图表中数据 - 墨水比的过程也称为去杂。**去杂**（Decluttering）是指去除图表中的杂乱或非数据墨迹。在图 3-20 中，网格线被认为是杂乱的，因为它们对读者解释图表的能力几乎没有什么价值。

下面我们看一下去杂的另一个示例。观察图 3-22，此图显示了鲍勃·史密斯教授的统计学（STAT）7011 课程“分析概论”的课程评估情况。图中显示了对问题“这位老师的教学效果如何？”的评估分数，评分为 1= 没有效果，5= 非常有效。在学院的所有课程中该问题的历史平均分是 3.75，在图中也显示了这一数值。

图 3-22 中的数据 - 墨水比较低，且看起来杂乱。我们可以通过删除图表中对读者没有帮助的部分来提高数据 - 墨水比，并使图表变得更加整洁。我们可以去除网格线和简化横轴，如通过添加表示秋季学期和春季学期的图例，我们可以通过只显示年份来简化横轴。也可以通过删除部分标记来简化纵轴，以增加空白空间。如果我们制作图表的主要目标是将史密斯教授的表现与大学平均水平进行比较，那么我们也可以删除每一列的数据标签，以进一步整理图表。

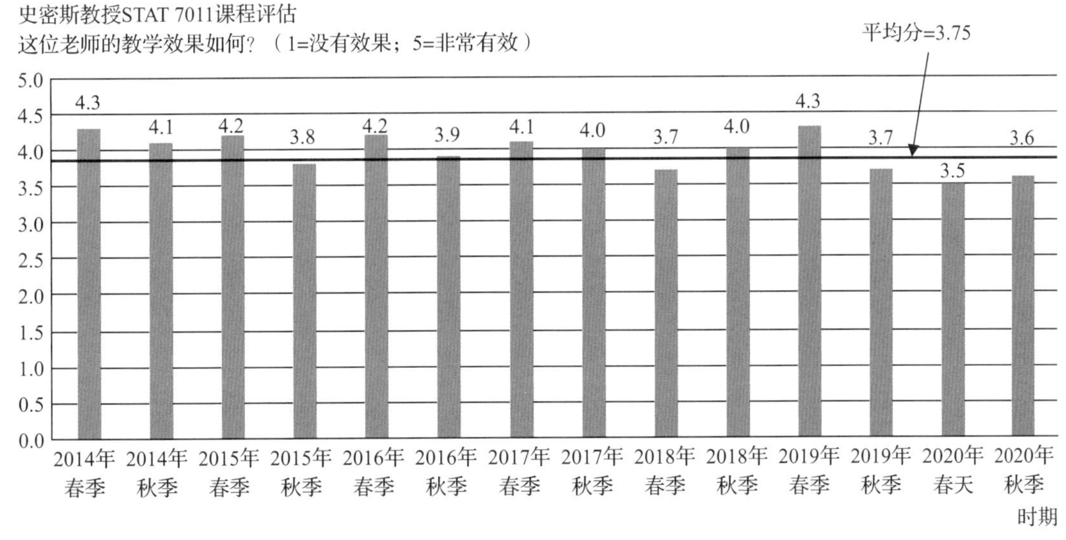

图 3-22 STAT 7011 课程评估数据的杂乱柱形图

以下步骤展示了如何整理该图表以提高数据 - 墨水比。由于 Excel 在用于创建最有效设计的图表的编辑功能上有一定的局限性，我们将使用文本框手动调整这个图表的几个元素来改善图表。

步骤 1 单击 *CourseEvalsChart* 文件中图表中的任意位置。

单击 **“图表元素”** 按钮 ＋。

取消勾选 **“网格线”** 复选框。

取消勾选 **“数据标签”** 复选框。

步骤 2 单击图表中的任意位置。

选择纵轴并右击。

步骤 3 当出现 **“设置坐标轴格式”** 任务窗格时：

将 **“轴选项”** 下的刻度线间隔中的 **“条目”** 从 0.5 更改为 1.0，以删除 0.5 的纵轴增量。

步骤 4 双击“2014 年秋季”对应的图表中的第二列，以便仅在图表中选择此列。

在 **“设置数据点格式”** 任务窗格中，单击 **“填充与线条”** 图标。

在 **“填充”** 下选择此列的深蓝色。

步骤 5 对图表中秋季学期对应的每一列重复步骤 4（见图 3-23）。

步骤 6 单击横轴下方的学期标签，按 **“删除”** 键删除每列的名称。

步骤 7 删除单元格 A2:A15 中的文本，以删除横轴标签。

在 A2 单元格中输入 2014，在 A4 单元格中输入 2015，在 A6 单元格中输入 2016，在 A8 单元格中输入 2017，在 A10 单元格中输入 2018，在 A12 单元格中输入 2019，在 A14 单元格中输入 2020，将年份加到图表的横轴上。

步骤 8 单击图表中指向大学平均评估分数线的箭头，并按下**“删除”**键。

步骤 9 调整包含**“平均分 =3.75”**的文本框的位置，使它更靠近标记大学平均分数的线。

步骤 10 单击功能区上的**“插入”**选项卡。

单击**“文本”**组中的**“文本框”** Text Box，然后单击图表右上方的位置。

单击功能区中的**“主页”**选项卡，将字体类型更改为“Wingdings[⊖] 10.5”。

在文本框中输入 *n* 以创建一个方形框。

更改方形框的颜色以匹配图表中的浅蓝色列。

将字体类型更改为“Calibri 10.5”，文字颜色调回“黑色”。

输入“春季学期”。

单击功能区中的**“主页”**选项卡，将字体类型更改为“Wingdings 10.5”。

在文本框中输入 *n* 以创建一个方形框。

更改方形框的颜色以匹配图表中的深蓝色列。

将字体类型更改为“Calibri 10.5”并将文字颜色调回黑色，输入“秋季学期”(参见图 3-23 中的图例)。

步骤 11 排列图表中可能在编辑过程中移动的任何添加元素。已完成的图表样式请见图 3-23。

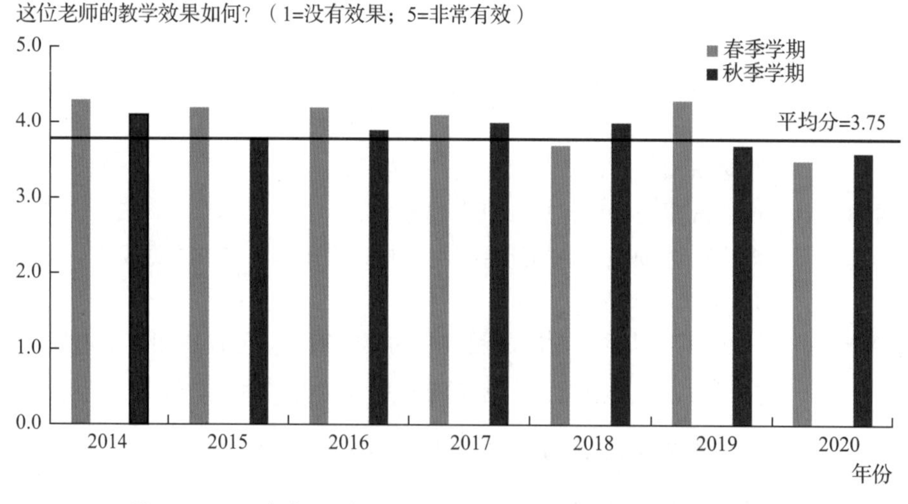

图 3-23 通过对 STAT 7011 课程评估数据的整理来改进柱形图

图 3-23 比图 3-22 具有更高的数据－墨水比和更多的空白，这让读者更容易解读。冗余信息已被删除，纵轴和横轴的标签现在更清晰了。通过使用颜色的预注意属性来区分秋季学期和春季学期，并手动创建图例，我们还使读者能够更容易地比较秋季学期和春季学

⊖ Wingdings 是一个符号字体系列，它包含各种可以作为文本进行编辑的符号。Wingdings 可以用于创建与 Excel 中用于创建图表的符号相匹配的文本。

期的评价分数。

去杂也适用于数据可视化中使用的表。根据最大化数据 – 墨水比的原则，对于表格而言，这通常意味着尽量避免在表格中使用垂直线，除非为了清晰起见需要使用垂直线。水平线通常只用于将列标题从数据值中分离，或指示计算已经发生。观察图 3-24，它比较了几种显示公司成本、收入和利润数据的表格。大多数人认为网格线最少的设计 D 最容易阅读。在此表中，网格线仅用于将列标题与数据分离，并表示已进行了生成利润行和总计列的计算。

设计A：

	月						
	1	2	3	4	5	6	总计
成本/美元	48 123	56 458	64 125	52 158	54 718	50 985	326 567
收入/美元	64 124	66 128	67 125	48 178	51 785	55 687	353 027
利润/美元	16 001	9 670	3 000	(3 980)	(2 933)	4 702	26 460

设计B：

	月						
	1	2	3	4	5	6	总计
成本/美元	48 123	56 458	64 125	52 158	54 718	50 985	326 567
收入/美元	64 124	66 128	67 125	48 178	51 785	55 687	353 027
利润/美元	16 001	9 670	3 000	(3 980)	(2 933)	4 702	26 460

设计C：

	月						
	1	2	3	4	5	6	总计
成本/美元	48 123	56 458	64 125	52 158	54 718	50 985	326 567
收入/美元	64 124	66 128	67 125	48 178	51 785	55 687	353 027
利润/美元	16 001	9 670	3 000	(3 980)	(2 933)	4 702	26 460

设计D：

	月						
	1	2	3	4	5	6	总计
成本/美元	48 123	56 458	64 125	52 158	54 718	50 985	326 567
收入/美元	64 124	66 128	67 125	48 178	51 785	55 687	353 027
利润/美元	16 001	9 670	3 000	(3 980)	(2 933)	4 702	26 460

图 3-24　不同数据 – 墨水比的表格设计比较

在大型表格中，我们可以使用垂直线或浅色阴影来帮助读者区分列或行。表 3-3 显示了 9 个地点的收入数据，以及这些地点 12 个月份总的收入和成本数据。在表 3-3 中，除了最后的“总计”列，每隔一列都增加了浅色阴影。这有助于读者快速浏览表格，查看每个月对应的值。学院的收入和总计收入行之间的水平线有助于读者区分每个地点的收入数据，并表示已经执行了按月生成总计的计算。如果想要突出地点之间的差异，我们可以每隔一行而不是每隔一列进行着色。

表 3-3　9 个地点 12 个月份总收入和成本数据

按地点划分的收入 / 美元	月份												总计
	1	2	3	4	5	6	7	8	9	10	11	12	
庙宇	8 987	8 595	8 958	6 718	8 066	8 574	8 701	9 490	9 610	9 262	9 875	11 058	107 895
基林	8 212	9 143	8 714	6 869	8 150	8 891	8 766	9 193	9 603	10 374	10 456	10 982	109 353
韦科	11 603	12 063	11 173	9 622	8 912	9 553	11 943	12 947	12 925	14 050	14 300	13 877	142 967
贝尔顿	7 671	7 617	7 896	6 899	7 877	6 621	7 765	7 720	7 824	7 938	7 943	7 047	90 819
格兰杰	7 642	7 744	7 836	5 833	6 002	6 728	7 848	7 717	7 646	7 620	7 728	8 013	88 357
哈克尔海茨	5 257	5 326	4 998	4 304	4 106	4 980	5 084	5 061	5 186	5 179	4 955	5 326	59 763
盖茨维尔	5 316	5 245	5 056	3 317	3 852	4 026	5 135	5 132	5 052	5 271	5 304	5 154	57 859
兰帕萨斯	5 266	5 129	5 022	3 022	3 088	4 289	5 110	5 073	4 978	5 343	4 984	5 315	56 620
学院	4 170	5 266	7 472	1 594	1 732	2 025	8 772	1 956	3 304	3 090	3 579	2 487	45 446
总计	**64 124**	**66 128**	**67 125**	**48 178**	**51 785**	**55 687**	**69 125**	**64 288**	**66 128**	**68 128**	**69 125**	**69 258**	**759 079**
成本	**48 123**	**56 458**	**64 125**	**52 158**	**54 718**	**50 985**	**57 898**	**62 050**	**65 215**	**61 819**	**67 828**	**69 558**	**710 935**

同时还要注意表 3-3 中的文本和数字的对齐情况。表中数值的列通常应该是右对齐的；也就是说，每列中每个数字的末位数字应该对齐。这使我们很容易看出数值大小。如果显示了小数点右边的数字，那么所有值都应该在小数点右侧拥有相同的数位。此外，在比较数值时，只使用传达意义所必需的数位；加入多余的数位会增加读者在进行比较时的混乱。在许多商业应用程序中，我们会报告财务价值，在这种情况下，通常会四舍五入到最接近的整数金额，或保留小数点后两位数。对于非常大的数值，我们可能更喜欢显示四舍五入到最接近的千分位、万分位，甚至百万分位的数据。例如，当我们需要在表格中显示 3 457 982 美元和 10 124 390 美元时，如果并不需要精确值，可以将其写成 3.458 和 10.124，并表明表中的所有值都以 1 000 000 美元（或百万美元）为单位。

通常最有效的方法是使表格中某一列内的文本值左对齐，如表 3-3 中按位置划分的收入列（第一列）。在某些情况下，你可能更倾向于将文本居中，但只有当文本值的长度大致相同时，才应该这样做，因为对齐每个数据条目的首字母可以提高可读性。列标题应与该列中数据的对齐方式相匹配，或者是居于数据正中，如表 3-3 所示。

3.4 其他数据可视化设计问题

3.4.1 最小化目光移动

数据可视化应该为读者提供易于查看和解读的体验。图表和表格应当能够向受众呈现洞察力，同时最大限度地降低他们的认知负荷。通过运用预注意属性和格式塔原则以及优化数据 - 墨水比，我们可以在数据可视化中降低认知负荷。同时，减少读者的目光移动也是减轻认知负荷的一种方式。

下面我们看一下斯普林菲尔德市的预算和绩效改进办公室的例子。该市办公室希望对市内的两个警区的绩效进行比较。市政府正在使用一个绩效指标，即清除率，来衡量报告的犯罪行为导致嫌疑人被逮捕的比例。在图 3-25 中，我们对比了过去六个月内斯普林菲尔德市地区 1 和地区 2 的财产犯罪清除率数据，图中的数据来自文件 *ClearanceRatesChart*。

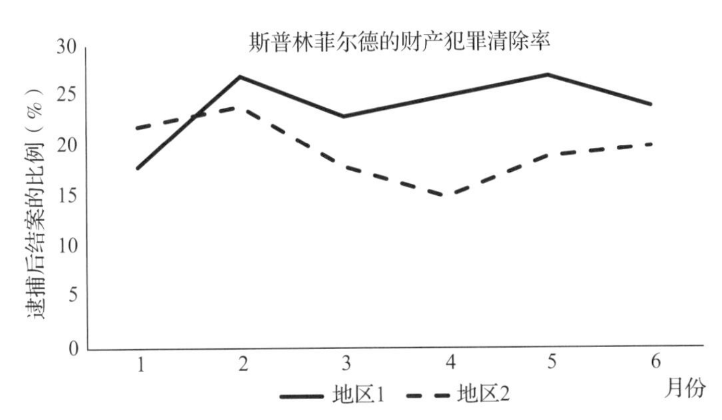

图 3-25　在 Excel 中创建的针对财产犯罪清除率的默认折线图

图 3-25 呈现了一些特征，这些特征增加了读者在解读过程中需要进行的目光移动。其中许多特征是在 Excel 中创建默认图表的典型特征。首先，图例位于图表底部，这要求读者先查看底部的图例，然后将目光移向上方的线条，以匹配图例中的线型与图表中相应的线条。为了显著减少读者所需的目光移动，我们可以将图例移至更接近线条的位置，或者直接在图表中的每一行上添加标记。其次，Excel 通常会在图表标题和横轴标题之间插入逆时针旋转 90 度的纵轴标题文本。这要求读者的目光在图表四周进行移动，以阅读横轴标题、纵轴标题和图表标题。为了最大限度地减少目光移动，在一个图表中最好将这些标题尽可能地对齐，从而使读者只需在几个位置上快速获取信息。接下来的步骤将演示如何改进图 3-25，以减少读者的目光移动。

步骤 1　单击 *ClearanceRatesChart* 文件中图表中的任意位置。

单击**“图表元素”**按钮 ⊞。

取消勾选**“图例”**复选框。

步骤 2　双击地区 1 数据图表中的最后一个数据点，仅选择该数据点。

右击所选数据点并选择**“添加数据标签”**(添加此数据点的值“24”)。

将此数据标签中的“24”更改为“地区 1”，并将字体更改为**“Calibri 10.5”**。

步骤 3　双击地区 2 数据图表中的最后一个数据点，只选择该数据点。

右击所选数据点并选择**“添加数据标签”**(添加该数据点的值“20”)。

将此数据标签中的“20”更改为“地区 2”，并将字体更改为**“Calibri 10.5”**。

步骤 4　单击垂直轴标题“逮捕后结案的比例（%）”。

单击**“删除”**按钮。

步骤 5　单击图表标题“斯普林菲尔德的财产犯罪清除率”。

将此文本框拖到左边，使其与纵轴对齐。

单击功能区上的**“主页”**选项卡，并选择**“对齐”**组中的**“左对齐”**按钮 ☰，调整图表标题。

步骤 6　单击功能区中的**“插入”**选项卡。

单击“文本”组中的“文本框” Text Box，然后单击垂直轴上方，为垂直轴的文本框创建标题。

在文本框中输入"逮捕后结案的比例（%）"，并将字体更改为"**Calibri 10.5 粗体**"，以创建垂直轴标题（见图 3-26）。

步骤 7 单击横轴标题"月份"，并将文本框拖到横轴的末端，使其与横轴上的最后一个值对齐，在此情况下为"6"（见图 3-26）。

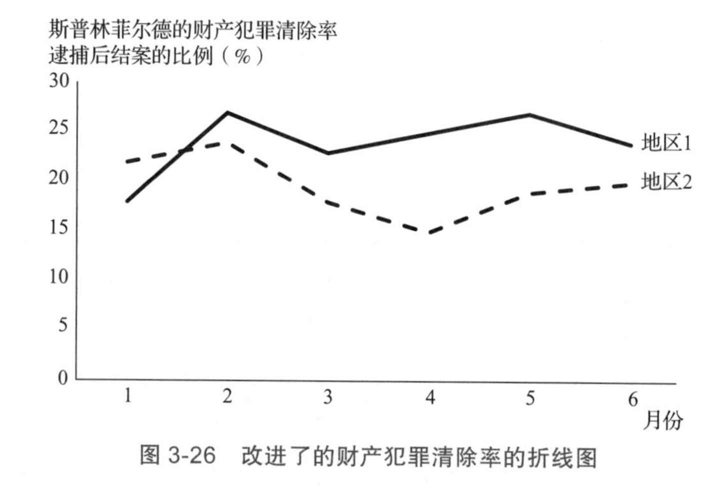

图 3-26 改进了的财产犯罪清除率的折线图

步骤 4 ～步骤 6 在图表内的线条上添加标签，因此不需要单独的图例，减少了目光移动。

Excel 的自动轴标题选项只允许有限的格式更改。因此，为了在纵轴上方创建一个标题，以最小化眼球旅行，我们使用了一个文本框来手动创建它。

图 3-26 通过将图表标题和垂直轴标题与垂直轴对齐，移动与图表线相邻的线条标签，并将水平轴标签与线条标签和水平轴的末端对齐，减少了读者所需的目光移动。这些改进使得读者可以通过从左到右的扫视方式自然地查看图表，并在低认知负荷的情况下轻松地理解所有关键信息。这也是本书中大多数图表最终达到的优化形态。虽然前面的步骤需要你在 Excel 的默认格式的基础上付出更多努力，但是我们仍然建议在创建数据可视化的最终版本时执行这些步骤，以确保读者更容易理解你创建的图表。

3.4.2 文本字体选择

文本在任何数据可视化中都扮演着重要的角色，它用于标记轴、填充表格，并能突出可视化的重要方面。由于文本是数据可视化的重要组成部分，因此选择用于展示文本的字体也成为一个关键的考虑因素。大多数数据可视化软件工具，包括 Excel 在内，都提供了数十种甚至数百种字体选项供用户选择以展示文本。

然而，并非所有的数据可视化专家都对于在数据可视化中文本的首选字体类型达成一致。这种选择往往可能取决于受众的需求或数据可视化的其他设计元素。尽管如此，多数专家普遍认为，在数据可视化中某些字体类型往往被视为首选，例如，在数据可视化中，**无衬线字体**（Sans-serif fonts）（不包含衬线的字体）通常比**衬线字体**（Serif fonts）（包含衬线的字体）应用更广泛。**衬线**（Serifs）是指使用衬线字体创建的字符中可见的笔画结束特征。图 3-27 说明了无衬线字体和衬线字体的区别。常见的衬线字体包括 Times、Times New

Roman 和 Courier。常见的无衬线字体包括 Arial、Calibri、Myriad Pro 和 Verdana。

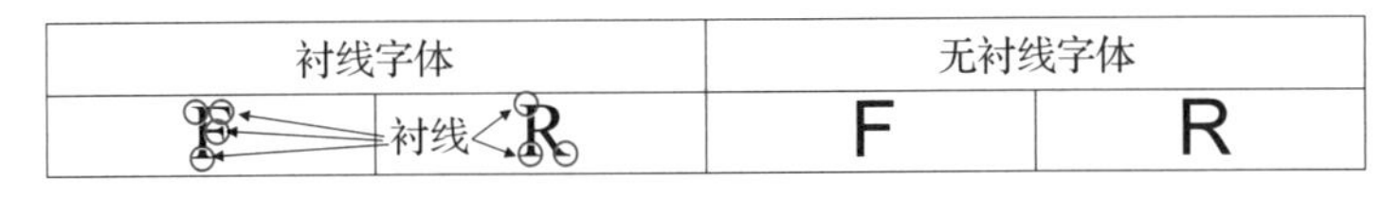

图 3-27 衬线与无衬线字体

一般而言，印刷品优先使用衬线字体，而数字文本则更倾向于使用无衬线字体。当字号小时，无衬线字体通常比衬线字体更容易辨认。鉴于数据可视化通常既应用于印刷品，又应用于数字文本，同时涵盖多种字体和字号，因此对数据可视化中的文本来说，无衬线字体通常比衬线字体更受青睐。在本书中，Excel 中提供的所有图表都采用默认字体无衬线字体 Calibri。书中的大多数印刷图表则选用了无衬线字体 Myriad Pro，因其在各种尺寸下均表现出色，适用于印刷和数字展示。不过，其他的无衬线字体如 Arial 和 Verdana，通常也可用于满足数据可视化的目的。

在数据可视化中，选择字体的一致性和受限性或许比文本是否采用衬线字体或无衬线字体更为重要。一致的字体选择在传达类似信息时至关重要，图表应当使用相同的字体类型和大小，以确保受众在解读信息时保持连贯性。举例而言，水平轴和垂直轴的标题通常应该采用一致的字体类型和大小。因为字体大小是一种预注意属性，当在类似信息中使用不一致的字体大小时，读者的注意力可能会被引导到可视化的某些部分，从而产生歧义。使用过多不同的字体类型会造成视觉混乱，同时也增加了受众解读可视化信息时的认知负荷。因此，大多数数据可视化中应当采用一种单一的字体类型，并在不同特征之间使用不同的字体大小、粗体、斜体以及可能的颜色来进行区分，以增强受众对关键信息的注意力。

注释和评论

1. 我们在本节中阐述的图表设计步骤需要额外的投入。这种额外的投入是否必要，取决于图表的预期用途和受众。如果图表仅用于简单地探索数据或作为生成反馈的草稿，则对于所有元素进行格式化就不那么重要了；此时不需要改变轴标签位置和改变文本字体大小等重构操作。然而，对于将向外部读者展示的图表的最终版本，通常值得额外投入时间来让图表尽可能便于读者解读。
2. 何时应该包括图表标题和轴标题通常是一个饱受争议的问题。当需要澄清或明确图表的预期信息时，建议使用图表标题。我们建议只有当图表标题和轴标题提供冗余信息时才省略它们。
3. 其他常用于数据可视化的软件包，如 Tableau、Power BI 和 R 等，比 Excel 更具有格式化图表的灵活性，但也需要更多的时间来学习它们的全部功能。

3.5 数据可视化设计中的常见错误

3.5.1 选择错误的可视化类型

用于数据可视化的最佳图表的类型在很大程度上取决于将查看可视化的受众，以及使用者通过可视化所要传达的见解或故事。尽管本书提供了设计有效的数据可视化的最佳实践，但是许多与使用哪个图表相关的决策和设计的某些方面仍取决于可视化的情境和目标。在本节中，我们将使用本章中介绍的概念来讨论一种可视化类型优于另一种可视化类型的几种情况。然而，我们必须牢记，最有效的可视化效果取决于受众的需求和我们试图传达的信息。第7章将更详细地讨论如何了解受众的需求。

如果可视化的目标是传达精确的数值，那么通常最好是使用表格而不是图表。因为相较于长度，读者更难利用形状的预注意属性来进行相对比较，所以柱形图或条形图通常比饼图更受欢迎。然而，在某些情况下，最合适的可视化类型取决于可视化的目标，而这并不总是显而易见的。

以斯坦利咨询集团为例，这是一家为非营利性公司提供分析咨询服务的公司。斯坦利咨询集团在哈特福德、斯坦福德和普罗维登斯都设有办事处。每个办事处都有相似数量的顾问和相似的绩效期望。斯坦利咨询集团希望比较一下每个办事处的业绩。它最感兴趣的是比较每个办事处相对于季度目标的表现，并确定每个办事处随时间变化的趋势。图3-28使用簇状柱形图来比较办事处前六个季度的预订收入，还将这一业绩与每个办事处期望实现的60万美元的季度预订收入目标进行了比较，图中的数据来自文件*BookedRevenueChart*。

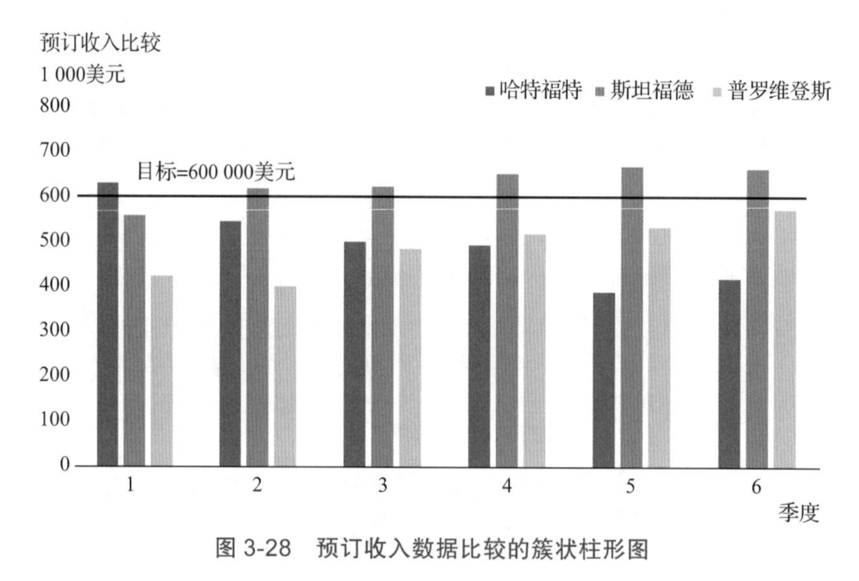

图3-28 预订收入数据比较的簇状柱形图

图3-28中的这种簇状柱形图并不一定不合适，但我们应该尝试将相同的数据与其他图表进行可视化，看看是否可以改进该设计。下面的步骤展示了如何将图3-28所示的簇状柱形图更改为Excel中的折线图。

步骤1 右击*BookedRevenueChart*文件中的任意位置。

选择**“更改图表类型”**。

步骤2 当**“更改图表类型”**对话框显示时，选择[折线图图标]。

单击**“确定”**按钮。

步骤 3　单击折线图上的任意位置。

单击**“图表元素”**按钮 ⊞。

取消勾选**“图例”**复选框。

步骤 4　双击斯坦福德数据图表中的最后一个数据点，仅选择此数据点。

右击所选数据点并选择**“添加数据标签”**（这将添加一个数据标签，这个数据点的值是“665”）。

将此数据标签中的“665”更改为“斯坦福德”，并将字体更改为“Calibri 10.5”。

步骤 5　双击图表中普罗维登斯数据线上的最后一个数据点，只选择该数据点。

右击所选数据点并选择**“添加数据标签”**（这将添加一个数据标签，该数据点的值为“575”）。

将此数据标签中的“575”更改为“普罗维登斯”，并将字体更改为“Calibri 10.5”。

步骤 6　双击图表中哈特福特数据线上的最后一个数据点，只选择该数据点。

右击所选数据点并选择添加数据标签（这将添加一个数据标签，该数据点的值为“420”）。

将此数据标签中的“420”更改为“哈特福特”，并将字体更改为“Calibri 10.5”。

这些步骤产生了如图 3-29 所示的折线图。

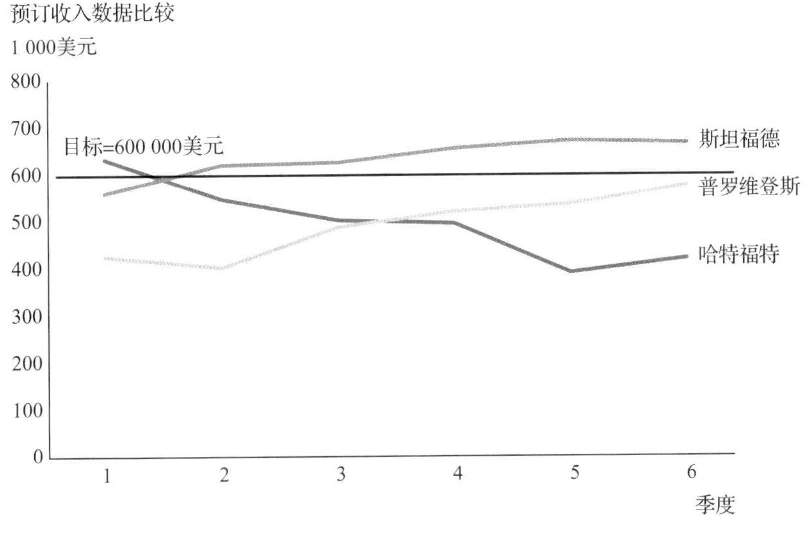

图 3-29　预订收入数据比较的折线图

由图 3-29 可知，使用折线图来展示这些数据具有几个优点。首先，折线图中的格式塔连接原则使得按照办公室预订收入的趋势更加清晰明了。从图 3-29 中我们可以看到，哈特福特在第一季度的收入超过了目标，但之后一直低于目标，其预订收入总体呈现下降趋势。相比之下，斯坦福德办公室的预订收入在第一季度未达到目标，但在随后的每个季度都超过了目标，其预订收入一直保持稳定。普罗维登斯办公室每个季度的预订收入都低于目标，但其预订收入一直在稳步增长。要想从图 3-28 中看出这些趋势更具有挑战性，因为如果没有利用连接性原则的话，将一个地点的预订收入组合在一起更加困难。同时，图 3-29 通过省略图 3-28 中的图例和每行的标记，减少了读者的目光移动，使得这种图表更加可取。

3.5.2 试图显示太多的信息

构建有效图表时的另一个常见错误是试图在单个图表中传达过多的信息，这种情况表现为试图同时向受众传递过多的见解。

以基兰公司为例，这是一家专注于提供汽车替换零部件的在线公司。它销售由原始设备制造商（OEM）制造的和由售后市场提供的更换部件。由于基兰公司通过在线渠道销售零部件，因此其销售范围覆盖了美国各个地区的客户。为了有效追踪销售情况并进行绩效评估，基兰公司将美国划分为 12 个地区。基兰公司的管理团队最感兴趣的是对比 12 个地区的 OEM 销售表现，以确定哪些 OEM 销售业绩较佳；同时，他们也着重比较 12 个地区的售后市场销售情况，以辨别在售后市场领域哪个地区表现出色。

图 3-30 显示了按地区划分的 OEM 和售后市场销量情况簇状柱形图。通过簇状柱形图，可以很容易地比较每个地区的 OEM 的销售额和售后市场的销售额。然而，如果这些不同类型的部件在每个地区的潜在市场存在差异，那么这种比较并不会带来特别有用的结论。

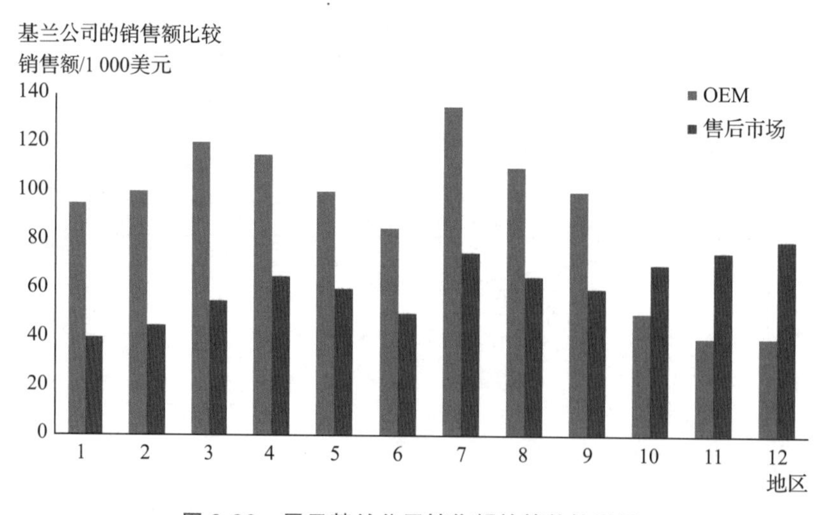

图 3-30 展示基兰公司销售额的簇状柱形图

图 3-31 采用堆积柱形图的形式展示了按地区分类的 OEM 和售后市场的销售情况。堆积柱形图的运用有助于更轻松地比较不同地区的总销售情况。因此，若旨在对 12 个地区的总销售情况（包括 OEM 和售后市场）进行比较，采用堆积柱形图是一个很好的选择。然而，该可视化目标是分别比较不同地区的 OEM 销售和售后市场销售。为实现这一目标，最佳的可视化方法是采用两个独立的柱形图，如图 3-32 和图 3-33 所示。

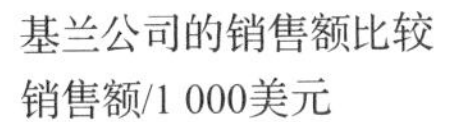

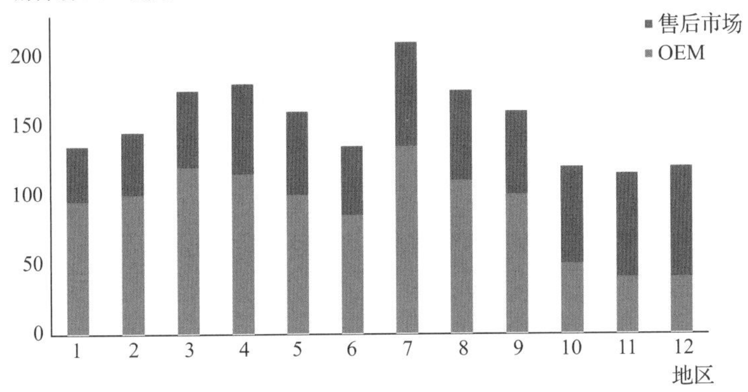

图 3-31　展示基兰公司总销售额的堆积柱形图

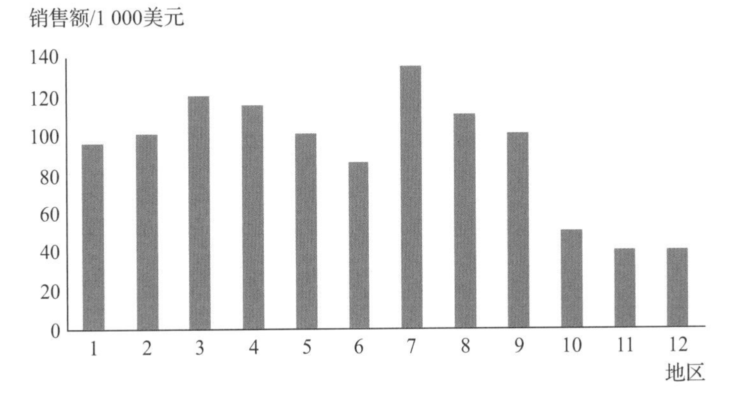

图 3-32　基兰公司按地区划分的 OEM 销售额

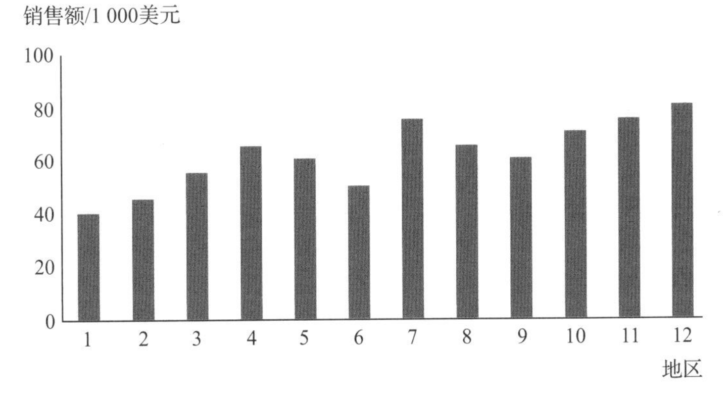

图 3-33　基兰公司按地区划分的售后市场销售额

3.5.3　盲目采用 Excel 默认格式的图表

微软的 Excel 提供了各种图表和表格类型，用于对数据进行可视化呈现。然而，一个常见的错误是使用Excel默认的输出结果，而忽略了对可视化工具的设计和格式进行调整。Excel的默认设置与本章（以及本书的其他部分）中所提及的关于创造出色的数据可视化的许多建议大相径庭。以图3-34作为一个例子。这个柱形图是使用Excel创建的，用于展示过去一年中得克萨斯州8家零售店的年度收入情况，数据来自文件*RetailRevenueChart*。公司关注于比较不同地区的年度收入，尤其关注检查位于拉雷多的零售店的相对表现，因为该零售店最近经历了管理变动。

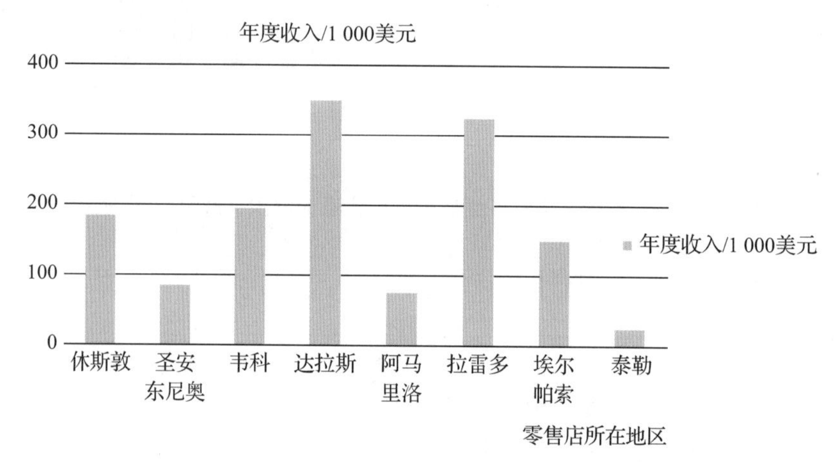

图3-34 Excel生成的比较8个零售店的年度收入的默认柱形图

图3-34存在几个缺陷，使其无法成为一个有效的数据可视化工具。首先，图3-34的数据－墨水比很低，因此需要考虑对图进行去杂处理。检查图3-34，发现图表中使用了几种不必要的墨水，这些墨水并未在传达数据时发挥作用。例如，图表中的网格线并非特别有用，因此可以考虑将其移除。此外，我们可以注意到Excel自动将图表命名为“年度收入”，并使用了“年度收入”的图例。这种冗余的信息需要加以处理，至少应删除其中一项。以下步骤可用于调整由Excel生成的默认图表，提高数据－墨水比，并使图表对读者更有意义。

步骤1 单击*RetailRevenueChart*文件中的任意位置。

步骤2 单击**“图表元素”**按钮。

取消勾选**“网格线”**复选框。

取消勾选**“图例”**复选框。

步骤1和步骤2通过分解图表来提高数据－墨水比。我们可以通过在图表中添加有意义的墨水和进行一些其他的修改来进一步改进这个图表。例如，图表中显示的营业收入是前一年的数据，以1 000美元为单位。这样的呈现方式在图表上并不十分清晰。为了让读者能更方便地比较不同地区的年度收入的相对数量，我们可以对柱形按递减顺序进行排序。最后，由于读者特别关注拉雷多的年度表现，我们可以通过改变与拉雷多相关的柱形的颜色，来引导读者的注意力，使其更加关注图表的这一部分。以下步骤将创建新的柱形图，如图3-35所示。

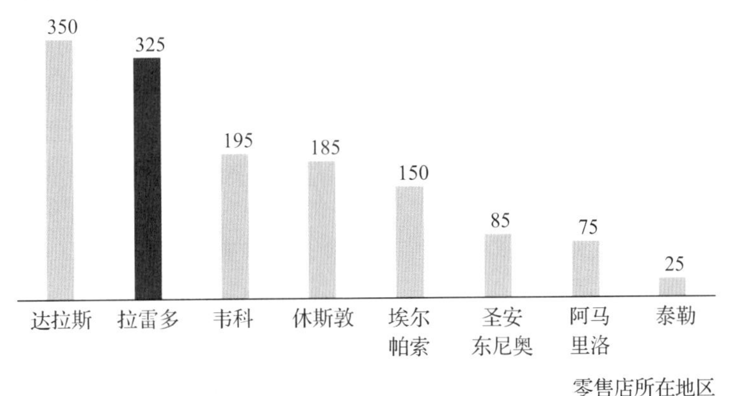

图 3-35　比较 8 个零售店年度收入的新柱形图

步骤 3　选择单元格 A1:B9。

单击功能区上的**“数据”**选项卡。

在**“排序和筛选”**组中单击**“排序”**。

步骤 4　当出现**“排序”**对话框时：

勾选**“我的数据”**复选框。

选择**“年度收入”**，并在**“排序”**框中选择**“升序”**。

单击**“确定”**按钮。

步骤 5　单击**“图表元素”**按钮 ＋。

勾选**“数据标签”**复选框。

步骤 6　单击纵轴标签。

单击**“删除”**键。

步骤 7　双击与“Laredo”对应的图表中的第二列，以便只有此列在图表中时选择。

在**“设置数据点格式”**任务窗格中，单击**“填充和线条”**图标。

在**“填充”**下为此列选择深蓝色。

步骤 8　单击图表标题“年度收入 /1 000 美元”，并将此标题更改为“拉雷多与其他地区前一年的年度收入比较”。

将此文本框拖到左侧，使其与纵轴对齐。

单击功能区上的**“主页”**选项卡，并选择**“对齐”**组中的**“左对齐”**按钮以调整图表标题。

步骤 9　单击功能区上的**“插入”**选项卡。

单击**“文本”**组中的**“文本框”** Text Box，单击纵轴上方为纵轴创建文本框。

在文本框中输入“年度收入 /1 000 美元”，并将字体更改为**“Calibri 10.5 粗体”**，以创建纵轴标题（见图 3-35）。

步骤 3 和步骤 4 对列进行排序，充分利用了长度属性，使得年度收入更加明显地展现在读者面前。在步骤 5 中，我们在每个柱形的顶部添加了数据标签，以呈现每个地点年度收入的精确值。这种做法仅在读者可能需要准确数值时才适用。因为我们已经为每列添加了数据标签，所以在步骤 6 中，我们将冗余的纵轴标签删除，以减少图表的视觉干扰。步骤 7 使用颜色的预注意属性来区分与“拉雷多”对应的柱形，以吸引读者对该柱形的关注。最后，步骤 8 和步骤 9 使图表标题和纵轴标题与纵轴对齐，以最大限度地减少读者在理解图表时的目光移动。

3.5.4　预注意属性过多

在第 3.1 节中，我们讨论了在数据可视化中使用预注意属性的重要性，以确保信息能够被读者迅速理解。然而，在相同的可视化中使用太多的预注意属性可能会给读者造成困惑。下面我们再看一下斯坦利咨询集团的案例。公司希望研究顾问的特征，如职位、任职时间和最高受教育程度，与顾问的计费时间之间的关系。图 3-36 试图展示其中的关系。

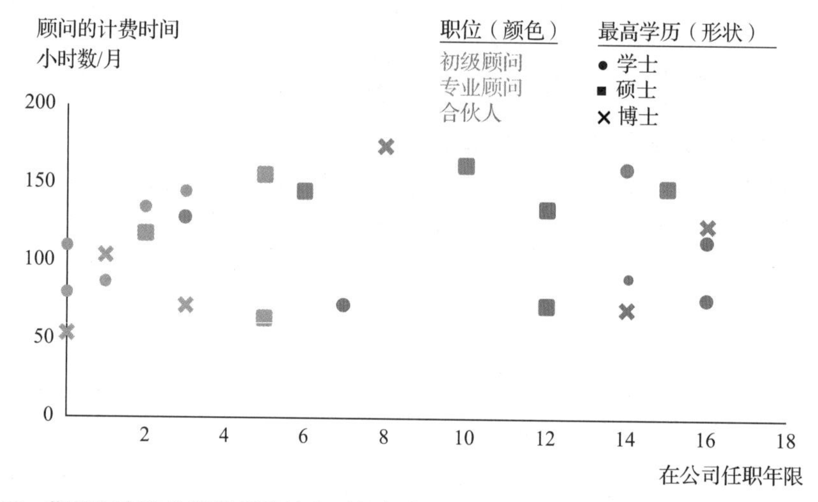

图 3-36　斯坦利咨询集团顾问的计费时间与在公司任职年限、职位和最高学历之间的关系

公司想要考虑的所有信息如图 3-36 所示。每位顾问的计费时间（在纵轴上表示）、在公司任职年限（在横轴上表示）、顾问的职位（由图表中标记的颜色表示），以及顾问获得的最高学历（由图表中标记的形状表示[⊖]）。图 3-36 使用了第 3.1 节中的几个预注意属性，包括空间位置、形状和颜色。然而，由于我们同时使用了许多不同的预注意属性，读者可能会感到在处理这个图表时较为困难。它要求读者不断在图表中的标记、图例以及纵轴和横轴之间来回扫描。因此，这种图表可能不太有助于传达信息。

一个比图 3-36 更优的图表会展示更简化的关系和使用更少的预注意属性。在决定显示哪些特征时，需要根据图表的目标和受众需求进行具体选择。如果更重要的是显示计费

⊖　在 Excel 中，可以通过单击“填充与线条”标记打开“设置数据序列格式”任务窗格，更改显示的标记类型。可以单击“标记”图标，然后单击“标记选项”，从“内置”中选择标记的形状。

时间、在公司任职年限和顾问的职位之间的关系，那么首选如图 3-37 所示的图表。

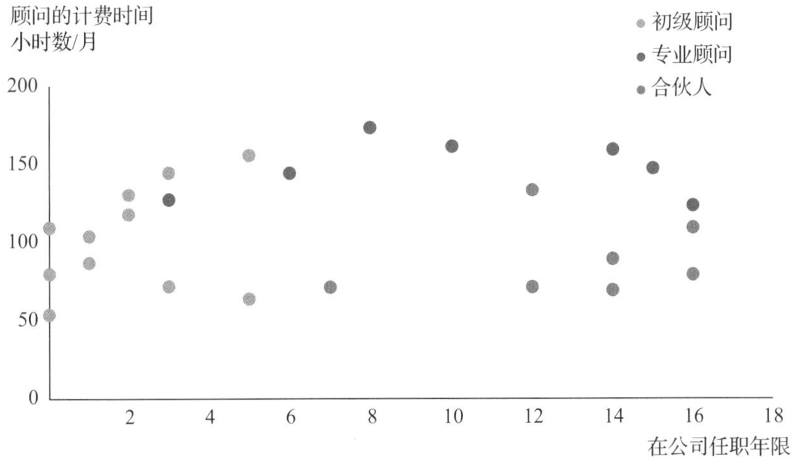

图 3-37　斯坦利咨询集团顾问的计费时间与在公司任职年限和职位之间关系的简化图

3.5.5　3D 图表的过度使用

3D（三维）图表通常让读者难以理解。许多初学者分析师可能会在 Excel 中创建三维图表，即使第三个维度并未提供有用的信息。考虑图 3-38 中的三维柱形图，该图比较了 8 名为斯坦利咨询集团工作的顾问的计费时间。

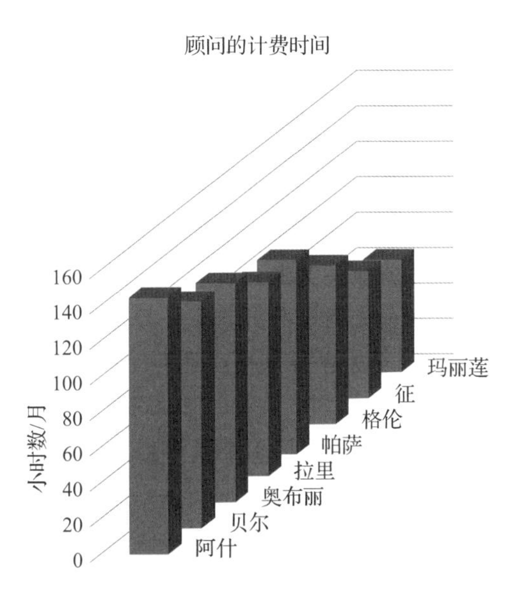

图 3-38　在第三个维度没有提供有用信息的情况下，斯坦利集团顾问计费时间的三维柱形图

图 3-38 中的第三个维度并没有传达任何有用的信息，它实际上只是降低了图表的数据 - 墨水比，增加了读者解读的难度。即使使用第三个维度来传达唯一的信息，三维图表也很难解释清楚。因此，我们通常建议避免使用三维图表进行数据可视化。因此，在一个更佳的柱形图设计中，我们删除了第三个维度，并将图表显示为二维柱形图，如图 3-39 所示。

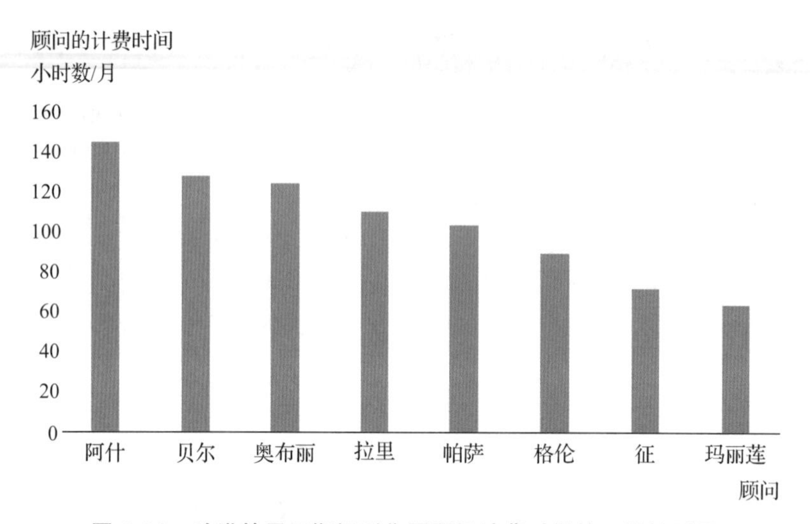

图 3-39 改进的显示斯坦利集团顾问计费时间的二维柱形图

◎ 总结

在本章中，首先，我们讨论了如何使用特定的设计元素来创建有效的数据可视化。我们介绍了颜色、形式、空间位置和动势的预注意属性，并展示了如何巧妙运用这些属性来使数据可视化更易于理解，以及它们如何引导读者的注意力。我们还介绍了与人们在数据可视化中如何解释对象相关的格式塔原则，即相似性、接近性、封闭性和连接性。正确使用预注意属性和格式塔原则可以帮助我们创建有效的数据可视化。然后，我们讨论了最小化读者目光移动的策略，以及在可视化中为文本选择有效的字体来提升图表和表格的可解释性。我们将这些设计概念应用于表格、散点图、条形图、柱形图和折线图中。最后，我们总结了数据可视化设计中的一些常见错误，如选择错误的可视化类型、试图在单一可视化中显示过多的信息、盲目采用 Excel 默认格式的图表、预注意属性过多、过度使用 3D 图表等。在本章中，我们强调了实现良好的数据可视化的关键在于充分理解受众的需求和可视化目标。在后面的章节中，我们将进一步详细地讨论这些问题。

◎ 术语解析

认知负荷：准确、有效地处理数据可视化所传达的信息所需的工作量。

颜色：数据可视化中的一个预注意属性，包括色调、饱和度和亮度三个属性。

连接性：一种格式塔原则，即人们将以某种方式连接的对象解释为属于同一个组。

数据 - 墨水比：衡量“数据 - 墨水”占表格或图表中使用的墨水总量的比例，其中数据 - 墨水是为向读者传达数据的意义所必需的墨水。

去杂：在可视化中删除非数据 - 墨水的行为，因为非数据 - 墨水并不能帮助读者解释图表或表格。

封闭性：一种格式塔原则，封闭在一起的物体被视为属于同一组。

闪烁：一种动态的预注意属性，指的是通过诸如闪光等方式吸引注意力到某件物体上。

形式：方向、大小、形状、长度和宽度等预注意属性的集合。

格式塔原则：人们如何解释和感知他们所看到的事物的指导原则，它可以用于设计有效的数据可视化。这些原则通常描述了人们如何定义他们所看到的事物中的秩序和意义。
色调：颜色的属性之一，由光在可见光光谱上占据的位置决定，并定义颜色的基础。
标志性记忆：处理速度最快的记忆形式。大脑自动处理其中的信息，信息保存时间在一秒钟以内。
长度：一种与形式相关联的预注意属性。它指的是一条直线的水平、垂直或对角线的距离。
长期记忆：信息被长时间存储的记忆形式。大多数长期记忆是通过重复和强化而形成的，但也可以通过巧妙地使用讲故事来形成。
亮度：颜色的属性之一，它表示该颜色中的黑色或白色的相对含量。
运动：一种预注意属性的类型，涉及定向移动，可用于显示可视化中的变化。
方向：一种与形式相关联的预注意属性。它是指一个对象在数据可视化中的相对位置的变化。
预注意属性：可由标志性内存处理的数据可视化的特性。与视觉感知相关的预注意属性一般分为四类：颜色、形式、空间位置和动势。
接近性：一种格式塔原则，即人们认为在物理上彼此接近的物体属于一个群体。
桑基图：一种数据可视化图表，通常描述实体的流量比例，其中线条的相对宽度表示相对流量。
无衬线字体：没有衬线的字体。这一类型的字体包括 Arial、Calibri、Myriad Pro 和 Verdana，在数据可视化文本中通常是首选。
饱和度：颜色的属性之一，是指颜色的强度或纯度，定义为颜色中灰色的含量。
衬线字体：一种包含笔画结束特征的文本样式。这些类型的字体包括 Times、Times New Roman 和 Courier。
衬线：在使用衬线字体创建的字符中可见的笔画结束特征。
形状：一种与形式相关联的预注意属性。它指的是在数据可视化中使用的对象的类型。
短期记忆：记忆中保存信息的时间约为一分钟的部分。大脑利用分块或者将相似的东西分组来完成，一次能保存大约四块视觉信息区块。
相似性：一种格式塔原则，即人们认为具有相似特征的物体属于同一群体。
大小：一种与形式相关的预注意属性。它是指一个对象在可视化过程中所占据的二维空间的相对量。
空间位置：一种预注意属性，指物体在某个定义空间内的位置。
视觉感知：我们的大脑解释进入我们眼睛的反射光线的过程。
空白：数据可视化中没有标记的部分。
宽度：一种与形式相关联的预注意属性。它是指线条所代表的宽度或厚度。

◎ 练习题

概念题

1. **用于预注意属性的记忆类型**。以下哪些类型的记忆被用于处理预注意属性？**学习目标 1**

   1）标志性记忆。

2）短期记忆。

3）长期记忆。

4）随机访问存储。

2. **数据可视化中的预注意属性**。以下关于在数据可视化中使用预注意属性的哪些做法是正确的？（选择所有应用此对象的选项）**学习目标 1**

1）预注意属性的使用减少了读者解释数据可视化所传达的信息所需的认知负荷。

2）预注意属性可以用来将读者的注意力吸引到数据可视化的某些部分。

3）过度使用预注意属性会导致混乱，并会分散读者的注意力。

4）预注意属性包括接近性和封闭性等属性。

3. **对格式塔原则的描述**。对于下面的每个描述，请提供其描述的格式塔原则的名称。**学习目标 2**

1）在物理上彼此接近的物体被视为属于同一组。

2）以某种方式连接的对象被视为属于同一组。

3）在物理上绑定在一起的对象被视为属于同一组。

4）具有颜色、形状、大小等相似特征的物体，被视为属于同一群体。

4. **Excel 中的带直线和数据标记的散点图**。在 Excel 中使用带直线和数据标记的散点图利用了哪个格式塔原理？**学习目标 2**

1）相似性。

2）接近性。

3）封闭性。

4）连接性。

5. **提高图表的数据 - 墨水比**。下面哪些更改将提高图表的数据 - 墨水比？（选择所有恰当的选项。）**学习目标 3**

1）删除不必要的网格线。

2）当每个条形图都已经标记了相应的信息时，删除条形图上的图例。

3）当每个轴所使用的单位从图表标题中无法清晰得知时，将轴标签添加到图表中。

4）当不需要知道确切的值时，为散点图上的每个点添加数据标签。

6. **饼图与条形图或柱形图**。以下哪些原因准确地描述了在数据可视化中柱形图优于饼图？（选择所有恰当的选项。）**学习目标 4**

1）条形图和柱形图利用格式塔接近原理，而饼图使用格式塔连接原理。

2）在饼图中使用图例会造成不必要的目光移动，通常可以通过使用不需要图例的柱形图来减少目光移动。

3）条形图和柱形图使用长度而不是大小来进行比较，而且对读者来说长度比大小更容易解释。

4）饼图通常使用不同的颜色来区分每一块“饼”，与柱形图相比，可以显示相同的信息，从而造成混乱。

7. **客户的市场细分**。布兰迪斯营销有限责任公司为客户提供营销分析咨询服务。这次，布兰迪斯要为一个商业客户提供市场细分研究。这个客户认为有两个重要的变量应该被用来将它的类似的用户分成集群：服务年限和用户总资产。布兰迪斯计划使用聚类算法将相似的用户分到不同的集群中，但在应用该算法之前，它将创建一个简单的散点图，根据服务年限和用户总资产进行绘制。下面是布兰迪斯创建的散点图。**学习目标 2**

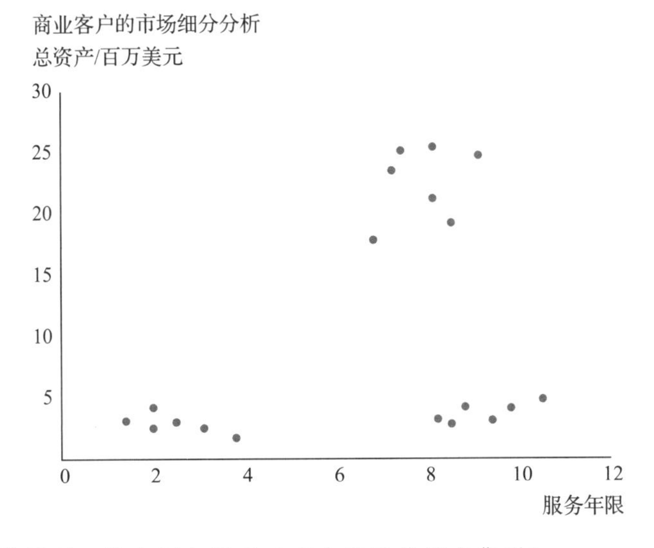

（1）基于格式塔原则，散点图中显示了多少不同的用户集群？

（2）还有哪些格式塔原则可以用来使不同客户集群看起来更明显？

8. **费城城市学校。**下面的图表显示了费城学区几所学校的相关数据。**学习目标 1、4**

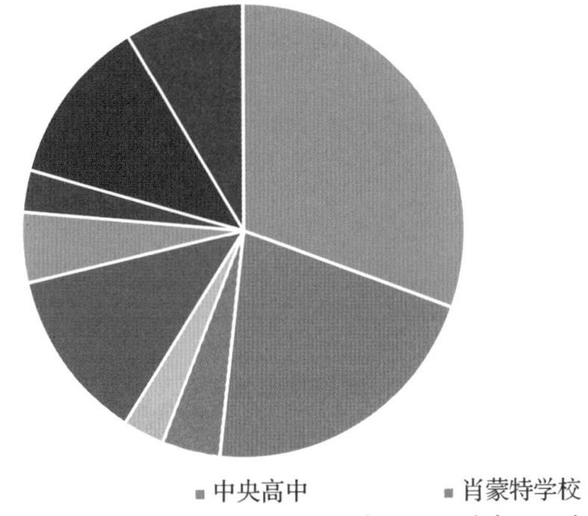

（1）在这个图表中使用了哪些预注意属性？

（2）你建议对这个图表做出什么改变，可以让读者更容易理解？

9. **纽约市大学毕业生的百分比和月租金中位数。**下面的散点图显示了纽约市不同次行政区（城市内的一个区域）的大学毕业生百分比和月租金中位数之间的关系。散点图中的每个点代表纽约市不同的次行政区。**学习目标 1**

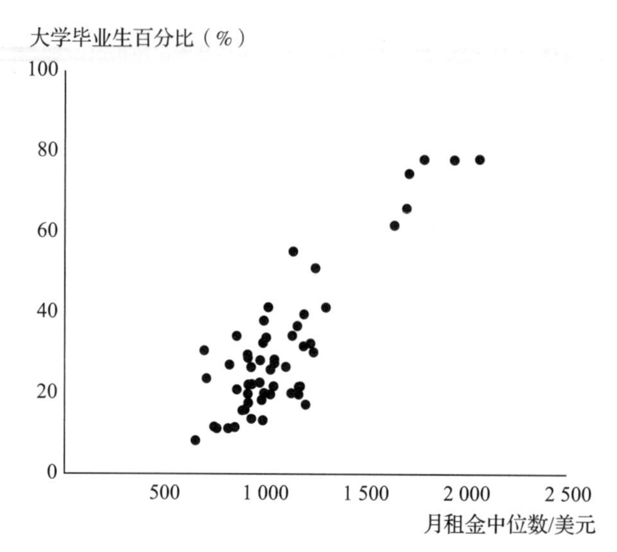

（1）在这个散点图中使用了哪个预注意属性？

（2）关于纽约市各次行政区的大学毕业生的比例和月租金中位数之间的关系，可以如何进行分析？

10. **斯科特和怀特医疗中心的病人等待时间。** 位于得克萨斯州坦普尔市的斯科特和怀特医疗中心正在分析患者在其机构接受普通骨科手术的平均等待时间。医疗中心管理人员已经收集了有关病人等待时间的数据。接受不同骨科手术的患者的平均等待时间（天数）如下图所示。该医疗中心对前交叉韧带（ACL）重建手术的等待时间特别感兴趣，因为 ACL 重建是在其设施中进行的最常见的骨科手术类型。**学习目标 1**

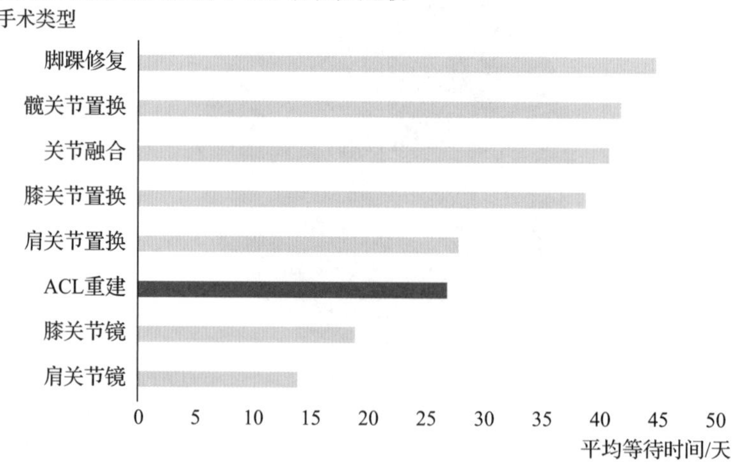

在这个图表中使用了哪些类型的预注意属性？这些属性向读者传达了哪些信息？

11. **比较普拉特咨询服务公司的管理顾问。** 普拉特咨询服务公司旨在对比不同顾问所管理的客户账户数量。特别是，公司有意比较伯尼·史密斯、斯坦利·卢卡斯和格雷西·罗杰斯三位会计师所管理的账户数量，因为这三位会计师几乎同时加入公司，并具备相似的技能。下面的图表是在 Excel 中生成的默认图表。**学习目标 1**

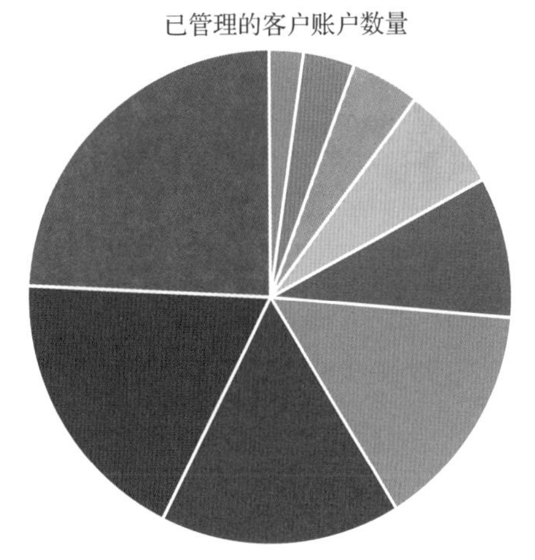

(1) 在饼图中使用了哪些预注意属性？

(2) 在重新设计这个图表时，你会使用哪些预注意属性来提高清晰度？

12. **投篮情况报告**。梅格是一个高中篮球队的助理教练。他为即将到来的比赛准备了一份关于对手球队的投篮情况报告，重点关注一位擅长三分线外投篮的明星球员。梅格创建了下面的图表来展示这个明星球员在最近一场比赛中的投篮情况。图表中的每个“×”表示一次未命中的投篮，每个“●”则表示一次命中的投篮。梅格发现，这位明星球员大部分命中的投篮都集中在三分线顶端的位置，而在角落位置的投篮几乎都未命中。鉴于这一情况，梅格计划引导球队注意这些特定区域，从而在比赛中能够更好地防守这名明星球员。**学习目标 1、2**

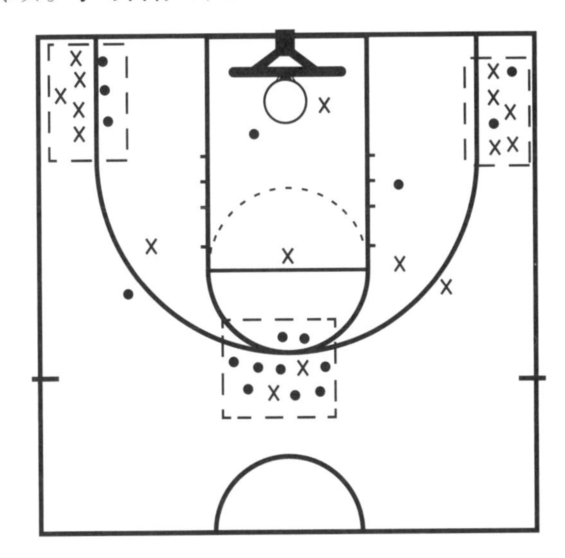

(1) 梅格在这个图中使用了哪些预注意属性和格式塔原则？

(2) 在这张图中使用的预注意属性和格式塔原则能有效地向读者传达梅格的信息吗？为什么能或为什么不能？

13. **一家制造公司的收入和成本分析。**这家制造公司计划比较前一年每个月的收入与成本。下表呈现了上一年该公司每个月的收入和成本数据。特别值得注意的是，该公司对夏季的业绩表现十分感兴趣，因为在这段时间内销售额通常最高。**学习目标 3**

月份	收入 / 千美元	成本 / 千美元	月份	收入 / 千美元	成本 / 千美元
1 月	1 121	1 007	7 月	1 911	1 621
2 月	997	1 002	8 月	1 988	1 625
3 月	1 151	1 010	9 月	1 521	1 617
4 月	1 202	1 085	10 月	1 288	1 178
5 月	1 422	1 287	11 月	1 100	1 008
6 月	1 877	1 488	12 月	1 022	987

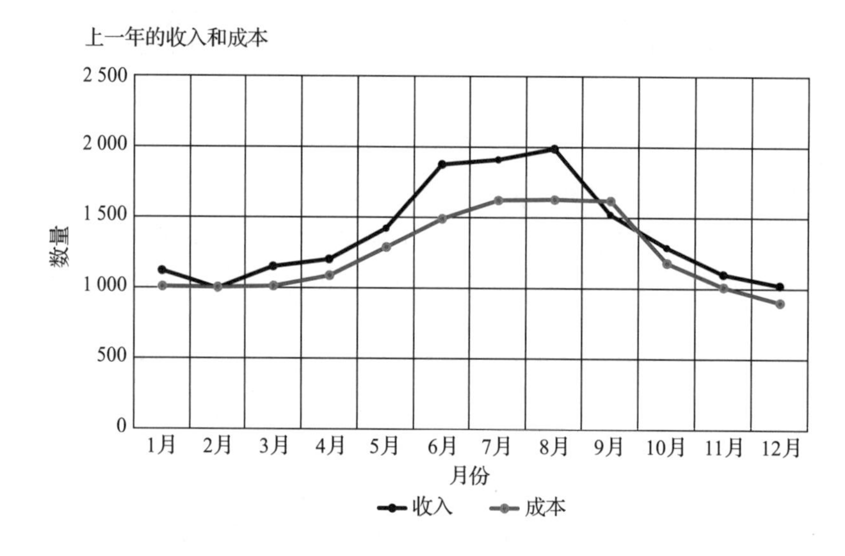

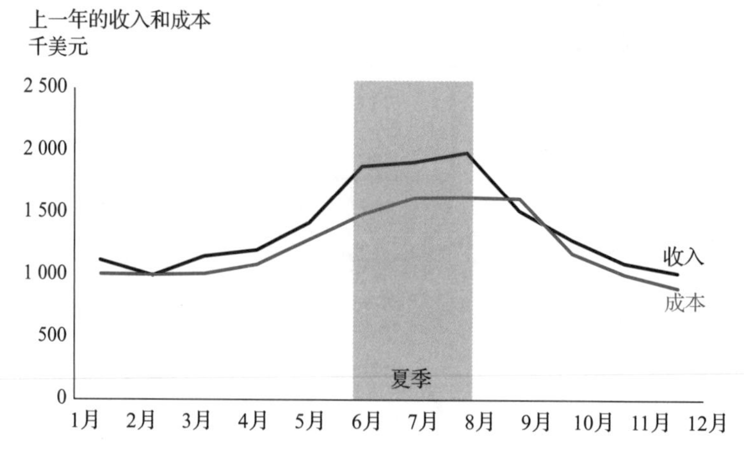

（1）比较一下上面的两个图表，哪个图表有更高的数据 - 墨水比？为什么？

（2）具有较高数据 - 墨水比的图表如何帮助读者更有效地解读信息？

14. **衬线字体与无衬线字体之间的关系。**请考虑下表中所显示的字体。**学习目标 5**

(1) Abcd123	(4) Abcd123	(7) Abcd123
(2) *Abcd123*	(5) Abcd123	(8) Abcd123
(3) **ABCD123**	(6) Abcd123	(9) **Abcd123**

(1) 其中哪些字体被认为是衬线字体?

(2) 如果你正在为数据可视化创建文本，主要是为了在智能手机和其他小型移动设备上查看，你是否建议在数据可视化中使用衬线字体作为文本? 为什么?

15. **赞成投票选举的结果。**赞成投票是一种投票制度，选民可以投票给任意数量的合格候选人。在这种制度中，对一名候选人的投票表明，选民"赞成"该候选人担任该候选人所寻求的职位。在选举结果的最终统计中，计算每个候选人获得的赞成票总数，获得最多赞成票的候选人获胜。下图显示了四名合格候选人的赞成投票选举的结果：C. 西滕费尔德、A. 马歇尔、S. 凯斯金、K. 诺瓦克。共有 1 218 名选民参加了这次选举。下表显示了每位候选人获得的票数以及支持每位候选人的选民比例。**学习目标 4、6**

候选人	已获票数	支持该候选人的选民比例
C. 西滕费尔德	482	39.6%
A. 马歇尔	689	56.6%
S. 凯斯金	354	29.1%
K. 诺瓦克	514	42.2%

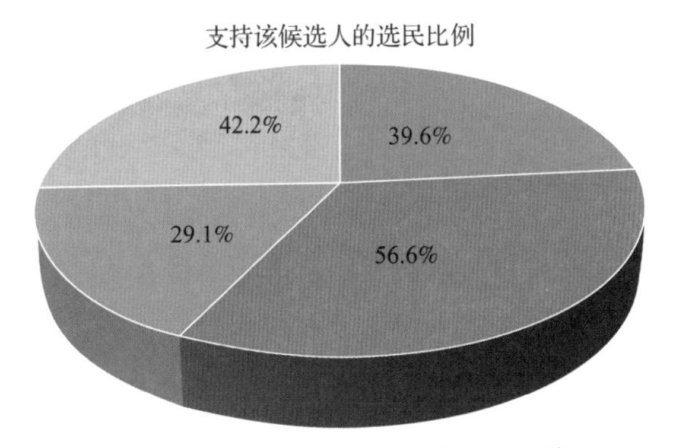

(1) 上图用三维饼图展示了选举结果。以这种方式展示选举结果有哪些问题?

(2) 建议使用另一种类型的图表来显示这些数据，以使读者更容易理解。解释为什么这种替代类型的图表更容易让人理解。

16. **"保持健康"健身房的员工人数和年收入。**"保持健康"健身房在密歇根州经营着四家门店。这些门店分别位于萨林、蒂康西、德克斯特和杰克逊。健身房门店的规模不同，所需的员工人数也会有所不同。下表显示了四个地点的全职员工人数（FTE）和年收入。**学习目标 4、6**

健身房的位置	全职员工人数（FTE）	年收入 / 千美元
萨林	18	787
蒂康西	11	674

（续）

健身房的位置	全职员工人数（FTE）	年收入 / 千美元
德克斯特	9	784
杰克逊	12	642

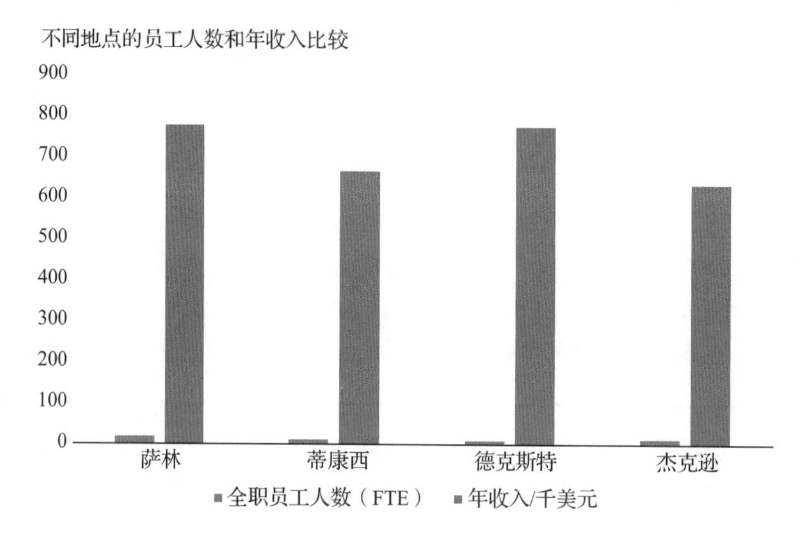

（1）簇状柱形图显示了每个地点的全职员工人数和年收入。使用这种类型的图表来显示这些数据有什么问题？

（2）使用堆积柱形图而不是簇状柱形图来显示这些数据是否合适？

应用题

17. **比较普拉特咨询服务公司的管理顾问（回顾）**。在这个问题中，我们将重新讨论练习题11中的饼图。普拉特咨询服务公司旨在对比其管理顾问管理的客户账户数量。特别是，该公司有意比较伯尼·史密斯、斯坦利·卢卡斯和格雷西·罗杰斯管理的账户数量，因为这三位会计师几乎同时加入公司，并具备相似的技能。以下图表是在微软 Excel 中生成的默认图表。**学习目标 1、6**

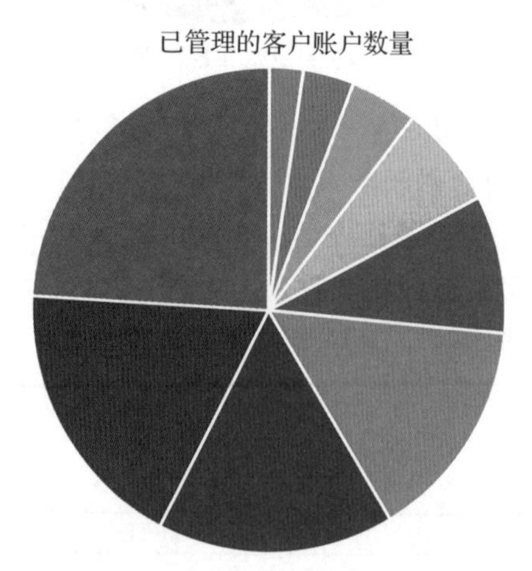

使用 *PlattConsultin* 文件中的数据创建一个新的数据可视化，使用不同类型的图表并适当使用预注意属性，以便更容易地比较每个顾问管理的账户数量。

18. **客户的市场细分（回顾）**。在这个问题中，我们将重新讨论练习题 7 中的散点图。利用 *BrandienceChart* 文件中的图表，通过使用附加的格式塔原则来修改图表，使读者更清楚地看到每个集群中有哪些客户。请问你使用了哪个格式塔原则？**学习目标 2、4**

19. **比较萨肯海姆压缩机的直接和间接成本**。萨肯海姆压缩机有限公司生产工业用的空气压缩机。该公司正对与特定型号空气压缩机制造相关的直接和间接成本进行分析，已经收集了过去 20 周的成本数据，并希望能够识别出数据中的趋势。以下是使用这些数据所创建的散点图。**学习目标 2、4**

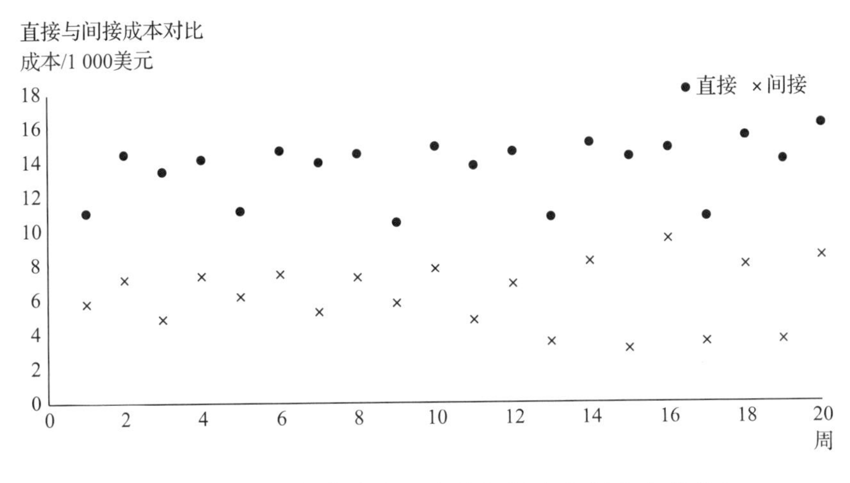

（1）应该使用哪种格式塔原则来使读者更容易识别出数据中的趋势？

（2）使用 *SackenheimChart* 文件中的图表作为基础，通过应用（1）中的格式塔原则，创建该图表的改进版本，使数据中的趋势更加明显。

20. **销售业绩奖金**。销售经理正试图为今年的团队确定合适的销售业绩奖金方案。下表包含了与确定奖金相关的数据，但其呈现方式可能不够清晰和易于理解。使用 *SalesBonuses* 文件中的数据重新设计这个表格，以提高其可读性，并为销售经理做出有关奖金分配的决策提供更好的依据。（提示：将表格按总销售额由大到小重新排序，将帮助销售经理更好地进行分析。）**学习目标 3**

销售人员	总销售额 / 美元	前几年的平均绩效奖金 / 美元	客户数量 / 人	工作年限 / 年
史密斯、迈克尔	325 000.78	12 499.345 2	124	14
余、乔	13 678.21	239.943 4	9	7
里夫斯、比尔	452 359.19	21 987.246 2	175	21
汉密尔顿、乔舒亚	87 423.91	7 642.901 1	28	3
哈珀、德里克	87 654.21	1 250.139 3	21	4
奎因、多萝西	234 091.39	14 567.983 3	48	9
格雷夫斯、洛瑞	379 401.94	27 981.443 2	121	12
孙、毅	31 733.59	672.911 1	7	1
汤普森、尼科尔	127 845.22	13 322.971 3	17	3

21. **随时间推移的国内生产总值价值。**下表显示了五个国家在六年内的国内生产总值。**学习目标 2、3**

国家	国内生产总值 / 美元					
	第 1 年	第 2 年	第 3 年	第 4 年	第 5 年	第 6 年
阿尔巴尼亚	7 385 937 423	8 105 580 293	9 650 128 750	11 592 303 225	10 781 921 975	10 569 204 154
阿根廷	169 725 491 092	198 012 474 920	241 037 555 661	301 259 040 110	285 070 994 754	339 604 450 702
澳大利亚	704 453 444 387	758 320 889 024	916 931 817 944	982 991 358 955	934 168 969 952	1 178 776 680 167
奥地利	272 865 358 404	290 682 488 352	336 840 690 493	375 777 347 214	344 514 388 622	341 440 991 770
比利时	335 571 307 765	355 372 712 266	408 482 592 257	451 663 134 614	421 433 351 959	416 534 140 346

（1）如何提高此表的可读性？

（2）*GDPYears* 文件中包含了从第 1 年到第 6 年的样本数据。请创建一个为读者提供所有数据的表，为这个表格设置格式，使其尽可能易于阅读。（提示：对于读者来说，了解 GDP 的确切数值并不是重点，应当以数百万或数十亿美元的形式来表示 GDP 的值。）

22. **泰德之星公司的月度收入数据。**下表提供了向大型工业公司销售阀门的泰德之星公司的月收入。利用每月的收入数据绘制了下面的折线图。**学习目标 3、4**

月份	1 月	2 月	3 月	4 月	5 月	6 月	7 月	8 月	9 月	10 月	11 月	12 月
收入 / 美元	145 869	123 576	143 298	178 505	186 850	192 850	134 500	145 286	154 285	148 523	139 600	148 235

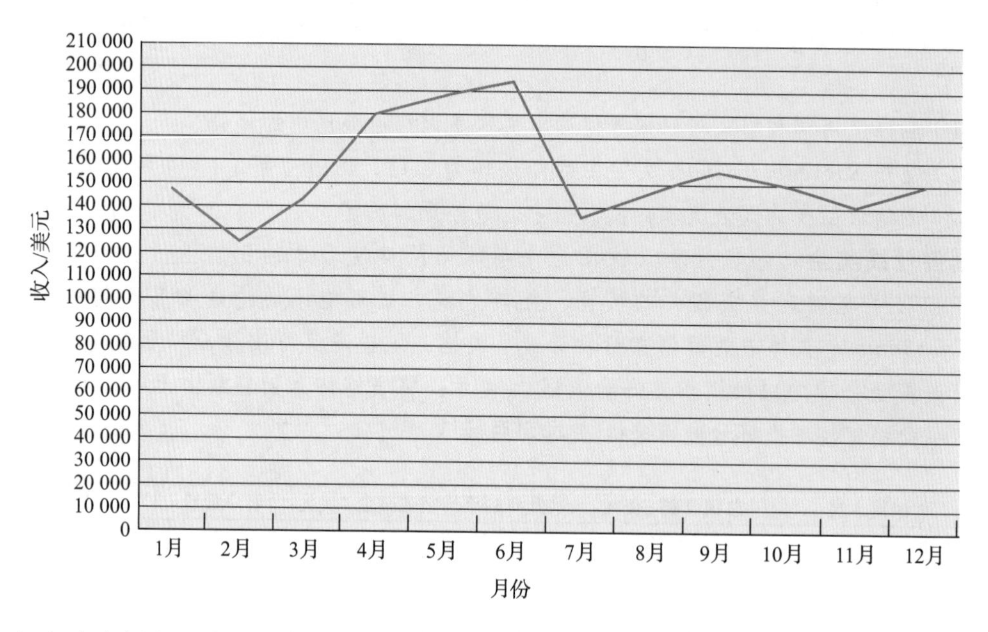

（1）这张折线图的哪些特征增强了对必要信息的理解？

（2）使用 *Tedstar* 文件中的数据，为泰德之星公司的月度收入数据创建一个新的折线图。对图表进行格式设置，以使其易于阅读和解释。添加图表标题“泰德之星公司收入分析”和纵轴标题“每月收入 / 美元”。

23. **比较霍克斯沃斯血液中心的位置。**霍克斯沃斯血液中心位于俄亥俄州的辛辛那提市，是输血医疗领域的领导者。它成立于 1938 年，是美国第二古老的血库。霍克斯沃斯在大辛辛那提地区的七个地点运营，收集献血者的血液。目前，霍克斯沃斯正在对 10 月期间每个地点服务的献血者数量进行比较。据了解，霍克斯沃斯设定了明确的目标，即每个地点平均每天为 50 名献血者提供服务。下面的柱形图比较了每个地点的平均献血者人数。然而，这张图表很杂乱，数据 - 墨水比也很低。利用 *HoxworthChart* 文件中的图表，对其进行优化并提高数据 - 墨水比，生成新的柱形图。**学习目标 3、4**

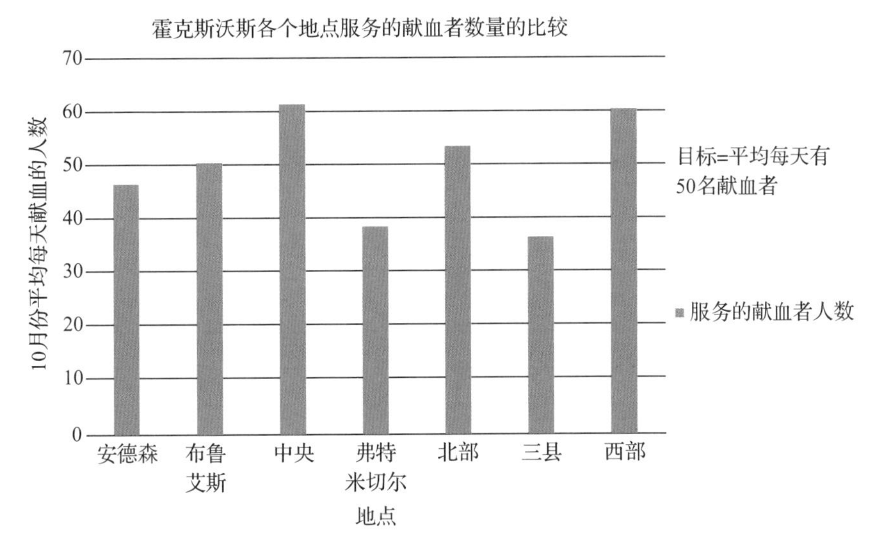

24. **比较送货司机。**红天空送货公司为亚马逊等在线零售商提供“最后一英里[㊀]”送货服务。红天空公司聘用了数名送货司机，他们将包裹递送到个人住所或商业地点，来完成“最后一英里”送货服务。红天空考核了这些送货司机的绩效指标，其中包括每班次内完成的送货次数。下表提供了在过去 30 天内，9 名红天空送货司机每班次完成的平均送货次数的数据。**学习目标 1、3、4**

送货司机	完成的平均送货次数（每班次）
艾米	92.87
莎莉	110.78
布伦达	114.20
乔纳森	132.50
布鲁斯	148.20
卡姆	87.51
希拉	139.82
格兰特	154.23
芬恩	109.11

（1）利用 *RedSkyDeliveries* 文件中的数据，创建柱形图来呈现上表中的信息。对柱形图进行格式设置，以最佳方式来显示数据。添加图表标题为“红天空的送货司机比

㊀ 1 英里≈1 609.344 米。

较”并设置纵轴标题为“每班次完成的平均送货次数”。清除不必要的网格线，并添加数据标签，显示每位送货司机完成的平均送货次数。

（2）创建一个按顺序排列的柱形图，以便读者更容易看到哪些送货司机完成的平均送货次数最多，哪些司机完成的最少。

（3）红天空的进一步调查表明，除了艾米外，其他送货司机都采用相似的送货路线。艾米通常更多在农村地区送货，而其他送货司机则主要在城市地区送货。红天空想让人们注意到艾米的路线是和其他人不同的。通过更改与艾米关联的柱形的颜色来修改柱形图，以表明此柱形与其他不同。

25. **彩虹露营的入站和出站航运成本。**彩虹露营是一家专门制造露营和背包旅行用品的户外设备公司，并通过在线销售来开展业务。该公司将产品从配送中心直接邮寄给消费者，因此每个月在出站方面的运输支出相当可观。此外，彩虹露营还需要考虑将产品从制造商处运到配送中心的进站成本。为了审视过去 12 个月的进出站运输成本，该公司汇总了运输成本数据，如下表所示。**学习目标 4**

月份	运输成本 /1 000 美元	
	出站	进站
1	478	324
2	524	274
3	628	224
4	787	292
5	648	348
6	612	309
7	598	378
8	641	287
9	546	292
10	476	345
11	378	304
12	512	298

（1）利用 *RainbowCamping* 文件中的数据，用一幅图表来显示每个月的出站和入站运输成本。使用“彩虹露营运输成本分析”作为图表标题，以“成本 /1 000 美元”为纵轴标题，以“月份”为横轴标题。设置图表标题和纵轴标题，使读者更容易理解。修改横轴数值的最小和最大边界，使该轴从 1 开始，到 12 结束（通过单击“轴选项”图标进入“轴选项”页面，在“设置轴格式”任务窗格中找到“最小和最大边界”）。删除标记以使这些运输成本只显示横条图形。删除图表中不必要的网格线。

（2）为了进一步减少读者所需的目光移动，请删除图表中默认创建的图例，并使用文本框将图表中的横条标记为“出站”和“入站”。

26. **密歇根大学的入学人数。**密歇根大学成立于 1817 年，是当时美国西北地区的第一所大学，校队的绰号是狼獾队。这所大学的主校区位于密歇根州的安娜堡。密歇根大学入学文件 *MichiganEnrollment* 包含了密歇根大学安娜堡主校区 1966 年至 2016 年秋季学期的学生入学数据，以五年为增量。通过单击 Excel 功能区中的“插入”，从图表组中选择“使用直线和标记的散点 ”，为这些数据创建一个默认图表。借助数据 - 墨水比和数据整理的原则来改进这个图表。**学习目标 3、4**

你应该遵循以下几点：

（1）创建有意义的图表和纵轴标题，并适当地调整它们的位置，以减少目光移动。

（2）调整横轴的最小值和最大值边界，使读者清楚这些数据点对应于 1966、1971、1976 等。（可以单击“轴选项”图标进入“轴选项”页面，在“设置轴格式”任务窗格中找到“最小和最大边界”。）

（3）创建一个适当的横轴标题，以确保读者理解这些值对应于秋季学期的入学人数，并调整这个轴标题的位置，以尽量减少目光移动。

（4）删除网格线，并调整纵轴单位，以提高数据 - 墨水比。

（5）做其他你认为可以帮助读者解读这个图表的改进。

27. **评估市场营销策略。** Cuero 营销服务公司（CMS）是一家为公司设计营销计划的营销机构。CMS 正在与一家大型全球公司合作，共同制定新的品牌策略。CMS 组建了 7 个不同的测试小组，每个测试小组由 25 名成员组成，他们将分别评估两种相互竞争的品牌策略的效果。CMS 从这些测试小组中收集了数据，并基于每个成员的反馈，生成了对品牌策略整体印象的综合评估，以判断他们对特定品牌策略有正面还是负面的整体印象。为了保持机密性，CMS 在所有书面文件中将两种竞争品牌策略分别标记为“蓝色三角”和“橙色方块”。下表列出了每个测试小组中对“蓝色三角”和“橙色方块”品牌策略有正面整体印象的成员的数量。CMS 希望创建一个简单的数据可视化来显示这些数据。**学习目标 4、6**

测试组编号	正面印象人数	
	蓝色三角	橙色方块
1	17	12
2	21	15
3	16	13
4	19	14
5	23	17
6	26	18
7	20	16

（1）使用 *CMS* 文件中的数据创建一个散点图，将这两个数据序列合并在一个个图表中显示。用横轴表示测试组编号，用纵轴表示有正面整体印象的测试组成员数量。图表的标题为“品牌策略测试组分析”，纵轴标题为“有正面整体印象的成员数量（每组 25 人）”，横轴标题为“测试组”。设置标题格式以减少目光移动并删除不必要的网格线。

（2）为了让图表更直观，CMS 希望显示与每个品牌策略名称相匹配的标记。为此，请在图表中删除默认图例，并将蓝色三角品牌策略的标记替换为蓝色三角形，并使用橙色正方形作为橙色方块品牌策略的标记。（提示：图表上的标记可以在“设置数据格式”中进行更改，首先单击“填充和线条”图标，然后单击“标记”，最后单击“标记选项”并从“内置”中选择标记形状。）

（3）将用于显示这些数据的图表类型改为簇状柱形图。你认为散点图或簇状柱形图向读者显示这些结果有效吗？为什么？

28. **“再无疟疾”捐助者的亲和力和能力。** 非营利组织通常会在包括亲和力和能力在内的多个维度上为潜在的捐赠者打分。亲和力试图衡量潜在捐赠者对非营利组织事业的热情和参与程度。能力试图衡量捐赠者的可用财富和向非营利组织捐赠的能力。“再无疟疾”是一个专注于在世界各地根除疟疾的非营利组织。假设“再无疟疾”以 1 ～ 100 的分值来衡量潜在捐赠者的亲和力和能力，其中 1 分对应亲和力或能力最低，100 分对应亲和力或能力最高。*MalariaChart* 文件包含一个散点图，显示了“再无疟疾”的 50 个潜在捐赠者的样本，包括他们的亲和力和能力得分。**学习目标 2、4**

（1）利用 *MalariaChart* 文件中的散点图改进这个图表的设计，以提高其有效性。将此图表的标题改为“评估再无疟疾的潜在捐赠者”。添加纵轴标题“能力分数”和横轴标题“亲和力分数”。设置图表标题和坐标轴的标题的格式，以尽量减少目光移动。

（2）“再无疟疾”希望改进这个图表，以便更有效地向读者传递特定信息。该组织希望能够引起读者对那些能力和亲和力得分大于或等于 80 分的潜在捐赠者的关注，因为这些人最有可能成为理想的潜在捐赠者。使用封闭性的格式塔原则来突出图表中的潜在捐赠者。（提示：要在 Excel 中创建封闭图形，请单击“功能区上的插入”，然后单击“插入图片”组中的“形状 Shapes”。）

29. **“欢乐州嘉年华”的人员雇用情况分析。** “欢乐州嘉年华”运营着四个大型游乐园，每个都位于加利福尼亚州。公司希望对这四个游乐园的员工情况进行调查。尤其关注比较每个园区的员工总数，以及各园区员工的性别分布情况。下表显示了每个园区的员工总数。**学习目标 4**

地点	员工总数 / 人	
	男性	女性
弗雷斯诺	72	84
萨克拉门托	89	61
长滩	65	84
奥克兰	48	51

（1）使用 *Funstate* 文件中的数据，创建一个堆积条形图来显示这些数据。对男性员工和女性员工使用不同的颜色。以“欢乐州嘉年华人员雇用情况分析”为图表标题，选择合适的坐标轴标题，并加入图例来区分男性员工和女性员工。设计图表格式以减少目光移动，删除不必要的网格线，以提高数据－墨水比。

（2）欢乐州嘉年华想在图表上显示每个园区的男性员工和女性员工的确切人数。请在堆积条形图中添加数据标签，来显示各自的人数。设置数据标签的格式，以便于读者阅读。

（3）由于收入减少，欢乐州嘉年华希望在每个园区实施员工总数不超过 125 人的政策。请绘制一条线，并插入文本框“人员雇用目标 =125”来显示这一限制。（提示：单击功能区中的“插入”，然后单击“插入图片”组中的“形状 Shapes”来添加线条和文本框。）目前哪些园区超过了这一人员雇用限制？

30. **赞成投票选举的结果（续练习题 15）**。在练习题 15 中，我们使用饼图来显示赞成投票选举的结果，其中有四名合格的候选人：C. 西滕费尔德、A. 马歇尔、S. 凯斯金和 K. 诺瓦克。共有 1 218 名选民参加了这次选举。下面我们重新分析这一问题。**学习目标 3、4**

（1）使用 *ApprovalVoting* 文件中的数据，创建一个排序条形图，显示支持每个候选人的选民的比例。请为图表和坐标轴选择适当的标题。对条形进行排序，使获得最多选民支持的候选人位居榜首。使用数据标签来显示支持每个候选人的选民的比例。设置图表标题的格式，以减少目光移动，并删除不必要的网格线，以提高数据 – 墨水比。应该宣布哪位候选人在这次选举中获胜？

（2）使用 *ApprovalVoting* 文件中的数据，创建一个排序条形图，显示每个候选人收到的选票的数量。请为图表和坐标轴选择适当的标题。对条形进行排序，使获得最多选票的候选人位居榜首。使用数据标签来显示每个候选人收到选票的数量。设置图表标题的格式，以减少目光移动，并删除不必要的网格线，以提高数据 – 墨水比。应该宣布哪位候选人为这次选举的获胜者？

（3）你认为（1）和（2）中的排序条形图哪个能更有效地向读者传达选举结果？为什么？

31. **“保持健康”健身房的员工人数和年收入（续练习题 16）**。在这个问题中，我们回顾一下练习题 16 中关于“保持健康”健身房的全职员工人数和年收入的数据。回想一下，每个健身房门店的规模都是不同的，更大的健身房门店通常拥有更多全职员工，从而产生更高的年收入。“保持健康”健身房关注某一地点的全职员工人数增加能带来多少年收入。在练习题 16 中，使用了一个簇状柱形图来显示这些数据。然而，我们希望读者能更轻松地对数据进行比较，并且能够获得有关全职员工人数和年收入之间关系的信息。**学习目标 3、4、6**

（1）使用 *BeFit* 文件中的数据，创建两个不同的柱形图来显示“保持健康”健身房的全职员工人数和年收入数据：一个图表显示每个地点的全职员工人数，另一个图表显示每个地点的年收入。为每个图表创建一个有意义的图表标题，并创建明确度量单位的纵轴标题。删除冗余的信息，以提高数据 – 墨水比。为什么这两个图表比练习题 16 中的簇状柱形图更容易让读者得出结论？

（2）回想一下，读者最感兴趣的是确定对于一个地点而言，更多的全职员工人数能带来多少年收入。使用这些数据创建一个单一柱形图，可以根据全职员工人数和年收入来比较每个地点的情况。（提示：你可以为每个地点创建一个新的度量标准，来衡量平均每个全职员工带来的年收入。）哪个地点的全职员工人均带来的年收入最高？

C H A P T E R 4

第4章

有目的地使用颜色

■ **学习目标**

学习目标1 描述和区分色调、饱和度与亮度

学习目标2 描述色彩心理学和色彩象征之间的区别，并解释如何有效地运用它们

学习目标3 设计适合分类变量、具有可排序值的变量和有某个重要参考值的定量变量的配色方案

学习目标4 在数据可视化软件中，使用色调、饱和度、亮度（HSL）系统来定义颜色

学习目标5 使用色彩来创建让读者更容易解读的数据可视化

学习目标6 列举数据可视化中使用颜色时常见的错误，并知道如何避免它们

■ **数据可视化改造案例**

击球的科学

从1939年到1960年，泰德·威廉斯在波士顿红袜队担任左外野手。威廉斯曾19次入选全明星，6次获得美国联盟击球王，也是美国职业棒球大联盟历史上最后一名打击率达到0.400的球员。他曾两次获得美国联盟最有价值球员奖。他以0.344的打击率和521个本垒打结束了他的职业生涯，而0.482的上垒率则是有史以来最高的。威廉斯被广泛认为是棒球史上最伟大的击球手之一。

在1970年，威廉斯出版了一本颇有影响力的著作《击球的科学》。这本书详细介绍了他的击球技巧和方法。书的最初的封面设计（见图4-1a）采用了威廉斯的击球姿势，在他旁边，他把棒球场地分为11行和7列，用不重叠的圆圈代表每个击球区域。每个圆圈都包含威廉斯在该位置击打的估计打击率（安打数与打数之比）。通过为这些圆圈添加颜色来表示威廉斯在球场每个位置的相对打击率，这本书成为最早用可视化方法展示棒球运动员表现的作品之一。

通过最初的封面设计，我们可以清晰地观察到威廉斯在用红色和橙色表示的区域上达到了他最高和次高的平均打击率。与此相对，在用灰色表示的区域上达到了最低的打击率。

最初的封面设计展示了威廉斯达到其最高和最低打击率的球场位置，它改变了许多棒球职业人士对击球的认识。然而，通过一些微小的改进，封面设计可以更加高效地传达这些信息。

《击球的科学》最初的封面设计展示了威廉斯的估计打击率——他在击球区域内各位置的表现。它还使用了几种不同的颜色来对此进行区分。随着打击率的下降，颜色从红色变为橙色、黄色、绿色、蓝色、紫色，最后变为代表最低打击率的灰色。然而，这些颜色并不能自然地引导读者理解图形所呈现的信息，因此，如果打击率数值没有包含在各个球场位置的圆圈内，那么就无法分辨出球场哪些位置对威廉斯最有利。

封面设计的目的是以从高到低的方式展示单个变量（打击率），因此使用单一颜色的梯度效应来定义变化会更为有效。在对封面设计的第一次修改中（见图 4-1b），我们将最初封面设计的圆圈中使用的各种颜色替换为统一的红色，其中最高打击率对应的圆圈颜色相对较深，最低打击率对应的圆圈颜色相对较浅。通过这样的调整，重新设计的封面更有效地传达了威廉斯在球场不同位置的表现情况。

我们的第一次修改与最初的封面设计在其他几个微妙但重要的方面也有所不同。首先，最初的封面使用红色虚线表示预估打击率最高的位置，用灰色虚线表示预估打击率最低的位置。在第一次修改中，颜色的梯度传达了这些虚线想要传达的信息，因此我们删除了这些虚线。其次，最初的封面通过在击球区周围的球场位置绘制白色线条来突出棒球的特定位置，我们删除了这些不必要的白线。最后，最初的封面中有四个圆的上半部分和下半部分具有不同的颜色。由于我们只给出威廉斯在球场每个位置的整体估计打击率（而不是这些位置的顶部和底部的不同打击率），因此这可能会引起混淆。

虽然我们的第一次修改已经有了改进，但威廉斯在球场每个位置的估计打击率仍然不能一目了然。此外，图中的数值传达的信息与颜色梯度是相同的，因此在第二次修改（见图 4-1c）中，我们删除了打击率数值。我们对图 4-1b 或图 4-1c 的选择取决于读者是否认为了解球场特定位置的打击率的准确值非常重要。

a）最初封面设计　　b）第一次修改　　c）第二次修改

图 4-1　泰德 · 威廉斯《击球的科学》一书的封面设计

虽然最初的《击球的科学》的封面设计是开创性的，有助于读者理解威廉斯在击球区不同位置的投球表现，但经过两次修改后的封面更易于解读和理解。通过观察颜色使用的一些基本原则和简化最初的封面，我们设计了修改后的封面，可以更有效地传达信息。在本章中，我们将详细阐述在图表中有效使用颜色的准则。

颜色（Color）是由物体反射或发射光线的方式产生的属性。它是几乎每个物体都拥有的特征，有时是自然生成的，有时则是人类设计的结果。色彩可以捕捉和吸引一个人的注意力，交流并唤起记忆和情感反应。这使得颜色成为一个强有力的工具，可以增强数据可视化的意义和清晰度。然而，要有效地运用颜色，我们必须了解颜色的工作原理，以及哪些颜色能够有效地传达信息，哪些则不能。在本章中，我们介绍了关于颜色的基本知识，并介绍了如何运用颜色来创建更加有效的图表。

4.1 颜色与知觉

颜色作为一种通过图表进行交流的方式，其优势之一是能够唤起情绪和反应，创造情绪，并将注意力吸引到图表的关键方面。了解颜色是如何被感知的，使我们能够利用它来更有效地传递信息。如果不理解颜色是如何被感知的，就会导致误用，从而引发混淆和混乱。在本节中，我们将讨论使用颜色通过图表进行有效沟通时的重要注意事项。

4.1.1 颜色的属性：色调、饱和度和亮度

颜色的三个属性之一是**色调**（Hue），这是颜色的基础。**原色**（Primary hues）是指三种不能由其他色调组合混合或形成的色调，所有其他色调都来源于这三种色调。Excel 使用的是原色为红色、绿色和蓝色的红绿蓝（RGB）原色模型。[㊀]这些色调的组合创造了其他二级色调，如橙色、黄色和紫色，以及各种三级色调。原色、二级色和三级色之间的关系通常显示在一个**色轮**（Color wheel）上。图 4-2 显示了 RGB 原色模型和 RGB 色轮。

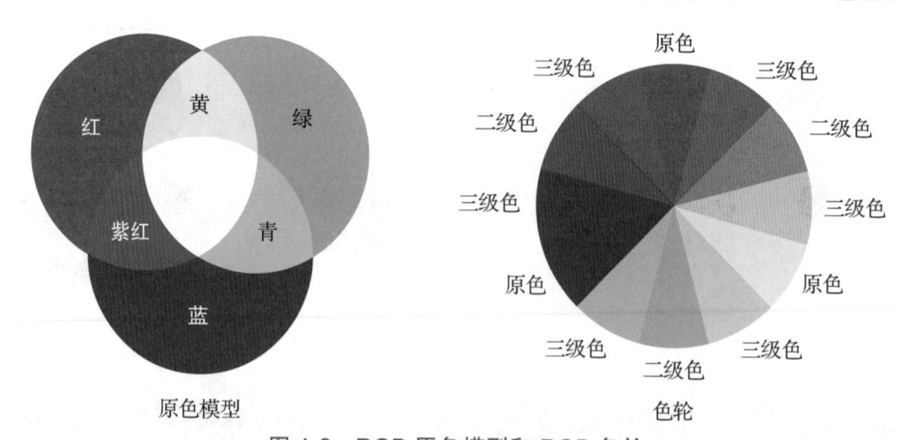

图 4-2 RGB 原色模型和 RGB 色轮

㊀ 其他颜色模型包括红色、黄色、蓝色（RYB）原色模型和青色、品红、黄色（CMY）原色模型。

除了色调外，颜色通常还通过饱和度和亮度来区分。**饱和度**（Saturation）是指一种颜色中灰色的含量，决定了该颜色中色调的强度或纯度。一个完全纯净没有灰色的色调，被称为100%饱和。随着饱和度水平的降低，色调变得不那么强烈，更加灰暗。在饱和度为 0 时，所有的色调都变成了灰色。图 4-3 显示了 RGB 原色模型在不同饱和度水平下的原色调。

亮度（Luminance）衡量的是一种颜色中黑色或白色的相对含量。在色调中添加白色会产生较浅的颜色，而在色调中添加黑色则会产生较深的颜色。颜色的亮度差异越大，它们之间的对比度就越大，所以亮度是表示层次或程度的好方法。然而，需要注意的是，对同一种颜色，人眼无法分辨出太小的亮度差异。在 100%的亮度下，所有的色调都变成白色；在 0%的亮度下，所有的色调都变为黑色。图 4-4 显示了 RGB 原色模型在不同亮度下的原色调。

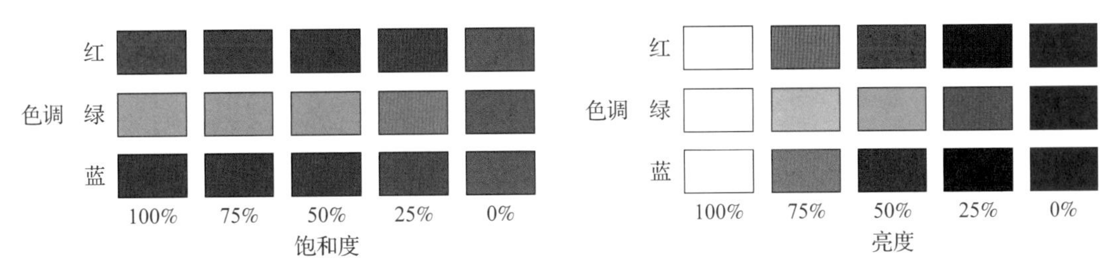

图 4-3　不同饱和度（50%亮度）下 RGB 原色模型中的原色调

图 4-4　RGB 原色模型在不同亮度下的原色调（完全饱和时）

色调、亮度和饱和度的组合决定了一种颜色的基色、亮度和灰度。正如本章后面将详细探讨的，Excel 使你能够通过调整色调、饱和度和亮度来控制图表元素的颜色。

4.1.2　色彩心理学和色彩象征

色彩心理学（Color psychology）研究的是色彩和人类行为之间的内在关系。尽管不同人对各种颜色的心理反应可能不尽相同，但研究表明，人们对不同颜色的反应在很大程度上是一致的。例如，蓝色的天空常被认为能让我们感到愉悦和活力，而灰色的天空可能使人感到沮丧和昏昏欲睡。

在色彩心理学中，颜色通常被分为冷色和暖色两大类，这一区分被认为具有特殊重要性。**冷色调**（Cool hues）被视为具有舒缓、镇定和安抚的效果。相反，**暖色调**（Warm hues）则能唤起能量、激情和紧张感。通常将紫色、蓝色和绿色归为冷色调范畴，而黄色、橙色和红色则被归为暖色调范畴。

色彩象征（Color symbolism）涉及颜色与文化意义之间的联系。尽管色彩心理学和色彩象征有时相似且难以区分，但它们分属两种截然不同的刺激类型。色彩心理学探讨的是颜色与人类行为之间的内在关系，而色彩象征则涉及颜色与人类行为之间的习得关系。这意味着色彩象征在不同文化之间更具差异性，并且会随着时间演变。举例来说，在欧洲和北美洲，蓝色象征男性特质，但在亚洲却可能象征女性特质。在美国，绿色与嫉妒联系在一起，而在法国和德国，黄色则象征着嫉妒。在非洲许多地区的文化中，黄色与成功和权力联系在一起，在日本，黄色则象征着优雅。由于色彩心理学而产生的颜色与人类行为之间的关系比由于色彩象征而产生的颜色与人类行为之间的关系更为普遍和可靠，我们在选择图表的调色板时必须谨慎使用色彩象征主义。

虽然色彩心理学和色彩象征主义是截然不同的，但它们的分支是相似的。在选择颜色进行视觉展示时，重要的是要认识到颜色可以改变读者的感知，所以应该仔细考虑要传达的信息与各种颜色相关联的特质之间的一致性。图 4-5 提供了与不同颜色相关联的各种特质或形象的总结。㊀

颜色	含义及联想
红色	焦虑、唤醒、大胆、支配、能量、兴奋、健康、生命、爱情、力量、保护、精神、刺激、最新
橙色	丰富、振奋、舒适、大胆、兴奋、外向、有趣、幸福、活泼、安全、性感、温暖
黄色	振奋的、快乐的、自信的、有创造力的、兴奋的、外向、友好、幸福、乐观、自尊、真诚、笑脸、活泼
绿色	冷静、舒适、平衡、和谐、健康、希望、自然、户外、和平、繁荣、放松、安全、宁静、舒缓、温柔
蓝色	冷静、舒适、能力、有尊严的职责、效率、智慧、逻辑、和平、反思、放松、可靠、安全、宁静、安抚、成功、温柔、信任
紫色	真实、迷人、高贵、专属、奢华、品质、帝王、性感、世故、精神、庄严、上流社会
粉红	迷人的、开朗的、女性化的、温柔的、养育的、真诚的、柔软的、成熟的、宁静的、温暖的
棕色	自然、户外、可靠、坚固、安全、支持、坚韧
黑色	尊严、效率、优雅、情感安全、魅力、力量、富有、坚固、安全、复杂、庄严、物质、坚韧、高档
白色	冷静、清晰、清洁、接地气、幸福、诚实、卫生、天真、和平、纯洁、宁静、真诚、安抚、温柔

图 4-5　经常与各种颜色相关联的特质或形象

4.1.3　感知色彩

我们对颜色的感知并不是绝对的，这意味着对某种颜色的感知可能会受到当前视野内其他颜色的影响。尽管我们的眼睛接收到的光的波长是恒定的，但感知物体的颜色会与周围物体的颜色形成对比。在图 4-6 左上角的圆角矩形中，背景呈现出从左到右逐渐变深的

㊀ 资料来源：nickkolenda.com。

蓝色渐变。此圆角矩形包含五个相同蓝色的正方形，它们水平排列在蓝色渐变的上方。尽管这五个正方形在色调、饱和度和亮度方面完全相同，但相对于蓝色渐变背景的较浅部分，这些正方形的颜色显得较深；相对于蓝色渐变背景的较深部分，它们又显得较浅。我们之所以会这样感知颜色，是因为颜色一致的正方形和逐渐变深的背景之间的对比发生了变化。如图 4-6 所示，这种现象并不仅仅限于蓝色的深浅。使用白色、灰色或浅色背景可以在一定程度上削弱这种现象，这也是为什么图表最常使用白色或灰色背景。

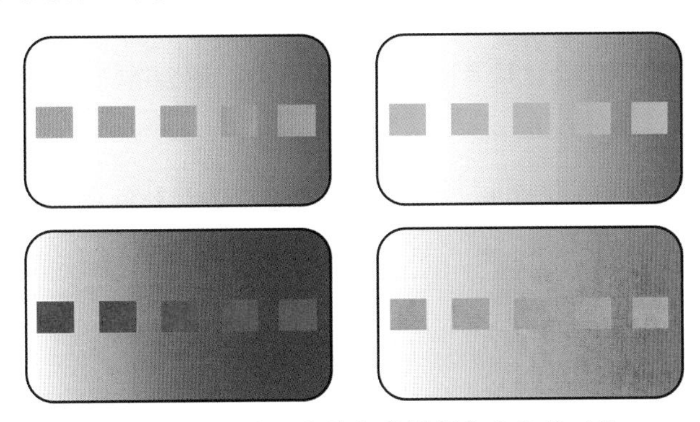

图 4-6 色彩感知变化与背景颜色变化的对比

注意，在图 4-6 中，随着冷色调（蓝色和绿色）的背景变深，正方形似乎向前景推进。同样，随着暖色调（红色和橙色）的背景变浅，正方形似乎会退到图像的背景中。这是因为颜色的暖度会影响人类对物体的距离知觉：暖色显得更近，更倾向于向前景推进；冷色则显得更遥远，倾向于退到背景中。当相邻的物体颜色不同时，也会产生同样的效果。饱和度和亮度也可以增强或减弱冷暖色对人类反应和行为的影响。

这种效果可以通过使用在色轮上彼此相对的颜色来放大，这样的“色对”被称为互补色（Complementary colors）。互补色会产生色差；这类颜色在图表中叠加或相邻时显得十分鲜明并产生强烈的对比。当你想在展示中突出特定的对象时，互补色是很有用的，但过度使用互补色可能会分散读者的注意力。如图 4-2 所示，RGB 原色模型中互补色的例子包括蓝色和橙色、绿色和红色、黄色和紫色。

在色轮上彼此相邻的颜色称为类似色（Analogous colors）。因为它们在色调上存在潜在相似性，类似色在一起使用时比互补色显得更柔和、更和谐。注意，在色轮上，颜色越接近，就越被认为是相似的。在数据可视化中，与互补色相比，类似色在叠加或相邻时显得不那么鲜明，产生的对比也更小，但过度使用它们仍然会分散读者的注意力。在图 4-2 所示的 RGB 色轮中，类似色的一个例子是蓝色和蓝绿色或蓝紫色；另一个例子是橙色和红橙或黄橙。

并非所有的颜色在图表上的使用都是有效的，有时颜色是无意义的，是分散注意力的或令人困惑的。使用不必要的颜色会造成混乱，对图表有潜在的危害，因为它会干扰读者解读和理解信息。这是因为杂乱会增加读者的认知负荷（Cognitive load），或者说增加准确有效地处理图表传达的信息所需付出的努力。

这表明在处理色彩时，我们必须认识到：

- 使用彩色背景进行数据可视化可能会分散注意力。

- 冷色调比暖色调显得更有距离感。
- 互补色放在一起会造成颜色的不协调。也就是说，互补色被称为冲突色。我们使用互补色在数据可视化的元素之间进行基于颜色的强烈的注意区分。过度使用补色会分散读者的注意力。
- 使用类似色相较使用互补色能减少颜色的不协调或增强颜色的和谐性。当我们想在数据可视化的元素之间做出适度的基于颜色的注意区分时，可以使用类似色。但过度使用类似色也会分散读者的注意力。
- 颜色的使用不当不仅会让读者感到困惑和分心，还会增加读者的认知负荷，对此我们在第 3 章做过阐释。

Excel 提供了易于使用的调色板，允许你使用主要的互补色或单色调色板来强调对比，通过使用具有不同亮度和饱和度的单一色调来提供较少的对比。

4.2 配色方案和数据类型

配色方案（Color scheme）是在数据可视化中使用的一组颜色参数（包括色调、饱和度和亮度）。我们为可视化选择的配色方案应该是基于想要用颜色表示的数据的性质和想要传达给读者的信息的。例如，借助颜色，我们可以用不同的方式来表示分类变量，这取决于它的值是无序的还是有序的。当考虑一个定量变量时，使用颜色的方式取决于我们是想表达值的大小，还是想传达值低于或高于一个预定的参考值的程度。在本节中，我们考虑用颜色策略来表示无序的分类变量、具有可排序值的变量以及我们希望显示偏离参考值的程度的定量变量。

4.2.1 分类配色方案

因为分类变量的值代表离散的组，所以分类变量通常用于传达关于每个组的绝对或相对频率的信息。当分类变量的各组没有固有的升序或降序时，该变量非常适合用不同颜色来表示它的每个独特的组。这类配色方案被称为**分类配色方案**（Categorical color scheme）（或称分类调色板）或定性配色方案。

因为分配给每个独特组的颜色必须是截然不同的，所以我们通常把分类配色方案限制在六种或更少的颜色。当超过六种颜色时，读者可能会发现通过相关的颜色来区分不同的组是一种挑战。图 4-7 展示了 Excel 中可用的分类配色方案示例。

在 Excel 中有许多对分类数据有用的调色板。要设置如图 4-7 所示的**彩色调色板**，应单击**“页面布局”**选项卡，单击**“主题”**组中的**“颜色”**下拉菜单，然后选择“Office”主题。

我们可以用颜色为许多类型的图表添加分类变量的信息。考虑图 4-8 所示的数据，数据来自文件

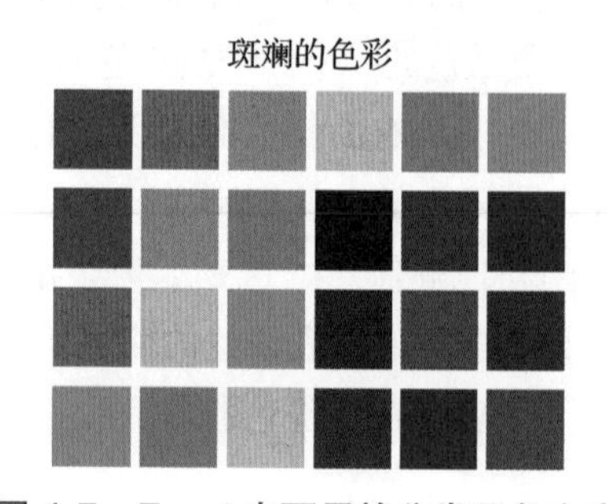

图 4-7　Excel 中可用的分类配色方案

ZooAttendance。这些数据反映的是按月划分的动物园参观人数，分为儿童和成人两类。我们使用堆积柱形图来显示这些数据，如图 4-9 所示。下面的步骤可以用来创建这个图表。

步骤 1　选择单元格 A1:C13。

单击功能区上的 **“插入”** 选项卡。

步骤 2　单击图表组中的 **“插入柱形图或条形图”** 按钮。

步骤 3　当柱形图和柱形图子类型列表出现时，单击 **“堆积柱形图”** 按钮。

	A	B	C
1	月份	儿童	成人
2	1月	1 681	3 741
3	2月	1 805	3 073
4	3月	2 964	3 622
5	4月	3 541	3 402
6	5月	4 253	3 623
7	6月	9 814	8 029
8	7月	13 180	8 787
9	8月	8 289	6 253
10	9月	4 901	3 850
11	10月	3 550	2 904
12	11月	3 179	2 498
13	12月	3 883	7 539

图 4-8　动物园参观人数的数据

经过一些编辑后，堆积柱形图如图 4-9 所示。第一个面板如图 4-7 中的所示，默认使用，使用蓝色和橙色这两种互补色，以明确区分成人和儿童两类游客。要更改为图 4-7 所示的彩色调色板中的另一行，可以单击图表，单击 **“图表设计”** 选项卡，在 **“图表样式”** 组中选择更改颜色 Change Colors，并选择所需的调色板。

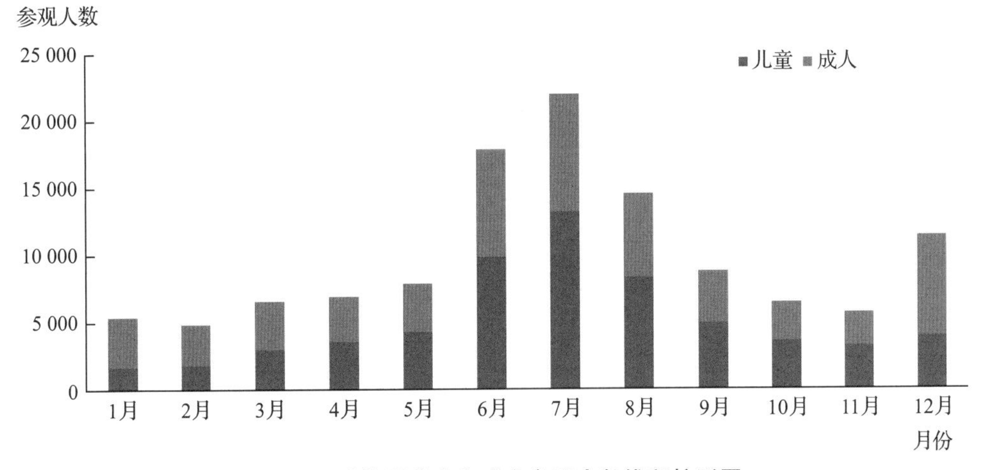

图 4-9　动物园儿童和成人参观人数堆积柱形图

如图 4-9 所示，动物园的游客总数在夏季的 6 月、7 月和 8 月是最多的。从 11 月到 12 月，参观人数有相当大的增长，其中成人比儿童增长多，因为动物园在 12 月举办灯节活动，以迎合成人游客的需求。

4.2.2　顺序配色方案

当一个变量的值可以按升序或降序排列时，应该使用**顺序配色方案**（Sequential color scheme）（或称顺序调色板），或有序配色方案。在顺序配色方案中，用单一色调的相对饱和度或亮度来创建一个表示变量相对值的渐变。虽然相对饱和度或亮度都可以用来创建顺序配色方案，但亮度是最常用的。在图 4-10 中，我们展示了 Excel 中可用的顺序调色板（单色）的例子。

让我们观察一下美国 50 个州的年平均温度数据。这些数据都在 *AvgTemp* 文件中，其中一部分如图 4-11 所示。

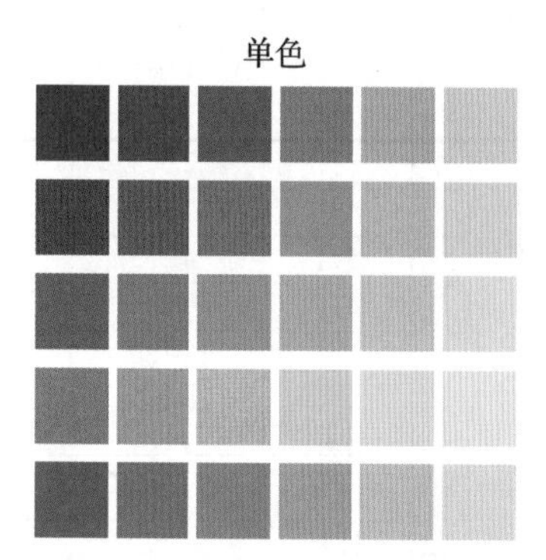

图 4-10　Excel 中可用的顺序调色板（单色）

	A	B
1	州	年平均温度/华氏度
2	亚拉巴马州	62.8
3	阿拉斯加州	26.6
4	亚利桑那州	60.3
5	阿肯色州	60.4
6	加利福尼亚州	59.4
7	科罗拉多州	45.1
8	康涅狄格州	49.0
9	特拉华州	55.3

图 4-11　美国 50 个州年平均温度的部分数据

利用以下步骤创建如图 4-12 所示的年平均温度脉络线图。

步骤 1　选择单元格 A1:B51。

步骤 2　单击功能区上的**“插入”**选项卡。

步骤 3　单击**“图表”**组中的**“插入地图图表”**按钮 Maps，然后单击**“填充地图”**。在旧版本的 Excel 中，地图图表函数可能不存在。你可以使用 Excel 的 Power Map 功能创建一个类似的图表。

步骤 4　单击**“图表标题”**，使用字体“加粗 Calibri 16 pt.”输入各州的年平均温度。

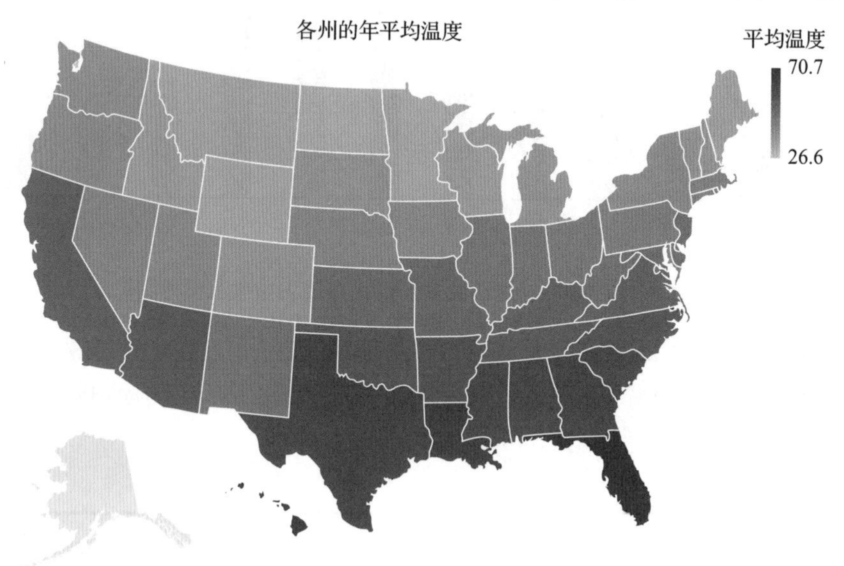

图 4-12　使用蓝色绘制的美国 50 个州年平均温度脉络线图

如果将主题设置为“Office”，会默认呈现蓝色（因为它位于第一行，见图 4-10 ）。其中，蓝色越深表示平均温度越高。因为蓝色是冷色，我们不妨换一种暖色来帮助读者更直观地理解。以下步骤能帮助我们使用图 4-10 中显示的单色来改变颜色，以生成如图 4-13 所示的地图。

步骤 1　单击显示在地图上的位置。

步骤 2　单击功能区上的**“图表设计”**选项卡。

步骤 3　单击**“图表样式”**组中的**“更改颜色”**下拉菜单，选择单色主题（棕色 ）中的第二行，如图 4-10 所示。

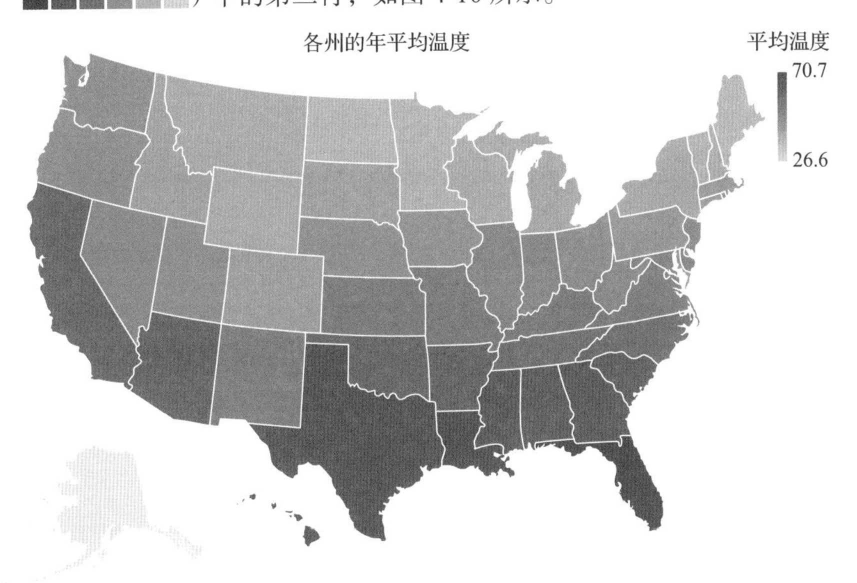

图 4-13　使用棕色绘制的美国 50 个州年平均温度脉络线图

在图 4-13 中我们看到，在美国南部颜色最深的地区的年平均温度较高；在左下角的区域中，左边的阿拉斯加的年平均温度较低，右边的夏威夷的年平均温度较高。

4.2.3　发散配色方案

当处理一个具有某个重要参考值（如目标值或平均值）的定量变量时，应使用发散配色方案（或称发散配色板）。发散配色方案本质上是由两个具有共同端点的顺序配色方案在参考值处组合形成的梯度。这些配色方案使用两种色调，其中一种与低于参考值的值相关，另一种与高于参考值的值相关。随着变量值的增加，与参考值以下的值相关联的色调的亮度逐渐增加，颜色变得更浅，直到我们越过参考点。此时，与参考值以上的值相关联的色调的亮度逐渐降低，颜色变深。因此，色调传达了偏离参考点的方向，亮度传达了相对偏离参考点的方向。出于这个原因，在一个发散配色方案中，参考点的每一边使用的色调通常是独特的；主色调通常是为了更容易区分偏离参考点的方向和偏离程度。

当突出一个变量的两个极端（高值和低值）时，发散配色方案是最有效的。继续看另一个有关温度的例子，考虑表 4-1 中 2010—2019 年印第安纳波利斯每年的月平均日低温（华氏度），数据来自文件 *IndLowTemps*。㊀

㊀　数据来源：https://www.usclimatedata.com/climate/indianapolis/indiana/united-states。

表 4-1　2010—2019 年印第安纳波利斯的月平均日低温

年份	1 月	2 月	3 月	4 月	5 月	6 月	7 月	8 月	9 月	10 月	11 月	12 月
2010	18	20	36	49	57	67	70	69	58	46	34	19
2011	17	25	35	45	55	65	72	66	57	45	41	31
2012	26	29	46	44	58	63	72	64	56	44	31	32
2013	22	23	28	42	56	63	65	65	59	45	31	23
2014	11	14	25	42	53	64	61	65	55	45	28	28
2015	15	11	30	44	57	64	66	63	60	47	39	36
2016	21	26	40	43	53	65	68	70	62	51	39	24
2017	28	33	35	49	53	62	67	63	59	49	35	22
2018	17	29	30	37	62	66	68	67	63	47	31	29
2019	20	26	29	44	55	62	69	65	63	46	30	29

我们可以使用以下步骤在 Excel 中构建这些数据的热图。

步骤 1　选择单元格 B2:M11。

步骤 2　单击功能区上的**“主页”**选项卡，然后在**“样式”**组中单击**“条件格式”**

。

步骤 3　单击**“颜色缩放”**并选择**“更多规则”**。

步骤 4　打开**“新建格式化规则”**对话框后，在**“编辑规则描述”**框中：

从**“格式样式”**下拉菜单中选择**“3 色比例”**。

从**“最小值”**列的**“颜色”**下拉菜单中选择要与参考点下方的值关联的蓝色色调。

从**“类型”**下拉菜单中选择**“数字”**，在**“值”**文本框中输入“32”，然后从**“颜色”**下拉菜单中选择白色以便与参考值关联。

从**“颜色”**下拉菜单中选择要与参考点以上的值关联的红色色调。

查看**“预览”**栏以确保已创建所需的发散颜色渐变。

单击**“确定”**按钮。

这将创建一个包含单元格中的值的热图。要设置值的格式，使它们不出现在单元格中，步骤如下。

步骤 5　如果单元格 B2:M11 仍然被选中，则右击 B2:M11 中的任何单元格，并选择“格式单元格”。

单击**“编号”**选项卡，然后在**“类别”**文本框中单击**“自定义”**。

在**“类型”**文本框中输入分号（；）。这会将突出显示的单元格中的值格式化，使它们不会显示在单元格中。

单击**“确定”**按钮。

这些步骤使用发散配色方案生成如图 4-14 所示的热图。

在图 4-14 的热图中，参考值是 32 华氏度（即冰点），蓝色是与参考值以下的温度相关的色调，红色是与参考值以上的温度相关的色调。我们在选择色调时，考虑到了色彩心理学。不出所料，最冷的月份（用最深的蓝色表示的月份）是 1 月、2 月和 12 月，最热的月份（用最深的红色表示的月份）是 6 月、7 月和 8 月。我们还看到，3 月和 11 月显然是过渡月份；少数年份 3 月或 11 月的平均低温低于参考点（用蓝色表示），少数年份 3 月或 11 月的平均低温高于参考点（用红色表示）。

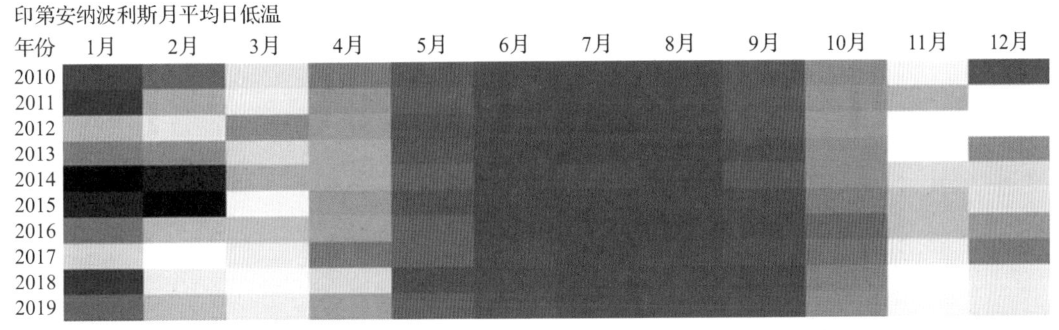

图 4-14　2010—2019 年印第安纳波利斯的月平均日低温热图

注释和评论

在灰度图像中，在参考点附近很难解释不同的配色方案。当图表以灰度图像显示时，参考点两侧的两种颜色的高亮度也可能无法区分（在印刷材料中通常是这样的）。

4.3　使用 HSL 颜色系统自定义颜色

在前面的例子中，我们使用了 Excel 的调色板来演示各种类型的配色方案。不过，也可以自定义图表中使用的颜色。我们可以通过“颜色”对话框直接控制 Excel 中的色调、饱和度和亮度（HSL），该对话框允许通过以下方式控制这三种颜色特征中的每一种。

色调（Hue）：颜色的色调表示为从 0 到 255 的整数。使用固定的饱和度与亮度值的 RGB 原色模型的原色和二级色为：

颜色	色调
红色	0
绿色	80
青色	120
蓝色	160
紫红色	200

在图 4-15 中，我们在“颜色”对话框中说明了固定饱和度和亮度的色调。

随着色调参数值的增加，指示器在“颜色”对话框中的色谱控制中从左到右水平移动，以指示所选色调。

饱和度（Sat）：颜色的饱和度表示为从 0 到 255 的整数；较高的饱和度对应更强烈的颜色或纯色，较低的饱和度产生越来越多的灰色阴影。将饱和度设置为 0，此时的颜色与色调和亮度设置无关。在图 4-16 中，我们在“颜色”对话框中用固定的色调和亮度来说明饱和度的变化。

随着饱和度参数值的增加，指示器在“颜色”对话框中从色谱控制的底部到顶部垂直移动，以指示所选的饱和度，从而改变灰度 / 增加颜色的纯度。

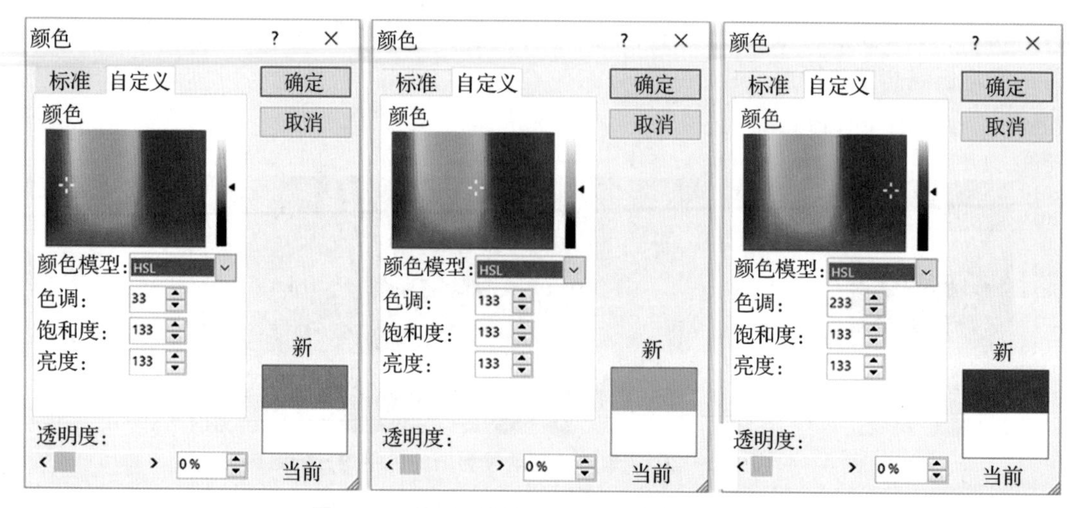

图 4-15　使用“颜色”对话框设置色调参数

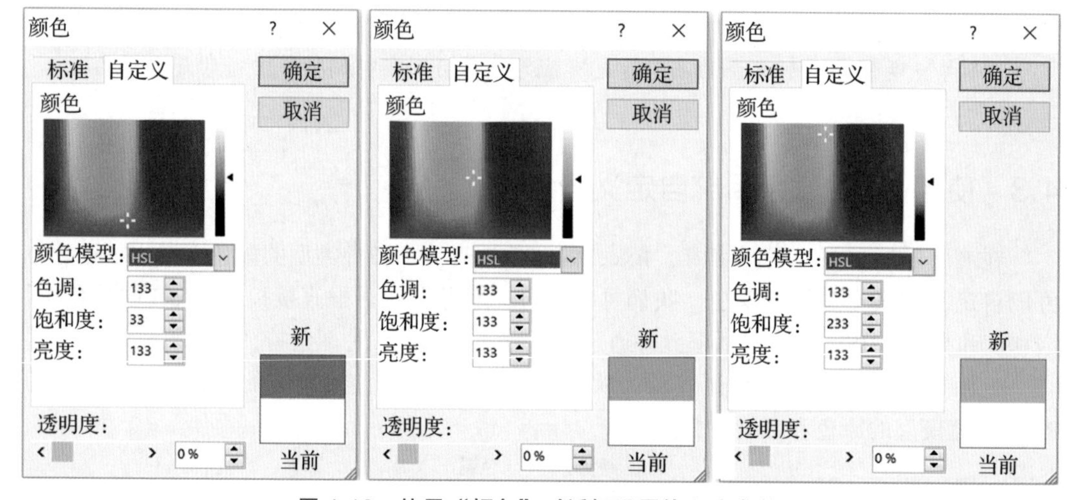

图 4-16　使用“颜色”对话框设置饱和度参数

亮度（Lum）：颜色的亮度表示为从 0 到 255 的整数。将亮度设置为 255 的结果为白色，将亮度设置为 0 的结果为黑色。在图 4-17 中，我们让色调和饱和度水平固定，来体现不断变化的亮度。

随着亮度参数值的增加，指示器 ◀ 从底部移动到顶部，以指示所选的亮度。

例如，让我们再次考虑图 4-18 中的动物园参观人数堆积柱形图。假设我们希望用一种不同的橙色来代表成年人的参观人数。下面的步骤说明了我们如何将成人类别更改为定制的颜色。

步骤 1　打开文件 *ZooChart*。

步骤 2　单击任何列的橙色部分，然后右击。

步骤 3　单击**“形状填充”**按钮 Fill。

选择**“更多填充颜色 ...”**。

当出现**“颜色”**对话框时，单击**“自定义”**选项卡。

步骤 4　在**"颜色模型"**下拉菜单中选择**"HSL"**。

步骤 5　设置**"色调"**为 21、**"饱和度"**为 238、**"亮度"**为 182。

步骤 6　单击**"确定"**按钮。

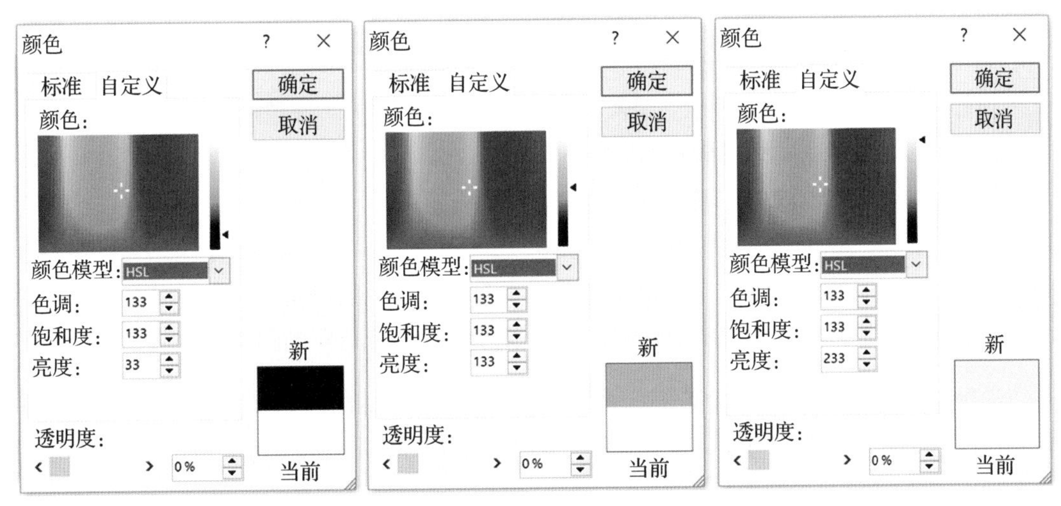

图 4-17　使用"颜色"对话框设置亮度参数

运用了浅橙色的动物园参观人数数据图表如图 4-18 所示。

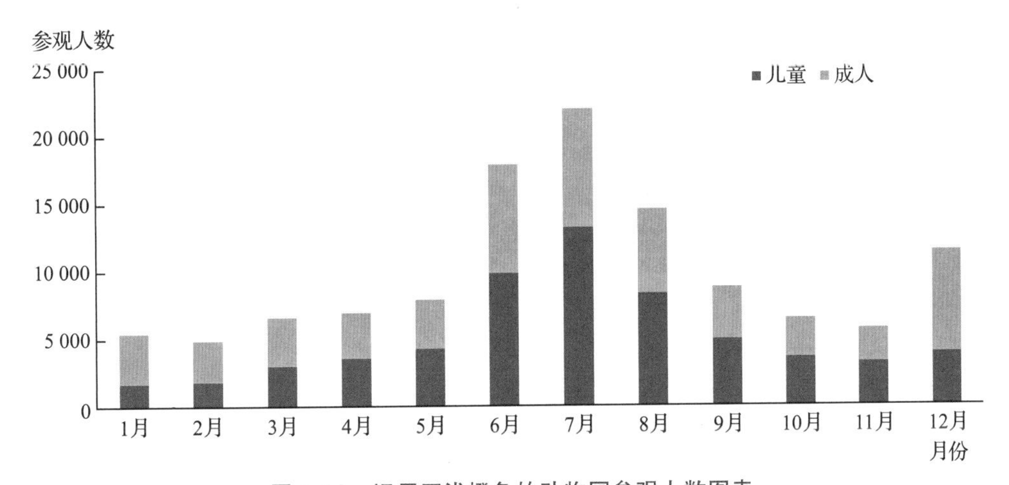

图 4-18　运用了浅橙色的动物园参观人数图表

在某些情况下，你可能希望复制在现有图像中使用的颜色。你可以使用 PowerPoint 中的滴管工具来确定图像中使用的颜色的 HSL 设置。例如，有一个分析师，他正在创建一份要提供给格拉彭霍尔出版商的管理层的演示文稿，并希望在创建这个演示文稿时使用公司标志中的配色方案，如图 4-19 所示。

图 4-19　格拉彭霍尔出版商的标志

以下步骤说明如何使用 PowerPoint 中的滴管工具来确定色调、饱和度和亮度的值，从而创建出图 4-19 中格拉彭霍尔出版商的标志中的独特紫色。

步骤 1　打开一个新的 PowerPoint 文档。

步骤 2　将感兴趣的图像复制粘贴到空白幻灯片中。

步骤 3　单击功能区中的**“插入”**选项卡。

单击**“插图”**组中的**“形状”**按钮，选择任意形状图标，用光标将形状绘制到同一幻灯片中。

步骤 4　右击已绘制的形状，选择**“设置形状格式”**，打开**“设置形状格式”**任务窗格。

单击**“填充和直线”**图标 。

在**“填充”**下选择**“实线填充”**。

单击**“填充”**下面的**“颜色”**工具，然后选择**“滴管”**打开滴管工具 。

将**“滴管”**工具拖动到有你要复制的颜色的对象上（在本例中，是格拉彭霍尔出版商的标志），直到滴管工具填充所需的颜色，然后单击。

至此，你在 PowerPoint 中绘制的形状的填充颜色已与格拉彭霍尔出版商的标志的颜色相匹配。下一步将确定可用于复制此颜色的色调、饱和度和亮度的值。

步骤 5　单击使用**“滴管”**着色的对象。

单击**“填充”**下的**“颜色”**工具，然后选择**“更多颜色”**，打开**“颜色”**对话框。

单击**“颜色”**对话框中的**“自定义”**选项卡，**“颜色模型”**选择“HSL”（见图 4-20）。

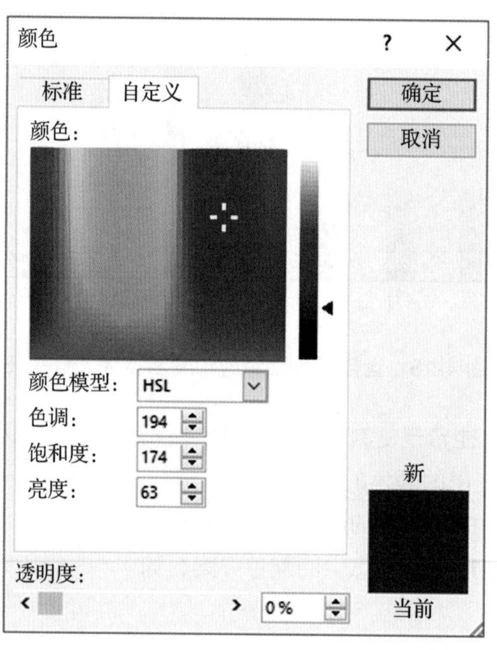

图 4-20　在格拉彭霍尔出版商标志中使用的色调、饱和度和亮度的值的“颜色”对话框

我们在图 4-20 中看到，格拉彭霍尔出版商在其标志中使用的紫色的各项属性数值为：

Hue=194，Sat=174，Lum=63。现在，我们可以在为演示文稿创建的数据可视化中复制这种特定的颜色。

我们可以使用相同的过程来识别格拉彭霍尔出版商标志中的心形的颜色，它的 Hue、Sat 和 Lum 的值分别为 211、192 和 154，利用这些值可以复制心形的粉色。

注释和评论

1. 除了 HSL 配色方案外，Excel 还提供了红色、绿色、蓝色（RGB）的配色方案。你可以通过从“颜色”对话框中的“颜色模型：”下拉菜单中选择“RGB”来访问此功能。
2. “颜色”对话框中的“标准”选项卡允许用户修改 Excel 的 RGB 颜色模型中的颜色。单击特定颜色的六边形，将调用对话框右下方的“新建 – 当前”项目中显示的关联颜色。单击“确定”按钮将使对象更改为新的颜色。
3. 在 Excel 的 RGB 颜色模型中，“颜色”对话框中的透明度滑块可控制颜色的透明程度。你可以拖动透明度滑块，或在与该滑块相邻的“透明度”选择栏中选择一个 0 到 100 之间的数字。你可以将透明度的百分比从 0%（完全不透明，默认设置）调整为 100%（完全透明）。

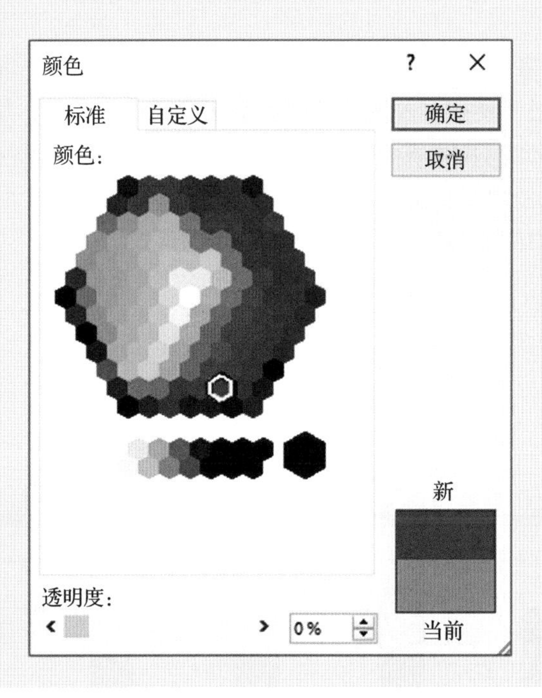

4.4　使用颜色时的常见错误

尽管颜色是强大的图表交流工具，但其滥用时有发生。若使用不当，颜色可能会扭曲预期传递的信息或使读者注意力分散。在本节中，我们将探讨数据可视化中常见的几个颜色使用方面的错误。

4.4.1 不必要地使用颜色

数据可视化专家一致认为，只有当颜色传达了图表的其他方面无法传达给受众的信息时，才应该使用颜色。图 4-21 展示了 7 款美国最畅销的中型轿车的销量（以千辆为单位），数据来自文件 *SedanSalesChart*。

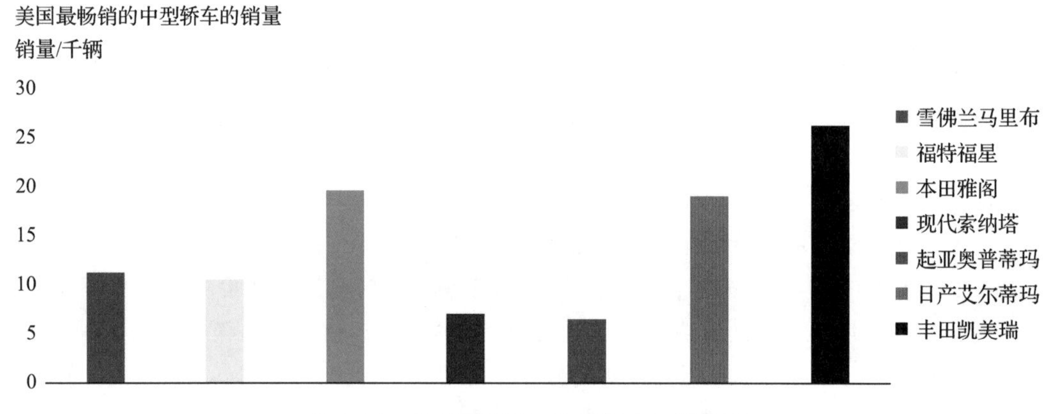

图 4-21　使用不同颜色和图例来表明类别

在图 4-21 中，读者可以通过柱形和图例的颜色辨别出对应关系。尽管这样可以传递信息，但我们可以通过不使用多种颜色的图表来实现同样的效果，从而减少认知负荷。如果我们在横轴上清晰标注了各柱形的名称，就不需要使用不同的颜色了。

在图 4-22 中，仅使用了横轴标签来表明各个车型。读者现在不需要在柱形和图例之间来回看来理解图表中的关联关系，这减少了读者的认知负荷。

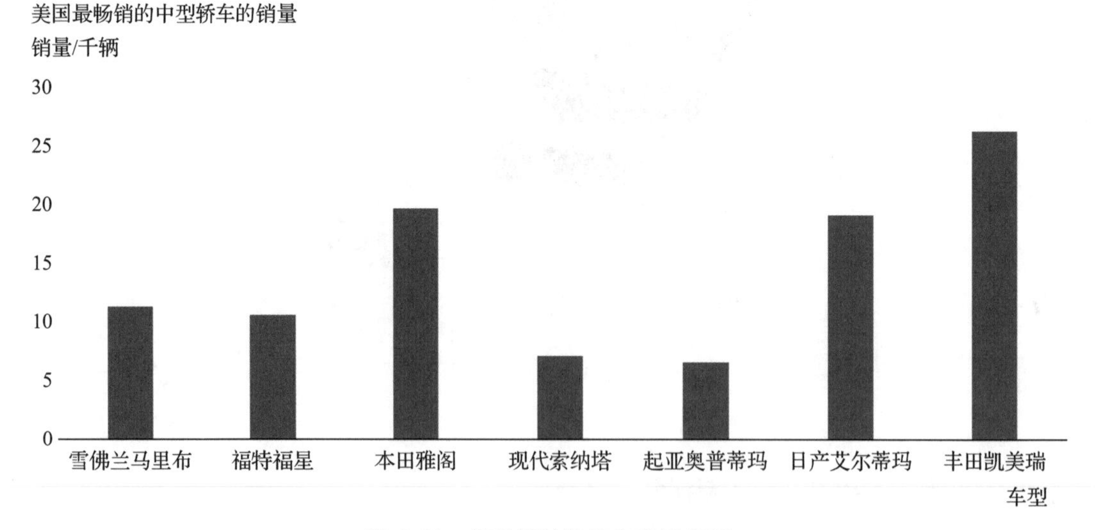

图 4-22　使用横轴标签来表明类别

注意，可以生成一个既包括图 4-21 中的颜色和图例，又包括图 4-22 中的横轴标签的图表，但这将在图表中嵌入冗余信息，并进一步降低其数据 - 墨水比。

4.4.2　使用过多的颜色

使用颜色能够传达给读者的信息量是有限的。假设你正在分析 1999—2019 年美国各州以及哥伦比亚特区的季度房价指数，并希望突出美国大陆西部的五个州［亚利桑那州（AZ）、加利福尼亚州（CA）、内华达州（NE）、俄勒冈州（OR）和华盛顿州（WA）］。图 4-23 呈现了 1999—2019 年的季度房价指数，各地区以其英文名称中的两个字母来表示。[㊀]该图表记录了这些年间的季度房价指数数据，它让读者迅速观察到，在全美国范围内，房价稳步上涨到 2004 年左右，此后房价急剧上涨，到 2007 年左右达到高峰。读者还可以看到，美国房地产市场随后出现崩溃，房价普遍下跌，持续了四五年，直到 2010 年左右再次开始上涨。

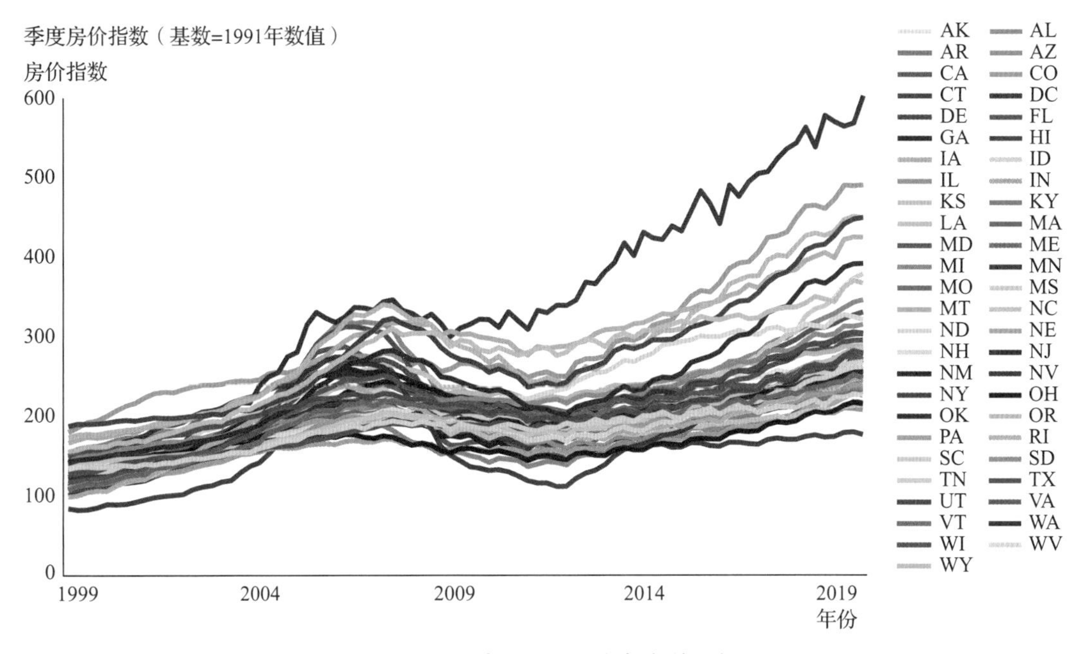

图 4-23　图表中使用过多颜色的示例

你可以使用 *StateHousingIndices* 文件中的数据，利用以下步骤重新创建图表。

步骤 1　打开文件，选择与 AK 相关的单元格 A2:D85 中的数据。

使用功能区的 **“插入”** 选项卡中的 **“图表”** 组中的 **“推荐图表”** 按钮 Recommended Charts，可以使用这些数据创建折线图。

步骤 2　右击图表，然后选择 **“选择数据”** 以打开 **“选择数据源”** 对话框，如图 4-24 所示。

在 **“图例条目（系列）”** 区域中单击 **“系列 1”**，然后单击 **“删除”** 按钮 Remove，从图表中删除此系列。

在图例条目（系列）区域中单击“系列 2”。

㊀ 数据来源：https://www.fhfa.gov/DataTools/Downloads/Pages/House-Price-Index-Datasets.aspx。

单击在图例条目（系列）区域中的**“编辑”**按钮 Edit，以打开此系列的**“编辑系列”**对话框。

单击**“系列名称”**框，然后选择单元格 A2，使用此单元格的名称（AK）作为系列名称。

单击“确定”按钮，关闭**“编辑系列”**对话框。

单击“确定”按钮，关闭**“选择数据源”**对话框。

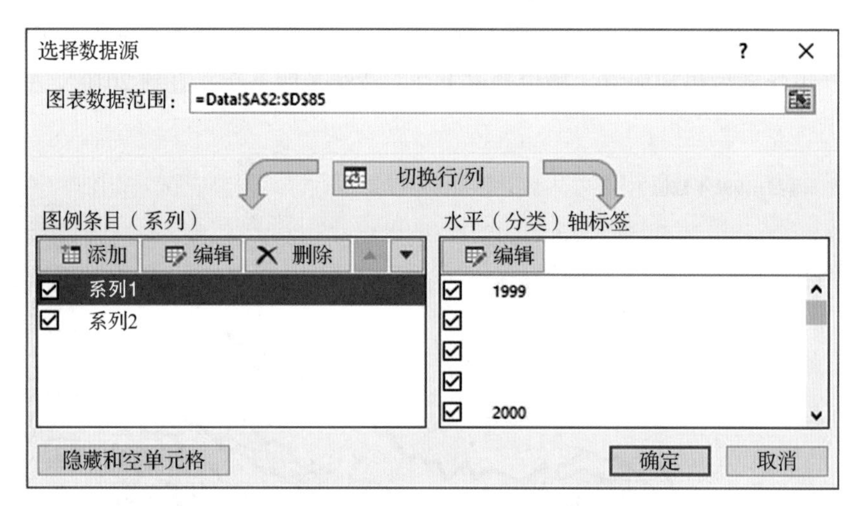

图 4-24 “选择数据源”对话框

步骤 3 右击图表底部的图例，然后单击**“设置图例格式”**，打开**“设置图例格式”**任务窗格。

单击**“图例选项”**，然后单击图例选项按钮并选择**“右”**，这样就产生了图 4-25 中的图表。

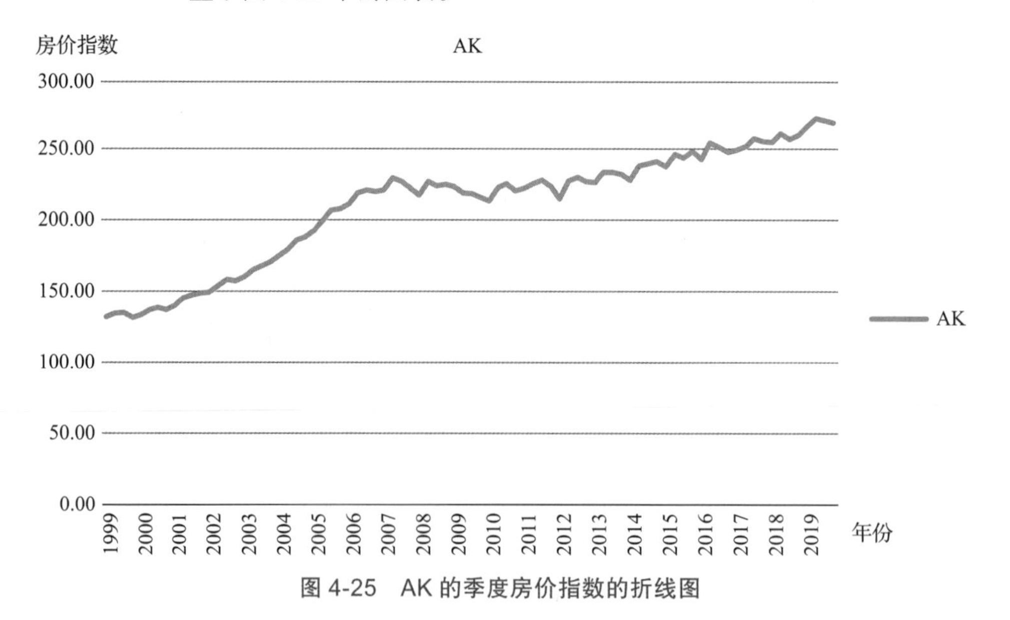

图 4-25 AK 的季度房价指数的折线图

要将下一个州 AL 的数据添加到图表中，可以按照以下步骤。

步骤 4　右击图表并选择**“选择数据”**以打开**“选择数据源”**对话框。

单击添加图例条目（系列）区域中的**“添加”**按钮 Add，可打开此新系列的**“编辑系列”**对话框。

单击**“系列名称”**框，选择单元格 A86，将此单元格的名称（AL）作为系列名称。

单击**“系列值”**框，选择单元格 D86:D169，将这些单元格的内容用于此新系列（AL）。

单击**“确定”**按钮。

单击**“水平（类别）轴标签”**区域中的编辑按钮 Edit 进行编辑，以打开**“轴标签”**对话框。

单击**“轴标签范围”**，然后选择单元格 B86:B169。

单击**“确定”**按钮。

单击**“确定”**按钮。

这样就产生了图 4-26 中的图表。

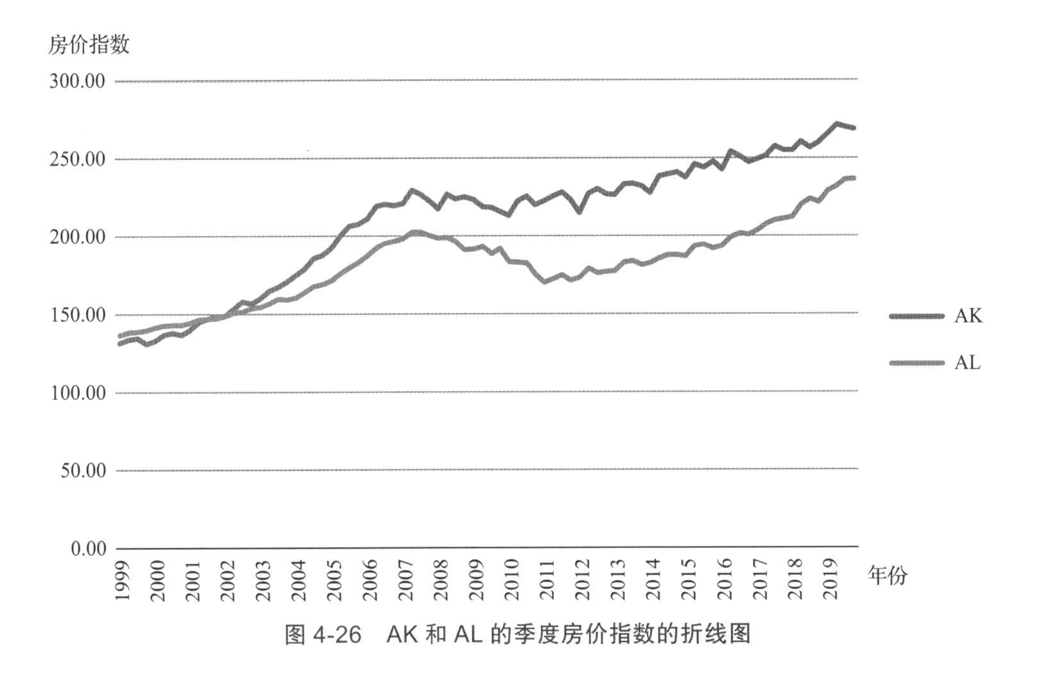

图 4-26　AK 和 AL 的季度房价指数的折线图

利用以下步骤将剩余的州和哥伦比亚特区的折线添加到图表中。

步骤 5　对剩余的每个州和哥伦比亚特区重复步骤 3，生成图 4-23 中的图表。

使用这个图表来比较各个地区的房价是相当困难的，一方面是因为图表中包含了 51 个类别 / 颜色。人类大脑只能同时处理几种不同的颜色。另一方面，在图 4-23 中使用的图例也增加了读者的目光移动。

我们可以通过对美国大陆西部的五个州使用不同的颜色，对所有其他地区使用灰色，使读者更容易在图表上找到这几个州。我们也可以删除图例，并在代表美国大陆西部的五个州的折线末端各添加一个标签。以下步骤详细说明了如何生成修改后的图表。

步骤 1 打开 *StateHousingIndicesChart* 文件中的图表（或刚才使用 *StateHousingIndices* 文件创建的图表）。

步骤 2 双击图表图例中的“AZ”以选择此系列，并打开**“格式图例条目”**任务窗格（确保你仅选择了“AZ”，而没有选择整个图例）。

步骤 3 当**“格式图例输入”**任务窗格打开时。

单击**“填充和线”**图标。

在**“边框”**区域中选择**“实线”**。

从**“颜色”**下拉菜单中，单击**“更多颜色”**。

在**“颜色”**对话框中，单击**“自定义”**选项卡。

从**“Color 模型：”**下拉菜单中，选择**“HSL”**。

更改与亚利桑那州（AZ）相关的线的颜色值（在图 4-27 中，Hue=32，Sat=255，Lum=128）。

步骤 4 针对与以下几个地区相关的数据，重复步骤 2 和步骤 3：

CA（图 4-27，Hue=155，Sat=133，Lum=132）。

NV（图 4-27，Hue=0，Sat=255，Lum=128）。

OR（图 4-27，Hue=112，Sat=173，Lum=71）。

WA（图 4-27，Hue=222，Sat=230，Lum=92）。

步骤 5 使用相同的灰色对其他州和哥伦比亚特区重复步骤 2 和步骤 3（在图 4-27 中，Hue=0，Sat=5，Lum=207）。

步骤 6 右击图表图例中的“AZ”来选择这个系列，并选择设置**“数据系列格式”**。

当打开**“设置数据系列格式”**任务窗格时，单击**“系列选项”**图标。

“选择辅助轴”，将 AZ 系列放在位于图表右侧的辅助纵轴上，并尽可能与图例重叠。

步骤 7 对 CA、NV、OR 和 WA 系列重复步骤 6。

步骤 8 单击该图例，然后单击**“删除”**。

步骤 9 单击辅助图例以打开**“设置单元轴格式”**任务窗格。

单击**“轴选项”**图标。

在**“轴选项”**区域**“边界”**下的**“最大值”**中输入 600，以便使主轴和辅助纵轴上的标度相同。

步骤 10 单击辅助纵轴，然后单击**“删除”**。

步骤 11 单击图表中的任何区域。

单击功能区上的**“插入”**选项卡。

单击**“文本”**组中的**“文本框”**按钮，并使用光标将它移动到靠近 AZ 线末端的位置，输入“亚利桑那州”。

单击文本框并设置其内容格式（图 4-27 中的图表使用的是“Calibri 9pt”字体，Hue=32，Sat=255，Lum=128）。

步骤 12 对 CA、NV、OR 和 WA 系列重复步骤 11（在各自对应的文本框中输入加利福尼亚州、内华达州、俄勒冈州和华盛顿州）。对于步骤 4 中给出的几个州，请使用“Calibri 10.5pt”字体。

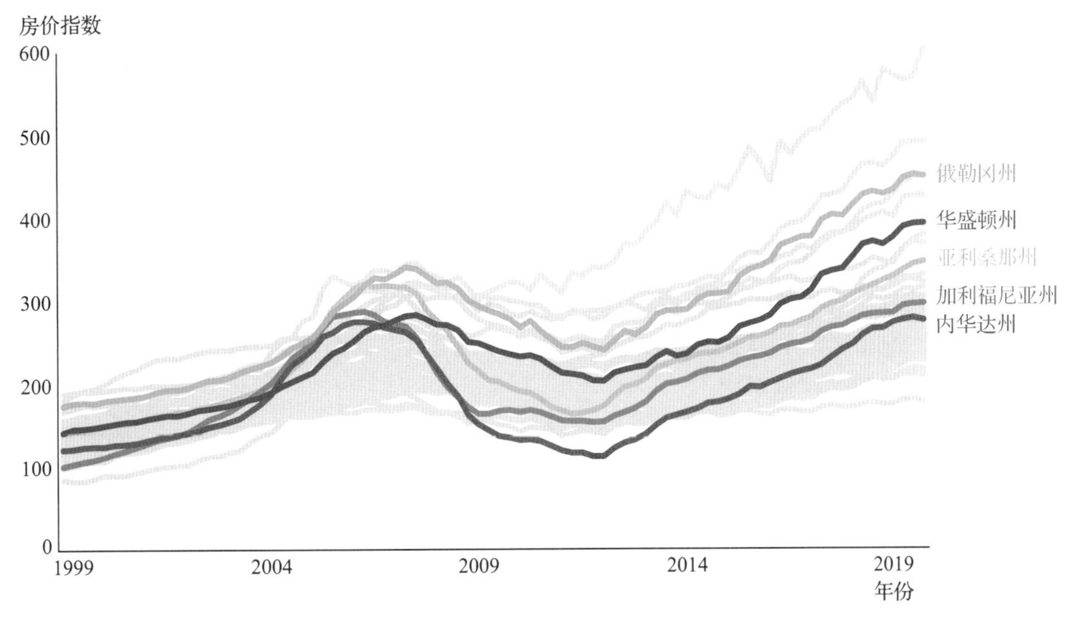

图 4-27 色彩运用更有效的各地季度房价指数图

从图 4-27 中很容易看出，在 2007 年美国房地产市场崩溃之前，美国大陆西部的五个州比大多数其他州经历了更快的房价增长，而在 2007 年房地产市场崩溃期间，这五个州的房价跌幅比大多数其他州都要大。图 4-27 中还显示，这一地区的五个州在房地产市场崩盘后，呈现出与平均水平相近或比平均水平更强劲的复苏。

4.4.3 对比度不足

当使用颜色来区分图表中的元素时，重要的是读者能够很容易地区分你所选用的颜色。如果分配给不同图表元素的颜色很难区分，读者可能会感到困惑，或者可能需要付出过多努力来理解图表的信息。

英国广播公司（BBC）在一篇关于 60 年间英国公共服务预算中用于国家卫生服务（NHS）部分的变化的报道中，收录了最初由财政研究所制作的饼图，如图 4-28 所示。图表用颜色来区分 NHS 支出（Hue=127，Sat=241，Lum=40）和公共服务预算的其余部分（Hue=127，Sat=241，Lum=53）。绿色的使用充分利用了这种颜色通常与金融和经济学相关的优势，但图中的颜色只在亮度上略有不同，这种差异不足以让读者在每一幅饼图中轻松分辨出哪一块与 NHS 的支出有关，哪一块与公共服务预算的剩余部分有关。因此，正如我们在第 2 章和第 3 章中所讨论的，通常不鼓励使用饼图。

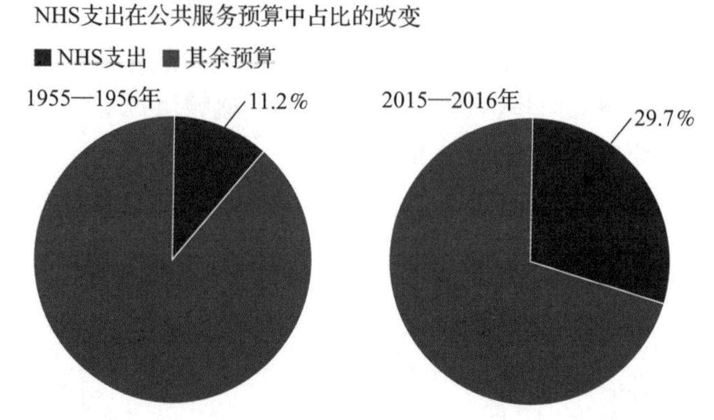

图 4-28 颜色缺乏对比使饼图中的“饼块”之间更难区分

对用于表示剩余预算的颜色做一个简单的调整，就会使读者在较少的认知负荷下更容易处理这些饼图。在图 4-29 中，我们展示了在 Excel 中重新创建的图表，两个类别的色调水平为 127，饱和度水平为 241，NHS 的亮度水平为 131，其余预算的亮度水平为 53，以增大不同类别之间的视觉对比。

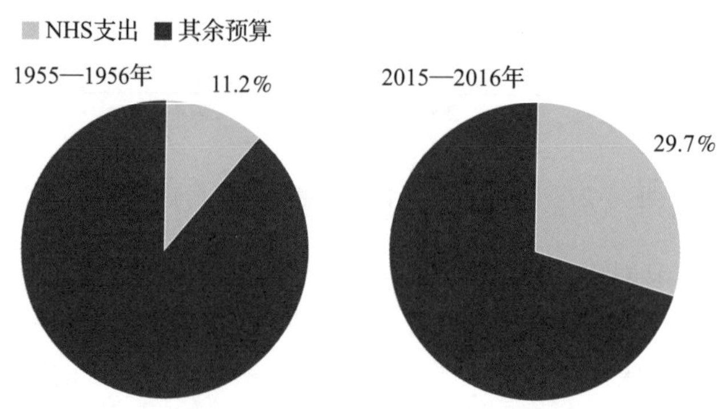

图 4-29 增大对比使饼图中的“饼块”更容易区分

我们通过增加亮度的差异来增加每个饼图的两个“饼块”之间的对比，读者可以更容易地区分每个时间段的 NHS 支出和预算的其余部分。NHS 支出使用更高的亮度，也使读者将注意力集中在预算的这一部分上。

4.4.4 相关图表之间不一致

在为一个报告、演示文稿、正在进行的分析或数据仪表盘创建多个图表时，颜色的一致使用是至关重要的。在不同的图表上使用不同的配色方案或使用不同的颜色来表示各种类别，会让读者感到困惑，并大幅增加其认知负荷。

先观察图 4-8 所示的动物园参观人数数据，再看这里的图 4-30。柱形图使用橙色和蓝色这两种互补色来区分成人和儿童。现在假设作为向动物园董事会演示的一部分，你有一张幻灯片，展示的内容如图 4-30 所示，接下来是第二张幻灯片，展示了过去五年中每年 12 月的儿童和成人门票收入，如图 4-31 所示。在不同的幻灯片上使用一致的颜色会使读者更容易理解。所以，与其使用不同的颜色，不如用同样的橙色和蓝色来代表与成人和儿童相关的因素。色彩使用的一致性将有助于读者理解一系列幻灯片所呈现的数据。

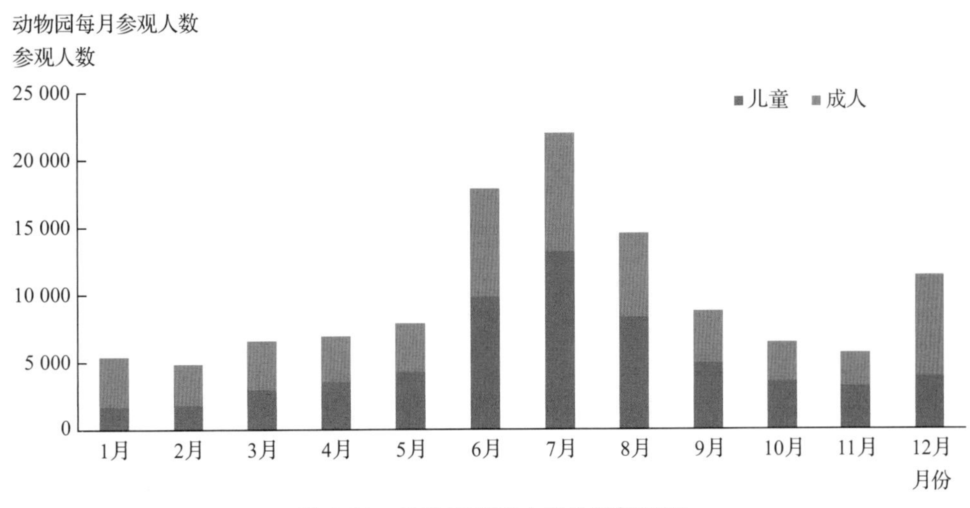

图 4-30　动物园参观人数堆积柱形图

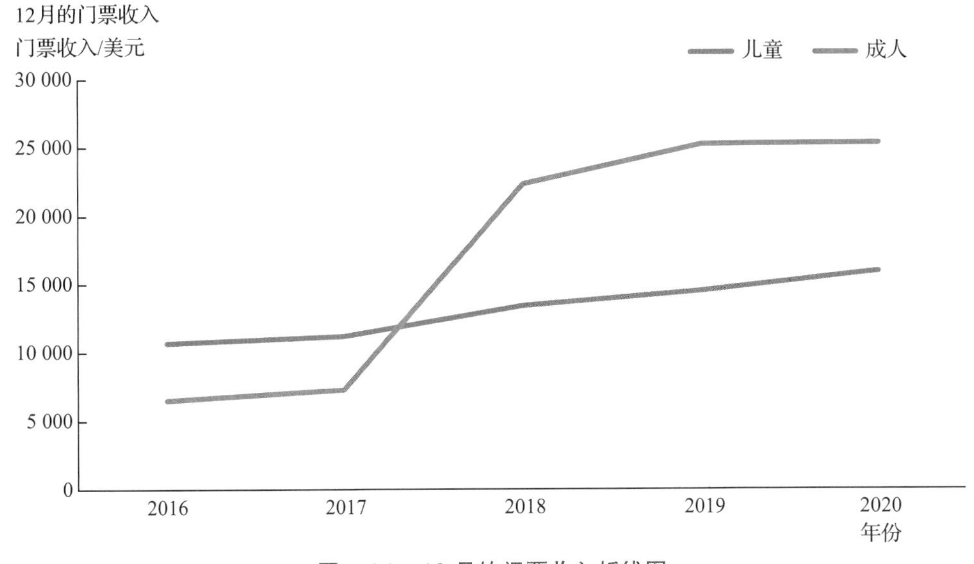

图 4-31　12 月的门票收入折线图

4.4.5　忽视视力障碍者

考虑表 4-1 中 2010—2019 年印第安纳波利斯的月平均日低温。如果我们在图 4-14 中使用绿色表示冰点以下的温度，结果将与图 4-32 类似。

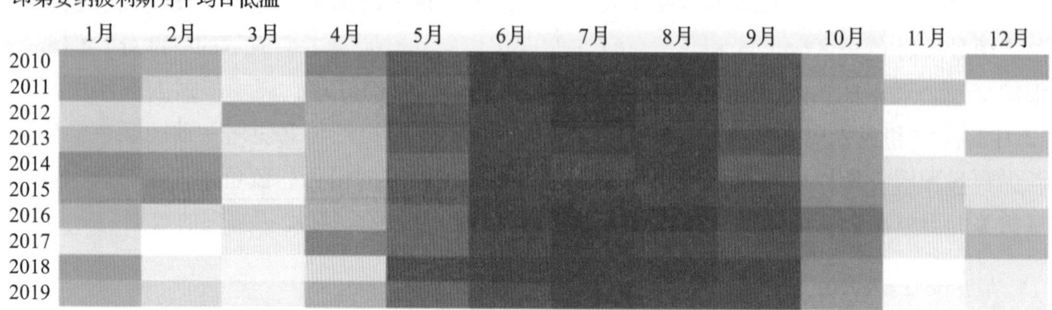

图 4-32 用绿色和红色分别表示冰点以下和冰点以上温度的热图

绿色在这幅图中可能没有蓝色那么有吸引力，因为它与寒冷的联系不像蓝色那么紧密，但这并非最大的问题。也就是说，如果读者是红绿色盲症患者，在这种情况下，他仍然可以相对轻松地解读图 4-29 中的热图，但对于图 4-32 中的热图，他看到的可能看起来像图 4-33 中的情形。

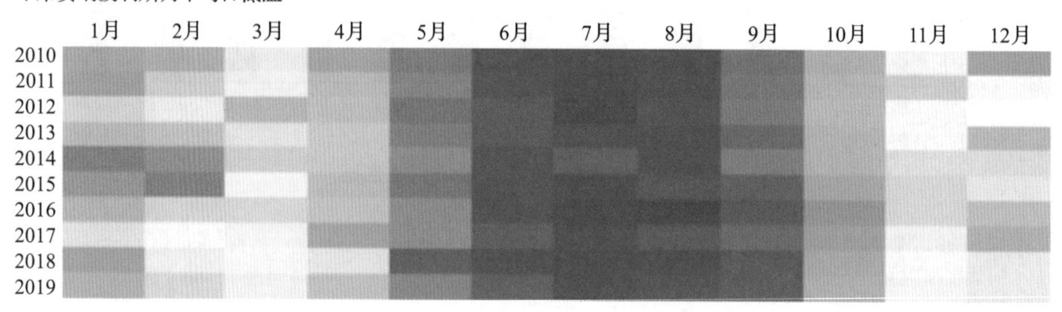

图 4-33 红绿色盲症患者眼中的图 4-32

图 4-32 中代表寒冷月份（12 月、1 月和 2 月）的图块与代表炎热月份（6 月、7 月、8 月）的图块，对于患有红绿色盲症的读者来说看起来完全相同，所以这幅图对那些红绿区分困难的读者来说很难解读。

当视网膜上的三种视锥细胞中至少有一种对负责感知的光波长不敏感时，就可能会出现色盲（Colorblindness）这种疾病，或导致准确感知某些颜色的能力下降。最常见的色盲形式是红绿色盲，约 8%的男性和约 0.5%的女性患有这种色盲症。红绿色盲症患者在某种程度上无法感知红色和绿色之间的区别。蓝黄色盲就不那么常见了，大约有 0.01%的人患有蓝黄色盲症。这些患者在某种程度上无法感知蓝色和黄色之间的差异。0.003%的完全色盲的人只能看到灰色的阴影。如果你在为图表选择颜色时忽略了患有色盲症的读者，就有可能让这些读者难以理解你想要传达的信息。

4.4.6 不考虑传递方式

色彩在投影演示文稿和印刷版演示文稿中的作用是不同的。投影演示文稿通常从较远的距离观看，读者只有有限的时间来回顾投影演示文稿的具体内容。在这种媒介下，使用粗线条、强烈对比的颜色以及较高的饱和度和亮度非常重要。制作投影演示文稿时，可以采用清晰的轮廓和明亮的对比色。印刷版演示文稿通常会被近距离阅读，读者有更多时间仔细查看内容，因此不需要过多地使用粗线条、强烈对比和高饱和度及高亮度的颜色。制作印刷版演示文稿时，可以使用较柔和的轮廓和较低饱和度、较低亮度、较低对比度的颜色。

同一种颜色在不同的显示器、投影仪和屏幕上可能呈现出不同的效果。如果可能的话，建议提前使用即将用于实际演示的投影设备完成整个演示，并进行必要的调整，直到你对投影出来的颜色感到满意为止。如果这不可行，最好避免使用非常明亮的颜色作为配色方案，因为这些颜色在你制作演示文稿时所使用的显示器上与最终呈现在投影系统的屏幕上之间的差异可能最大。

同样，不同的打印机、显示器的颜色呈现也会有所不同。建议你考虑制作一个测试页面，其中包含你计划在最终打印报告中使用的各种颜色。然后将这个测试页面打印出来，仔细检查结果，根据需要进行调整。如果需要的话，可以多次重复这个过程，直到你对打印出来的颜色感到满意为止。

注释和评论

1. 以灰度的形式查看数据可视化是一个好主意，以确保所使用的饱和度和亮度水平为读者中的色盲症患者理解预期的信息提供了足够的基础。这可以在 Excel 中通过在打印菜单中选择灰度设置，并在打印预览窗口中查看结果来完成。
2. 不同组织开发了多种对患有色盲症的读者友好的配色方案。比较典型的例子包括 IBM 设计库（https://www.ibm.com/design/v1/language/resources/color-library/）和 David Nichols（https://davidmathlogic.com/colorblind/）开发的例子。

◎ 总结

在本章中，我们讨论了预注意属性中与颜色相关的具体方面，以及如何使用颜色创建有效的数据可视化。我们解释了色调、饱和度和亮度在定义颜色时的作用。我们区分了色彩心理学和色彩象征之间的差异，并介绍了如何有效地使用它们。接着，我们描述了如何设计适合分类变量、具有可排序值的变量和具有某个重要参考值的定量变量的配色方案。我们还讨论了在数据可视化软件中定义颜色的 HSL 系统，并演示了如何在 Excel 中使用 HSL 系统。最后，我们提醒读者注意在数据可视化中使用颜色时各种常见的错误，包括在创建数据可视化时忽略了视力障碍者的需求等。我们通过提供大量不同类型图表的例子和步骤说明，讲述了如何解决本章中讨论的问题。

◎ 术语解析

类似色：在色轮上彼此相邻的颜色。

分类配色方案：当类别没有固有的升序或降序时，用来描述一个类别变量的一组颜色，也称为分类调色板。

色彩象征：涉及颜色与文化意义之间的联系。
认知负荷：准确而有效地处理图表所传达的信息所需要付出的努力。
颜色：数据可视化的预注意属性，包括色调、饱和度和亮度三种属性。
色彩心理学：研究颜色和人类行为之间的内在关系的学科。
配色：在图表或一系列相关图表中使用的一套颜色，也称为调色板。
色轮：一种常用的图表，用于显示原色模型中原色、二级色和三级色之间的关系。
色盲症：无法准确识别某些颜色的一种疾病。
互补色：在色轮上彼此相对的颜色。
冷色调：被认为是舒缓、镇定和让人安心的色调。蓝色、紫色和绿色通常被认为属于冷色调。
发散配色方案：在某一幅图表或一系列相关图表中使用的一组颜色，用来描述具有某个重要参考值（如目标值或平均值）的定量变量的值，也称为发散调色板。
色调：颜色的一种属性，由光在可见光光谱中所占的位置决定，并定义了颜色的底色。
亮度：颜色的一种属性，表示颜色中黑色或白色的相对程度。
原色：原色模型中的三种颜色，不能混合，也不能由其他颜色的任何组合形成。原色模型中的所有其他色调都是从这三个色调派生出来的。
饱和度：颜色的一种属性，代表颜色中灰色的数量，并决定了颜色中色调的强度或纯度。
顺序配色方案：当类别具有固有的升序或降序时，用来描述数量变量或类别变量值的一组颜色，也称为顺序调色板。
暖色调：被认为能唤起能量、激情和紧张感的色调。黄色、橙色和红色通常被认为属于暖色调。

◎ 练习题

概念题

1. **理解色调、饱和度和亮度。**下面每一项描述的是色调、饱和度还是亮度？**学习目标 1**
  （1）一种颜色中灰色的含量。
  （2）光在可见光光谱上所占据的位置。
  （3）一种颜色的强度或纯度。
  （4）颜色中黑色或白色的相对程度。
2. **区分色调、饱和度和亮度。**文件 *HueSatLumChart* 中包含 6 个名为 *a*、*b*、*c*、*d*、*e* 和 *f* 的工作表，每个工作表都包含一对彩色矩形。每一对矩形的颜色都只有一项属性不同（色调、饱和度或亮度）。使用此文件和“颜色”对话框来确定每对颜色的色调、饱和度或亮度是否不同，并解释你的答案。**学习目标 1**
3. **使用色调、饱和度和亮度来区分类别。**（1）（2）和（3）中的图表分别显示了美国 9 款广受欢迎的中型轿车在 2019 年和 2020 年第一季度的销量。这些图表包含在 *Q1SalesChart* 文件中。使用“颜色”对话框来确定是否使用色调、饱和度或亮度来区分本田雅阁与每个图表中的其他 8 款车型。**学习目标 1**

（1）

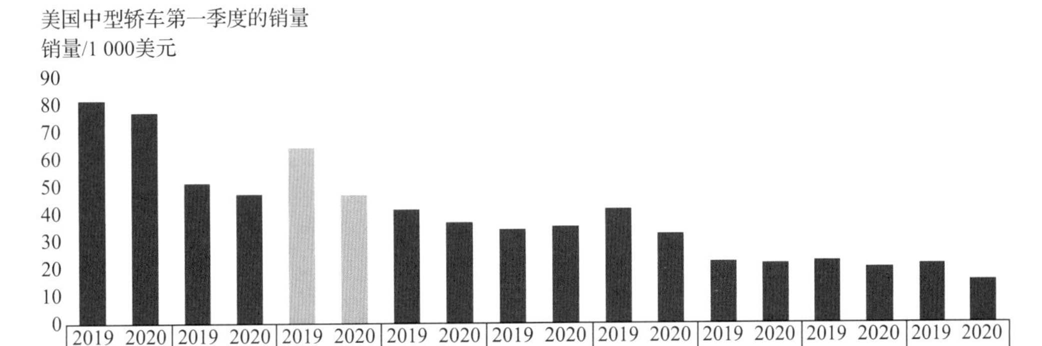

（2）

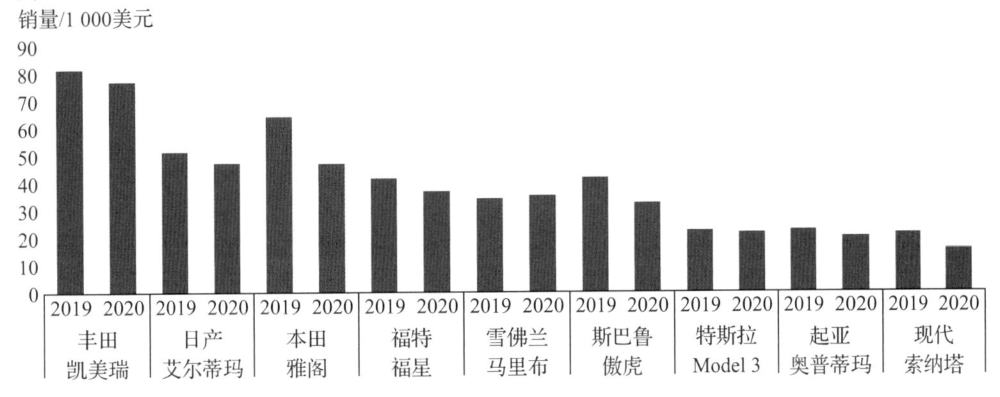

（3）

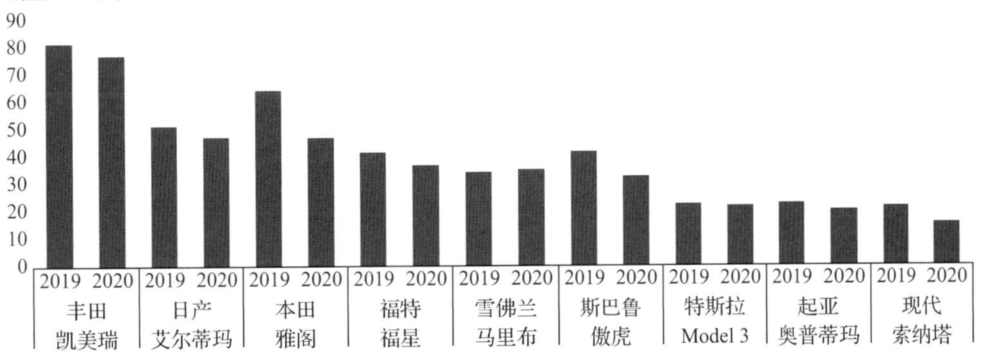

（1）（2）和（3）中的哪些图表在区分本田雅阁和其他车型方面效果最不理想？为什么？

4. **使用分类配色方案、有序配色方案和偏离配色方案。**确定是否应该在以下每个示例中应用分类配色方案、有序配色方案或偏离配色方案。在每个示例中，解释为什么这是合适的配色方案。**学习目标 2**

（1）你得到了一个受欢迎的地区性产品在几个市场的销量和净利润数据。

城市	销量（单位）	净利润/美元
阿马里洛	99 299	122 619
沃斯堡	112 219	-132 762
埃尔帕索	117 893	169 500
达拉斯	139 486	-136 332
休斯敦	143 721	63 646
圣安东尼奥	157 241	115 632
奥斯汀	175 555	80 707

根据这些数据，你已经创建了以下条形图来显示不同市场的销售情况。现在你想将净利润信息添加到条形图中，以显示每个市场的利润或损失。

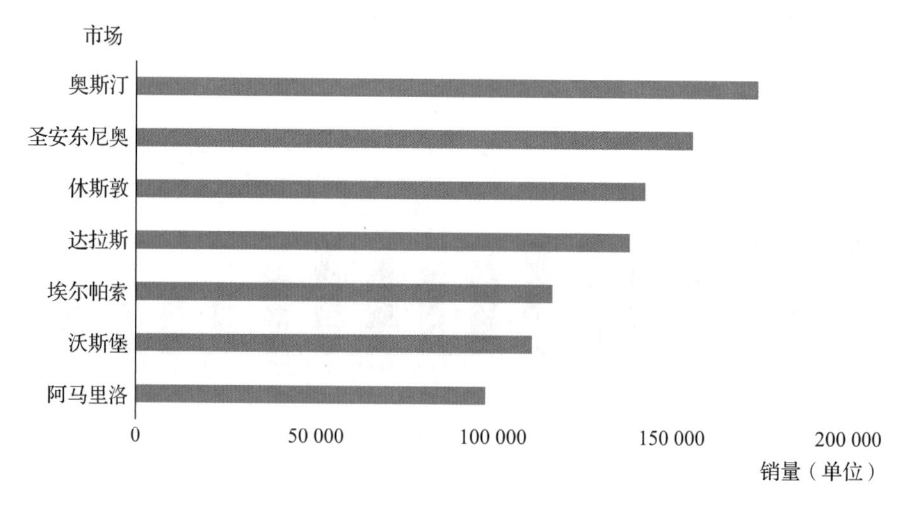

（2）你得到了一个城市的日平均高温和这个城市的咖啡连锁店每月销售的热巧克力的数量数据，如下表所示。

月份	日平均高温/华氏度	产品销售量（单位）
1月	27	144 908
2月	32	120 032
3月	43	103 917
4月	50	90 866
5月	62	60 110
6月	74	36 357
7月	83	16 002
8月	77	29 445
9月	62	63 523
10月	53	81 847
11月	40	112 818
12月	33	130 423

根据这些数据，你创建了以下柱形图来显示这个城市每月的日平均高温。现在你想把每个月销售的热巧克力的数量添加到这个图表中。

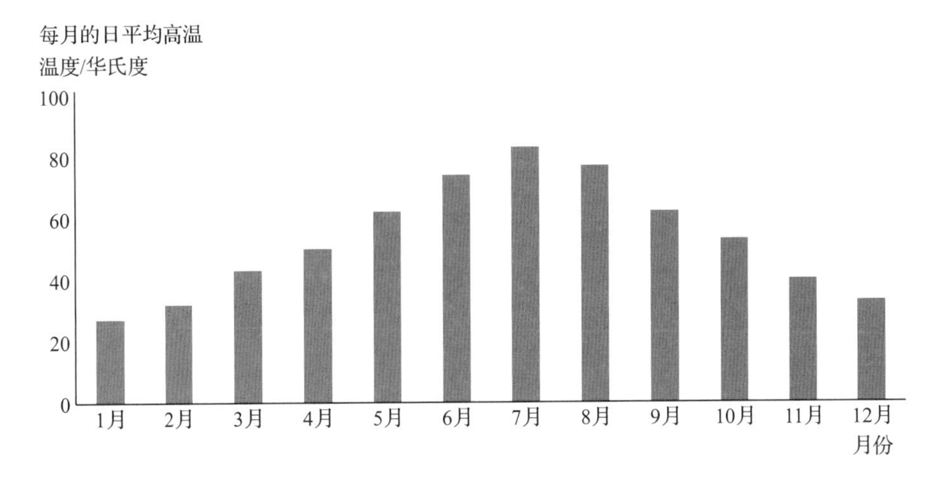

（3）你希望添加关于该行业排名前 50 的公司的总部所在国家的信息，下图显示了这些公司在不同国家的总部数量。

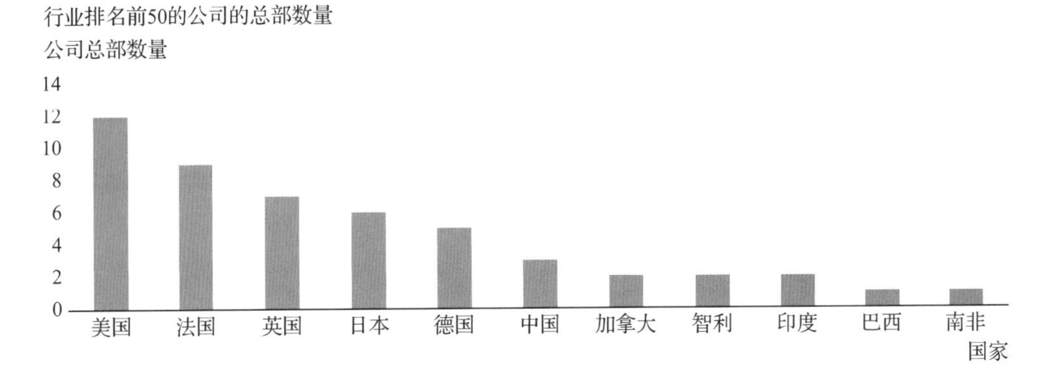

（4）一名房地产经纪人要求你使用以下数据创建一张图表，深入了解她最近出售的房屋销售价格和投放市场的天数之间的关系。

销售价格 / 美元	投放市场时间 / 天	社区
247 412	58	东高地
249 787	60	塞巴斯蒂安
194 955	34	哈格罗夫山区
173 612	55	哈格罗夫山区
171 299	55	塞巴斯蒂安
281 197	62	塞巴斯蒂安
264 477	25	哈格罗夫山区
264 838	50	东高地
261 819	30	东高地
293 953	42	东高地

（续）

销售价格 / 美元	投放市场时间 / 天	社区
296 002	32	东高地
167 136	38	哈格罗夫山区
334 063	33	哈格罗夫山区
332 340	32	哈格罗大山区
264 066	47	曼纳福特瀑布
255 070	55	曼纳福特瀑布
185 572	29	东高地
314 198	31	东高地
256 183	42	曼纳福特瀑布
230 741	63	塞巴斯蒂安
274 552	38	曼纳福特瀑布
262 332	45	曼纳福特瀑布
219 969	39	哈格罗夫山区
253 708	41	东高地
245 114	55	塞巴斯蒂安
296 920	49	曼纳福特瀑布
295 866	25	哈格罗夫山区
270 353	59	曼纳福特瀑布
202 422	55	塞巴斯蒂安
214 206	53	东高地

你已经创建了以下散点图。房地产经纪人已经要求你在所创建的散点图中添加这些房屋所在社区的信息。

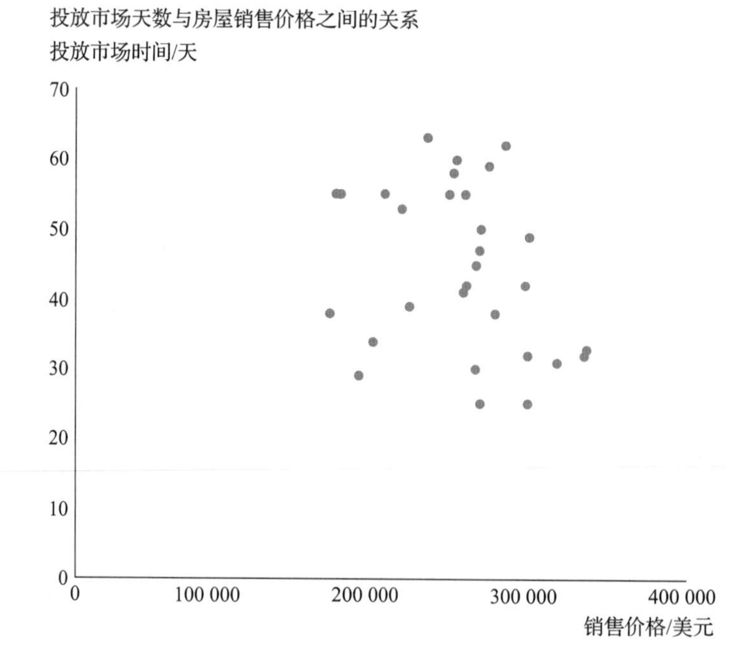

（5）你已经得到了几家致力于反映流行爱好的在线出版物的每月订阅者数量变化的数据，如下表所示。现在已要求你运用颜色，来显示订阅者数量每月是增加了还是减少了。

	1 月	2 月	3 月	4 月	5 月	6 月	7 月	8 月	9 月	10 月	11 月	12 月
《体育用品》	0.9%	−0.7%	−0.1%	0.2%	0.2%	0.5%	−0.3%	1.6%	1.2%	0.3%	−0.8%	0.9%
《集邮季刊》	0.5%	0.1%	0.3%	−0.1%	0.5%	0.5%	−0.9%	−0.1%	0.1%	−0.4%	−1.2%	0.3%
《美国洞穴探险者》	0.2%	−1.6%	0.6%	1.6%	−1.4%	0.0%	−0.1%	0.6%	−1.3%	−1.2%	−0.8%	0.4%
《家庭厨师》	0.5%	−0.9%	0.2%	1.2%	0.8%	−0.3%	1.2%	0.5%	0.6%	−1.4%	−0.6%	0.3%
《经典文学摘要》	0.5%	0.2%	−0.1%	0.4%	0.0%	0.4%	1.2%	0.0%	−0.7%	−1.4%	−0.1%	1.4%
《钱币学杂志》	−0.1%	0.0%	0.5%	0.4%	0.0%	1.0%	−0.7%	1.4%	0.1%	1.2%	1.3%	1.4%
《园艺世界》	0.7%	−0.5%	0.5%	−1.8%	1.5%	−0.6%	0.8%	−1.2%	0.9%	1.6%	0.9%	1.0%
《针织新闻》	1.1%	1.2%	−1.0%	−1.2%	−0.3%	1.5%	−0.3%	0.6%	−0.2%	−0.5%	1.2%	1.1%
《在线游戏玩家》	1.1%	1.2%	0.7%	0.5%	1.8%	1.1%	0.2%	0.1%	0.4%	1.0%	1.4%	2.1%
《流行摄影师》	−0.6%	0.3%	−0.9%	0.1%	0.8%	1.4%	−0.1%	−1.0%	−0.4%	−0.7%	0.7%	0.8%

5. **在图表设计中考虑色盲症患者。**一家营销研究公司平面艺术部门的四位设计师（弗朗西斯、多里安、比尔和玛丽安娜）各自设计了一张图表，用于向快乐草坪景观服务团队展示，团队中两名成员是色盲症患者。以下四幅热图显示了过去一年，美国中西部的伊利诺伊州（IL）、印第安纳州（IN）、密歇根州（MI）、明尼苏达州（MN）、俄亥俄州（OH）和威斯康星州（WI）各种草坪护理服务的客户数量的相对变化。解释为什么这些图表的视觉处理对于快乐草坪景观服务团队而言可能是合理或者是不合理的。**学习目标 6**

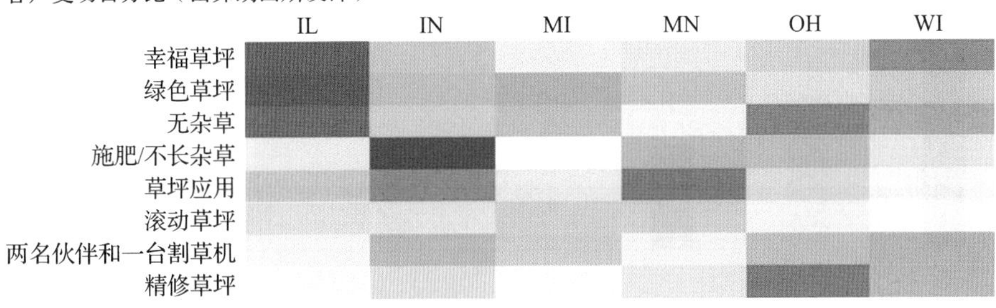

客户变动百分比（由多里安设计）

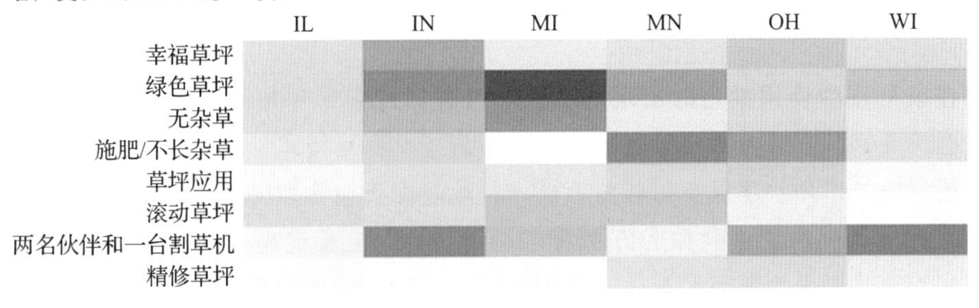

客户变动百分比（由比尔设计）

	IL	IN	MI	MN	OH	WI
幸福草坪	-6.0%	10.2%	4.4%	5.1%	7.7%	-3.8%
绿色草坪	-6.3%	11.9%	16.0%	10.3%	5.7%	7.8%
无杂草	-5.5%	8.5%	11.2%	3.8%	-4.1%	-2.7%
施肥/不长杂草	4.7%	-7.6%	1.0%	11.9%	10.6%	4.8%
草坪应用	-2.0%	-4.0%	4.7%	-4.5%	5.8%	2.7%
滚动草坪	6.1%	5.4%	8.0%	7.6%	3.4%	2.2%
两名伙伴和一台割草机	3.6%	12.3%	8.4%	3.6%	9.9%	12.2%
精修草坪	2.7%	-1.3%	2.3%	5.1%	-4.5%	-2.4%

客户变动百分比（由玛丽安娜设计）

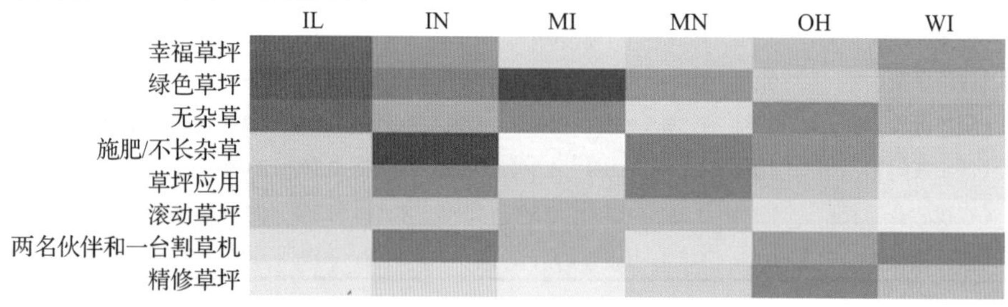

6. **识别在柱形图中使用颜色时的错误。**据《今日美国》报道，超过三分之一的《财富》世界500强公司的总部位于美国六大都市之一：芝加哥、达拉斯－沃斯堡、休斯敦、明尼阿波利斯－圣保罗、纽约和旧金山。下图显示了每个大都市地区的公司总部数量。**学习目标6**

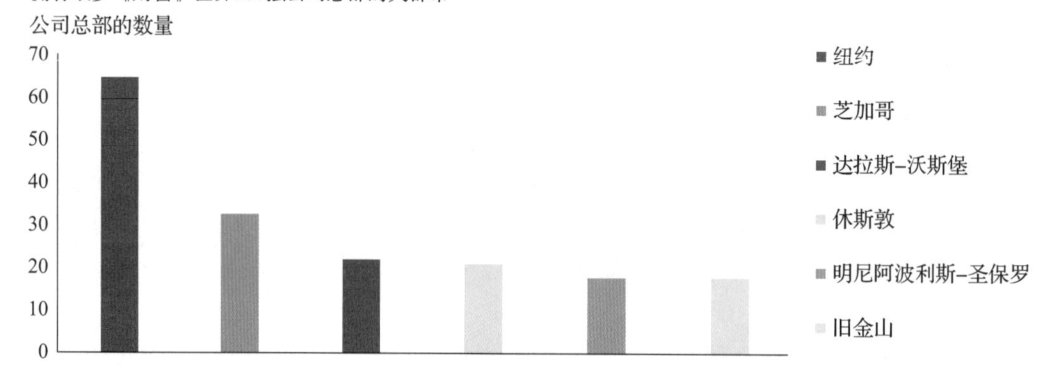

请解释在这个图表中使用了什么颜色作为唯一的信息传达工具，对颜色哪些方面的使用是无效的，以及如何修正这些方面。此外，还要指出为改进此图表所要做的所有其他修改。

7. **识别在条形图中使用颜色时出现的错误。**在美国东南部种植最广泛的草坪草是暖季型草：巴伊亚草、百慕大草、百足草、圣奥古斯丁草和结缕草。达娜·坦纳是亚拉巴马州伯明翰市假日草坪护理服务团队的负责人，她现在正在为即将到来的夏天制订计划。每一种草都有不同的肥料和阳光直射需求、耐热性、生长速度、抗病性和抗杂草性。因此，在为即将到来的夏天规划资源需求时，了解所在地区的草坪的数量是很重要的。坦纳女士为了更好地了解草坪的数量，她观察并记录了其所在地区的 500 户家庭的草坪类型，并在下面的图表中总结了她的结论。**学习目标 6**

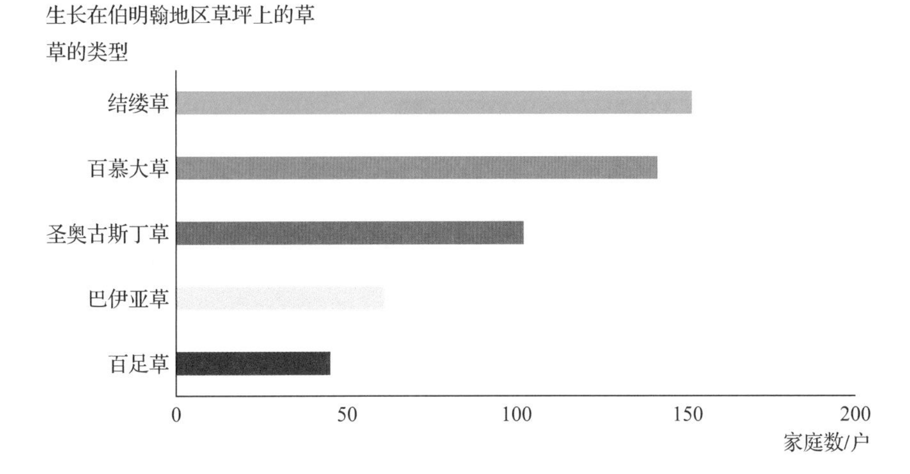

请解释在这个图表中使用了什么颜色作为唯一的信息传达工具，对颜色哪些方面的使用是无效的，以及如何修正这些方面。

应用题

8. **比较总部设在美国六大都市的《财富》世界 500 强公司的数量。**美国六大都市地区（芝加哥、达拉斯－沃斯堡、休斯敦、明尼阿波利斯－圣保罗、纽约和旧金山）是拥有《财富》世界 500 强公司总部最多的地区。修改以下显示这些数据的柱形图（来自练习题 6），以便更有效地使用颜色，数据在 *F500MetrosChart* 文件中提供。请做出所有其他必要的修改来改进这个图表，并解释为什么修改后的图表优于练习题 6 中的原始柱形图。**学习目标 5**

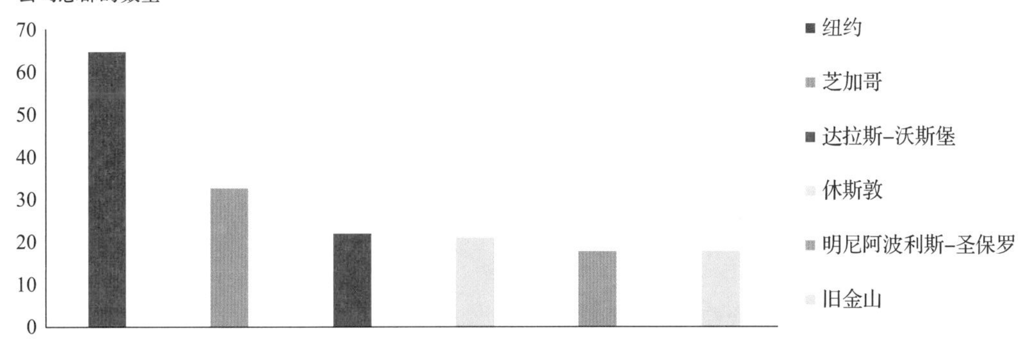

9. **各类草出现的频率。**考虑一下亚拉巴马州伯明翰市 500 户家庭的草坪数量，他们的草坪上有各种类型的暖季型草（巴伊亚草、百慕大草、百足草、圣奥古斯丁草和结缕草）。以下这些数据的条形图（来自练习题 7）在 *HolidayGrassChart* 文件中提供。**学习目标 5**

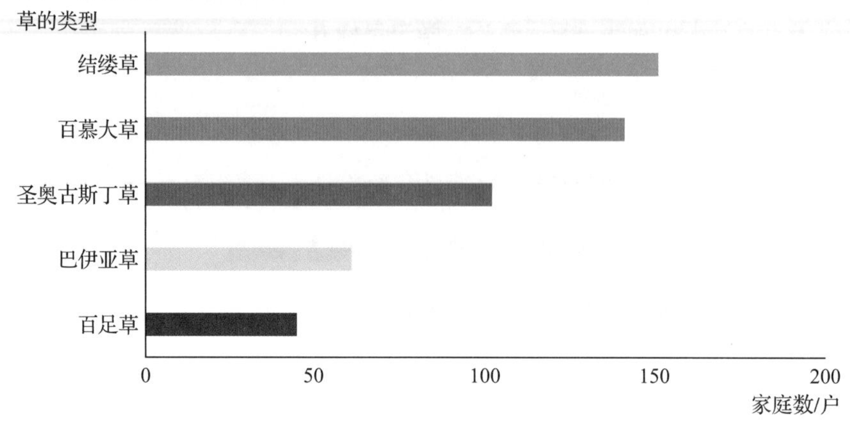

（1）修改 *HolidayGrassChart* 文件中提供的条形图，以便更有效地使用颜色。你也可以对图表中的某些部分重新进行设计，请解释你所做的更改。

（2）修改（1）中的条形图，以突出显示百慕大草。

10. **T 恤的销售**。你被要求准备一幅折线图来显示由大平原服装公司（GPGC）生产和销售的四种颜色的棉质 T 恤的月度销售情况。GPGC 在网上销售其所有的产品。你可以从 GPGC 的销售部门获取数据，并在 Excel 中生成以下图表。

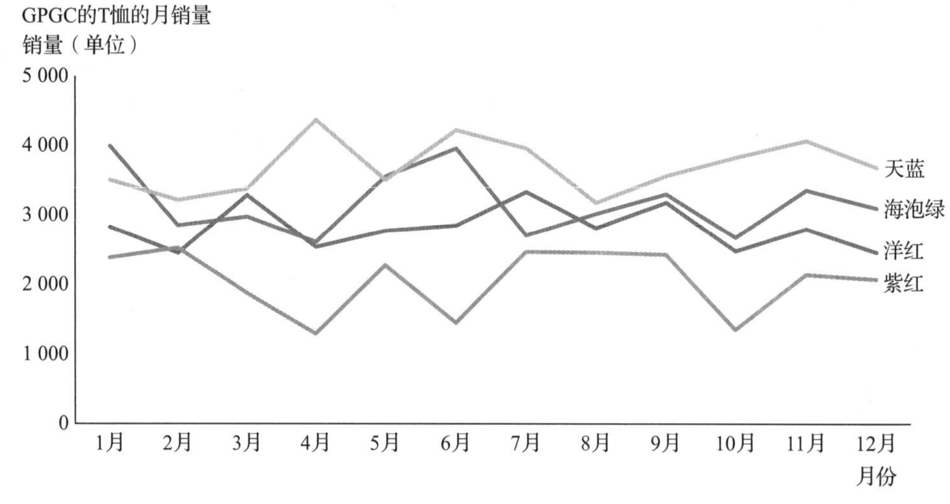

在回顾图表时，你会意识到可以通过适当地使用颜色来使它更有效。在决定使用图表上每件 T 恤的颜色后，你可以得到下面的图片，以显示 GPGC 网站收藏的 T 恤的四种颜色。数据、原始图表和下面的图像（可以从 Excel 电子表格中剪切并粘贴到 PowerPoint 中）都包含在 *GPGCChart* 文件中。**学习目标 2**

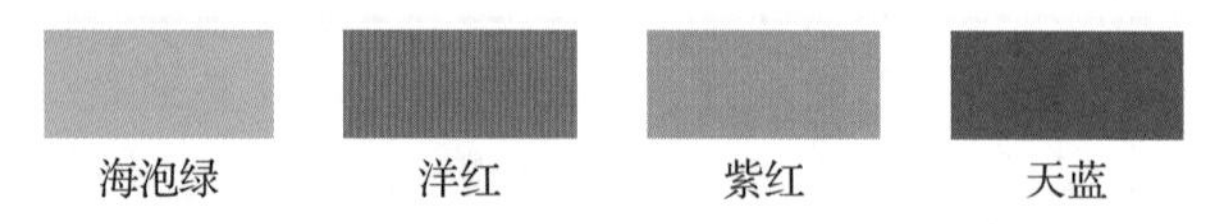

（1）使用 PowerPoint 和滴管工具来确定每件 T 恤的主要颜色的色调、饱和度和亮度。列出每种颜色的色调、饱和度和亮度的值。

（2）修改文件中的折线图，使每条线的颜色对应于（1）中相关的 T 恤的颜色。此外，还要改变每一行末尾标签中文本的颜色，以匹配相应的 T 恤的颜色。

11. **棒球比赛的上座数与获胜次数的关系。**在对棒球经济进行分析时，收集了两支棒球队——科莫多龙队和秃鹰队 2000—2019 年年度主场比赛上座数和获胜次数的数据。为了体现这段时间内每年主场比赛上座数和两队获胜次数之间关系的本质，你可以在 Excel 中生成以下散点图。

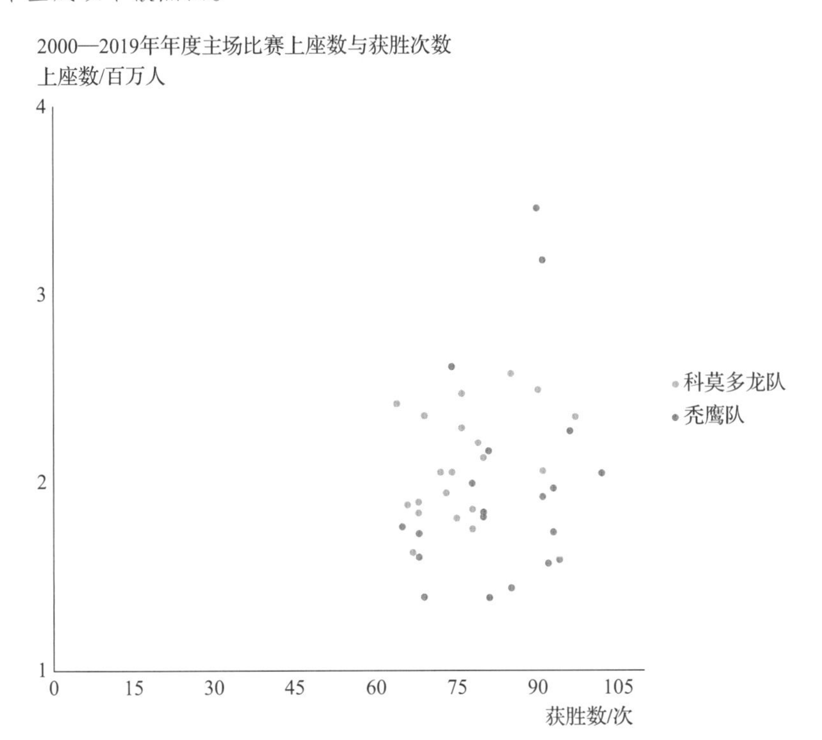

图表显示，每年主场比赛的上座数和每队获胜次数之间呈现弱正相关关系。图表还显示，秃鹰队通常比科莫多龙队赢得更多比赛，但上座数普遍较低。我们可以采用一种改进这个图表的方法，即使用两队球衣的主要颜色，而不是 Excel 的默认颜色。你可以从两队各自的网站获得主场球衣的图像，如下图所示。**学习目标 4**

（1）使用 PowerPoint 和滴管工具来确定每件球衣的主要颜色的色调、饱和度和亮度。列出每种颜色的色调、饱和度和亮度的值。这两件球衣的图片在 *AttendWinsChart* 文件中，你可以剪切和粘贴到 PowerPoint 中。

（2）修改 *AttendWinsChart* 文件中的散点图，使颜色对应于两队球衣的颜色。

12. **博伊西地区医疗中心护理人员的组成。** 博伊西地区医疗中心（BRMC）正在完成其对爱达荷州董事会的年度报告。本报告的一部分致力于分析 BRMC 护理人员的组成。报告的当前草稿包括以下条形图，它显示了每类护理人员所占的百分比。此图表包含在 *BRMCChart* 文件中。

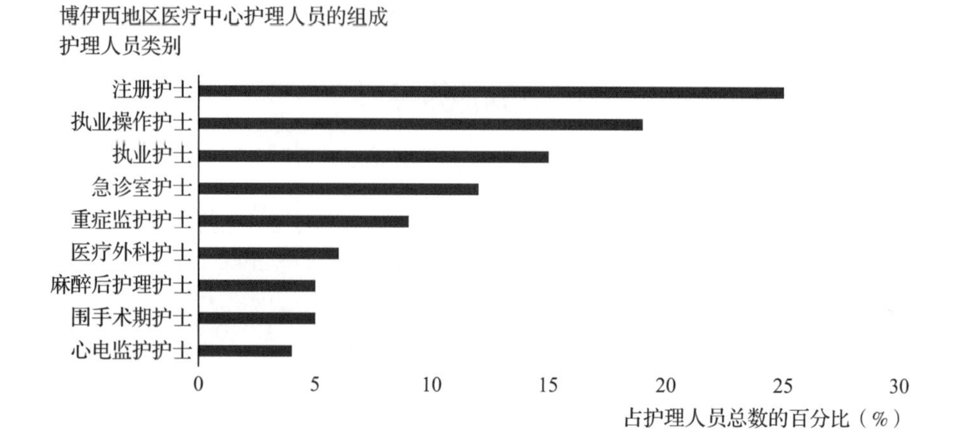

在对报告草稿的审查中，管理层注意到，一些读者可能会认为这个条形图的颜色不适合 BRMC，因为红色经常与焦虑有关。因此，管理层要求使用一种更平静的颜色来展现图表。请修改这个图表，使用一种通常被认为与安慰和平静相关的颜色来填充条形。参考图 4-13 来确定你将用的色调。**学习目标 2**

13. **大学招生与教师平均工资变化的关系。** 俄亥俄州董事会（OBR）正在准备其关于俄亥俄州高等教育状况的五年报告。目前的报告草案中，包括该州最大的 16 所四年制院校的入学人数和五年内教师平均工资的变化情况。当前报告草案中包含的散点图如下所示，数据来自文件 *OHHigherEdChart*。

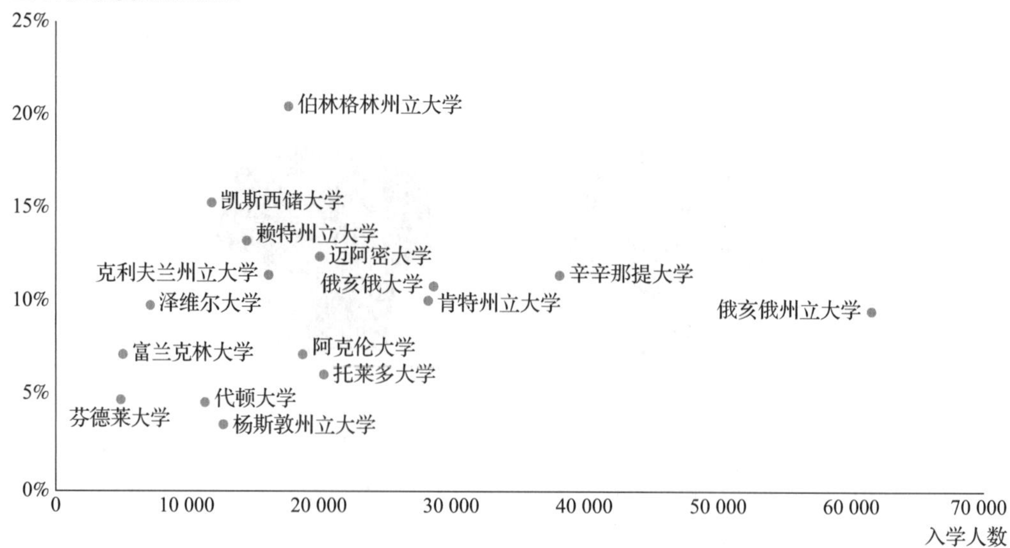

在审查当前的草案时，OBR 的一名成员要求你在这个散点图中添加一个关于哪些大学是私立大学的指示。使用颜色来区分散点图上的私立大学（凯斯西储大学、代顿大学、泽维尔大学、富兰克林大学、芬德莱大学）与公立大学。这些额外的信息会告诉你什么？**学习目标 3**

14. **电视剧的收视率。**对于电视剧来说，18～49 岁的观众是一个非常有利可图的人口群体。广告商需要支付额外的广告费来接触这个年龄段的观众。下面的条形图显示了 2019—2020 年美国收视率排名前 10 的电视剧的此年龄段观众数量。

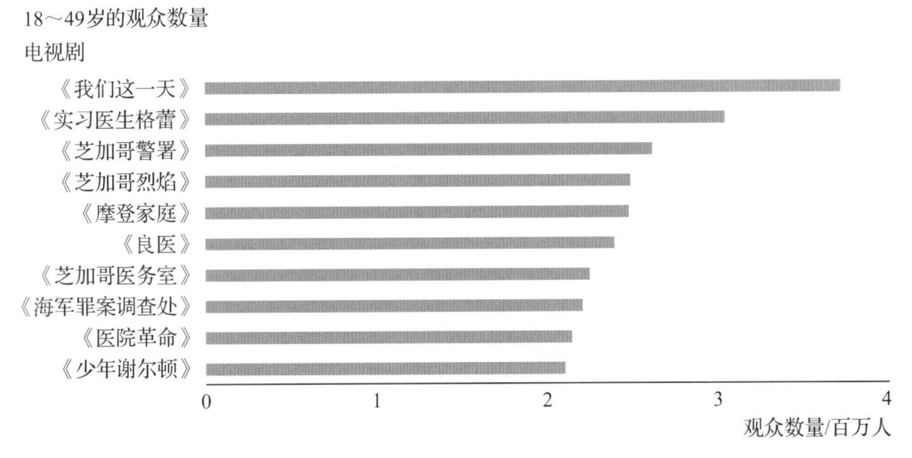

对于这个图表来说，显示哪个电视网络（ABC、CBS、FOX、NBC）播放的电视剧也很重要。播放这些电视剧的网络是：

ABC：《良医》《摩登家庭》《实习医生格蕾》。

CBS：《少年谢尔顿》《海军罪案调查处》。

NBC：《医院革命》《芝加哥医务室》《芝加哥烈焰》《芝加哥警署》《我们这一天》。

请使用颜色添加这些信息，原始条形图可以在 *Top10TV2020Chart* 文件中找到。你的图表对于视力障碍读者而言容易解读吗？为什么？**学习目标 3**

15. **完成室内绘画工作的估计时间与实际时间之间的关系。**C&D 公司拥有 20 名室内油漆工员工。每个员工的领导负责访问潜在的工作地，并根据 C&D 的公式估算出完成工作所需的小时数，该公式考虑了要绘制的面积、装饰的数量和类型，以及是否要绘制天花板等。领导也有权根据公式中没有考虑到的其他因素进行主观调整。

C&D 现在正在评估领导对完成工作所需时间的估计的准确性。它收集了每个员工最近完成 10 项工作的估计时间和实际时间。这些数据可以在 *C&DChart* 文件中找到，以下是一部分数据，其中包括领导的名字、完成工作的估计时间及实际时间。

领导的名字	估计时间 / 时	实际时间 / 时
布里格斯	25.8	29.4
布里格斯	62.5	66.3
布里格斯	75.6	50.9
布里格斯	75.7	77.0
布里格斯	61.9	74.8

（续）

领导的名字	估计时间 / 时	实际时间 / 时
布里格斯	6.1	5.8
布里格斯	38.2	36.3
布里格斯	52.2	55.3
布里格斯	63.1	69.3
布里格斯	66.9	77.5
科布	37.1	32.6
科布	45.0	46.6
⋮	⋮	⋮
托比	6.8	6.0
托比	54.1	62.5
文森特	25.7	20.3
文森特	80.9	93.6
文森特	20.8	20.6
文森特	24.8	25.7
文森特	74.4	84.7
文森特	18.3	18.3
文森特	74.6	81.2
文森特	58.7	52.9
文森特	37.5	41.1
文森特	68.7	56.0

C&D 使用这些数据生成了一幅散点图，还使用颜色来区分这个图表上的员工。下面的图表也包含在文件 *C&DChart* 中。注意，图例以员工领导的名字来标识每个员工。**学习目标 3**

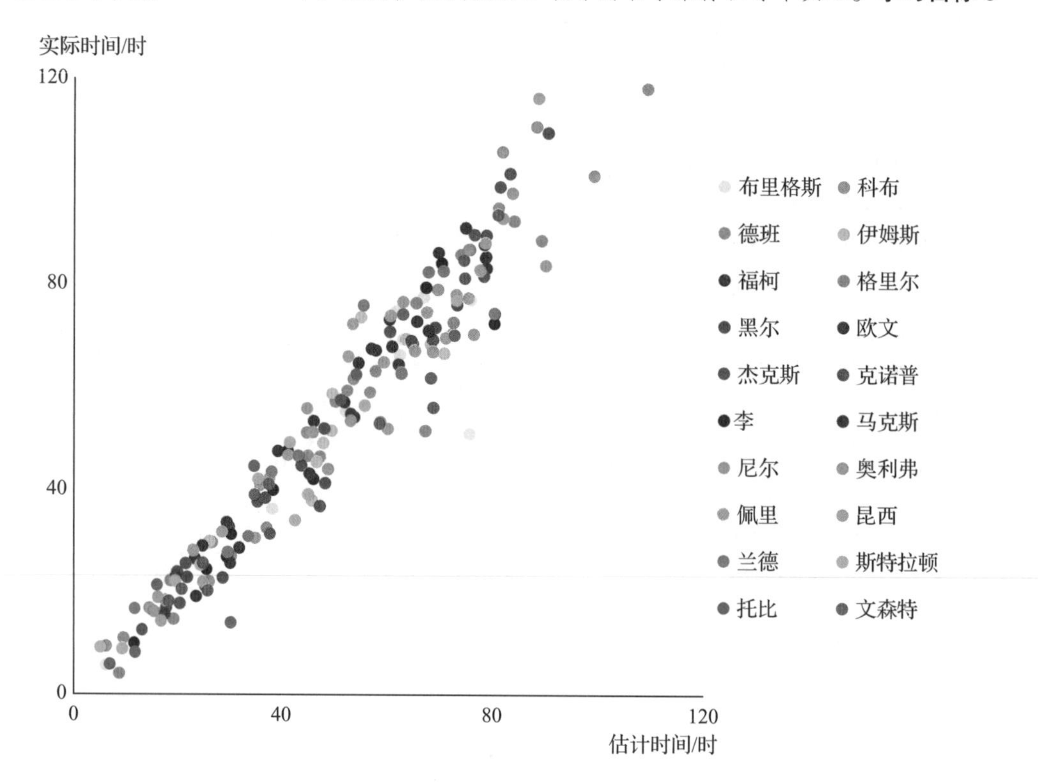

（1）C&D 想用图表来描述其估计的准确性。如果 C&D 的估计时间与实际时间完全匹配，那么这个散点图中的所有点都将分布在距离原点 45° 的对角线上。从原点到图表，绘制一条 45° 对角线，以帮助你评估 C&D 估计的准确性。要绘制这条 45° 线，请绘制穿过点（0、0）（40、40）（80、80）和（120、120）的线。你会建议 C&D 将这条线纳入其散点图吗？为什么？

（2）修改图表，使所有的点都是蓝色的（Hue=148，Sat=151，Lum=152）。在本图表中使用颜色是否比在（1）中的图表使用颜色更有效？为什么？

（3）C&D 对科布领导的员工的估计表示了一些担忧。使用散点图上的颜色来突出由科布领导的员工完成的工作，并解释结果。

16. **笔记本电脑屏幕的生产。** CrystalClear 公司在五个州（加利福尼亚、内布拉斯加、北卡罗来纳、北达科他、得克萨斯）的工厂为低价笔记本电脑生产低分辨率的 15 英寸屏幕。下表提供了每个工厂生产的数量，数据在 *CrystalClear* 文件中提供。

厂址	产量（单位）
得克萨斯	54 210
北达科他	61 002
加利福尼亚	75 143
内布拉斯加	79 210
北卡罗来纳	82 157

CrystalClear 公司的管理层想证实其大型工厂是否正在生产最大数量的单位。每个工厂的面积数据也在 *CrystalClear* 文件中提供。

厂址	平方英尺[①]
得克萨斯	47 000
北达科他	53 000
加利福尼亚	65 000
内布拉斯加	63 000
北卡罗来纳	70 000

① 1 英尺 =0.304 8 米。

提供工厂数据的散点图，以洞察五个工厂的产量和工厂面积大小之间关系的本质，并突出内布拉斯加州的工厂。**学习目标 4**

17. **各州的宠物食品销售情况。** 宠物食品公司生产高端冷藏宠物食品，并在美国的各个地方进行销售。前一年的猫粮和狗粮的销售总额在 *Cats&Dogs* 文件中的单独的工作表中给出。**学习目标 5**

（1）创建一幅地理信息系统（GIS）地图，使用有序配色方案来表示按州划分的宠物食品公司猫粮销售总额。使用橙色作为这个地区分布图的颜色。这幅图表向读者传达了什么信息？

（2）创建一幅地理信息系统地图，使用有序配色方案来表示按州划分的宠物食品公司狗粮销售总额。使用蓝色作为这个地区分布图的颜色。这幅图表向读者传达了什么信息？

（3）创建一幅散点图，使读者能够更好地了解各州猫粮销售总额和狗粮销售总额之间的关系。这幅图表告诉你猫粮销售总额和狗粮销售总额之间的关系是什么？

（4）使用颜色在（3）中的散点图中高亮显示怀俄明州。这幅图表告诉你怀俄明州与其他州的猫粮销售总额和狗粮销售总额之间是什么关系？

（5）你在（1）～（3）的分析中看到了哪些固有的不足之处？你将如何解决这些问题？（提示：考虑一下全州市场规模上的差异。）

18. **亚拉巴马州按县划分的失业率。**亚拉巴马州劳工部的劳动力市场信息部门正在准备其月度失业报告，希望包含按县显示失业率的地区分布图。使用 *AlabamaUnemployment* 文件中提供的亚拉巴马州 77 个县的失业率来创建这张地区分布图。从图中看，亚拉巴马州失业率最高的地方是哪里？**学习目标 5**

19. **LED 灯泡的预期寿命。**资本电力公司（CE）广告称其生产的 LED 灯泡的寿命为 28 000 小时。CE 的电气工程团队设计了一个测试来评估环境温度对 CE 生产的 LED 灯泡的影响。通过严格的温度控制，工程师们从 0 华氏度开始，以 10 华氏度为阶梯逐渐增加到 160 华氏度。然后，他们在每个房间的灯具中放置一个从 7 瓦到 25 瓦的灯泡，打开开关，记录正常工作的小时数，直到灯泡出现故障。他们收集到的数据在 *LEDBulbs* 文件中提供。

    利用这些数据创建 LED 灯泡的瓦数和所在房间的环境温度的热图。在“条件格式”的“新建格式规则”对话框中，在“格式样式”文本框中输入 3 色比例，在中点列的“类型”文本框中输入数字，在中点列的“值”文本框中输入 28 000，在“颜色”行中，对于小于 28 000 的值，使用橙色（Hue=17，Sat=255，Lum=115），对于中点使用白色，对于大于 28 000 的值，使用蓝色（Hue=156，Sat=255，Lum=48）。隐去单元格的值并创建图例来告诉读者，橙色对应灯泡寿命小于 28 000 小时，蓝色对应灯泡寿命大于 28 000 小时，随着偏差增大，颜色逐渐加深。**学习目标 5**

20. **比较区域市场份额。**湾滨公司制造生产小型皮革制品，如钱包、旅行包、化妆包、公文包等。该公司在美国旅行包市场占有 16% 的市场份额，但管理层担心其在美国东南部的市场份额落后于其在全国的市场份额。过去一年，其在美国东南部主要城市的旅行包市场的月度份额数据见 *BaySide* 文件。部分数据如下表所示。

	市场占有率						
	1 月	2 月	3 月	4 月	…	11 月	12 月
亚特兰大	0.142	0.145	0.137	0.152	…	0.132	0.152
巴尔的摩	0.172	0.199	0.177	0.189	…	0.181	0.185
巴吞鲁日	0.133	0.084	0.137	0.123	…	0.144	0.097
伯明翰	0.087	0.105	0.105	0.096	…	0.118	0.121
夏洛特	0.088	0.112	0.094	0.100	…	0.069	0.077
杰克逊维尔	0.188	0.188	0.190	0.173	…	0.197	0.185
路易斯维尔	0.217	0.214	0.164	0.190	…	0.189	0.192
孟菲斯	0.107	0.115	0.132	0.111	…	0.125	0.115

（续）

	市场占有率						
	1月	2月	3月	4月	…	11月	12月
迈阿密	0.162	0.158	0.158	0.157	…	0.180	0.169
纳什维尔	0.053	0.054	0.074	0.081	…	0.083	0.099
新奥尔良	0.129	0.161	0.159	0.189	…	0.194	0.155
罗利	0.156	0.188	0.162	0.150	…	0.190	0.191
里士满	0.178	0.156	0.183	0.157	…	0.158	0.145
坦帕	0.119	0.115	0.108	0.145	…	0.144	0.110
弗吉尼亚海滩	0.172	0.174	0.129	0.166	…	0.164	0.191
华盛顿	0.232	0.241	0.204	0.191	…	0.207	0.243

利用这些数据创建美国东南部城市的旅行包市场份额的热图。在“条件格式”的“新建格式规则”对话框中，在“格式样式”文本框中输入3色比例，在中点列的“类型”文本框中输入数字，在中点列的“值”文本框中输入0.16，在“颜色”行中，对于小于0.16的值使用橙色（Hue=17，Sat=214，Lum=143），对于大于0.16的值使用蓝色（Hue=156，Sat=255，Lum=48）。隐去单元格的值并创建图例来告诉读者，橙色对应小于14%的市场份额，蓝色对应大于14%的市场份额，随着市场份额偏离0.16，颜色会逐渐加深。这张图将向读者传达什么信息？对视力障碍读者来说很难进行视觉处理吗？请说明原因。**学习目标5**

CHAPTER 5

第5章

变量的可视化

■ 学习目标

学习目标1　创建和解释用于可视化分类变量频率分布的图表

学习目标2　创建和解释直方图和频率多边形——用于可视化定量变量分布图表

学习目标3　创建和解释比较两个或多个变量分布的可视化方法

学习目标4　创建和解释条形图，识别使用它们的情境，并使用技术来提高它们的清晰度

学习目标5　描述中心位置、可变性和分布形状的基本统计度量

学习目标6　创建和解释箱线图

学习目标7　创建和解释描述由抽样误差引起的不确定性的可视化

学习目标8　创建和解释描述来自简单回归模型和时间序列模型中的预测不确定性的图表

■ 数据可视化改造案例

美国体操运动员的年龄分布

《华盛顿邮报》的一篇文章调查了近几届夏季奥运会美国运动员的年龄范围。为了总结分析，《华盛顿邮报》使用了一个类似于图5-1的图。这个图与堆积条形图看上去存在相似性，但这种相似性在解释图表时会造成混淆。在堆积条形图中，不同的颜色对应着不同的数量，且彩色条形长度的增加对应着相应数量或比例的增加。然而，在图5-1中，条形图中条形的长度传达了与堆积条形图不同的信息。图5-1所示的是一个范围条形图，在范围条形图中，端点分别对应变量的最小值和最大值，最小值为15，最大值为30。

男性　女性　男性和女性年龄重叠

近四届夏季奥运会美国体操运动员的年龄范围

年龄 15 20 25 30 35 40 45 50 55 60

图 5-1　夏季奥运会美国体操运动员年龄的重叠范围条形图

参照图例可知，粉色和蓝色这两种颜色分别对应男性和女性体操运动员，而第三种颜色紫色描绘的是男性和女性体操运动员年龄范围的重叠。也就是说，第三种颜色并不对应于第三种数量，它必须与代表男女体操运动员的颜色结合使用，才能对年龄范围给出适当的结论。这种对颜色的使用并不直观，增加了读者的认知负荷。在这种情况下，我们需要通过考虑粉色条的左端和紫色条的右端来确定女性体操运动员的年龄范围为 15 ～ 26 岁。类似地，我们也需要通过观察紫色条的左端和蓝色条的右端来确定男性体操运动员的年龄范围为 17 ～ 30 岁。然而，该图中没有传达任何信息来显示男性和女性体操运动员在各自范围内的分布情况。

我们可以对图 5-1 中关于夏季奥运会美国体操运动员年龄分布的表示方法做几项改进。使用不同类型的图有助于我们理解和交流更多信息。在本章中，我们将讨论一下频率多边形，它能更有效地将数据蕴含的信息传达给读者。

图 5-2 显示了一对频率多边形，分别代表男性和女性体操运动员。除男女体操运动员的年龄范围外，图 5-2 中的频率多边形还提供了其他关于男性和女性体操运动员年龄分布的信息。代表女性体操运动员的年龄线在低龄段最高，代表男性体操运动员的年龄线在高龄段最高，说明女性体操运动员的年龄分布偏向低龄段，而男性体操运动员的年龄分布偏向高龄段。女性体操运动员的年龄峰值是 16 岁，男性体操运动员的年龄峰值是 26 岁，说明女性体操运动员最常见的年龄是 16 岁，男性体操运动员最常见的年龄是 26 岁。此外，图 5-2 中使用的颜色可以让读者直接清楚地区分男女体操运动员。

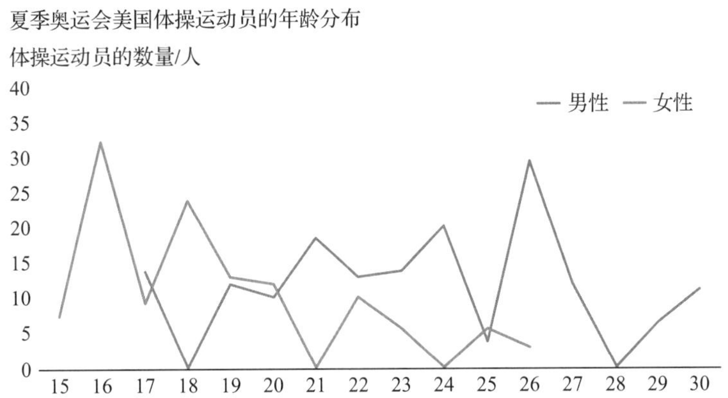

夏季奥运会美国体操运动员的年龄分布

体操运动员的数量/人

— 男性 — 女性

年龄/岁

图 5-2　夏季奥运会美国体操运动员年龄分布的频率多边形

在本章中，我们将讨论如何可视化数据观测值的偏差。这些偏差可能发生在某个变量的值之间，如在数据可视化改造案例中讨论的女性体操运动员的年龄。我们描述了用于显示变量值分布的不同类型的图表，并讨论了数据的类型（分类或定量）、数据的数量和要比较的变量数量如何影响可视化方式的选择。作为解释变量分布图表的一种辅助手段，我们定义并描述了位置和变异性的一些基本统计度量。本章最后讨论了如何直观地传达样本统计和预测估计的变异性。

5.1 运用数据创建分布

实际上，组织或个人面临的每一个挑战都与相关变量的可能值对利益结果的影响有关。因此，我们关心的是一个变量的值如何变化；**变异**（Variation）是在观测值（时间、顾客、商品等）上测量的变量的差异。这种变化往往是不确定的；由于我们无法控制的因素，我们并不完全清楚它的量级或时间。一般来说，一个数值不能确定的量称为**随机变量**（Random variable）。

当我们收集数据时，我们是在收集一个随机变量的过去观测值或现实值。描述性分析的作用是对数据进行分析和可视化，以更好地理解变异及其影响。变量的**频率分布**（Frequency distribution）描述了哪些值被观察到，以及这些值在被分析的数据中出现的频率。可以为分类变量和定量变量创建频率分布。对于**分类变量**（Categorical variable），数据由无法进行算术操作的标签或名称组成。对于**定量变量**（Quantitative variable），数据由可进行算术操作的数值组成。

在大多数情况下，从所有感兴趣的要素的**总体**（Population）中收集数据是不可行的。在这种情况下，我们从被称为**样本**（Sample）的总体子集中收集数据。在本章的分析中，我们假设所处理的是具有代表性的总体的数据样本，这样就可以对总体做出概括。

5.1.1 分类数据的频率分布

可视化分类变量的频率分布通常是有用的。频率分布是数据的汇总，显示了若干个不重叠类别中每个类别的观测对象的数量（频率），这些类别通常称为**分箱**（Bins）。以购买 50 种软饮料为例，数据来自文件 *Pop*，图 5-3 显示了其中部分数据。每次都是购买五种流行的软饮料中的一种，这定义了五个分箱：可口可乐、健怡可乐、胡椒博士汽水、百事可乐和雪碧。

	A
1	软饮料购买
2	可口可乐
3	健怡可乐
4	百事可乐
5	健怡可乐
6	可口可乐
7	可口可乐
8	胡椒博士汽水
9	健怡可乐
10	百事可乐
11	百事可乐

图 5-3 文件 *Pop* 中的部分数据

我们可以用 Excel 计算一个数据集中出现的分类变量的频率，然后显示频率分布。下面的步骤展示了如何使用 *Pop* 文件中的数据在 Excel 中创建柱形图。

步骤 1 选择单元格 A1:A51。

步骤 2 单击功能区中的**“插入”**选项卡。

步骤 3 在图表组中单击**“推荐图表”**按钮 Recommended Charts

步骤 4　当**“插入图表”**对话框出现时：

　　选择**“簇状柱形图”**。

　　单击**“确定”**按钮。

步骤 5　单击出现的图表中的任意列。右击一个列，然后选择排序，从最大到最小排序。

图 5-4 显示了从步骤 1 到步骤 5 的输出结果，生成了一个数据透视表来总结频率分布数据，以及一个数据透视图来可视化频率分布。我们将在第 6 章更详细地讨论数据透视表和数据透视图。如图 5-4 所示，可口可乐出现了 190 次，百事可乐出现了 130 次，健怡可乐出现了 80 次，雪碧出现了 50 次，胡椒博士汽水出现了 50 次。这表明了 500 次软饮料购买在五种软饮料中是如何分布的。频率分布显示，可口可乐的购买次数排名第一，百事可乐排名第二，健怡可乐排名第三，雪碧和胡椒博士汽水并列排名第四。从频率分布可以看出在本样本中这五种软饮料的受欢迎程度。

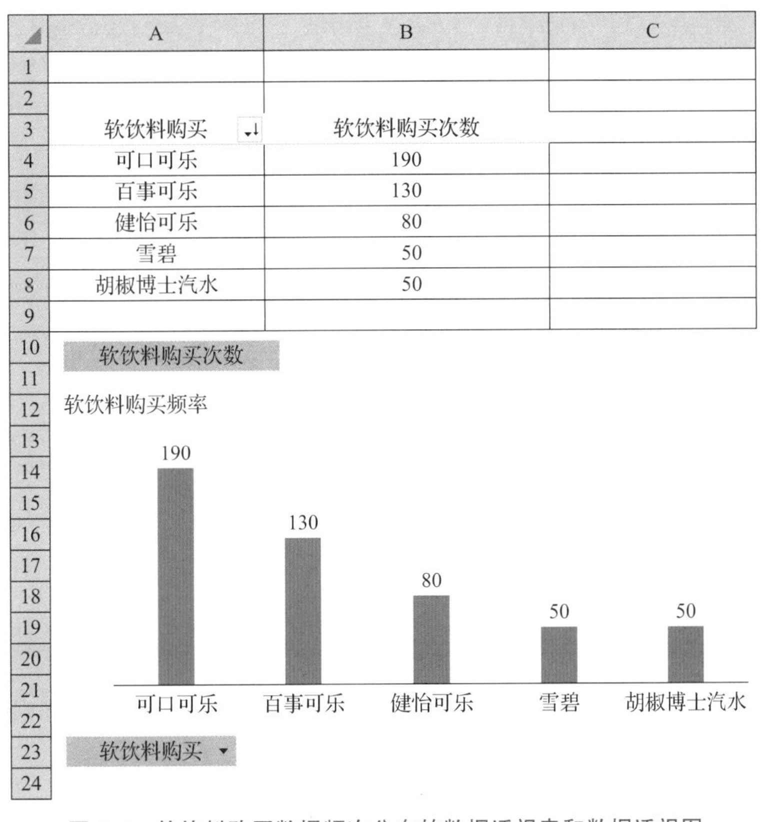

软饮料购买	软饮料购买次数
可口可乐	190
百事可乐	130
健怡可乐	80
雪碧	50
胡椒博士汽水	50

图 5-4　软饮料购买数据频次分布的数据透视表和数据透视图

在步骤 5 中，我们将数据值从最大到最小排序，以方便不同软饮料类型的比较。由于软饮料之间不存在顺序关系，这种数据的重新排序是合理的。然而，如果分箱类别之间存在顺序关系，就不能仅按照每个分箱中的观测数量进行排序。相反，应该根据它们的序数关系对分箱进行排序。

如果分析师不喜欢使用推荐图表的方法来构建数据透视表和数据透视图以显示分类数

据的频率分布，可以使用 Excel 函数和柱形图以一种更手动的方式来完成，接下来会进行详细说明。

再次参考 *Pop* 文件中的数据，使用 COUNTIF 函数统计每种软饮料出现的次数。图 5-5 显示了 500 次软饮料购买中的一部分。在 C2 到 C6 单元格中，输入 5 种不同的软饮料作为分箱标签。在单元格 D2 中，输入公式 =COUNTIF(A:A, C2)，其中 A:A 表示包含数据的列范围，C2 是试图匹配的分箱标签（可口可乐）。Excel 中的 COUNTIF 函数计算特定的值出现在指示范围内的次数。在本例中，我们想统计可口可乐在数据中出现的次数。结果是单元格 D2 中的值为 190，表明可口可乐在数据中出现了 190 次。可以将单元格 D2 的公式复制到单元格 D3 至 D6 中，得到健怡可乐、胡椒博士汽水、百事可乐和雪碧的频率计数。利用 C2:D6 中的数据，可以使用簇状柱形图来说明软饮料购买的分布情况。

	A	B	C	D	E
1	软饮料购买		分箱	频率	频率百分比
2	可口可乐		可口可乐	=COUNTIF(A : A,C2)	=D2/SUM($D$2 : $D$6)
3	健怡可乐		健怡可乐	=COUNTIF(A : A,C3)	=D3/SUM($D$2 : $D$6)
4	百事可乐		胡椒博士汽水	=COUNTIF(A : A,C4)	=D4/SUM($D$2 : $D$6)
5	健怡可乐		百事可乐	=COUNTIF(A : A,C5)	=D5/SUM($D$2 : $D$6)
6	可口可乐		雪碧	=COUNTIF(A : A,C6)	=D6/SUM($D$2 : $D$6)
7	可口可乐				

	A	B	C	D	E
1	软饮料购买		分箱	频率	频率百分比
2	可口可乐		可口可乐	190	38%
3	健怡可乐		健怡可乐	80	16%
4	百事可乐		胡椒博士汽水	50	10%
5	健怡可乐		百事可乐	130	26%
6	可口可乐		雪碧	50	10%
7	可口可乐				

图 5-5 使用 COUNTIF 函数为分类数据创建频率分布

5.1.2 相对频率和频率百分比

图 5-4 所示的频率分布，显示了几个不重叠的分箱中每个项目的数量（计数）。然而，我们通常感兴趣的是每个分箱中物品的比例或百分比。一个分箱的**相对频率**（Relative frequency）等于属于一个类的项目占总体的百分比。对于具有 n 个观测值的数据集，每个分箱的相对频率计算公式如下：

$$分箱的相对频率=\frac{分箱的频数}{n} \tag{5-1}$$

相对频率通常用百分比表示。一个分箱的**频率百分比**（Percent frequency）等于相对频率乘以 100%。为了获得 *Pop* 文件中数据的频率百分比分布，我们从图 5-4 中的数据透视表中继续执行以下步骤：

步骤 1 在数据透视表的“软饮料购买次数”列中选择任意单元格（范围 B3:B8 中的任意单元格）。

步骤 2　当出现**“数据透视表字段”**任务窗格时：

在**“值”**区域中，选择**“软饮料购买次数”** Count of Soft Drink Purchase ▼ 右侧的三角形。

从选项列表中进行值字段设置。

步骤 3　当出现**“值字段设置”**对话框时：

单击**“显示值”**选项卡，并在下面的**“显示值”**列表框中选择“总数的百分比”。

图 5-6 显示了上述步骤的结果。可口可乐的频率百分比是 190/500 × 100% =0.38 × 100% =38%，百事可乐的频率百分比是 130/500 × 100% =0.26 × 100% =26%，依次类推。我们还可以发现，38% +26% +16% =80%是前三名软饮料的购买量。

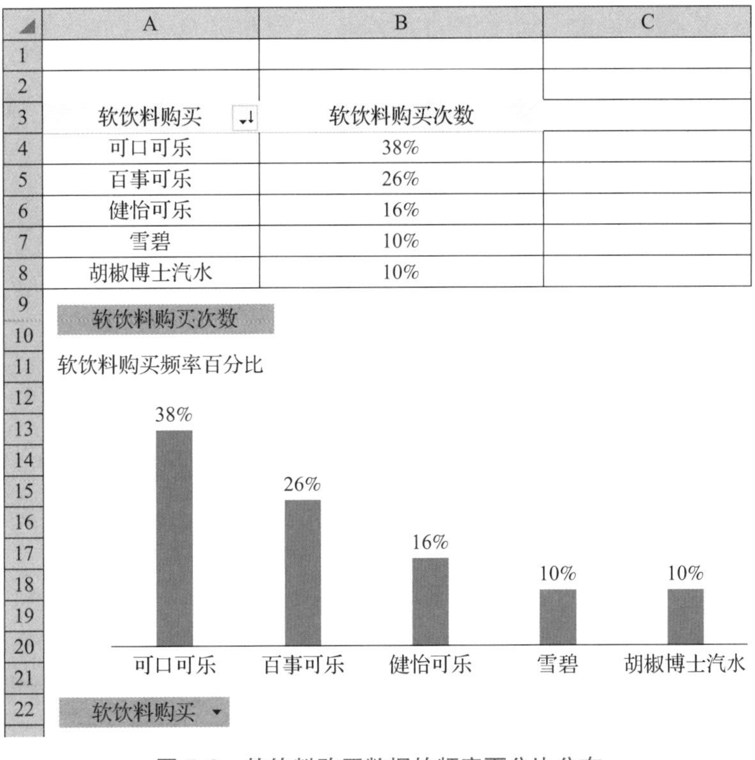

图 5-6　软饮料购买数据的频率百分比分布

频率百分比分布可以用来提供一个随机变量的不同值的相对可能性估计。因此，通过从一个随机变量的观测值中构建一个频率百分比分布，我们可以估计表征其变异性的概率分布（Probability distribution）。例如，假设一个特许摊位已经决定了它会为即将到来的音乐会购买总共 12 000 盎司㊀的软饮料，但目前还不确定如何将这一总额分配给各个软饮料类型。如果 *Pop* 文件中的数据代表了特许摊位的客户数量，那么经理可以使用这些信息来确定每种软饮料的适当数量。例如，数据显示，该经理应该购买 12 000 × 0.38=4 560 盎司的可口可乐。

㊀ 1 美液盎司= 29.573 厘米^3。

会计和金融中经常使用的相对频率分布的一个突出例子是**本福德定律**（Benford's Law），它指出，在许多数据集中，首位数字分别为1、2、3、4、5、6、7、8或9的观测值的比例遵循如图5-7所示的分布。本福德定律适用于各种自然发生的数据集，包括项目价格、公用事业账单、街道地址、公司费用报告、城市人口和河流长度等。它往往最适用于符合**幂律**（Power law）的数据集，其中，一个感兴趣的变量随着一个或多个其他变量的变化成比例变化。在处理通常应当遵循本福德定律的数据时，如果这些数据的首位数字的相对频率分布明显偏离了图5-7中的相对频率分布，则数据中可能存在系统性错误，或者数据可能存在欺骗性。

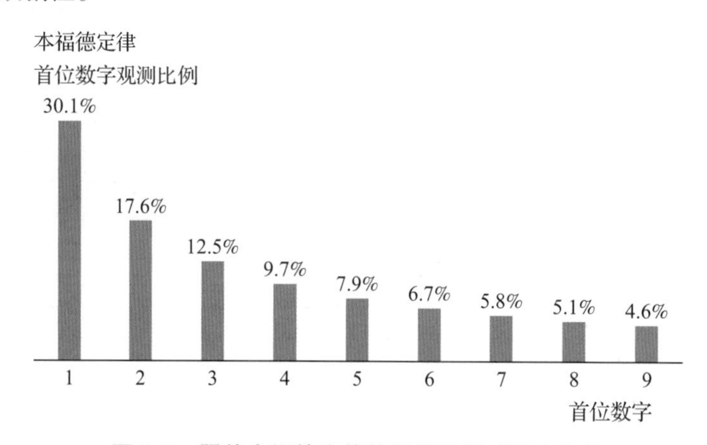

图5-7　服从本福德定律的数据的相对频率分布

图5-7表明，根据本福德定律，适用数据集中大约有30%的值以1开头，而只有4.6%的值以9开头。这与我们所认为的数值的首位数字出现1～9的可能性相同并不相符，在这种情况下，我们期望数值以1～9开头的概率都为1/9（约等于11.1%）。

5.1.3　定量数据的可视化分布

与分类数据一样，我们可以为定量数据创建频率分布，但我们在定义用于频率分布的非重叠分箱时必须更加小心。回想一下，对于分类数据，一个用于频率分布的分箱是基于不同类别的。对于定量数据，频率分布中的每个分箱都是基于分箱所包含的值的范围的。

要创建定量数据的频率分布，需要定义三个特征：

第一，不重叠的分箱的数量。

第二，每个容器的宽度（数值范围）。

第三，一组分箱所跨越的范围。

Excel具有自动定义这些特征的功能。为了举例说明，请观察一个包含700人死亡时的年龄的数据集。图5-8显示了*Death*文件中包含的一部分数据。以下步骤构建了图5-9中的**直方图**（Histogram），说明了死亡年龄的分布。

	A
1	死亡年龄/岁
2	83
3	76
4	78
5	74
6	35
7	78
8	73
9	84
10	55
11	73

图5-8　*Death*文件中的部分数据

步骤 1　选择单元格 A1:A701。

步骤 2　单击功能区上的**“插入”**选项卡。

步骤 3　单击**“图表”**组中的**“插入统计信息图表”**按钮 。

当显示统计信息图表的列表时，请选择**“直方图”**。

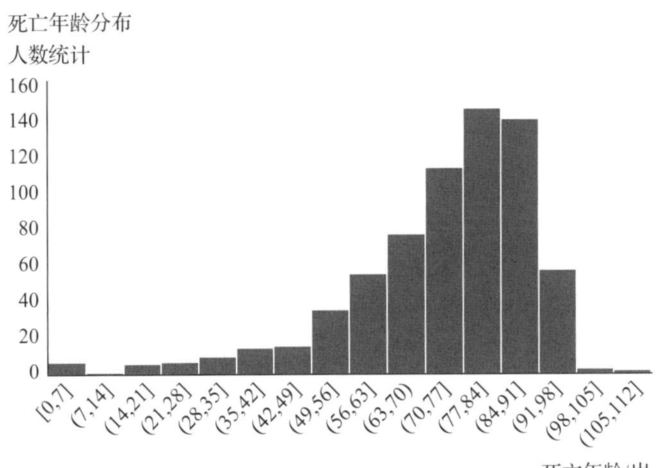

图 5-9　*Death* 文件中死亡年龄的直方图

如图 5-9 所示，直方图类似于简化的柱形图，列之间没有空格，列的高度表示相应的分箱的频率。消除列之间的空格可以使直方图反映读者感兴趣的变量的连续性。对于这个数据集，Excel 自动选择使用 16 个分箱，每个分箱跨越 7 年，遍历范围是 0 ～ 112。

回到图 5-9，我们观察到最高的柱形对应于分箱（77，84]。其中方括号表示分箱中包含端点值，圆括号表示排除端点值。因此，最常见的死亡年龄在大于 77 岁且小于或等于 84 岁的范围内。此外，我们观察到数据高度向左倾斜，即大多数人在年龄相对较大时死亡，少数人在年轻时死亡。

箱数和箱宽的选择可以强烈影响直方图对分布的显示。如果分析师不喜欢使用 Excel 的 Charts 功能生成的自动直方图，则可以使用 Excel 中的函数 FREQUENCY 和柱形图功能来构建直方图，从而实现更多的用户控制功能。同样，我们将使用文件 *Death* 中的 700 个观测值手动创建直方图。手动创建一幅直方图的第一步是确定分箱的数量、分箱的宽度以及分箱跨越的范围。

（1）分箱的数量。分箱是通过指定用于分组数据的范围来形成的。作为通用指南，我们建议使用 5 至 20 个分箱。使用过多的分箱会导致直方图中许多分箱只包含少数观测值。当分箱过多时，直方图并不能捕获分布中的总体模式，反而可能会出现锯齿状和“噪声”。使用过少的分箱会导致直方图将值范围过宽的观测聚集到相同的分箱中。当分箱过少时，直方图无法准确地捕捉到数据中的变化，仅呈现出模糊的高级模式。对于少量的观测值，可以用五六个分箱来总结数据。对于较大量的观测值，通常需要更多的分箱。分箱数量的确定本质上是一个主观决策，而“最佳”分箱数量取决于分析的主题和目标。由于 *Death* 文件中的观测值数量相对较大（n=700），因此我们应该选择更多的分箱。我们将使用 16

个分箱来制作如图 5-9 所示的直方图。

（2）分箱的宽度。作为一般准则，建议每个分箱的宽度相同。因此，分箱数量和宽度的选择并不是独立的决策。较大的分箱数量意味着较小的分箱宽度，反之亦然。为了确定一个近似的分箱宽度，应首先确定最大和最小的数据值。然后，在指定所需的分箱数量后，可以使用下面的公式来确定近似的分箱宽度（近似箱宽）。

$$\text{近似箱宽}=\frac{\text{最大数据值}-\text{最小数据值}}{\text{箱数}} \tag{5-2}$$

式（5-2）给出的近似箱宽可以根据需要进行四舍五入，得到一个更方便计算的值。例如，近似箱宽为（109−0）/16=6.812 5。将这个数字四舍五入，得到分箱宽度为 7。确定了 16 个分箱的宽度为 7 之后，第一个分箱从最小的数据值开始，所有分箱覆盖全部数据值。

（3）分箱跨越的范围。一旦设置了分箱的数量和分箱的宽度，剩下的决定是如何设置第一个分箱开始的值。我们必须确保分箱跨越数据的范围，以便每个观察结果只属于一个分箱。例如，一个包含 16 个分箱和分箱宽度为 7 的直方图将覆盖 112（个自然数）这一范围。考虑 *Death* 文件中的数据，我们观察到最小的数据值为 0，最大的数据值为 109。因为数据的范围是 109，但是分箱的范围是 112，所以有四种可能的值选择来开始第一个分箱。可以将第一个分箱定义为 [−3，4] 或 [−2，5] 或 [−1，6] 或 [0，7]。例如，如果从最小的数据值开始设置第一个分箱，第一个分箱是 [0，7]，第二个分箱是（7，14]，第三个分箱是（14，21]，……第 16 个分箱是（105，112]。在这种情况下，第 16 个分箱的范围超过了最大的数据值 109。

在图 5-10 中，C 列和 D 列定义了分箱的下限和上限。我们使用频率函数来计算在每个分箱范围内的观测数。在单元格 E2 中，我们输入公式 =FREQUENCY(A2:A701, D2:D17)，其中 A2:A701 是数据的范围，D2:D17 是每个分箱的上限的范围。在单元格 E2 中按 Enter 键后，E2:E18 中将会填充上每个分箱范围内的观测数值。

利用 D2:E17 中的数据，可以使用簇状柱形图来说明死亡年龄的分布。在 F 列中，我们使用 Excel 中的 CONCAT 函数来创建一组分箱标签。CONCAT 函数将来自不同单元格和 / 或不同文本片段的元素组合到同一个单元格中。

步骤 1　选择单元格 D2:E17。

步骤 2　单击功能区上的**“插入”**选项卡。

步骤 3　单击**“图表”**组中的**“插入柱形或条形图”**按钮。

当柱形和条形图子类型的列表出现时，单击**“簇状柱形图”**按钮。

步骤 1 到 3 将绘制分箱上限和频率。要纠正这个问题，我们需要执行以下步骤：

步骤 4　右击图表并选择**“更改图表类型”**。

步骤 5　当出现**“更改图表类型”**任务窗格时，选择绘制适当的变量数量的簇状柱形图类型（在此情况下，绘制了 16 列的单个变量频率），单击**“确定”**按钮。

步骤 6　右击图表中的任意一个列，然后选择**“设置数据系列格式”**。

当打开**“设置数据系列格式”**任务窗格时，单击“系列选项”按钮 ，并将**“间隙宽度”**设置为 0%。

单击**“填充与线条”**按钮 ，在**“边框”**下选择**“实线”**，并在**“颜色”**右侧的下拉菜单中选择白色。

步骤 7　右击图表并选择**“选择数据”**。

当出现**“选择数据源”**对话框时，请单击“水平（类别）轴标签”下的**“编辑”**。在**“轴标签”**对话框中，在**“轴标签范围”**下方的文本框中输入 =Data!F2$F$17，单击**“确定”**按钮。

单击**“确定”**按钮，关闭**“选择数据源”**对话框。

	A	B	C	D	E	F
1	死亡年龄 / 岁		分箱下限	分箱上限	频率	分箱标签
2	83		0	7	7	[0, 7]
3	76		7	14	1	(7, 14]
4	78		14	21	6	(14, 21]
5	74		21	28	7	(21, 28]
6	35		28	35	10	(28, 35]
7	78		35	42	15	(35, 42]
8	73		42	49	16	(42, 49]
9	84		49	56	36	(49, 56]
10	55		56	63	56	(56, 63]
11	73		63	70	78	(63, 70]
12	35		70	77	115	(70, 77]
13	78		77	84	148	(77, 84]
14	65					
15	81					
16	109					
17	91					
18	87					
19	76					

	A	B	C	D	E	F
1	死亡年龄 / 岁		分箱下限	分箱上限	频率	分箱标签
2	83		0	7	=FREQUENCY(A2:A701,D2:D17)	=CONCAT("[",C2, ", ",D2,"]")
3	76		7	14		=CONCAT("(",C3, ", ",D3,"]")
4	78		14	21		=CONCAT("(",C4, ", ",D4,"]")
5	74		21	28		=CONCAT("(",C5, ", ",D5,"]")
6	35		28	35		=CONCAT("(",C6, ", ",D6,"]")
7	78		35	42		=CONCAT("(",C7, ", ",D7,"]")
8	73		42	49		=CONCAT("(",C8, ", ",D8,"]")
9	84		49	56		=CONCAT("(",C9, ", ",D9,"]")
10	55		56	63		=CONCAT("(",C10, ", ",D10,"]")
11	73		63	70		=CONCAT("(",C11, ", ",D11,"]")
12	35		70	77		=CONCAT("(",C12, ", ",D12,"]")
13	78		77	84		=CONCAT("(",C13, ", ",D13,"]")
14	65		84	91		=CONCAT("(",C14, ", ",D14,"]")
15	81		91	98		=CONCAT("(",C15, ", ",D15,"]")
16	109		98	105		=CONCAT("(",C16, ", ",D16,"]")
17	91		105	112		=CONCAT("(",C17, ", ",D17,"]")
18	87					=CONCAT("(",D17, "+ ","]")
19	76					

图 5-10　使用 Excel 频率函数创建定量数据的频率分布

通过进一步的编辑，将会得到如图 5-9 所示的直方图。

我们注意到，分箱数量的选择（以及相应的分箱宽度）可能会改变直方图的形状（特别是对于小数据集）。因此，通常可以通过试错来确定分箱的数量和适当的分箱宽度。一旦选择了可能数量的分箱，就可以使用式（5-2）来找到近似的分箱宽度。这个过程可以对几个不同数量的分箱进行重复处理。

为了说明改变箱的数量和箱的宽度对直方图形状的影响，以 *Death* 文件中的子文件 *Death30* 中的 30 个观测值为例。图 5-11 描绘了三幅直方图，第一幅使用 5 个宽度为 12 的分箱，第二幅使用 8 个宽度为 8 的分箱，第三幅使用 10 个宽度为 6 的分箱。如图 5-11 所示，分箱参数的选择会影响直方图分布的形状。有 5 个分箱的直方图和有 10 个分箱的直方图都表明，最大年龄区间的分箱包含人数最多。然而，有 8 个分箱的直方图表明，第二大年龄区间的分箱包含人数最多，而最大年龄区间包含的人数仅排在第三位。对数据进行检验发现，30 个观测值中有 6 个观测值的死亡年龄为 87 岁，这使得分布的显示对包含 87 岁的分箱高度敏感。

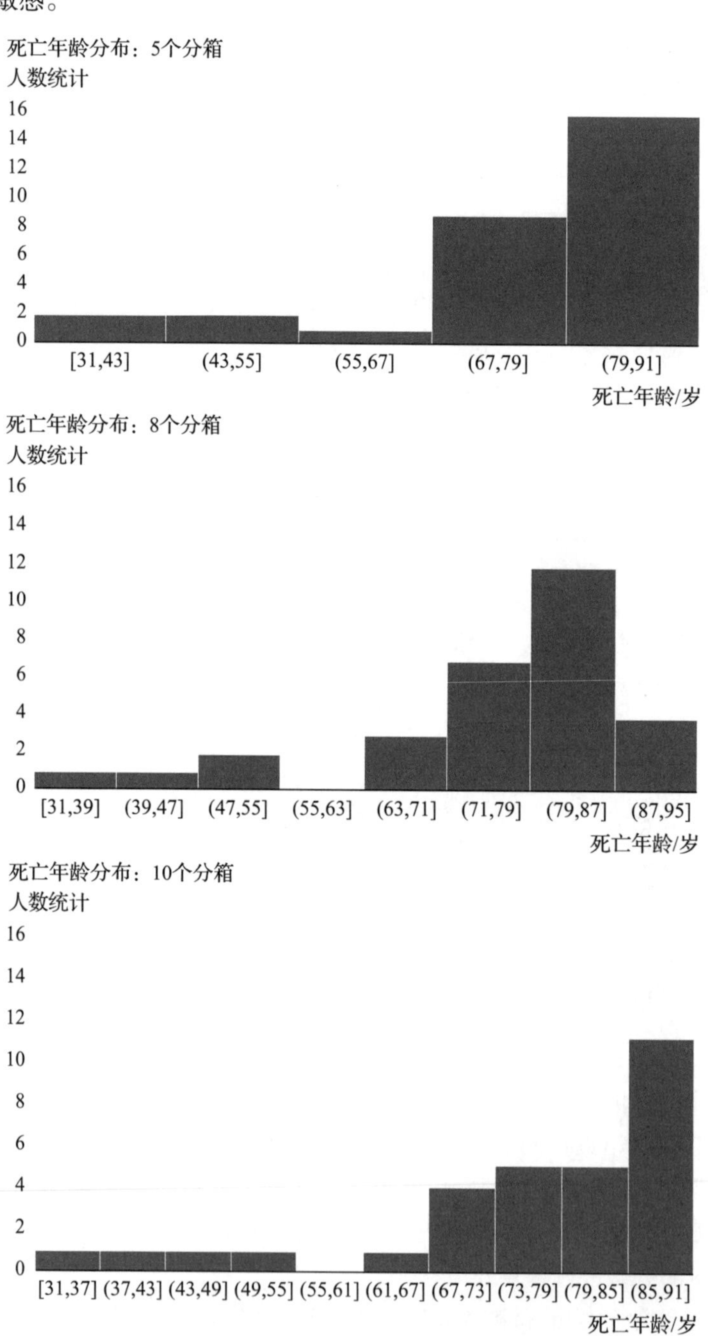

图 5-11 直方图中不同数量的分箱的影响

直方图最重要的用途之一是提供关于分布的形状或形式的信息。偏度（Skewness）或缺乏对称性是分布形状的一个重要特征。图 5-12 包含四个表现不同偏度水平的直方图。

图 5-12a 显示了一组中度左偏的数据的直方图。如果一幅直方图的尾部向左延伸的距离比向右延伸的距离更远，那么这个直方图就被称为左偏。考试成绩就是这种直方图的一个典型例子——没有一个分数超过 100%，大部分分数超过 70%，只有少数分数真的很低。

图 5-12b 显示了一组中度右偏的数据的直方图。如果一个直方图的尾部向右延伸的距离大于向左延伸的距离，则该直方图是右偏的。这类直方图的一个例子是房价数据：少数昂贵的房子造成了右侧尾部的延伸。

图 5-12c 显示了一幅对称直方图，其中左侧尾部与右侧尾部的形状相似。在实际应用中发现的数据的直方图很少是完全对称的，但许多直方图是大致对称的。SAT 分数、人的身高和体重等数据形成的就是大致对称的直方图。

图 5-12d 显示了一幅高度右偏的直方图。这个直方图是根据某服装店顾客一天的购买量数据构建的。来自商业和经济应用的数据往往会形成右偏的直方图。例如，关于财富、工资、购买金额等的数据往往会导致直方图右偏。

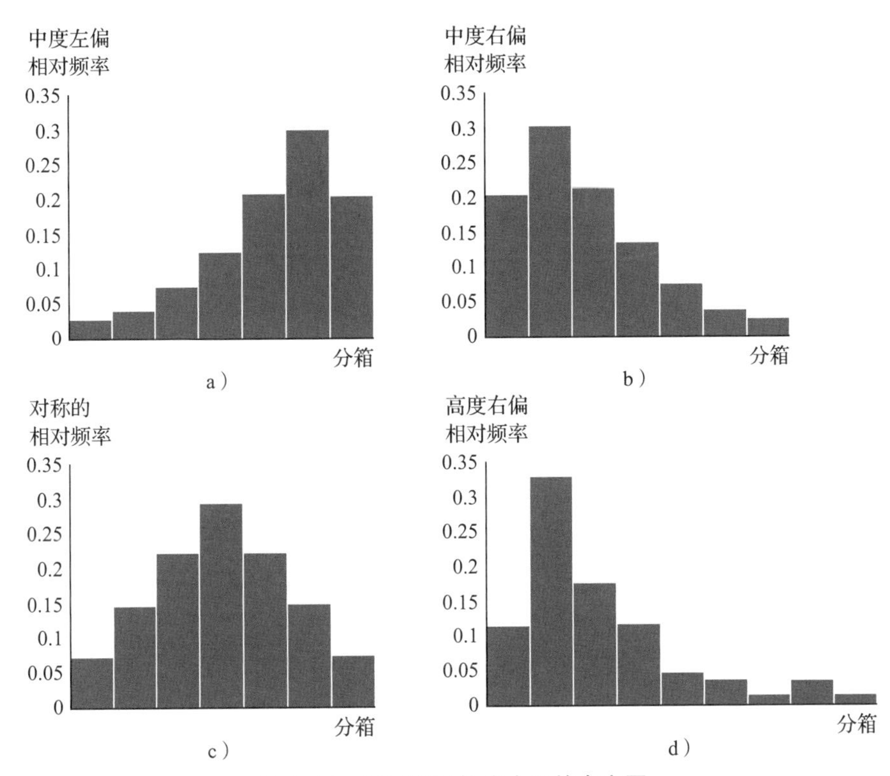

图 5-12　显示不同偏度水平的直方图

正如我们所展示的，柱形图和直方图是体现可视化变量分布的有效方法。然而，当比较两个或多个变量的分布时，这些柱形显示会变得杂乱。接下来，我们介绍一个可视化工具，它有助于可视化多个变量的分布。

频率多边形（Frequency polygon）是一种可视化工具，用于比较分布，特别是定量变量。像直方图一样，频率多边形绘制了一组箱中观察到的频率计数。然而，与直方图相反，频率多边形使用线来连接不同分箱的计数，直方图使用列来描述不同分箱中的计数。

为了演示两个不同变量的直方图和频率多边形的构建，我们考虑了文件 *DeathTwo* 中的数据，该数据用每个个体的性别补充了文件 *Death* 中的 700 个个体的死亡年龄信息。类似于我们如何构建所有 700 个观测值的频率分布，我们必须分别为女性和男性观测值创建单独的频率分布。然而，在比较频率分布时，使用相对频率计算是一个好方法，因为在两个分布中的总观测数可能不相同。例如，在文件 *DeathTwo* 中，有 327 个女性观测值和 373 个男性观测值，因此仅比较箱中观测值的数量可能会扭曲比较结果。

在图 5-13 中，我们通过在单元格 F3 中输入公式 =COUNTIF(B2:B701,“女性”)，在单元格 G3 中输入公式 =COUNTIF(B2:B701,“男性”) 来计算女性和男性观察结果的数量。D 列和 E 列定义了分箱的下限和上限。对于女性和男性观测值（已经排序），我们使用频率函数统计落在每个列范围内的观测值的数量。在单元格 F6 中，输入公式 = FREQUENCY(A2:A328, E6:E21)/$F$3，其中 A2:A328 是女性观测值的范围，E6:E21 是包含每个分箱的上限的范围，单元格 F3 包含女性观测值的总数。在单元格 F6 中按 Enter 键后，F6:F22 中将会填充上每个分箱范围内的女性观测值的相对频率。在单元格 G6 中，输入公式 =FREQUENCY(A329:A701, E6:E21)/$G$3，其中 A329:A701 是男性观测值的范围，E6:E21 是包含每个分箱的上限的范围，单元格 G3 包含男性观测值的总数。在单元格 G6 中按 Enter 键后，G6:G21 中将会填充上每个分箱范围内的男性观测值的相对频率。

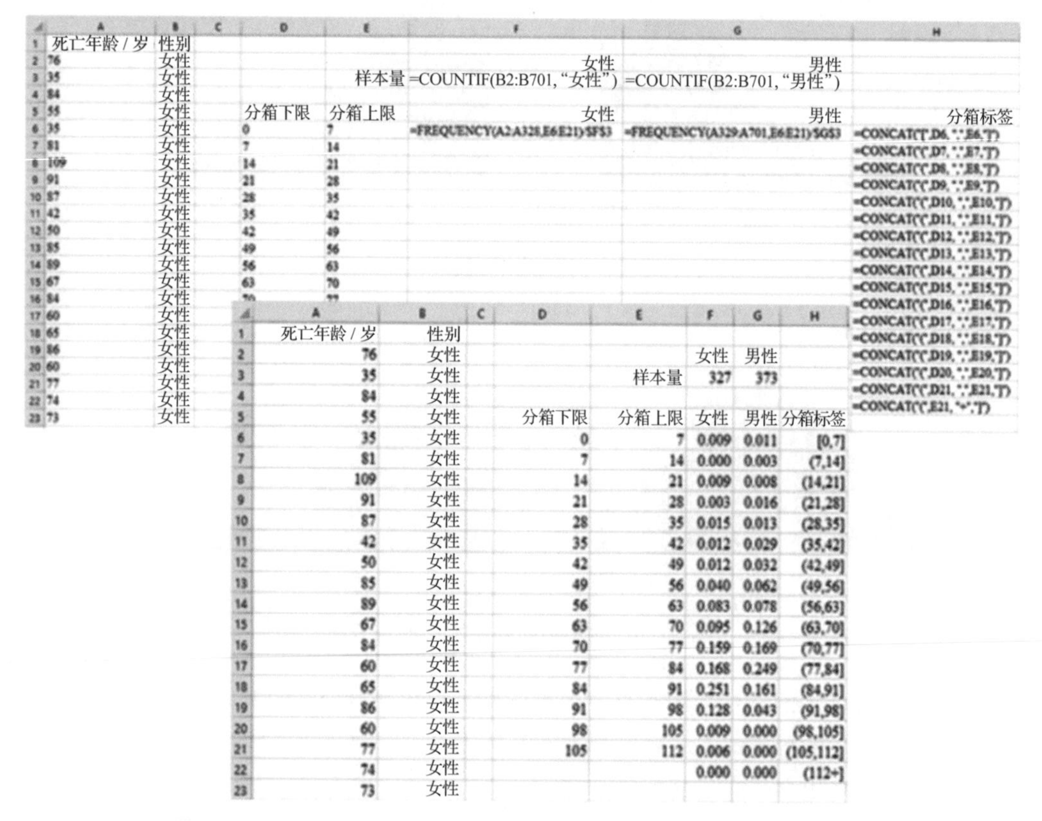

	A	B	C	D	E	F	G	H
1	死亡年龄 / 岁	性别						
2	76	女性				女性	男性	
3	35	女性			样本量	=COUNTIF(B2:B701,“女性”)	=COUNTIF(B2:B701,“男性”)	
4	84	女性						
5	55	女性		分箱下限	分箱上限	女性	男性	分箱标签
6	35	女性		0	7	=FREQUENCY(A2:A328,E6:E21)/$F$3	=FREQUENCY(A329:A701,E6:E21)/$G$3	=CONCAT("[",D6,",",E6,"]")
7	81	女性		7	14			=CONCAT("(",D7,",",E7,"]")
8	109	女性		14	21			=CONCAT("(",D8,",",E8,"]")
9	91	女性		21	28			=CONCAT("(",D9,",",E9,"]")
10	87	女性		28	35			=CONCAT("(",D10,",",E10,"]")
11	42	女性		35	42			=CONCAT("(",D11,",",E11,"]")
12	50	女性		42	49			=CONCAT("(",D12,",",E12,"]")
13	85	女性		49	56			=CONCAT("(",D13,",",E13,"]")
14	89	女性		56	63			=CONCAT("(",D14,",",E14,"]")
15	67	女性		63	70			=CONCAT("(",D15,",",E15,"]")
16	84	女性						=CONCAT("(",D16,",",E16,"]")
17	60	女性						=CONCAT("(",D17,",",E17,"]")
18	65	女性						=CONCAT("(",D18,",",E18,"]")
19	86	女性						=CONCAT("(",D19,",",E19,"]")
20	60	女性						=CONCAT("(",D20,",",E20,"]")
21	77	女性						=CONCAT("(",D21,",",E21,"]")
22	74	女性						=CONCAT("(",E21,"+","]")
23	73	女性						

	A	B	C	D	E	F	G	H
1	死亡年龄 / 岁	性别						
2	76	女性				女性	男性	
3	35	女性			样本量	327	373	
4	84	女性						
5	55	女性		分箱下限	分箱上限	女性	男性	分箱标签
6	35	女性		0	7	0.009	0.011	[0,7]
7	81	女性		7	14	0.000	0.003	(7,14]
8	109	女性		14	21	0.009	0.008	(14,21]
9	91	女性		21	28	0.003	0.016	(21,28]
10	87	女性		28	35	0.015	0.013	(28,35]
11	42	女性		35	42	0.012	0.029	(35,42]
12	50	女性		42	49	0.012	0.032	(42,49]
13	85	女性		49	56	0.040	0.062	(49,56]
14	89	女性		56	63	0.083	0.078	(56,63]
15	67	女性		63	70	0.095	0.126	(63,70]
16	84	女性		70	77	0.159	0.169	(70,77]
17	60	女性		77	84	0.168	0.249	(77,84]
18	65	女性		84	91	0.251	0.161	(84,91]
19	86	女性		91	98	0.128	0.043	(91,98]
20	60	女性		98	105	0.009	0.000	(98,105]
21	77	女性		105	112	0.006	0.000	(105,112]
22	74	女性				0.000	0.000	(112+]
23	73	女性						

图 5-13 创建 *DeathTwo* 文件中的女性和男性观察结果的频率分布

利用下面的步骤，可以生成一幅包含男性和女性观测值的直方图。

步骤 1　选择单元格 F6:G21。

步骤 2　单击功能区上的**“插入”**选项卡。

步骤 3　单击**“图表”**组中的**“插入柱形图或条形图”**按钮。

步骤 4　当出现柱形图和条形图子类型的列表时，单击**“簇状柱形图”**按钮。

通过进一步的编辑，将得到如图 5-14a 所示的簇状柱形图。

为了将女性和男性观测值的死亡年龄分布显示为频率多边形，我们执行以下步骤。

步骤 1　选择单元格 F6:G21。

步骤 2　单击功能区上的**“插入”**选项卡。

步骤 3　单击**“图”**组中的**“插入线或区域图”**按钮。

出现线和区域图子类型列表时，单击**“线”**按钮。

通过进一步的编辑，将会得到如图 5-14b 所示的频率多边形。

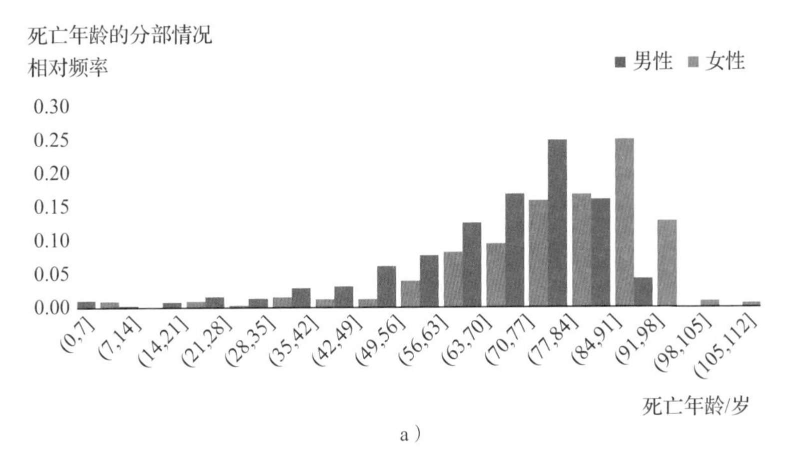

a）

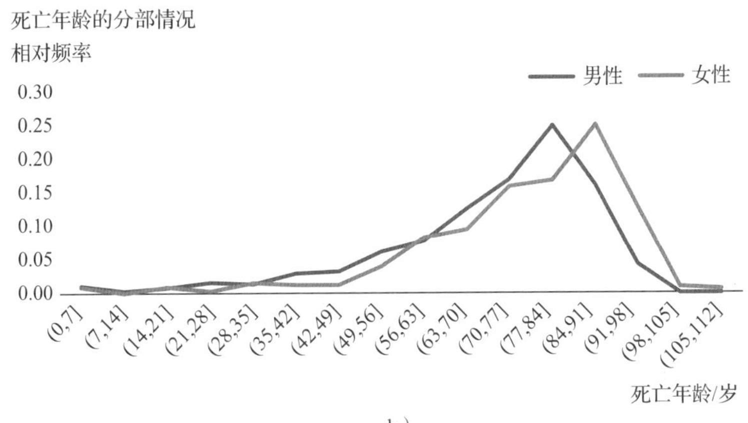

b）

图 5-14　比较簇状柱形图频率多边形

图 5-14 说明了男性和女性的死亡年龄分布情况。频率多边形的连续线条保持了分布的连续性，而使用簇状柱形图则凸显了不同类别的分布。尽管频率多边形能够更清晰地比较两个或更多分布，但对于单一分布而言，它并不支持不同分箱或直方图的比较。因此，直方图通常是可视化单一变量分布的首选。

当比较多个（三个或更多）分布时，绘制在同一图表上的频率多边形可能会变得杂乱。对于多个分布的形状比较，单个可视化在网格显示（Trellis display）中的排列是有帮助的。一个网格显示是将相同类型、大小、比例和格式的个别图表在垂直或水平方向上排列，它们之间唯一的区别是所显示的数据。在图 5-15 中，我们看到了一个使用频率多边形绘制的三家医院住院时间分布的垂直网格显示。这种排列方式有助于比较不同分布的形状，但并不适用于大小的比较。

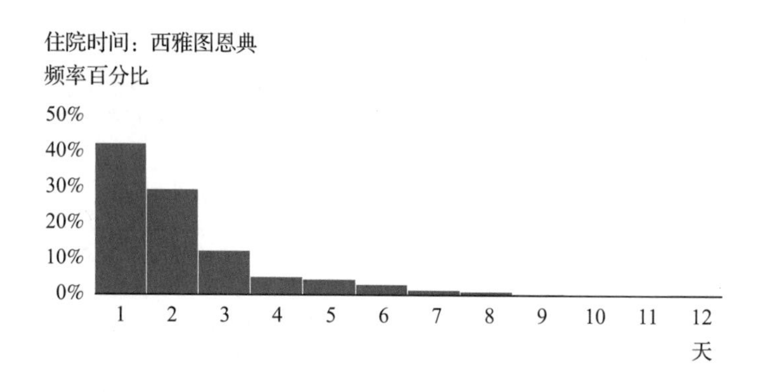

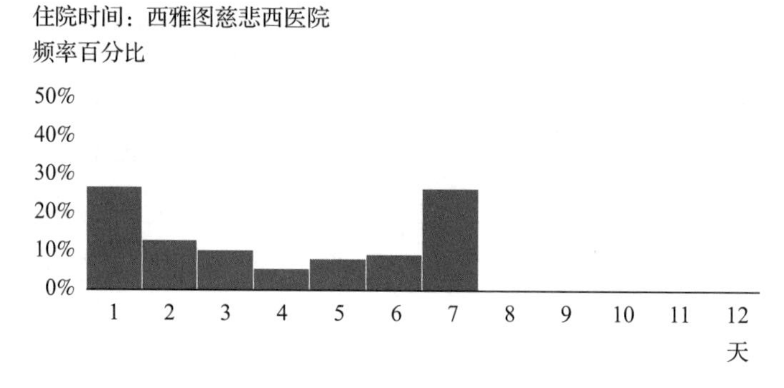

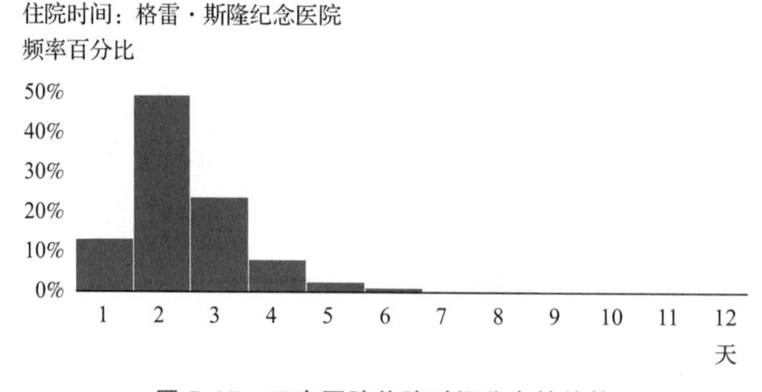

图 5-15　三家医院住院时间分布的趋势

直方图和频率多边形的一个缺点是，数值的分箱使得最小值和最大值的具体数值难以从可视化中辨别。如果想以一种显示单个值的方式来显示一组小的值，那么带状图（Strip chart）可能是有用的。

使用 *HalfMarathon* 文件中的数据来演示带状图的制图方法，其中包含半程马拉松比赛中的跑步者完成比赛的时间。图 5-16 显示了部分数据。通过以下步骤可以构建水平带状图，分别显示男性和女性跑步者完成比赛的时间。

	A	B
1	性别	时间/分
2	男性	148.70
3	女性	122.62
4	男性	127.98
5	女性	122.48
6	女性	111.22
7	男性	108.18
8	女性	189.27
9	男性	128.40
10	女性	153.88
11	女性	121.25

图 5-16 *HalfMarathon* 文件中的部分数据

步骤 1 选择单元格 A1:B54。

步骤 2 单击功能区上的**“数据”**选项卡。

步骤 3 单击**“排序和筛选”**组中的**“排序”**按钮 Sort。

步骤 4 出现**“排序”**对话框时，勾选**“我的数据包含标题”**复选框。

按行排序，为**“列”**条目选择**“性别”**，按单元格的值进行排序，选择从**“Z”**到**“A”**。

单击“添加级别”。

然后，为列条目选择**“时间（分）”**，为单元格的值选择**“从最小到最大”**排序。

单击**“确定”**按钮。

步骤 5 对于 C2:C23 范围内的每个单元格（每个单元格对应一个男性跑步者的完成比赛时间），输入值 10。

步骤 6 对于 C24:C54 范围内的每个单元格（每个单元格对应一个女性跑步者的完成比赛时间），输入值 20。

步骤 7 选择单元格 B2:C23（对应男性跑步者的完成比赛时间的单元格）。

步骤 8 单击功能区上的**“插入”**选项卡。

步骤 9 单击**“图表”**组中的**“插入散点”**（*X*、*Y*）或**“气泡图”**按钮。

步骤 10 当列表图表的子类型出现时，单击**“散点”**按钮。

右击图表并选择数据。

步骤 11 当出现**“选择数据源”**对话框时：

在**“图例项（系列）”**中选择**“系列 1”**。

单击**“编辑”**按钮 Edit。

步骤 12 当出现**“编辑系列”**对话框时：

在**“系列名称：”**文本框中输入“男性”。

单击**“确定”**按钮以关闭**“编辑系列”**对话框。

步骤 13 在**“选择数据源”**对话框中，单击**“添加”**按钮 Add。

步骤 14　当出现**“编辑系列”**对话框时：

在**“系列名称：”**文本框中输入“女性”。

在**“*X* 轴系列值：”**文本框中输入 =data!$B$24:$B$54。

在**“*Y* 轴系列值：”**文本框中输入 =data!$C$24:$C$54。

单击**“确定”**按钮，关闭**“编辑系列”**对话框。

单击**“确定”**按钮，关闭**“选择数据源”**对话框。

编辑后，这些步骤将生成图 5-17 中的带状图。图 5-17 分别显示了男性和女性跑步者的半程马拉松完成比赛时间，我们可以看到每个性别跑步者的最短和最长时间。然而，这个带状图并不能像直方图或频率多边形一样清楚地显示，因为带状图中的纵轴没有意义。此外，随着要绘制的值的数量增加，以及当存在多个相同或几乎相同的值时，带状图就会出现遮挡。遮挡（Occlusion）是指无法区分某些单独的数据点的情形，因为它们隐藏在具有相同或几乎相同值的其他数据点后面。带状图中的遮挡可以通过①绘制空心点而不是填充点和②抖动观测值来缓解。抖动（Jittering）一个观测值涉及对组成观测值的一个或多个变量的值进行微调。

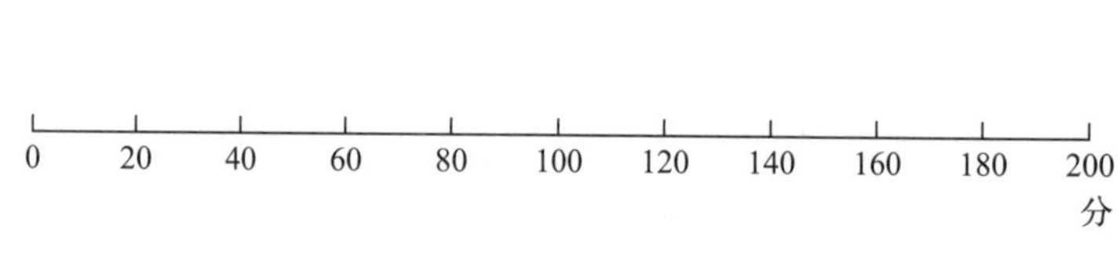

图 5-17　半程马拉松完成比赛时间的带状图

为了解决图 5-17 中的遮挡问题，从这个图表开始，我们执行以下步骤。

步骤 15　右击图表中的**“女性”**数据系列，然后选择**“格式化数据系列”**。

步骤 16　当出现**“设置数据系列格式”**任务窗格时：

单击**“填充与线条”**按钮。

单击**“标记填充”**。

选择**“不填充”**。

步骤 17　保持**“设置数据系列格式”**任务窗格打开，单击图表中的**“男性数据系列”**。

单击**“填充与线条”**按钮。

单击**“标记填充”**。

选择**“不填充”**。

步骤 15 ～步骤 17，用空心点绘制半程马拉松的完成比赛时间。为了垂直抖动观测值，我们执行步骤 18 ～步骤 23 来生成图 5-18。具体来说，在第 18 步和第 19 步中，我们通过在男性和女性半程马拉松完成比赛时间上添加一个 0 到 1 之间的小随机数来抖动。

步骤 18　在单元格 D2 中，输入公式 =C2+RAND()。

将单元格 D2 中的公式复制到单元格 D3:D54。

步骤 19　右击图表，然后选择**“选择数据”**。

步骤 20　当出现**“选择数据源”**对话框时：

在图例条目（系列）区域中，单击**“男性”**，然后单击**“编辑”**。

步骤 21　当出现**“编辑系列”**对话框时：

在**“*Y* 轴系列值:”**文本框中输入 =Data!$D$2:$D$23。

单击**“确定”**按钮来关闭**“编辑系列”**对话框。

步骤 22　在**“选择数据源”**对话框中：

在图例项（系列）区域中，单击**“女性”**，然后单击**“编辑”**。

步骤 23　当出现**“编辑系列”**对话框时：

在**“*Y* 轴系列值:”**下方的文本框中输入 =data!$D$24:$D$54。

单击**“确定”**按钮，关闭**“编辑系列”**对话框。

单击**“确定”**按钮，关闭**“选择数据源”**对话框。

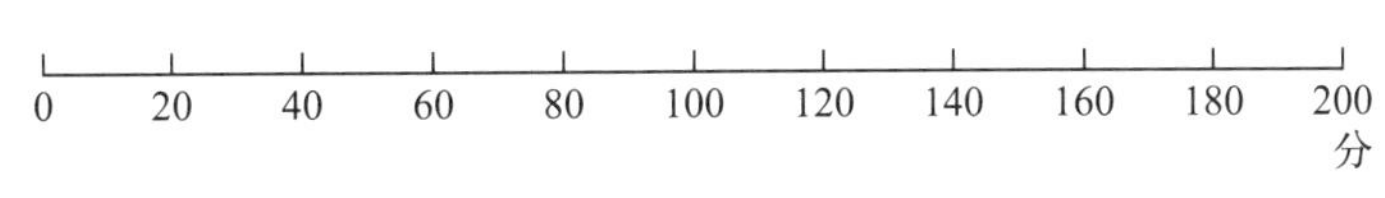

图 5-18　半程马拉松完成比赛时间的抖动带状图

与图 5-17 相比，图 5-18 中的值的空心化和抖动使得带状图更清晰地显示了类似半程马拉松完成比赛时间的分布密度。请注意，纵轴并没有特定的含义，因此在 *Y* 轴系列值之间添加介于 0 和 1 之间的小随机数实际上不会影响对图表的解读，但它能够让读者在视觉上更好地区分相似的半程马拉松完成比赛时间。如果有必要，我们还可以在半程马拉松完成比赛时间中引入轻微抖动，即在 *X* 轴系列值中加减一个较小的值，而不会对从图表中得出的结论产生实质性影响。

注释和评论

1. 当抖动图表的数据点时，可能需要添加或减去比在 0 和 1 之间的随机值更极端的值。在这些情况下，Excel 中的公式 =a+RAND()*(b−a) 可用于生成 *a* 和 *b* 之间的随机值，并添加到数据点上。例如，公式 =−5+RAND()*(5−(−5)) 生成一个在 −5 到 5 之间的随机值。

2. **核密度图**（Kernel density chart）是直方图的一种“连续”替代方案，旨在克服直方图对分箱数量和分箱宽度选择的依赖。核密度图采用了一种被称为核密度估计的平滑技术来生成一组值的分布的更稳健的可视化。例如，以下为 *Death30* 文件中 30 个观测值的核密度图。将核密度图与图 5-11 中的直方图进行比较，我们发现核密度图平滑了直方图的极值，试图展现数据中的整体模式。Excel 没有内置的功能来构建核密度图（这与频率多边形不一样），但许多统计软件包（如 R 等）可以构建。

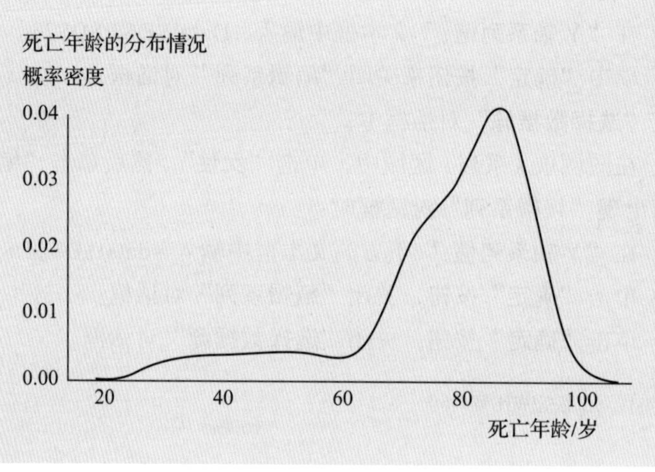

5.2 定量变量分布的统计分析

在本节中，我们首先介绍一些用来描述定量变量分布的基本统计度量。然后，我们展示如何利用这些统计度量来实现数据可视化。

5.2.1 位置度量

中心位置的度量识别的是变量的单个值，该值以某种方式最好地表征了整个值集。从这个意义上说，位置度量是对被其他值围绕分布的变量中心的度量。在本节中，我们将介绍不同的位置度量方法，并讨论它们的相对优缺点。

衡量中心位置的常用指标是变量的平均值（Mean）。为了说明一组样本值均值的计算，我们来看一下 *CincySales* 文件中列出的俄亥俄州辛辛那提市郊区的 12 套房屋的销售数据，如图 5-19 所示。这 12 个值的平均值是

$$\frac{456\,400+298\,000+\cdots+108\,000}{12}=219\,950\text{（美元）}$$

变量的平均值可以在 Excel 中使用 AVERAGE 函数计算。在图 5-19 中，利用单元格 D2 中的公式 =AVERAGE(A2:A13)，可以计算出房屋平均销售价格为 219 950 美元。

	A	B	C	D
1	销售价格/美元			
2	108 000		均值:	=AVERAGE(A2 : A13)
3	138 000		中位数:	=MEDIAN(A2 : A13)
4	138 000		众数1:	=MODE.MULT(A2 : A13)
5	142 000		众数2:	
6	186 000			
7	199 500			
8	208 000			
9	254 000			
10	254 000			
11	257 500			
12	298 000			
13	456 400			

	A	B	C	D
1	销售价格/美元			
2	108 000		均值:	219 950
3	138 000		中位数:	203 750
4	138 000		众数1:	138 000
5	142 000		众数2:	254 000
6	186 000			
7	199 500			
8	208 000			
9	254 000			
10	254 000			
11	257 500			
12	298 000			
13	456 400			

图 5-19　辛辛那提市房屋销售数据

中位数（Median）是中心位置的另一个度量值，是数据按升序排列（从最小到最大的值）时中间的值。对于奇数个观测值，中位数是中间值。偶数个观测值并没有单一的中间值。在这种情况下，我们将中位数定义为中间两个观测值的平均值。辛辛那提市 12 套房屋的销售价格的中位数是第六次和第七次观察结果的平均值，计算方式为

$$\frac{208\,000+199\,500}{2}=203\,750\text{（美元）}$$

变量的中位数可以在 Excel 中使用函数 MEDIAN 得到。如图 5-19 所示，在单元格 D3 中输入公式 =MEDIAN(A2:A13)，可以计算出房屋销售价格的中位数为 203 750 美元。

虽然平均值是一种常用的中心位置度量，但它的计算受到异常值的影响——极小和极大的值。因此，通常情况下，中位数是衡量中心位置的首选指标，因为它的计算能够有效抵消异常值的影响。需要注意的是，在图 5-19 中，中位数小于平均值。这是由于在我们的数据集中，一个较大的数值（456 400 美元）显著地影响了平均值，但对中位数没有产生影响。还注意到，如果我们用 150 万美元的销售价格取代 456 400 美元，那么中位数仍将保持不变。在这种情况下，售价中值仍为 203 750 美元，但平均值将增加到 306 916.67 美元。如果你想在此地买一套房子，中位数能更好地反映出房子的中心销售价格。我们可

以概括地说，当一个数据集包含极值或严重偏斜时，中位数是中心位置的首选度量；对于观察值较少的数据集尤其如此。

位置的第三种度量方法，即**众数**（Mode），是在数据集中最频繁出现的值。偶尔两个或多个不同的值出现的次数都是最多的，在这种情况下，存在多个众数。如果数据集中没有重复出现的数值，那么我们称该数据集没有众数。在辛辛那提市的房屋销售数据中，有两个值各出现两次，而所有其他值都只出现一次。因此，这两个众数分别是 25.4 万美元和 13.8 万美元。一个变量的所有众数都可以在 Excel 中使用函数 MODE.MULT 得到。在图 5-19 中，在单元格 D4 中输入公式 =MODE.MULT(A2:A13)，可以得到 254 000 美元和 138 000 美元这两个众数，并将它们分别置于单元格 D4 和 D5。

对于具有相对较少的不同值集的变量，众数是对中心位置的有效度量。对于具有许多可能值的变量（例如 *CincySales* 文件中的房屋销售价格或 *HalfMarathon* 文件中的完成比赛时间），要么定义众数的频率很小，要么众数可能不存在。对于具有许多可能值的变量，最好是构造一个直方图，并应用众数的概念来找出观测值最多的分箱（值的范围）。也就是说，在一个观测值最多的直方图中的分箱（最高的列）可以被称为众数。

5.2.2 变异度量

虽然位置度量提供了一个单一的中心值，在某种意义上对变量值的样本来说是最具特征性的，但这些度量不能传达关于值的变异性的任何信息。例如，美国辛辛那提市房屋销售数据中，房屋销售价格的中值为 203 750 美元，这并没有提供关于 12 套房屋的销售价格如何分布的信息。因此，除了位置的度量外，通常还需要考虑变异性（或离散程度）的度量。

对变异性最简单的度量指标是**极差**（Range）。极差可以通过用数据集中的最大值减去最小值来得到。辛辛那提市的房屋销售数据的极差是

456 400−108 000=348 400（美元）

Excel 不提供极差函数，但变量的极差可以在 Excel 中利用 MAX 和 MIN 函数中找到。在图 5-20 中，在单元格 D7 中输入公式 =MAX(A2:A13)−MIN(A2:A13)，计算出房屋销售价格的极差为 348 400 美元。

极差通过提供最大值与最小值的不同程度来传达变异性，但它并不是变异性的唯一度量指标。极差仅基于两个观测结果而得出，因此受到极值的高度影响。例如，在辛辛那提市的房屋销售数据中，极差没有提供其他 10 套房屋的销售价格的差距；它只告诉我们，房屋销售价格的最大值和最小值相差 348 400 美元。

另一种常见的变异性度量方法是**标准差**（Standard deviation），它是基于每个观测值偏离平均值的程度而得出的。一个变量值的样本标准差可以看作一个样本中的观测值偏离样本均值的平均量。对于辛辛那提市的房屋销售数据，标准差的计算方式为

$$\sqrt{\frac{(456\,400-219\,950)^2+(298\,000-219\,950)^2+\cdots+(108\,000-219\,950)^2}{12-1}}=95\,100\text{（美元）}$$

样本标准差可以在 Excel 中使用 STDEV.S 函数进行计算。在图 5-20 中，在单元格 D8 中输入公式 =STDEV.S(A2:A13)，计算出房屋销售价格的标准差为 95 100 美元。

	A	B	C	D
1	销售价格			
2	108 000		均值:	=AVERAGE(A2 : A13)
3	138 000		中位数:	=MEDIAN(A2 : A13)
4	138 000		众数1:	=MODE.MULT(A2 : A13)
5	142 000		众数2:	
6	186 000			
7	199 500		范围:	=MAX(A2 : A13)–MIN(A2 : A13)
8	208 000		标准差:	=STDEV.S(A2 : A13)
9	254 000			
10	254 000		第25百分位数:	=PERCENTILE.EXC(A2 : A13,0.25)
11	257 500		第50百分位数:	=PERCENTILE.EXC(A2 : A13,0.5)
12	298 000		第75百分位数:	=PERCENTILE.EXC(A2 : A13,0.75)
13	456 400			
14			四分位距:	=D12–D10

	A	B	C	D
1	销售价格			
2	108 000		均值:	219 950
3	138 000		中位数:	203 750
4	138 000		众数1:	138 000
5	142 000		众数2:	254 000
6	186 000			
7	199 500		范围:	348 400
8	208 000		标准差:	95 100
9	254 000			
10	254 000		第25百分位数:	139 000
11	257 500		第50百分位数:	203 750
12	298 000		第75百分位数:	256 625
13	456 400			
14			四分位距:	117 625

图 5-20　辛辛那提市房屋销售数据的测量

当一个变量的值的分布与图 5-21 中的直方图相似时，标准差是变异性的可靠度量。这些值围绕单一众数对称分布。对于这样的钟形分布，我们可以使用标准差来描述分布的变异性。具体而言：

- ≈ 68%的数据在区间［平均值 − 标准差，平均值 + 标准差］中
- ≈ 95%的数据在区间［平均值 −2 × 标准差，平均值 +2 × 标准差］中
- >99%的数据在区间［平均值 −3 × 标准差，平均值 +3 × 标准差］中

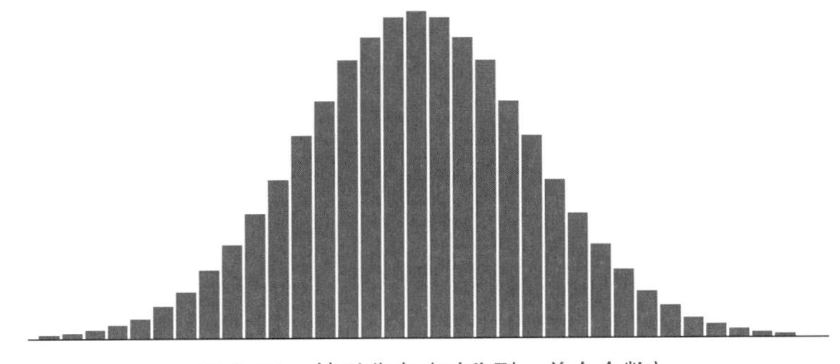

图 5-21　钟形分布（对称型，单个众数）

然而，标准差的计算依赖于平均值，它也会受到极值的严重影响。对于偏态分布，标准差不能可靠地作为一组值的变异性的解释度量。

另一种描述一组值的变异性的方法是使用**百分位数**（Percentile）。第 p 百分位数告诉我们，数据中有大约 p% 的观测值小于或等于第 p 百分位数，有大约（$100-p$）% 的观测值大于第 p 百分位数。

0% 和 100% 之间的任何值都可以用于计算一个百分位数，但常见的百分位数是第 25、第 50 和第 75 百分位数，也分别称为第一四分位数、第二四分位数和第三四分位数。第 25、第 50 和第 75 百分位数之所以被称为**四分位数**（Quartiles），是因为它们将数据分成均等的四部分。第三和第一四分位数（第 75 和第 25 百分位数）之间的差值通常被称为**四分位距**（Interquartile range，IQR）。四分位距跨越了变量值分布的中间的 50%，有时被用作变异性的度量。

为了计算一个数据集的第 p 个百分位数的值，我们首先计算它在有序值集中的位置，然后执行任何必要的插值。下面我们考虑辛辛那提市房屋销售数据中 12 个值的第 25 百分位数。第 25 百分位数的位置的计算方式如下

$$\frac{25}{100}\times(12+1)=3.25$$

第 25 百分位数的位置为 3.25，意味着它在第三小的值和第四小的值之间，且到第三小的值的距离是第三小的值与第四小的值距离的 25%。第三小的值是 138 000 美元，第四小的值是 142 000 美元，所以我们计算第 25 百分位数的值为

$$138\,000+(3.25-3)\times(142\,000-138\,000)=139\,000\text{（美元）}$$

同样，对于第 50 百分位数，位置是

$$\frac{50}{100}\times(12+1)=6.5$$

第 50 百分位数的位置为 6.5，意味着它位于第六小的值和第七小的值之间。第六小的值是 199 500 美元，第七小的值是 208 000 美元，所以我们计算第 50 百分位数的值为

$$199\,500+(6.5-6)\times(208\,000-199\,500)=203\,750\text{（美元）}$$

请注意，第 50 百分位数和中位数具有相同的值。也就是说，50% 的观测值小于或等于中值，这符合中值的定义。

对于第 75 百分位数，位置是

$$\frac{75}{100}\times(12+1)=9.75$$

第 75 百分位数的位置为 9.75，意味着它位于第九小的值和第十小的值之间。第九小的值是 254 000 美元，第十小的值是 257 500 美元，所以我们计算第 75 百分位数的值为

$$254\,000+(9.75-9)\times(257\,500-254\,000)=256\,625$$

第 p 百分位数可以在 Excel 中使用函数 PERCENTILE.EXC 来计算。在图 5-20 中，在单元格 D10 中输入公式 =PERCENTILE.EXC(A2:A13, 0.25)，可以计算出房屋销售价格的第 25 百分位数为 139 000 美元。同样，在单元格 D11 和 D12 中输入公式 =PERCENTILE.

EXC(A2:A13, 0.5) 和 =PERCENTILE.EXC(A2:A13, 0.75)，可以分别得到第 50 百分位数和第 75 百分位数。最后，在单元格 D14 中用公式 =D12−D10 计算四分位距（IQR），得到值为 117 625。

使用百分位数和四分位距来测量可变性比极差和标准差有优势。首先，极值不会扭曲百分位数的值。其次，百分位数不需要钟形的变量分布来准确地传达其变异性。

5.2.3　箱线图

箱线图（Box and whisker chart）也被称为箱图，是归纳数据分布的图形。一个箱线图是由一组值的四分位数（第 25、第 50 和第 75 百分位数）发展而来的。下面逐步说明如何使用 *CincySales* 文件在 Excel 中创建一个箱线图。

步骤 1　选择单元格 A1:A13。

步骤 2　单击功能区上的**“插入”**选项卡。

步骤 3　单击**“图表”**组中的**“插入统计图表”**按钮。

当出现统计图表列表时，请选择**“箱线图”**。

进一步编辑将得到一个类似于图 5-22 的箱线图。为了使解释更加清晰，我们为箱线图的部分添加了标签，如果读者熟悉图表，那么这些标签是不必要的。如图 5-22 所示，该框的垂直末端位于第一和第三四分位数处。对于这些数据而言，第一个四分位数是 139 000 美元，第三个四分位数是 256 625 美元。方框中包含了中间的 50% 的数据，中间值的位置上画了一条水平线（203 750 美元），× 表示平均值的位置（219 950 美元）。

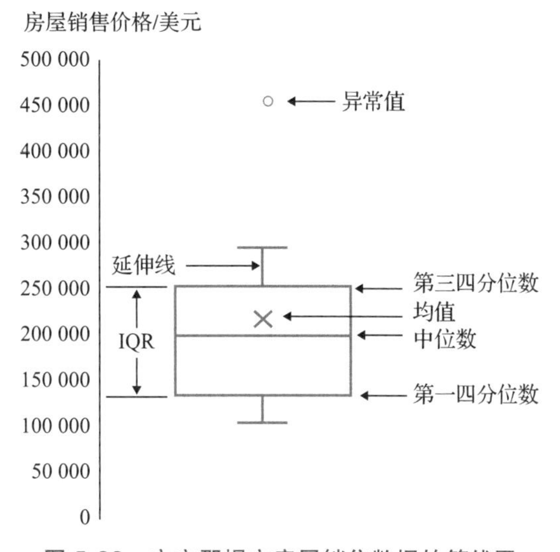

图 5-22　辛辛那提市房屋销售数据的箱线图

有两条垂直的线从“箱子”的顶部和底部延伸出来。顶部的线延伸到数据中最大的小于或等于第三四分位数 +1.5 × IQR 的值。对于这些数据，线最高延伸到 298 000 美元，这个值小于或等于 433 062.5（=256 625+1.5 × 117 625）美元。

底部的线延伸到数据中大于或等于第一四分位数 −1.5 × IQR 的最小值。对于这些数据，底部的线延伸到 108 000 美元，这个值大于或等于 −37 437.5（=139 000−1.5 × 117 625）美元。

超出范围［第一四分位数 −1.5 × IQR；第三四分位数 +1.5 × IQR］的值被认为是异常值（Outlier）。对于数据集中的异常值，没有单一公认的定义。因此，不同的软件对异常值的定义可能略有不同。对于这些数据，只有一个值（456 400）位于范围之外［−37 437.5，433 062.5］。该值以点的形式绘制在图 5-22 的箱线图中，以说明其为异常值。

通过使用统计测量，箱线图支持多个变量分布之间的详细比较。我们将使用 *SalesComparison* 文件来演示图 5-23 中多个变量的箱线图的绘制。

步骤 1　选择单元格 B1:F11。

步骤 2　单击功能区上的 **“插入”** 选项卡。

步骤 3　单击 **“图表”** 组中的 **“插入统计图表”** 按钮。

当出现统计图表列表时，请选择 **“箱线图”**。

通过进一步的编辑，可以生成图 5-23 中的可视化。

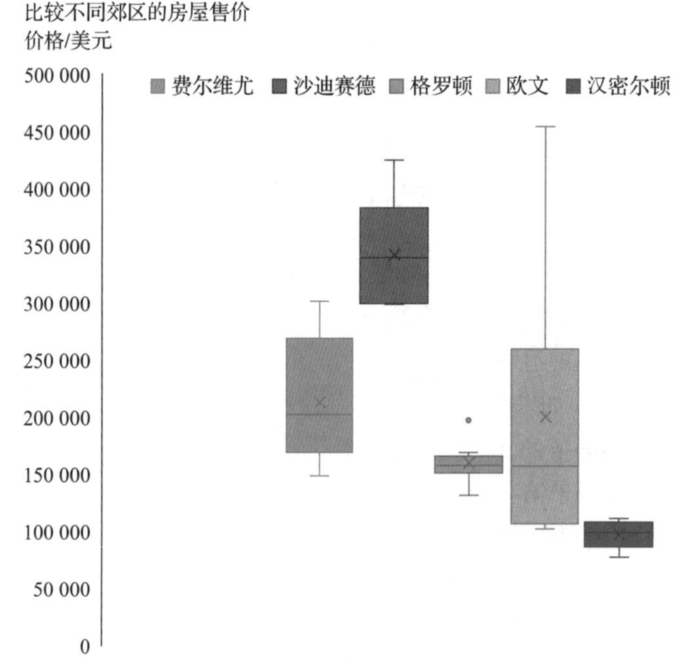

图 5-23　比较多个变量的箱线图

在图 5-23 的箱线图中，我们可以观察到五个地区的房屋售价情况。其中，沙迪赛德的房屋售价最高——中间 50% 的价格分布比格罗顿和汉密尔顿所有房屋的销售价格都要高（几乎也高于费尔维尤房屋的所有售价）。格罗顿和欧文的房屋销售价格中位数几乎相同。然而，欧文的房屋在售价上变化较大，而格罗顿的房屋在售价上较为稳定。欧文的房屋的销售价格分布是右倾的，格罗顿的房屋在售价上相对较为接近，但存在一个异常值。汉密尔顿地区房屋的销售价格通常是所有五个地点中最低的。汉密尔顿的销售价格分布显示出相对较小的变异性，并且在均值和中位数附近几乎呈对称分布（该地售价均值和中位数是这五个地点中最小的）。

注释和评论

1. 在讨论变量分布的统计度量时，我们已经隐含地假设有一个值的样本，它是值的总体的一个子集。在几乎所有应用中，都不可能（或没有必要）收集关于某个变量的全部的数据值。

2. 对于一组 n 个值，X_1，X_2，…，X_n，计算其样本均值的公式为

$$\overline{X}=\frac{X_1+X_2+\cdots+X_n}{n}$$

3. 对于一组 n 个值，X_1，X_2，…，X_n，计算其样本标准差的公式为

$$S=\sqrt{\frac{(X_1-\overline{X})^2+(X_2-\overline{X})^2+\cdots+(X_n-\overline{X})^2}{n-1}}$$

4. 对于一组从小到大的 n 个值，$X_{(1)}$，$X_{(2)}$，…，$X_{(n)}$，计算第 p 百分位数的位置 L_p 的公式为

$$L_p=\frac{p}{100}\times(n+1)$$

设 $\lfloor L_p \rfloor$ 为小于或等于 L_p 的最大整数。设 $\lceil L_p \rceil$ 为大于或等于 L_p 的最小整数。设 $X_{(\lfloor L_p \rfloor)}$ 为当变量从最小到最大排序时位置为 $\lfloor L_p \rfloor$ 的变量值。设 $X_{(\lceil L_p \rceil)}$ 为当变量从最小到最大排序时位置为 $\lceil L_p \rceil$ 的变量值。然后，第 p 百分位数的计算方式为

$$\text{第 } p \text{ 百分位数}=X_{(\lfloor L_p \rfloor)}+(L_p-\lfloor L_p \rfloor)\times(X_{(\lceil L_p \rceil)}-X_{(\lfloor L_p \rfloor)})$$

5. **小提琴图**（Violin chart）利用的是一种高级可视化技术，它将箱线图的统计描述元素与旋转和镜像处理后的核密度图相结合。通过其垂直显示的核密度图，小提琴图提供了比箱线图更清晰的分布形状图。例如，根据 *DeathTwo* 文件中的数据生成的小提琴图如下所示。

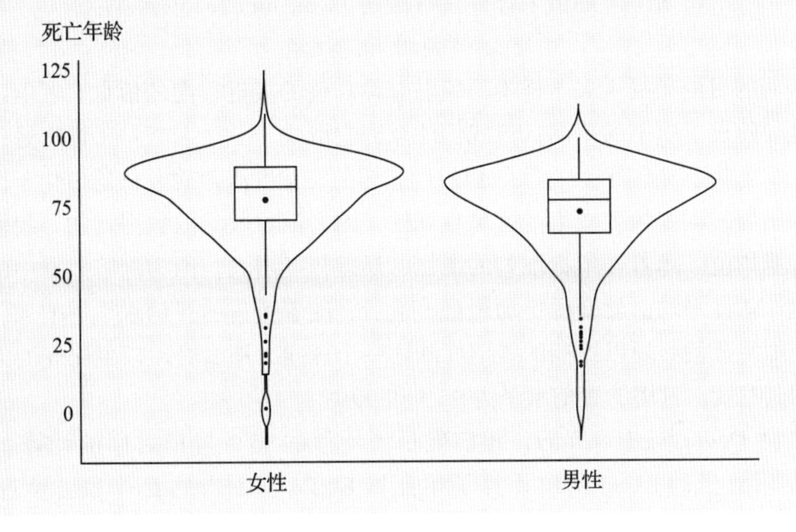

5.3 样本统计中的不确定性

在本章的前两节中，我们介绍了可视化一个或多个变量的值分布的方法。在本节中，我们将讨论由统计抽样导致的变异性的可视化。使用样本数据对一个总体的一个或多个特

征进行估计或得出结论的过程称为**统计推断**（Statistical inference）。

统计推断的一个常见例子是政治民意调查。举一个例子，得克萨斯州的一名政党成员正在考虑某一候选人对美国参议院选举的支持情况，而政党领导人希望估计该州注册选民支持该候选人的比例。假设在得克萨斯州选择了 400 名注册选民的样本，其中 160 名选民表明了对候选人的偏好。因此，支持该候选人的注册选民的估计比例为 160/400=0.40。然而，由于这 400 个样本只是得克萨斯州所有选民的一部分，因此，样本的比例和我们所估计的总体的比例之间存在一定的误差或偏差。也就是说，样本的比例与总体的比例的接近程度存在不确定性。

另一个统计推断的例子出现在市场研究中。考虑这样一种情况，即收集每周杂货账单的样本，以估计杂货配送服务的潜在客户在杂货上花费的平均金额。假设选取 100 个每周杂货账单的样本，样本均值为 102.70 美元。然而，由于这 100 个样本只是潜在客户可能的每周杂货账单的一部分，我们估计的样本均值和总体均值之间存在一定的误差或偏差是可以预料的。也就是说，在样本均值与总体均值的接近程度上存在不确定性。

在本节中，我们将讨论如何描述基于样本的比例和均值估计中的不确定性。如果未能恰当地传达这些估计中固有的不确定性，可能会导致读者对这些点估计产生错误的信任感。我们的目标是创建可视化，帮助读者将这些基于样本的估计理解为区间而不仅仅是一个点。

5.3.1 显示在均值上的置信区间

由于不能期望样本均值提供总体均值的精确值，因此通过在样本均值上加减一个称为**误差幅度**（Margin of error）的值来计算**置信区间**（Confidence interval）：

样本均值 ± 误差幅度

置信区间的目的是提供关于样本均值与总体均值的接近程度的信息。置信区间的误差幅度公式推导超出了本书的范围，但我们注意到它取决于三个因素：①样本量；②样本值的变异性（以样本标准差衡量）；③我们想用怎样的置信度来声称总体均值位于区间内。随着样本量的增加，误差幅度减小。这是直观的，因为随着收集的数据增加，我们应该能够更好地估计平均值。随着样本标准差的增加，误差幅度增大。因为随着数据中的值表现出更多的变化，估计平均值就变得更加困难。最后，随着所需的置信水平的增加，误差幅度也会增加。如果我们必须以更高的置信度陈述一个区间，那么必须以更保守的方式陈述该区间并增加其宽度。常用的置信水平为 95% 和 99%。

使用文件 *DeathAvgAgeChart*，我们展示了均值的 95% 置信区间的计算。在图 5-24 中，我们使用适当的 Excel 函数计算了单元格 E2:F4 范围内的女性和男性观测值的样本均值、样本标准差与样本量。在单元格 E5 和 F5 中，我们分别使用 CONFIDENCE.T 函数计算女性和男性样本的均值误差幅度。CONFIDENCE.T 函数公式需要三个输入参数，即 =CONFIDENCE.T（显著性水平，标准差，样本大小）。对于 95% 的置信区间，CONFIDENCE.T 函数的第一个参数是 1−0.95=0.05，被称为显著性水平。CONFIDENCE.T 函数的第二个和第三个参数分别是样本标准差和样本量。

	A	B	C	D	E	F
1	死亡年龄/岁	性别			女性	男性
2	76	女性		样本平均值	=AVERAGE(A2 : A328)	=AVERAGE(A329 : A701)
3	35	女性		样本标准差	=STDEV.S(A2 : A328)	=STDEV.S(A329 : A701)
4	84	女性		女性样本量	=COUNT(A2 : A328)	=COUNT(A329 : A701)
5	55	女性		95%置信区间误差	=CONFIDENCE.T (0.05,E3,E4)	=CONFICENCE.T (0.05,F3,F4)
6	35	女性				

	A	B	C	D	E	F
1	死亡年龄/岁	性别			女性	男性
2	76	女性		样本平均值	76.56	70.85
3	35	女性		样本标准差	17.04	17.75
4	84	女性		女性样本量	327.00	373.00
5	55	女性		95%置信区间误差	1.85	1.81
6	35	女性				

图 5-24 利用 *DeathAvgAgeChart* 文件计算均值的置信区间

女性平均死亡年龄的 95% 置信区间为 76.56 ± 1.85=[74.71，78.41]。我们有 95% 的信心认为总体女性人口的平均死亡年龄就在这个区间内。也就是说，如果我们收集了 327 名女性的 100 个不同样本，并对这 100 个样本分别构建置信区间，可以预计 100 个置信区间中的 95 个包含了女性总体的平均死亡年龄。

同理，男性平均死亡年龄的 95% 置信区间为 70.85 ± 1.81= [69.04，72.66]。我们有 95% 的信心认为，总体男性人口的平均死亡年龄就在这个区间内。也就是说，如果我们从 373 个男性中收集了 100 个不同样本，并对这 100 个样本分别构建置信区间，可以预计 100 个置信区间中的 95 个包含了男性总体的平均死亡年龄。

通过计算误差幅度的值，我们可以使用 Excel 来显示样本均值周围的置信区间。以 *DeathAvgAgeChart* 文件中的柱形图为例，下面的步骤展示了如何可视化一个平均值的置信区间。

步骤 1 单击**“柱形图”**。

步骤 2 单击**“图表元素”**按钮 ⊞ 并选择**“误差条”**。

单击**“误差条”**右边的黑色三角形▶并选择**“更多选项……”**。

步骤 3 当出现**“设置误差条格式”**任务窗格时：

单击**“误差条选项”** 📊。

在**“误差数值”**区域选择**“自定义”**。

单击**“自定义”**右侧的**“指定值”**按钮。

在**“自定义误差条”**对话框中的**“正误差值”**文本框和**“负误差值”**文本框中都输入 =data!$E$5:$F$5。

图 5-25a 显示了纵轴从 0 开始的女性和男性的平均死亡年龄的柱形图。在大多数情况下，推荐从 0 开始，因为这样可以防止误导读者。然而，由于本柱形图的目的是比较差异（而不是关注平均年龄的绝对值），因此图 5-25b 中的纵轴起始位更有助于进行比较。如图 5-25b 所示，基于样本估计，发现女性和男性平均死亡年龄存在一些不确定性，但因为

计算出的置信区间没有重叠，基于这个样本可以声称至少在95%的置信水平上，平均而言，女性比男性寿命长。

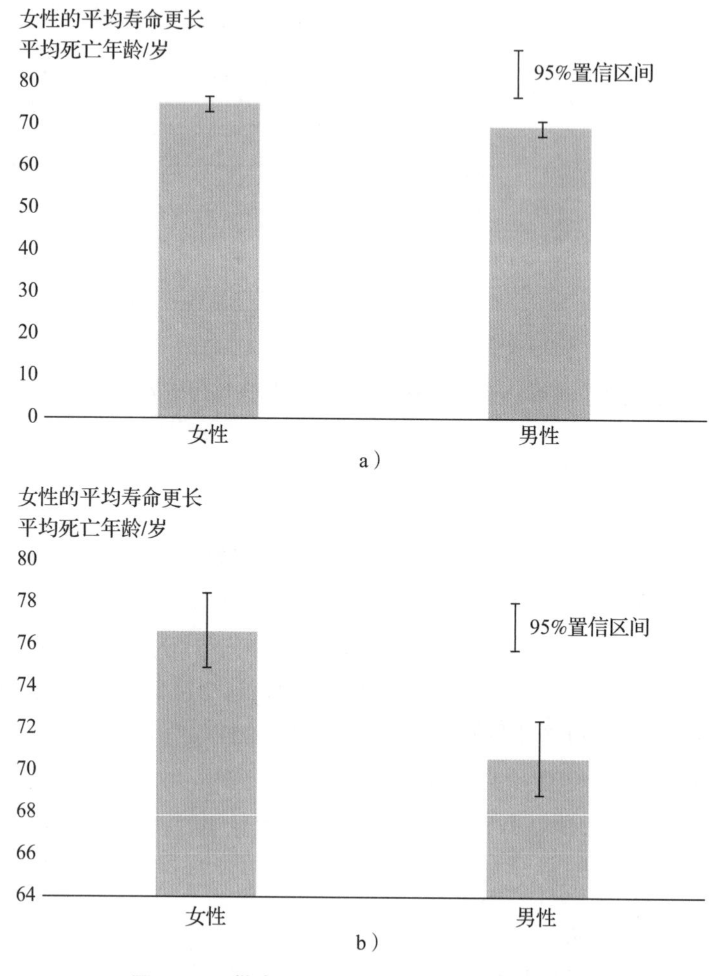

图5-25 带有平均死亡年龄误差条的柱形图

在作图过程中，将图5-25中标注为95%置信区间的误差条的图例作为文本框手动插入。通过右击纵轴并选择“设置坐标轴格式”，然后选择“轴选项”，我们编辑了纵轴上限的最小值。

5.3.2 显示在比例上的置信区间

类似于在样本均值周围构造置信区间的过程，样本比例中的不确定性程度可以用一个通过增减误差幅度而形成的置信区间来表示。置信区间通常可以表示为

样本比例 ± 误差幅度

置信区间的目的是提供关于样本比例与总体比例值的接近程度的信息。某一比例置信区间的误差幅度的计算与均值置信区间的类似计算不同。误差幅度公式的推导超出了本书的范围，但仍然可注意到，它可以使用样本量、样本比例和我们想要声称总体比例在区间

内的置信度来估计。置信水平一般是 95%。

使用 *Incumbent* 文件，我们演示了比例的 95% 置信区间的计算，如图 5-26 所示。*Incumbent* 文件包含了 900 名被调查公民是否支持现任总统的回应。在单元格 D2 中，我们使用函数 COUNTA 来计算样本大小，以计算 A2:A901 范围内的所有文本回应。在单元格 D3 中，我们计算“是”这一回应的数量［用 Excel 公式 =COUNTIF(A2:A901,“是”) 计算］和样本量的比率作为样本比例。单元格 D4 中是比例的 95% 置信区间的误差幅度的计算公式。

	A	B	C	D
1	支持现任总统吗?			
2	是		样本量	=COUNTA(A2 : A901)
3	否		“是”的样本比例	=COUNTIF(A2 : A901,“是”)/D2
4	是		95%置信区间误差	=ABS(NORM.S.INV((1–0.95)/2))*SQRT((D3*(1–D3))/D2)
5	是			

	A	B	C	D
1	支持现任总统吗?			
2	是		样本量	900
3	否		“是”的样本比例	0.440
4	是		95%置信区间误差	0.032
5	是			

图 5-26　使用 *Incumbent* 文件计算比例的置信区间

支持现任总统的公民比例的 95% 置信区间为 0.440 ± 0.032=［0.408，0.472］。我们有 95% 的信心认为，支持现任总统的总体公民比例就在这一区间内。

为了创建一个可视化来解释 900 个样本中的误差幅度，以说明我们是否有 95% 的人相信少于 50% 的公民支持现任总统，我们将在组合图表中使用图 5-26 中的计算。首先，我们需要为组合图表安排源数据。为了在图表中创建美观的视觉间距，我们将在三个不同的列中创建三个数据系列。如图 5-27 所示，将源数据排列为不同列的三个数据系列（样本比例、基准值和误差幅度），每个数据系列都有三个条目。以这种方式将源数据排列在单元格 C7:E9 中，因为它将允许我们在最终的图表中创建一个美观的视觉间距。在单元格 C7:C9 中，第一个和第三个条目为“虚拟值”0，第二个条目是样本比例。在单元格 D7:D9 中，所有三个条目均对应于我们想要比较样本比例的 0.50 或 50% 的基准值。在单元格 E7:E9 中，第一个和第三个条目为“虚拟值”0，第二个条目是对该比例的置信区间的误差幅度。

	A	B	C	D	E
1	支持现任总统吗?				
2	是		样本量	900	
3	否		“是”的样本比例	0.440	
4	是		95%置信区间误差	0.032	
5	是				
6	否		样本比例	基准值	误差幅度
7	否		0.000	0.500	0.000
8	否		0.440	0.500	0.032
9	是		0.000	0.500	0.000

图 5-27　安排源数据的图表，比较样本与基准值的比例

设置了源数据后，以下步骤将展示如何可视化一个比例的置信区间，并将其与 50% 的基准值进行比较。

步骤 1　选择单元格 C6:D9。

步骤 2　单击功能区上的**“插入”**选项卡。

步骤 3　单击**“图表”**组中的**“插入组合图表”**按钮。

当出现组合图表列表时，选择**“簇状柱形—折线图”**。

步骤 4　单击图表，然后单击**“图表元素”**按钮，并选择**“误差条”**。

单击误差条右侧的黑色三角形▶并选择**“更多选项”**。

步骤 5　当出现**“添加误差条”**对话框时：

在**“基于系列：添加误差条”**中选择**“样本比例”**。

单击**“确定”**按钮。

步骤 6　在**“设置误差条格式”**任务窗格中：

单击**“误差条选项”**。

在**“误差数值”**区域选择**“自定义”**。

单击**“自定义”**右侧的**“指定值”**按钮。

在**“自定义误差条”**对话框中的**“正误差值”**文本框和**“负误差值”**文本框中都输入 =data!$E$7:$E$9。

通过进一步编辑，将会得到如图 5-28 所示的组合图表，该比例的 95% 置信区间不包含 0.5（50%）。因此，即使考虑到样本比例的误差幅度，也有 95% 的把握认为，只有不到 50% 的公民支持现任总统。

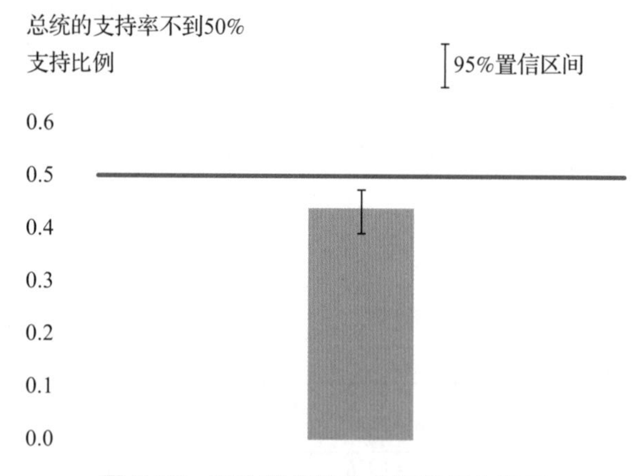

图 5-28　现有数据样本比例的组合图表

注释和评论

1. 对于包含 n 个值的样本，其中 $\overline{X}$ 是样本均值，S 是样本标准差，均值的 95% 置信区间的近似计算公式为

$$\overline{X} \pm 1.96 \frac{S}{\sqrt{n}}$$

2. 对于包含 n 个值的样本，其中 $\overline{p}$ 为样本比例，比例的 95% 置信区间的近似计算公式为

$$\overline{p} \pm 1.96 \frac{\sqrt{\overline{p}(1-\overline{p})}}{\sqrt{n}}$$

3. 通过检查是否存在重叠来确定两个均值之间是否存在统计学上的显著差异，并不像计算两个均值之间差异的单个置信区间那样精确。然而，比较均值各自的置信区间在视觉上是有吸引力的，且不会导致在指定的置信水平上陈述一个不真实的结论。

5.4　预测模型的不确定性

预测分析（Predictive analytics）是利用过去的数据构建模型来预测未来观测值的技术。例如，过去的产品销售数据可以用来构建一个数学模型来预测销售情况。该模型可以根据过去的模式来考虑产品的增长轨迹和季节性。

在本节中，我们将考虑提供未来观测值的点估计的预测模型。与第 5.3 节中讨论的基于样本的统计推断估计类似，期望这些预测点估计没有误差是不现实的。也就是说，预测点估计与相应的未来观测值的接近程度存在不确定性。

一个模型对未来观测值的预测值的不确定性可以用预测区间（Prediction interval）来表示。对未来观测的预测区间在概念上类似于对总体均值或比例的置信区间，但它是根据不同的公式计算出来的。在本节中，我们将考虑两种不同类型的预测模型的预测区间的可视化：简单线性回归模型和时间序列模型。

5.4.1　简单线性回归模型的预测区间的说明

在简单线性回归（Simple linear regression）中，我们用一条直线拟合两个变量之间的关系。被预测的变量称为因变量（Dependent variable），因变量通常以 y 表示，绘制在纵轴上。用来预测或解释因变量的变量称为自变量（Independent variable），自变量通常以 x 表示，绘制在横轴上。

假设 Yourier 是一家送货上门的服务公司，它从商店提货并给顾客送货上门。为了评估其运输路线回应客户请求的有效性，Yourier 想要根据路线对应的请求数来预测路线上的运输时间。因此，运输时间是因变量，请求数是自变量。图 5-29 显示了包含 10 个运输样本的散点图。

Yourier 的预测分析团队构建了一个简单线性回归模型，根据路线服务的请求数来预测路线的运输时间。基于这 10 次运输，回归方程为

$$\text{运输时间} = 0.285\,2 \times \text{请求数} + 1.356$$

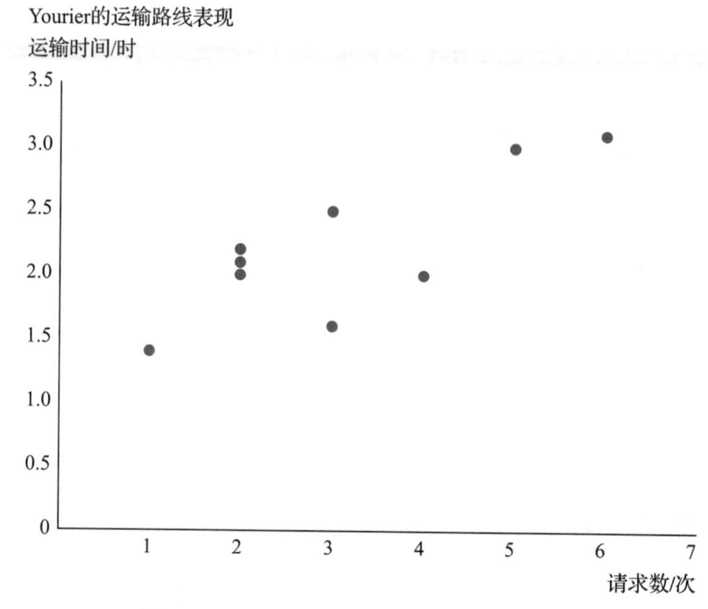

图 5-29　显示运输时间与请求数的散点图

图 5-30 列出了文件 *YourierChart* 中的数据。B 列和 C 列分别列出了用于创建图 5-29 中的散点图的请求数和运输时间。D 列列出了这个简单回归方程的预测值，E 和 F 列分别列出了 95% 预测区间的上下限[1]。

	A	B	C	D	E	F
1	路线	请求数	运输时间	预测	95%预测区间下限	95%预测区间上限
2		0		1.356	0.336	2.376
3	1	1	1.4	1.641	0.706	2.577
4	2	2	2.2	1.926	1.047	2.806
5	3	2	2.1	1.926	1.047	2.806
6	4	2	2	1.926	1.047	2.806
7	5	3	1.6	2.211	1.354	3.069
8	6	3	2.5	2.211	1.354	3.069
9	7	3	2.5	2.211	1.354	3.069
10	8	4	2	2.497	1.625	3.369
11	9	5	3	2.782	1.860	3.704
12	10	6	3.1	3.067	2.065	4.069
13		7		3.352	2.247	4.457

图 5-30　对 Yourier 数据的简单回归预测（95%预测区间）

以下步骤演示了如何在显示运输时间与请求数的散点图上使预测信息可视化。

步骤 1　右击图表并选择**“选择数据”**。

步骤 2　当出现**“选择数据源”**对话框时，单击**“添加”**按钮 Add 。

[1] 预测区间的计算超出了本书的范围。许多专用的统计软件包将自动为预测模型提供此项输出。

步骤 3 在**“编辑系列”**对话框中：

在**“系列名称：”**文本框中输入 =data!$D$1。

在**“系列 *X* 值：”**文本框中输入 =data!$B$2:$B$13。

在**“系列 *Y* 值：”**文本框中输入 =data!$D$2:$D$13。

单击**“确定”**按钮。

步骤 4 在**“选择数据源”**对话框中，单击**“添加”**按钮 Add。

步骤 5 在**“编辑系列”**对话框中：

在**“系列名称：”**文本框中输入 =data!$E$1。

在**“*X* 轴系列值：”**文本框中输入 =data!$B$2:$B$13。

在**“*Y* 轴系列值：”**文本框中输入 =data!$E$2:$E$13。

单击**“确定”**按钮。

步骤 6 在**“选择数据源”**对话框中，单击**“添加”**按钮 Add。

步骤 7 在**“编辑系列”**对话框中：

在**“系列名称：”**文本框中输入 =data!$F$1。

在**“*X* 轴系列值：”**文本框中输入 =data!$B$2:$B$13。

在**“*Y* 轴系列值：”**文本框中输入 =data!$F$2:$F$13。

单击**“确定”**按钮。

单击**“确定”**按钮以关闭**“选择数据源”**对话框。

在这一阶段，可视化由四个系列的数据组成，将其绘制成散点图，如图 5-31 所示。

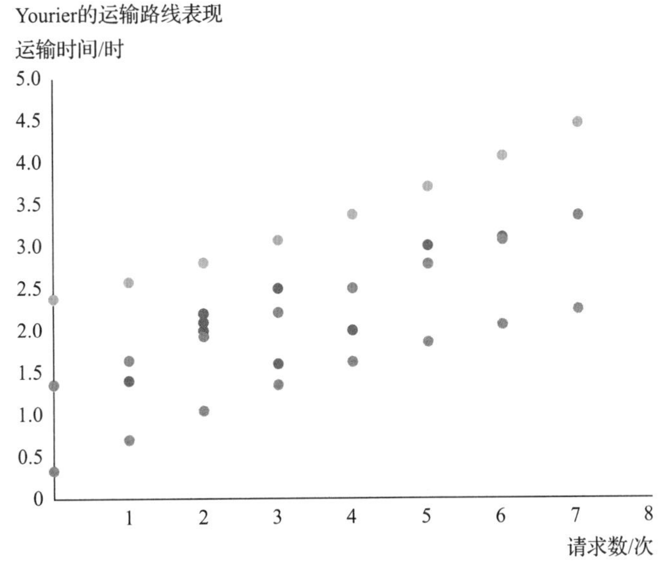

图 5-31 显示观测值、预测值和预测区间的散点图

通过接下来的步骤对如图 5-31 所示的图表进行修改，以线条而不是点来显示预测值和预测区间。

步骤 8 单击与预测值或预测区间对应的数据系列。选择此数据系列后，右击，然后从快捷菜单中选择**“更改系列图表类型”**。

步骤 9 当出现**“更改图表类型”**对话框时，单击**“XY 散点图”**。

在**“所有图表”**选项卡中选择**“带平滑线的散点图”**。

单击**“确定”**按钮。

步骤 10 单击表示观察到的运输时间的蓝线，须确保只选择了蓝线。右击这一行，并选择设置**“数据系列格式”**。

步骤 11 在**“设置数据系列格式”**任务窗格中，单击**“填充与线条”**图标。

单击**“线条”**，然后选择**“无线条”**。

单击**“标记”**，然后在**“标记选项”**下选择**“自动”**。

步骤 12 选择图表并单击**“图表元素”**按钮，然后选择**“图例”**。

单击**“图例”**右侧的黑色三角形▶并选择**“顶部”**。

通过进一步编辑，将会得到如图 5-32 所示的图表。我们使用颜色来区分过去的观测结果（蓝色数据点）、来自回归模型的点估计值（橙色实线）和预测区间（橙色虚线）。

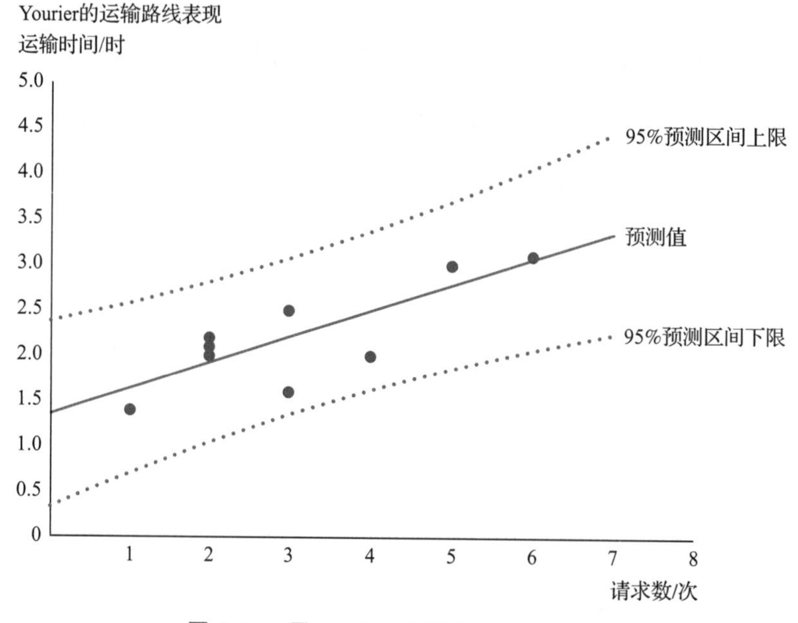

图 5-32 显示 95%预测区间的组合图表

95%的预测区间代表我们有 95%的把握确信在未来的观察中指定自变量时因变量的值。例如，对于未来服务于 3 次请求的路线，简单线性回归模型预测的运输时间为 2.211 小时，并且有 95%的把握认为该路线的运输时间将在 1.354 小时到 3.069 小时之间（宽度为 1.715 小时）。对于未来服务于 6 次请求的路线，简单线性回归模型预测的运输时间为 3.067 小时，有 95%的把握认为该路线的运输时间将在 2.065 小时到 4.069 小时之间（宽度为 2.004 小时)。直观地说，简单线性回归模型预测出一个有更多请求的路线需要更长的运输时间。此外，简单线性回归模型对有 3 次请求的路线的运输时间预测比对有 6 次请求的路线更有信心。从图 5-32 中可以看到，预测区间限制对应的是虚线而不是直线。这些虚线稍微弯曲，以描述预测区间的宽度在请求数的平均值附近是最窄的。也就是说，预测区间的宽度取决于自变量的值。

5.4.2　时间序列模型的预测区间的说明

时间序列数据（Time series data）是在连续时间点测量的变量的一系列观测数据。测量可以每小时、每日、每周、每月、每年或以任何其他固定间隔进行一次。为了用图显示时间序列，通常使用一种称为**时间序列图**（Time series chart）的特殊类型的折线图。在时间序列图中，时间单位被表示在横轴上，变量的值显示在纵轴上。将时间序列图中的连续观测结果与线段连接起来，强调了数据的时间性质和连续时间周期之间的内在关系。

邦达伯格（Bundaberg）酿造饮料公司是一家生产手工酿造碳酸饮品的公司。澳洲优质的根啤酒是其产品组合中不可或缺的一部分，邦达伯格很想预测其未来几个季度的销售情况。图 5-33 显示了邦达伯格在过去 17 个季度的根啤酒销售额的时间序列图。从这个时间序列图来看，根啤酒销售的季节性明显。销售高峰期在第 3、7、11 和 15 个季度，而销售低谷期在第 1、5、9、13 和 17 个季度。也就是说，根啤酒销售的季节性模式每 4 个季度重复一次。此外，这个时间序列图显示，根啤酒的销售额没有显著的变化趋势。也就是说，除了季节性变化外，季度销售额似乎没有表现出任何上升或下降的变化，这可以通过比较每四个季度的销售额看出。

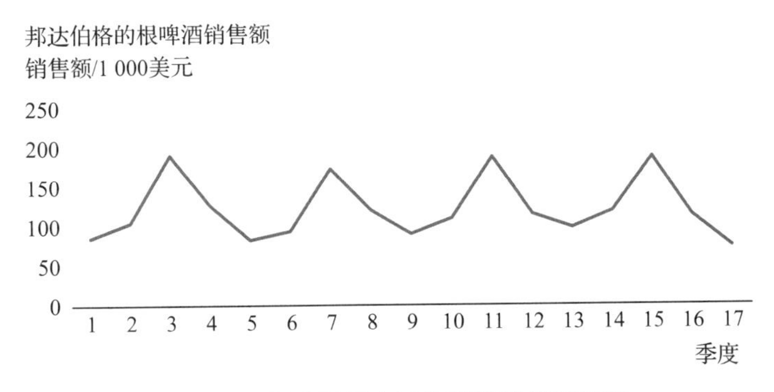

图 5-33　根啤酒季度销售额的时间序列图

邦达伯格的预测团队构建了一个季节性时间序列模型来预测未来 8 个季度的根啤酒销售情况。图 5-34 列出了文件 *BundabergChart* 中的数据。其中，C 列是未来 8 个季度根啤酒销售额的点估计值，D 列和 E 列分别是 95% 预测区间的上下限[㊀]。

㊀ 在时间序列模型中计算预测值和预测区间的范围超出了本书的范围。许多专用的统计软件包将自动为预测模型提供此项输出。

	A	B	C	D	E
1	季度	销售额	预测值	95%预测区间下限	95%预测区间上限
2	1	86			
3	2	105			
4	3	191			
5	4	127			
6	5	83			
7	6	94			
8	7	173			
9	8	120			
10	9	90			
11	10	110			
12	11	188			
13	12	115			
14	13	98			
15	14	119			
16	15	188			
17	16	114			
18	17	74			
19	18		119.0	81.1	156.9
20	19		188.0	150.1	225.9
21	20		114.0	76.1	151.9
22	21		74.0	36.1	111.9
23	22		119.0	65.4	172.6
24	23		188.0	134.4	241.6
25	24		114.0	60.4	167.6
26	25		74.0	20.4	127.6

图 5-34　每季度根啤酒销售额和预测值

以下步骤演示了如何在根啤酒季度销售额的时间序列图中使预测信息可视化。

步骤 1　在单元格 C18 中输入 =B18。[㊀]

步骤 2　右击图表并选择**“选择数据”**。

步骤 3　当出现**“选择数据源”**对话框时，单击**“添加”**按钮 Add 。

步骤 4　在**“编辑系列”**对话框中：

在**“系列名称：”**文本框中输入 =Data!$C$1。

在**“系列值：”**文本框中输入 =data!$C$2:$26。

单击**“确定”**按钮。

步骤 5　在**“选择数据源”**对话框中，单击**“添加”**按钮 Add 。

㊀ 在步骤 1 中，我们将第 17 季度的预测值设置为与实际销售额相同，以便在实际销售额和预测销售额之间创建一条连接线。

步骤 6　在**“编辑系列”**对话框中：

在**“系列名称：”**文本框中输入 =data!$D$1。

在**“系列值：”**文本框中输入 =data!$D$2:$D$26。

单击**“确定”**按钮。

步骤 7　在**“选择数据源”**对话框中，单击**“添加”**按钮 Add 。

步骤 8　在**“编辑系列”**对话框中：

在**“系列名称：”**文本框中输入 =data!$E$1。

单击**“确定”**按钮以关闭**“编辑系列”**对话框。

在**“系列值：”**文本框中输入 =data!$E$2:$E$26。

单击**“确定”**按钮。

单击**“确定”**按钮以关闭**“选择数据源”**对话框。

步骤 9　选择图表并单击**“图表元素”**按钮 +，选择**“图例”**。

单击**“图例”**右侧的黑色三角形▶，然后选择**“顶部”**。

通过进一步编辑，将会得到类似于如图 5-35 所示的图表。我们使用颜色来区分过去几个季度的销售额（深蓝色实线）、未来几个季度的点估计（浅蓝色实线）和预测区间的限制（浅蓝色虚线）。

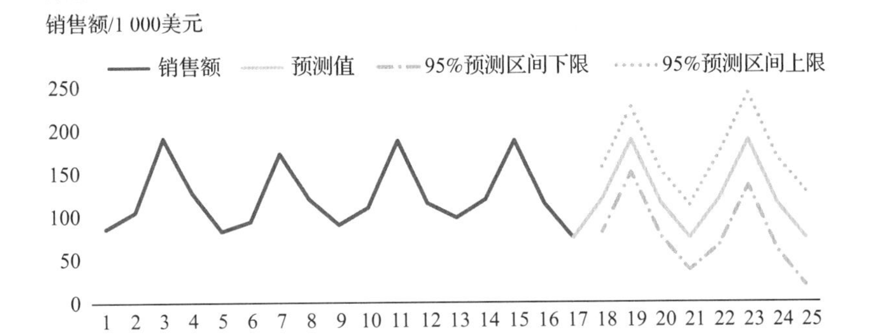

图 5-35　未来几个季度根啤酒销售额和预测值折线图

如图 5-35 所示，未来 8 个季度，根啤酒销售额的预测反映了该产品的季节性。一般来说，95% 的预测区间对应于我们有 95% 的置信度将包含指定未来时间段的时间序列变量值的区间。例如，时间序列模型预测第 18 季度的销售额为 119 000 美元，95% 的人认为销售额将在 81 100 美元到 156 900 美元（宽度为 75 800 美元）之间。

现在考虑一下第 22 季度的预测。由于第 22 季度与第 18 季度处于同一季节，过去的销售额没有任何上升或下降的趋势，时间序列模型再次预测根啤酒的销售额为 119 000 美元（与第 18 季度的预测相同）。然而，第 22 个季度销售额的 95% 预测区间为 20 400 美元至 127 600 美元（宽度为 107 200 美元），比第 18 个季度的预测区间要宽。为了保持 95% 的置信度，时间序列模型必须采用更宽的预测区间，以便对未来的情况进行预测。也就是说，时间序列模型的预测区间的宽度取决于预测时间距当前的远近，这通过图 5-35 中 95%预测区间不断变宽可以得到反映。

◎ 总结

在本章中，我们探讨了如何呈现感兴趣变量的值随时间的变化情况。我们介绍了计数和相对频率（百分比）度量的频率分布概念。接着，我们演示了如何利用 Excel 来可视化分类变量的频率分布。

我们介绍了多种可视化定量变量频率分布的方法。我们演示了如何通过柱形图的柱形显示来分析分布的形状，并引入了偏度的度量来形式化描述分布的形状。作为直方图的替代方法，我们还解释了如何使用线形图绘制频率多边形，以便更好地呈现变量分布的形态。对于小型数据集，我们还介绍了线形图，并说明如何使用空心点和抖动来避免图像遮挡。

我们详细定义了中心位置的正式统计度量，包括平均值、中位数和众数。接着，我们解释了可变性的正式统计度量，如极差、标准差和四分位距。我们还演示了如何绘制箱线图，并对图表中使用的统计度量进行了解释。

我们深入探讨了如何传达统计推断和预测分析中所涉及的不确定性。具体而言，我们详细介绍了如何使用误差条来表示基于样本的均值或比例估计的误差范围。对于基于简单线性回归模型的预测，我们阐述了如何以图形方式展示该因果模型所生成的预测区间。最后，我们还探讨了时间序列数据，并展示了如何呈现从时间序列模型中得出的预测区间。

◎ 术语解析

本福德定律：在许多自然存在的数据集中，首位数字大致服从一个已知的频率分布。1 是最有可能出现的首位数字，9 是最不可能出现的首位数字。

分箱：不重叠的数据组，用于创建频率分布。分类数据的“箱”也称为“类”。

箱线图：基于分布的四分位数的数据的图形汇总。

分类变量：通过确定每个观察单位的某项特征的性质或类别得到的数据。不能对分类变量进行算术运算。

置信区间：由样本统计量所构造的总体参数的估计区间。

因变量：被预测或解释的变量，它通常表示在纵轴上，有时也被称为响应变量或目标变量。

频率分布：一种数据汇总，显示在几个不重叠的箱（类）中每个被观察到的数量（频率）。

频率多边形：通过用线连接每个分箱的频率值来显示分布的一种图表。

直方图：用柱形表示定量数据的频率分布、相对频率分布或频率百分比分布，方法是将柱形间隔置于横轴，将频率、相对频率或频率百分比置于纵轴。

自变量：用于预测因变量的值的变量，一般表示在横轴上。

四分位距：第三四分位数和第一四分位数之间的差值。

抖动：稍微改变一个或多个变量的实际值的过程，以使相同或几乎相同的观测值在绘制时占据稍微有些不同的位置。

核密度图：一种可视化分布图，通过使用核密度估计对直方图表示的分箱频率值进行平滑处理。

误差幅度：在点估计中加上或减去的值，以便建立一个总体参数的置信区间。
均值：通过将数据值相加并除以观测数计算出的对中心位置的度量。
中位数：当一组数据按升序或降序排列时，居于中间位置的数值。中位数是第50百分位数。
众数：一组数据中出现频率最高的数值。
遮挡：无法区分某些单独的数据点，因为它们隐藏在了其他具有相同或几乎相同的值的数据点后面。
异常值：异常小或异常大的数据值。
频率百分比分布：分析中的一种频率度量，它计算几个不重叠的箱（类）中每个观测值的百分比。
百分位数：第 p 百分位数说明，数据中有大约 $p\%$ 的观测值小于或等于第 p 百分位数，有大约 $(100-p)\%$ 的观测值大于第 p 百分位数。
总体：某一特定研究中所有感兴趣的元素的集合。
幂律：在某些数据集中，一个变量随着另一个或多个变量的变化成比例变化的现象。
预测分析：一种利用过去数据构建的模型来预测未来或确定一个变量对另一个变量影响的技术。
概率分布：对一个随机变量可能值的范围和相对可能性的描述。
数量变量：用数值来表示大小的数据。加法、减法和乘法等算术运算可以在定量变量上进行。
四分位数：第25、第50和第75百分位数，分别被称为第一四分位数、第二四分位数和第三四分位数。四分位数可用于将一组数据值划分为四个部分，每个部分包含大约25%的值。
随机变量：值不能确定的量。
极差：对变化的度量，计算方式为用最大值减去最小值。
相对频率：分布分析中的一种频率度量，它计算的是在几个不重叠的箱（类）中每个观测值所占的百分比。
样本：总体的一个子集。
简单线性回归：通过线性方程用一个自变量的值预测一个因变量的值的一种统计方法。
偏度：对分布中的非对称性的度量。
标准差：一种衡量变异性的指标，它反映了一组值偏离平均值的程度。
统计推断：通过分析从总体中提取的样本数据，对总体的一个或多个特征（一个或多个参数的值）做出估计并得出结论的过程。
线形图：沿水平轴或垂直轴排列的由变量值组成的图表。
时间序列图：横轴表示时间的度量，纵轴表示感兴趣的变量的一种图表。时间上连续的数据点通常用直线连接。
时间序列数据：按时间间隔收集的数据。
网格显示：一种垂直或水平排列的单个图表，具有相同的类型、大小、比例和格式，仅因所显示的数据不同而不同。
变异：观测值的差异。

小提琴图：一种高级可视化技术，它将箱线图的元素封装在经过旋转和镜像处理后的核密度图中。

◎ 练习题

概念题

1. **乘船客户的直方图分箱宽度。**基于对最近在哈瓦苏湖上乘船游览的1 046名客户的调查，洛沙博船务公司正在分析其客户年龄的频率分布百分比。一名分析师通过改变分箱的大小创建了四个直方图。洛沙博船务公司希望能够通过可视化顾客年龄分布来捕捉数据的总体趋势，但又不会因为将年龄（以及行为）不同的客户分组到相同的分箱中而模糊了模式。你会建议分析师使用以下哪个直方图来描述客户的年龄分布呢？**学习目标 2**

1）

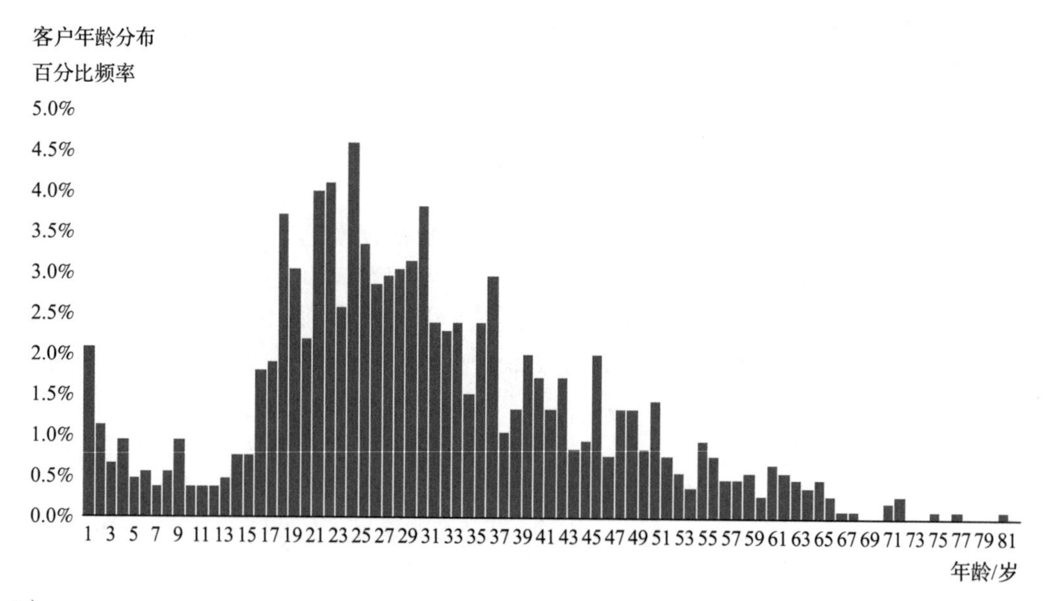

2）

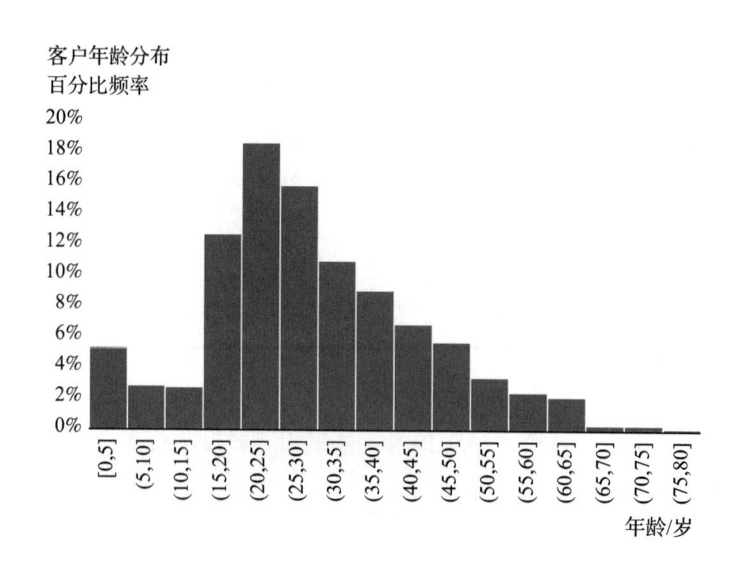

3）

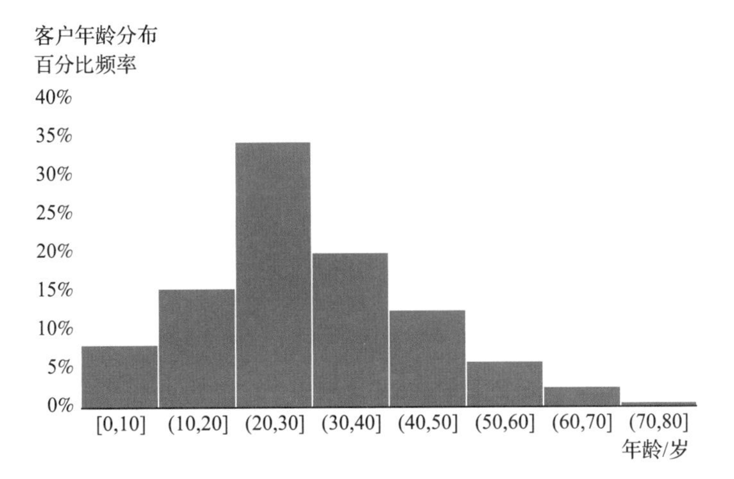

4）

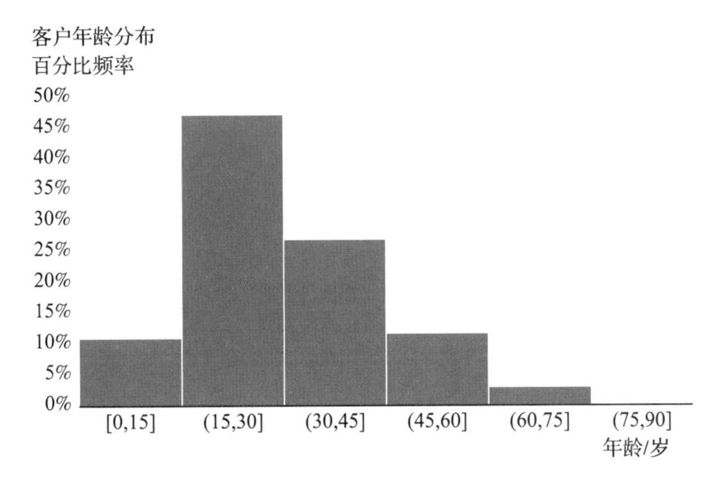

2. **乘船客户的堆积柱形图**。基于对最近在哈瓦苏湖上乘船游览的 1 046 名客户的调查，洛沙博船务公司正在分析其客户的人口统计数据。据悉，该样本（包含 388 名女性和 658 名男性）代表了洛沙博船务公司的总体客户群体。一名分析师创建了以下图表，描绘了被调查者的年龄和性别分布。**学习目标 3**

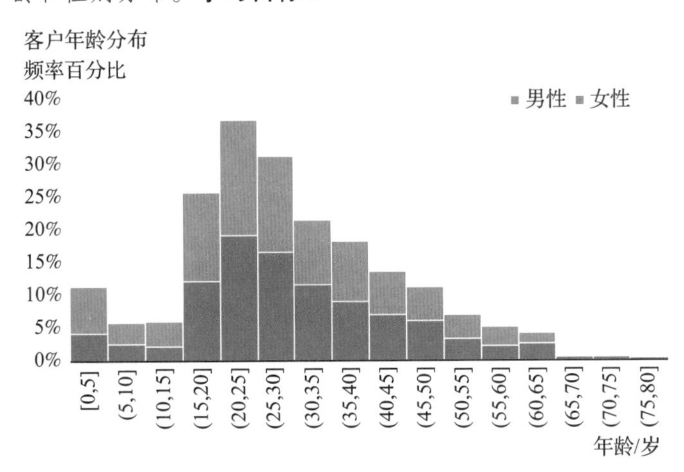

以下哪些陈述准确地评判了这个堆积柱形图？（选择所有正确的选项）

1）使用颜色是不必要的，而且会分散读者的注意力。

2）堆积的方向导致难以比较男女客户的年龄分布图形的形状。

3）这张图表的一个优点是通过堆积的排列方式可视化了整体年龄分布，并将每个年龄段的客户分为男性和女性两个类别。

4）将这个图表改为垂直排列的堆积柱形图会更好。

3. **乘船客户的簇状柱形图。** 基于对最近在哈瓦苏湖上乘船游览的 1 046 名客户的调查，洛沙博船务公司正在分析其客户的人口统计数据。据悉，该样本（包含 388 名女性和 658 名男性）代表了洛沙博船务公司的总体客户群体。一名分析师创建了以下图表，描绘了被调查者的年龄和性别分布。**学习目标 2、3**

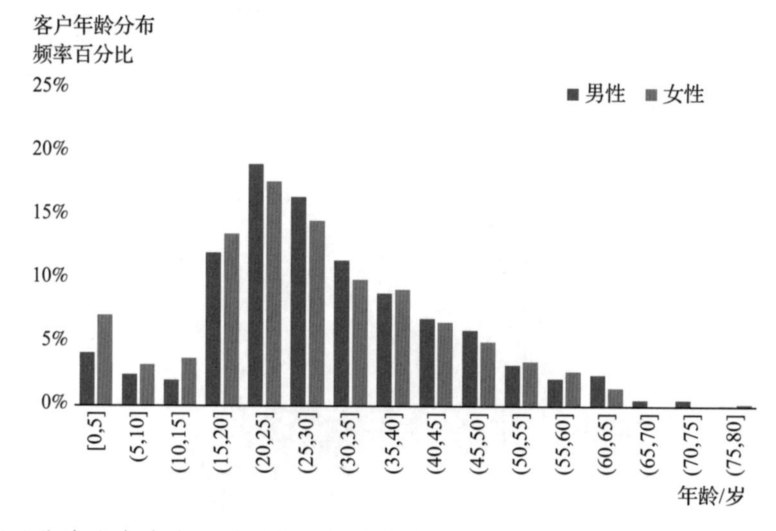

（1）以下哪些陈述准确地评判了这个簇状柱形图？

1）分箱过少。

2）交替的男性和女性频率条形破坏了分布的可视化。

3）使用颜色是不必要的，而且会分散读者的注意力。

4）使用堆积柱形图可以更好地比较女性和男性群体的不同情况。

（2）以下哪种方式更好地展示了女性和男性客户年龄分布的对比？

1）堆积柱形图。

2）线形图。

3）频率多边形。

4）茎叶图。

4. **乘船客户的年龄金字塔图。** 基于对最近在哈瓦苏湖上乘船游览的 1 046 名客户的调查，洛沙博船务公司正在分析其客户的人口统计数据。分析师对样本中的 388 名女性和 658 名男性分别进行了处理，想要比较女性客户的年龄分布与受访的 388 名女性的百分比以及男性客户的年龄分布与受访的 658 名男性的百分比。一名分析师创建了以下图表，描绘了被调查者的年龄和性别分布。**学习目标 3**

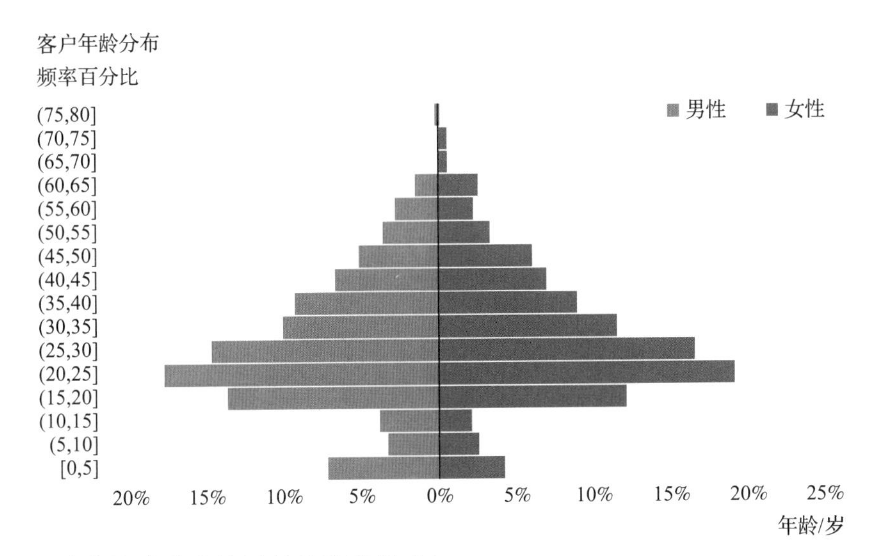

（1）以下哪些陈述准确地评判了这张图表？

1）将女性和男性的频率条条形一一对齐，使得难以直观地比较它们的大小。

2）分箱过多。

3）使用颜色是不必要的，而且会分散读者的注意力。

4）将图表顺时针或逆时针旋转 90 度可以更好地逐一比较各个年龄段的女性和男性的情况。

（2）以下哪种方式更好地展示了女性和男性客户年龄分布的对比？

1）簇状柱形图。

2）线形图。

3）小提琴图。

4）频率多边形。

5. **乘船客户的分布偏差图**。基于对最近在哈瓦苏湖上乘船游览的 1 046 名客户的调查，洛沙博船务公司正在分析其客户的人口统计数据。分析师对样本中的 388 名女性和 658 名男性分别进行了处理，想要比较女性客户的年龄分布与受访的 388 名女性的百分比以及男性客户的年龄分布与受访的 658 名男性的百分比。一名分析师创建了以下图表，计算每个年龄组的百分比差异。**学习目标 3**

（1）以下哪些陈述准确地评判了这张图表？

1）分箱过少。

2）分箱过多。

3）这张图表需要使用颜色区分。

4）这张图表没有提供关于女性和男性客户的年龄分布形状，而且计算出的差异高度依赖于所使用的分箱。

（2）以下哪种方式更好地展示了女性和男性客户年龄分布的对比？

1）核密度图。

2）簇状柱形图。

3）频率多边形。

4）线形图。

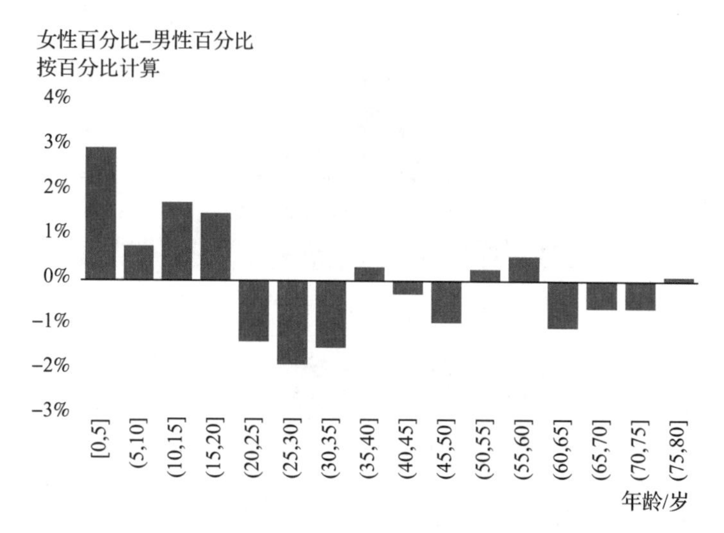

6. **每日温度线形图**。有志成为气象学家的杰西·科什在整整一年的时间里收集了内布拉斯加州瓦伦丁市每天的最高温度数据。然后，杰西使用线形图显示了每个月份每天的最高温度。**学习目标 4**

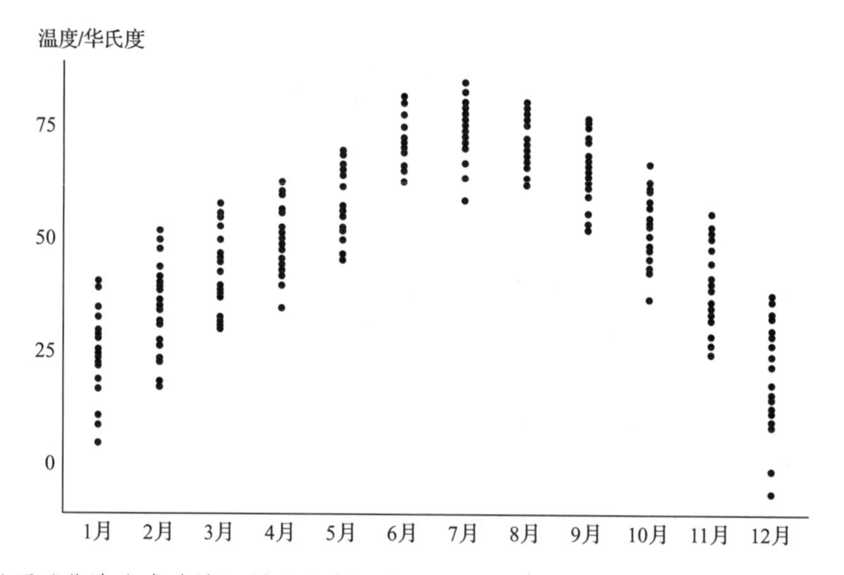

（1）以下哪些陈述准确地评判了这张图表？

1）没有清楚说明每个数据点代表什么。

2）图表存在遮挡，因为数据点之间缺乏明显的分界。

3）折线图可以更好地展示这些数据。

4）图表需要使用颜色区分。

（2）杰西如何才能更好地改进这个数据可视化？

1）用不同的颜色区分每个月份。

2）对每个数据点进行垂直抖动。

3）将横轴更改为年份中的日期，并绘制成时间序列图。

4）使用空心点代替实心点，并水平抖动每个数据点。

7. **房屋估价的直方图。**克里斯·富尔茨是贝特尔吉斯房地产公司的房地产经纪人，他正在对当地郊区的房屋估价进行研究。克里斯构建了以下直方图。**学习目标 2、5、6**

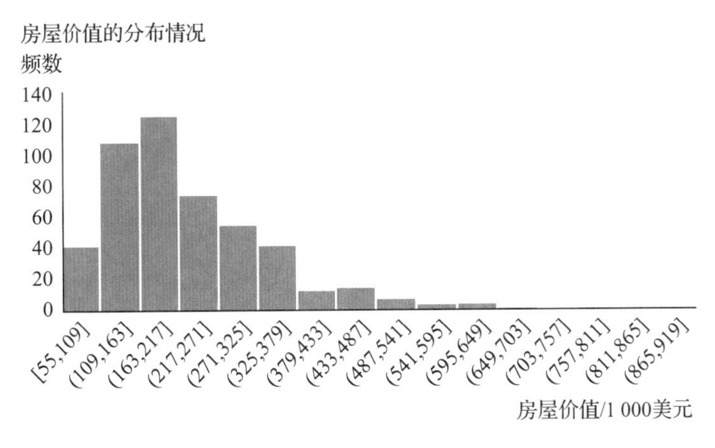

以下哪个箱线图对应于这个直方图？

1）

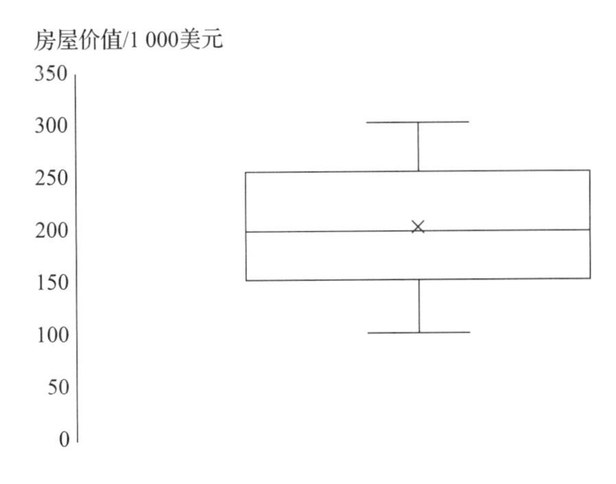

2）

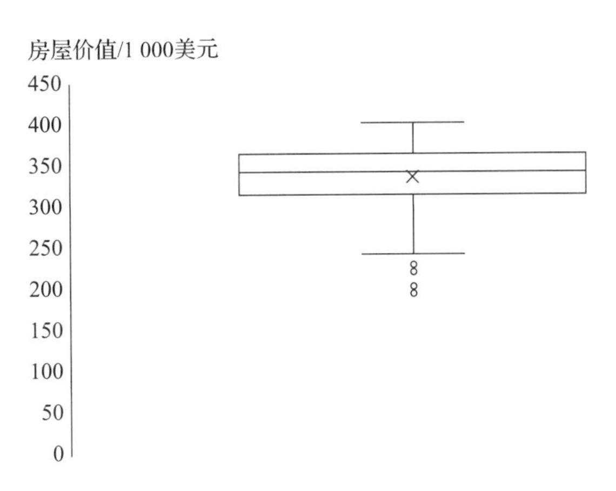

3）

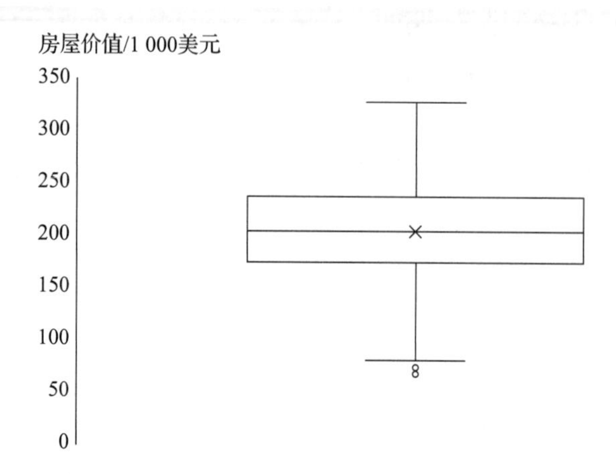

4）

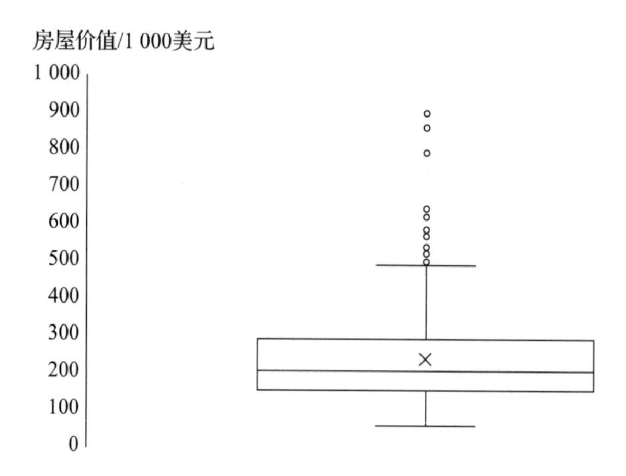

8. **房屋估价的频率多边形。**阿比·阿布里兹克是阿拉莫郊区的房地产经纪人，他正在对当地郊区的房屋估价进行研究。阿比构建了以下频率多边形。**学习目标 2、5、6**

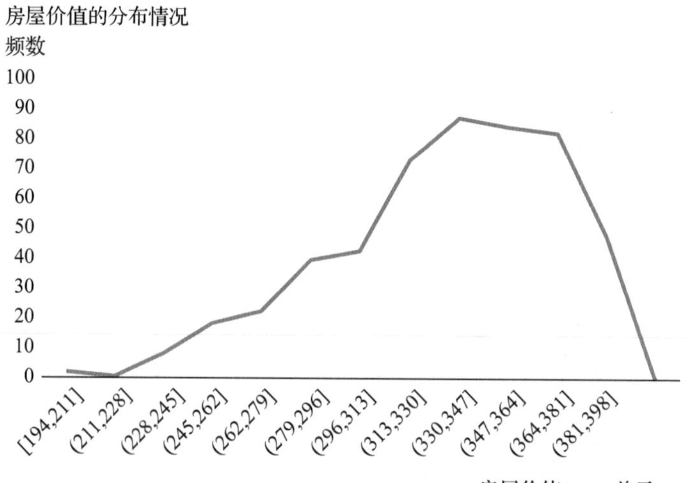

哪个箱线图对应于这个频率多边形？

1）

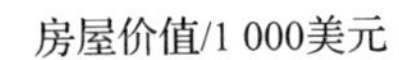

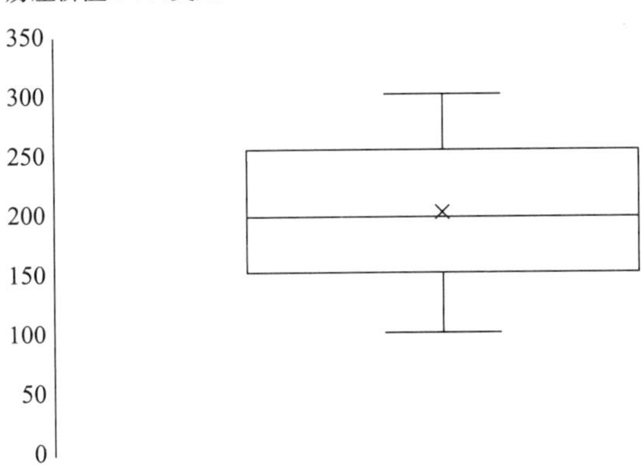

2）

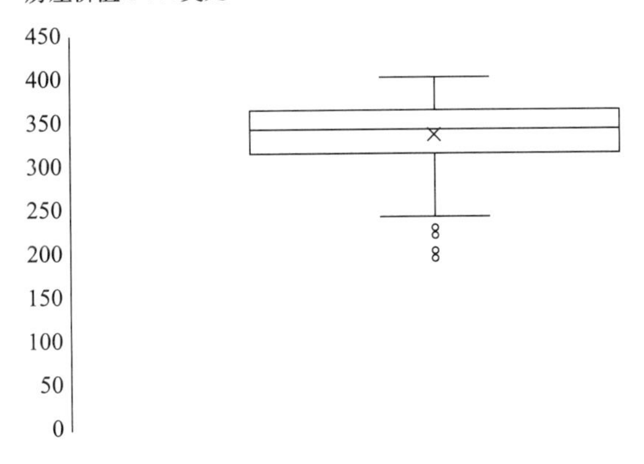

3）

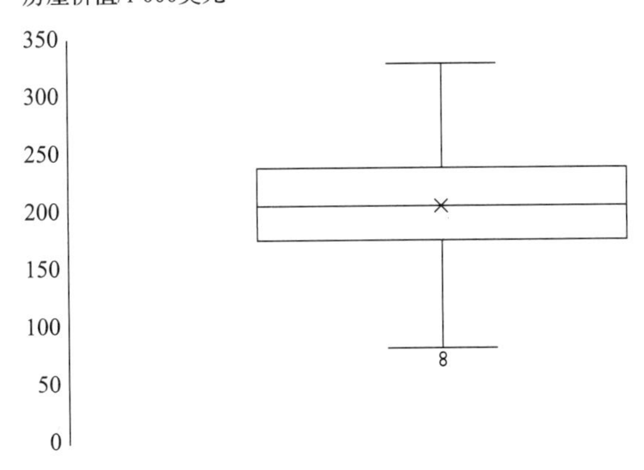

4）

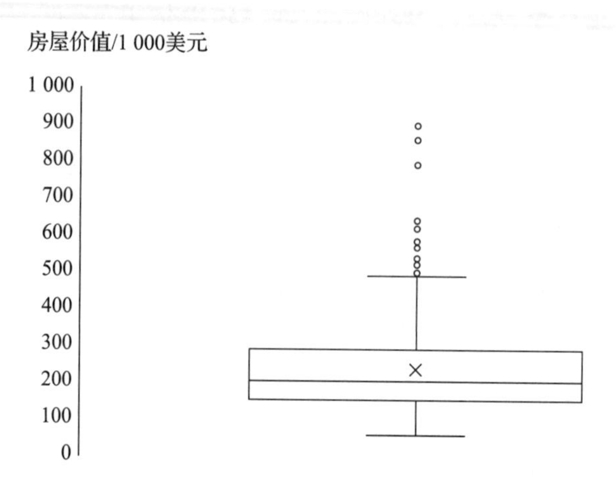

9. **人寿保险分析**。约洛人寿保险公司的精算科学家乔什·贝尔为一份代表潜在客户的随机样本的死亡年龄数据创建了以下箱线图。**学习目标 6**

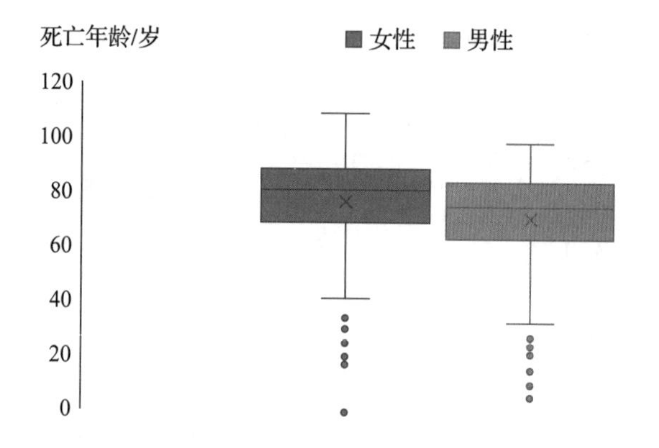

以下哪一项评判是正确的？

1）这些分布呈正偏态；女性的平均寿命更长。

2）这些分布呈负偏态，存在一些极小的异常值；女性的平均寿命更长。

3）这些分布呈对称态；均值和中位数相同。

4）两个样本中都没有异常值；女性和男性的分布形状相同。

10. **餐厅送餐时间**。一个美食博客收集了四种不同的餐厅送餐服务（CHOMP、Uber Eats、DoorDash、Grubhub）的送餐时间数据。博客编辑奥古斯特·古斯多一直在分析每家送餐公司的送餐服务时间分布，并考虑如何直观地比较这四种送餐服务的时间分布。你会推荐以下哪个方式？**学习目标 3**

1）在簇状柱形图上绘制四种送餐服务的时间分布。

2）使用网状显示，垂直排列四个频率多边形。

3）使用六个图表，每个图表显示两种不同的送餐服务的时间分布，并绘制频率多边形。

4）使用频率多边形绘制所有四种送餐服务的时间分布。

11. **呼叫中心的响应时间**。斯凯勒·迪金斯正在审查她管理的四个呼叫中心的表现。她从每个呼叫中心收集了处理退款请求所需时间的12次记录。基于这些观测值，以下柱形图显示了每个呼叫中心的平均服务时间。**学习目标7**

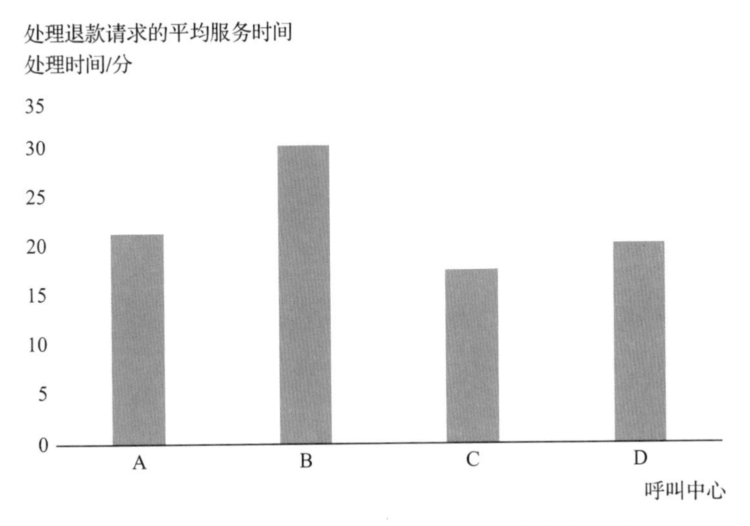

（1）为什么从这个柱形图中得出的平均服务时间可能会产生误导？

（2）如何改进这个图表以提供对呼叫中心平均服务时间的更准确的比较？

12. **视力保险**。瓦尔蒙特工业公司在将视力保险纳入其1万名员工的福利计划之前，希望确认大多数员工是否需要这项福利。瓦尔蒙特工业公司进行了一项员工调查，在100名调查受访者中，有55名员工表示他们会选择加入这项保险计划。一名分析师通过以下柱形图展示了调查结果。**学习目标7**

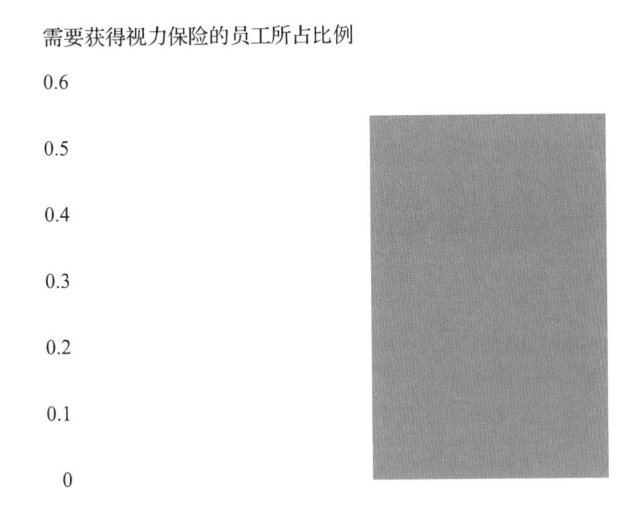

（1）为什么这个图表中样本比例的结果在解释需要视力保险的员工的比例方面可能会产生误导？

（2）如何改进此图表以更准确地传达调查结果？

13. **餐厅特许经营**。一家特别受大学生欢迎的连锁餐厅收集了现有餐厅的季度销售额与各餐厅所在地区的大学生人数规模之间的关系数据。特许经营总监珍妮丝·摩尔使用季度销售额作为因变量（y），使用大学生人数作为自变量（x），构建了一个简单的线性回归模型。相关数据和简单线性回归模型如下图所示。

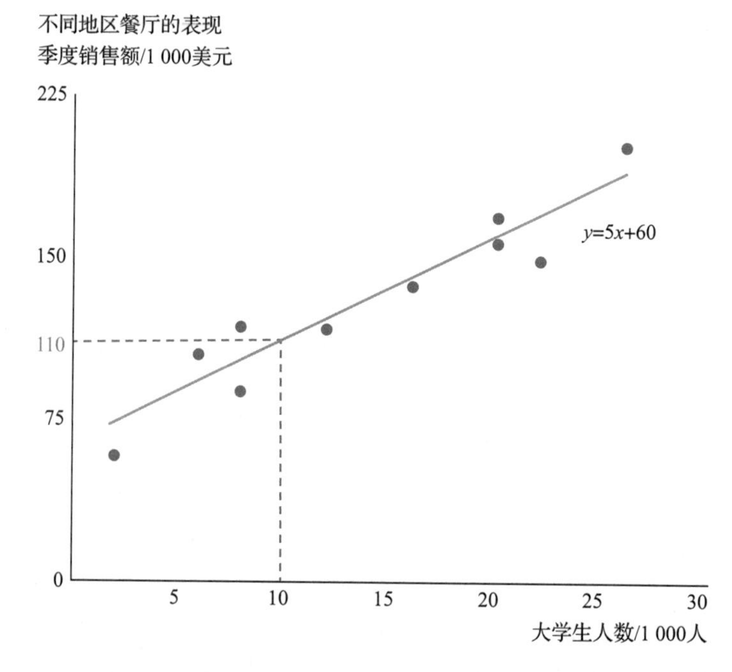

开发团队已经为一个新的特许经营公司确定了一个很有潜力的地点，该地点附近有1万名大学生。基于她的简单线性回归模型，珍妮丝预测这个新的特许经营公司的季度销售额将达到110 000［=（5×10+60）×1 000］美元。珍妮丝在她的图表上突出显示了这个预测结果。**学习目标 8**

（1）为什么这张图表的结果可能会产生误导？

（2）如何更改此图表以更准确地传达调查结果？

14. **预测股票价格**。为了了解当日交易情况，豪尔赫·贝尔福特收集了绿色能源公司——尼罗河股份有限公司的历史股价数据。豪尔赫构建了以下时间序列图来展示股票价格以及他对未来几天股价的预测。

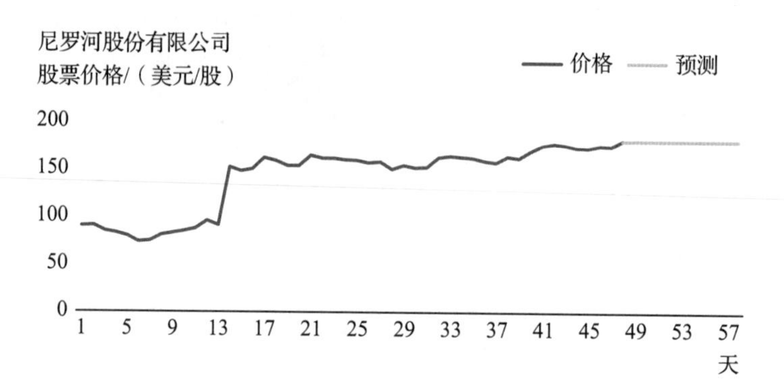

豪尔赫可以如何修改这个图表，以进一步传达与其对该股票预测相关的不确定性？**学习目标8**

应用题

15. **访问量最大的网站。**在最近的一份报告中，访问量最大的五个英语网站是google.com（GOOG）、facebook.com（FB）、youtube.com（youtube.com）、yahoo.com（YAH）和wikipedia.com（wikipedia.com）。*WebSites*文件包含了50个互联网用户最喜欢的网站的相关数据。**学习目标1**
    （1）使用柱形图可视化这些数据的频率分布。
    （2）根据这一样本，哪个网站最常被列为互联网用户最喜欢的网站？哪个网站排名第二？
16. **审计差旅费用报告。**考特尼·博伊斯目前正在对公司员工过去一年提交的差旅费用报告进行审计。**学习目标1**
    （1）使用*TravelExpenses*文件中的数据，创建每个报告中报告费用的首位数字的频率百分比分布。
    （2）使用本福德定律评估这种分布。考特尼是否有理由怀疑报告存在错误或欺诈？（提示：将费用金额的首位数字视为分类变量，而不是数值。）
17. **大学捐赠基金。**大学捐赠基金是由支持者捐赠的财务资产，用于为大学提供支持。大学捐赠基金的规模差异很大。*Endowments*文件根据全国大学和学院商务官员协会报告，提供了一份拥有最大规模捐赠基金的大学名单。**学习目标2、5**
    （1）根据这些数据构造一个频率计数的直方图。
    （2）评价直方图所显示的分布形状。
18. **最繁忙的北美洲机场。***Airports*文件包含了北美洲最繁忙的机场的总客运量数据。**学习目标2、5**
    （1）使用10作为分箱宽度构建一个频率计数的直方图，第一个分箱开始的值为3 000万。
    （2）基于这个直方图，最常见的客运量范围是多少？
    （3）描述直方图的形状。
19. **橄榄球比赛的电视收视率。**考虑在电视转播的XFL橄榄球比赛期间购买广告的公司对比赛的收视率感兴趣，以此来估计它们的广告的曝光度。*PrimeTimeXFL*文件包含了星期五和星期六晚上转播的XFL比赛的收视率样本。**学习目标6**
    （1）构建同一图表上的箱线图，比较星期五晚上XFL比赛的收视分布与星期六晚上XFL比赛的收视分布。
    （2）使用箱线图比较这两个分布。
    （3）使用星期五晚上XFL比赛的箱线图来描述这个分布。
    （4）使用星期六晚上XFL比赛的箱线图来描述这个分布。
20. **CEO的会议时间。**一项研究调查了首席执行官（CEO）是如何度过工作日的。*CEOtime*文件包含了这项研究的一个数据样本，记录了各个CEO每天在会议中花费的时间（分）。**学习目标4、5**
    （1）构建一个显示数据的线形图，确保使用技巧避免遮挡问题。

（2）CEO每天在会议中花费的时间的中位数是多少？

（3）CEO每天在会议中花费的时间的平均数是多少？

（4）CEO每天在会议中花费的时间的众数是多少？

21. **教师每周工作小时数。**根据美国全国教育协会（NEA）的数据，教师通常每周工作超过40个小时来完成教学工作。*Teachers*文件包含了高中科学教师和英语教师每周工作小时数的样本数据。**学习目标4、5**

（1）构建一个线形图，比较高中科学教师与英语教师每周工作的时间。确保使用技巧来减少遮挡问题。

（2）计算高中科学教师和高中英语教师每周工作时间的第25、第50和第75百分位数。

（3）讨论高中科学教师和英语教师每周工作时间的差异。

22. **平均税款错误。***FedTaxErrors*文件中有一份包含10 001份有错误的联邦所得税申报表的样本数据，并提供了每个错误的缴款金额。其中正值表示纳税人缴款不足，负值表示纳税人缴款过多。**学习目标5、7**

（1）这些错误的联邦所得税申报样本的均值是多少？

（2）缴款错误金额的样本标准差是多少？

（3）对于平均缴款错误金额的95%置信区间的误差幅度是多少？

（4）构建一个柱形图，显示样本的平均税款误差，同时用误差线表示一个95%的置信区间。

（5）我们能否以95%的置信度得出结论，即平均税款错误是正值（纳税人缴款不足）？

23. **纳税不足比例。***FedTaxErrors*文件中有一份包含10 001份有错误的联邦所得税申报表的样本数据，并提供了每个错误的缴款金额。其中正值表示纳税人缴款不足，负值表示纳税人缴款过多。**学习目标7**

（1）在错误的所得税申报中，对应缴款不足的样本比例是多少？

（2）对于缴款不足的错误比例的95%置信区间的误差幅度是多少？

（3）构建一个柱形图，显示缴款不足的样本比例，同时用误差线表示一个95%的置信区间。将图表与50%的比例基准的置信区间进行比较。

（4）我们能否以95%的置信度得出结论，即超过50%的纳税错误对应着缴款不足？

24. **餐厅特许经营（回顾）。**在这个问题中，我们重新讨论了练习题13中的简单线性回归模型，该模型用于预测餐厅季度销售额与附近大学生人数之间的关系。图表和相关数据包含在*RestaurantFranchiseChart*文件中。**学习目标8**

（1）修改图表以显示与简单线性回归模型对应的预测相关的不确定性。

（2）当大学生人数大约为多少时，回归模型是最准确的？

25. **预测股票价格（回顾）。**在这个问题中，我们重新讨论了练习题14中显示股票历史价格和预测价格的图表。图表和相关数据包含在*DayTradingChart*文件中。**学习目标8**

（1）修改图表以显示与未来几天股票价格预测相关的不确定性。

（2）对于未来一天与未来十天的股票价格预测，你有什么看法？

CHAPTER 6

第6章

可视化地探索数据

■ 学习目标

学习目标1　整理数据以供数据探索和实现数据可视化
学习目标2　创建并解释可视化图表来探索单个变量的分布
学习目标3　创建交叉表和关联图来探索包含多个变量的数据的模式
学习目标4　根据数据的类型和分析的目标来选择恰当的图表类型
学习目标5　创建并比较展示两个定量变量间关系的可视化图形
学习目标6　定义相关性并掌握如何在散点图中估计其强度
学习目标7　定义缺失数据的类型并理解其影响以及处理方法
学习目标8　创建时间序列数据的可视化图形并识别时间序列模式
学习目标9　解释使用分级统计图和变形地图探索数据的优点与缺点

■ 数据可视化改造案例

北冰洋冰川体积

数据可视化有助于洞察数据背后的故事。然而，选择最佳的可视化类型和格式来从数据探索中获得最佳见解也极具挑战性。隶属于华盛顿大学的极地科学中心（Polar Science Center）是监测地球上冰层覆盖地区的海洋学、气候学、气象学、生物学和生态学数据的托管机构。极地科学中心的一项研究涉及北冰洋海冰覆盖的体积。图6-1展示的图表与Haveland-Robinson机构绘制的图表类似，图表绘制了1979年至2020年北冰洋冰川的每月平均体积。

如图6-1所示，这张图表包含了大量的数据点。然而，图表的圆形形式使得读者很难迅速从数据中获取洞察力。除了简化了“北极死亡螺旋”的标题外，圆形图表的形状并不适合数据的展示。通常，这种圆形图表用于展示数据在特定时间段（如一周中的某几天，或某几个月）内的重复出现情况，但是年份并不会重复，如果想要添加额外的年份数据，就需要重新绘制整个图表（可能需要删除最早的年份数据）。此外，该图表严重依赖于网格线，这降低了图表的数据－墨水比。由于月份是根据相应的冰川体积值进行绘制的，因此图表的月份显示并没有按照时间顺序排列，这使得图表更加令读者困惑。

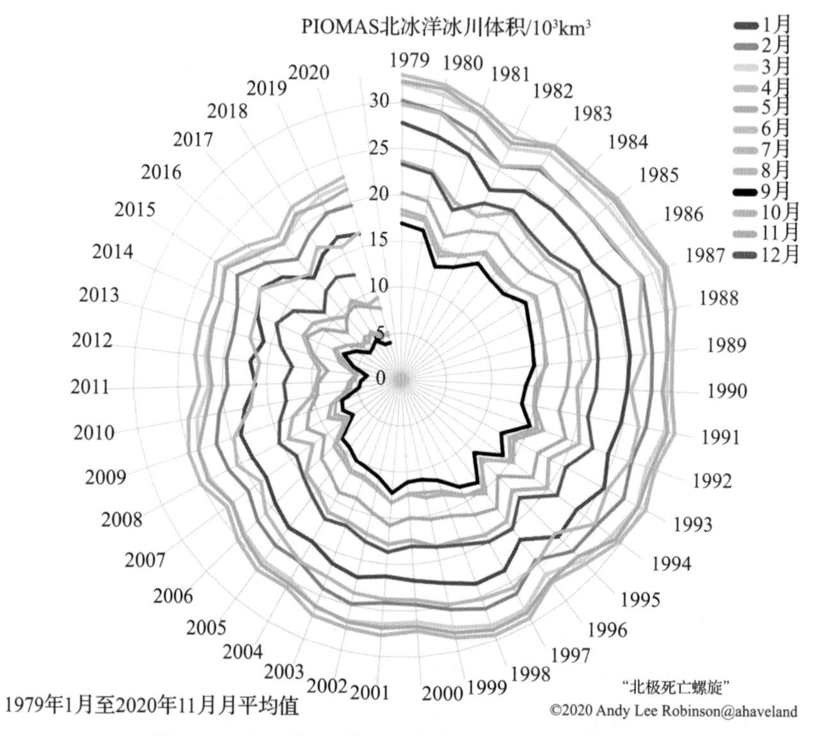

图 6-1 北冰洋冰川每月平均体积观测值雷达图

数据来源：http://psc.api.washington.edu/wordpress/research/projects/arctic-sea-ice-volume-anomaly/。

另一种可视化这些数据的方法是从图表中删除单个的月份值。分析师仍然可以使用月度平均数据，不过需要使用一种能够传达出数据中的泛化特征（即冰川体积下降）的方式。图 6-2 展示了一系列基于对应特定年份的 12 个月度平均数据绘制的箱线图。箱线图呈现

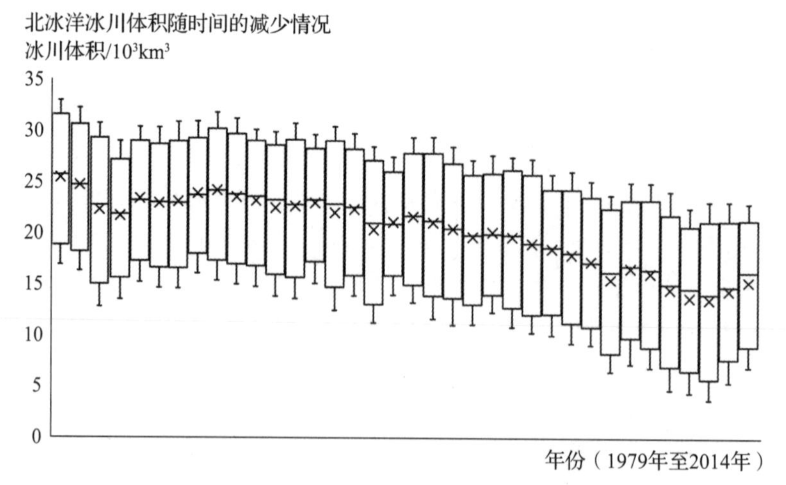

图 6-2 月度冰川体积观测值的年度箱线图

了每年观测数据的统计概要，包括第一和第三四分位数、中位数和均值。然而，更加重要的是，箱线图清晰地展示了冰川体积统计数据的长期下降趋势。

箱线图的另一个优点是可以使用粒度最精细水平的数据，而不仅仅是月度平均值数据。在这种情况下，极地科学中心拥有北冰洋冰川体积数据的每日观测数据。如果分析师确定读者有兴趣探索每日水平的变化，那么这些每日观测数据可以作为每年箱线图的基础。

在本章中，我们将描述数据可视化在探索数据方面的作用。数据在以最适合于深度分析的形式展示之前，通常被称为“肮脏”或“原始”数据。我们描述了如何利用数据可视化在数据清洗（Data cleansing）过程中检查缺失数据和异常值。我们演示了如何使用不同类型的图表来探索单个变量中的模式，例如数据可视化改造案例中讨论的冰川体积减小的情况。然后，我们介绍了使用交叉表和散点图来研究两个或多个变量间的模式。在本章中，我们总结了在探索时间序列数据和地理空间数据时特定的考虑因素。

6.1 探索性数据分析导论

作为分析性研究的第一步，对数据的检验和探索至关重要。这种探索性数据分析（Exploratory data analysis，EDA）大量使用描述性统计量和可视化图表来获取对数据的初步认知。探索性数据分析的目标包括：①识别错误、缺失值和其他异常观测值；②描述单个变量值分布的特征；③识别变量之间的模式和关系。可视化展现是EDA的一个基本原则，因为它允许分析人员将数据行和列中包含的信息转换为图表，提供实现EDA目标的“数据第一眼”。

为了理解探索数据的挑战，我们考虑一下数据的结构维度。当观测值（行）数目较大时会出现高数据（Tall data）；当变量（列）数目较大时会出现宽数据（Wide data）。随着数据变得更高或者更宽，出现数据错误和缺失的可能性将增大。此外，由于存在大量可能的变量组合，广泛的数据探索变得越来越困难。

6.1.1 Espléndido Jugo y Batido公司的例子

让我们来看Espléndido Jugo y Batido（EJB）公司的一个例子。这是一家生产瓶装果汁和奶昔的公司。EJB生产五种水果（苹果、葡萄、橙子、梨和番茄）口味和四种蔬菜（甜菜、胡萝卜、芹菜和黄瓜）口味的产品，并从爱达荷州、密西西比州、内布拉斯加州、新墨西哥州、北达科他州、罗得岛州和西弗吉尼亚州的配送中心发货。

EJB公司的管理层查阅了过去三年收到的每个订单的数据，并将其存储在文件*EJB*中（部分展示于图6-3中）。数据中的每条记录对应于单个订单中一种产品的数量（包括类别和口味），因此一个订单由数据中的多条记录组成。数据中的每条记录提供以下信息。

- 订单编号
- 口味

- 类别（果汁或奶昔）
- 销售额（美元）
- 订购日期
- 交货日期
- 完成订单的配送中心
- 是否为从新客户处收到的订单
- 客户报告的服务满意度评分
- 客户报告的产品满意度评分

	A	B	C	D	E	F	G	H	I	J
1	订单编号	口味	类别	销售额	订购日期	交货日期	配送中心	是否为新客户?	服务满意度评分	产品满意度评分
2	92145	甜菜	果汁	605.97	1/1/2018	1/3/2018	ID	是	3	
3	92145	苹果	果汁	1 549.00	1/1/2018	1/3/2018	ID	是	5	4
4	92145	苹果	果汁	1 986.28	1/1/2018	1/3/2018	ID	是	5	4
5	92145	橙子	果汁	16.43	1/1/2018	1/3/2018	ID	是	5	3
6	92145	黄瓜	果汁	1 594.93	1/1/2018	1/3/2018	ID	是		
7	92145	梨	果汁	590.15	1/1/2018	1/3/2018	ID	是		5

图 6-3 EJB 公司的部分数据

我们对数据进行快速检查后发现存在缺失数据的情况，缺失的数据显示为空白条目。[⊖] 为了可视化呈现数据中缺失条目的频率和模式，我们执行以下步骤。

步骤 1 选择单元格范围 A1:J9932。

步骤 2 单击功能区上的**“菜单”**。

之后单击**“样式”**组中的**“条件格式”**按钮 Conditional Formatting。

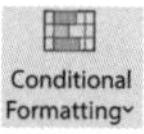

选择**“新建规则”**。

步骤 3 当**“新建格式规则”**对话框出现时：

在**“选择规则类型:”**区域中选择**“仅包含单元格格式”**。

在**“编辑规则描述:”**区域中：

选择**“空白”**。

单击**“格式”**按钮，当**“设置单元格格式”**对话框出现时：

在**“填充”**选项卡中，从**“背景颜色:”**中选择黑色。

单击**“确定”**按钮，关闭**“设置单元格格式”**对话框。

单击**“确定”**按钮，关闭**“新建格式规则”**对话框。

图 6-4 展示了执行上述步骤后的结果。缺失数据的单元格被着色为黑色，从而在视觉

⊖ 缺失的数据条目可能有多种编码方式，例如空白条目、“NA”条目或具有不合理数值（如 −9 999）的条目。

上突出缺失条目的频率和模式。对于 EJB 公司的数据集，我们看到缺少条目的变量只有服务满意度评分和产品满意度评分。一个可能的解释是，有些客户在征集评分时忽略了提供这些自愿评价。在本章后面，我们将更仔细地分析这些缺失数据的性质。

	A	B	C	D	E	F	G	H	I	J
1	订单编号	口味	类别	销售额	订购日期	交货日期	配送中心	是否为新客户?	服务满意度评分	产品满意度评分
2	92145	甜菜	果汁	605.97	1/1/2018	1/3/2018	ID	是	3	
3	92145	苹果	果汁	1 549.00	1/1/2018	1/3/2018	ID	是	5	4
4	92145	苹果	果汁	1 986.28	1/1/2018	1/3/2018	ID	是	5	4
5	92145	橙子	果汁	16.43	1/1/2018	1/3/2018	ID	是	5	3
6	92145	黄瓜	果汁	1 594.93	1/1/2018	1/3/2018	ID	是		
7	92145	梨	果汁	590.15	1/1/2018	1/3/2018	ID	是		5
8	92146	甜菜	果汁	1 764.92	1/1/2018	1/3/2018	MS	是	3	
9	92146	梨	果汁	428.46	1/1/2018	1/3/2018	MS	是	5	
10	92146	黄瓜	奶昔	138.92	1/1/2018	1/3/2018	MS	是		3
11	92146	橙子	果汁	6.50	1/1/2018	1/3/2018	MS	是		4
12	92147	甜菜	果汁	872.00	1/1/2018	1/3/2018	ND	否	3	
13	92147	橙子	奶昔	1 437.94	1/1/2018	1/3/2018	ND	否	3	
14	92150	葡萄	果汁	1 366.97	1/1/2018	1/3/2018	NE	是	3	5
15	92151	苹果	果汁	1 786.11	1/1/2018	1/3/2018	NE	是	5	
16	92152	橙子	奶昔	63.72	1/1/2018	1/3/2018	NM	是	3	3
17	92152	番茄	奶昔	1 971.52	1/1/2018	1/3/2018	NM	是	3	
18	92153	胡萝卜	奶昔	1 366.25	1/1/2018	1/3/2018	NM	否	5	
19	92737	橙子	果汁	920.78	3/10/2018	3/12/2018	NE	否	3	
20	92974	橙子	果汁	81.29	3/29/2018	3/31/2018	RI	否	4	
21	92156	橙子	果汁	312.87	1/1/2018	1/3/2018	RI	是		4
22	93205	橙子	果汁	543.54	4/19/2018	4/21/2018	MS	否	3	
23	92199	苹果	果汁	1 128.87	1/5/2018	1/7/2018	MS	否		
24	92199	橙子	奶昔	1 629.45	1/5/2018	1/7/2018	MS	否		
25	92245	梨	奶昔	1 982.27	1/10/2018	1/12/2018	MS	是		
26	92246	番茄	奶昔	1 624.45	1/10/2018	1/12/2018	ND	否	4	
27	92247	胡萝卜	果汁	411.28	1/10/2018	1/12/2018	ND	否	4	5
28	92247	橙子	奶昔	443.48	1/10/2018	1/12/2018	ND	否		
29	92252	芹菜	果汁	215.24	1/10/2018	1/12/2018	WV	否	4	
30	92252	梨	果汁	1 431.32	1/10/2018	1/12/2018	WV	否	4	
31	92253	黄瓜	果汁	1 212.89	1/10/2018	1/12/2018	WV	否	4	
32	92253	番茄	果汁	1 730.99	1/10/2018	1/12/2018	WV	否	4	
33	92265	葡萄	奶昔	36.91	1/12/2018	1/14/2018	ID	否	5	2
34	92282	甜菜	果汁	1 602.19	1/13/2018	1/15/2018	WV	否	4	
35	92282	番茄	果汁	797.25	1/13/2018	1/15/2018	WV	否	4	2
36	93213	橙子	果汁	1 013.00	4/19/2018	4/21/2018	NE	否	3	
37	92298	黄瓜	果汁	928.99	1/16/2018	1/18/2018	ND	是	1	5
38	92298	胡萝卜	奶昔	303.48	1/16/2018	1/18/2018	ND	是	1	2

图 6-4　更改条件模式来呈现缺失数据模式

6.1.2 组织数据来促进探索

在本节中，我们介绍了 Excel 表对象的功能，从而促进对数据集的探索。以下步骤展示了如何使用文件 *EJB* 中的数据在 Excel 中创建表对象。我们执行以下步骤所建立的数据表中没有以黑色突出显示缺失的单元格条目。

步骤 1 单击功能区上的**“插入”**选项卡。

单击**“表格”**分组中的**“表格”**按钮 Table。

步骤 2 当出现**“创建表格”**对话框时：

在**“表格数据的来源?”**中输入“=$A$1:$J$19932”。

选择**“表格包含标题”**。

单击**“确定”**按钮。

图 6-5 展示了由这些步骤得到的部分表格。除了默认情况下 Excel 表格具有的带状格式外，我们还可以发现 Excel 中的数据位于表格对象中，这是因为在选择数据范围内的任何单元格时，功能区中都会出现“表格”选项卡。在默认情况下，包含数据的表名字为 Table1，但我们可以使用以下步骤重命名该表。

步骤 3 选择数据范围内的任何单元格，例如单元格 A1。

步骤 4 单击功能区上的**“表格”**选项卡。

在**“属性”**组中，在**“表名”**下面的文本框中输入 *EJBData*。

	A	B	C	D	E	F	G	H	I	J
1	订单编号	口味	类别	销售额	订购日期	交货日期	配送中心	是否为新客户?	服务满意度评分	产品满意度评分
2	92145	甜菜	果汁	605.97	1/1/2018	1/3/2018	ID	是	3	
3	92145	苹果	果汁	1 549.00	1/1/2018	1/3/2018	ID	是	5	4
4	92145	苹果	果汁	1 986.28	1/1/2018	1/3/2018	ID	是	5	4
5	92145	橙子	果汁	16.43	1/1/2018	1/3/2018	ID	是	5	3
6	92145	黄瓜	果汁	1 594.93	1/1/2018	1/3/2018	ID	是		
7	92145	梨	果汁	590.15	1/1/2018	1/3/2018	ID	是		5

图 6-5 利用 EJB 公司的部分数据生成的 Excel 表

我们可以在“表格”选项卡上轻松修改 Excel 的格式。“表格样式”选项组中有各种选项。“表格样式”选项组提供了一个表格格式模板库，用户可从中选择自己喜欢的模板。

图 6-5 显示，每个列标题旁边都有过滤器箭头 ▼。当创建 Excel 表格时，数据集将自动做好根据变量值进行数据过滤的准备。为了演示这一功能，假设我们只对甜菜奶昔对应的记录感兴趣。为了过滤数据以便列出此风味和类别组合，我们执行以下步骤。

步骤 1 单击**“口味”**单元格 B1 旁边的箭头 ▼。

取消选择**“全选”**。

选择**“甜菜”**(“Beet”)。

单击**“确定”**按钮。

步骤 2　单击**“类别”**单元格 C1 旁边的箭头 ▼。

取消选择**“全选”**。

选择**“奶昔”**。

单击**“确定”**按钮。

结果将显示甜菜奶昔的订单记录（见图 6-6）。

	A	B	C	D	E	F	G	H	I	J
1	订单编号	口味	类别	销售额	订购日期	交货日期	配送中心	是否为新客户?	服务满意度评分	产品满意度评分
41	92301	甜菜	奶昔	1 180.36	1/16/2018	1/18/2018	NE	否	1	
51	92311	甜菜	奶昔	1 441.67	1/16/2018	1/18/2018	WV	否	1	
54	92370	甜菜	奶昔	44.72	1/25/2018	1/27/2018	NE	否	3	4
118	92651	甜菜	奶昔	1 315.08	3/2/2018	3/4/2018	NM	否	2	
263	93457	甜菜	奶昔	651.19	5/9/2018	5/11/2018	ID	否	5	4

图 6-6　只包含甜菜奶昔对应的记录数据

假设我们现在只想查看销售额大于或等于 1 500 美元的记录。为了过滤如销售额这样的定量变量，我们执行以下步骤。

步骤 1　单击**“销售额”**单元格 D1 旁边的箭头 ▼。

步骤 2　选择**“数字过滤器”**，选择**“大于或等于”**。

步骤 3　当**“自定义筛选”**对话框出现时：

在对话框顶部左侧的**“展示行”**区域中选择**“大于或等于”**，并输入“1 500”。

单击**“确定”**按钮。

结果将仅显示销售额大于或等于 1 500 美元的甜菜奶昔订单记录（见图 6-7）。

	A	B	C	D	E	F	G	H	I	J
1	订单编号	口味	类别	销售额	订购日期	交货日期	配送中心	是否为新客户?	服务满意度评分	产品满意度评分
279	93588	甜菜	奶昔	1 663.03	5/21/2018	5/23/2018	ND	否	5	
357	94056	甜菜	奶昔	1 518.84	7/11/2018	7/13/2018	ND	否	2	
1529	100582	甜菜	奶昔	1 740.09	1/10/2020	1/12/2020	ND	否	4	
1921	102392	甜菜	奶昔	1 500.04	5/5/2020	5/7/2020	ND	否	5	
3368	94785	甜菜	奶昔	1 620.61	9/27/2018	9/30/2018	ID	否	3	

图 6-7　仅包含销售额大于或等于 1 500 美元的甜菜奶昔订单记录

我们可以通过在其他列中选择过滤箭头来进一步筛选数据。要使得表格重新显示所有数据，我们可以单击每个可过滤列（带有 ▼ 标识）的过滤箭头并选中全选。我们还可以通过单击“数据”选项卡中“排序和筛选”组中的“清除”来撤销所有过滤选项。

除了能够过滤数据外，我们还可以使用过滤箭头对数据按照量级（仅对于定量数据）、字母（对于分类数据）或时间顺序（对于日期变量）进行快速排序。删除所有过滤选项使得所有数据全部可见后，以下步骤演示了如何根据交货日期由早至晚对表格进行排序（部分结果如图 6-8 所示）。

步骤 1　单击**“交货日期”**单元格 F1 旁边的**“过滤箭头”**▼。

步骤 2　选择**“升序排列”**。

	A	B	C	D	E	F	G	H	I	J
1	订单编号	口味	类别	销售额	订购日期	交货日期	配送中心	是否为新客户?	服务满意度评分	产品满意度评分
2	92145	甜菜	果汁	605.97	1/1/2018	1/3/2018	ID	是	3	
3	92145	苹果	果汁	1 549.00	1/1/2018	1/3/2018	ID	是	5	4
4	92145	苹果	果汁	1 986.28	1/1/2018	1/3/2018	ID	是	5	4
5	92145	橙子	果汁	16.43	1/1/2018	1/3/2018	ID	是	5	3
6	92145	黄瓜	果汁	1 594.93	1/1/2018	1/3/2018	ID	是		

图 6-8　按交货日期排序后的部分结果

Excel 支持创建由数据集中的其他变量计算得出的新变量。以下步骤演示了如何在 EJB 公司的数据表中新建一个“交货时间”变量。

步骤 1　单击 G 列顶部，右击，从快捷菜单中选择**“插入”**。

步骤 2　在单元格 G1 中输入“交货时间”。

步骤 3　在单元格 G2 中输入“=F2−E2”。

步骤 4　单击列的顶部，选择整个 G 列。

步骤 5　选择功能区的**“开始”**选项卡中的**“数据”**：

在下拉菜单中选择**“数值”**。

单击两次**“减少小数位数”**按钮 .00→.0。

步骤 6　在功能区的**“开始”**选项卡中：

单击**“右侧对齐”**按钮 ☰。

图 6-9 显示了这些步骤的运行结果。当执行上述步骤 3 的公式时，整个列都会自动完成计算。

	A	B	C	D	E	F	G	H	I	J	K
1	订单编号	口味	类别	销售额	订购日期	交货日期	交货时间	配送中心	是否为新客户?	服务满意度评分	产品满意度评分
2	92145	甜菜	果汁	605.97	1/1/2018	1/3/2018	2	ID	是	3	
3	92145	苹果	果汁	1 549.00	1/1/2018	1/3/2018	2	ID	是	5	4
4	92145	苹果	果汁	1 986.28	1/1/2018	1/3/2018	2	ID	是	5	4
5	92145	橙子	果汁	16.43	1/1/2018	1/3/2018	2	ID	是	5	3
6	92145	黄瓜	果汁	1 594.93	1/1/2018	1/3/2018	2	ID	是		

图 6-9　插入交货时间后的部分结果

当我们在 Excel 中添加一行或一列时，表会自动调整大小，以包含新的行或列。基于 EJB 公司的数据中的订购日期，为了便于分析，将其拆解为三个新变量：订购年份、订购月份、订购日。以下步骤将演示如何在 Excel 中添加这些新变量，如图 6-10 所示。

步骤 1　在单元格 L1 中，输入订购年份。

步骤 2　在单元格 M1 中，输入订购月份。

步骤 3　在单元格 N1 中，输入订购日。

步骤 4　在单元格 L2 中，输入 =YEAR(E2)。

步骤 5　在单元格 M2 中，输入 =TEXT(E2, “mmm”)。

步骤 6　在单元格 N2 中，输入 =DAY(E2)。

	A	B	C	D	E	F	G	L	M	N
1	订单编号	口味	类别	销售额	订购日期	交货日期	交货时间	订购年份	订购月份	订购日
2	92145	甜菜	果汁	605.97	1/1/2018	1/3/2018	2	2018	1月	1
3	92145	苹果	果汁	1 549.00	1/1/2018	1/3/2018	2	2018	1月	1
4	92145	苹果	果汁	1 986.28	1/1/2018	1/3/2018	2	2018	1月	1
5	92145	橙子	果汁	16.43	1/1/2018	1/3/2018	2	2018	1月	1
6	92145	黄瓜	果汁	1 594.93	1/1/2018	1/3/2018	2	2018	1月	1

图 6-10　插入新列后的部分结果（列 H 至列 K 被隐藏）

在上面提到的 Excel 函数 TEXT 中，第二个参数指定了值（日期）转换成文本的格式。TEXT(E2,“mmm”) 返回单元格 E2 中列出的日期对应的月份缩写。

Excel 支持自动计算每一列数据的汇总统计量。例如，我们想要计算部分过滤后的记录的美元销售额的均值，并将其与所有记录的“美元销售额”均值进行比较。以下步骤演示了如何比较甜菜奶昔的销售额均值和所有记录的销售额均值。

步骤 1　选择表格中的任意单元格，例如单元格 A2。

步骤 2　在功能区上的**“表格设计”**选项卡中，选择**“表格样式选项”**组中的**“汇总行”**。

步骤 2 将在表的第一列的底部追加一行，生成的标签为汇总（Total）。接下来的步骤将计算销售额的均值。

步骤 3　在汇总行（第 19 933 行）中，选择与“销售额”列对应的条目。

单击**“下拉菜单箭头”**▼，并在菜单中选择**“均值”**。

图 6-11 显示，所有记录的平均销售额为 894.18 美元。Excel 拥有一个非常方便的功能：当记录被过滤后，汇总计算会根据过滤条件自动更新。图 6-12 显示，甜菜奶昔对应记录的平均销售额为 706.05 美元。

	订单编号	口味	类别	销售额	订购日期	交货日期	交货时间	配送中心	是否为新客户?
19926	105012	番茄	果汁	1 889.96	10/16/2020	11/6/2020	21	ND	是
19927	105012	甜菜	奶昔	1 111.82	10/16/2020	11/6/2020	21	ND	是
19928	105012	黄瓜	果汁	1 576.28	10/16/2020	11/6/2020	21	ND	是
19929	105012	苹果	果汁	1 743.86	10/16/2020	11/6/2020	21	ND	是
19930	105017	甜菜	果汁	90.05	10/16/2020	11/6/2020	21	NE	否
19931	105017	葡萄	果汁	1 375.50	10/16/2020	11/6/2020	21	NE	否
19932	105029	梨	果汁	1 486.91	10/16/2020	11/6/2020	21	WV	否
19933	汇总			894.18					

图 6-11　使用汇总行计算出的所有记录的平均销售额

	订单编号	口味	类别	销售额	订购日期	交货日期	交货时间	配送中心	是否为新客户?
19791	104488	甜菜	奶昔	130.13	9/15/2020	9/26/2020	11	NM	否
19805	103559	甜菜	奶昔	1 225.41	7/20/2020	8/4/2020	15	NE	否
19861	94183	甜菜	奶昔	196.77	7/24/2018	8/10/2018	17	MS	是
19873	95838	甜菜	奶昔	362.66	1/9/2019	1/26/2019	17	ID	是
19923	106068	甜菜	奶昔	939.72	12/27/2020	1/14/2021	18	NM	否
19927	105012	甜菜	奶昔	1 111.82	10/16/2020	11/6/2020	21	ND	是
19933	汇总			706.05					

图 6-12　使用汇总行计算出的甜菜奶昔的平均销售额

在接下来的两节中，我们将演示 Excel 如何促进 EDA 分析和图表的构建。此外，将尽可能地展示如何使用数据透视表和数据透视图来进行总结性统计分析与可视化。数据透视表是 Excel 提供的一种工具，主要用于汇总一个或多个变量的数据。数据透视图是与数据透视表相关的 Excel 图表工具。

注释和评论

Excel 使用列标题来自动命名单元格范围，以便使用者可以直接使用这些名称来引用单元格，而不是使用单元格的列数、行数（例如 C7）来进行引用。当我们通过单击单元格来创建单元格公式时，Excel 中的这些单元格将自动通过这些名称被引用。当有新的数据被添加进表格时，单元格的行数、列数可能会发生变化，而这样的命名规则允许 Excel 引用行数、列数不固定的单元格。这使得 Excel 更具动态性。

6.2 一次分析一个变量

作为一般原则，在探索两个或多个变量的关系之前，我们应该首先分析一个变量。一个变量（列）的分析被称为**单变量分析**（Univariate analysis）。单变量分析的重点在于研究变量值的分布。在本节中，我们将讨论如何分析分类变量和定量变量。

6.2.1 探索分类变量

我们将演示如何使用 Excel 的数据透视图功能构建展示单个分类变量分布的图表。我们使用之前通过 EJB 公司的数据构建的 Excel 表 EJBTable。

步骤 1　选择数据范围中的任何单元格，例如 A3。

步骤 2　单击功能区上的**“插入”**选项卡。

单击**“数据透视图”** PivotChart。

步骤 3　当**“创建数据透视图”**对话框出现时：

在**“请选择要分析的数据”**区域选择**“选择表或范围”**，然后在**“表 / 范围:”**中输入 EJBData。

在**“选择要放置数据透视图的位置”**中选择**“新工作表”**。

单击**“确定”**按钮。

生成的初始（空）数据透视表和数据透视图如图 6-13 所示。选择数据透视图后，数据透视图任务窗格将被激活。[⊖]Excel 将 14 列（变量）中的每一列标识为一个数据透视图字

⊖ 选择数据透视表后，将激活“数据透视表”任务窗格而不是“数据透视图”任务窗格。这两个任务窗格类似，唯一的区别在于数据透视表具有行和列区域，而不是轴（类别）和图例（系列）区域。

段。数据透视图字段可以用来表示数据透视图中的轴（类别）、图例（系列）、过滤器或数值。以下步骤展示了如何使用 Excel 的数据透视图字段列表将“口味”设置为横轴，并绘制每个口味的订单数的频率百分比分布。

步骤 4　在**“数据透视图字段”**面板中，在**“字段名称”**中勾选要添加到报表的字段：

将**“口味”**字段拖动到**“轴（类别）”**中。

将**“订单编号”**字段拖动到**“值”**区域中。

步骤 5　在**“值”**区域中单击“计数项：订单编号”。

步骤 6　在选项卡中选择**“值字段设置”**。

步骤 7　当**“值字段设置”**对话框出现时：

在**“汇总方式”**中选择**“计数”**。

在**“数据显示方式”**下拉菜单中选择**“百分比”**。

单击**“确定”**按钮。

步骤 8　单击数据透视图中的任意一列。选择某一列后，右击此列，然后选择**“排序”**并选择**“降序”**。

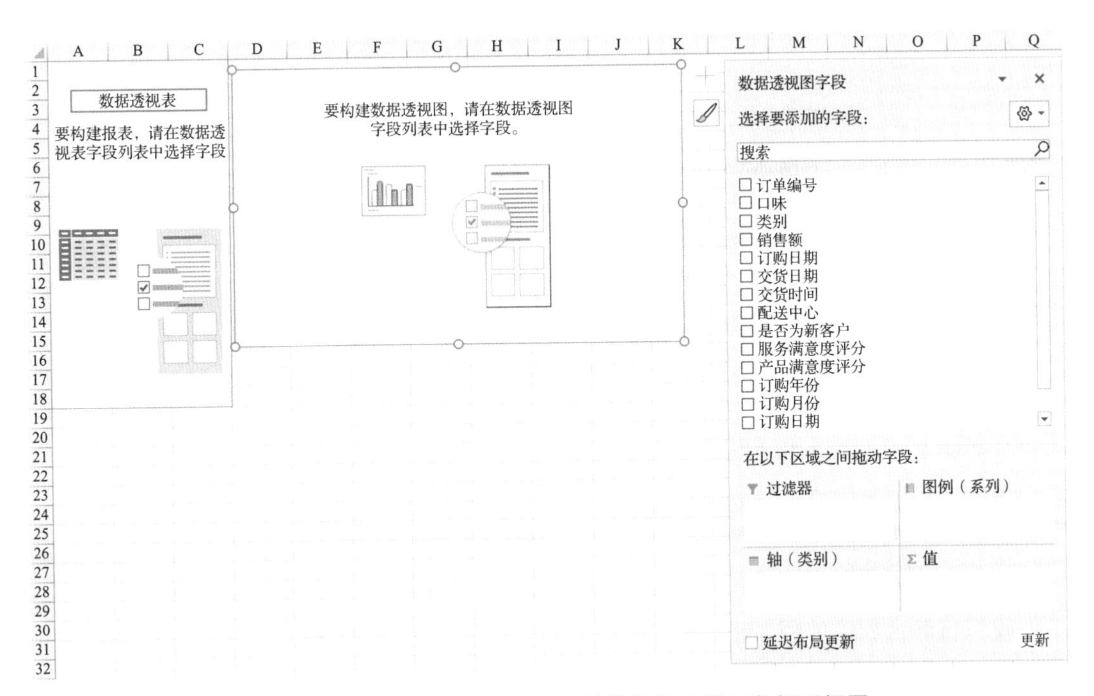

图 6-13　使用 EJB 数据创建的初始数据透视表和数据透视图

通过进一步编辑，我们将得到如图 6-14 所示的图表。图 6-14 展示了按口味分布的记录的百分比频率。通过观察得知，橙子味是最常见的口味（占所有记录的 15.86%），番茄味是最不常见的口味（占所有记录的 6.20%）。

我们可以为 EJB 公司的数据集中其他的分类变量（类别、配送中心、是否为新客户）构建类似的频率图。对于这些变量，类别之间没有天然的顺序关系。

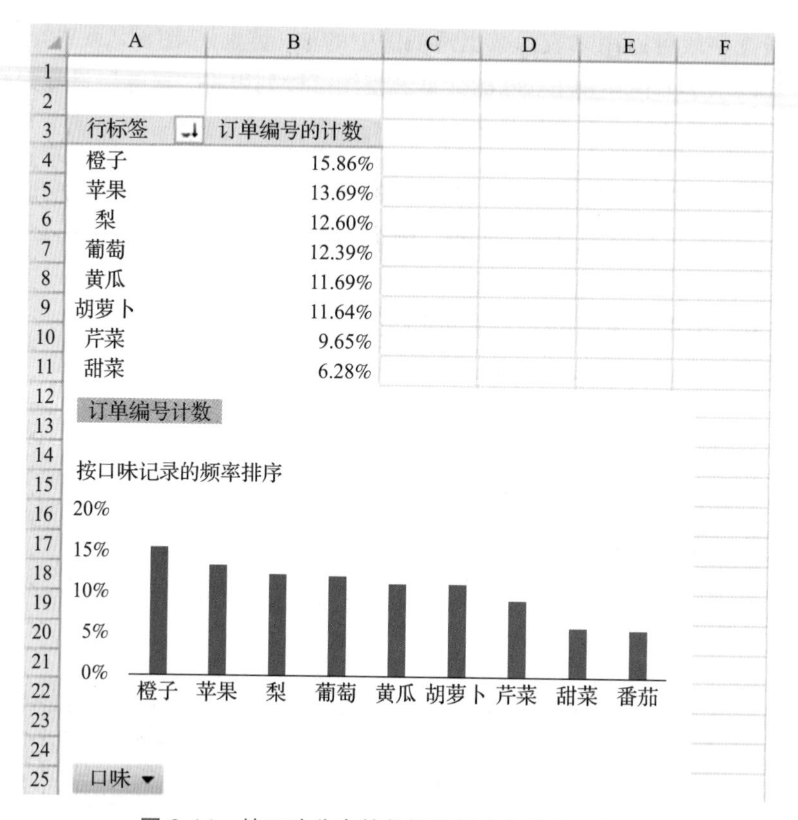

图 6-14 按口味分布的数据透视表和数据透视图

在 EJB 公司的数据中，服务满意度评分和产品满意度评分为顺序变量（Ordinal variables），即具有自然顺序的分类变量。对于顺序变量，我们可以使用与一般分类变量的频率表类似的方法来构建频率图。但需要注意的是，不能通过排序来破坏变量值的自然顺序。例如，图 6-15 展示了服务满意度评分的分布情况。因为这些值有一个自然的顺序（如 1 是最低分，2 是次低分，等等），所以按频率升序或降序对这些值排序是不合理的。图 6-15 显示，最常见的服务满意度评分为 5，但也有 27.47%的记录缺少服务满意度评分。在下一节中，我们将讨论如何解决缺失数据带来的问题。

6.2.2 探索定量数据

我们将演示如何使用 Excel 的数据透视表和数据透视图功能构建展示单个定量分布变量的图表。假设我们已经创建了使用表 EJBData 中数据的数据透视表和数据透视图（对应于图 6-14 的分析）。在以下步骤中，我们将展示如何使用同样的数据来源创建另一个数据透视表和数据透视图。

步骤 1 选择包含之前创建的数据透视表和数据透视图的工作表，右击工作表名称，选择**“移动或复制”**，在**“移动或复制”**对话框出现后：

勾选**“建立副本”**复选框。

单击**“确定”**按钮。

步骤 2　在新的工作表中，单击数据透视图。

当**“数据透视图字段”**任务窗格出现时，取消勾选当前选定的字段，清除当前数据透视表和数据透视图的内容。

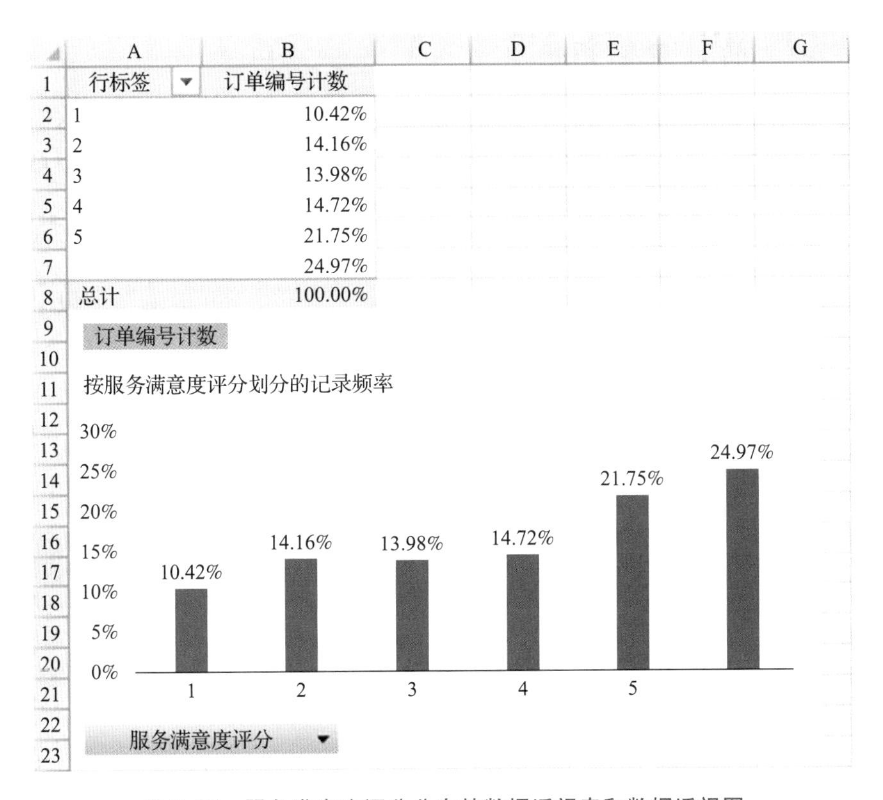

图 6-15　服务满意度评分分布的数据透视表和数据透视图

下面的步骤将展示如何使用 Excel 的数据透视图字段列表将销售额分配到横轴上，并绘制出一系列销售额范围内的订单数的频率百分比。

步骤 3　在**“数据透视图字段”**任务窗格中：

将**“销售额”**拖动到**“轴（类别）”**区域。

将**“订单编号”**拖动到**“值”**区域。

步骤 4　在**“值”**区域单击**“计数项：订单编号”**。

步骤 5　在选项卡中选择**“值字段设置”**。

步骤 6　当**“数据透视表字段”**对话框出现时：

在**“汇总方式”**中选择**“计数”**。

在**“数据显示方式”**下拉菜单中选择**“百分比”**。

单击**“确定”**按钮。

步骤 7　在单元格 A2 或包含“销售额”行标签的任何单元格中右击。

从选项列表中选择**“组合”**。

步骤 8　出现**“分组”**对话框后：

在**“起始于”**文本框中输入 0。

在**“终止于”**文本框中输入 2 000。

在**“方式”**文本框中输入 100。

单击**“确定”**按钮。

通过进一步编辑后，我们将得到如图 6-16 所示的图表。图 6-16 展示了不同销售额范围内的订单数分布。可以发现，销售额较小的订单更多，随着销售额增大，订单数的频率逐渐降低。

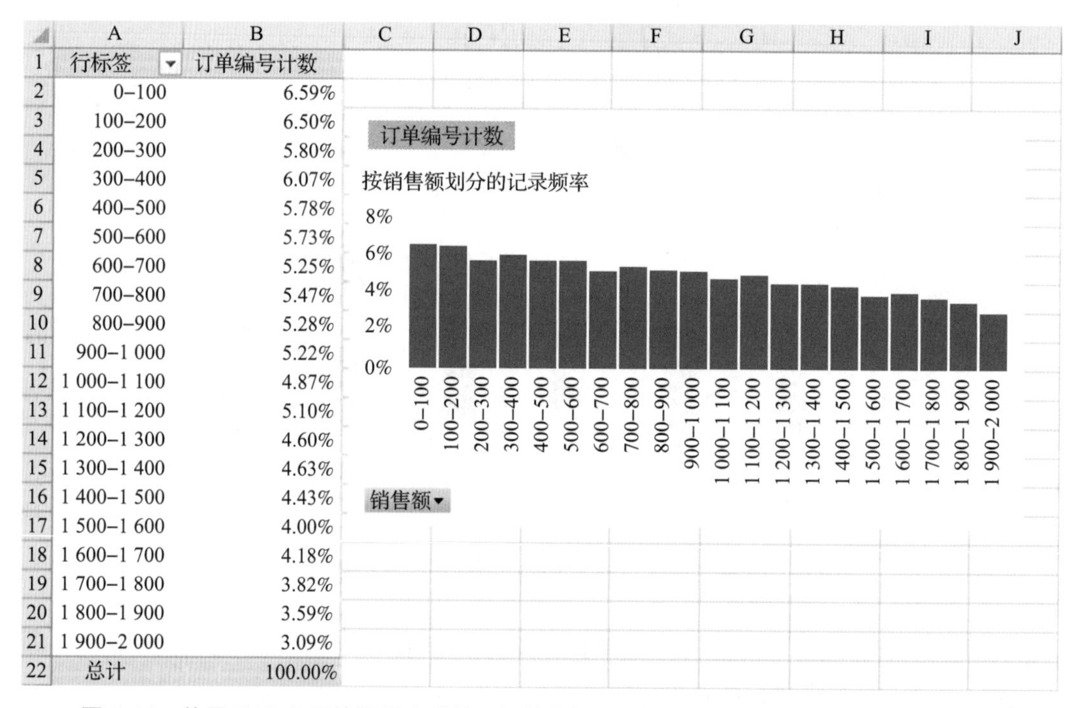

行标签	订单编号计数
0–100	6.59%
100–200	6.50%
200–300	5.80%
300–400	6.07%
400–500	5.78%
500–600	5.73%
600–700	5.25%
700–800	5.47%
800–900	5.28%
900–1 000	5.22%
1 000–1 100	4.87%
1 100–1 200	5.10%
1 200–1 300	4.60%
1 300–1 400	4.63%
1 400–1 500	4.43%
1 500–1 600	4.00%
1 600–1 700	4.18%
1 700–1 800	3.82%
1 800–1 900	3.59%
1 900–2 000	3.09%
总计	100.00%

图 6-16　使用 EJB 公司的数据生成的不同销售额订单数频率的数据透视表和数据透视图

使用类似的方法，我们可以可视化展现不同配送时间的订单数分布。图 6-17 展示了相应的数据透视表和数据透视图。可以观察到，交货时间从 2 天到 21 天不等，最常见的交货时间为 3 天。交货时间的分布明显右偏，很少有交货时间过长的情况。

另一种可视化展示定量变量分布的方法是使用箱线图。[⊖]箱线图使用多个统计量来展示变量的分布情况：第一四分位数、第二四分位数（中位数）、第三四分位数、均值以及四分位距（IQR，第三四分位数与第一四分位数的差）。箱线图使用中位数来衡量变量的中心位置，使用 IQR 测量变量的偏差，这使得箱线图不容易受到极端值的影响，因此箱线图是很有价值的 EDA 可视化工具。箱线图能很好地显示变量的中心趋势、分布的对称性或不对称性以及数据的极端值等信息。

⊖ 我们在第 5 章中详细讨论了箱线图。请注意，我们无法通过数据透视图工具来构建箱线图。

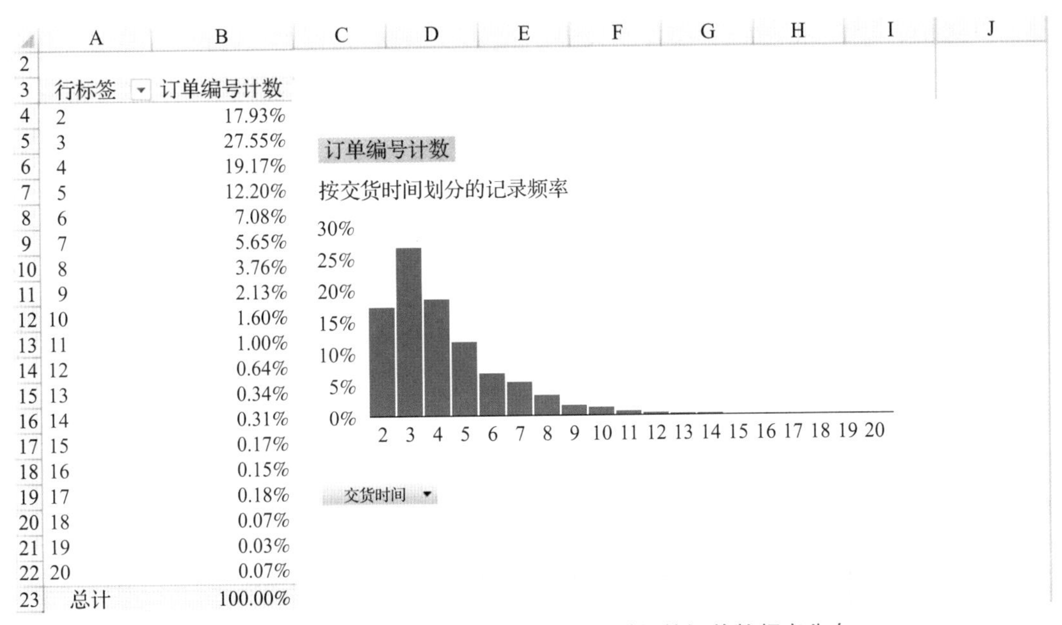

行标签	订单编号计数
2	17.93%
3	27.55%
4	19.17%
5	12.20%
6	7.08%
7	5.65%
8	3.76%
9	2.13%
10	1.60%
11	1.00%
12	0.64%
13	0.34%
14	0.31%
15	0.17%
16	0.15%
17	0.18%
18	0.07%
19	0.03%
20	0.07%
总计	100.00%

图 6-17　EJB 公司的数据中不同交货时间的订单数频率分布

注：由于四舍五入百分数加总后可能不等于 100.00%。

例如，图 6-18 展示了销售额这一变量的箱线图。销售额变量的第一四分位数由横线表示，横线位于垂直轴上高度为 401.02 美元的方框底部。销售额变量的第二四分位数（中位数）由垂直轴上高度为 851.74 美元的方框内侧的水平线表示。销售额变量的第三四分位数由垂直轴上高度为 1 355.08 美元的方框顶部的横线表示。销售额变量的均值由方框内的 × 表示，高度为 894.18 美元。箱线图的底部和顶部延伸出线条。顶部的线延伸至销售额的最大值，其小于或等于

$$第三四分位数+1.5\times(第三四分位数-第一四分位数)=1\ 355.08+1.5\times(1\ 355.08-401.02)$$
$$=2\ 786（美元）$$

销售额的最大值为 1 999.92 美元，小于 2 786 美元，因此箱线图顶部的线仅延伸至 1 999.92 美元。底部的线则延伸至销售额的最小值，该值大于或等于

$$第一四分位数-1.5\times(第三四分位数-第一四分位数)=401.02-1.5\times(1\ 355.08-401.02)$$
$$=-1\ 030.07（美元）$$

销售额的最小值为 0.05 美元，大于 −1 030.07 美元，因此底部的线仅仅延伸至 0.05 美元。

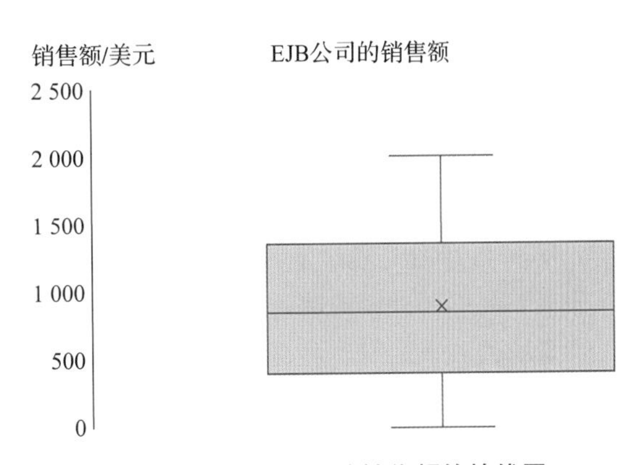

图 6-18　EJB 公司的销售额的箱线图

从图 6-18 的销售额箱线图中，我们可以推断出销售额的分布呈轻微的正偏态，因为顶部的线略长于底部的线，并且均值也略大于中位数。所有这些观察结果都可以通过图 6-16 中销售额变量的直方图得到证实。

我们现在考虑图 6-19 中的交货时间

这一变量的箱线图。可以观察到，平均交货时间大于交货时间中位数。此外，箱线图底部的线比顶部的线短很多。这表明在比较小的数据范围内，交货时间的频率分布较高。较长的顶部线表明，中位数以上的交货时间分布在相对较宽的范围内。较短的底部线、较长的顶部线和均值大于中位数表明交货时间的分布呈正偏态。此外，在顶部线之外有几个异常值（Outliers），这表明交货时间分布具有长尾的性质。在箱线图中，异常值是指比底部的线或顶部的线更极端的观测值。然而，对于异常值，并没有通用的定义。因此，不同的软件对于异常值的定义可能略有不同。在分析时，我们最好检查与这些异常值对应的记录，来确认这些异常值是准确记录的，而不是错误的值。如果这些异常值是错误的，或者这些异常值不适合分析研究，则可以不考虑该观测结果。然而，如果我们随意剔除异常值，则可能人为减少变量的偏差，进而扭曲分析结果。

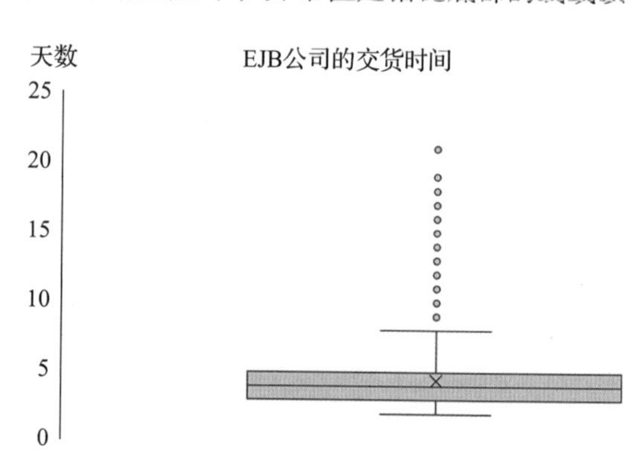

图 6-19　EJB 公司的交货时间的箱线图

注释和评论

1. Excel 中附带了一个数据分析插件，可以自动完成多个统计过程。激活此加载项后，可以在功能区的“数据”选项卡中找到“数据分析”。通过选择“数据分析”中的描述统计，可以计算定量变量的统计摘要。
2. 如果无法在“数据”选项卡中找到“数据分析”，则可通过下列步骤将分析工具包加载到 Excel 中。首先单击功能区中的“文件”选项卡，然后单击“选项”。当出现“Excel 选项”对话框时，在菜单中单击“加载项”。在“管理”下，选择 Excel 加载项，接着单击“转到”。当“加载项”对话框出现时，勾选“分析工具库”复选框，最后单击“确定”按钮。
3. 图 6-16、图 6-17、图 6-18、图 6-19 中的销售额和交货时间的分布分析基于销售记录级别的数据。然而，某些销售记录可能是同一个订单的一部分（并且共享同一订单编号），因此在订单级别可视化销售额和交货时间的分布可能具有很大的意义。为了在订单级别可视化销售额的分布，我们首先必须在数据透视表中适当整理数据。具体而言，我们可以将订单编号设置为数据透视表的行，将销售额设置为值，并且在字段设置中选择计数，由此将生成一张数据表，列出每个订单及其相应的销售额。之后我们可以将这些数据复制并粘贴到数据透视表之外，并依据这些数据绘制直方图和箱线图（见以下图 a 和图 c）。类似地，为了可视化订单级别的交货时间分布，我们也必须使用数据透视表来适当整理数据。具体而言，我们可以将订单编号设置为数据透视表的行，将交货时间设置为值，并且在字段设置中选择计数，由此将生成一张数据表，列出每个订单及其相应的交货时间。之后我们可以将这些数据复制并粘贴到数据透视表之外，并依据这些数据绘制直方图和箱线图（见以下图 b 和图 d）。

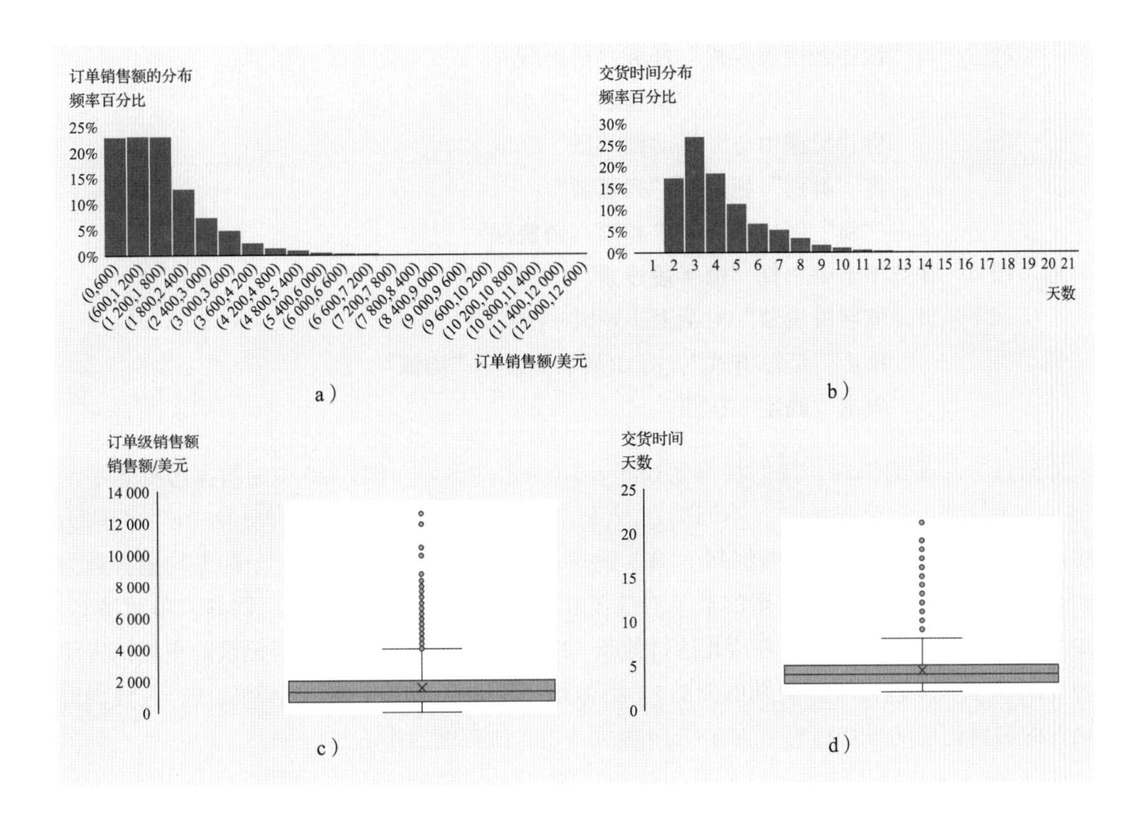

6.3　变量之间的关系

一次分析一个变量并得到满意的结果后，下一步自然就是分析变量之间的关系。一次分析两个或多个变量来探索变量间的关系被称为**多变量分析**（Multivariate analysis）。多变量分析通常涉及的是成对变量（双变量），但有时也可能涉及三个或更多变量。感兴趣的变量是分类变量还是定量变量将决定我们采用的统计汇总和可视化技术。在本节中，我们首先讨论**交叉表**（Crosstabulation），它是关于两个或多个变量（通常是分类变量）的统计度量的摘要表格。之后，我们将讨论如何使用散点图来可视化两个定量变量之间的关系。

6.3.1　交叉表

在本节中，我们将使用 Excel 的数据透视表和数据透视图功能来展示两个或多个变量的交叉表分析及相关可视化图表。假设 EJB 公司想要调查销售记录的平均销售额和发货配送中心及产品类别的关联。以下步骤说明了如何将配送中心作为表的行变量，将类别（果汁或奶昔）作为表的列变量来构造交叉表。我们将计算对应于不同配送中心和类别的记录的平均销售额。如图 6-13 所示，我们使用表 EJBData 中的数据，从建立空的数据透视表和数据透视图开始。

步骤 1　选择空的数据透视表范围内的任何单元格，例如 A5。

步骤 2　当**“数据透视表字段”**任务窗格出现时：

将字段名称中的**“销售额”**拖动到**“值”**区域。

将**“配送中心”**拖动到**“行”**区域。

将**“类别”**拖动到**“列区域”**。

步骤 3　单击**“值”**区域中的**“求和项：销售额”**。

步骤 4　在选项卡中选择**“值字段设置”**。

步骤 5　当**“值字段设置”**对话框出现时：

单击**“汇总方式”**，并在菜单中选择**“均值”**。

单击**“确定”**按钮。

通过进一步编辑后，我们将得到如图 6-20 所示的图表。图 6-20 中的数据透视表中的每一项条目为不同配送中心、不同类别产品销售额的平均值。例如，单元格 B6 中的值为 874.01，这代表着从内布拉斯加州（NE）配送中心发货的果汁的销售记录的平均销售额为 874.01 美元。每列或每行末尾的数字对应于相应列或行的平均销售额。例如，单元格 D5 中的数字为 865.78，这代表着从北达科他州（ND）配送中心发货的销售记录的平均销售额为 865.78 美元（包含所有类别的商品）。类似地，单元格 C10 中的值为 887.19，这代表着奶昔的销售记录的平均销售额为 887.19 美元（包含所有配送中心）。

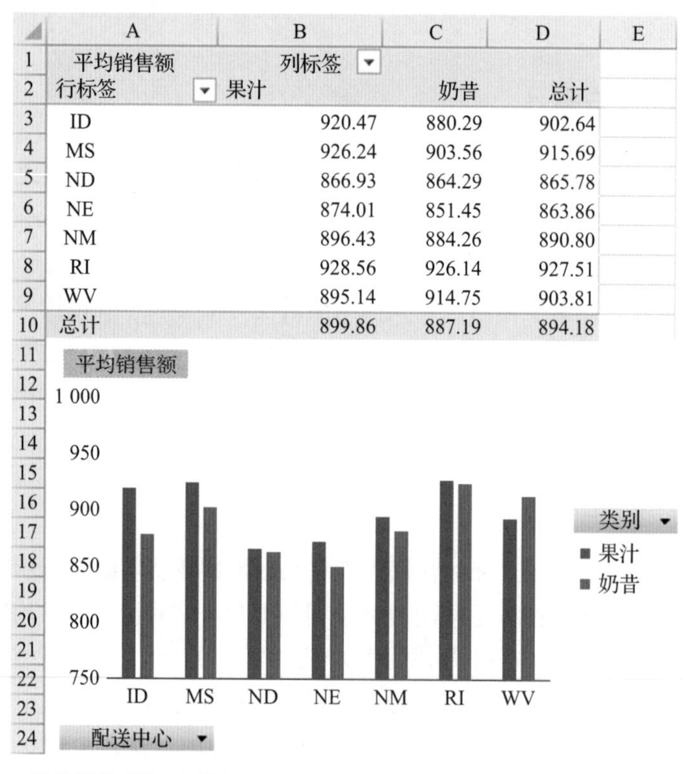

平均销售额	列标签		
行标签	果汁	奶昔	总计
ID	920.47	880.29	902.64
MS	926.24	903.56	915.69
ND	866.93	864.29	865.78
NE	874.01	851.45	863.86
NM	896.43	884.26	890.80
RI	928.56	926.14	927.51
WV	895.14	914.75	903.81
总计	899.86	887.19	894.18

图 6-20　平均销售额与配送中心和产品类别的交叉表的数据透视表与数据透视图

从图 6-20 中，我们可以看出平均销售额与配送中心和产品类别的一些规律。首先，除了内布拉斯加州和西弗吉尼亚州，所有配送中心的果汁的平均销售额都大于奶昔的平均销售额。果汁和奶昔的最大平均销售额都出现在罗得岛州。奶昔的最小平均销售额出现在从内布拉斯加州配送的销售记录中。

虽然数据透视表中行和列使用的变量通常是分类变量，但我们也可以使用定量变量。使用定量变量时，我们将变量的连续值范围分割为不同区间，并将定量变量分类到对应的区间中。现在假设 EJB 公司有兴趣调查产品的销售额分布是否取决于客户是新客户还是现有客户。

下列步骤展示了如何构造一张交叉表，将销售额作为行变量，将是否为新客户作为列变量。由于我们关心的是对应于不同销售额和客户类型的订单频率分布，因此可以使用任何没有缺失值的变量来作为计数项。在这里，我们使用订单编号作为计数项。使用表 EJBData 中的数据作为数据来源（见图 6-13），从一张空的数据透视表和数据透视图开始。

步骤 1　选择空的数据透视表范围中的任何单元格，例如 A5。

步骤 2　当**“数据透视表字段”**任务窗格出现时，在**“选择要添加的字段”**下：

将字段名称中的**“订单编号”**拖到**“值”**区域。

将**“销售额”**拖动到**“行”**区域。

将**“类别”**拖动到**“列”**区域。

步骤 3　在**“值”**区域中单击**“求和项：订单编号”**。

在选项卡中选择**“值字段设置”**。

步骤 4　当**“值字段设置”**对话框出现时：

单击**“汇总方式”**，在菜单中选择**“计数”**。

单击**“数据显示方式”**，在菜单中选择**“列汇总的百分比”**。

单击**“确定”**按钮。

步骤 5　在单元格 A5 或包含“销售额”行标签的任意单元格中右击。

从选项列表中选择**“组合”**。

步骤 6　在出现**“分组”**对话框后：

在**“起始于”**文本框中输入 0。

在**“终止于”**文本框中输入 2 000。

在**“方式”**文本框中输入 100。

单击**“确定”**按钮。

步骤 7　选中数据透视图，右击并选择**“更改图表类型”**。

在菜单中选择**“折线图”**。

单击**“确定”**按钮。

通过进一步编辑后，我们将得到如图 6-21 所示的图表。图 6-21 的数据透视表中的每一项条目对应于不同销售额范围和客户类型下的订单数百分比。例如，单元格 B4 中的值为 6.54%，代表着销售额在（100，200] 范围内（即大于 100 美元，小于或等于 200 美元）的现有客户的订单数占所有现有客户订单数的 6.54%。从图 6-21 中可以观察到，对于现有客户和新客户，随着销售额增加，订单数逐渐减少。客户状态（现有客户或新客户）似乎并没有显著影响订单数量。

订单编号计数	列标签		
行标签	否	是	总计
0–100	6.31%	7.65%	6.59%
100–200	6.54%	6.36%	6.50%
200–300	5.72%	6.10%	5.80%
300–400	5.96%	6.46%	6.07%
400–500	5.80%	5.71%	5.78%
500–600	5.72%	5.76%	5.73%
600–700	5.46%	4.45%	5.25%
700–800	5.48%	5.42%	5.47%
800–900	5.31%	5.18%	5.28%
900–1 000	5.26%	5.06%	5.22%
1 000–1 100	4.81%	5.11%	4.87%
1 100–1 200	5.02%	5.42%	5.10%
1 200–1 300	4.61%	4.55%	4.60%
1 300–1 400	4.63%	4.62%	4.63%
1 400–1 500	4.51%	4.11%	4.43%
1 500–1 600	4.05%	3.80%	4.00%
1 600–1 700	4.27%	3.85%	4.18%
1 700–1 800	3.79%	3.94%	3.82%
1 800–1 900	3.68%	3.22%	3.59%
1 900–2 000	3.05%	3.24%	3.09%
总计	100.00%	100.00%	100.00%

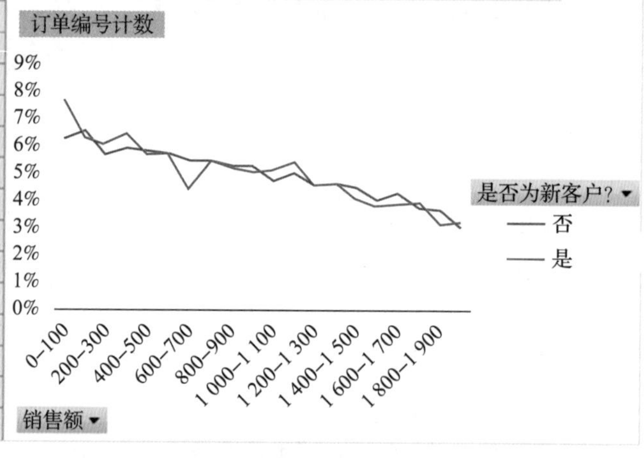

订单编号计数

9%
8%
7%
6%
5%
4%
3%
2%
1%
0%

0–100
200–300
400–500
600–700
800–900
1 000–1 100
1 200–1 300
1 400–1 500
1 600–1 700
1 800–1 900

是否为新客户？
否
是

销售额

图 6-21　销售额和是否为新客户的交叉表的数据透视表与数据透视图

数据透视表可以用于考察两个以上变量的交叉表。假设 EJB 公司有兴趣考察 2018 年、2019 年、2020 年这三年的年度总销售额规律，并同时考虑客户类型和配送中心，以下步骤将展示如何建立一张交叉表，将配送中心和订货年份作为表的行变量，将是否为新客户作为表的列变量，在不同的区间内对销售额变量进行汇总。我们使用表 EJBData 中的数据作为数据来源（见图 6-13），从一张空的数据透视表和数据透视图开始。

步骤1 选择空的数据透视表范围中的任意单元格，例如A5。

步骤2 当**“数据透视表字段”**任务窗格出现时，在**“选择要添加的字段”**下：

将**“字段名称”**中的销售额拖动到**“值”**区域。

将配送中心拖动到**“行”**区域。

将订购年份拖动到**“行”**区域，将**“是否为新客户”**拖动到**“列”**区域。

步骤3 单击数据透视图，右击并从快捷菜单中选择**“更改图表类型”**。

在**“更改图表类型”**列表中选择**“柱形图”**，并在对话框中选择**“堆积柱形图”**。

单击**“确定”**按钮。

接下来的步骤是在Excel中添加一个被称为切片器（slicer）的功能。Excel切片器提供了一种用于过滤数据透视表和数据透视图所考虑数据的可视化方法。

步骤4 选中数据透视图，在选项卡中选择**“插入”**，之后选择**“切片器”**。

当**“切片器”**对话框出现时，选中配送中心、是否为新客户、订购年份。

单击**“确定”**按钮。

接下来的步骤将进一步编辑切片器和数据透视图。

步骤5 选中配送中心的切片器，选择选项卡中的**“切片器”**。

在右侧的**“列”**文本框中输入7。

步骤6 选中“订购年份”的切片器，选择选项卡中的**“切片器”**。

在右侧的**“列”**文本框中输入3。

步骤7 选中是否为新客户的切片器，选择选项卡中的**“切片器”**。

在右侧的**“列”**文本框中输入2。

步骤8 选中数据透视图，选择选项卡中的**“数据透视图分析”**。

在显示/隐藏选项中，单击**“字段按钮”**。

选择**“全部隐藏”**。

步骤9 选中垂直轴的标签，右击并选择**“设置坐标轴格式”**，在**“设置坐标轴格式”**任务窗格中：

选择**“轴选项”**，在显示单位的下拉菜单中：

选择**“千”**。

取消勾选图表上**“显示单位标签”**旁边的复选框。

将切片器固定在数据透视图附近，调整所有方框的大小来创建无缝显示后，可以通过以下步骤来创建单个Excel对象。通过进一步编辑将生成如图6-22所示的图表。

步骤10 按住Ctrl键，选中三个切片器框和数据透视图。

右击任何选中的对象，然后选择**“组合”**。

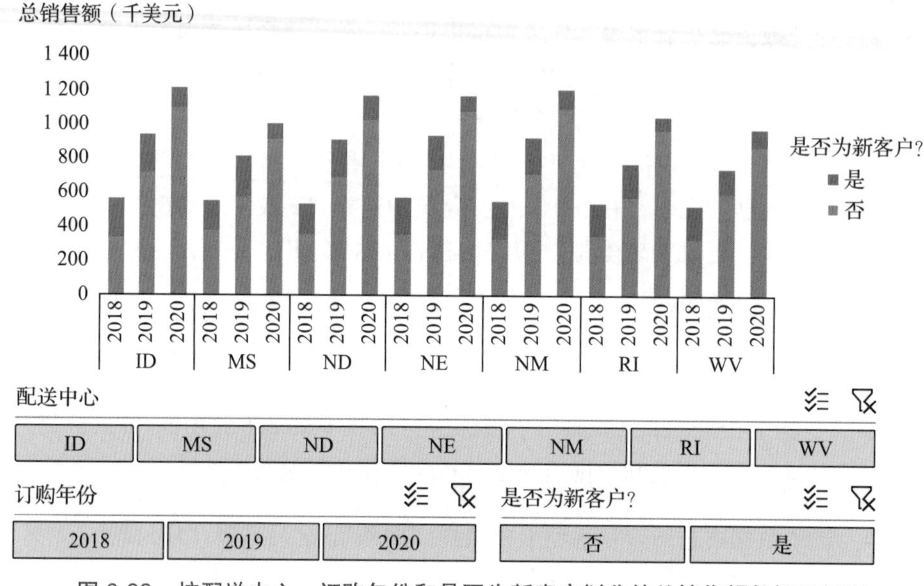

图 6-22　按配送中心、订购年份和是否为新客户划分的总销售额数据透视图

通过执行以下步骤，我们可以创建新的切片器样式并移除切片器框的边框，并可以将新的样式应用到 Excel 工作簿中的任何切片器上。

步骤 11　选定切片器后，单击功能区上的**“切片器工具选项”**选项卡。

步骤 12　在**“切片器样式”**组中右击当前样式，然后选择**“复制”**。

步骤 13　当**“修改切片器样式”**对话框出现后，在**“切片器元素：”**中选择**“整个切片器”**，单击**“格式”**按钮。

　　在**“边框”**选项卡中，选择**“无”**。

　　单击**“确定”**按钮。

单击**“确定”**按钮，关闭**“修改切片器样式”**对话框。

选中切片器框并应用刚刚定义的切片器样式来删除边框。通过进一步编辑，将生成如图 6-22 所示的图表。

图 6-22 中的数据透视图允许客户以图形的方式展现订购年份、配送中心、是否为新客户的任何组合值下的总销售额。例如，如果想要比较新墨西哥州（NM）和罗得岛州（RI）在 2019 年与 2020 年的新客户的总销售额，我们可以在配送中心切片器中选择“NM”和“RI”，在订购年份切片器中选择“2019”和“2020”，在是否为新客户切片器中选择“是”，这将生成图 6-23 中的图表。

6.3.2　两个定量变量之间的关系

截至目前，我们已经演示了如何利用数据透视表和数据透视图在两个或更多个分类变量的交叉表中分析感兴趣的变量。管理者和决策者通常也对两个定量变量之间的关系感兴趣。在本节中，我们将讨论分析两个定量变量之间关系的方法。

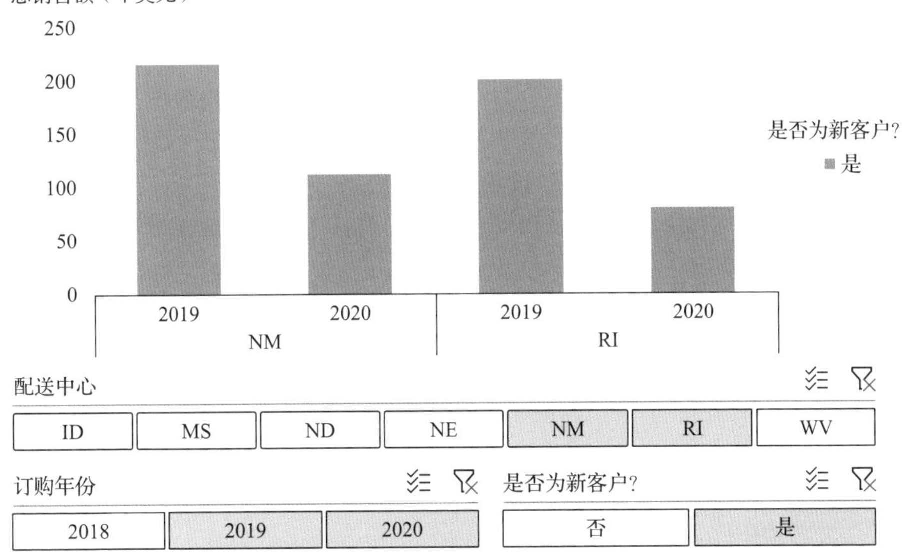

图 6-23　新墨西哥州（NM）和罗得岛州（RI）在 2019 年与 2020 年的新客户总销售额的数据透视图

为了更好地演示，我们将使用纽约市 55 个分区（纽约市的一种次级行政区设计）的数据。图 6-24 展示了数据的部分内容，数据包括月租金中位数、大学毕业生百分比、贫困率、通勤时间以及所在分区。

	A	B	C	D	E	F
1	分区（次级行政区）	月租金中位数/美元	大学毕业生百分比（%）	贫困率（%）	通勤时间/分	区
2	阿斯托利亚	1 106	36.8	15.9	35.4	皇后区
3	贝岗德里奇	1 082	34.3	15.6	41.9	布鲁克林
4	湾区/小颈区	1 243	41.3	7.6	40.6	皇后区
5	贝德福德–斯图韦森特	822	21.0	34.2	40.5	布鲁克林
6	本森赫斯特	876	17.7	14.4	44.0	布鲁克林

图 6-24　纽约市分区部分数据

假设我们想要分析这些变量之间的关系，那么可以选择散点图，因为散点图是分析两个定量变量之间关系的很有用的图表。图 6-25 展示了大学毕业生百分比和月租金中位数的散点图。为了更清楚地展示变量间的关系，我们需要适当地设置纵横比（Aspect ratio）和坐标值（Quantitative scales）。对于纵横比，最好将散点图的高度和宽度设置成相同的，从而使得散点图不偏向任何一个变量。在设置坐标值时，我们通常将轴的最小值设置为略小于变量最小值的值，将轴的最大值设置为略大于变量最大值的值。执行下列步骤，可以将趋势线添加到如图 6-25 所示的散点图中，并更改散点图样式。

步骤 1　选中散点图上的数据点。

步骤 2　右击，选择**“添加趋势线”**。

在**“设置趋势线格式”**任务窗格中，单击**“趋势线选项”**，并选择**“线性”**。

步骤 3 选中散点图，单击任务栏中的**“格式”**选项卡。

在**“形状高度”**文本框中输入 5，在**“形状宽度”**文本框中输入 5。

步骤 4 单击横轴，右击，选择**“设置坐标轴格式”**。

当**“设置坐标轴格式”**任务窗格出现后，单击**“轴选项”**，在下方**“边界”**区域中的**“最小值”**文本框中输入 0，在**“最大值”**文本框中输入 2 000。

步骤 5 单击纵轴，右击，选择**“设置坐标轴格式”**。

当**“设置坐标轴格式”**任务窗格出现后，单击**“轴选项”**，在下方**“边界”**区域中的**“最小值”**文本框中输入 0，在**“最大值”**文本框中输入 80。

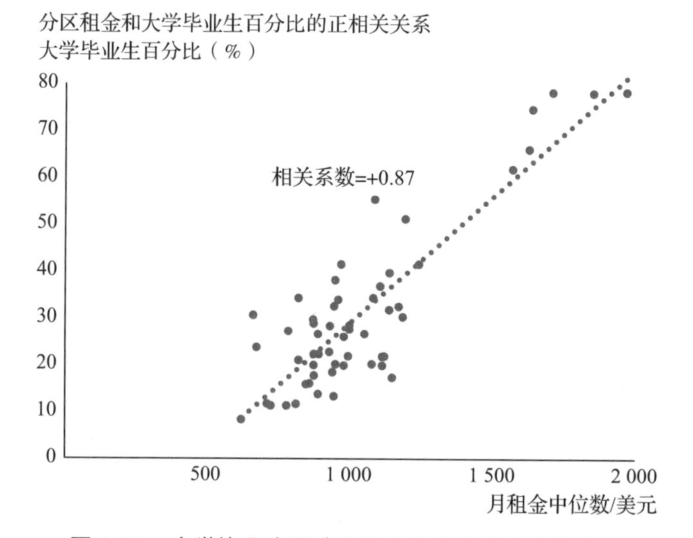

图 6-25 大学毕业生百分比和月租金中位数的散点图

从图 6-25 中可以观察到，一般而言，随着分区月租金中位数的增加，该分区中大学毕业生居民的百分比也在增加。线性趋势线的斜率为正数，这表明大学毕业生百分比与月租金中位数之间存在着正相关关系。相关系数是度量两个变量之间线性关系强弱的统计量。相关系数的值在 -1 到 +1 之间。相关系数接近 0，说明两个变量之间不存在线性关系。相关系数越接近 +1，散点图上的数据点的形状越接近一条从左下到右上的直线（斜率为正）。相关系数越接近 -1，散点图上的数据点的形状越接近一条从左上到右下的直线（斜率为负）。我们可以使用 Excel 中的公式 CORREL 来计算两个变量之间的相关系数。例如，在本例中，我们可以在一个单元格中输入公式 CORREL(C2:C56, B2:B56) 来计算大学毕业生百分比和月租金中位数之间的相关系数，计算结果为 0.87。

大学毕业生百分比和月租金中位数之间的正相关系数并不意味着一个变量的增加必然导致另一个变量的增加，只是说一个变量的增加或减少通常会对应着另一个变量的增加或减少。这种正相关性的强度可以通过数据点在线性趋势线周围聚集的程度来直观衡量。一般而言，数据点到线性趋势线之间的垂直距离总和越小，两个变量之间的相关性越强。虽然相关系数的符号（正或负）由线性趋势线的斜率的符号（正或负）表示，但相关系数的大小和斜率的数值大小无关。线性趋势线的斜率表示横轴变量变动一单位时纵轴变量的变动量的大小。因此，斜率会受到变量单位的影响，但相关系数不受变量单位的影响。

一般来说，如果两个变量相关，一种可能的情况是两个变量之间存在因果关系，一个变量的变化将导致另一个变量的变化；另一种可能的情况是两个变量之间没有因果关系，而是存在**伪关系**（Spurious relationship）。有几种情况会导致两个变量之间存在伪关系。第一，两个变量都受到第三个变量（称为**潜变量** Lurking variable）的影响。第二，数据存在偏差，所采用的样本不是一个具有代表性的样本。第三，数据量很小，不足以将其与随机巧合区分开来。

在图 6-26 中，我们观察到一个分区中的贫困率和大学毕业生百分比存在负相关关系。一般来说，随着一个分区贫困率的增加，该分区居民中大学生的比例在下降。在散点图中，趋势线的斜率为负意味着大学毕业生百分比与贫困率之间存在负相关关系。

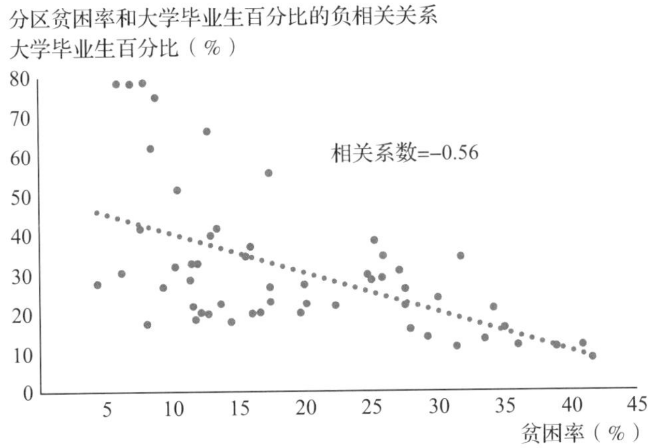

分区贫困率和大学毕业生百分比的负相关关系
大学毕业生百分比（%）
80
70
60
50
40
30
20
10
0
相关系数=–0.56
5
10
15
20
25
30
35
40
45
贫困率（%）

图 6-26　大学毕业生百分比和贫困率带线性趋势线的散点图

在图 6-27 中，我们观察到数据点与线性趋势线拟合得并不紧密，变量之间的相关系数接近于 0。这意味着通勤时间和贫困率之间不存在线性关系。针对这些数据，目前难以明确看出通勤时间与贫困率之间是否存在某种关系。然而，值得注意的是，接近于 0 的相关系数仅表示两个变量之间不存在线性关系，但并不排除它们之间存在非线性关系的可能性。

分区贫困率和通勤时间没有线性关系
通勤时间/分
50
45
40
35
30
25
20
15
10
5
0
相关系数=+0.01
10
20
30
40
贫困率（%）

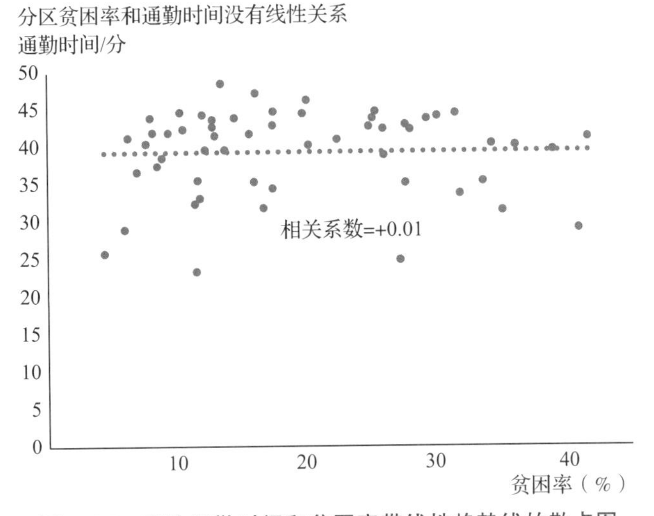

图 6-27　平均通勤时间和贫困率带线性趋势线的散点图

为了更强调检查定量变量的散点图，而不仅仅依赖于计算相关系数，我们来看一下图 6-28 中的散点图。在这个图中，我们展示了月均取暖或制冷费用和平均气温的数据。我们可以看到数据点与线性趋势线相交，而相关系数接近于 0。这意味着月均取暖或制冷费用与平均气温之间并没有线性关系。

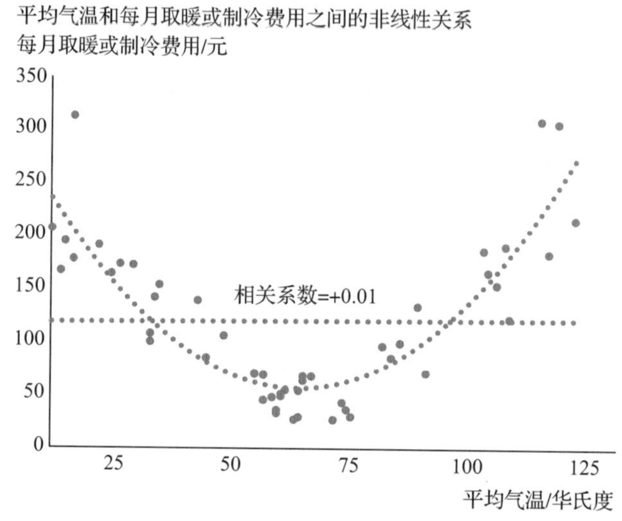

图 6-28　非线性关系导致相关系数接近 0 的例子

但是，断言这两个变量之间没有关系可能是不正确的。如图 6-28 中的非线性趋势线所示，有很强的证据表明这两个变量之间存在非线性关系。具体而言，从左到右阅读图表，每月的费用首先随着取暖需要的减少而减少，之后随着制冷需要的增加而增加。

要添加图 6-28 中的非线性趋势线，在“设置趋势线格式”任务窗格中选择多项式，并将阶数指定为 2。

可以考虑将分类变量加入显示两个定量变量间关系的散点图。让我们重新考虑图 6-25 中展示的分区大学毕业生百分比与月租金中位数的关系。在图 6-25 中，将所有 55 个分区的月租金中位数和大学毕业生百分比的数据点绘制为单个数据系列。为了向月租金中位数和大学毕业生百分比中加入分区信息，我们将不同分区的观测值绘制成不同的数据系列。我们通过以下步骤来展示这个过程。

步骤 1　选择单元格 A1:F56。

步骤 2　单击功能区上的 **“数据”** 选项卡。

步骤 3　单击 **“排序与筛选”** 中的 **“排序”** 按钮 Sort。

步骤 4　当 **“排序”** 对话框出现时：

　　勾选 **“列包含标题”** 复选框。

　　在 **“列”** 中选择分区：

　　在 **“排序依据”** 中选择 **“值”**。

　　在 **“顺序”** 中选择 **“A 到 Z”**。

　　单击 **“确定”** 按钮。

步骤 5 选择单元格 B2:C11（对应布朗克斯这一分区的行）。

步骤 6 单击功能区上的**“插入”**选项卡。

步骤 7 单击**“图表”**中的**“插入（*X*，*Y*）散点图或气泡图”**按钮。

步骤 8 出现下拉菜单后，选择散点图。

步骤 9 右击创建的图，单击**“选择数据”**。

步骤 10 当**“选择数据源”**对话框出现时：

选择**“图例项（系列）”**中的系列 1。

单击**“编辑”**按钮 Edit 。

步骤 11 当**“编辑系列”**对话框出现时：

在**“系列名称：”**文本框中输入 Bronx。

单击**“确定”**按钮。

步骤 12 在**“选择数据源”**对话框中，单击**“添加”**按钮 Add 。

步骤 13 当**“编辑系列”**对话框出现时：

在**“系列名称：”**文本框中输入 Brooklyn（布鲁克林）。

在**“*X* 轴系列值：”**文本框中输入 =Data!$B$12:$B$29。

在**“*Y* 轴系列值：”**文本框中输入 =Data!$C$12:$C$29。

单击**“确定”**按钮。

步骤 14 在**“选择数据源”**对话框中，单击**“添加”**按钮 Add 。

步骤 15 当**“编辑系列”**对话框出现时：

在**“系列名称：”**文本框中输入 Manhattan（曼哈顿）。

在**“*X* 轴系列值：”**文本框中输入 =Data!$B$30:$B$39。

在**“*Y* 轴系列值：”**文本框中输入 =Data!$C$30:$C$39。

单击**“确定”**按钮。

步骤 16 在**“选择数据源”**对话框中，单击**“添加”**按钮 Add 。

步骤 17 当**“编辑系列”**对话框出现时：

在**“系列名称：”**文本框中输入 Queens。

在**“*X* 轴系列值：”**文本框中输入 =Data!$B$40:$B$53。

在**“*Y* 轴系列值：”**文本框中输入 =Data!$C$40:$C$53。

单击**“确定”**按钮。

步骤 18 在**“选择数据源”**对话框中，单击**“添加”**按钮 Add 。

步骤 19 当**“编辑系列”**对话框出现时：

在**“系列名称：”**文本框中输入 Staten Island（斯塔滕岛）。

在**“*X* 轴系列值：”**文本框中输入 =Data!$B$54:$B$56。

在**“*Y* 轴系列值：”**文本框中输入 =Data!$C$54:$C$56。

单击**“确定”**按钮，关闭**“编辑系列”**对话框。

单击**“确定”**按钮，关闭**“选择数据源”**对话框。

通过进一步编辑将生成如图 6-29 所示的图表。图 6-29 通过不同的颜色区分了 55 个分区的观测值。我们注意到曼哈顿区有两个不同类型的小分区。一个小分区有着较低的月租金中位数和中等的大学毕业生百分比，另一个小分区的月租金中位数和大学毕业生百分比数值都较大。图 6-29 显示，月租金中位数和大学毕业生百分比之间的关联强度可能因分区而异。通过修改散点图的颜色，我们可以可视化地展现每个分区月租金中位数和大学毕业生百分比之间的相关性强弱。

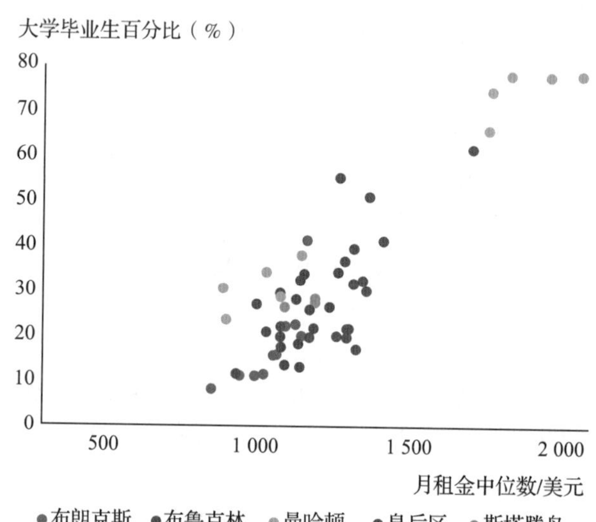

图 6-29 在散点图中使用颜色来引入分类变量

假设我们希望在散点图中突出显示皇后区的观测值。在图 6-30 中，我们删除了填充颜色，并且将不对应于皇后区的数据点设置为较为柔和的灰色。我们使用与皇后区数据点相同的颜色（紫色）来显示皇后区这两个变量之间的相关性。结果显示，虽然月租金中位数与大学毕业生百分比之间确实存在正相关性，但皇后区的相关性不如所有分区的相关性强。

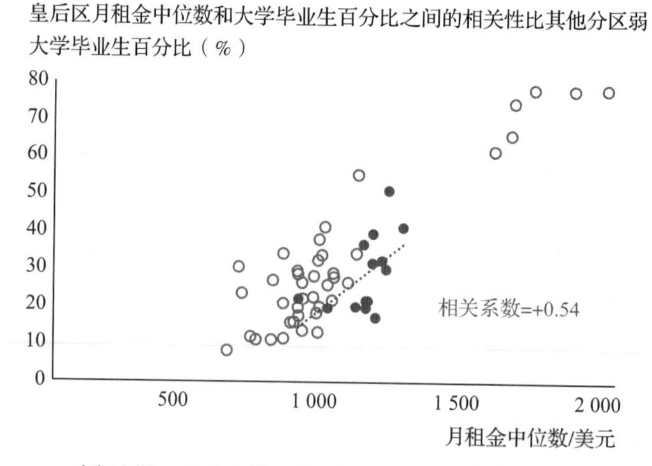

图 6-30 使用颜色来强调分类变量的特定值

单个散点图是可视化一对变量间关系的好方法，但有时分析师也可能希望分析多个不同变量之间的成对关系。为了轻松地一次性展示多对变量之间的关系，经常使用**散点图矩阵**（Scatter-chart matrix）。散点图矩阵将展示数据集中的定量变量所有可能的成对关系的散点图。图 6-31 展示了纽约市分区数据的散点图矩阵。散点图矩阵的每一行和每一列都对应了一个变量。例如，图 6-31 的第一行和第一列对应着月租金中位数变量，第二行和第二列对应着大学毕业生百分比变量。因此，第一行第二列的散点图展示了纽约市分区月租金中位数（纵轴）和大学毕业生百分比（横轴）之间的关系，第二行第三列的散点图展示了大学毕业生百分比（纵轴）和贫困率（横轴）之间的关系。

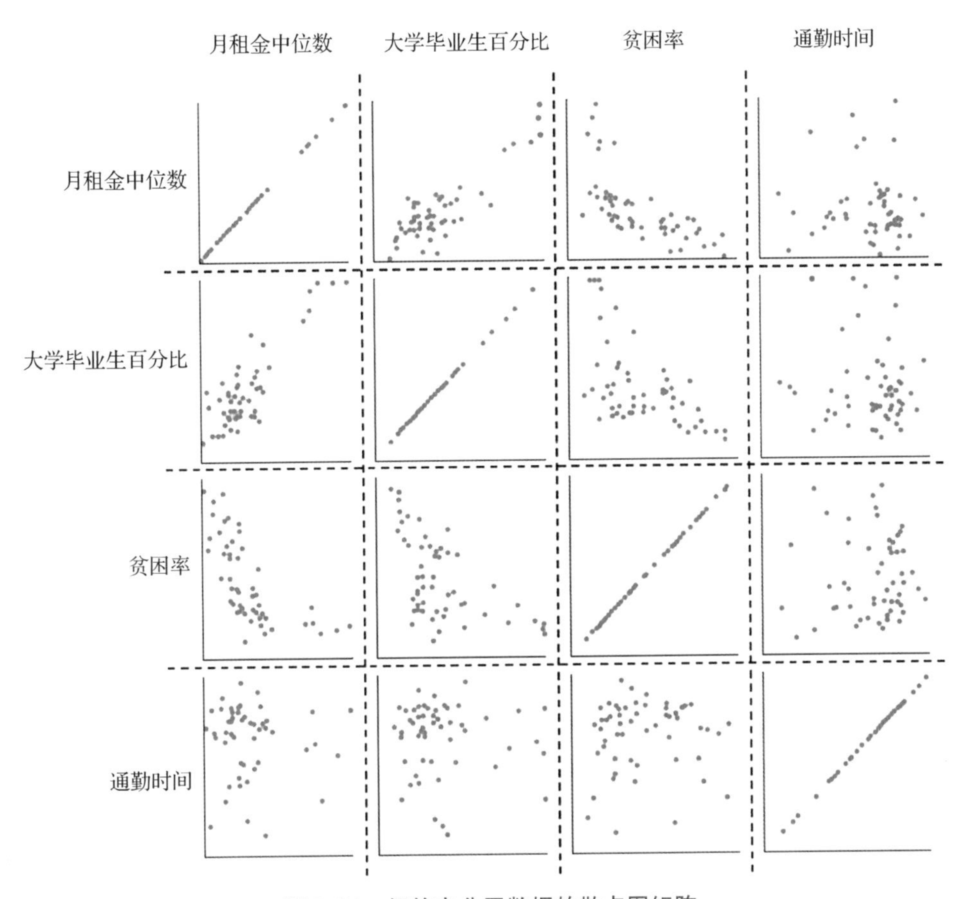

图 6-31　纽约市分区数据的散点图矩阵

从图 6-31 中可以得到几个有趣的结论。因为第一行第二列散点图中的点的位置从左到右逐渐变高，这表明大学毕业生百分比越高的分区可能月租金中位数越高。第一行第三列的散点图表明，贫困率较高的分区倾向于拥有较低的月租金中位数。第二行第三列的散点图表明，贫困率较高的分区的大学毕业生百分比往往较低。第四列的散点图表明，通勤时间与其他变量之间的关系不如其他列中的关系明显。

请注意，Excel 中没有生成散点图矩阵的工具。每个散点图必须单独创建并手动排列。

表格透镜（Table lens）是另一种可视化不同的成对变量之间关系的方法。在表格透镜中，数据表格由水平条显示，水平条的长度与每个变量列中的值成正比。对于宽数据和高数据而言，表格透镜是一种很有用的可视化工具，因为即使显示被缩小以展现整个或接近整个表格，我们依旧能够很清晰地看出变量之间的关系。

以下步骤演示了如何构建纽约市分区数据中定量变量的表格透镜。

步骤 1　选择单元格 B2:B56。

步骤 2　单击功能区上的**“开始”**选项卡。

步骤 3　单击**“样式”**下的**“条件格式”**按钮 。

在下拉菜单中选择**“数据条”**，并在**“实心填充”**中选择**“蓝色数据条”**。

接下来对其他三个变量重复步骤 1 ～步骤 3，将单元格范围分别修改为 C2:C56、D2:D56 和 E2:E56。完成操作后，这四个变量列中将出现与相应变量值成比例的水平数据条。为了隐藏单元格中的数值，我们将执行以下操作。

步骤 4　选择单元格 B2:E56，右击，选择**“设置单元格格式”**。

单击**“数字”**选项卡，在**“类别”**区域中选择**“自定义”**。

在**“类型”**对话框中输入“;;;”。

单击**“确定”**按钮。

步骤 4 将隐藏单元格中的数字。在“设置单元格格式”中选择其他类别将让数字再次可见。

为了使用表格透镜来显示变量之间的关系，我们必须根据一个定量变量来对数据进行排序。下面的步骤将根据月租金中位数对数据进行排序。

步骤 1　选择单元格 A1:F56。

步骤 2　单击功能区上的**“数据”**选项卡。

步骤 3　在**“排序与筛选”**中单击**“排序”**按钮。

步骤 4　当出现**“排序”**对话框时，勾选**“标题”**复选框。

在按行排序中：

在**“列”**中选择**“月租金中位数”**。

在**“排序依据”**中选择**“值”**。

在**“顺序”**中选择**“降序”**。

单击**“确定”**按钮。

图 6-32 展示了得到的表格透镜。我们通过将被排序的列的由大至小规律和其他列的规律进行比较来解释表格透镜。由于大学毕业生百分比也表现出由大至小的规律，因此可以推断这两个变量之间具有正相关关系。

与上述规律相反，贫困率呈现出由低至高的规律，因此可以推断贫困率与月租金中位数之间存在负相关关系。通勤时间并未显示出明显的规律性，因此可以推断通勤时间与月租金中位数之间没有显著关联。通过对其他变量进行排序，可以分析不同的成对变量之间的关系。

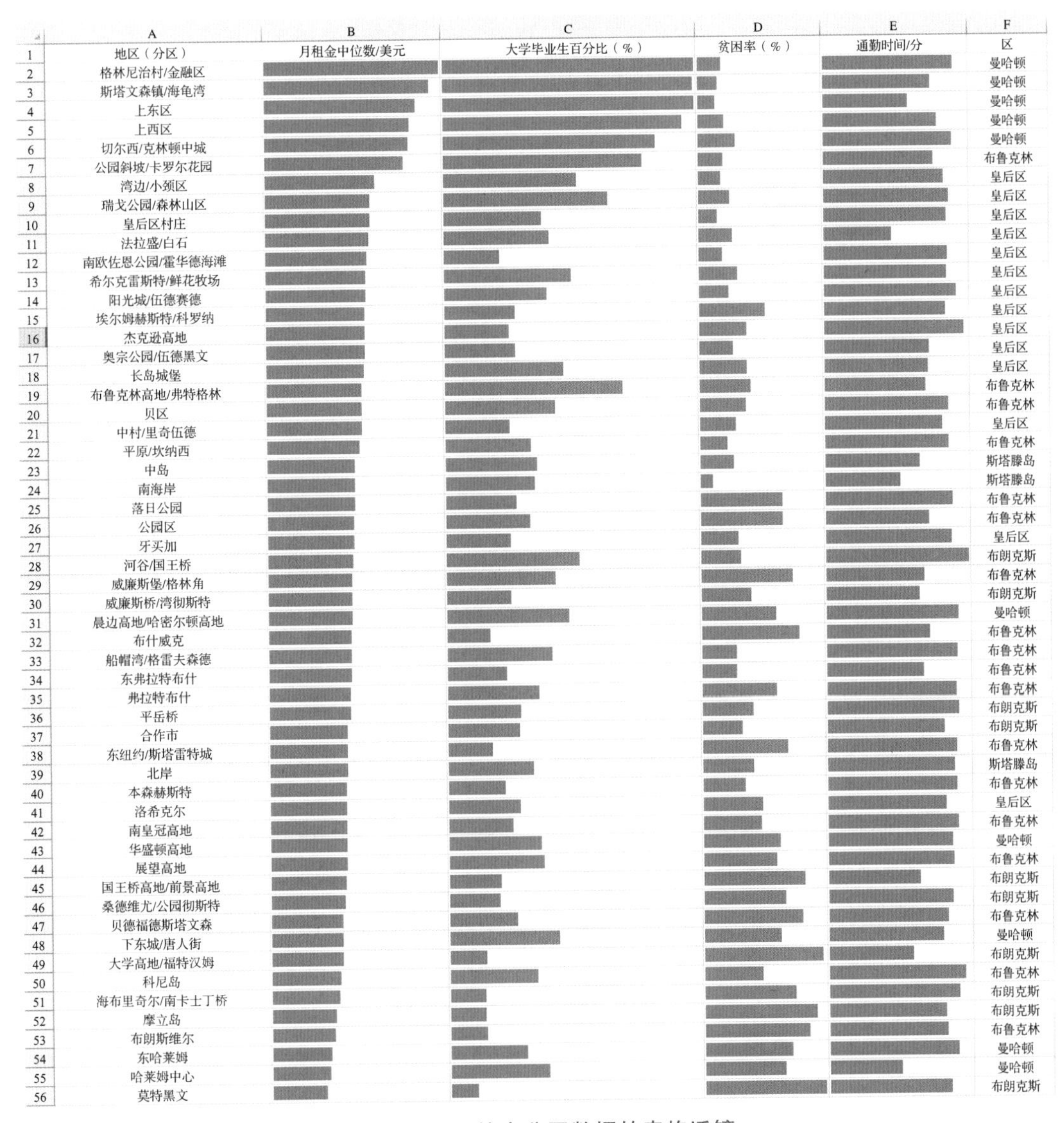

图 6-32　纽约市分区数据的表格透镜

注释和评论

1. Excel 附带了一个数据分析插件，可以自动进行许多个统计分析过程。激活此加载项后，可以在功能区的“数据”选项卡中找到“数据分析”按钮。在数据分析的分析工具中选择相关系数，可以计算每对定量变量之间的相关系数，并将其展示在矩阵之中。
2. 相关系数是两个定量变量之间关联的度量。因此，即使分类变量使用数字编码（例如 1、2、3 等），尝试拟合定量变量和分类变量之间的趋势线也是不合适的。类别 1

和类别 2 的差别可能与类别 2 和类别 3 的差别不同，因此我们不应该计算这些值的相关系数。

3. 对于 n 个双变量观测值（x_1, y_1），（x_2, y_2）……（x_n, y_n），其中 $\overline{x}$ 和 $\overline{y}$ 分别为 x 和 y 的均值，计算这两个变量之间的相关系数的公式为

$$r_{xy}=\frac{\sqrt{\dfrac{(x_1-\overline{x})(y_1-\overline{y})+(x_2-\overline{x})(y_2-\overline{y})+\cdots+(x_n-\overline{x})(y_n-\overline{y})}{n-1}}}{\sqrt{\dfrac{(x_1-\overline{x})^2+(x_2-\overline{x})^2+\cdots+(x_n-\overline{x})^2}{n-1}}\sqrt{\dfrac{(y_1-\overline{y})^2+(y_2-\overline{y})^2+\cdots+(y_n-\overline{y})^2}{n-1}}}$$

4. 线性趋势线是用来展示相关关系的一个很好的工具。散点图上的线性趋势线具有恒定的斜率，这说明一个变量的变化对应于另一个变量的一定量的变化，与变量的初始值无关。除了线性趋势线之外，Excel 还支持在散点图上拟合几种非线性趋势线。在散点图上，当从左向右趋势线变得越来越陡峭（向上或向下）时，应该选择指数型趋势线；在散点图上，当从左向右趋势线变得越来越平缓时，应该选择对数型趋势线；当趋势线的斜率存在改变符号的情况时，应该使用多项式型趋势线。图 6-28 展示了一个使用多项式趋势线的例子，在这个例子中，趋势线的斜率改变了一次符号。也有允许斜率多次改变符号的其他多项式趋势线。

6.4 分析缺失数据

许多现实生活中的数据集都存在缺失数据的问题。数据集包含缺失数据的原因有很多，了解缺失值产生的原因非常重要，只有这样我们才能知道如何处理这些缺失值。在本节中，我们将研究一些最常见的缺失数据形式，讨论如何处理缺失数据，并概述如何识别与缺失数据相关的模式。

6.4.1 缺失数据的类型

数据集通常包括一个或多个变量的缺失值。有时，缺失数据会自然而然出现，这些缺失数据被称为**合法缺失数据**（Legitimately missing data）。例如，有一项问卷调查，先询问受访者是否参与过男性联谊会或女性联谊会，紧接着询问受访者参与联谊会的时间。如果受访者没有参与过联谊会，那么他们自然会跳过随后的关于时间的问题。在通常情况下，我们不会对合法缺失数据采取补救操作。

还有一些时候，缺失数据是由别的原因造成的，这些缺失数据被称为**非法缺失数据**（Illegitimately missing data）。造成这种情况的原因有多种，例如受访者选择不回答他本应该回答的问题，或者受访者在调查结束前退出了研究等。对于非法缺失数据，我们需要考虑补救措施。通常我们可以采用这些解决方法：①舍弃具有缺失值的观测值（即舍弃某一行）；②使用估计值填补缺失数据；③在处理分类变量时，将缺失数据视作一个新的分类。

在决定采用什么方法处理缺失数据之前，我们需要了解缺失数据产生的原因，以及这些缺失值可能会对分析造成的影响。如果丢失某个变量的观测值是完全随机发生的，则数据是否缺失并不取决于缺失数据的具体值，也不取决于数据集中其他变量的值。在这种情况下，我们将缺失值类型称为**完全随机缺失**（Missing completely at random，MCAR）。例如，如果调查中某个问题的数据缺失与缺失数据的值以及调查中的其他问题完全无关，则缺失值是完全随机缺失的。

然而，在某些情况下，缺失数据的产生可能不是完全随机的。如果丢失某个变量观测值的概率与数据中其他变量的值有关，我们将缺失值类型称为**随机缺失**（Missing at random，MAR）。对于随机缺失数据，缺失值出现的原因可能决定了其重要性。例如，某特定雇员在回答问题时出现输入错误，导致了数据缺失，在这种情况下，对缺失数据的处理可能不太重要。但是，在医学研究中，可能存在患者病情太重，医生认为其不适合接受诊断测试的情况。在这种情况下，诊断结果的缺失值实际上提供了关于患者状况的额外信息，而这可能有助于我们理解数据中的其他关系。

第三种缺失数据的类型是**非随机缺失**（Missing not at random，MNAR）。如果数据缺失的规律和其本身的值有关系，那么数据缺失就属于非随机缺失。例如，收入极高或收入极低的受访者与收入中等的受访者相比，往往更不愿意回答关于收入的问题，因此这些缺失的收入数据是非随机缺失的。

无论缺失数据是完全随机、随机还是非随机缺失的，当面对缺失值时，我们首先应该采取的行动是通过检查数据来源或进行逻辑推断，来尝试确定缺失值的实际值。如果缺失值不能够被确定，我们就必须确定处理缺失数据的方法。确认缺失数据属于三种类别中的哪一种对确定处理方法来说至关重要。

如果缺失数据是完全随机缺失的，那么在缺失数据不太多的情况下，舍弃具有缺失值的观测值可能是一个好的选择。当缺失数据是完全随机缺失的时，删除具有缺失值的观测值，相当于随机删除数据集中的一行。如果我们删除了具有缺失值的一行，那肯定丢失了部分信息，但数据分析的结果并不会因此产生偏差。除了直接放弃以外，对于完全随机缺失的数据，我们也可以采取用变量的中位数、均值或众数来替换缺失值的方法。使用中位数、均值或众数来替换缺失数据通常会改变变量的分布。通常而言，替换后的变量分布会比真实的分布具有更小的偏差。

如果缺失数据是随机缺失的，那么数据缺失的可能性与数据集中其他变量的值有关。对于随机缺失数据，直接舍弃具有缺失值的观测值可能会改变剩余数据中的数据分布。例如，假设血压测量数据的缺失值更有可能发生在年轻的患者之中，如果直接舍弃缺失血压数据的观测值，则会导致舍弃更高比例的年轻患者的记录，这有可能扭曲剩余数据的分布。

如果缺失数据是非随机缺失的，此时对包含非随机缺失数据的任何分析都将产生偏差，因此我们不能忽略具有缺失值的观测值。此外，对于非随机缺失的数据，正是缺失值的未知性导致了数据的缺失，因此没有处理这些缺失值的很好的方法。如果我们认为非随机缺失的变量相对数据集中另一个没有或几乎没有缺失的变量而言是冗余的，则可以选择直接剔除非随机缺失变量。如果非随机缺失变量与另一个没有或几乎没有缺失的变量是高度相关的，则此时的信息损失可能是最小的。

6.4.2 探索与缺失数据相关的规律

为了展示关于缺失数据的探索性数据分析，我们将重新使用 EJB 公司的数据。如前所述，在 EJB 公司的数据中，服务满意度评分和产品满意度评分中存在缺失值。EJB 公司注意到，服务满意度评分和产品满意度评分是从另一个包含客户对产品的相关调查结果的数据库中检索的。由于客户参与调查是自愿的，因此出现一些缺失值是合理的。但是检查这些缺失数据仍然很重要，这能帮助我们确定如何在数据分析中处理缺失值。具体来说，我们希望了解缺失数据是完全随机缺失、随机缺失还是非随机缺失。

在接下来的讨论和演示中，我们将关注服务满意度评分中的缺失数据。要确定服务满意度评分中的缺失值是否与其自身（未知）的值或其他变量的值相关，唯一的方法是获得这些缺失的数据。在可能的情况下，EJB 公司希望重新调查未提供服务满意度评分的客户，从而确定这些数据是不是完全随机缺失的，是不是由于客户保留了某些调查问题的结果。例如，本来会对服务满意度评分打 3 分的客户更有可能跳过调查，从而导致数据缺失。但是，在无法获得这些数据的情况下，我们很难确定数据的这种非随机缺失模式。在很多情况下，获取的缺失值很有可能是不合理或不可靠的。接下来，我们在不获取缺失值的情况下，通过使用统计总结和图表来识别服务满意度评分缺失数据的模式。

首先，考虑缺失数据对单个变量取值分布的影响。为了说明，我们将比较报告了服务满意度评分的记录和没有报告服务满意度评分的记录在各个配送中心的分布情况。我们使用表 EJBData 中的数据作为数据来源（见图 6-13），从一个空的数据透视表和数据透视图开始完成以下步骤。

步骤 1　选择空的数据透视表中的任何单元格，例如 A5。

步骤 2　当**“数据透视表字段”**任务窗格出现时，在**“字段名称”**下方：

将**“订单编号”**拖动到**“值”**区域。

将**“配送中心”**拖动到**“行”**区域。

将**“服务满意度评分”**拖动到**“筛选器”**区域。

步骤 3　在**“值”**区域中，单击**“计数项：订单编号”**。

步骤 4　在选项卡中选择**“值字段设置”**，当**“数据透视表字段”**对话框出现时：

在**“汇总方式”**中选择**“计数”**。

在**“数据显示方式”**下拉菜单中选择**“百分比”**。

单击**“确定”**按钮。

步骤 5　在数据透视表中，单击单元格 B1 旁边的箭头 ▼，在下拉菜单中：

取消勾选**“全选”**复选框。

勾选 1、2、3、4、5。

不勾选空白条目（最后一个分类）。

单击**“确定”**按钮。

这些步骤将展示不同服务满意度评分的订单在各个配送中心的分布情况。输出的结果如图 6-33a 所示。接下来的步骤将展示没有报告服务满意度评分的记录在各个配送中心的分布情况，结果如图 6-33b 所示。

步骤 6 选择包含刚刚创建的数据透视表和数据透视图的工作表，右击工作表名称，选择**“移动或复制”**，在对话框中勾选**“建立副本”**复选框。

单击**“确定”**按钮。

步骤 7 在数据透视表中，单击单元格 B1 旁边的箭头 ▼，在下拉菜单中：

取消勾选**“全选”**复选框，取消勾选 1、2、3、4、5。

勾选空白条目（最后一个分类）。

单击**“确定”**按钮。

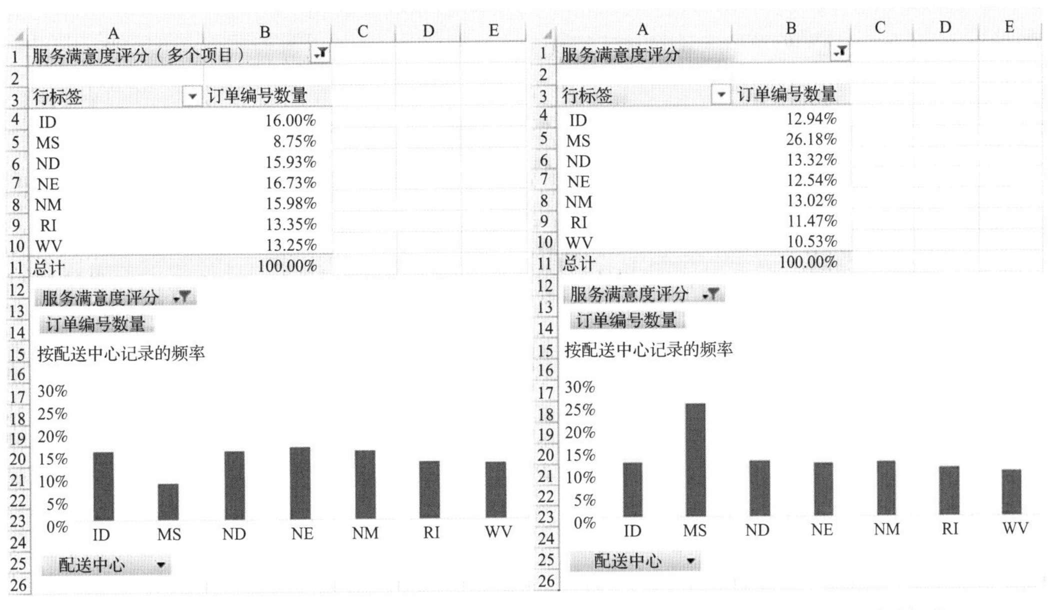

服务满意度评分（多个项目）

行标签	订单编号数量
ID	16.00%
MS	8.75%
ND	15.93%
NE	16.73%
NM	15.98%
RI	13.35%
WV	13.25%
总计	100.00%

服务满意度评分

行标签	订单编号数量
ID	12.94%
MS	26.18%
ND	13.32%
NE	12.54%
NM	13.02%
RI	11.47%
WV	10.53%
总计	100.00%

a）有服务满意度评分的订单

b）没有服务满意度评分的订单

图 6-33 比较有服务满意度评分的记录在配送中心方面的分布情况与没有服务满意度评分的记录在配送中心方面的分布情况

如果数据缺失服务满意度评分的趋势与记录发货的配送中心无关的话，图 6-33a 的分布情况应该与图 6-33b 的分布情况相似。但我们注意到，密西西比州（MS）有 8.75%的有服务满意度评分的订单，同时有 26.18%的缺失服务满意度评分的订单。这表明服务满意度评分是否缺失与订单是否由密西西比州配送有关系。所以可以知道，任何对于密西西比州记录的服务满意度评分的分析都可能是不可靠的。

对于 EJB 公司的数据中的每个变量，我们都可以重复比较有服务满意度评分的记录分布和没有服务满意度评分的记录分布的过程。在这些成对比较的过程中，我们希望找到两个分布之间的差异，这些差异可能表明服务满意度评分的缺失与正在分析的变量有关系。

与之类似，通过将服务满意度评分添加到数据透视图的筛选器区域，我们可以比较有和没有服务满意度评分的记录的两个或多个变量的交叉表。同样，在这些成对比较的过程中，我们希望找到两个交叉表之间的差异，这些差异可能表明服务满意度评分的缺失与交叉表包含的变量有关系。

6.5 可视化时间序列数据

时间序列数据（Time series data）由在不同时间点收集的观测值组成，而截面数据（Cross-sectional data）则不同，它由在单一时间点收集的观测值组成。在本节中，我们假设观测值是以固定的时间间隔收集的，并且按照时间顺序进行排序（通常我们都进行这样的假设）。

在通常情况下，我们应该使用折线图来展示时间序列数据。折线图中的线条将突出显示连续数据的变化趋势和相互关系，能清楚地展示数据的趋势、变异性和季节性。时间序列数据的**趋势**（Trend）指的是观测值在多个周期上表现出的长期规律。时间序列数据的**变异性**（Variability）指的是不同时间下观测值之间的差异。时间序列数据的**季节性**（Seasonality）指的是观测值间隔固定周期重复出现的周期性规律。在本节中，我们将讨论可视化展示时间序列数据以及其特征的技术。

针对时间序列数据使用折线图存在一个例外，即当我们想要突出或比较一段时间内一个或多个变量的具体数值时。在这种情况下，使用柱形图是一个好的选择。图 6-22 提供了一个例子，图中的（堆积）柱形图比较了不同配送中心和客户状态（是新客户还是现有客户）对应的随时间变化的年销售额。

6.5.1 以不同的时间频率展示数据

我们将使用之前使用过的 EJB 公司的数据作为时间序列数据的示例。在这里，我们重新考虑这个数据集，并提出在连续时间段内可视化展示数据的适当方法。假设 EJB 公司想要分析梨口味果汁总销售额的时间模式，下面的步骤将使用表 EJBTable 中的数据创建数据透视表和数据透视图，来分析梨口味果汁在一定时间段内的总销售额。

步骤 1　选择数据范围内的任意单元格，例如 A3。

步骤 2　单击功能区中的**“插入”**选项卡。

在功能区中单击**“数据透视图”**按钮 

。

步骤 3　当**“创建数据透视图”**对话框出现时：

在**“请选择要分析的数据”**区域中选择**“选择表或范围”**，然后在**“表 / 范围:”**中输入 EJBData。

在**“选择要放置数据透视图的位置”**中选择**“新工作表”**。

单击**“确定”**按钮。

步骤 4　在**“数据透视图字段”**任务窗格中，在**“字段列表”**之中：

将**“订购日期”**拖动到**“轴（类别）”**区域。

将**“销售额”**拖动到**“值”**区域。

将**“口味”**拖动到**“筛选器”**区域。

将**“类别”**拖动到**“筛选器”**区域。

步骤 5　在数据透视表中，单击单元格 B1 的筛选器箭头 ▾，并在下拉菜单中：

勾选**“梨”**复选框。

单击**“确定”**按钮。

步骤 6　在数据透视表中，单击单元格 B2 的筛选器箭头 ▾，并在下拉菜单中：

勾选**“果汁”**复选框。

单击**“确定”**按钮。

步骤 7　单击数据透视图，右击并选择**“更改图表类型”**，在菜单中选择**“折线图”**，并在对话框中选择**“二维折线图”**。

通过进一步编辑，将得到如图 6-34 所示的图表。图 6-34 展示了每年梨口味果汁的销售额。基于这三年的数据，我们能观察到销售额呈现出相对稳定的上升趋势。

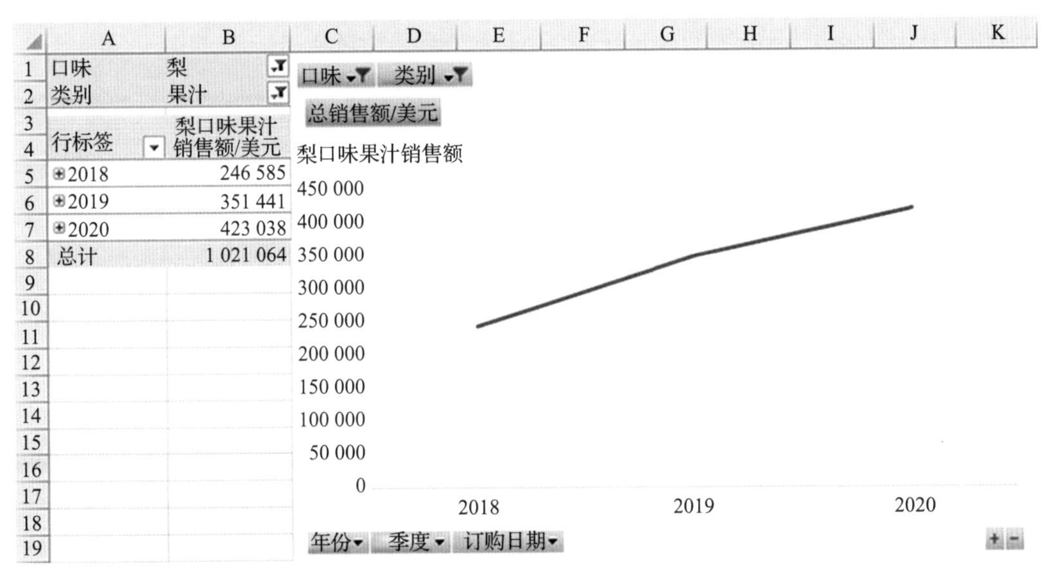

图 6-34　梨口味果汁年销售额的数据透视表和数据透视图

我们在绘制图表时，设置的时间间隔将显著地影响图表的展示效果。在时间序列图表中，我们展示数据的速率（通常沿着横轴）被称作时间频率（Temporal frequency）。单击图 6-34 所示界面右下角的 + - 按钮可以按照不同的时间频率来查看梨口味果汁的销售额数据。单击“+”，将得到与图 6-35 所示界面对应的结果。图 6-35 展示了梨口味果汁每季度的销售额。与图 6-34 相同，我们仍能看出上升趋势，但是我们也能看出季度数据的变异性，并且每季度的销售额并不总是随时间推移而上升的。

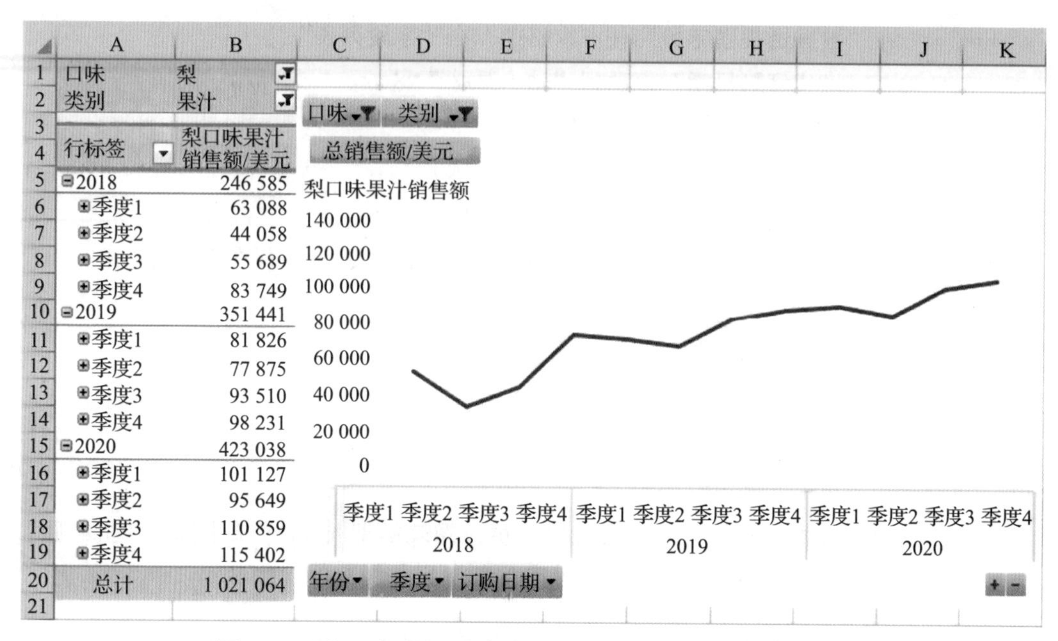

口味	梨
类别	果汁
行标签	梨口味果汁销售额/美元
⊟2018	246 585
⊞季度1	63 088
⊞季度2	44 058
⊞季度3	55 689
⊞季度4	83 749
⊟2019	351 441
⊞季度1	81 826
⊞季度2	77 875
⊞季度3	93 510
⊞季度4	98 231
⊟2020	423 038
⊞季度1	101 127
⊞季度2	95 649
⊞季度3	110 859
⊞季度4	115 402
总计	1 021 064

图 6-35 梨口味果汁季度销售额的数据透视表和数据透视图

再次单击“+”按钮，得到的结果如图 6-36 所示。图 6-36 展示了梨口味果汁每月的销售额，其中，锯齿线表明梨口味果汁的月销售额存在一定的波动。

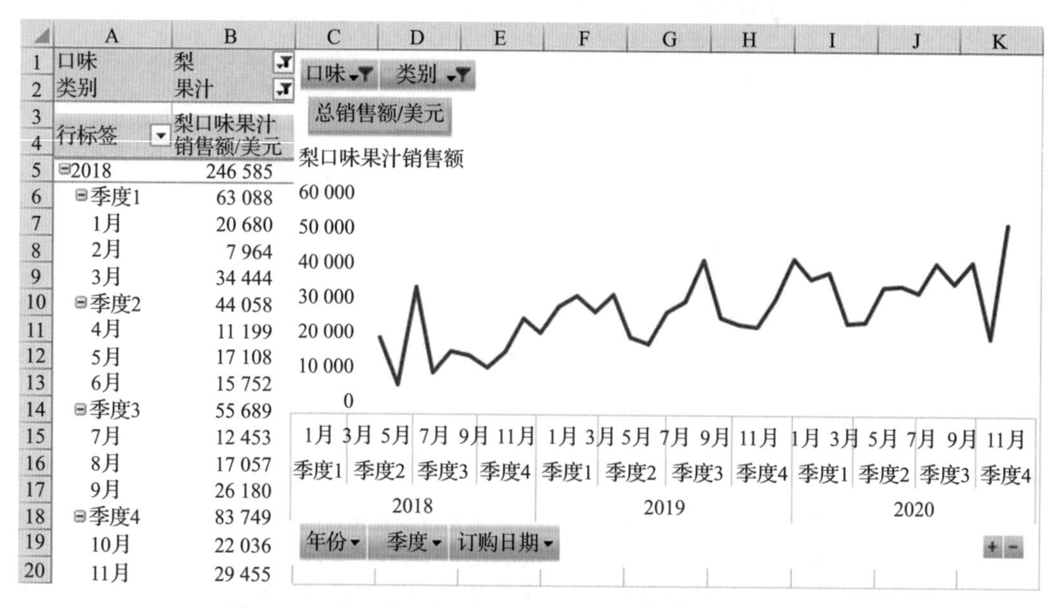

口味	梨
类别	果汁
行标签	梨口味果汁销售额/美元
⊟2018	246 585
⊟季度1	63 088
1月	20 680
2月	7 964
3月	34 444
⊟季度2	44 058
4月	11 199
5月	17 108
6月	15 752
⊟季度3	55 689
7月	12 453
8月	17 057
9月	26 180
⊟季度4	83 749
10月	22 036
11月	29 455

图 6-36 梨口味果汁月销售额的数据透视表和数据透视图

上述三个关于梨口味果汁销售额的折线图都非常有用。在年度水平上展示销售额数据虽然能够清晰地呈现数据的长期趋势，但可能掩盖了季度和月度水平上存在的规律。通常情况下，为了挖掘数据中的规律，以不同的时间频率来查看数据是一个很好的方法。我们可以使用 Excel 的时间轴工具来筛选数据透视表和数据透视图中的时间序列数据，该工具的功能非常类似于切片器。在功能区的“插入”选项卡中，单击筛选器组中的“时间轴”按钮，可以将时间轴添加到数据透视图中。

纵横比是影响时间序列数据折线图可视化效果的另一个因素。当折线图的宽度相对于高度增加时，折线会变得扁平化，数据的变异性会受到抑制。相反，当折线图的高度相对于宽度增加时，折线会变得陡峭，数据的变异性可能会被放大。虽然没有固定的最佳纵横比（因为这取决于你查看图表的目的），但通常建议让图的宽度大于高度。

6.5.2 突出时间序列数据中的规律

我们可以通过添加趋势线来可视化时间序列数据随时间变化的趋势。在图 6-37 中，线性趋势线突出了梨口味果汁每月销售额随时间的上升趋势。尽管这种趋势线在强调数据的长期趋势时非常有用，但我们应该明确地意识到，该趋势线是通过使用所有可用数据进行拟合而得出的。对于时间序列数据，这一点尤为重要，因为时间序列数据是按照时间顺序自然生成的。在时间序列数据中，我们通常希望通过以下方式来平滑数据：①仅使用直到计算平滑估计值时间点为止的已知的数据；②不使用来自过于遥远的过去的观测值。*m* 期**移动平均数**（Moving average）的计算方法为计算过去 *m* 个观测值的均值。这意味着在一个时间点，未来的观测值和过去超过 *m* 个周期的观测值将不被包括在移动平均的计算之中。

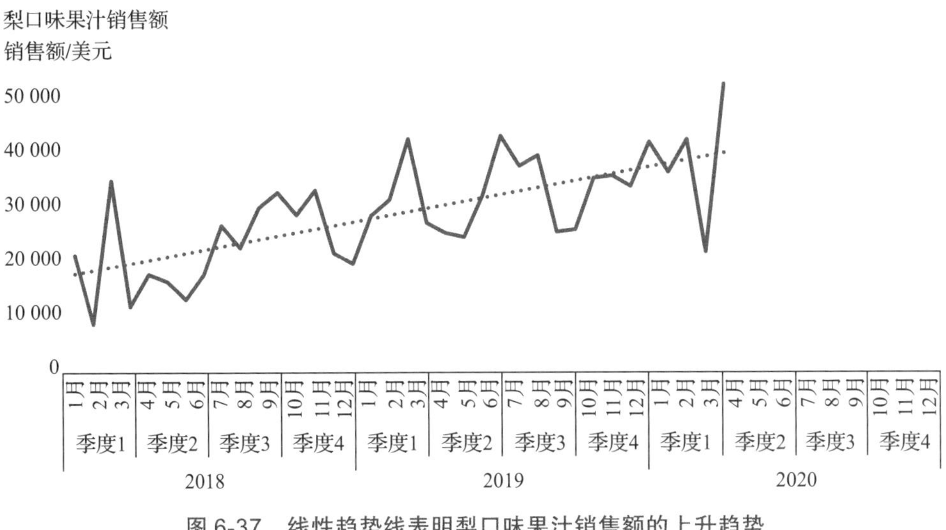

图 6-37 线性趋势线表明梨口味果汁销售额的上升趋势

下面的步骤将为梨口味果汁的月销售额图添加三个月的移动平均趋势线。

步骤 1 单击图中的数据点，选中数据。

步骤 2 右击，选择**“添加趋势线”**。

在**“设置趋势线格式”**任务窗格的**“趋势线选项”**中选择**“移动平均”**，并在周期中输入 3。

重复上述步骤，建立 6 个月和 12 个月的移动平均趋势线，进一步编辑后，我们将得到如

图 6-38 所示的带有三项不同移动平均的梨口味果汁的月销售额网格展示图（Trellis display）。第一幅图包含 3 个月的移动平均趋势线。第二幅图包含 6 个月的移动平均趋势线。第三幅图包含 12 个月的移动平均趋势线。如图 6-38 所示，计算移动平均趋势时包含的周期数越多，移动平均趋势线将越稳定。

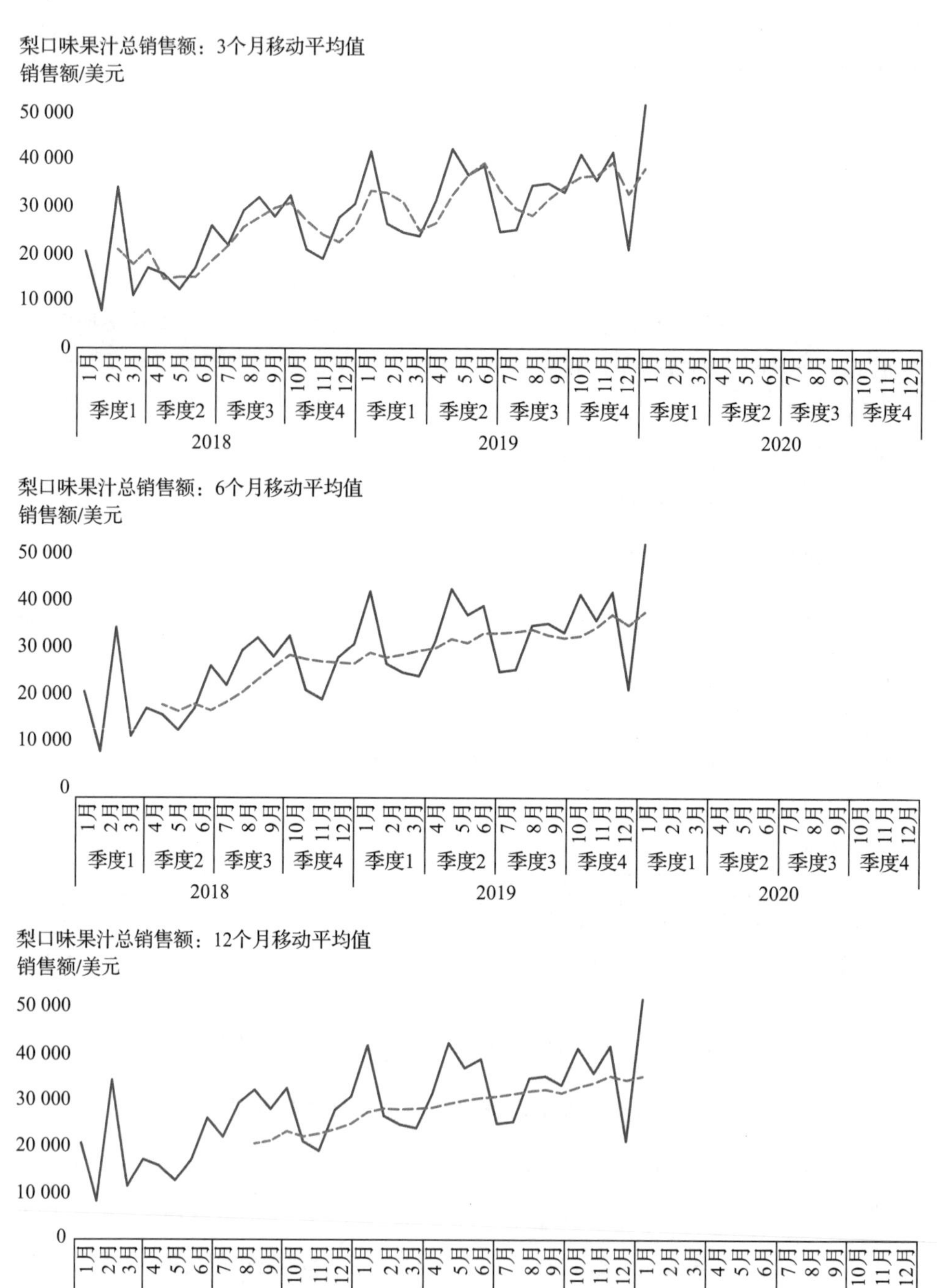

图 6-38 梨口味果汁月销售额的 3 个月移动平均、6 个月移动平均和 12 个月移动平均结果

季节性，即观测值按固定的时间间隔重复的可预测性规律，是我们关注的另一种时间序列数据的规律。尽管季节性一词的字面意义与气象学上的季节有关，但实际上，季节性可以反映任何固定的时间间隔所体现出的规律性（如每小时、每天、每周、每月、每季度、每年等）。例如，到达餐厅的顾客人数可能在一段时间内呈现出季节性规律，具体而言，顾客人数在用餐时间达到高峰，并在用餐时间之间达到低谷。游乐园的顾客人数可能在一周内呈现出季节性规律，比如，顾客人数往往在周末达到高峰。

当图表线性地展示所有数据时，季节性可能难以被清楚地识别出来。相反，在通常情况下，最好对应不同的特定时间间隔绘制多条折线，从而更好地识别季节性的存在。下面的步骤将演示如何检测月度季节性，并生成如图 6-39 所示的数据透视图和数据透视表。我们假设在此之前已经使用表 EJBData 中的数据创建了数据透视表和数据透视图（对应于图 6-34 中的分析）。

步骤 1　选择包含之前创建的数据透视表和数据透视图的工作表，右击工作表名称，选择**“移动或复制”**，在**“移动或复制”**对话框出现后，勾选**“建立副本”**复选框。

步骤 2　单击数据透视图，在功能区中的**“数据透视图分析”**选项卡中：

单击**“字段列表”**来激活**“数据透视图字段”**任务窗格。

在**“数据透视图字段”**任务窗格中，取消勾选当前选定的字段，清除当前数据透视表和数据透视图的内容。

步骤 3　在**“数据透视图字段”**任务窗格的**“选择要添加的字段”**中：

将**“订购月份”**拖动到**“轴（类别）”**区域。

将**“订购年份”**拖动到**“图例（系列）”**区域。

将**“销售额”**拖动到**“值”**区域。

将**“口味”**拖动到**“筛选器”**区域，将**“类别”**拖动到**“筛选器”**区域。

步骤 4　在数据透视表中，单击单元格 B1 的筛选器箭头，并在下拉菜单中：

勾选**“梨”**复选框。

单击**“确定”**按钮。

步骤 5　在数据透视表中，单击单元格 B2 的筛选器箭头，并在下拉菜单中：

勾选**“果汁”**复选框。

单击**“确定”**按钮。

步骤 6　单击数据透视图，右击并选择**“更改图表类型”**，在菜单中选择**“折线图”**，并在对话框中选择**“二维折线图”**。

检查图 6-39，我们并没有发现月度数据中存在季节性。这在每年的月度数据中是一个普遍的现象。

6.5.3　整理数据以实现可视化

我们已经考虑了数据集的结构：数据集的一行表示一组变量的观测值，这些变量的值被记录在数据集的列中。对于时间序列数据，在这样的数据结构中，数据集每一行都代表着一组变量在某一特定时间点的观测值。然而，在这种结构之中，还有多种组织数据的方式，尤其是当数据包含分类变量时。

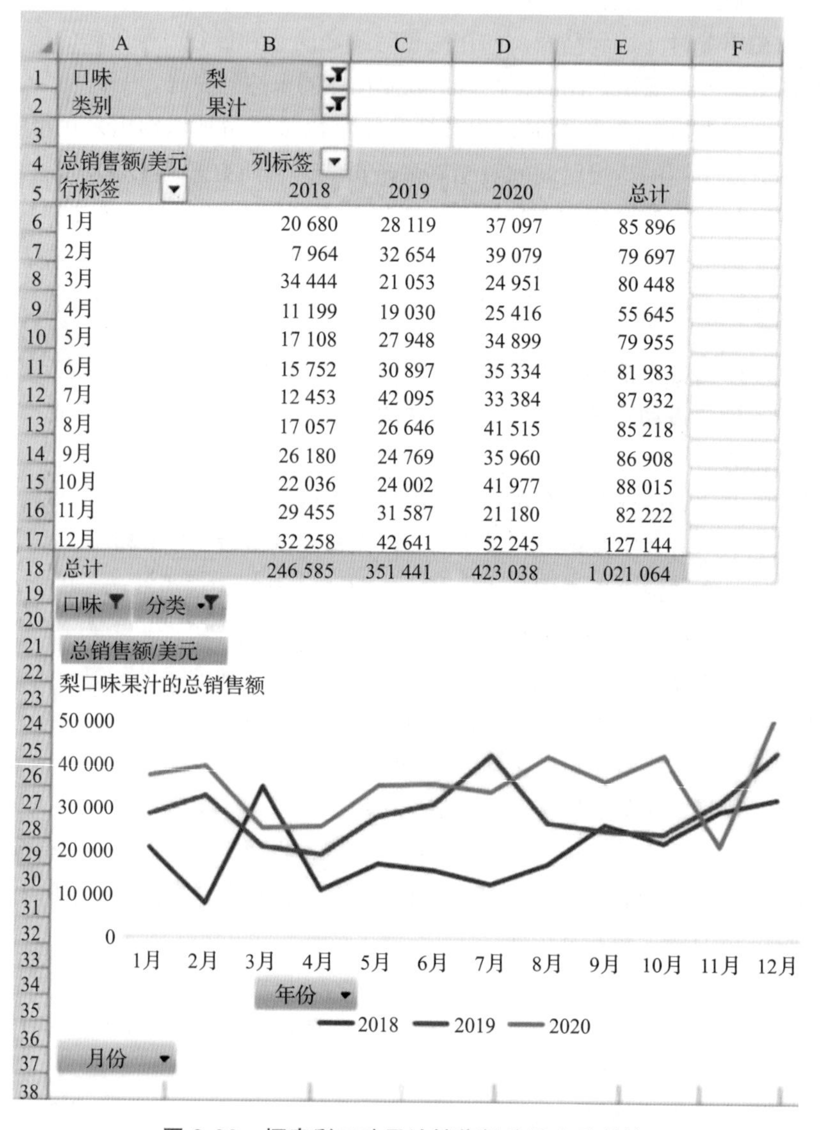

口味	梨			
类别	果汁			
总销售额/美元	列标签			
行标签	2018	2019	2020	总计
1月	20 680	28 119	37 097	85 896
2月	7 964	32 654	39 079	79 697
3月	34 444	21 053	24 951	80 448
4月	11 199	19 030	25 416	55 645
5月	17 108	27 948	34 899	79 955
6月	15 752	30 897	35 334	81 983
7月	12 453	42 095	33 384	87 932
8月	17 057	26 646	41 515	85 218
9月	26 180	24 769	35 960	86 908
10月	22 036	24 002	41 977	88 015
11月	29 455	31 587	21 180	82 222
12月	32 258	42 641	52 245	127 144
总计	246 585	351 441	423 038	1 021 064

图 6-39 探索梨口味果汁销售额的月度季节性

为了更好地进行展示，我们将考虑 NBA（美国职业篮球联赛）2015 年至 2019 年各支球队的三分球出手数据。图 6-40 展示了同样的数据集的两种不同排列方式。在图 6-40a 中，每一行由 3 个值组成：观测值的球队名，年份以及在当年中该球队的三分球出手次数。在图 6-40b 中，每一行由 6 个值组成：观测值的球队名、该队在 2015 年的三分球出手次数、该队在 2016 年的三分球出手次数、该队在 2017 年的三分球出手次数、该队在 2018 年的三分球出手次数、该队在 2019 年的三分球出手次数。

图 6-40a 中的数据排列方式被称为**堆积**（Stacked）。在图 6-40a 中，数据是按照年份进行堆叠的，因为年份的所有值被放在单独的一列中。图 6-40b 中的数据排列方式被称为**非堆积**（Unstacked）。在图 6-40b 中，数据并没有按照年份进行堆积，因为每个年份的三分球出手数都有单独的一列与之对应。

	A	B	C
1	团队	年份	三分球出手次数
2	亚特兰大老鹰	2015	2 152
3	波士顿凯尔特人	2015	2 021
4	布鲁克林篮网	2015	1 633
5	夏洛特黄蜂	2015	1 566
6	芝加哥公牛	2015	1 825

a）堆积数据

	A	B	C	D	E	F
1	三分球出手次数					
2	团队	2015年	2016年	2017年	2018年	2019年
3	亚特兰大老鹰	2 152	2 326	2 137	2 544	3 034
4	波士顿凯尔特人	2 021	2 142	2 742	2 492	2 829
5	布鲁克林篮网	1 633	1 508	2 591	2 924	2 965
6	夏洛特黄蜂	1 566	2 410	2 347	2 233	2 783
7	芝加哥公牛	1 825	1 753	1 831	2 549	2 123

b）非堆积数据

图 6-40 NBA 各支球队三分球出手次数部分数据的堆积和非堆积排列

根据数据的来源和收集方式，数据可能以堆积或非堆积的形式呈现。这两种数据排列方式都很有用，每种排列方式都能支持不同的数据可视化方法。例如，非堆积数据支持构建针对不同球队的折线图。为了快速构建多个折线图以便探索时间序列数据中的规律，我们可以建立迷你图。**迷你图**（Sparkline）是一种可以直接放置在单元格中的极简风格图表。迷你图很容易创建，并且它只展示数据拟合线而不展示坐标轴，因此占用空间很少。接下来的步骤将使用文件 *NBA3PA* 的非堆积数据工作表来创建迷你图。

步骤 1 单击功能区中的**“插入”**选项卡。

步骤 2 单击**“迷你图”**，在下拉菜单中选择**“折线图”**。

步骤 3 当**“创建迷你图”**对话框出现时：

在**“选择迷你图的数据区域”**中输入 B3:F3。

在**“选择放置迷你图的位置”**中输入 G3。

单击**“确定”**按钮。

步骤 4 将单元格 G3 中的内容复制到 G4:G32 单元格。

在图 6-41 中，G 列中的迷你线并未直接展示各球队三分球出手次数的多少，但清楚地展现出了这些数据的总体趋势。我们观察到，在这五年期间，几乎所有球队的三分球出手次数都在增加。洛杉矶快船队是唯一出现减少（或至少未增加）趋势的球队。如上所述，迷你图提供了一种简单而有效的展现时间序列基本信息的方法。

	A	B	C	D	E	F	G
1	三分球出手次数						
2	球队	2015年	2016年	2017年	2018年	2019年	
3	密尔沃基雄鹿	1 500	1 277	1 946	2 024	3 134	
4	金州勇士	2 217	2 592	2 562	2 370	2 824	
5	新奥尔良鹈鹕	1 583	1 951	2 196	2 312	2 449	
6	费城76人	2 160	2 255	2 443	2 445	2 474	
7	洛杉矶快船	2 202	2 190	2 245	2 196	2 118	
8	波特兰开拓者	2 231	2 336	2 272	2 308	2 520	
9	俄克拉何马城雷霆	1 864	1 945	2 116	2 491	2 677	
10	多伦多猛龙	2 060	1 915	1 996	2 705	2 771	
11	萨克拉门托国王	1 350	1 839	1 960	1 967	2 455	
12	华盛顿奇才	1 381	1 983	2 030	2 173	2 731	
13	休斯敦火箭	2 680	2 533	3 306	3 470	3 721	
14	亚特兰大老鹰	2 152	2 326	2 137	2 544	3 034	
15	明尼苏达森林狼	1 223	1 347	1 723	1 845	2 357	
16	波士顿凯尔特人	2 021	2 142	2 742	2 492	2 829	
17	布鲁克林篮网	1 633	1 508	2 591	2 924	2 965	
18	洛杉矶湖人	1 546	2 016	2 110	2 384	2 541	
19	犹他爵士	1 781	1 956	2 128	2 425	2 789	
20	圣安东尼奥马刺	1 847	1 518	1 927	1 977	2 071	
21	夏洛特黄蜂	1 566	2 410	2 347	2 233	2 783	
22	丹佛掘金	2 032	1 943	2 365	2 536	2 571	
23	达拉斯小牛	2 082	2 342	2 473	2 688	3 002	
24	印第安纳步行者	1 740	1 889	1 885	2 010	2 081	
25	菲尼克斯太阳	2 048	2 118	1 854	2 286	2 400	
26	奥兰多魔术	1 598	1 818	2 139	2 405	2 633	
27	底特律活塞	2 043	2 148	1 915	2 373	2 854	
28	迈阿密热火	1 659	1 480	2 213	2 506	2 658	
29	芝加哥公牛	1 825	1 753	1 831	2 549	2 123	
30	纽约尼克斯	1 614	1 762	2 022	1 914	2 421	
31	克利夫兰骑士	2 253	2 428	2 779	2 636	2 388	
32	孟菲斯灰熊	1 246	1 521	2 169	2 152	2 368	

图 6-41　三分球出手次数非堆积数据的迷你图

此外，三分球出手次数的堆积数据有助于建立箱线图，在箱线图中，年份变量用横轴表示。图 6-42 展示了基于堆积数据构建的三分球出手次数箱线图。在 Excel 中，非堆积数据也可以建立箱线图，但不同的列会被视作不同的数据，并以不同的颜色进行区分。图 6-43 展示了基于非堆积数据构建的三分球出手次数箱线图。图 6-43 这样的显示方式可能更适合于截面数据，但对于时间序列数据，我们通常更推荐图 6-42 的显示方式。

数据的不同排列方式对应不同的可视化方法，所以我们应该了解如何实现堆积数据和非堆积数据相互转化。下面的步骤中，我们会将文件 *StackedTableNBA3PA* 中的堆积数据转化成关于年份的非堆积数据。

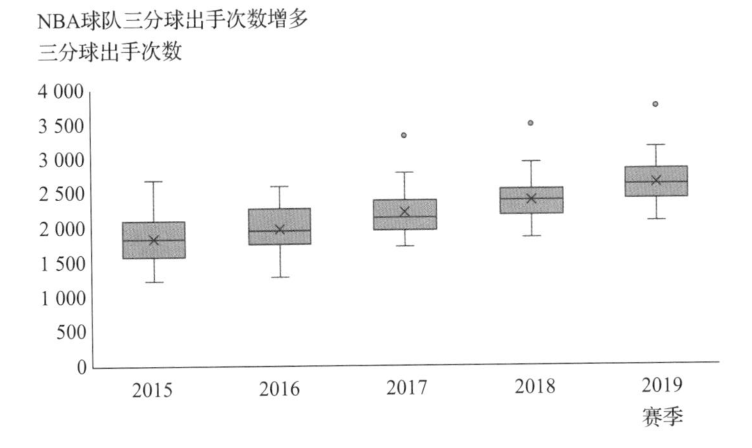

图 6-42　基于堆积数据构建的三分球出手次数箱线图

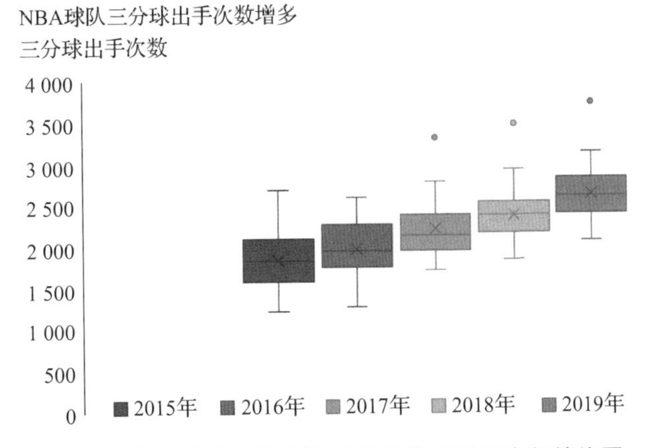

图 6-43　基于非堆积数据构建的三分球出手次数箱线图

步骤 1　单击表中的任何单元格，例如单元格 A1。

步骤 2　单击功能区中的**“数据”**选项卡。

步骤 3　在**“转换”**下单击**“自表格 / 区域”**。

步骤 4　当“Power Query **编辑器**”对话框出现时：

选择**“年份”**列。

单击**“转换”**选项卡。

单击**“任意列”**中的**“透视列”**。

当**“透视列”**对话框出现时，在**“值列”**下拉菜单中选择**“三分球出手次数”**。

单击**“确定”**按钮。

单击**“主页”**选项卡，单击**“关闭”**组中的**“关闭和加载”**。

上述步骤将在一个新的工作表中创建和图 6-40b 中的非堆积数据一样的 Excel 表格。

相对而言，下面的步骤中，我们使用文件 *UnstackedTableNBA3PA* 将三分球出手次数的非堆积数据转化成关于年份的堆积数据。

步骤 1　单击表格范围中的任意单元格，例如 A3。

步骤 2　单击功能区中的**“数据”**选项卡。

步骤 3　单击**“获取和转换数据”**组中的**“自表格 / 区域”**。

步骤 4　当**“Power Query 编辑器”**对话框出现时：

选择 2015、2016、2017、2018、2019 列（按住 Ctrl 键来选择多个列）。

单击**“转换”**选项卡。

单击**“任意列”**组中的**“逆透视列”**。

单击**“主页”**选项卡，单击**“关闭”**组中的**“关闭和加载”**。

上述步骤将在新的工作表中创建一个新的 Excel 表格。按照年份排序后，表格将与图 6-40a 中的堆积数据一致。

6.6　地理空间数据可视化

地理空间数据（Geospatial data）指的是每条记录包含地理位置信息的数据。在处理地理空间数据时，将它们展示在地图上，可以更好地帮助我们发现数据中的规律。在本节中，将考虑两种地理空间数据可视化方法并且讨论它们在数据探索中的作用。

6.6.1　分级统计图

分级统计图（Choropleth map）是一种使用颜色的深浅、不同的颜色或符号来表示与一个地理区域或行政地区相关的定量变量或分类变量的值的地理空间数据可视化方法。一个大家熟悉的例子是如图 6-44 所示的天气图。在图 6-44 中，颜色被用来描述每日最高温度，较暖的颜色（靠近光谱图的红光端）代表较高的温度，较冷的颜色（靠近光谱图的紫光端）代表较低的温度。

虽然分级统计图可以很好地显示不同地理区域中变量值的变化，但它也可能产生误导。如果位置信息数据的粒度较小，那么要展示的变量值可能在显示的各个区域内相对均匀，区域内和区域间的变量值就可能被错误地表示。分级统计图可能会掩盖相同颜色区域内变量的变异性。

此外，分级统计图在区域间的边界处可能会显示变量值的突变，尽管边界处变量的实际变化并没有那么剧烈。

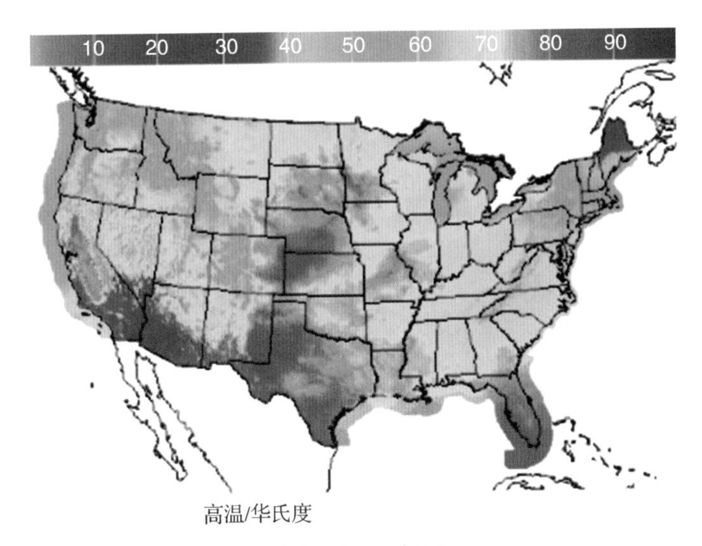

图 6-44　天气图

当要展示的变量在不同的区域之中相对稳定时，分级统计图是最可靠的可视化方法。在符合这两种情形时，分级统计图产生误导的可能性也会减弱：①变量的统计是基于密度的（数量除以土地面积或人口）；②上色的区域大小大致相同，没有区域会造成视觉上的干扰。

针对含有地理信息变量（如国家、州、县、邮政编码等）的数据，Excel 具有创建分级统计图的绘图功能。⊖例如，文件 *IncomeByState* 包含美国各个州的收入中位数数据（见图 6-45）。接下来的步骤将使用文件 *IncomeByState* 创建一个使用颜色深浅来表示各个州收入中位数的着色地图。

步骤 1　选择单元格 A1:B51。

步骤 2　单击功能区的 **“插入”** 选项卡。

步骤 3　在 **“图表”** 组中单击 **“地图”** Maps。

步骤 4　在下拉菜单中选择 **“填充地图”**。

	A	B
1	州	收入中位数
2	亚拉巴马州	49 881
3	阿拉斯加州	74 912
4	亚利桑那州	59 079
5	阿肯色州	47 094
6	加利福尼亚州	75 250

图 6-45　文件 *IncomeByState* 中的部分数据

⊖ Excel 的分级统计图功能是由搜索引擎 Bing 提供的。

经过进一步编辑后，利用上述步骤将生成图 6-46 中的着色地图。

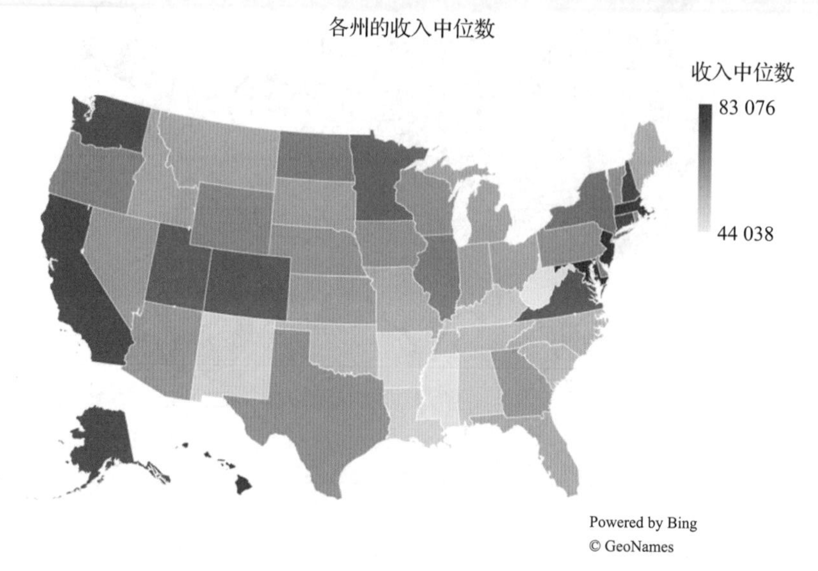

图 6-46　展示美国各州收入中位数的分级统计图

如图 6-46 所示，分级统计图通常更适用于展示变量值的相对大小关系，而不是展示变量的具体数值。我们很难从图 6-46 中直接估计出每个州的收入中位数，但可以轻松地看出，东北部的各州与全国其他地区相比具有较高的收入中位数，而南方的许多州的收入中位数相对较低。事实上，分级统计图的优势在于能够清晰地确定一个变量在地理位置层面的高级特征。

在图 6-46 中我们还观察到，各州面积的相对大小在分析中起到了重要的作用。例如，罗得岛州在图中几乎不可见，而较大的州占据了阅读者视野的主导地位。图 6-46 的另一个缺点在于其不能展现各个州内部的收入分布情况。

文件 *IncomeByCounty* 包含了美国各个县的收入中位数数据，部分数据如图 6-47 所示。接下来的步骤将使用文件 *IncomeByCounty* 创建一个利用颜色深浅来表示各个州中各个县的收入中位数的着色地图。

	A	B	C
1	州	县	收入中位数
2	亚拉巴马州	奥托加县	59 338
3	亚拉巴马州	鲍德温县	57 588
4	亚拉巴马州	巴伯县	34 382
5	亚拉巴马州	比布县	46 064
6	亚拉巴马州	布朗特县	50 412

图 6-47　文件 *IncomeByCounty* 中的部分数据

步骤 1　选择单元格 A1:C3148。

步骤 2　单击功能区的 **“插入”** 选项卡。

步骤 3　在 **“图表”** 组中单击 **“地图”** Maps。

步骤 4　在下拉菜单中选择 **“填充地图”**。

经过进一步编辑后，利用上述步骤将生成图 6-48 中的分级统计图。⊖

⊖ Excel 可能需要花几分钟时间来生成如图 6-48 所示的县级统计图。

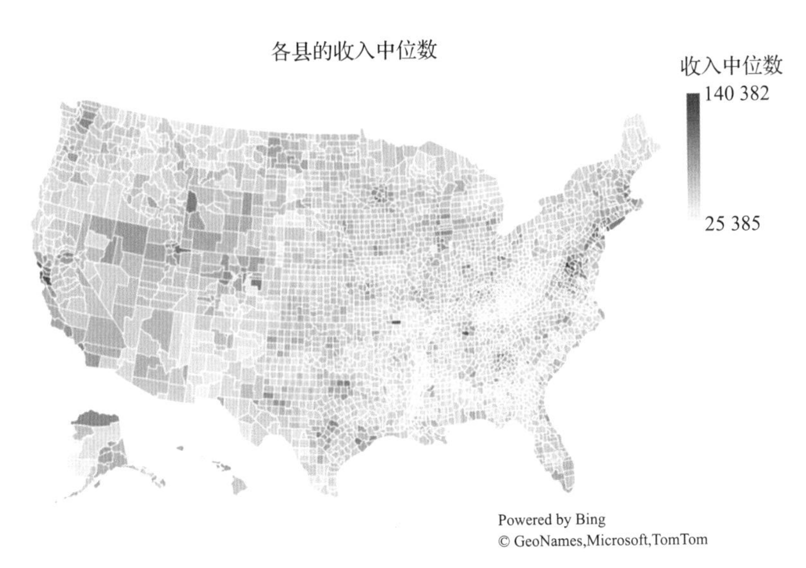

图 6-48　展示美国各县收入中位数的分级统计图

选择使用什么类型的分级统计图（例如图 6-46 中的州级地图或图 6-48 中的县级地图）取决于我们想要向读者传达的信息。我们还可以同时使用这两种分级统计图，首先展示州级地图，然后选择一个或多个州进行“放大”，显示县级分级统计图。

6.6.2　变形地图

另一种地理空间数据可视化图表是变形地图。变形地图（Cartogram）是一种类似于地图的图表，它使用地理位置信息，但有目的地以不一定对应于实际土地面积的图形来表示地理区域。例如，图 6-49 展示了一种美国地图的变形形式，其中每个州的面积是由其人口数决定的。变形地图经常利用读者对所显示区域地理信息的熟悉程度来传达信息。在图 6-49 中，我们观察到西部的许多州（如阿拉斯加、内华达州、爱达荷州、内布拉斯加州、北达科他州和南达科他州）的面积很小，这样的图形与阅读者对标准美国地图的知识结合，传递了这些州人口较少这一信息。

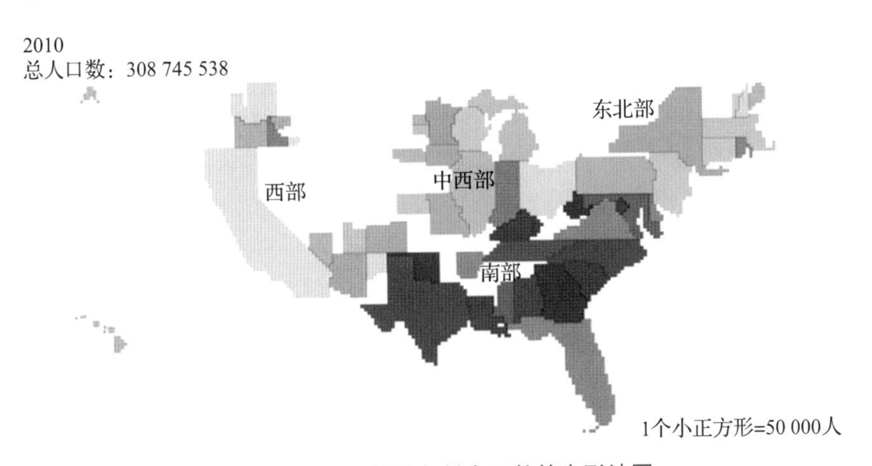

图 6-49　展示美国各州人口数的变形地图

变形地图的优点在于，区域的面积与变量的值成正比，这样可以避免产生误导。变形地图的缺点在于，区域的面积可能会扭曲，使得相对地理位置失去意义，并使得读者难以通过面积信息分辨地理区域。请注意，Excel 不具备自动生成变形地图的功能。

图 6-50 展示了一种被称为等面积变形地图的特殊变形地图。与图 6-46 中的分级统计图相比，**等面积变形地图**（Equal-area cartogram）平衡了变量大小信息和相对地理位置信息的展现。

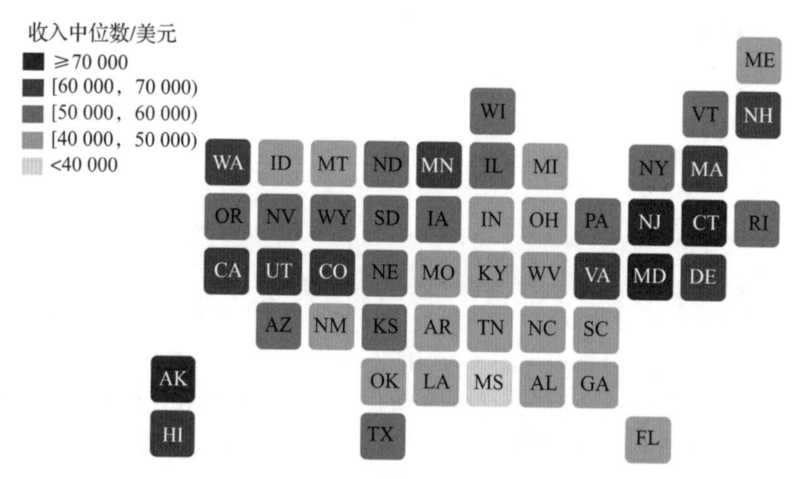

图 6-50 展示美国各州收入中位数的等面积变形地图

注：图中，ME 指缅因州（Maine）、WI 指威斯康星州（Wisconsin）、VT 指佛蒙特州（Vermont）、NH 指新罕布什尔州（New Hampshire）、WA 指华盛顿州（Washington）、ID 指爱达荷州（Idaho）、MT 指蒙大拿州（Montana）、ND 指北达科他州（North Dakota）、MN 指明尼苏达州（Minnesota）、IL 指伊利诺伊州（Illinois）、MI 指密歇根州（Michigan）、NY 指纽约州（New York）、MA 指马萨诸塞州（Massachusetts）、OR 指俄勒冈州（Oregon）、NV 指内华达州 （Nevada）、WY 指怀俄明州（Wyoming）、SD 指南达科他州（South Dakota）、IA 指艾奥瓦州（Iowa）、IN 指印第安纳州（Indiana）、OH 指俄亥俄州（Ohio）、PA 指宾夕法尼亚州（Pennsylvania）、NJ 指新泽西州（New Jersey）、CT 指康涅狄格州（Connecticut）、RI 指罗得岛州（Rhode Island）、CA 指加利福尼亚州（California）、UT 指犹他州（Utah）、CO 指科罗拉多州（Colorado）、NE 指内布拉斯加州（Nebraska）、MO 指密苏里州（Missouri）、KY 指肯塔基州（Kentucky）、WV 指西弗吉尼亚州（West Virginia）、VA 指弗吉尼亚州（Virginia）、MD 指马里兰州（Maryland）、DE 指特拉华州（Delaware）、AZ 指亚利桑那州（Arizona）、NM 指新墨西哥州（New Mexico）、KS 指堪萨斯州（Kansas）、AR 指阿肯色州（Arkansas）、TN 指田纳西州（Tennessee）、NC 指北卡罗来纳州（North Carolina）、SC 指南卡罗来纳州（South Carolina）、AK 指阿拉斯加州（Alaska）、OK 指俄克拉何马州（Oklahoma）、LA 指路易斯安那州（Louisiana）、MS 指密西西比州（Mississippi）、AL 指亚拉巴马州（Alabama）、GA 指佐治亚州（Georgia）、HI 指夏威夷州（Hawaii）、TX 指得克萨斯州（Texas）、FL 指佛罗里达州（Florida）。

◎ 总结

在本章中，我们讨论了进行探索性数据分析的可视化技术。我们介绍了整理数据以利于数据集可视化探索的 Excel 工具。我们还详细探讨了缺失数据带来的挑战，并定义了缺失数据的类型以及如何处理缺失的数据。我们解释并演示了探索数据的过程，包括单个变量分布的分析以及多个变量的交叉表分析。我们使用散点图来直观地展示成对的定量变量之间的关系。我们介绍了相关系数的概念，并介绍了如何使用散点图上的趋势线来展示两个变量之间相关系数的正负和强弱。除此之外，我们还介绍了如何在散点图中引入第三个变量（分类变量）。在处理具有多个定量变量的数据集时，我们介绍了如何使用散点图矩阵和表格透镜来展示成对变量之间的关系。

在最后两节中，我们讨论了两种特殊类型的数据：时间序列数据和地理空间数据。对于时间序列数据，我们解释了使用折线图来展示趋势、变异性和季节性的优势。我们演示了如何使用移动平均来平滑时间序列数据。对于地理空间数据，我们讨论了分级统计图和变形地图的优点与缺点。

◎ 术语解析

纵横比：图表宽度和高度的比值。

变形地图：一种类似于地图的图表，它使用各个区域的地理位置信息，但有目的地以不一定对应于实际土地面积的图形来表示地理区域。

分类变量：使用标签或名字来确认类别的数据。不能对分类变量进行算术运算。

分级统计图：一种使用颜色的深浅、不同的颜色或符号来表示与一个地理区域或行政地区相关的定量变量或分类变量的值的地理空间数据可视化方法。

相关系数：度量两个变量之间线性关系强弱的统计量，范围在 −1 到 +1 之间。接近 −1 说明存在较强的负线性相关关系，接近 +1 说明存在较强的正线性相关关系，接近 0 说明没有线性相关关系。

截面数据：在相同或几乎相同的时间点从多个实体收集的数据。

交叉表：两个变量的表格式汇总。一个变量用行表示，另一个变量用列表示。

数据清洗：识别和发现错误值与缺失值的过程，通过这一过程来保证数据是准确的、一致的。

等面积变形地图：一种类似于地图的图表，它使用各个区域的相对地理位置信息，但使用大小相等（或接近相等）的图形来表示各个区域。

探索性数据分析（EDA）：使用描述性统计量与可视化图表来获取对数据的初步认知和对规律的识别的过程。

地理空间数据：每条记录包括地理位置信息的数据。

非法缺失数据：非自然出现的缺失数据。

合法缺失数据：自然出现的缺失数据。

潜变量：与被研究的两个变量有关的第三个变量，它的存在将导致两个变量之间呈现出相关性，错误地暗示两个变量之间的因果关系。

随机缺失：丢失某个变量观测值的概率与数据中其他变量的值有关。

完全随机缺失：丢失某个变量的观测值是完全随机发生的，数据是否缺失并不取决于缺失数据的具体值，也不取决于数据集中其他变量的值。

非随机缺失：数据缺失的规律和缺失的值有关系。

移动平均：平滑时间序列数据的一种方法，它使用的是最近 m 个观测值的平均值。

多变量分析：一次考虑两个或多个变量来检查数据中的规律。

顺序变量：使用标签或名字来确认类别的数据，同时类别具有自然的顺序关系。

异常值：异常大或异常小的数据值。
坐标值：图表中横轴和纵轴上的值。
定量变量：用数值来表示大小的数据，例如多大或多小。可以对定量变量进行算术运算，如加减乘除。
散点图矩阵：使用多个排列成矩阵的散点图来展示多个变量之间的关系。
季节性：时间序列数据的一种规律，观测值间隔固定周期重复出现可预测的变化。
迷你图：一种展示数据趋势而不展示实际大小的特殊图表，迷你图没有坐标轴和标签。
伪关系：两个变量之间的非因果关系，由巧合或第三个（潜）变量造成。
堆积数据：分类变量的所有分组的值堆积起来位于单独一列的数据。
表格透镜：一种表格式可视化方法，每一列对应一个变量，变量值用水平条表示。
高数据：有很多观测值（行）的数据集。
时间频率：时间序列数据在图表中展示的频率。
时间序列数据：在一段时间（如分钟、小时、天、月、年等）中收集的数据。
网格展示：具有相同类型、大小、比例和格式以及不同变量的多个图表的水平或竖直排列。
趋势：观测值在多个周期上表现出的长期规律。
单变量分析：对单个变量的数据进行分析。
非堆积数据：分类变量的每一组的值对应于单独的一列的数据。
变异性：一个变量的不同观测值之间的差异。
宽数据：有许多变量（列）的数据集。

◎ 练习题

概念题

1. **选择合适的图表。**一家健身实验室进行了一项实验，其中有100名受试者进行了30分钟的高强度间歇训练（HIIT），之后他们被问及自身感受到的疲劳程度。他们必须从1～4中选择一个答案，其中，1=“没有感受到挑战”，2=“出了很多汗，但还能继续运动”，3=“感觉到挑战，但勉强能坚持”，4=“非常疲劳”。除此之外，实验还记录了每个受试者的体脂率。下表展示了实验收集的部分数据。**学习目标 4**

参与者	体脂率（%）	疲劳程度
1	27	3
2	31	4
3	24	1
4	21	2
5	14	4

以下方案中，哪一个最适合展示体脂率和疲劳程度的关系？
1）以散点图的形式展示体脂率和疲劳程度之间的关系。
2）以箱线图的形式对不同疲劳程度的受试者的体脂率分布进行并列展示。

3）以堆积柱形图的形式展示不同疲劳程度下的受试者体脂率，并使用不同颜色来表示不同的疲劳程度。

4）在非堆积数据上绘制迷你图，各列对应不同的疲劳程度。

2. **绩效评估。**Kiwi 分析公司正在评估针对其咨询员工的两个不同的培训计划。一组 50 名员工参与培训计划 A 并进行不同时间的培训，另一组 50 名员工参与培训计划 B 并进行不同时间的培训。公司基于这些员工在工作任务中的表现对培训效果进行评估。实验结果数据如以下两幅散点图所示。**学习目标 6**

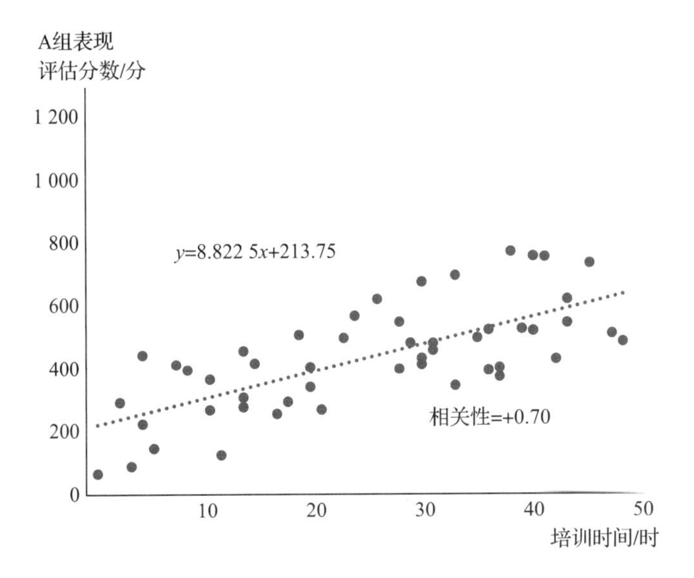

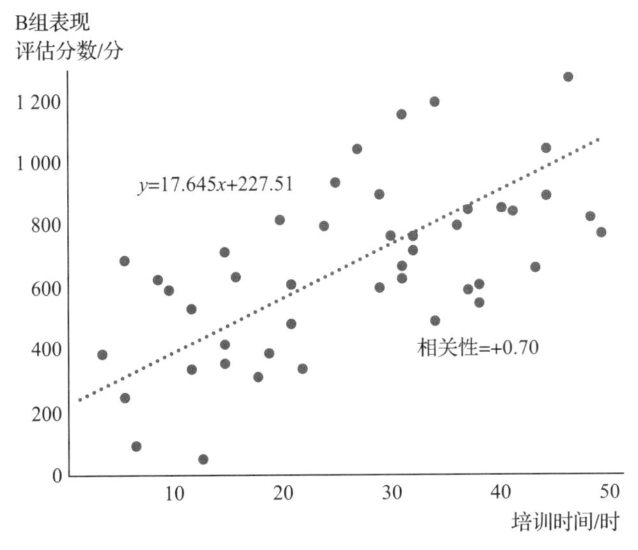

基于上述数据，以下哪些论述是正确的？

1）在提升评估分数方面，培训计划 A 和计划 B 效果相同。

2）培训计划 A 比计划 B 更有效，因为第一个散点图中的数据点与第二个散点图相比更靠近线性趋势线，变异性更小。

3）相关性并不意味着因果关系，因此无法从图表中得出有意义的结论。

4）对于培训计划 A 和计划 B 来说，培训时间和评估分数之间的线性关系强度是相同的。

3. **广泛数据的相关性分析。** 梅雷迪斯公司的市场分析师海伦·瓦格纳正在研究一个数据集，该数据集来源于对一个新的基于社交媒体的电子杂志的潜在客户的市场调查。数据集包含数 10 个定量变量，衡量客户收入、年龄、每天在社交媒体花费的时间、基于网站横幅广告的花费等特征。海伦想要了解这些变量之间的关联，你推荐她使用哪一项可视化方法？**学习目标 5**

1）散点图矩阵。

2）表格透镜。

3）热图。

4）分级统计图。

4. **定制送货服务。** Bravman 是一家销售高端服装产品的服装公司。Bravman 公司正在推出一项服务，客户可与他们的个人造型师通过电话联系并购买产品，公司会使用当日到达的快递服务运送产品。在一项试点研究中，Bravman 公司收集了 25 个观测数据，包括客户在订单执行过程中的等待时间、客户的购买金额、客户的年龄以及客户的信用评分。这 25 个观测值的数据构建了如下所示的散点图矩阵。**学习目标 6**

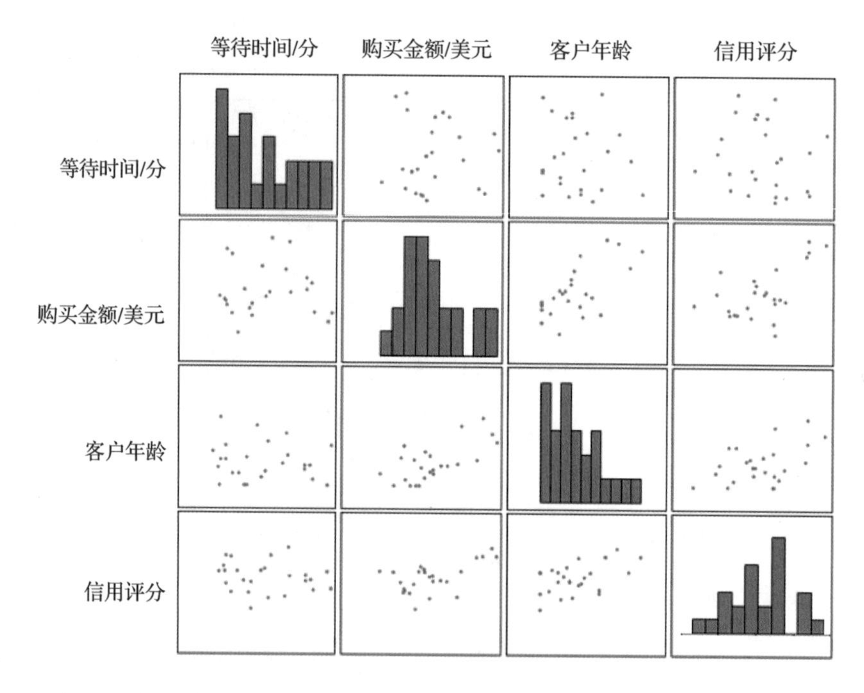

以下哪项论述最准确地描述了散点图矩阵传递出的信息？

1）购买金额、客户年龄和信用评分两两之间存在正相关关系。

2）等待时间和购买金额之间存在非线性关系。

3）等待时间和客户年龄之间存在负相关关系。

4）这些变量之间似乎没有高度的相关性。

5. **终身工资收入。**Pew 研究中心是一个无党派组织，致力于收集社会问题和人口趋势的信息。该研究中心进行了一项长期研究。在该研究中收集了金融专业人士在其职业生涯不同阶段的工资收入。在考虑了通货膨胀因素后，该研究的数据构建了如下所示的图表。**学习目标 5**

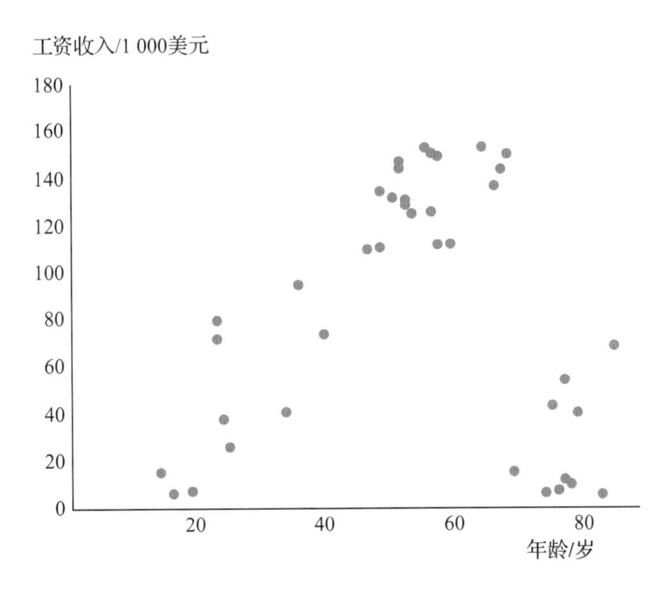

以下哪个可视化方法最适用于在视觉上突出图中年龄和工资收入之间的关系？

1）在图中添加线性趋势线。

2）计算两个变量之间的相关系数并标注在图中。

3）去除数据点的填充颜色。

4）在图中添加非线性趋势线。

6. **终身工资收入。**通过使用一项收集金融专业人士在其一生中不同阶段的工资收入的长期研究数据，一名分析师绘制了如下的散点图，并添加了线性趋势线。**学习目标 5**

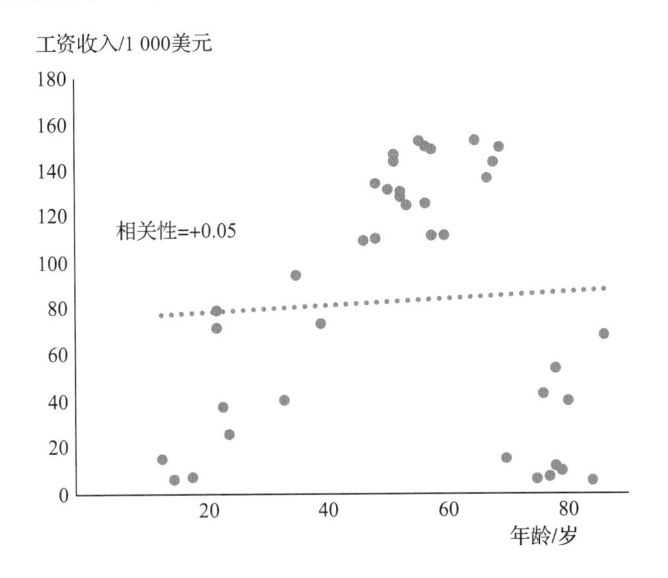

以下哪个是从图中得到的合理结论?

1）一个人的年龄和工资收入之间没有关系。

2）一个人的年龄和工资收入之间似乎没有线性关系，但这两个变量可能存在非线性关系。

3）散点图不是查看这些数据的最佳方式，因为数据是随时间收集的，因此应该使用折线图。

4）这些变量之间似乎没有高度的相关性。

7. **缺失数据的类型**。根据以下对缺失数据的描述，判断缺失数据属于哪种类型：完全随机缺失（MCAR）、随机缺失（MAR）、非随机缺失（MNAR）。**学习目标 7**

（1）一项调查询问了受访者的年龄、最高受教育程度和政党偏好。结果显示，许多最高受教育程度的条目出现了缺失，并且如果受访者的最高受教育程度低于高中，更可能隐瞒其最高受教育程度。

（2）一项经济学研究询问了受访者的职业、职位以及居住城市。大约10%的答复缺失了工作职位，并且男性回复职位的可能性比女性低。

（3）一所当地的大学给学生发放了一份调查问卷，收集了他们的学习习惯和偏好的学习方式的数据。学生通过在答题卡上填写圆圈来回答特定的多项选择题并完成了这份问卷。由于扫描仪读取错误，有5%的问题答案无法正常读取，因此被记录为缺失数据。

（4）通过进行一项临床研究来评估一种新药对降低患者血压的效果。每个月受试者都需要进行压力测试，他们需要在跑步机上全力跑90秒，之后血压将会被记录下来。然而，在进行压力测试之前患者需要先经过筛选，如果他们的静息血压过高，则不能完成压力测试，相应患者的血压数据将被记录为缺失数据。

8. **缺失数据的规律**。德雷克·拉莫瑞医生正在审阅一个患者信息数据库，并注意到有一些数据缺失的条目。如下图所示，他将这些缺失的条目用黑色单元格标出。**学习目标 7**

患者	性别	年龄/岁	体重/磅①	收缩压	舒张压	胆固醇指标	前列腺特异性抗原
1	女性	60	135	110	70	75	
2	男性	50	205	115	75	150	2.4
3	男性	64	180	110	60	160	1.9
4	男性	55	225	130	80	210	3.1
5	男性	64	215	135	85	225	4.2
6	男性	18	160	100	65		
7	女性	50	140	115	75	100	
8	女性	61	145	125	80	125	
9	男性	44	180	105	65	130	0.7
10	男性	16	130	100	70		

① 1磅≈0.454千克。

检查缺失数据的规律，你认为缺失数据属于哪种类别?

1）非法的非随机缺失。

2）随机缺失。

3）合法缺失。

4）完全随机缺失。

9. **智能手机销售**。一个生产商收集了过去四年的销售数据。如果分析团队想要探索销售趋势，他们应该选择哪种图表进行数据可视化？**学习目标 8**

1）按年份划分的销售额饼图。

2）突出一年中销售高峰时期的热力图。

3）一组按照不同时间频率（年、季度、月）构建的折线图。

4）使用雷达图来表示业务年度的周期性特征。

10. **高速铁路乘客**。达西 · 希尔斯是两个主要城市地区之间的高速铁路服务的经理。达西正在分析过去 3 年（36 个月）关于高速铁路乘客数量的数据，并创建了以下图表。**学习目标 8**

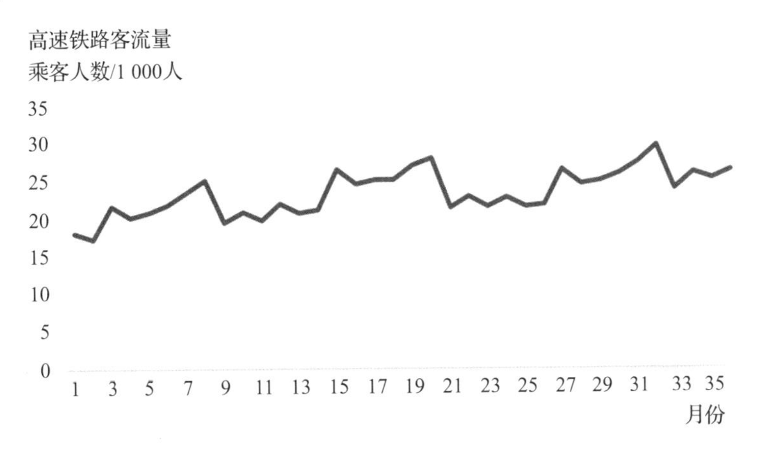

根据达西对铁路服务的经验，她认为高速铁路的客运量具有季节性的规律。然而，令她失望的是，她创建的图表并没有清晰地展现出季节性。达西应该如何更好地可视化数据中的季节性规律？

（1）为每一年创建一个不同的数据系列，包含 12 个月的观测值，并在新的图表上绘制这三条单独的折线，横轴标签为 1 月至 12 月。

（2）将每月的观测值汇总为每年的观测值，并将年度数据绘制在新的图表上，在横轴标明年份。

（3）在之前的图表中添加线性趋势线。

（4）在之前的图表中添加移动平均线，周期长度等于季节性规律的长度。

11. **比较移动平均线**。减少移动平均线的周期数会产生什么影响？**学习目标 8**

（1）移动平均线的趋势变得更加平滑，对数据值的波动变得更不敏感。

（2）移动平均线的值总是下降的。

（3）移动平均线的趋势变得更加陡峭，对数据值的波动变得更加敏感。

（4）没有影响，因为移动平均线取决于季节性规律。

12. **奥马哈牛肉公司的分析**。奥马哈牛肉公司想要创建一个可视化地图来展现内布拉斯加州肉牛的地理分布，以作为公司历史营销活动的一部分。利用内布拉斯加州每个县的肉牛数量数据，构建了如下的分级统计图。**学习目标 9**

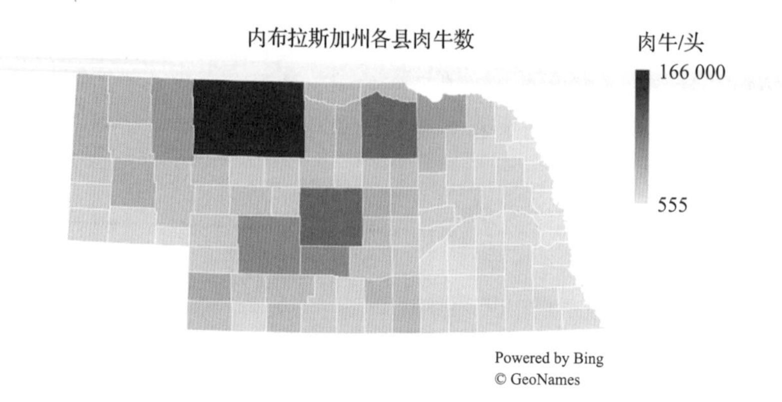

以下哪一项论述最能概括出这个可视化图表的优缺点？

（1）该图很好地描述了内布拉斯加州肉牛的地理分布情况。但是图表颜色的对比不够明显，不能很好地区分具有最多肉牛的县。

（2）该图很好地显示了内布拉斯加州各县绝对数量最多的肉牛的分布情况。但是，出于土地面积的原因，最大的县往往拥有最多的肉牛，这可能会在相邻县之间传达出错误的肉牛密度差异信息。

（3）颜色的使用清晰展现了哪些县拥有最多的肉牛。然而，由于各个县的面积差异较大，这使得从可视化图表中较难获取针对所有县的规律。

（4）以上评论均正确。

应用题

13. **各县税务数据**。文件 *TaxData* 包含了 2007 年美国所有县（共 3 142 个县）在当年提交的联邦税务申报信息。基于这些数据创建一个 Excel 表格，并使用 Excel 表格功能，回答以下问题。**学习目标 1**

（1）得克萨斯州的哪个县拥有最大的调整后总收入？

（2）得克萨斯州的哪个县拥有最大的调整后平均总收入？

14. **EJB 公司数据的更多单变量分析**。本章中，我们讨论了 EJB 公司的实例中的单变量分析。在这个问题中，我们继续进行这一分析。**学习目标 2**

（1）使用数据透视图，构建记录关于“类别”变量的相对频率分布。描述你的发现。

（2）使用数据透视图，构建记录关于“是否为新客户”变量的相对频率分布。在数据透视表中，将“是否为新客户”变量中的“否”替换为“现有”，将“是”替换为“新”。请描述你的发现。

15. **产品满意度评分的缺失数据**。为了更好地理解缺失数据的影响，我们必须探索本章中 EJB 公司的数据集中与产品满意度评分变量的缺失条目相关的规律。**学习目标 2、7**

（1）构建关于产品满意度评分变量的相对频率分布。缺少产品满意度评分值的记录占总记录数的百分比是多少？

（2）仅考虑有产品满意度评分的记录，构建关于不同口味的相对频率分布。

（3）仅考虑缺失产品满意度评分的记录，构建关于不同口味的相对频率分布。

（4）比较（2）和（3）中的分布情况。比较得到了什么结论？

16. **商学院毕业生工资。**文件 *MajorSalary* 包含了 111 名商学院毕业生的起始月薪数据。这些毕业生包括管理、金融、会计、信息系统和市场营销专业的学生。**学习目标 2、3**

（1）构建数据透视图来展示每个专业的毕业生人数。哪个专业的毕业生人数最多？

（2）构建数据透视图来展示每个专业学生的平均月起始工资。哪个专业的毕业生的平均起始月薪最高？

17. **联邦保险银行倒闭情况。**文件 *FDICBankFailures* 包含了 2000 年至 2012 年联邦保险银行倒闭的数据。创建一个柱形图形式的数据透视图，显示佛罗里达州 2000 年至 2012 年每年的联邦保险银行倒闭总数。描述你在图中发现的规律。**学习目标 3**

18. **市值和利润。**文件 *Fortune500* 包含了最近一次抽样中《财富》世界 500 强企业的利润和市值数据。创建散点图来显示市值变量和利润变量之间的关系，将市值作为纵轴，利润作为横轴。添加展示市值和利润变量之间的关系的趋势线。趋势线说明这两个变量之间存在什么关系？**学习目标 5**

19. **各行业的市值和利润。**文件 *Fortune500Sector* 包含了一次抽样中《财富》世界 500 强企业的利润、市值和行业数据。**学习目标 5**

（1）使用不同的颜色区分不同的行业，创建一个散点图来显示市值变量和利润变量之间的关系，将市值作为纵轴，利润作为横轴。

（2）强调医疗保健行业中市值和利润之间的关系，将其他行业的数据点设置为灰色、无填充。基于医疗保健行业的数据创建趋势线。趋势线说明医疗保健行业中市值和利润之间存在什么关系？

20. **用户数据的表格透镜。**Bravman 是一家销售高端服装产品的服装公司。该公司正在推出一项服务，客户可与他们的个人造型师通过电话联系并购买产品，公司会使用当日到达的快递服务运送产品。在一项试点研究中，Bravman 收集了 25 个观测数据，包括客户在订单执行过程中的等待时间、客户的购买金额、客户的年龄以及客户的信用评分。Bravman 文件包含了这 25 个观测数据。**学习目标 5**

（1）构建一个针对购买金额变量值按降序排列的表格透镜。

（2）分析客户的购买金额和其他三个变量之间的关系。

21. **市场调查中的缺失数据。**文件 *SurveyResult* 包含了一项市场调查的回答结果：共有 108 名受访者回答了关于 10 个问题的调查。受访者对每个问题选择 1、2、3、4 或 5 作为答案，对应于 10 个不同质量维度的总体满意度。然而，并非所有受访者都回答了每个问题。**学习目标 7**

（1）为突出缺失数据，将空白单元格设置为黑色。

（2）对于每个问题，哪些受访者没有回答？哪个问题的未回答率最高？

22. **智能手机销售。**文件 *Smartphone* 包含了一家智能手机生产商的月度销售利润数据。**学习目标 8**

（1）创建销售时间序列数据的年度折线图。

（2）创建销售时间序列数据的季度折线图。

（3）创建销售时间序列数据的月度折线图。

（4）这三幅图表提供了什么信息？

23. **雨伞销售。**文件 *Umbrella* 包含了一家雨伞和其他耐候装备生产商的季度销售利润数据。**学习目标 8**

（1）创建销售时间序列的折线图。添加四季度的移动平均线来平滑数据。

（2）为了调查季度数据是否具有季节性，将数据绘制成五幅时间序列图（每年一幅）。从图表中，你是否观察到了季节性规律？如果是，请描述你所观察到的规律。

24. **NFL 得分分析。**文件 *ScoringNFL* 包含了美国国家橄榄球联盟（NFL）每支球队在 10 个赛季中的得分。**学习目标 1、8**

（1）NFL 高层想要了解这 10 个赛季中整个联盟得分分布的变化情况。创建一个能够进行上述比较的图表，对这 10 年来整个联盟得分的分布情况进行详细的讨论。

（2）NFL 高层还对每支球队得分的时间规律感兴趣。将数据非堆积化展示，并使用迷你图来展示每支球队这 10 个赛季的得分变化情况。列出这 10 个赛季得分有明显上升趋势的球队。列出这 10 个赛季得分有明显下降趋势的球队。

25. **奥马哈牛肉公司的分析（回顾）。**在这个问题中，我们重新回顾一下练习题 12 中的数据。奥马哈牛肉公司想要创建一个可视化地图来展现内布拉斯加州肉牛的地理分布，以作为公司历史营销活动的一部分。文件 *NebraskaBeef* 包含了内布拉斯加州每个县的肉牛数量以及面积数据。创建内布拉斯加州每个县肉牛密度（按每平方英里肉牛数计算）数据的分级统计图。将这个分级统计图和练习题 12 中的分级统计图进行比较，讨论其优点和缺点。**学习目标 9**

C H A P T E R 7

第7章

发挥数据可视化的影响力

■ 学习目标

学习目标1 解释了解受众的需求和分析舒适度对于创建有效的数据可视化以及展示的重要性。

学习目标2 解释如何利用数据与受众产生共情，从而在数据可视化或展示中传达最有效的信息。

学习目标3 列出用于向拥有不同需求、分析舒适度的受众传递特定信息的最合适的数据可视化技术。

学习目标4 有效使用点阵图和大关联数字，使受众对数据可视化中的大数值有更好的相对理解。

学习目标5 描述数据可视化帮助受众与数据产生共情的例子。

学习目标6 识别适合使用坡度图的情况，并能基于数据创建坡度图。

学习目标7 使用预注意属性来向受众强调特定的信息，并且基于数据可视化进行叙事。

学习目标8 定义亚里士多德的修辞学三角，解释如何利用它在数据可视化或展示叙事中与受众沟通。

学习目标9 定义弗赖塔格金字塔并解释其在展示叙事中的应用。

学习目标10 定义故事板的概念，并解释如何使用便签和PowerPoint将展示制作成故事板。

学习目标11 创建有效的展示叙事并考虑受众的需求。

■ 数据可视化改造案例

青年初选参与率的提高[一]

《华盛顿邮报》2016 年刊登的一篇文章讨论了参加 2008 年和 2016 年美国总统初选中青年选民参与人数的变化情况。其中的一个图表类似于图 7-1。这一簇状柱形图显示，在总统选举中竞争激烈的五个州中，有四个州 2016 年参与初选的青年选民多于 2008 年。

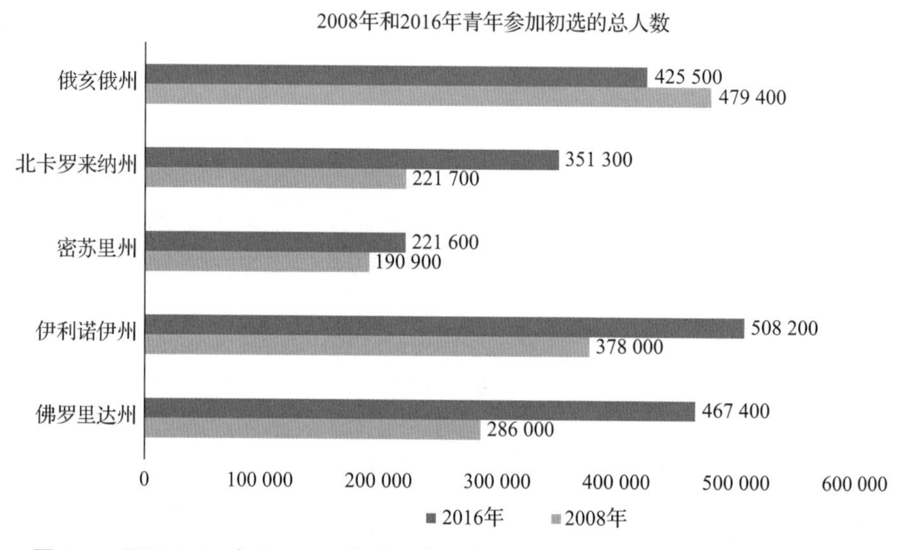

图 7-1 展示 2008 年和 2016 年美国青年选民初选参与率变化情况的簇状柱形图

在图 7-1 中，我们可以发现几个改进图表设计的机会。基于之前章节的概念，我们可以通过修改格式来提升图表的质量。然而，更实质性的批评是，该图表无法像其他类型的图表那样有效地解释数据。该图表的主要目的是向读者传达在这五个州中，2016 年参与初选的青年选民人数比 2008 年多的有四个州。读者需要承受较大的认知负荷才能从这个簇状柱形图中理解这一信息。通过选择不同的图表类型，可以更有效地传达这一信息。

事实上，一种叫作坡度图的图表可以更有效地传递信息。使用同样的数据构建的坡度图如图 7-2 所示。坡度图能够更容易地解释 2008 年和 2016 年青年初选参与率的变化，读者可以轻松地看出四个州（佛罗里达州、伊利诺伊州、密苏里州和北卡罗来纳州）的青年参与率提高，一个州（俄亥俄州）的青年参与率下降。图 7-2 还利用颜色预注意属性来强调俄亥俄州青年选民与其他四个州的行为差异。

在图 7-2 中，我们通过使用描述性的标题“2016 年，总统选举五个竞争激烈的州中有四个州的青年选民初选参与率增加”进一步解释了数据。这一解释性的标题总结了从图表中得到的信息，从而大大降低了读者的认知负荷。我们还在图表中添加了额外的解释性信息来说明“青年选民”在该背景下的含义。

[一] 这个例子受启发于 https://www.crazyegg.com/b 学习目标 g/data-storytelling-5-steps-charts/ 中的例子。数据与图表来源于 http://www.washingtonpost.com/news/the-fix/wp/2016/03/17/74-year-old-bernie-sanderss/。

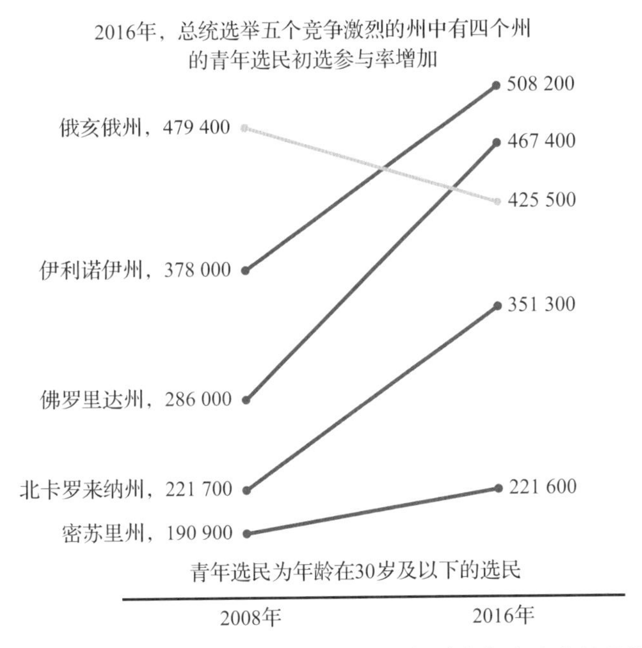

图 7-2 展示 2008 年和 2016 年美国青年选民初选参与率变化情况的坡度图

鉴于《华盛顿邮报》的文章中的图表所要传达的主要信息是，大多数州在 2008 年至 2016 年间的青年初选参与率有所上升，图 7-2 能够更有效地将这一信息传达给读者。坡度图在展示多个变量在两个不同时间点的变化方面非常有效，因此对于这些数据和读者而言是一个很好的选择。坡度图强调给读者的重要信息是，能够清楚地看到 2008 年和 2016 年青年初选参与率的变化。

数据可视化用于探索数据或向受众解释信息。在本章中，我们将关注用于向受众解释数据的数据可视化技术。我们的目标是帮助受众从数据中获得信息并且更好地进行决策。通过数据可视化向受众解释数据类似于讲故事。最好的故事能够将复杂的主题、问题、想法以一种受众容易理解的方式传达给受众，捕捉受众的兴趣，并帮助受众记住重要的主题、问题和想法。无论是书籍、电影还是以数据可视化的形式呈现的故事都是如此。就从数据生成的故事而言，**叙事**（Storytelling）指的是通过数据来构建对受众有意义、易于受众记忆，并且可能对受众产生影响的叙述能力。

为了更有效地进行叙事，我们需要了解受众是谁。此外，我们还需要明确想要通过数据来传达的故事或关键信息。一旦我们了解了受众的特点以及我们要传达的故事，就可以开始考虑哪种类型的数据可视化技术是最有效的。同时，我们可以思考在数据可视化中使用哪些特定的设计属性和格式，以最佳方式向受众传达我们的故事。

在本章中，我们将讨论如何才能了解受众并理解我们试图传达的故事。我们将考虑哪种数据可视化技术最有利于故事的传达。我们将介绍几种新的图表类型，包括在本章的数据可视化改造案例中出现的坡度图。同时，我们将回顾前几个章节介绍的几种设计问题，来说明这些设计问题如何用于传达不同的故事。在本章的最后，我们将总结这些概念，讨论与叙事有关的更广泛的主题，这些主题将帮助我们设计更有效的数据可视化展示。

7.1 了解你的受众

一种对某一受众有效的数据可视化或呈现方式，可能因受众兴趣、在组织中的角色或使用分析方法和工具的舒适度等方面的差异而对另一受众无效。因此，我们进行有效叙事的第一目标是确保我们了解我们的受众。具体而言，我们要确定：①受众在我们的数据可视化或展示中的需求；②受众的分析舒适度。

7.1.1 受众的需求

我们应该从了解受众的需求入手。受众需要从我们的数据可视化或演示中得到什么？我们将这些需求大致分为以下两类：①对总体的理解；②对细节的理解。受众的需求将决定哪种类型的故事是最有效的，因此也将决定哪些数据可视化技术比其他的更有效。

对于只需要从数据中获得总体理解的受众，最好使用简单的图表来清楚传达数据中的主要信息。对于需要更详细了解的受众，数据可视化可能会更复杂，来帮助受众理解分析中的更多细节。

考虑陈氏人寿保险集团的案例。陈氏人寿保险集团向客户出售多种人寿保险单。完成销售的总体流程为：①销售人员索取报价并发送给核保人员进行定价；②核保人员进行人工评估，审核报价请求，评估风险，对保单进行适当定价；③核保人员的定价被核实；④最终定价被送回至代理人，由其向客户传达。陈氏人寿保险集团的信息技术（IT）部门正在考虑投资更多的技术，以简化报价请求和核保流程，减少代理人提交报价请求与代理人收到最终报价之间的延迟。新技术支持更快地传达报价请求，使用内置算法评估风险和定价来实现核保过程的自动化，并减少核保核实的时间。

陈氏人寿保险集团估计它能够在 8 月底前完成新系统的安装并对所有员工进行必要的培训。陈氏人寿保险集团收集了当年 1 月至 7 月回复报价所需要时间的数据，同时顾及了新技术安装后回复报价所需要的时间。这些数据如表 7-1 所示。

表 7-1 陈氏人寿保险集团完成报价回复任务所需的平均时间

任务	完成任务的平均时间 / 分					
	1 月	3 月	5 月	7 月	9 月*	11 月*
办理报价请求	244	230	267	220	70	50
核保并生成报价	154	167	172	168	40	20
确认报价	98	112	110	115	20	10
发送报价至代理人	121	115	110	117	120	120
总响应时间	617	624	659	620	250	200

* 预测值

陈氏人寿保险集团希望向它的员工传达这一过程的最新信息，但该集团必须满足几类不同受众的需求。对于销售人员而言，最重要的信息是安装新的技术系统后收到保单报价回复的响应时间应该大大减少。销售人员需要调整自己的日常工作安排，从而更好地利用节约的响应时间。因此，销售人员属于只需要对表 7-1 中的数据有总体的理解的类别。对于这些受众，最有效的图表可能是类似于图 7-3 的图表，该图展示了每月平均总响应时间的折线图。请注意，这里我们使用虚线而不是实线来展示 9 月和 11 月的数据，以强调这两个月代表的是新 IT（信息技术）系统安装后的预测响应时间。你可以双击图表中的数据点，打开“设置数据点格式”任务窗格，之后单击“填充与线条”，在“线条”中选择线条种类来改变折线图的某一部分。

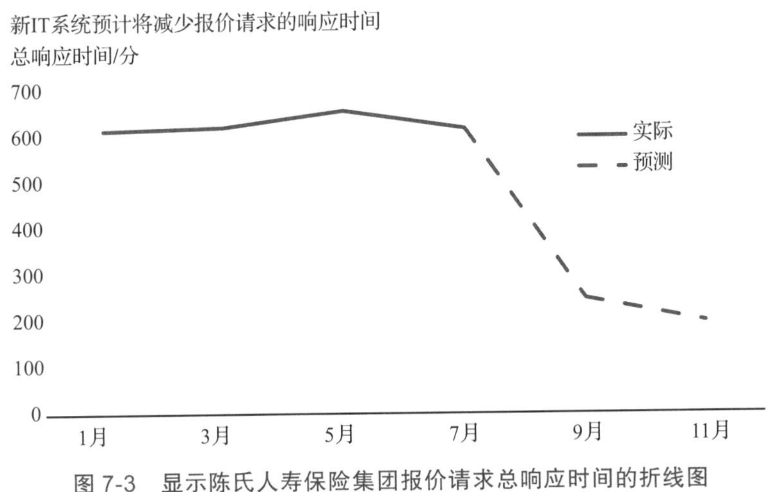

图 7-3　显示陈氏人寿保险集团报价请求总响应时间的折线图

陈氏人寿保险集团还希望将信息传达给另一类重要的受众，即内部的核保人员团队。这些核保人员可能对新系统如何以及为何能够减少来自销售代理的报价请求响应时间感兴趣。由于这项新技术将直接影响核保人员的工作，他们希望深入了解表 7-1 中的数据，因此，图 7-4 所示的簇状柱形图可能更适合满足这些受众的需求。在图 7-4 中，我们可以清晰地看到新的 IT 系统对于完成销售代理报价请求所需的四项任务中的每一项所产生的预

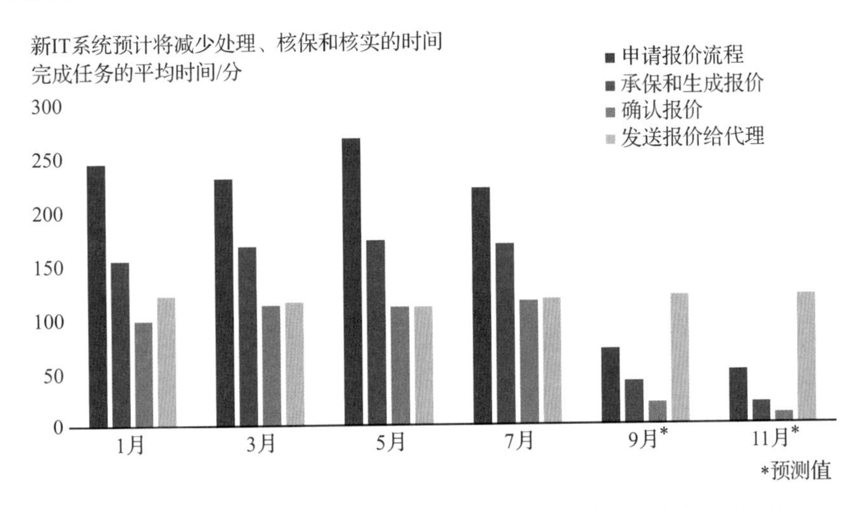

图 7-4　显示陈氏人寿保险集团回复报价请求的任务时间的簇状柱形图

期影响。这个图表值得进行进一步的讨论，以使核保人员更好地理解新系统可能对他们的工作和日常活动产生的影响。

对比图 7-3 和图 7-4，我们还注意到，图表的标题进行了更改，从而给目标受众带来更有意义的信息。对于销售人员，图 7-3 使用了“新 IT 系统预计将减少报价请求的响应时间”这一标题来强调，对于这些受众而言，最重要的是认识到引入新 IT 系统后，响应报价请求的总时间预计将大幅减少。图 7-4 使用了“新 IT 系统预计将减少处理、核保和核实的时间”这一标题来具体说明时间的减少发生在处理、核保和核实步骤。使用描述性的标题是突出数据可视化针对特定受众的特别信息的有效方法。

7.1.2 受众的分析舒适度

在设计数据可视化时，了解你的受众的分析舒适度也很有意义。一些数据可视化可能会使对复杂的数据可视化几乎没有经验的受众感到过于困惑。对于分析舒适度较低的受众，我们建议使用简单的图表，从而容易传达单个信息。对于分析舒适度较高的受众，使用更复杂的图表可能能够传递额外的细节和信息。

接下来考虑位于华盛顿州的一家综合医院的案例。综合医院记录了所有在其医院接受手术的病人的满意度评分。病人满意度评分基于病人对等待时间、工作人员友好程度和治疗效果等因素的评价，最终的满意度评分位于 0 到 5 之间。医院对每个外科部门都记录了满意度评分，包括普通外科、神经外科、肿瘤科、眼科、骨科、小儿外科、胸外科和血管外科。部分数据如图 7-5 所示，数据来自文件 *GeneralHospital*。

	A	B	C	D	E	F	G	H
1	病人满意度评分							
2	神经外科	普通外科	血管外科	肿瘤科	小儿外科	眼科	胸外科	骨科
3	1.9	3.6	3.0	2.9	3.3	3.9	4.5	4.4
4	2.8	2.5	3.5	3.7	4.6	4.0	5.0	4.5
5	2.1	2.1	1.5	3.4	3.9	4.1	4.7	4.5
6	3.2	2.8	2.6	3.8	4.1	4.0	5.0	4.4
7	2.3	3.8	1.5	3.3	3.1	3.8	4.9	4.5
8	2.7	2.6	2.2	4.3	2.9	4.2	4.4	4.6
9	2.9	3.9	2.5	3.2	4.0	3.9	4.1	4.4
10	2.0	2.4	3.1	3.2	4.6	4.1	5.0	4.4
11	2.6	2.5	2.3	4.3	4.1	4.0	4.7	4.5
12	1.6	1.6	3.1	3.5	3.8	4.1	4.5	4.5

图 7-5 部分病人满意度评分

综合医院定期向其员工展示病人满意度调查的最新结果。它必须将结果展示给几类不同的受众，包括分析舒适度较低和较高的受众。对于分析舒适度较低的受众，图 7-6 可能是最有效的概括病人满意度调查结果的图表。从图 7-6 中可以很容易地看出几个外科部门（神经外科、普通外科和血管外科）的病人平均满意度较低，其他科（眼科、胸外科和骨科）的病人平均满意度较高。通过将数据以排序的柱形图的方式展示，使受众能够容易地在不同外科部门之间进行比较。

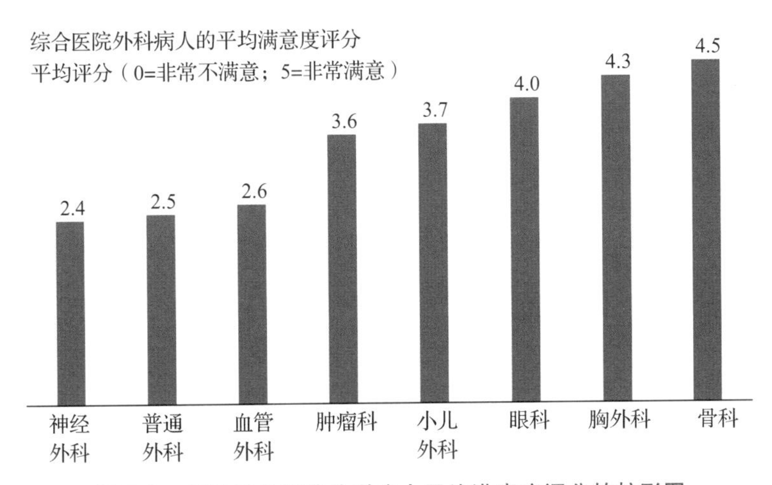

图 7-6　显示综合医院外科病人平均满意度评分的柱形图

图 7-7 展示了同样数据的箱线图。我们曾在第 5 章对箱线图进行过详细讨论，这种类型的数据可视化更适用于分析舒适度较高的受众。与图 7-6 相比，图 7-7 需要受众进行更复杂的理解，但同时也提供了数据中的更多信息。从图 7-7 中可以看出，虽然胸外科和骨科的病人平均满意度得分较高，但这些分数的分布情况却大相径庭。骨科的病人满意度评分很相似，因此这些分数的变异性较小。胸外科的病人满意度评分变异性较大，包含非常低的异常值。图 7-7 还显示，眼科病人的满意度评分变异性不大，而小儿外科、血管外科和普通外科的病人满意度评分变异性较大。

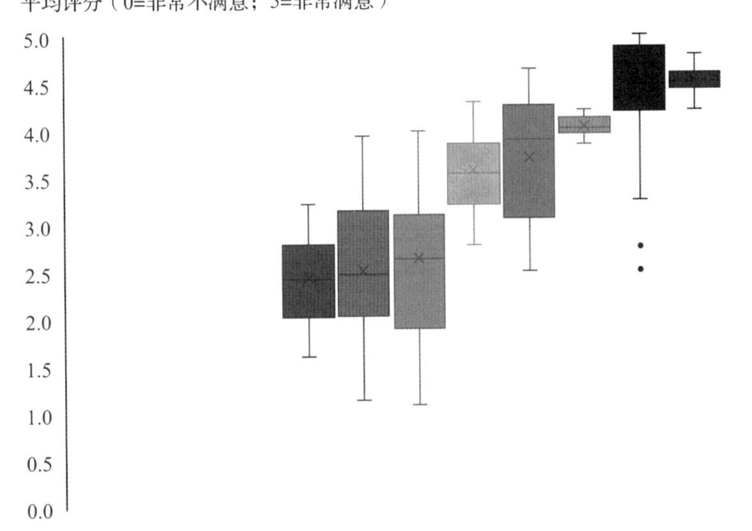

图 7-7　显示综合医院外科病人平均满意度评分的箱线图

虽然图 7-7 比图 7-6 传递了更多的信息，但对于分析舒适度较低的受众来说，箱线图可能更难以理解。因此，对于这些受众，我们应该选择更简单的数据可视化形式，例如

图 7-6 中简单的柱形图。此外，如果我们选择使用图 7-7 中的箱线图这样的更复杂的图表，我们必须提供额外的细节来帮助受众理解如何解释这个图表。

图 7-8 提供了具体的例子，根据受众的需要（总体的或详细的）和受众的分析舒适度（低或高）来推荐对于不同受众最合适的图表类型。图 7-8 展示的只是一般性的建议，具体的选择需要根据具体的数据和受众进行调整。在图表的格式和包含的信息量方面，每种类型的图表可能有很大的不同。

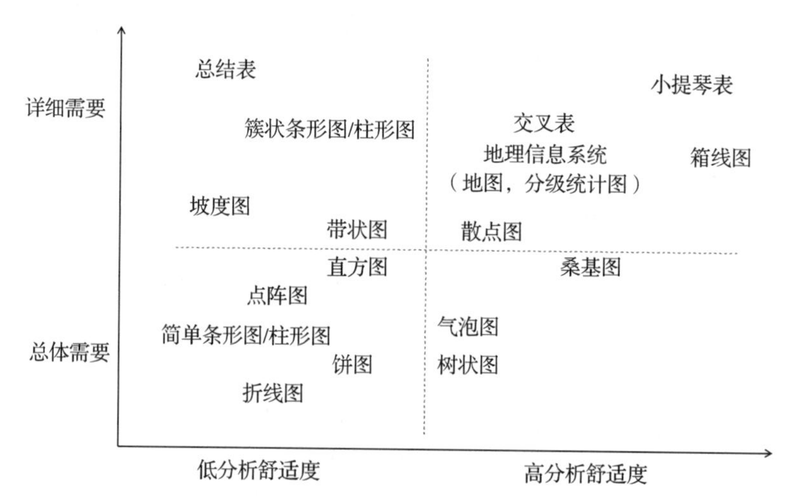

图 7-8　根据目标受众的需要和分析舒适度推荐的最佳可视化技术

7.2　了解你的信息

为了更好地向受众解释你的数据，你还需要确保知道自己想要传达给受众什么信息。这意味着你需要对数据有充足的了解，以便你能够清晰而简洁地传达数据中的信息。你不仅要能够向受众解释数据的意义，还要能够解释数据中固有的局限性以及这些局限性会如何影响我们从数据中得到知识。

为了用最佳方法解释数据，我们需要知道哪些类型的信息会帮助决策者。所有分析方法的目的都是促进受众做出更好的决策。这些决策的例子包括如何改善医院的病人护理、如何在选举中与选民进行最好的沟通、如何在一个城市中最有效地分配学校间的资源以有效提高教育成果、使用哪种类型的营销渠道来吸引最多的客户或者在哪里建立一个新的商店来最有效地推动公司的销售额提升。为了明确如何帮助我们的受众做出更好的决策，我们需要充分了解受众和数据，从而明确从数据中获得的哪些信息最有可能优化决策。

7.2.1　什么能帮助决策者

为了尽可能创建最有效的数据可视化，我们需要确保了解什么能够帮助决策者。决策者是基于数据可视化呈现出的分析来做出决定的人（或一群人）。设计数据可视化来探索数据的人往往并不是最终的决策者。决策者往往需要考虑多个因素（定量和定性的），评估决策对不同利益相关者的影响，在有限的时间内基于不完整的信息做出决策。因此，探索数据可视化的目的是使数据中的信息能让人在较短的时间内理解，从而使决策者尽可能做出最好的决策。

因为绝大多数决策者都很忙碌并且必须做出许多决策，所以创建清晰和容易解释的数据可视化非常重要。这也是我们需要创建具有高数据 - 墨水比、避免无效信息的数据可视化的重要原因。此外，我们还应该了解基于数据可视化分析决策者会做出哪些类型的决定。

考虑之前提到的陈氏人寿保险集团的案例。正如之前所介绍的，该集团正在考虑投资一款新的 IT 系统，以减少对销售代理的报价请求响应时间。然而，现在假设我们知道该集团尚未确定最终采用哪种新的 IT 系统。在这种情况下，我们需要考虑到受众（包括决策者）必须从多个不同类型的 IT 系统供应商中进行选择，这将有助于我们确定最适合帮助决策者的可视化类型。我们可以考虑创建一个类似图 7-9 的簇状柱形图，用于总结陈氏人寿保险集团正在考虑的三家 IT 系统供应商（黄帽系统、照明软件和银星软件）的性能表现。图 7-9 呈现了这三个不同系统在四项标准（成本、可靠性、维护支持和易用性）上的评估结果。这种簇状柱形图使得决策者能够轻松地在不同标准下比较各个 IT 系统供应商的性能，同时也有助于决策者进一步了解每个主观评估的细节情况。

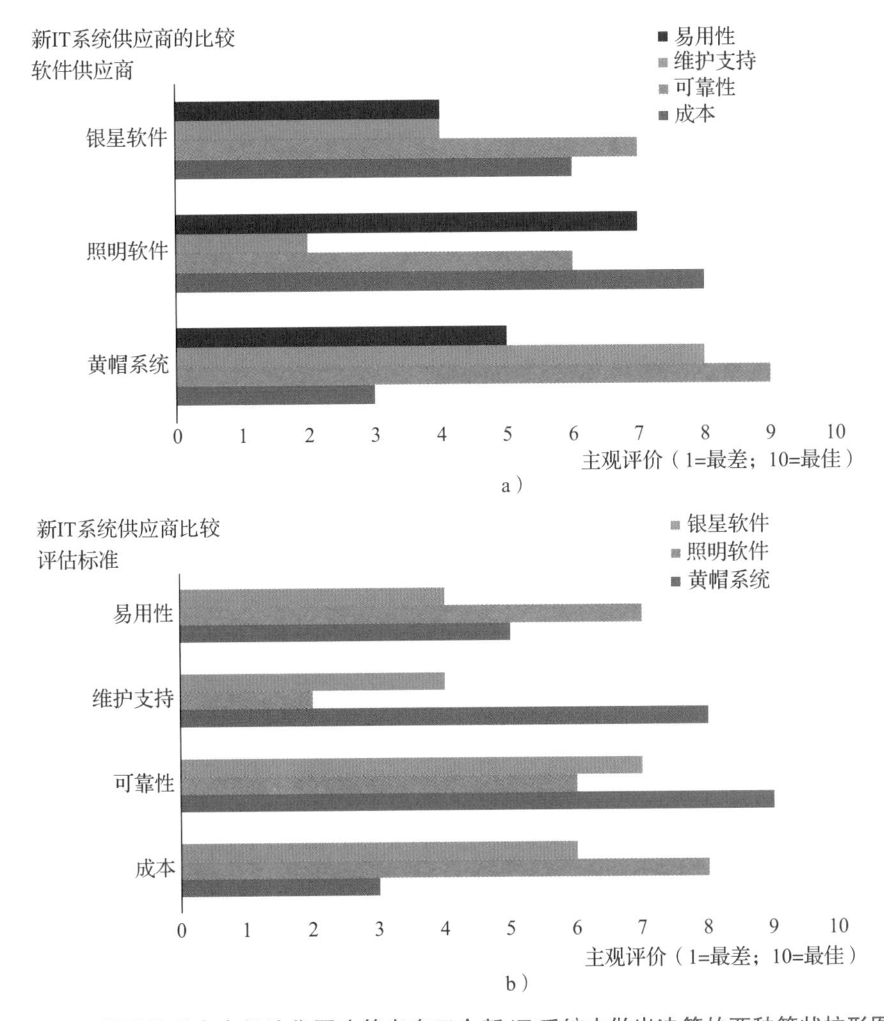

图 7-9　帮助陈氏人寿保险集团决策者在三个新 IT 系统中做出决策的两种簇状柱形图

我们可以使用多种方式来显示簇状柱形图。图 7-9a 按照 IT 系统供应商的主观评价进行分组。图 7-9b 按照不同标准对软件供应商的主观评价进行分组，以便在每个标准上对不同供应商进行比较。这两个簇状柱形图都可以为决策者提供有效的信息，我们可将其一起展示。通过下面的步骤可以将图 7-9a 中的图表转化为图 7-9b 的图表，反之亦然。

步骤 1　右击图表，单击**"选择数据"**。

步骤 2　当**"选择数据源"**对话框出现时，单击**"切换行 / 列"**按钮 Switch Row/Column。

7.2.2　与数据共情

与数据产生共情也是非常重要的。共情（Empathy）指的是理解和分享他人感受的能力。能够与数据产生共情意味着明白数据不仅仅是电子表格或数据库中的数字，而是代表着真实的人，明白基于我们的分析做出的决策可能会对真实的人带来实质性的影响。因此我们需要考虑如何创建能够帮助他人产生共情的数据可视化。通过与数据共情，我们可以创建数据可视化来有效地影响决策。对数据产生共情有两个常见的挑战：第一个是当考虑较大的数值时，受众可能难以联想数据的意义；第二个是当考虑总体统计数据时，我们可能很难考虑个别案例。在这里，将讨论应对这两个挑战的方法。

由于在日常生活中我们与实际物品互动时，接触到的物品数量往往小于几百个，因此当我们与大数值接触时往往难以理解其相对大小，例如数百、数十亿甚至更大的数值。一般来说，人们能够形象感知大约 100 件物品，对于更大的数值，人们很能想象其数量。

有多种策略可以帮助受众理解大数值。一种策略是将大数值转换成受众可能更熟悉的数值。例如，假设彩票的下一次奖金池大小为 3.57 亿美元。这是一大笔钱，许多人可能难以想象它相对于较小美元数值的价值。然而，简单的计算表明，3.57 亿美元的奖金池相当于在未来的 40 年里每周获得超过 17.1 万美元的奖金（忽略通货膨胀）。然后，绝大多数人可以将每周 17.1 万美元和自己的每周收入进行比较，从而快速认识到这一数值的大小。此外，我们可以考虑人类目前每天创建大约 2.5 万亿字节的数据。绝大多数人对万亿的大小没有概念。因此，常见的说法是："人类现有的所有数据的 90%都是在过去两年内创造的。"这将我们想强调的数值（当前每天创建的数据量）和可以感受其大小的数值（所有时间内创建的数据总量）进行比较，使我们想强调的数值更容易被受众接受。

另一种策略是，在数据可视化中，对于大数值尽可能避免使用指数（或者科学）计数法。除非你的受众有较高的分析舒适度并且对指数计数法很熟悉，否则最好列出数值的所有数字，或者使用"百万""十亿"这样的量词，避免使用 10^6、10^9。对于小于 1 的数值，例如 10^{-3}、10^{-6} 等也是如此，因为大多数受众并不能够轻松地将这些数值和 0.00× 或 0.000 00× 联系在一起。

许多数据可视化形式，例如折线图、条形图、柱形图等同样使受众难以理解和共情数据。如果不给受众提供适当的背景，实际上巨大的变化可能仅仅表现为线条长度或者柱形高度的相对较小的变化。考虑美国失业率的可视化案例。图 7-10 展示了美国经季节性调整后的失业率的折线图。[㊀]在折线图的末端，你可以看到新冠疫情对美国失业率的巨大影

㊀ 数据来源于美国劳工统计局，https://data.bls.gov/。

响。显然，失业率出现了大幅上升，但是如果没有额外的背景，受众可能很难感受上升幅度的大小。

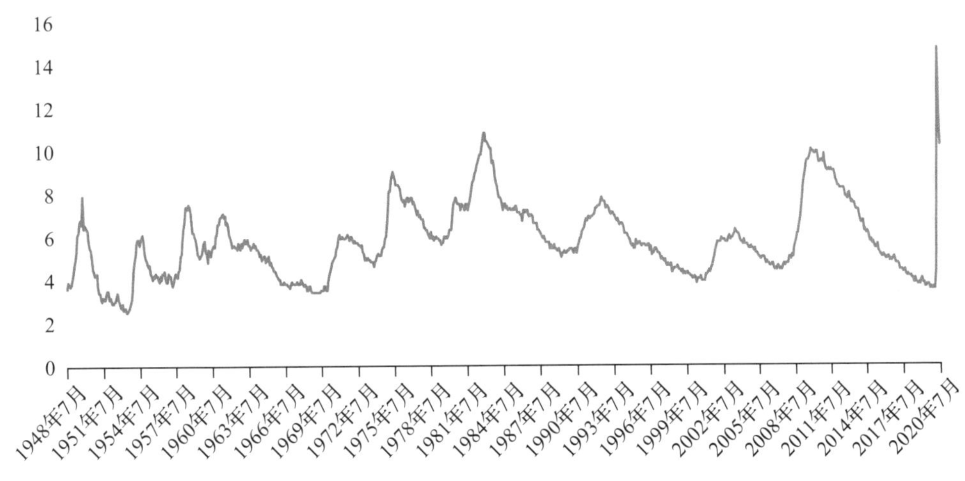

图 7-10 展示 1948 年至 2020 年美国失业率的简单折线图

一个让受众感受到数值究竟有多大的方法是使用点阵图（Dot matrix chart）。点阵图是一种简单的图表，使用点（或其他简单的图形）来表示一个或一组物品。这些点以矩阵形式排列，矩阵的大小对应于要传达的总的数值的大小。

考虑 2020 年新冠疫情导致的美国失业情况。根据失业率统计数据，2020 年美国的失业数估计超过了 4 000 万。这是一个令人震惊的巨大数值。如果我们绘制简单的折线图或散点图，那么 4 000 万这个数字将简化为图表上的一个点，点的位置对应于 4 000 万这一数值。另外一种可视化的方法是使用点阵图。按照下面的步骤，我们可以在 Excel 中轻松地创建一幅点阵图。

在点阵图中，我们将使用简单的实心点●来表示失业数，一个点对应于失业数 100 000。因为我们想要可视化 4 000 万这一数值，所以我们需要创建一个包含 40 000 000/100 000=400 个点的矩阵。我们将创建一个包含 20 × 20 个点的矩阵。请注意，在下面的步骤中我们没有使用 Excel 的图表功能，而是在一个空白的 Excel 工作簿中建立这个图表。

步骤 1 在 Excel 的空白工作表中选择单元格 B3。
单击 Excel 功能区的**“插入”**选项卡。
在**“符号”**组中单击**“符号”**按钮。

步骤 2 当**“符号”**对话框出现时：
在**“子集”**下拉菜单中选择**“几何图形符”**，在框中单击选择实心点●。
单击**“插入”**按钮将点插入单元格 B3 中。
单击**“关闭”**按钮来退出**“符号”**对话框。

步骤 3 将单元格 B3 中的内容复制到 B3:U22 单元格。

步骤 4　选中 B:U 列，双击其中一列的边缘以减少列的间距。

步骤 5　单击功能区的**“视图”**选项卡，取消勾选**“显示”**组中的**“网格线”**复选框。

通过步骤 1～步骤 5，我们将创建如图 7-11 所示的点阵图。

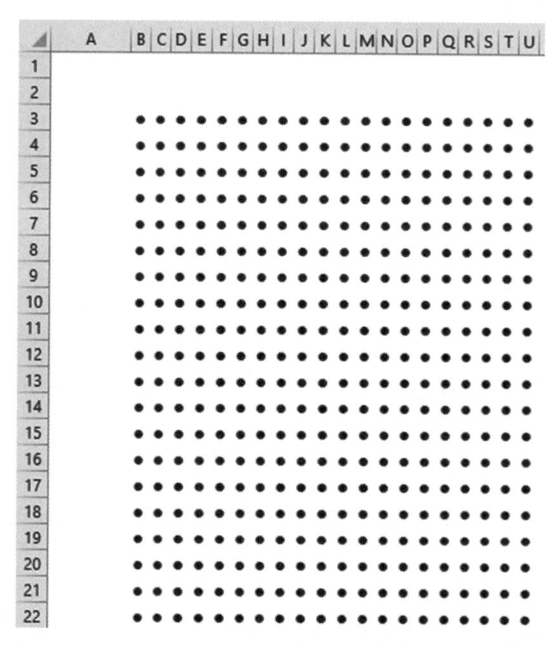

图 7-11　展示美国 2020 年新冠疫情期间失业数的点阵图

我们可以通过在这个点阵图中添加额外的细节，为这些数据赋予额外的背景信息。我们可以利用受众的知识来为这一失业数的规模建立一个有意义的参考点。假设受众中有很多人生活在俄亥俄州，根据美国劳工统计局的数据，2020 年俄亥俄州总共有 580 万个工作岗位。㊀我们通过下列步骤将这一信息引入点阵图。请注意，由于每个实心点●代表 100 000 个工作岗位，5 800 000/100 000=58，因此，我们在步骤 6 中将 D20:U20 和 B21:U22 这 58 个单元格填充为蓝色，对应于 5 800 000 份工作。

步骤 6　单击功能区的**“开始”**选项卡，将**“填充颜色”**设置为蓝色，改变 D20:U20 和 B21:U22 单元格的颜色（见图 7-12）。

步骤 7　选择单元格 B1，输入**“2020 年新冠疫情造成的失业数超过 4 000 万”**。
选择单元格 B1，单击**“开始”**选项卡，将字号改为**“16”**。

步骤 8　选择单元格 D2，输入**“这几乎是俄亥俄州劳动力总数的 7 倍”**，将字号改为**“11”**。

步骤 9　选择单元格 W2，输入**“● =100 000 万个工作岗位”**。

步骤 10　选择单元格 V20，输入**“俄亥俄州的劳动力总数”**。

完整的点阵图如图 7-12 所示。㊁这个图表用一个点来代表 100 000 个工作岗位，使用

㊀　资料来源：参见 https://www.bls.gov/eag/eag.oh.htm#eag_oh.f.1。

㊁　图 7-12 中使用的阴影是第 3 章中介绍的格式塔原则的一个例子。

俄亥俄州的劳动力总数作为参考，并增加了一个描述性的标题，帮助受众认识到失业数的相对大小。这有助于受众对这些数据产生共情。

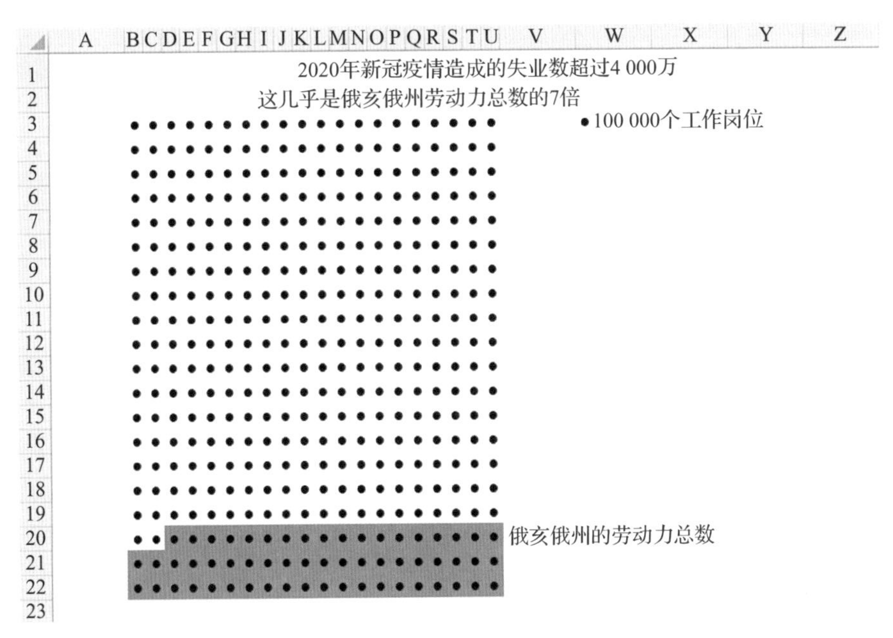

图 7-12　完整的点阵图，说明了 2020 年新冠疫情期间美国的失业数与俄亥俄州劳动力总数的关系

另一个帮助受众对数据产生共情的方法是纳入对个体案例的关注，而不是仅仅展示总体的统计数据。作为例子，我们考虑美国防止虐待动物协会提供的数据。每年大约有 330 万只狗进入动物收容所，其中约有 160 万只被收养，67 万只被实施“安乐死”，62 万只被送回主人身边。图 7-13 使用堆积柱形图的形式展示了这些数据。

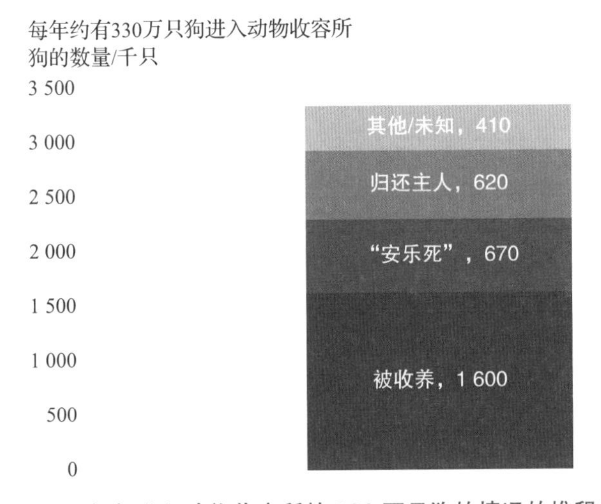

图 7-13　美国每年进入动物收容所的 330 万只狗的情况的堆积柱形图

图 7-13 显示，每年有许多狗进入动物收容所，但是在这些狗之中只有部分被送回原主人身边或被新家庭收养。显然，我们需要努力为进入动物收容所的狗找到更多的家。然

而，如果受众无法对这些数据产生共情，那么图 7-13 可能无法驱使受众去采取实际行动。为了让受众更好地对数据产生共情，我们可以尝试让图表中不仅仅包括笼统的统计数据，还包括一些个体化的特殊的东西，使这些数据看上去更个性化，更有亲和力。要做到这一点，一个方法是在数据可视化中加入图片。如果我们能纳入个体的特征使观众能够联想起这个特定的个体，则会更加有效地使受众产生共情。图 7-14 对图 7-13 进行了一些修改，加入了一张图片和额外的细节。

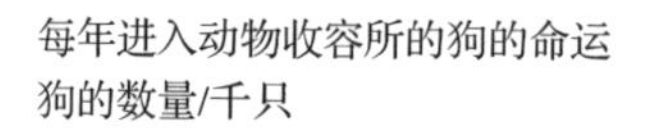

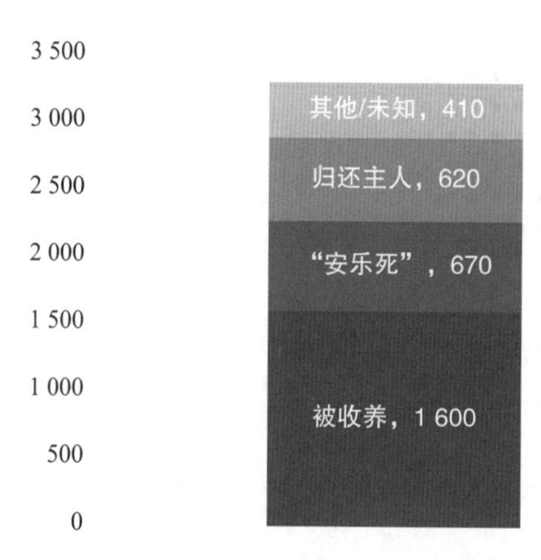

这是收容所中的一只叫作Max的狗。Max于2021年4月进入波特兰的动物收容所，直到今天它仍然没有被收养。

图 7-14　修改后的堆积柱形图，包含一张被收容的狗的图片，使人们对数据产生更多的共情

在 Excel 中，如果我们想插入图片，可以单击功能区中的“插入”选项卡，然后单击“插图”组中的“图片” Pictures，之后选择图片的来源。图 7-14 中使用的图片是联机图片。

市场营销中的客户细分提供了另一个例子，这个例子说明了强调具体数据来创造一个故事的重要性。许多公司都是用市场细分分析来更好地了解它们的客户的。市场细分的基本理念是将公司的客户分为具有相似特征的不同群体。一旦公司确定了某一特定用户群体所具有的特征，公司就可以基于这些共同点来设计具体的营销计划、促销活动等以吸引这个群体中的客户。

公司用来创建这些用户群体的一种常见方法是聚类。聚类算法使用基于客户特征的数据，将客户分为多个群体（或聚类），使得每个群体中的客户具有相似的特征，而不同群体中的客户之间通常具有很大的差别。

接下来考虑第三州立银行（TSB）的案例。TSB 想要更好地了解客户，以便能制订更好的营销计划来吸引特定的客户。TSB 的数据科学小组基于年龄、受教育水平、婚姻情况、子女数量、家庭位置（位于城市、郊区或农村）以及客户是否密切关注体育和政治等特征，对数千名客户进行了分析。TSB 使用了聚类算法，发现其客户中有一个聚类和其他聚类有很大的不同，其特征如表 7-2 所示。聚类算法将这一个聚类指定为第 7 聚类。

表 7-2　TSB 使用聚类算法的结果总结

客户特征	第 7 聚类结果
平均年龄	24
受教育水平	67%拥有大学或以上学历
婚姻状况	72%未婚
平均子女数量	0.3
居住地点	67%居住在城市，21%居住在郊区，12%居住在农村
是否密切关注体育?	34%回答为是，66%回答为否
是否密切关注政治?	53%回答为是，47%回答为否

为了尽可能为这些数据构建最好的故事，TSB 决定用“索菲亚”来代表这个聚类中的典型客户。TSB 将索菲亚塑造为一个住在市中心公寓的单身女性。索菲亚接受了良好的教育，密切关注新闻，可能在政治上很活跃，并且不经常参加体育赛事。

注意到，分配给索菲亚的特征并不能与第 7 聚类中的每个客户一一对应。事实上，这些特征可能与第 7 聚类中的任何客户都不匹配。但是企业通常会赋予每个聚类内的客户一个包含名字和特征的角色来描述不同的聚类。这样做的好处在于，与表 7-2 中展示的客户特征相比，人们更容易对一个人物（即使是虚构的）产生共情。

7.3　使用图表叙事

正如我们在本章中讨论过的，使用数据叙事的一个目标在于使得受众容易理解数据中的信息，并驱动受众基于这些信息采取行动。要实现这一点，我们要从了解受众开始，并对数据产生共情。要有效地用数据叙事，我们还需要为数据和你想要传达给受众的信息创建正确的图表。

7.3.1　选择正确的图表来叙事

接下来考虑开阔视野教育集团的案例。开阔视野运营着一家连锁早教学校和位于五个不同地点的日托中心。该公司的首席执行官桑迪・哈金斯想要比较每个地点今年年初和前一年年初的学生入学数。如图 7-15 所示，桑迪已经收集了完成这项分析所需要的数据。

	A	B	C
1	地点	报名人数	
2		去年	今年
3	杜兰戈	341	432
4	冈尼森	164	150
5	蒙特罗斯	198	202
6	帕戈萨斯普林斯	302	298
7	萨利达	395	360

图 7-15　用于分析开阔视野不同地点学生入学数的数据

当桑迪首次尝试生成说明性的数据图表时，她制作了类似于图 7-16 的簇状柱形图。她将这个图表展示给了高层管理人员和股东。桑迪的主要目标是突出显示杜兰戈和萨利达的入学人数在变化方向上存在差异，而其他地区的入学人数基本保持不变。尽管从图 7-16 的簇状柱形图中可以得出这一结论，但对于受众来说，这可能并不是显而易见的。

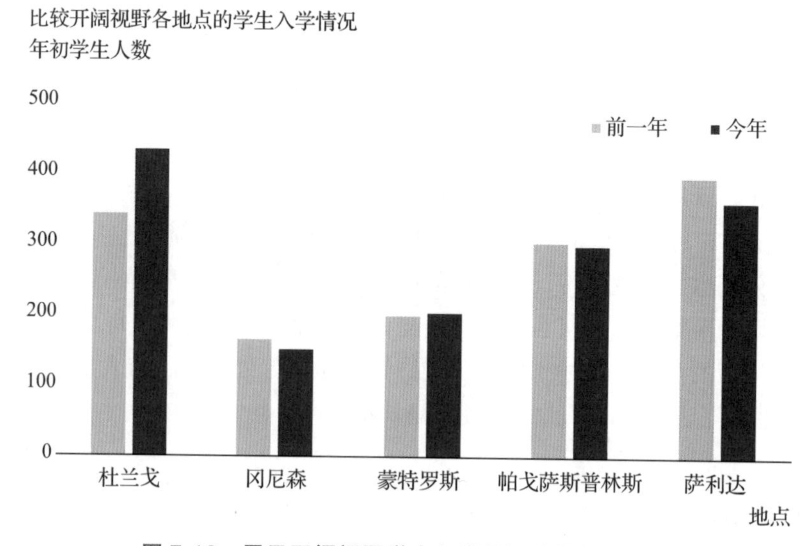

图 7-16　展示开阔视野学生入学数据的簇状柱形图

我们还可以使用坡度图（Slope chart）来展示相同的数据。坡度图通过连接成对的数据点来显示多个样本的一个变量随时间变化的情况。我们将关注的变量显示在纵轴上，而横轴则用于表示变量的变化或差异。在开阔视野学生入学数据中，我们关注的是每个地点的学生入学人数，并将在不同时间段（去年和今年）的情况进行比较。变量的变化或差异通过图表中直线的斜率来表示。接下来的步骤将演示如何构建开阔视野的数据的坡度图。

步骤 1　选择单元格 A2:C7。

步骤 2　单击功能区的 **“插入”** 选项卡。

单击 **“图表”** 组中的 **“插入散点图（*X*，*Y*）或气泡图”** 按钮。

在下拉菜单中选择 **“带直线和数据标记的散点图”**。

通过步骤 1 ～步骤 2 将生成图 7-17 中的图表。

步骤 3　当默认生成的图表生成在 Excel 中时，右击图表，选择 **“选择数据”**。

当 **“选择数据源”** 对话框出现时，单击 **“切换行 / 列”** 按钮 Switch Row/Column。

单击 **“确定”** 按钮。

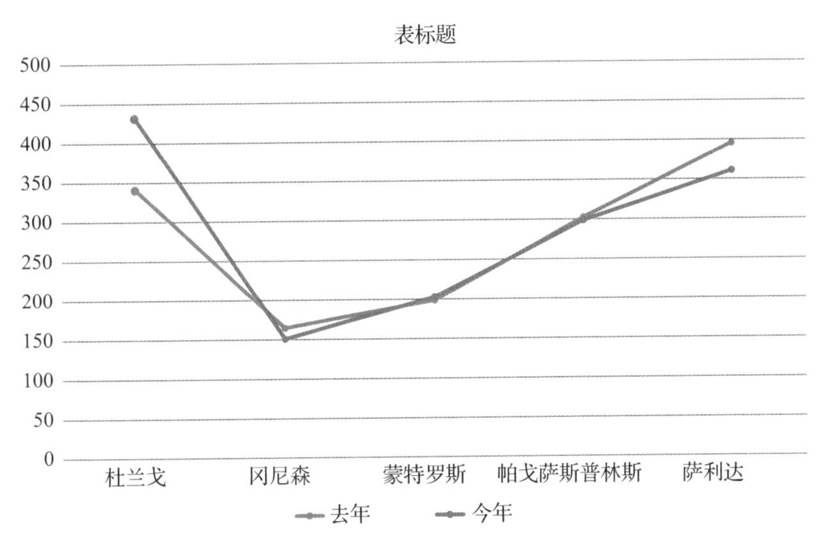

图 7-17　使用开阔视野数据创建的初始图表

通过步骤 3 将图 7-17 中的图表变为图 7-18 中的图表。

步骤 4　单击图表的任意位置，单击**“图表元素”**按钮 ＋。

取消勾选**“网格线”**图例。

勾选**“数据标签”**复选框。

在右边菜单中选择**“右”**。

步骤 5　双击萨利达的**“395”**这一数据标签，使得只有该数据标签被选中。

当**“设置数据标签格式”**任务窗格出现时，单击**“标签选项”**按钮。

单击**“标签选项”**，勾选**“标签包括”**中的**“系列名称”**和**“标签位置”**中的**“靠左”**。

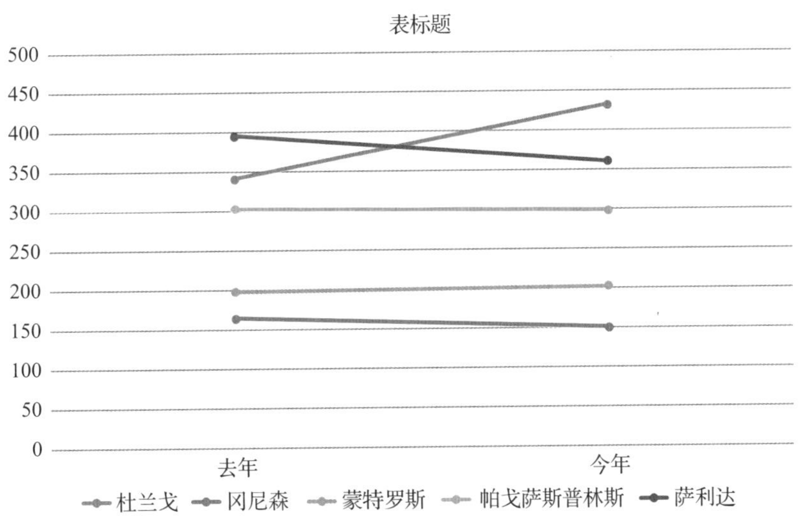

图 7-18　切换开阔视野数据的行 / 列后创建的坡度图

在步骤 5 中，确保你双击鼠标，只选择了“上一年”的标签；仅单击会同时选择“上一年”和“当年”的标签。

步骤 6　对数据标签 **“341”“302”“198”** 和 **“164”** 重复步骤 5。

步骤 7　右击纵轴的数值，选择 **“删除”**。

步骤 8　单击图表标题，将标题改为 **“开阔视野不同地点的学生入学数比较”**。

单击功能区的 **“开始”** 选项卡。

单击 **“对齐方式”** 中的 **“左对齐”**，使得图表标题向左对齐。

将标题字体改为 Calibri，字号改为 16。

拖动图表标题框，使其与图表左侧的文字对齐。

步骤 9　调整图表的大小和数据标签的大小，使得图表与图 7-19 相似。

与图 7-16 相比，图 7-19 中的坡度图让受众更清楚地看出，在过去的一年中，杜兰戈的入学数增加了，萨利达的入学数减少了，其他地方的入学数则保持相对稳定。在图 7-16 中我们也能得到同样的结论，但这需要受众付出更大的认知负荷。图 7-19 使得这一信息对于受众而言更加容易理解。

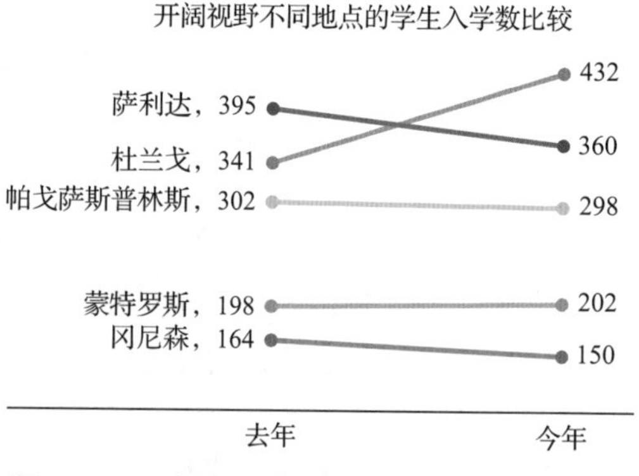

图 7-19　开阔视野学生入学数据的完整坡度图

一般情况下，最佳的图表取决于受众、数据和我们想要传达的信息。在很多情况下，不同的图表可以用来可视化相同的数据。我们无法准确概括哪种图表最适合于何种情况。

因此，选择最适合的图表应当基于受众的需求、他们对数据分析的熟悉程度、数据的复杂性，以及数据所支持的决策类型。在许多情况下，最佳做法是为同一组数据创建多个不同类型的图表，以便根据受众的需求和传达的信息来选择最合适的图表。

7.3.2　使用预注意属性来叙事

预注意属性指的是数据可视化中能被受众快速理解的特征。在数据可视化中，适当地使用预注意属性可以极为有效地帮助我们集中受众的注意力、解释具体的信息并为数据构建具体的故事。预注意属性包括颜色、格式、空间位置、动作等属性。在本节中，我们将通过几个例子来说明在数据可视化中如何使用预注意属性来叙事。

颜色是一个可以用来影响受众、强调某些信息、讲述特定的故事的预注意属性。图 7-20 显示了 1999 年至 2019 年美国各州和哥伦比亚特区的季度房价指数。这张图上有很多数据，可能传达出很多信息，但由于该图非常复杂，受众很难理解任何特定的结论。使用如图 7-20 所示的图表很难叙述任何特定的故事。但我们可以使用颜色来帮助强调某些结论，并从这些数据中叙述一个特别的故事。

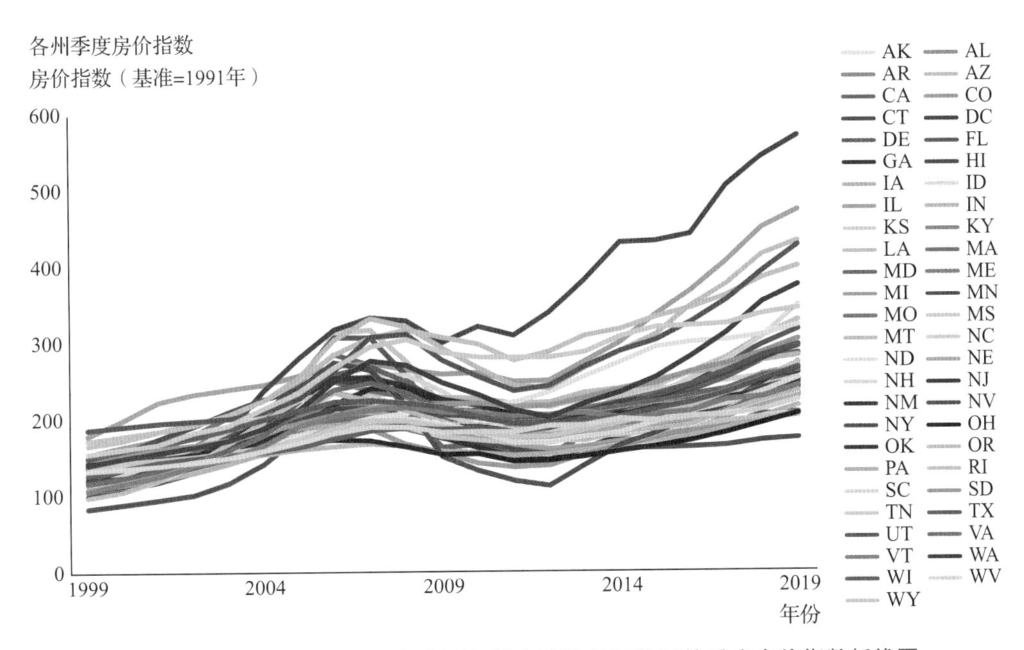

图 7-20　1999 年至 2019 年美国各州和哥伦比亚特区的季度房价指数折线图

假设我们想要强调佛罗里达州与其他州相比在 2008 年的次贷危机中受到的冲击更大，可以在图表中使用红色来强调这一信息。在图 7-21 中，我们将佛罗里达州的季度房价指数对应的线条设为红色，将其他州和哥伦比亚特区对应的线条设为灰色。这使得受众能够很轻松地将佛罗里达州的折线与其他州的折线进行对比。现在可以观察到，佛罗里达州在 2008 年前经历了房价指数的大幅增长，而房价指数在 2008 年之后则大幅下降。此外，我们修改了图 7-21 的标题，从而强调这一信息并叙述这个故事。

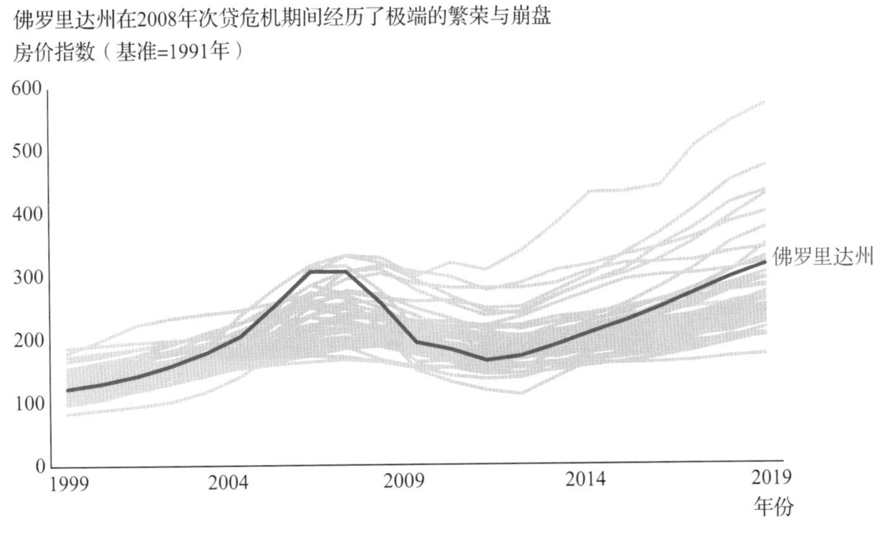

图 7-21　使用颜色的预注意属性来强调 2008 年次贷危机对佛罗里达州房价的影响

我们可以通过以下步骤将图 7-20 中的图表修改为图 7-21 中的图表。

步骤 1 单击文件 *HousePricesChart* 中的图表。

步骤 2 双击图表图例中的“AK”，仅选中 AK 的条目，打开**“设置图例格式”**任务窗格。

步骤 3 当**“设置图例格式”**任务窗格出现时：

单击**“填充与线条”**按钮。

在**“边框”**中的**“颜色”**中选择**“灰色”**。

步骤 4 对除了 FL 以外的图例重复步骤 3。

步骤 5 双击图表图例中的**“FL”**，仅选中 FL 的条目，打开**“设置图例格式”**任务窗格。

步骤 6 当**“设置图例格式”**任务窗格出现时：

单击**“填充与线条”**按钮。

在**“边框”**中的**“颜色”**中选择**“红色”**。

步骤 7 单击包含州名缩写的图例。

单击**“删除”**删除图例。

步骤 8 单击功能区中的**“插入”**选项卡。

单击**“文本”**组中的**“文本框”** Text Box，单击图表中代表佛罗里达州的红线的右侧。

在文本框中输入佛罗里达，将字体改为红色 Calibri，10.5 号。

尺寸是在数据可视化中能够有效帮助我们解释信息和讲述故事的另一个关键特征。一个简单但非常有效的尺寸应用是使用**大关联数字**（Big associated number，BAN）。顾名思义，BAN 是一个与可视化相关的数字，并且具有非常大的字号。虽然这个想法相当简单，但它却能有效地吸引受众的注意，有助于更好地讲述你的故事和传达你的信息。让我们回顾之前提到的图 7-14，该图表描述了进入美国动物收容所的狗的数量。在图 7-22 中，我

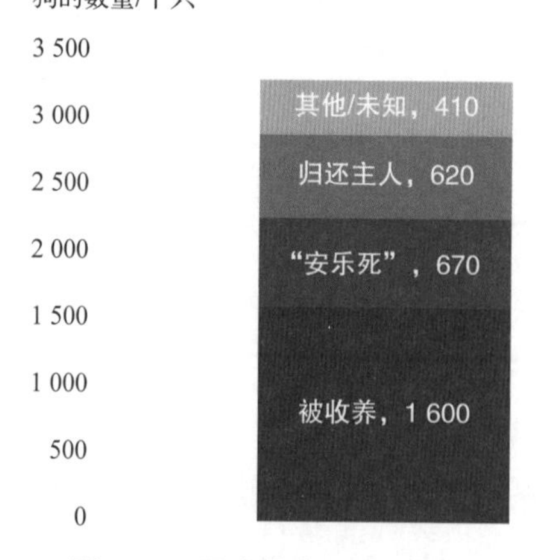

这是收容所中的一只叫作Max的狗。Max于2021年4月进入波特兰的动物收容所，直到今天它仍然没有被收养。

3 300 000

在美国，每年有3 300 000只狗进入动物收容所。

图 7-22 图表结合 BAN 来强调美国每年进入动物收容所的狗的数量

们使用了 BAN 来突出这个数量。我们将大关联数字“3 300 000”添加到图表中，从而引起受众的注意。与此同时，我们稍微修改了图表标题，去掉了一些不必要的信息。在这个数据可视化中，通过文本尺寸这个尺寸属性，受众的注意力被集中到这个数字上，进一步引导我们的故事读者关注每年进入动物收容所的狗的数量之多。

在 Excel 中，要插入 BAN，我们首先单击功能区中的“插入”选项卡，其次单击“艺术字”按钮 Text，然后选择“文本框” Text Box，将文本框插入图表中。BAN 应该使用较大的字体尺寸。

7.4　汇集力量：叙事和展示设计

本章的前几节详细介绍了如何使用单个数据可视化来向受众传递信息、如何通过叙事来影响受众。这些概念中有许多同样适用于使用数据可视化的完整展示。在本节中，我们将扩展之前讨论的概念，将其应用到完整的展示与演讲上。我们将介绍关于有效的展示的一些概念，并提供一些如何使用微软 PowerPoint 创建有效展示的具体指导。

叙事在世界各地的文化中有几个世纪的历史。虽然故事的主题因文化而异，但故事之间往往存在共同的特征。叙事不是仅仅向受众简单解释信息，好的故事应该能够吸引受众深入其中。好的故事更容易使受众记住，更有可能说服受众采取实际行动。

7.4.1　亚里士多德的修辞学三角

著名的希腊哲学家亚里士多德是最早意识到许多故事具有类似的特征的人之一。叙事的一个主要要求是能够与受众产生联系。亚里士多德提出，故事应该在三个方面与受众建立联系。亚里士多德的理论通常被表述为图 7-23 所示的**修辞学三角**（Rhetorical Triangle）。修辞学三角也称为修辞学三要素，涵盖了与受众建立联系的三种方式：信誉证明、逻辑证明和情感证明。

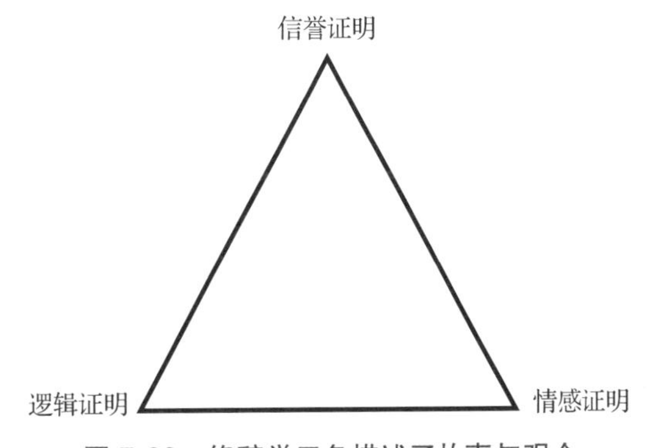

图 7-23　修辞学三角描述了故事与观众建立联系的三种方式

信誉证明（Ethos）指的是在故事中向受众展现可信度的能力。对于与数据有关的故事，这意味着要使你的受众相信你是以真实的方式呈现数据的。你需要通过使用准确的数据、不故意隐藏或歪曲数据中的信息来做到真实。例如，你可以披露所有的数据操作（例如对异常值的处理、对数值的转换）来进行信誉证明。清楚地解释数据可视化所使用的数据来源，说明在分析中使用的任何假设，并在必要时提供其他解释，有助于建立起受众的信任。

逻辑证明（Logos）通常指的是故事中或展示中的逻辑与推理。要使用逻辑证明与受众建立联系，你需要提出清晰的论点，说明所展示的数据和分析如何能够帮助受众做出更好的决策。这也要求你在从基础数据中提取你想在数据可视化和展示中所强调的信息时要做到逻辑论证清晰。

情感证明（Pathos）指的是使用情感与受众建立联系。对于与分析有关的数据可视化和展示，你需要让受众对数据产生共情。要做到这一点，你可以更关注个体特征而不是一般性的数据。使用具体的例子而不是泛泛谈论总体的统计数据、在数据可视化中使用图片、使用大关联数字等都是利用情感证明来吸引受众的方法。

7.4.2 弗赖塔格的金字塔叙事结构

亚里士多德的修辞学三角强调了与受众建立联系的重要性。好的叙事者都需要理解他们的受众，使用信誉证明、逻辑证明和情感证明与受众建立联系。此外，有效的故事还有着其他的共同点。许多形式的好故事，包括小说、喜剧、电影甚至与数据有关的研究都有一个相似的特点，从而使得受众深入其中、记忆深刻，并且愿意主动采取行动。这一特点可用图 7-24 中的弗赖塔格金字塔叙事结构来总结。

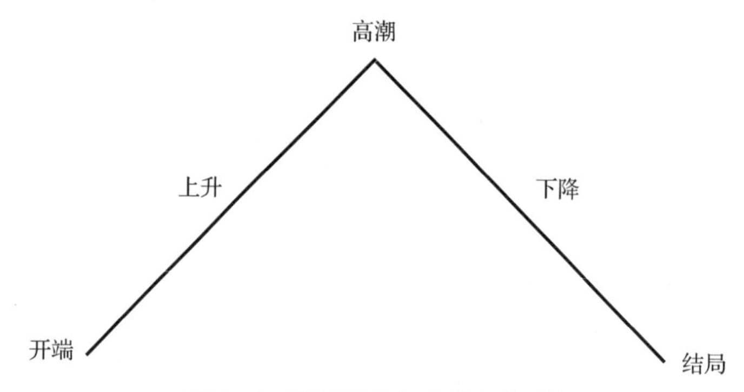

图 7-24 弗赖塔格金字塔叙事结构

弗赖塔格的金字塔（Freytag's Pyramid）**叙事结构**是由德国作家古斯塔夫－弗赖塔格在 1863 年提出的，它将一个故事分成五个部分：①开端；②上升；③高潮；④下降；⑤结局。开端提供了必要的背景信息，使得受众能够理解将要讲述的故事。这包括对主要人物、环境的解释，并确立故事中的基本冲突。上升阶段开始描述故事中主要冲突的更多细节。它将解释主角（称为主人公）面临的困难。在高潮部分，受众将参与故事的主要冲突。如果故事有好的开端和上升，受众在此时应有很强的参与感，并关心主角的结局。好的高潮部分会让受众希望主角有好的结局，同时又让受众明白，最终往往事与愿违。下降阶段紧接着高潮阶段。主角的命运通常在高潮部分已经确定，受众此时开始期待故事将如何迎来结局。结局（有时也称作收场或结果）展示了故事的结局。结局部分通常解释了故事中的冲突，并交代了主角的结局。

许多著名的文学和影视作品都遵循弗赖塔格的金字塔叙事结构，例如莎士比亚创作的喜剧、《哈利·波特》系列书籍和《星球大战》系列电影。但是，这种结构该如何用于与数据有关的展示呢？

下面我们考虑夏威夷贝尔公司的案例，该公司是夏威夷州居民客户和商业客户的电信服务提供商。夏威夷贝尔注意到，其居民客户对于网络中断相关服务的客户服务评分远远低于行业标准。夏威夷贝尔决定进行一次全面的数据分析工作，找出客户服务得分较低的原因，从而改善这一方面的客户服务。

夏威夷贝尔的数据科学家花费了几个月时间，收集了上万条与客户通话记录、客户服务请求和网络中断有关的服务记录。该小组花费了近八周的时间来核对数据，具体的工作包括删除重复的数据、修改不准确的数据、连接不同来源的数据。该小组接着花费了额外几周时间进行探索性数据分析，从数据中生成了描述性统计变量，具体包括客户恢复连接平均时间、网络中断的主要原因、客户报告网络中断后的平均等待时间等。夏威夷贝尔的数据科学家已经准备好展示他们的结论和建议。

这次演讲的受众包括夏威夷贝尔的几位副总裁，他们负责监督客户服务和网络运营。对提议拥有最终决定权的首席运营官预计也将出席。数据科学家希望完成一次好的展示，从而说服受众采取改善公司与居民互联网网络故障相关的客户服务水平。

新手演示者常犯的一个错误是，按照完成分析的时间顺序来介绍项目所做的所有分析。具体而言，对于夏威夷贝尔公司，这意味着首先详细解释所做的数据清洗工作，然后解释探索性数据分析流程，展示描述性统计变量，并最终展示关于这些数据的汇总结论。但是，这种方法往往不是最有效的叙事方法。

能更好地传达项目结论的故事通常遵循以下设计。在开端，演示者首先说明问题的基本情况以及问题的重要性。在开端阶段介绍一些基本事实和解释性数据是利用信誉证明与受众建立联系的方法，这可以帮助演示者建立可信度。所有的受众都是夏威夷贝尔公司的高管，因此他们对公司的基本运作情况已经有充分的了解，但他们可能对这个具体的问题不太熟悉。为了帮助受众与故事建立联系，演示者可以介绍一位主角。在这种情况下，主角可以是一位从夏威夷贝尔购买互联网服务的虚拟居民。演示者还可以创建一个角色并为其取名，如里安。在演示的开端，将里安描绘成一位母亲，她从夏威夷贝尔购买了互联网服务，用于发送电子邮件、浏览网络，以及帮助孩子完成在线作业。演示者进一步解释道，里安是去年在报告互联网故障的 7 000 多名居民客户中的一员。请注意，使用一个受众可以感同身受的具有代表性的主人公是使用情感证明的一个例子，它将加强与受众之间的情感联系。

在故事的上升阶段，演示者解释说，有一天里安下班回家，发现家中没有互联网服务。与夏威夷贝尔的大多数客户（数据分析显示为 68% 的客户）一样，里安拨打了夏威夷贝尔公布的“联系我们”电话。里安等待了 12.4 分钟才与人工客户服务（customer service representative，CSR）对话，这一等待时间是夏威夷贝尔居民客户过去一年中经历的平均等待时间。在与人工 CSR 开始对话后，里安花了 8.9 分钟（所有居民客户的平均时间）来解释她遇到的问题，但她只能提供关于问题的基本信息（接近 84% 的夏威夷贝尔的客户打电话报告互联网故障时都是如此）。里安并不知道，她所在的社区已经有另外 16 位夏威夷贝尔的客户拨打电话反映了他们家中的网络中断问题。演示者解释说，在夏威夷贝尔公司网络中断期间，通常都会有这么多客户打电话来反映问题。

之前的叙述为我们的故事设置了高潮，即主角里安和公司之间在试图诊断和解决里安家中的互联网故障时的冲突。演示者解释道，挂断电话后，里安家在接下来的 14 个小时中都没有互联网服务，14 个小时是过去一年中夏威夷贝尔的客户经历的互联网中断时间的 80%分位数。在这段时间中，里安无法访问电子邮件和网络，她的孩子们也无法访问在线作业平台，因此无法在当晚完成家庭作业。之后里安又打了两次电话来获取互联网中断情况的最新信息，这一次数实际上略低于过去一年夏威夷贝尔客户打电话询问互联网中断最新信息的次数（3.1 次）。14 个小时后，夏威夷贝尔恢复了里安社区的互联网服务，但里安实际上并不知道互联网服务已经恢复，直到她第二天下班回家才发现，此时距离她第一次给夏威夷贝尔公司打电话已经过去了 23 个小时。里安也未被告知网络中断的原因，根据收集的数据，这可能是由于天气有关的情况（64%的可能性）或者交通事故（17%的可能性）损坏了网络设备。

高潮阶段已经为冲突提供了一个直接的解决方案，但在随后的下降阶段，演示者提供了改善客户服务水平的建议。演示者解释说，如果夏威夷贝尔利用收到的信息，即里安附近的多个居民客户都没有互联网服务，那么就可以使用自动回复，提醒里安以及附近的其他客户“我们已经收到你所在地区的互联网故障报告，我们正在努力解决”。进一步地，该自动回复可以要求客户“如果你想反映互联网服务中断的家庭地址，请按 2”。这将大大减少客户的等待时间，因为他们不再需要等待与人工 CSR 沟通，而且他们会得到保证，即夏威夷贝尔已经了解了这个问题并在努力解决。演示者还建议公司一旦确定了故障的原因和恢复服务的预计时间，自动回复应该更新并包括这一最新信息。这便于里安做出相应的计划。最后，演示者建议，一旦互联网服务恢复，每个反映过问题的客户都应该收到电话和电子邮件通知，以提醒他们互联网服务已经恢复，并告知他们服务中断的原因。这将告知里安互联网服务恢复的具体时间，以便她需要登录互联网时可以及时登录，同时也告知了里安服务中断的原因，给予她让她满意的答复。

演讲的结局部分将概述这一建议的成本和收益，并指出之前的分析中依赖的重要假设或是一些已知的不足的地方。明确指出重要的假设和局限性是使用信誉证明来与受众建立联系的另一个例子。这给受众提供了所有必要的信息，以便他们对建议采取行动或提出更多问题。结局部分还可以为我们的主角里安设计一个使用新系统之后的虚构结局。演示者可以解释说，如果这些改进之前已经落实，里安就不必浪费时间打电话等待与夏威夷贝尔公司的 CSR 沟通。此外，里安在整个事件中会得到更多的信息，可能会改善里安对夏威夷贝尔公司提供的客户服务的看法。

这个故事说明了叙事的几个重要方面。第一，它遵循了弗赖塔格的金字塔叙事结构。第二，它使得受众不再只是关注一般情况，而是关注个体情况，从而使得受众与故事建立了联系。它创造了里安这一角色，使受众可以想象一个具体的客户所经历的困难，而不是仅仅呈现总结性的统计数据，例如客户报告故障的平均等待时间是 12.4 分钟，68%的遇到故障的客户拨打“联系我们”电话来报告互联网故障等。数据驱动的具体分析与叙事交织，提供了足够的细节，使得受众采取行动或询问更多问题。

请注意，在我们建议的这个过程中，我们没有明确提供关于数据清洗和探索性数据分析过程的所有细节。这对于由夏威夷贝尔公司高管组成的受众团体可能是合适的。然而，如果受众中有分析舒适度较高、对我们如何得出结论的细节感兴趣的分析师，那么包括这些细节可能就是必要的。了解你的受众的需求和他们的分析舒适度始终是非常重要的。

7.4.3 故事板

为了给你的展示创建最有效的故事，创建一个故事板往往有很大的作用。故事板（Storyboard）是对故事梗概的视觉呈现，能提供你计划为受众创建的叙事的结构。故事板通常用于制作电影的剧情。对于与数据有关的展示，故事板能帮助你组织思路，并轻松地安排故事结构来创建尽可能有效的故事。创建故事板有两种常见的方法：①使用便签的低技术含量方法；②使用微软 PowerPoint 等演示软件的高技术含量方法。我们将简要介绍这两种创建演示文稿的方法。

许多讲故事的专家强烈建议使用便签法这种技术含量低的方法。便签很容易操作，不需要电脑，并且不需要提前设计用于展示的最终幻灯片。要使用便签制作故事板，只需要一包便利贴、用于书写的笔和一块空白的区域。其目的是为你在演示中想向受众传达的主要内容提供一个可视化的大纲。因为便签很容易移动，因此你很容易重新安排、添加或删除故事板中的项目。

图 7-25 是使用便签为夏威夷贝尔计划的演讲创建的故事板的一部分。这个故事板可以被用来设计最终演讲的总体大纲。演示者可以通过重新排列便签、在上面添加文字、删除便签或者添加便签来更改大纲。重要的是，演示者在这个阶段不需要花时间在演讲的最终视觉效果上。我们设计这个故事板是为了制定故事的总体结构，而结构在这一过程中往往会有改变。

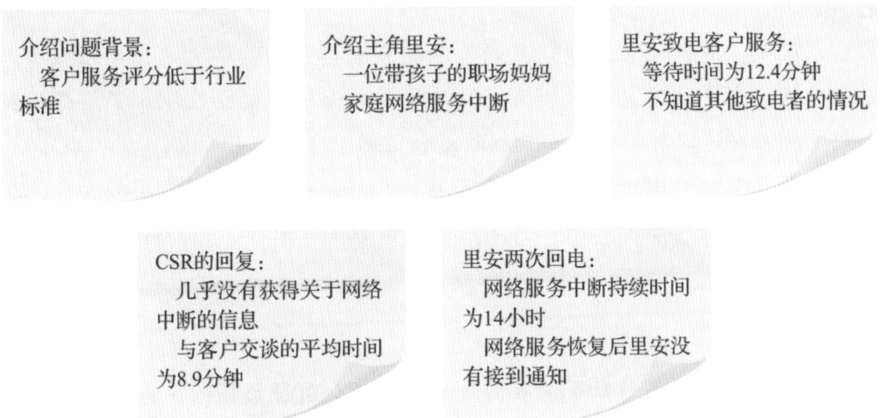

图 7-25　使用便签为夏威夷贝尔展示设计的部分故事板

微软 PowerPoint 等演示软件也可以用来制作故事板，但应该注意，在这个阶段不应该使用该软件来制作最终的幻灯片。我们建议，如果你在制作故事板时使用 PowerPoint，可以尝试使用 PowerPoint 中的幻灯片浏览视图功能。这个视图功能的制作体验类似于使用便签制作故事板。

图 7-26 展示了使用 PowerPoint 创建的夏威夷贝尔的演示文件的部分故事板。在创建

这个故事板时，每张幻灯片都是使用空白格式和标题及内容布局来创建的。要查看这些幻灯片，我们可以单击功能区中的“视图”选项卡，选择“演示文稿视图” Slide Sorter 中的“幻灯片浏览”。当我们使用这一视图功能时，与使用便签创建故事板类似，我们可以轻松地重新安排幻灯片、删除幻灯片，或者添加新的幻灯片。

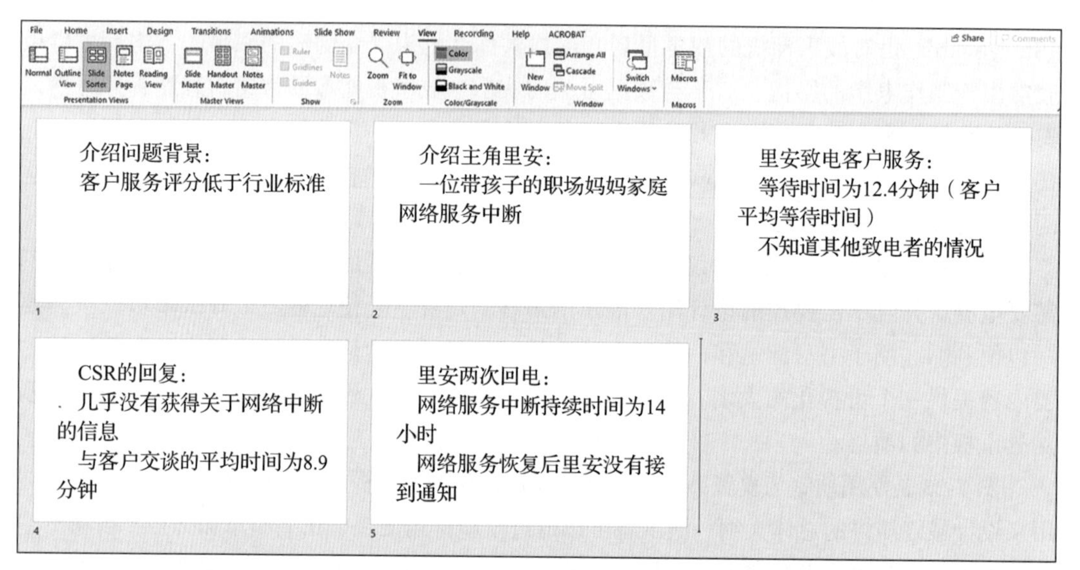

图 7-26 使用 PowerPoint 为夏威夷贝尔演示建立的部分故事板

注释和评论

1. 在某些情况下，直接从主要建议开始而不是完全按照弗赖塔格的金字塔叙事结构可能更加合适。当受众中包括时间有限的决策者，而他们需要在深入了解其他细节之前立即了解主要建议时，这种方式往往是合适的。
2. 我们可以在 PowerPoint 中添加故事板工具，为建立故事板提供有用的功能。但标准版 PowerPoint 并没有这一功能，你需要在计算机上安装 Visual Basic。

◎ 总结

在本章中，我们探讨了可以帮助我们更好地向受众解释数据的一系列方法，它们能帮助受众做出更明智的决策。我们的切入点是了解受众的需求和受众的分析舒适度，探讨了受众的特点如何影响选择最适合的数据可视化类型。然后，我们强调了数据共情在可视化和展示过程中的关键作用。我们提供了一些实用建议来帮助受众与数据产生共情，如专注于具体数据而非泛泛而谈，以及通过相对参考值来解释庞大的数值。此外，我们还介绍了如何巧妙地利用预注意属性，如颜色和尺寸，来突出数据中的重要信息，并演示了如何在数据可视化中合理运用这些属性来影响受众。最后，我们引入了一些新颖的数据可视化技术，例如点阵图和坡度图。

我们将上述内容与叙事联系在一起，扩展了对展示方式和影响力的讨论。作为一个好的叙事者，你将与受众建立紧密联系，并尽可能地影响受众使之做出更好的决策。为了说明叙事的重要性以及为演示提供建议，我们介绍了修辞学三角和弗赖塔格的金字塔叙事结构。我们还介绍了故事板在设计好的演讲中的关键作用，并演示了如何使用便签或者 PowerPoint 等演示软件来创建故事板。

非常重要的是，我们要认识到每个受众和每个数据集都是独一无二的。因此，每种数据可视化或展示都应有所不同，以最好地满足受众的需求和数据的特征。一般来说，好的数据可视化有许多共同的特征，本章内容试图明确这些共同的特征。不过，建立有效的数据可视化并进行展示的最好的方法是不断练习和重复。你越是对创建数据可视化和展示得心应手，你就越愿意进行多次尝试并找到应对不同情境的最好的解决方案。

◎ 术语解析

大关联数字（BAN）：与数据可视化相关的数字，具有非常大的字号，用来强调或吸引受众的注意力。

点阵图：一种简单的图表，使用点（或其他简单的图形）来表示一个或一组物品。其对于向受众提供大数值的额外背景信息很有帮助。

共情：理解和分享他人感受的能力。

信誉证明：在故事中向受众展现可信度的能力。

弗赖塔格的金字塔叙事结构：一个好故事的叙事结构一般由五部分构成：开端、上升、高潮、下降、结局。

逻辑证明：在故事中使用逻辑和推理与受众建立联系的能力。

情感证明：在故事中使用情感与受众建立联系的能力。

亚里士多德的修辞学三角：亚里士多德提出的理论，定义了故事应该与受众建立联系的三个方面：信誉证明、逻辑证明、情感证明。

坡度图：通过连接成对的数据点来显示多个样本的一个变量随时间变化的情况的图表。

故事板：对故事梗概的视觉呈现，展示了你计划为受众创建的叙事的结构。

叙事：就从数据中产生的故事而言，是指从数据构建对受众有意义、易于受众记忆、可能对受众产生影响的叙述的能力。

◎ 练习题

概念题

1. **了解受众的需求**。对于以下每类受众，指出受众更需要从数据可视化中获得对总体的理解还是对细节的理解。**学习目标 1**

（1）你正在向数据科学家团队和公司的首席分析官（CAO）介绍一项市场细分研究的结果。市场细分研究旨在确定公司的客户群体，以更好地将公司的市场定位到特定的客户细分市场。有几种不同的算法可以用来进行市场细分，数据可视化的目标是获取数据科学家团队对不同算法的评价，以帮助 CAO 决定应该使用哪种算法。

(2) 你正在向一家大型非营利公司的董事会介绍一项资金筹集分析研究的结果。筹款分析旨在提出一些新的方法以提升捐赠者对该组织进行财务捐赠的积极性。董事会对该非营利组织进行整体监督，但不参与公司的日常决策。董事会的成员都是有名的慈善家并且有充足的个人资源，但他们并不具备在分析方面的背景和专业知识。

(3) 你正在准备一项数据可视化工作，以配合一家从事政治民意调查和项目分析的初创公司的新闻稿发布。该项目使用的数据收集于即将到来的选举中可能参与的选民，目标是确定影响这些选民在选举中选择的最重要因素。新闻稿将被发送到各种可能的媒体渠道，包括当地的电视网络和杂志，发布的目标是为这家初创公司进行宣传，并让公众了解这家初创公司的业务类型。

2. **不同地点的降雨量**。以下两种数据可视化展示的都是当地一所大学的气象部门收集的数据的分析结果。收集的数据是过去两年中10个不同地点（标记为A～J）的每月降雨量。**学习目标1**

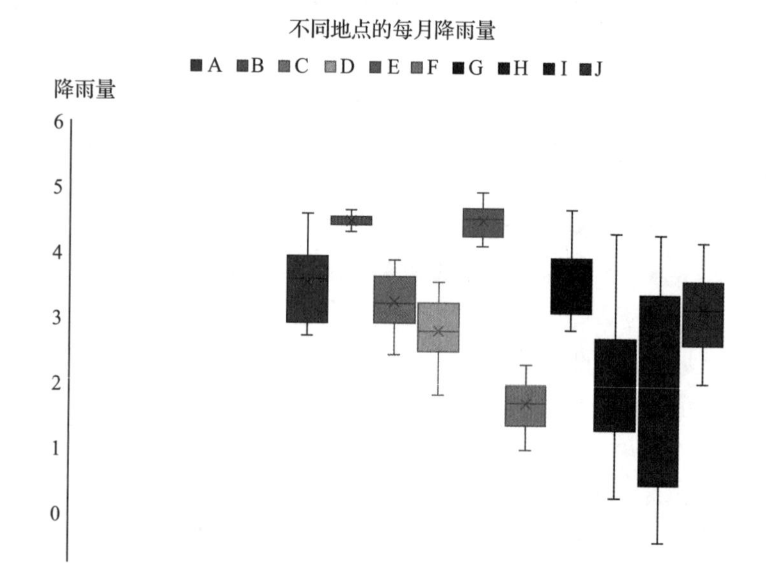

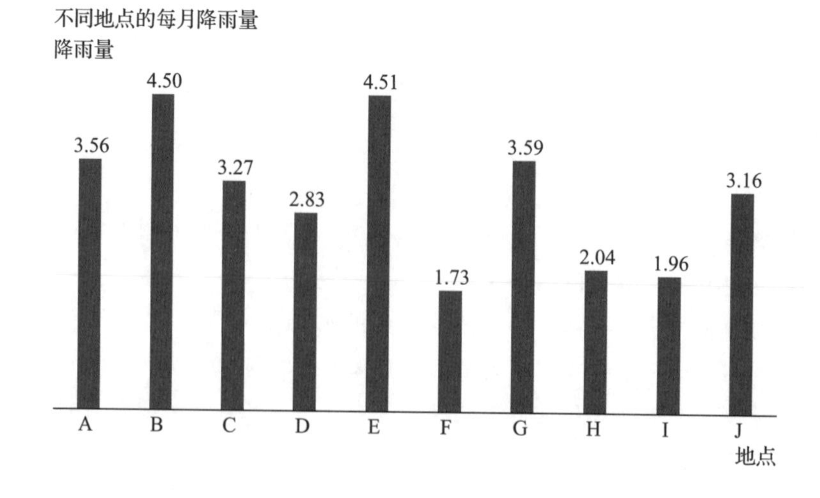

（1）对具有较高分析适应能力并希望了解 10 个地点每月降雨量变化的受众来说，箱线图或者柱形图哪一个更合适？为什么？

（2）哪个地点的每月降雨量变化幅度最大？

（3）哪个地点的每月降雨量变化幅度最小？

3. **支出报表**。下表是马里兰州贝塞斯达的一所社区大学中一个学术部门的月度支出报表。这种数据可视化更适合需要详细信息的受众还是需要总体信息的受众？**学习目标 1**

费用类别	**费用金额** / 美元
办公用品	32.92
媒体设备	78.90
计算费用	348.71
电脑配件	220.39
打印机耗材	21.55
视听规划	1 248.50
视频会议	29.98
会议 / 研讨会 / 活动	149.33
茶点和餐食	4 899.03
旅行	5 256.30
升级和发展	3 983.75
营销 / 推广	3 000.00
邮寄和运送	14.88
会员资格和会费	3 600.00
打印 / 复印 / 制图	846.47
停车费（非旅行）	861.50
信用卡费用	2 883.51
服务费	4 136.80
维修 / 保养	75.00
电费	489.00

4. **用于大数值的规模感知图表**。在数据可视化中，以下哪种图表最适合用来让受众对大数值产生一种规模感知？**学习目标 4**

1）簇状柱形图。

2）箱线图。

3）点阵图。

4）坡度图。

5. **显示多个实体随时间变化的图表**。以下哪种图表最适用于展示多个实体随时间的变化？**学习目标 3**

1）簇状柱形图。

2）箱线图。

3）点阵图。

4）坡度图。

6. **信誉证明、逻辑证明和情感证明的含义**。将下列术语和其正确的解释进行匹配。**学习目标 8**

术语	解释
信誉证明	利用逻辑与受众建立联系
逻辑证明	利用情感与受众建立联系
情感证明	通过建立可信度与受众建立联系

7. **信誉证明、逻辑证明和情感证明的例子**。对于下面的例子，请指出其使用的是信誉证明、逻辑证明还是情感证明。**学习目标 8**
   （1）提供用于创建数据可视化的原始数据的参考材料，以便受众了解这些数据的来源是可信的。
   （2）在数据可视化中加入受数据影响的特定类型人群的图片。
   （3）明确指出创建特定数据可视化时使用的限制性假设。
   （4）使用清晰的推理来联系数据可视化与决策者的行动建议。
   （5）为数据可视化中的大数值提供背景，以便受众有相对的参考值来理解这些数值。
8. **为演示提供叙事结构**。以下哪项提供了关于演示的故事结构的建议？**学习目标 9**
   1）弗赖塔格的金字塔叙事结构。
   2）修辞学三角。
   3）预注意属性。
   4）信誉证明、逻辑证明和情感证明。
9. **弗赖塔格的金字塔叙事结构的要素**。将以下弗赖塔格的金字塔叙事结构的要素与其相应的特征描述相匹配。**学习目标 9**

弗赖塔格的金字塔叙事结构的要素	描述
开端	突出故事中的主要冲突并介绍冲突的结果
上升	展示故事的结局
高潮	解释主角所面临的障碍
下降	连接冲突的结果和故事的结局
结局	介绍故事的背景信息和主角

10. **BAN 和预注意属性**。在数据可视化中，使用 BAN 利用了哪种预注意属性？**学习目标 4**
    1）尺寸。
    2）颜色。
    3）形状。
    4）动作。
11. **新英格兰地区各州的失业率**。下面的折线图显示了 2010 年至 2020 年间美国新英格兰地区各州经季节性调整后的失业率。图表的设计者希望受众能够轻松地比较马萨诸塞州和新英格兰地区其他州的失业率。**学习目标 7**

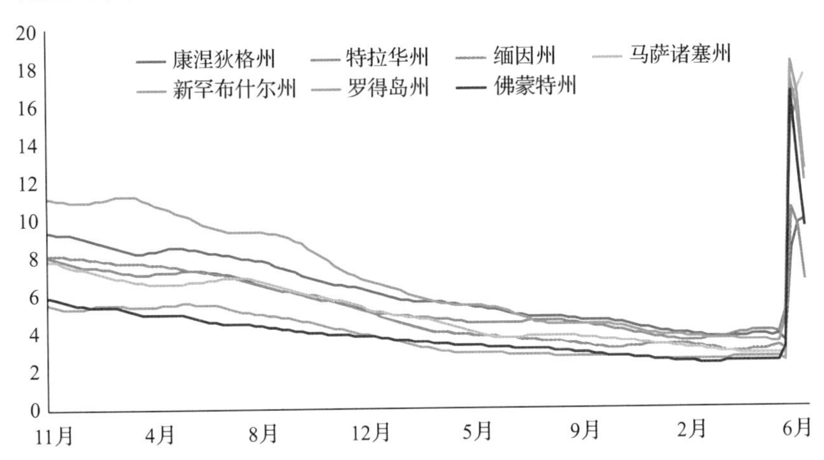

资料来源：https://www.bls.gov/charts/state-employment-and-unemployment/state-unemployment-rates-animated.htm。

数据可视化的设计者可以怎样使用颜色这一预注意属性来帮助受众进行比较？

12. **优质饮用水缺乏问题**。优质饮用水源指的是受到保护、不受外界污染的饮用水源。根据世界卫生组织的统计，全世界有 6.63 亿人无法获得优质的饮用水源，这使得他们处于感染和患病的高风险之中。下面的柱形图显示了世卫组织估计的各个地区缺乏优质饮用水源的人口数量。**学习目标 2**

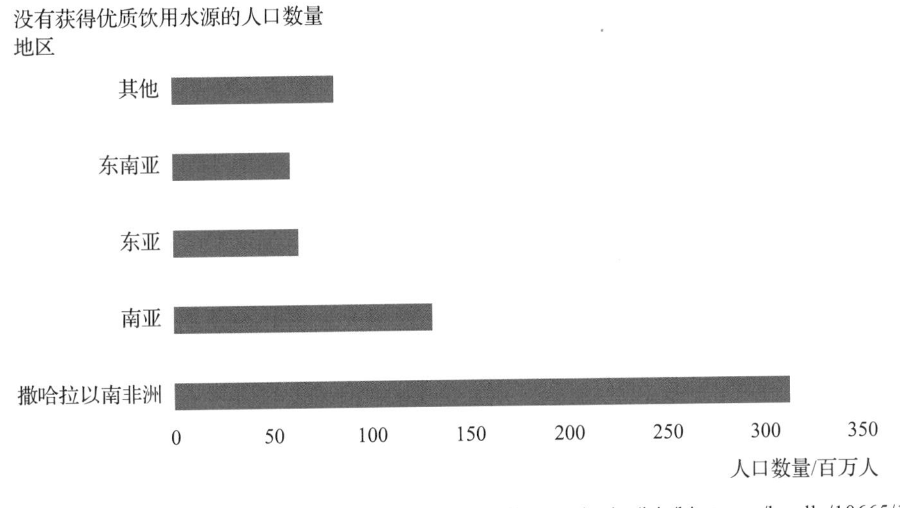

资料来源：Data from World Health Organization: https://apps.who.int/iris/bitstream/handle/10665/177752/9789241509145_eng.pdf; jsessionid=D7AEF25BD6C2002814352BD93FCD5607?sequence=1。

以下哪项建议能够帮助受众更好地对数据产生共情？（选择所有适用选项）

1）添加一张无法获得优质饮用水源的人的插图。

2）为每个柱形设置不同的颜色来提醒受众。

3）使用点阵图替代柱形图，让受众更好地理解这些数据的大小。

4）使用饼图替代柱形图，因为饼图使用了形状的预注意属性，能让受众更好地产生共情。

5）使用三维（3D）柱形图，因为三维柱形图的高度维度会更容易让受众产生共情。

13. **萌芽学院的数学强化课程**。萌芽学院帮助二年级到五年级的学生准备数学标准化考试。萌芽学院根据每个学生在数学强化课程开始时进行的预测试以及项目结束时再次进行的测试对每个学生进行评估。测试结果以百分位数形式与参加类似测试的其他学生进行比较。下面的簇状柱形图来自文件 *SproutsLearningChart*，显示了每个年级学生在课程前和课程后的测试结果。图表的设计者希望向受众说明数学强化课程在提高各年级学生的标准化测试成绩方面的效果。**学习目标 6**

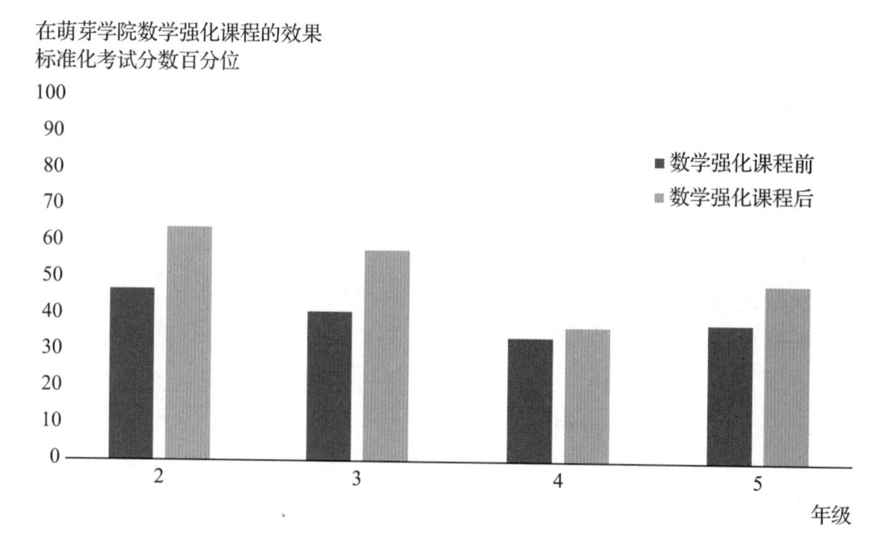

哪种类型的图表可以更好地说明数学强化课程在提高标准化考试成绩中的表现？

1）饼图。

2）坡度图。

3）点阵图。

4）箱线图。

14. **故事板工具**。以下哪些是推荐用来创建帮助规划演示结构的故事板的工具？（选择所有适用选项）**学习目标 10**

1）微软 Excel

2）计算器。

3）便签。

4）微软 PowerPoint。

15. **低技术含量与高技术含量的故事板**。以下哪项是使用低技术含量方法与高技术含量方法相比，在创建用于演示的故事板方面的主要优势？**学习目标 10**

1）低技术含量方法消除了在制作故事板过程中分散注意力于创建最终幻灯片设计的诱惑，使你可以专注于创建故事的结构。

2）低技术含量方法比高技术含量方法更快速实施。

3）使用低技术含量方法制作的故事板更容易转化为演示的最终幻灯片。

4）低技术含量方法使得制作用于最终演示的复杂数据可视化更加容易。

16. **故事板的目标。**以下哪项最能描述建立故事板的目标？**学习目标 10**

1）确定在数据可视化中如何使用设计元素如预注意属性来进行最好的叙事。

2）创建演示结构的视觉大纲。

3）专注于最终数据可视化的格式和设计来创建更好的演示文稿。

4）提供一个机会来检查用于创建数据可视化的数据，以便为受众建立最好的图表。

应用题

17. **新英格兰地区各州的失业率（回顾）。**在这个问题中，我们回顾练习题 11 中展示新英格兰地区各州经季节性调整后的失业率的图表，图表来自文件 *NewEngUnemployChart*。使用颜色的预注意属性来修改这个图表，使得受众能够轻松比较这段时间内马萨诸塞州和新英格兰地区其他州的失业率。**学习目标 7**

18. **优质饮用水缺乏问题（回顾）。**在这个问题中，我们回顾练习题 12 中的图表。该图表来自文件 *DrinkingWaterChart*，显示了各地区无法获得优质饮用水源的人数。**学习目标 4、7**

（1）全世界大约有 6.63 亿人无法获得优质的饮用水源。在 *DrinkingWaterChart* 文件中的柱形图上添加一个 BAN，来强调世界上无法获得优质饮用水源的总人数。

（2）创建一个点阵图来表示 *DrinkingWaterChart* 文件中的数据，帮助受众对数据产生共情。在点阵图中使用实心圆●来表示 100 万人口。（提示：为了表示 6.63 亿人无法获得优质的饮用水源，你需要创建一个包含 663 个●的矩阵。你可以创建一个 25×26 的矩阵并添加包含 13 个●的额外的一行。）

（3）对●使用不同的颜色来区分世界上的不同地区。在修改后的点阵图中添加图例。

（4）美国的人口数约为 3.3 亿人。为了帮助受众更好地了解全世界缺乏优质饮用水源的人数，在 Excel 中使用填充颜色功能，对包含美国人口数量的●所在的单元格进行着色，并在图表中添加说明性的标注。

19. **萌芽学院的数学强化课程（回顾）。**在这个问题中，我们回顾练习题 13 中的图表，即学生在接受萌芽学院数学强化课程前后的标准化考试成绩。**学习目标 6、7**

（1）为 *SproutsLearningChart* 文件中的数据创建一个坡度图，比较二年级到五年级学生的数学强化课程前后的标准化考试成绩。

（2）所有年级学生的考试分数在数学强化课程后都有所提高。然而，与二年级、三年级、五年级相比，四年级学生的测试成绩变化较小。使用颜色预注意属性来强调四年级学生成绩变化与二年级、三年级、五年级的差异。

20. **帝国州立大学工程学院毕业生的薪酬。**帝国州立大学（ESU）收集了其工程学院毕业生的薪酬数据。ESU 收集了毕业生的起始薪酬和毕业五年后的薪酬数据。下表显示了不同专业的起薪中位数和毕业五年后的薪酬中位数，图表来自文件 *EngineeringSalaries*。创建一个坡度图来展示这些数据。**学习目标 6**

专业	薪酬	
	起薪 / 美元	毕业五年后薪酬 / 美元
化学	72 500	91 400
土木工程	61 000	70 300
计算机	68 400	83 600
电气	64 800	87 400
工业	57 400	74 000
机械	62 900	77 100

21. **测量病毒 RNA 载量。**病毒 RNA 载量是指一定体积体液中的病毒量。当人们因为病毒感染生病时，病毒在体内迅速复制，病毒数量可根据病毒 RNA 载量来测量。考虑正在进行临床试验的四种疫苗 A、B、C 和 D。每种疫苗都给一组人接种，并测量每个患者的病毒 RNA 载量。该研究包括一组对照组，其中的患者只接受安慰剂疫苗接种。进行疫苗试验的流行病学家希望使用箱线图来向熟悉如何解读箱线图的临床医生呈现研究结果。流行病学家希望强调疫苗 C 组与对照组结果的差别。修改 *UiralLoadChart* 文件中的箱线图，使用颜色预注意属性来强调疫苗 C 和对照组的结果，使受众更容易比较这两组数据。**学习目标 7**
22. **为一个故事定义弗赖塔格金字塔叙事结构。**考虑你最喜欢的一本书、一部电影或一部戏剧。将这本书、这部电影、这部戏剧中的故事按照弗赖塔格的金字塔叙事结构中的要素进行划分，包括开端、上升、高潮、下降和结局。对于每一个要素，简要描述该要素中包含故事的哪些部分，并说明它是如何与对应的要素相匹配的。**学习目标 9**
23. **减少综合医院等待时间的故事板。**综合医院的绩效改进和分析部门进行了一个为期四个月的项目，以想办法减少到达儿科保健部的患者的等待时间。该保健部提供预定临床服务，例如检查和健康访问。该项目始于为期六周的密集的数据收集工作，收集了患者的等待时间以及患者对于就诊及后续就诊的满意度。接下来的四周用于清理数据，并将数据与医院 IT 系统中现有的患者和医疗服务提供者的数据进行匹配。剩余时间用于分析数据、与临床医生讨论结果并形成最终的建议。

    该小组已经准备好向医院的高级领导层提交其研究结果和建议，领导层包括医院的首席运营官，他拥有最终决策权来决定采纳哪些建议。绩效改进和分析部门所得出的结论包括以下内容：

    - 当天被安排在第一个或第二个预约时间段的患者的平均等待时间为 5.8 分钟。当天被安排在倒数第二个或最后一个预约时间段的患者的平均等待时间为 42.3 分钟。
    - 接受预约提醒电话的患者未按约定时间就诊的比例（即没有按预约时间就诊）为 8.5%，而未接受预约提醒电话的患者未按约时间就诊的比例为 19.3%。
    - 下午的患者未按约定时间就诊的比例略高于上午，周五的患者未按约定时间就诊的比例高于其他工作日。
    - 收到短信提醒的患者中有 74% 对提醒进行了回复，收到电话提醒的患者中只有 51% 对提醒进行了回复。

- 当患者没有按照预定的就诊时间出现时，没有预约的患者通常会被优先安排来填补空缺。然而，这些患者需要的平均预约时间是预约病人的 1.7 倍，因为他们必须完成如填写病历表等额外任务。
- 患者所经历的等待时间在不同临床医生中存在很大的差异。马丁内斯医生的患者的平均等待时间最长，是平均等待时间最短的阿胡贾医生的 1.5 倍。
- 患者的等待时间与他们的满意度评分高度相关。等待时间较长的患者的满意度评分会大大降低。
- 上午就诊的患者比下午就诊的患者更可能被安排复诊，其比例高出 17%。

基于这些发现，研究小组提出了以下建议：

- 除了收到电话通知外，所有患者在即将到来的预约之前还应该收到预约提醒短信。
- 应该成立一个新的小组，研究并建立儿科患者检查和健康访问的标准，从而：①减少患者等待不同的医生时经历的等待时间的差别；②探索上午的患者比下午的患者更经常被安排复诊的原因。
- 为下午就诊的患者留出比上午更多的时间，以防止下午到达的患者需要长时间等待。

创建一个故事板，概括向包括首席运营官在内的医院高级管理人员等受众演示的结构。确保故事板清晰地定义了故事中的主角，并提供了足够的细节，使其可以用于创建最终的演示文档。**学习目标 10、11**

CHAPTER 8

第8章

数据仪表盘

■ 学习目标

学习目标1 说明什么是数据仪表盘。

学习目标2 描述和解释有效数据仪表盘的原理。

学习目标3 列举数据仪表盘的常见应用领域。

学习目标4 描述和解释各种数据仪表盘分类。

学习目标5 描述和说明数据仪表盘设计与开发的原则。

学习目标6 使用Excel工具构建数据仪表盘。

学习目标7 列举数据仪表盘设计和开发中常见的错误。

■ 数据可视化改造案例

华盛顿州交通改善委员会

华盛顿州交通改善委员会（TIB）是一个独立的美国州级机构，负责管理整个华盛顿州的街道建设和分配维护补助金。TIB面临的一项任务是准确选择、资助和管理最符合委员会设定标准的交通项目。

为此，TIB创建了交通改善委员会绩效管理的数据仪表盘，为公众提供关于其各个项目状况的最新信息。该数据仪表盘的一览页面部分如图8-1所示。

该数据仪表盘在其左侧的窗格中显示了财务状况、项目状态和关键绩效指标（KPI）状态的详细情况。在数据仪表盘右侧的窗格中提供了展示本州各个县的地图。在地图的正上方，有几个页签对应着与TIB运营相关的各种因素（存货、基金余额、燃油税收、应付账款和承诺）。注意，目前显示的是“库存”页签的界面。在本案例中，我们将重点讨论该界面的数据可视化，如图8-1所示。

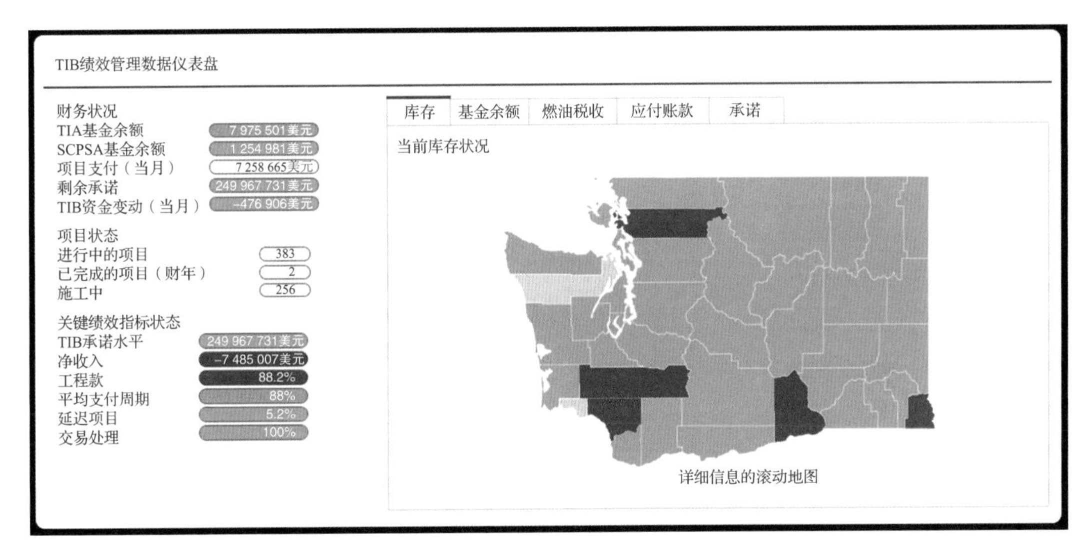

图 8-1　交通改善委员会绩效管理数据仪表盘

这个数据仪表盘有许多优点。例如，数据仪表盘的一览页面上提供的信息易于阅读；它有效地利用了空间，没有拥挤感；它还使用标签在单独的区域显示与 TIB 运营相关的不同指标。但是，该数据仪表盘仍存在改进的空间。

我们来考虑一下左侧窗格中的信息。这些信息可能是有用的，但缺乏必要的语境来理解和解释它们。这些信息采用的取值是否都是年度数据？如果是，那么基准是日历年度还是财政年度？如果基准是财政年度，那么财政年度是如何界定的？用于展示数字的圆角长方形用红色、绿色、金色或白色填充，那么这些颜色代表什么呢？此外，尽管数据仪表盘包含实际数字，但使用红色和绿色作为主要颜色会使有视力障碍的读者很难直观处理这部分图表。

现在考虑数据仪表盘右侧窗格中的地图。每个县都是红色、绿色或灰色的。同样，数据仪表盘没有提供关于这些颜色含义的直接指示，使用红色和绿色作为主要颜色，使视力障碍者难以直观地处理这部分图表。此外，其中两种颜色（红色和绿色）与数据可视化右侧窗格中使用的两种颜色相同。这是传递了特定的信息，还是只是一种随意的选择？

从优点方面来说，例如，我们可以将鼠标滚动到地图上的县上方，打开一个弹出窗口，其中包含该县的名称和 TIB 在该县活动的更多详细信息。然而，这是我们能够在这张地图上找到各个县名的唯一途径。

我们可以通过对数据可视化展示稍做修改来解决这些问题。通过在左侧窗格中添加标题，为该窗格中提供的信息加上注释。通过在两个窗格中使用不同的配色方案，并添加图例来说明这些颜色的用途，这种做法可以消除原数据仪表盘中存在的混淆风险。通过避免在任一窗格中同时使用红色和绿色，来使数据仪表盘更容易让视力障碍者理解。通过在右侧窗格的地图上添加县名，使用户更容易识别和查找特定县的信息。如图 8-2 所示，这些修改对这个数据仪表盘进行了实质性改进。

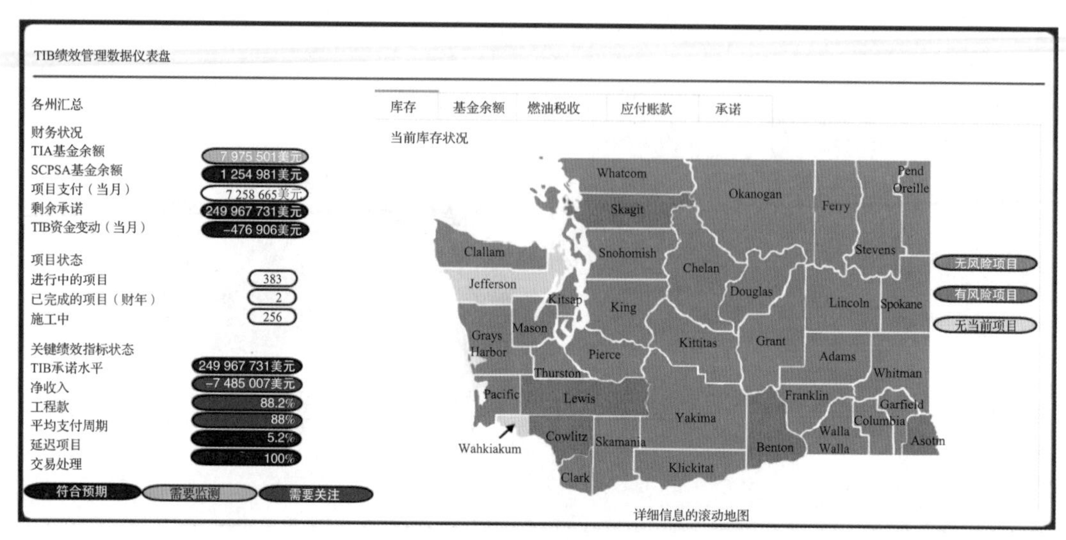

图 8-2　改进后的交通改善委员会绩效管理数据仪表盘

在本章中，我们将讨论可以帮助创建有效的数据仪表盘所需的特定因素。我们首先讨论什么是数据仪表盘以及其用途，然后讨论各种类型的数据仪表盘、良好的数据仪表盘设计原则以及有效数据仪表盘的特点。我们展示了如何使用 Excel 构建数据仪表盘。最后，我们考虑了数据仪表盘设计中常见的错误和避免这些错误的策略。

8.1　什么是数据仪表盘

在汽车仪表盘中显示车速、油位、油压等数值，以便驾驶员快速了解当前车辆的运行特性。驾驶员可以利用仪表盘上提供的信息对车辆进行高效的操作。发动机冷却液温度计、燃油表、转弯信号指示器、换挡位置指示器、安全带警示灯、驻车制动警示灯、应急信号、转速表提供了这些信息。仪表盘上的其他信息，如里程计和换油指示灯所显示的问题，属于长期维护问题。还有一些信息，如检查引擎灯光，有助于识别需要立即解决的问题，因为它们可能造成严重甚至无法弥补的损害。

企业管理者等决策者对信息有着相似的需求，这些信息将使他们能够高效地运营和维护他们的组织。这些信息可能包括组织的财务状况、库存、原材料待定订单、项目进度、账户状况、客户待定订单以及客户服务指标。这些指标被称为**关键绩效指标**（Key performance indicator，KPI），有时也被称为**关键绩效标准**（Key performance metric，KPM）。在医疗环境中，KPI 可以指患者的生命体征，如心率、呼吸频率和血压。对于政治竞选的参与者来说，KPI 则可以包括筹款价值、最近的投票结果和竞选支出。

许多决策者依靠数据仪表盘为他们提供关于组织 KPI 的实时信息。**数据仪表盘**（Data dashboard）简称仪表盘，是一种数据可视化工具，可提供多种输出并可以实时更新。仪表盘提供的输出是组织的一组 KPI，这些 KPI 与组织的目标一致，可用于持续监控当前和潜在的未来绩效。通过在为特定目的的设计的数据可视化中整合和呈现来自多个来源的数据，数据仪表盘可以帮助组织更好地理解数据和使用数据来改进决策。

8.1.1　有效的数据仪表盘的原理

在理想情况下，数据仪表盘应该在一个用户可以方便地查看的单一屏幕上呈现与组织运营的某一方面相关的所有 KPI，以帮助用户快速准确地了解组织当前的运营状态。与其要求用户进行垂直和水平滚动操作来查看整个仪表盘，不如创建多个相关 KPI 仪表盘，这样每个仪表盘都可以在单独的屏幕上查看。

数据仪表盘中显示的关键绩效指标应快速、清晰地向用户传达意义，并与用户的决策相关。例如，营销经理的数据仪表盘可能包含与当前销售措施和区域相关的 KPI。大学基金会办公人员的数据仪表盘可以显示潜在捐赠者及其捐赠历史的信息。首席财务官的数据仪表盘可以提供公司当前财务状况的信息。警察局局长的数据仪表盘可以提供不同社区当前犯罪率的信息。

8.1.2　数据仪表盘的应用

数据仪表盘被用于许多不同的应用中。在本节中，我们描述了仪表盘在组织中的几种常见用途。

投资仪表盘——这些仪表盘用于监控一个组织或个人的投资组合的整体表现以及个人投资和投资类型。投资仪表盘用于支持关于如何最佳分配投资资金的决策，在将风险保持在或低于一定水平的情况下最大化回报率，或在使回报率保持在或高于一定水平的情况下最小化风险。这些仪表盘提供的信息可能包括但不限于以下指标：

- 投资组合及其各个组成部分相对于整个市场的当前价格、近期回报率和相对风险
- 投资的当前价格、近期回报率和相对风险
- 投资组合中用于各种行业或类型投资的份额
- 投资者已经投资或正在考虑投资的公司的关键财务数据

制造仪表盘——这些仪表盘用于对生产过程进行全面监控，并按设备、产品、个人、机器、班次或部门进行监控。制造仪表盘用于支持关于如何分配资源以高效和有效地生产组织的产品和 / 或服务的决策。这些仪表盘提供的信息可能包括但不限于以下指标：

- 生产产品的数量
- 生产产品的质量
- 生产产品的速率
- 问题发生的频率（如机器停机、退货、达不到生产目标等问题）

营销仪表盘——这些仪表盘用于监控整体和按产品或服务、个人、活动、部门或客户的销售和促销努力。营销仪表盘用于支持如何有效地配置资源来设计、定价、促销和分配组织的产品和 / 或服务的决策。例如，这些仪表盘提供的信息可能包括但不限于以下指标：

- 销售数量
- 交付数量
- 成功率 / 成功销售电话的比例
- 销售收入
- 产品和服务的售价
- 广告和促销支出
- 广告和促销的曝光与响应效果
- 与潜在客户的联系
- 消费者满意度

在营销仪表盘的范畴内，更具体的仪表盘是关于客户服务、网页利用率和社交媒体有效性等领域的仪表盘。

人力资源仪表盘——这些仪表盘能够监控一个组织的员工按个人、部门、部门或轮班的表现。人力资源仪表盘用于支持关于如何分配资源的决策，以确保组织以高效和有效的方式利用其员工队伍。这些仪表盘提供的信息可能包括但不限于以下指标：

- 员工人数
- 工作年限
- 员工流失率（员工流动率）
- 离职原因
- 员工绩效
- 员工满意度
- 旷工情况
- 参加培训情况
- 整体劳动效率

技术支持仪表盘——这些仪表盘用于监测个人、计算机系统、部门或地点对组织支持其技术用户的绩效。技术支持仪表盘提供信息，以助力关于如何分配资源以确保组织以高效的方式利用其劳动力的持续决策。这些仪表盘提供的信息可能包括但不限于以下指标：

- 技术问题类型
- 响应时间
- 解决时间
- 突出问题
- 持续性问题
- 停机时间
- 计划维护
- 软硬件使用

个人健身 / 健康仪表盘——这些仪表盘用于监测个人身体健康的各个方面。个人健身或健康仪表盘用于支持关于如何为个体实现最佳健康的决策。个人健身 / 健康仪表盘中往往充斥着由智能手表、健身监视器和手机等设备采集的数据。这些仪表盘提供的信息可能包括但不限于以下指标：

- 脉搏
- 血压
- 体温
- 体重和体重指数（BMI）
- 运动量
- 步数和路程
- 热量消耗
- 饮食特点（热量、脂肪摄入量、碳水化合物摄入量、蛋白质摄入量）
- 血糖水平

捐赠者仪表盘——这些仪表盘用于通过捐赠者 / 贡献者、潜在捐赠者 / 贡献者或项目 / 活动来监测非营利组织的捐赠者 / 贡献者的活动和潜力。捐赠者仪表盘用于支持关于如何使用组织的资源来最大化短期和长期捐赠者活动的决策。这些仪表盘提供的信息可能包括但不限于以下指标：

- 捐款 / 捐款的数量和价值
- 与新的潜在捐赠者 / 捐赠者和过去的捐赠者 / 捐赠者联系
- 支出
- 转化率
- 现金流
- 活动现状

犯罪仪表盘——这些仪表盘用于监控多个城市不同类型犯罪的发生。犯罪仪表盘可用于告知公众当前和历史的犯罪率，并可被警察和其他政府管理人员用于决策如何最好地部署和利用资源以保障公共安全。这些仪表盘提供的信息可能包括但不限于以下指标：

- 警方接到举报的数量
- 财产犯罪案件的数量及金额
- 逮捕犯罪分子的数量
- 犯罪类型

学校绩效仪表盘——这些仪表盘用于监控学校的绩效。学校绩效仪表盘可以被家长用来判断学校的相对表现，也可以被学校管理者用来辅助与人员配置和资源分配相关的决策。这些仪表盘提供的信息可能包括但不限于以下指标：

- 招生人数
- 学生的人口统计信息
- 聘用教师和其他工作人员的人数
- 学生的考试成绩
- 开设课程的数量和种类

数据仪表盘已经被开发并成功部署到其他各种应用中。任何需要快速理解一组相关的快速变化的 KPI 的组织都可以从精心设计的数据仪表盘中受益。

8.2 数据仪表盘分类

仪表盘一般根据其提供的信息是否更新、用户能否与显示器进行交互以及主要支持哪些组织功能进行分类。在本节中，我们描述了这些数据仪表盘的分类。

8.2.1 数据更新

数据仪表盘可以根据其提供的信息更新频率分为两类。**静态仪表盘**（Static dashboard）提供了关于组织 KPI 的信息，这些信息可能随着新数据和信息的收集而定期手动更新。这类仪表盘相对便宜且易于开发，一般更新不频繁，在组织的 KPI 变化缓慢时有用。

动态仪表盘（Dynamic dashboard）提供关于组织 KPI 的信息，定期接收和合并新的与修订的数据，并将这些数据合并到仪表盘中。这类仪表盘需要花费更多的时间和精力来开发，通常更新频繁（可能是连续的），并且在组织的 KPI 快速变化时有用。

8.2.2 用户交互

数据仪表盘可以根据用户是否可以自定义显示分为两类。**非交互式仪表盘**（Noninteractive dashboard）不允许用户进行自定义数据仪表盘显示。当仪表盘所基于的数据不频繁变化时，这类仪表盘是有用的。

相反，**交互式仪表盘**（Interactive dashboard）允许用户进行自定义数据仪表盘显示，有效地允许用户过滤仪表盘上显示给用户的数据。虽然交互式仪表盘可以是静态的也可以是动态的，但它们一般都是动态的。交互式仪表盘允许用户以多种方式进行交互，包括：

- 深层探究（Drilling down）——向用户提供关于特定元素、变量或 KPI 的更具体和详细的信息。当用户单击特定的元素、变量或 KPI 时，深层探究可以为用户带入一个新的显示，并提供额外的详细信息。当用户在特定的元素、变量或 KPI 上滚动光标时，它还可以提供带有额外的详细信息的弹出显示。
- 分层过滤（Hierarchical filtering）——通过嵌套的方式系统地选择几个类别的值或变量的值，为用户提供将显示的数据限制到特定细分用户的能力，例如，通过首先选择性别，然后选择年龄组，最后选择购买的产品等来过滤显示的数据。

- **时间间隔小部件**（Time interval widget）——允许用户指定在仪表盘上显示的时间段的功能。
- **定制工具**（Customization tools）——允许用户根据特定需求使用的功能：
  选择 / 取消选择要显示在仪表盘上的类别；
  合并要显示在仪表盘上的类别；
  选择 / 取消选择要显示在仪表盘上的变量；
  向仪表盘添加自定义文本和标签；
  为仪表盘上的变量添加或隐藏各种汇总统计信息；
  将特定元素、变量或 KPI 与相关内容（甚至是外部网站或资源）建立超链接。

交互式仪表盘可以为用户提供很大的自由度，来探索仪表盘提供的数据，找到特定的相关信息，并独立地了解和发现他正在试图解决的问题的潜在解决方案。

8.2.3　组织职能

数据仪表盘可以根据其用途和最终使用者分为四类。

操作仪表盘（Operational dashboard）通常被下层管理人员用来监控快速变化的关键业务条件。由于这些数据通常快速积累，并且对于组织的日常运营至关重要，因此这些仪表盘一般在全天候实时或多次更新。

战术仪表盘（Tactical dashboard）通常被中层管理者用来识别和评估组织的优势与劣势，以支持组织战略的制定。由于战术仪表盘通常支持组织战略的制定，因此这些仪表盘的更新频率通常低于操作仪表盘。

战略仪表盘（Strategic dashboard）通常被高管们用来监控与关键绩效指标相关的总体组织目标的状况。支持战略仪表盘更新的数据是经常性的，但间隔不如战术仪表盘和操作仪表盘频繁。

分析仪表盘（Analytical dashboard）是分析师通常使用来识别和调查趋势，预测结果，并在大量数据中发现信息的仪表盘。

一些企业同时使用了这四个类别中的多个仪表盘，并且取得了巨大的成功。许多组织开发和使用了不属于这四个类别中的其他类型的仪表盘。在设计数据仪表盘时，重要的是考虑这些各种类型的数据仪表盘如何支持你正在设计仪表盘的组织的目标，并满足仪表盘最终用户的需求。我们将在下一部分进一步探讨这一问题。

8.3　数据仪表盘设计

尽管在数据仪表盘的设计中存在着大量的变化，但成功的仪表盘设计有几个共同的考虑因素。在这一部分，我们将对这些考虑因素做一下概述。

8.3.1　理解数据仪表盘的用途

在这个阶段，组织评估所提出的数据仪表盘应该为用户做什么，以及数据仪表盘是不是合适的工具。开发数据仪表盘的主要原因是为了支持组织的运营、决策和战略规划，因此设计数据仪表盘的首要考虑因素是其最终目的：组织一旦运营，需要通过使用仪表盘来完成什么？例如，一个组织的数据仪表盘的目标可能包括：

- 跟踪 KPI
- 监控过程
- 评估目标和目的的实现情况
- 发展 / 增强洞察力
- 共享信息
- 衡量绩效
- 预测
- 数据探索

如果没有考虑组织创建仪表盘的动机，仪表盘设计团队将无所适从，这会有损仪表盘的开发，并可能导致开发的仪表盘不符合组织的需求。

8.3.2 考虑数据仪表盘用户的需求

一个数据仪表盘应该被设计来帮助特定的用户或用户组完成与组织的管理相关的特定任务。因此，仪表盘设计团队既要了解仪表盘最终用户的需求，又要认识到如何满足这些需求将最终支持组织的仪表盘目标。结合有效的数据可视化原则，这些知识将帮助仪表盘开发人员确定仪表盘应该传达的信息，以及将这些信息以最有效的方式呈现给目标受众。

8.3.3 数据仪表盘工程

一旦仪表盘设计团队了解了组织对于仪表盘的目标以及仪表盘终端用户的相关需求，就应该将注意力转向这些需要显示在仪表盘中的信息。所有显示的信息必须满足最终用户的需求，仪表盘设计团队应该与最终用户一起工作，以确保满足其需求。

待显示的信息被识别出来并合理组织后，仪表盘设计团队应确定信息以何种方式显示。这包括选择适当类型的图表、有效使用预注意属性和格式塔原则、使用适当的颜色以及有效的布局，使最终用户能够轻松地从仪表盘的各种图表中找到他们需要的相关信息。

同样重要的是，仪表盘应该易于阅读和解释，显示内容不要太稀疏、太拥挤或过于复杂。避免过度拥挤和不必要的复杂性的策略包括：

- 避免包含对最终用户毫无用处的信息
- 将信息组织成能满足最终用户不同需求的子集，并跨多个页面显示这些子集中的信息
- 使用交互式仪表盘的功能或工具（深层探究、分层过滤、时间间隔小部件、定制工具）

此外，在这个阶段，仪表盘设计团队应该考虑数据仪表盘将要使用的环境。数据仪表

盘的用户最常通过台式计算机访问。然而，一些数据仪表盘在工厂车间、零售展厅、汽车上或户外展示，或者要求用户通过平板电脑或智能手机等其他设备进行访问。在设计数据仪表盘时，需要考虑诸如用于访问仪表盘的设备、环境照明、显示器的尺寸和分辨率、用户与显示器的可能距离以及是否使用触摸屏等因素。

仪表盘设计团队应考虑最有效的方式为数据仪表盘中呈现的信息可以提供情境。这可以通过多种方式来完成，包括：

- 展示 KPI 如何随时间变化。
- 将 KPI 的价值与组织目标进行比较。
- 将 KPI 的价值进行比较：
  在组织内部跨部门、跨部门或跨地域；
  在外部跨客户或细分市场；
  在外部跨竞争对手或同行业组织。

通过提供合适的情境，仪表盘赋予数据以意义，增强了仪表盘用户对数据的解读能力。在整个步骤中，尤为重要的是仪表盘设计团队与仪表盘的最终用户协作，以确保仪表盘满足他们的需求并且不包含临时信息。

仪表盘设计团队必须了解数据仪表盘的使用方法，以便用户分析的方式组织仪表盘上的图表。在设计数据仪表盘的各个组成部分时，设计团队应注意数据 - 墨水比，减少目光移动。仪表盘设计团队还必须了解如何维护数据仪表盘以及如何评估数据仪表盘的有效性。即使是一个设计良好的数据仪表盘，如果更新和维护困难，也会很快失去其对用户的价值，因此设计团队应该考虑负责其维护和更新的个人或团队的能力。

尽管当前的数据来源及其格式是仪表盘设计中的关键考虑因素，仪表盘设计团队也应该反思仪表盘的未来，并与管理层讨论这个问题。组织的目标能否在未来发生转移？如果能，数据仪表盘将如何反映这些变化？未来哪些新的 KPI 可能成为组织的重要指标？未来要纳入仪表盘的新数据的来源或格式可能是什么？

最后，几乎所有复杂的项目都会出现错误、沟通不畅或是误解。这些问题可能导致创建一个错误的最终产品，从而导致决策失当、错失机会，需要花费时间和成本修改，损害了仪表盘设计团队的数据可信度。更重要的是，仪表盘设计团队还需要在每个步骤对其工作进行广泛的测试，以确保仪表盘功能符合团队的意图。在关键时刻，仪表盘设计团队必须与发起数据仪表盘开发的管理团队一起审查其进度，以确保正在生产的仪表盘符合管理团队的目标。最后，数据仪表盘设计团队必须为最终用户提供广泛测试仪表盘的机会，以确保仪表盘对用户友好，以用户期望的方式发挥作用，并产生用户需要的输出。

8.4　使用 Excel 工具构建数据仪表盘

我们已经回顾了几种用于构建数据仪表盘的工具。在第 6 章中，我们讨论了数据透视表、数据透视图和切片器。**数据透视表**是一种交互式交叉列联分析工具，它允许用户通过应用过滤器来选择要显示在表中的数据的各个方面，从而与数据进行交互。**数据透视图**则允许用户通过应用过滤器来选择图表中所要显示的数据的各个方面，从而与数据进行交互。**切片器**允许用户对数据进行筛选，以显示在数据透视表和数据透视图中。由于这些工具为用户提供了与表格和图表交互并选择要显示内容的能力，设计良好的数据透视表、数据透视图和切片器使用户能够更深入地研究数据，并以更专注的方式从数据中学习。

一般来说，仪表盘的原始数据源应该与仪表盘分开存储，仪表盘不应该直接从原始数据源中提取信息。也就是说，在数据仪表盘上创建单独图表或表格所需要的数据应该从原始源数据中提取出来，并单独存储。仪表盘的使用者不应该具有永久地更改仪表盘的权限。在电子表格中，这意味着仪表盘的原始数据源应该存储在自己的工作表中，仪表盘不应该直接从该工作表中提取信息。仪表盘中每个唯一显示单元（表格、图表等）的数据应保存在单独的工作表中。并且仪表盘的组件应该被锁定，所以用户不能进行永久性的更改。

8.4.1 Espléndido Jugo y Batido 公司的例子

让我们再次考虑 Espléndido Jugo y Batido（EJB）公司的例子，EJB 公司是一家生产 5 种水果（苹果、葡萄、橙子、梨、番茄）和 4 种蔬菜（甜菜、胡萝卜、芹菜、黄瓜）口味饮品的公司。EJB 公司现在想开发一个数据仪表盘，以使中级业务管理团队可以跟踪最近三年的销售情况。通过上一节讨论的数据仪表盘设计过程，公司的管理团队为这个仪表盘确立了目标。具体来说，EJB 公司希望能够逐年跟踪其每个配送中心的销售额，并且希望能够让新客户和现有客户查看这些数据。EJB 公司还希望能够按年跟踪每个类别（果汁和奶昔）的销售额，并且希望能够按口味和按月查看这些数据。该公司希望监控配送中心每年的交货时间，并希望能够在年、月和日期的订购水平上通过配送中心产生跨类别和口味的销售额。最后，EJB 公司希望该数据仪表盘在源数据中添加新数据时自动更新。

因此，EJB 公司的这个仪表盘的 KPI 是总销售额和平均交货时间。此外，EJB 公司希望能够指定订购的年份、订购的月份、订购的日期、类别、口味、配送中心，以及将是否为新客户显示在各种图表中，这表明公司需要一个动态的、交互式的数据仪表盘。

既然已经考虑了数据仪表盘的目的、相关的 KPI、创建数据仪表盘的目标以及仪表盘用户的需求，我们可以通过下面的图表来在数据仪表盘中提供 EJB 公司所需要的功能：

- 新客户、现有客户订购的各个配送中心和各个年份的总销售额堆积柱形图
- 新客户、现有客户订购的各个年份和各个月份的总销售额折线图
- 不同类别订购的各个年份和各个口味的总销售额簇状柱形图
- 不同年份订购的各个配送中心的平均交货时间簇状柱形图
- 不同配送中心和各个年份、各个月份和各个日期订购的各个类别和各个口味的总销售额表

8.4.2 使用数据透视表、数据透视图和切片器构建数据仪表盘

我们将使用文件 *EJBChart1*，其中包含工作表 Data 中的 Excel 表 EJBData，我们需要

的字段以及工作表 Chart1 中图 8-3 提供的图表和切片器，以创建 EJB 公司的数据仪表盘的其余组件。

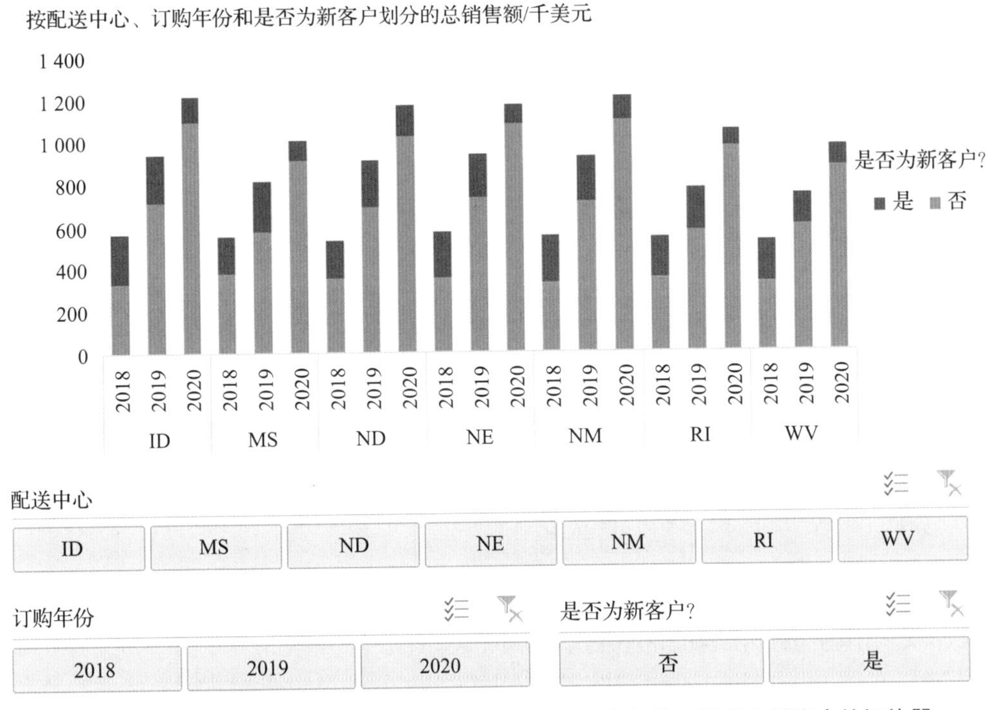

图 8-3　总销售额的数据透视图以及配送中心、订购年份、是否为新客户的切片器

值得注意的是，这个数据透视图允许用户查看任何组合的订购年份、配送中心，以及是否为新客户的总销售额。例如，假设用户希望将 2019 年和 2020 年爱达荷州（ID）和罗得岛州（RI）配送中心的现有客户销售额进行比较。用户可以通过在配送中心切片器中选择 ID 和 RI，在年订单切片器中选择 2019 年和 2020 年，在是否为新客户切片器中选择“否”，创建用于此目的的图表，由此产生如图 8-4 所示的图表。

该图显示，在爱达荷州和罗得岛州的配送中心，从 2019 年到 2020 年对现有客户的总销售额大幅增加。

另外需要注意的是，Excel 的工具提示功能允许用户通过将光标悬停在 Excel 表格或图表的一部分上来打开一个弹出窗口，其中包含表格或图表的一部分附加信息，如图 8-5 所示。这些弹出窗口将活跃在包含仪表盘的图表上。它们为用户提供了一定的深层探究能力，并且可以定制以传递各种各样的信息。

我们可以使用数据透视表、数据透视图、切片器，按照第 6 章阐述的步骤来构建剩余的三个图表。

- 由新客户或现有客户订购的各个年份和月份的总销售额折线图
- 不同类别的各个年份和口味的销售额簇状柱形图
- 不同年份的各个配送中心的平均交货时间簇状条形图

图 8-4 2019 年和 2020 年，爱达荷州和罗得岛州配送中心现有客户总销售的数据透视图

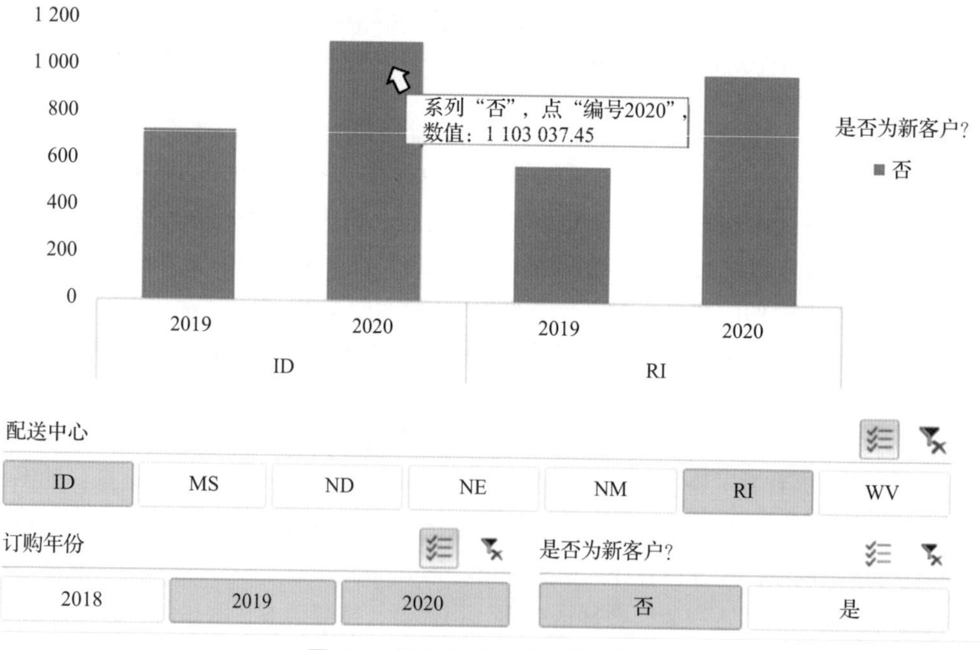

图 8-5 提供补充信息的弹出窗口

通过在工作表 EJBData 中创建一个 Excel 表，并将该 Excel 表作为数据透视表和数据透视表的源数据，大大简化了更新数据、数据透视表和数据透视表的过程。要想给已有的数据添加一条新的记录，我们现在只需要将记录输入到表 EJBData 的最后一行之后。要想

给已有的数据添加一个新的字段，我们只需将该字段输入到表 EJBData 的最后一列之后，Excel 会自动将这些新信息合并到表 EJBData 中。为了从现有的数据中删除一个记录字段，我们现在只需要从表中删除整个对应的行或列。

一旦新的数据被添加到表 EJBData 中，我们可以通过单击数据透视表中的任意位置，单击功能区上的“数据透视表分析”选项卡，单击数据组中的“刷新”按钮 ，单击“刷新”来更新选择的数据透视表或“刷新全部”来更新文件中的所有数据透视表，以快速刷新关联的数据透视表和数据透视表来反映新的数据（或对现有数据的任何修订）。因此，我们创建了一个可以快速刷新的动态数据仪表盘，以反映最近添加和修改的数据，而不需要更新原来选择的数据范围。

我们使用以下步骤创建按类别排序的各个年份和各个月份的总销售额折线图。

步骤 1　在文件 *EJBChart1* 中，选择工作表 Data 中表 EJBData 中的任意单元格。
　　单击功能区中的**“插入”**选项卡。
　　单击**“数据透视图”**，然后选择**“数据透视图 & 数据透视表”**。

步骤 2　当出现**“创建透视表”**对话框时：
　　在**“选择要分析的数据”**下选择**“选择表或范围”**，在**“表 / 范围：”**文本框中输入 EJBData。
　　在**“选择要放置数据透视表的位置”**下选择**“新建工作表”**。
　　单击**“确定”**按钮。

步骤 3　将新工作表的名称改为 Chart2。

接下来，我们在工作表 Chart2 中创建了按月份和按年份分类的总销售额折线图。

步骤 4　在**“数据透视图”**任务窗格中：
　　将**“销售额”**字段拖至**“值”**区域。
　　将**“订购年份”**和**“订购月份”**字段拖到**“轴（类别）”**区域。
　　将**“类别”**字段拖至**“图例（系列）”**区域。
　　在**“销售额”**下拉菜单中使用**“值字段设置”**，为**“销售额”**字段选择**“求和”**。

步骤 5　单击图表，在**“数据透视图工具”**功能区中单击**“设计”**选项卡，在**“类型”**组中单击**“更改图表类型”**按钮 Change Chart Type，在左侧窗格中单击**“折线图”**，并在右侧窗格中选择**“二维折线图”**。
　　单击**“确定”**按钮。

步骤 6　右击图表的垂直轴，然后单击**“设置坐标轴格式”**，打开**“设置坐标轴格式”**任务窗格。
　　然后单击**“轴选项”**按钮。
　　在**“轴选项”**下的**“最小值”**文本框中输入 0。
　　在**“显示单位”**框中，选择**“千”**。

单击图表上自动生成的垂直轴标题 **“千”**，按下 **“删除”** 键。

步骤 7　右击水平轴，然后单击 **“设置坐标轴格式”**，打开 **“设置坐标轴格式”** 任务窗格。

然后单击 **“轴选项”** 按钮。

单击 **“标签”**，选择 **“指定间隔单位”**，输入 **“1”**。

步骤 8　右击 **“字段”** 按钮（如 订购月份▼），并单击 **“隐藏所有字段”** 按钮。

步骤 9　单击数据透视图，单击功能区上的 **“插入”** 选项卡，然后单击筛选器组中的 **“切片器”** Slicer。

步骤 10　当 **“插入切片器”** 对话框出现时：

勾选 **“类别”“订购年份”** 和 **“订购月份”** 复选框。

单击 **“确定”** 按钮。

步骤 11　单击每个切片器，并使用功能区上的 **“切片器”** 选项卡中的工具对切片器进行适当的设置。

对使用前面步骤创建的图表进行一些额外的可读性编辑[⊖]，得到如图 8-6 所示的图表，这也可以在文件 *EJBCharts* 中的工作表 Chart2 中找到。这个数据透视图允许用户查看订购年份、订购月份和类别的任意组合的总销售额。

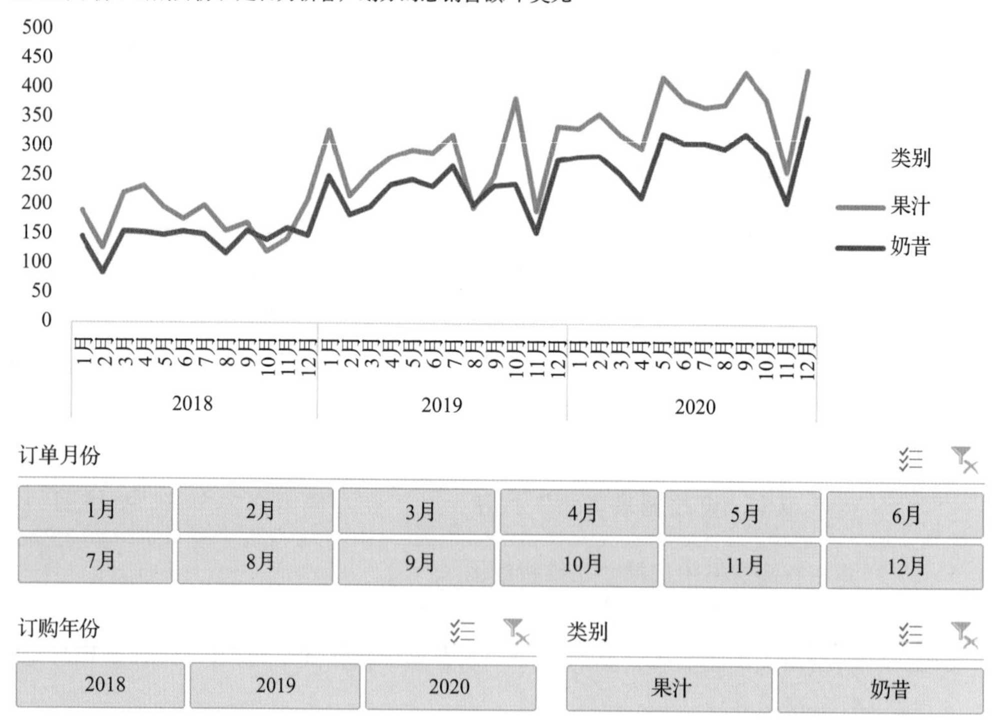

图 8-6　使用订购年份、订购月份和是否为新客户切片器的总销售额数据透视图

⊖ 对于图 8-6 所示的图表，已经从切片器中移除了边框，并且将“类别”切片器的列数设置为 2，“订购年份”切片器的列数设置为 3，“订购月份”切片器的列数设置为 6。

为了创建按年份顺序和口味类别划分的簇状柱形图，我们按照以下步骤进行操作。

步骤 1　在文件 *EJBChart1* 中，选择数据工作表中的表 EJBData 中的任意单元格。

单击功能区上的**“插入”**选项卡。

在“图表”组中单击“数据透视图”，然后选择**“数据透视图 & 数据透视表”**。

步骤 2　当**“创建数据透视表”**对话框出现时：

在**“选择要分析的数据”**下，选择**“选择表或范围”**，在**“表 / 范围：”**文本框中输入 EJBData。

在**“选择要放置数据透视表的位置”**下选择**“新建工作表”**。

单击**“确定”**按钮。

步骤 3　将新工作表的名称更改为 Chart3。

步骤 4　在**“数据透视图字段”**任务窗格中：

将**“销售额”**字段拖到**“值”**区域。

将**“订购年份”**和**“口味”**字段拖到**“轴（类别）”**区域。

将**“类别”**字段拖动到**“图例（系列）”**区域。

使用**“销售额”**下拉菜单中的**“值字段设置”**，为**“销售额”**字段选择**“求和”**。

步骤 5　单击图表，单击**“数据透视图工具”**功能区的**“设计”**选项卡，单击**“类型”**组中的**“更改图表类型”**按钮 Change Chart Type，单击左侧窗格中的**“柱形图”**，并在右侧窗格中选择**“簇状图”**。

单击**“确定”**按钮。

步骤 6　右击图表纵轴，单击**“设置坐标轴格式”**打开**“设置坐标轴格式”**任务窗格。

单击**“轴选项”**，然后单击**“轴选项”**按钮。

在**“轴选项”**下的**“最小值”**文本框中输入 0。

在**“显示单位”**框中，选择**“千”**。

单击图表上自动生成的**“千”**的纵轴标题，按下**“删除”**键。

步骤 7　右击任意**“字段”**按钮（如 订购月份 ▼），并单击**“隐藏所有字段”**按钮。

步骤 8　单击数据透视图，单击功能区上的**“插入”**选项卡，然后单击筛选器组中的**“切片器”** Slicer。

步骤 9　当出现**“插入切片器”**对话框时：

勾选**“类别”“订购年份”**和**“订购月份”**复选框。

单击**“确定”**按钮。

步骤 10 单击每个切片器，并使用功能区上的**“切片器”**选项卡中的工具对切片器进行适当的设置。

拖动切片器到它们应该占据的位置和仪表盘上，并相应地调整切片器的大小。

对利用前面步骤创建的图表进行一些额外的可读性编辑[㊀]，得到如图 8-7 所示的图表，这也可以在文件 *EJBCharts* 中的工作表 Chart3 中找到。

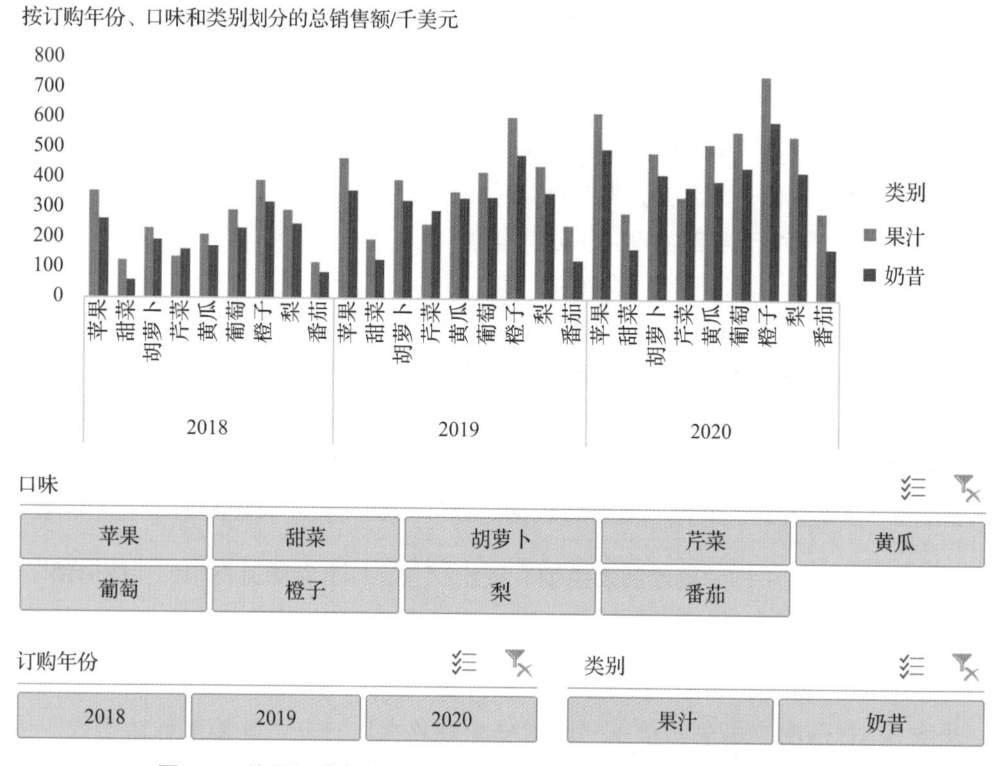

图 8-7 使用订购年份、口味和类别切片器的总销售额数据透视图

这个数据透视图允许用户快速查看任何类别、口味和订购年份组合的总销售额。

为了创建各个配送中心按年份排序的总销售额簇状柱形图，我们进行以下步骤。

步骤 1 在文件 *EJBChart1* 中，选择 Data 工作表中表 EJBData 中的任意单元格。

单击功能区上的**“插入”**选项卡。

在**“图表”**组中单击**“数据透视图”**，然后选择**“数据透视图 & 数据透视表”**。

步骤 2 当出现**“创建透视表”**对话框时：

在**“选择要分析的数据”**下选择**“选择表或范围”**，在**“表 / 范围：”**文本框中输入 EJBData。

在**“选择要放置数据透视表的位置”**下，选择**“新建工作表”**。

㊀ 对于图 8-7 所示的图表，已经从切片器中删除了边框，并且将“类别”切片器的列数设置为 2，“订购年份”切片器的列数设置为 3，“口味”切片器的列数设置为 5。

单击**“确定”**按钮。

步骤 3 将新工作表的名称改为 Chart4。

我们接下来在 Chart4 工作表中创建按年份排序的各个配送中心总销售额的簇状条形图。

步骤 4 在**“数据透视图字段”**任务窗格中：

将**“交货时间”**字段拖动到**“值”**区域。

将**“配送中心”**字段拖到**“轴（类别）”**区域。

将**“订购年份”**字段拖动到**“图例（系列）”**区域。

使用**“交货时间”**下拉菜单中的**“值字段设置”**选择**“交货时间”**字段的平均值。

步骤 5 单击图表，单击**“数据透视图工具”**功能区上的**“设计”**选项卡，单击**“类型”**组中的**“更改图表类型”**按钮 Change Chart Type，单击左侧窗格中的**“条形图”**，并在右侧窗格中选择**“簇状条形图”**。

单击**“确定”**按钮。

步骤 6 右击纵轴，单击**“设置坐标轴格式”**，打开**“设置坐标轴格式”**任务窗格。

单击**“轴选项”**，然后单击**“轴选项”**按钮。

单击**“标签”**选项卡，单击**“指定间隔单位”**，在**“指定间隔单位”**中输入**“1”**。

单击**“确定”**按钮。

步骤 7 右击任意**“字段”**按钮（如 订购年份▼），单击**“隐藏所有字段”**按钮。

步骤 8 单击数据透视图，单击功能区上的**“插入”**选项卡，然后单击筛选器组中的**“切片器”** Slicer。

步骤 9 当出现**“插入切片器”**对话框时：

勾选**“配送中心”**和**“订购年份”**复选框。

单击**“确定”**按钮。

步骤 10 单击每个切片器，并使用功能区中的**“切片器”**选项卡中的工具对切片器进行适当的设置。

将切片器拖到它们应该占据的位置和仪表盘上，并相应地调整切片器的大小。

对使用前面步骤创建的图表进行一些额外的可读性编辑[㊀]，得到如图 8-8 所示的图表，这也可以在文件 *EJBCharts* 中的工作表 Chart4 中找到。该数据透视图允许用户快速查看不同配送中心和订购年份任意组合的平均交货时间。

㊀ 对于图 8-8 所示的图表，已经从切片器中删除了边框，并且将“配送中心”切片器的列数设置为 7，“订购年份”切片器的列数设置为 3。

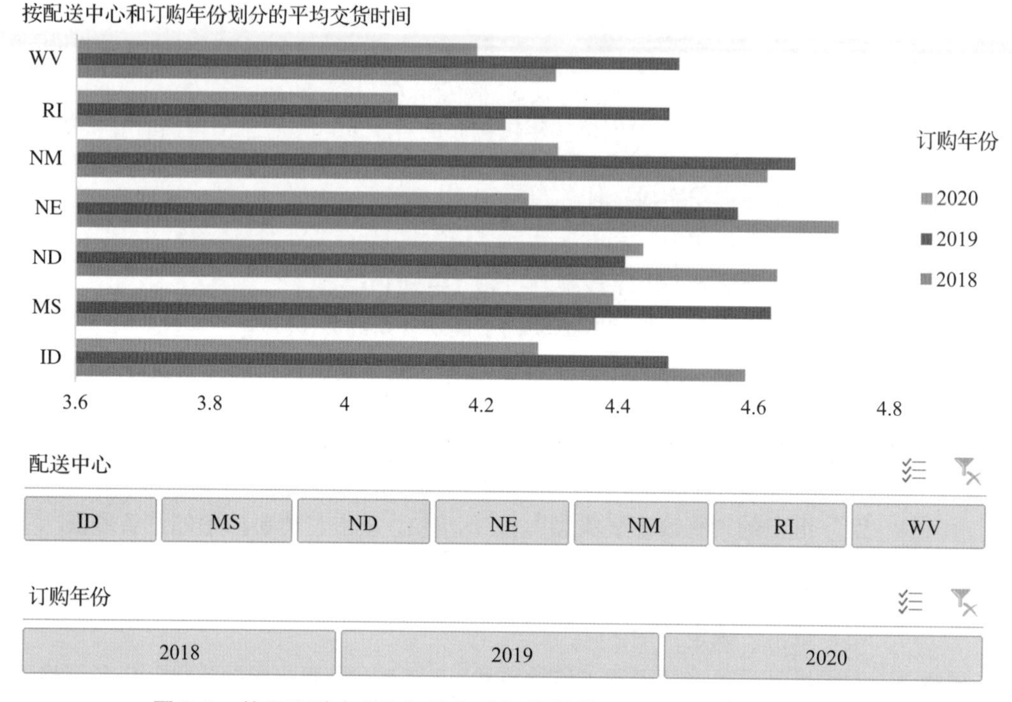

图 8-8　使用配送中心和订购年份切片器的平均交货时间数据透视图

现在我们将注意力转向开发要包含 EJB 公司的数据仪表盘中的数据透视表。我们通过以下步骤来创建按配送中心和订购年份、订购月份、订购日期划分的各个类别与口味的总销售额、平均交货时间的数据透视表。

步骤 1　在文件 *EJBCharts* 中，创建一个新的工作表，并将这个工作表命名为 Dashboard。

通过步骤 2 将单元格 A1:Z100 的填充颜色改为深色，为仪表盘提供对比背景。

步骤 2　选择单元格 A1:Z100。

单击功能区的 **“菜单”** 选项卡，在 **“字体”** 中单击 **“填充颜色”** 按钮 ，并选择深蓝色。

步骤 3　在文件 *EJBCharts* 中，选择 Data 工作表中表 EJBData 中的任意单元格。

单击功能区上的 **“插入”** 选项卡，并在 **“表”** 中选择 **“数据透视表”**。

步骤 4　当出现 **“创建透视表”** 对话框时：

在 **“选择要分析的数据”** 下，单击 **“选择表或范围”**，在 **“表 / 范围：”** 文本框中输入 EJBData。

“选择要放置数据透视表的位置” 下，选择 **“现有工作表”**，输入 “Dashboard!B4”。

单击 **“确定”** 按钮。

步骤 5　在 Dashboard 工作表中：

单击空的 **“数据透视表”**，打开 **“数据透视表字段”** 任务窗格。

步骤 6　在**“数据透视表字段”**任务窗格中：

将**“销售额”**和**“交货时间”**字段拖到**“值”**区域。

将**“订购年份”“订购月份”“订购日期”**和**“配送中心”**字段拖到**“筛选器”**区域。

将**“类别”**字段拖到**“列”**区域（确保这是**“列”**区域中列出的第一个字段）。

将**“口味”**字段拖到**“行”**区域。

在**“值”**区域中，单击**“交货时间”**后的下拉箭头，单击**“值字段设置”**并将**“总和”**值字段更改为**“平均”**。

单击**“确定”**按钮。

一旦完成了这一步，数据透视表字段窗格中的“在以下区域拖动字段”区域应该如图 8-9 所示。需要注意的是，每个区域中字段的排列顺序决定了生成的数据透视表的布局。

步骤 7　右击数据透视表中的任意单元格，选择**“数据透视表选项”**。

步骤 8　当出现**“数据透视表选项”**对话框时：

单击**“布局和格式”**选项卡。

取消勾选**“更新时自动适配最适合的行高和列宽”**复选框。

图 8-9　在以下区域拖动字段：EJB 数据透视表区域

这样就创建了图 8-10 所示的数据透视表，也可以在文件 *EJBDashboard1* 的工作表 Dashboard 中找到此表。

这个数据透视表将允许用户找到所有年份、月份或日期的类别、口味和配送中心的任何组合的总销售额和平均交货时间。

我们已经创建了每个数据仪表盘的组件，下面就可以组装数据仪表盘了。首先考虑这些图表在仪表盘上的相对位置，我们的目标是将可能被一起使用的图表放在一起，以尽量减少目光移动。

- 按配送中心、订购年份、是否为新客户划分的总销售额图（在工作表 Chart1 中）和按订购年份、口味、类别划分的总销售额（以千美元计）图（在工作表 Chart3 中）都将用于分析 EJB 公司的各年度销售历史，并且应该彼此相邻。
- 按配送中心、订购年份、是否为新客户划分的总销售额图（在工作表 Chart1 中）和按配送中心以及订购年份划分的平均交货时间图（在工作表 Chart4 中）都将用于配送中心层面的分析，并且应该彼此相邻。
- 按订购年份、订购月份和类别划分的总销售额图（在工作表 Chart2 中）和按订购年份、口味和类别划分的总销售额图（在工作表 Chart3 中）都将用于类别层面的分析，并且应该彼此相邻。
- 按配送中心和订购年份、订购月份、订购日期划分的各个类别与口味的总销售额和平均交货时间表应该放在仪表盘的顶部，以便于访问。

订购年份	（全部）					
订购月份	（全部）					
订购日期	（全部）					
配送中心	（全部）					
	列标签					
	果汁		奶昔		总销售额/美元	总平均交货时间
行标签	总销售额/美元	平均交货时间	总销售额/美元	平均交货时间		
苹果	1 436 632	4.481	1 116 500	4.318	2 553 132	4.409
甜菜	606 708	4.449	352 319	4.583	959 026	4.502
胡萝卜	1 110 233	4.345	932 670	4.417	2 042 903	4.378
芹菜	724 257	4.806	826 358	4.313	1 550 615	4.548
黄瓜	1 080 531	4.325	899 259	4.376	1 979 790	4.348
葡萄	1 269 622	4.411	1 007 050	4.301	2 276 672	4.362
橙子	1 740 004	4.437	1 387 955	4.381	3 127 959	4.412
梨	1 278 248	4.438	1 021 064	4.469	2 299 312	4.452
番茄	648 656	4.419	383 834	4.344	1 032 489	4.389
总计	9 894 891	4.447	7 927 009	4.379	17 821 898	4.416

图 8-10　用于 EJB 数据的仪表盘

图 8-11 给出了一个满足这些条件的配置。

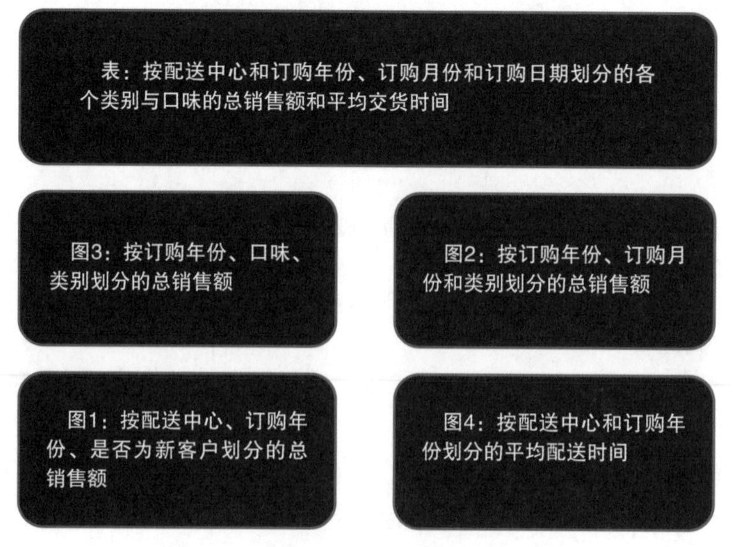

图 8-11　EJB 公司的数据仪表盘的布局

我们将通过以下步骤完成 EJB 公司的数据仪表盘的构建。

步骤 1　单击工作表 Chart1 中的数据透视图。

步骤 2　单击**“数据透视图工具”**功能区上的**“分析”**选项卡，并单击**“操作”**组中的**“移动图表”**按钮。

步骤 3　当出现**“移动图”**对话框时：

选择**“对象位于:”**，然后选择**“仪表盘”** Move Chart。

单击**“确定”**按钮。

步骤 4　在工作表 Chart1 中，单击**“配送中心”**切片器。

单击功能区上的**“菜单”**选项卡。

单击**“剪贴板”**组中的**“剪切”**。

步骤 5　在工作表 Dashboard 中。

单击功能区上的**“菜单”**选项卡。

单击**“粘贴”**按钮。

步骤 6　将数据透视图和切片器放置在仪表盘上你想要放置的位置。

步骤 7　重复步骤 1 ～步骤 6 将工作表 Chart2、Chart3 和 Chart4 中的图表和切片器移动到工作表 Dashboard 中，并将这些对象放置在仪表盘上你想要放置的位置。

步骤 8　双击工作表 Dashboard 中的一个数据透视图，打开**“格式图表区域”**任务窗格。

单击**“图表选项”**，然后单击**“大小和属性”**按钮。

单击**“属性”**，然后选择**“不移动或调整单元格大小”**。

步骤 9　对工作表 Dashboard 中的剩余图表重复步骤 8。

步骤 10　右击工作表 Dashboard 中的一个切片器，然后选择**“大小和属性”**，打开**“切片器样式”**对话框。

单击**“属性”**，然后选择**“不移动或调整单元格大小”**。

步骤 11　对工作表 Dashboard 中剩余的切片器重复步骤 10。

步骤 12　右击工作表 Dashboard 中的任意图表，选择**“数据透视图”**选项。

步骤 13　当出现**“数据透视表选项”**对话框时：

单击**“布局和格式”**选项卡。

取消勾选**“更新时自动适配列宽”**复选框。

单击**“确定”**按钮。

步骤 14　调整图表和切片器的位置与大小，使它们按照需要对齐。

步骤 15　单击功能区上的“查看”选项卡，并在**“显示”**组中取消勾选**“网格线”**复选框。

创建到这一步的仪表盘看起来很棒，但是当我们使用切片器过滤掉图表上的某些序列时，分配给剩余序列的颜色可能会发生变化。此外，目前这个仪表盘中每一个图表都使用了相同的颜色区分模式，即使用蓝色和橙色来区分现有的和新的客户、果汁和奶昔，以及

2018年和2019年。以下步骤可以解决这些问题。

步骤16 单击功能区上的**“文件”**选项卡，然后选择**“选项”**。

步骤17 当出现**“选项”**对话框时：

单击**“高级”**按钮。

在**“图表”**下勾选所有新工作簿的**“属性跟随图表数据点”**复选框，勾选当前工作簿的**“属性跟随图表数据点”**复选框。

步骤18 通过右击图表元素，单击**“填充”**并选择**“更多填充颜色”**，将下面的特定颜色分配给不同的图表元素。

蓝色代表现有客户，橙色代表新客户。

紫色代表果汁，红色代表奶昔。

如果需要，也可以为2018年、2019年、2020年设置不同颜色。

步骤19 更改单元格A1:AL80的填充颜色为深蓝色，以创建对比背景。

步骤20 在单元格A2中输入“ Espléndido Jugo y Batido公司数据仪表盘”。更改字体为白色**“48pt.Brush ScriptMT”**。

步骤21 选择单元格A2:AF2，单击功能区上的**“菜单”**选项卡，在**“对齐”**组中单击**“合并和居中”**。

对使用前面步骤创建的表进行一些额外的可读性编辑，得到如图8-12所示的仪表盘，这也可以在文件*EJBDashboard1*中的工作表Dashboard中找到。

你可以通过单击切片器，单击功能区上的“选项”，使用“切片器样式”组中的各种工具来更改任何切片器的样式和设置。

8.4.3 将切片器链接到多个数据透视表

图8-12中的数据仪表盘允许用户使用相关的切片器分别对每个图表进行筛选。对于需要对其仪表盘上的图表进行这种级别控制的用户来说，这是这种仪表盘设计的一个明显优势。然而，用户可能更喜欢使用控制多个相关图表的单个切片器。例如，一个同时控制仪表盘上所有相关图表中显示的配送中心的单个配送中心切片器可能更可取。

我们将用配送中心来说明。首先从EJB公司的数据仪表盘中删除多余的配送中心切片器，只保留一个，如图8-13所示。下面的步骤将剩下的配送中心切片器链接到工作表Chart1和Chart4中的数据透视表。

步骤1 在**“仪表盘”**工作表中选择剩余的**“配送中心”**切片器。

单击功能区上的**“切片器”**选项卡。

单击**“切片器”**组中的**“报告链接”**按钮 Report Connections。

步骤2 选择在工作表Chart1和工作表Chart4中创建的数据透视表。

单击**“确定”**按钮。

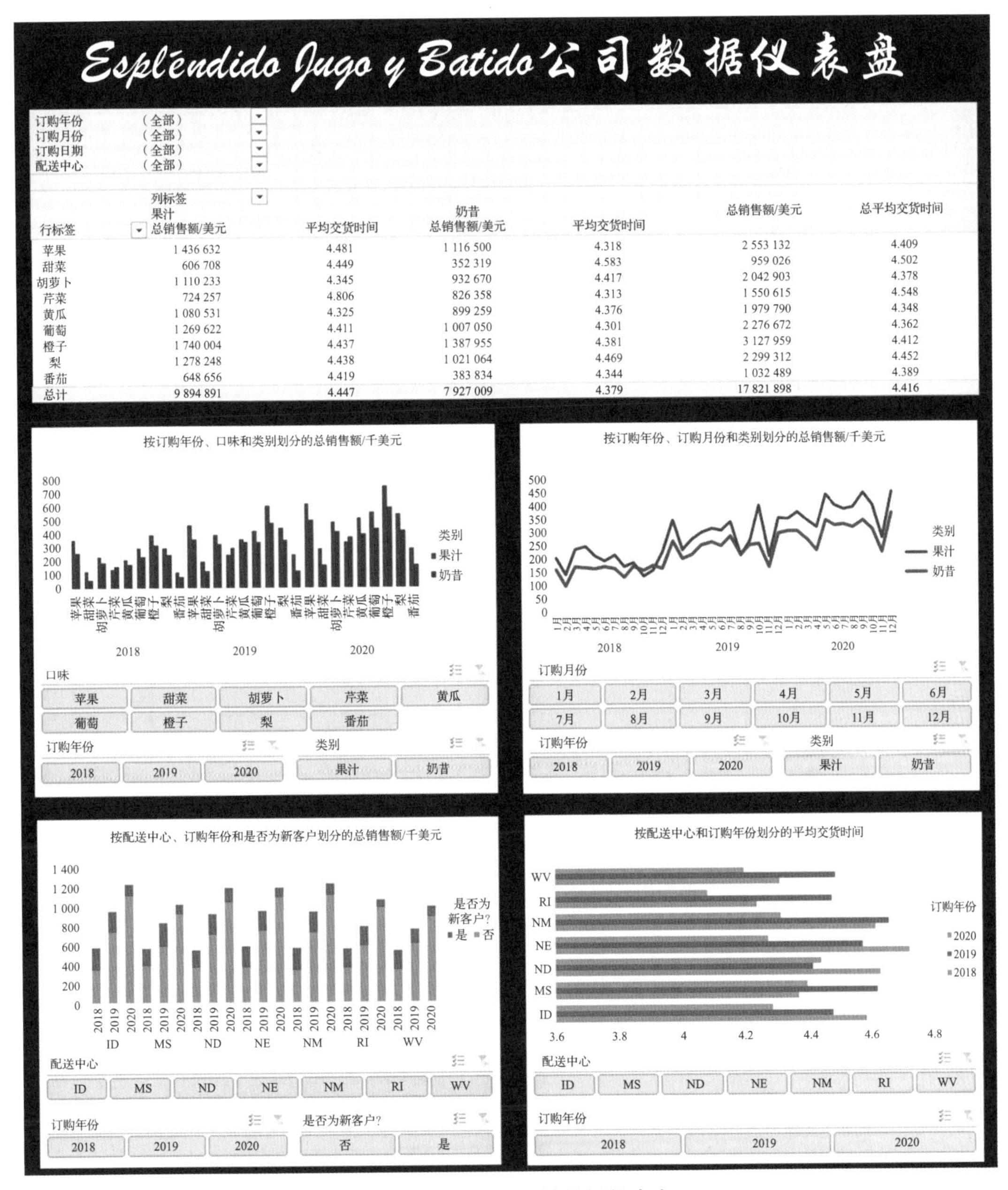

Esplēndido Jugo y Batido公司数据仪表盘

订购年份	（全部）
订购月份	（全部）
订购日期	（全部）
配送中心	（全部）

行标签	列标签 果汁 总销售额/美元	平均交货时间	奶昔 总销售额/美元	平均交货时间	总销售额/美元	总平均交货时间
苹果	1 436 632	4.481	1 116 500	4.318	2 553 132	4.409
甜菜	606 708	4.449	352 319	4.583	959 026	4.502
胡萝卜	1 110 233	4.345	932 670	4.417	2 042 903	4.378
芹菜	724 257	4.806	826 358	4.313	1 550 615	4.548
黄瓜	1 080 531	4.325	899 259	4.376	1 979 790	4.348
葡萄	1 269 622	4.411	1 007 050	4.301	2 276 672	4.362
橙子	1 740 004	4.437	1 387 955	4.381	3 127 959	4.412
梨	1 278 248	4.438	1 021 064	4.469	2 299 312	4.452
番茄	648 656	4.419	383 834	4.344	1 032 489	4.389
总计	9 894 891	4.447	7 927 009	4.379	17 821 898	4.416

图 8-12　EJB 公司的数据仪表盘

由于在 Chart1 和 Chart4 工作表中创建的数据透视图链接到 Chart1 和 Chart4 工作表中相应的数据透视图，因此单个配送中心切片器现在可以控制在这两个图表中显示的配送中心的值。

步骤 3　重复步骤 1 和步骤 2，将在 Chart2 和 Chart3 工作表中创建的数据透视表链接到单个类别切片器，并将在 Chart1、Chart2、Chart3 和 Chart4 工作表中创建的数据透视表链接到单个年份排序切片器。

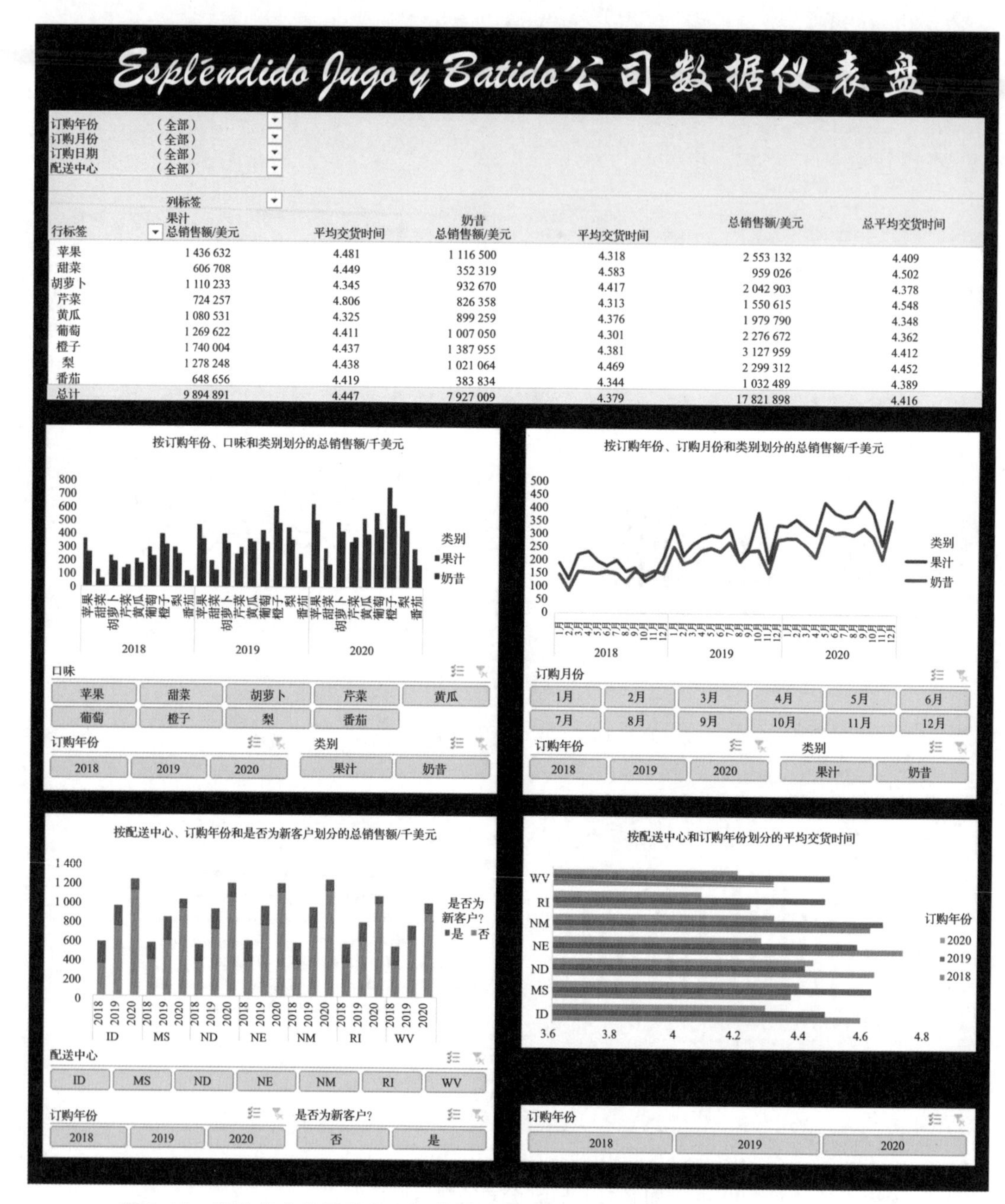

行标签	果汁 总销售额/美元	平均交货时间	奶昔 总销售额/美元	平均交货时间	总销售额/美元	总平均交货时间
苹果	1 436 632	4.481	1 116 500	4.318	2 553 132	4.409
甜菜	606 708	4.449	352 319	4.583	959 026	4.502
胡萝卜	1 110 233	4.345	932 670	4.417	2 042 903	4.378
芹菜	724 257	4.806	826 358	4.313	1 550 615	4.548
黄瓜	1 080 531	4.325	899 259	4.376	1 979 790	4.348
葡萄	1 269 622	4.411	1 007 050	4.301	2 276 672	4.362
橙子	1 740 004	4.437	1 387 955	4.381	3 127 959	4.412
梨	1 278 248	4.438	1 021 064	4.469	2 299 312	4.452
番茄	648 656	4.419	383 834	4.344	1 032 489	4.389
总计	9 894 891	4.447	7 927 009	4.379	17 821 898	4.416

图 8-13　删除多余的配送中心切片器（仅保留一个）后的 EJB 公司的数据仪表盘

由于要显示的切片器更少了，因此我们可以以一种更具有视觉吸引力和更容易阅读的方式重新排列并调整图表的大小，同时仍然满足我们建立的图表应该彼此相邻的标准，从而得到如图 8-14 所示的结果。

除了允许相关图表同时过滤，并为 EJB 公司提供易于访问的想要的信息之外，仪表盘现在看起来更加有序了。然而需要注意的是，只有由相同数据生成的数据透视表才能被单个切片器同时过滤。对于 EJB 公司的数据仪表盘，我们从工作表 Data 中的表 EJBData

中生成每个数据透视表，以确保我们创建的任何切片器都可以用于筛选所创建的每个图表。

行标签	果汁 总销售额/美元	果汁 平均交货时间	奶昔 总销售额/美元	奶昔 平均交货时间	总销售额/美元	总平均交货时间
苹果	1 436 632	4.481	1 116 500	4.318	2 553 132	4.409
甜菜	606 708	4.449	352 319	4.583	959 026	4.502
胡萝卜	1 110 233	4.345	932 670	4.417	2 042 903	4.378
芹菜	724 257	4.806	826 358	4.313	1 550 615	4.548
黄瓜	1 080 531	4.325	899 259	4.376	1 979 790	4.348
葡萄	1 269 622	4.411	1 007 050	4.301	2 276 672	4.362
橙子	1 740 004	4.437	1 387 955	4.381	3 127 959	4.412
梨	1 278 248	4.438	1 021 064	4.469	2 299 312	4.452
番茄	648 656	4.419	383 834	4.344	1 032 489	4.389
总计	9 894 891	4.447	7 927 009	4.379	17 821 898	4.416

图 8-14　带链接切片器的 EJB 公司的数据仪表盘

8.4.4 保护数据仪表盘

最后，我们需要在防止用户改变仪表盘的同时仍然允许他们通过切片器和过滤器对仪表盘进行操作。我们将通过以下步骤来实现。

步骤 1 右击 Dashboard 工作表上的任意切片器，然后单击**“大小和属性”**。

步骤 2 当**“切片器样式”**任务窗格出现时：

在**“位置和布局”**下，勾选**“禁用调整大小和移动”**复选框。

在**“属性”**下，选择**“不移动或调整单元格大小”**，并取消勾选**“锁定”**复选框。

步骤 3 对工作表 Dashboard 上的每个剩余切片器重复步骤 1 和步骤 2。

步骤 4 在工作表 Dashboard 中选择包含数据透视表的单元格范围（工作表 Dashboard 中的单元格 B4:H21）。

单击功能区上的**“预览”**选项卡。

在**“保护”**组中，单击**“允许编辑范围”**按钮。

步骤 5 当出现**“允许用户编辑范围”**对话框时：

单击**“新建”**按钮。

步骤 6 当出现**“新系列”**对话框时：

在**“标题:”**文本框中输入相应标题。

单击**“确定”**按钮。

步骤 7 当**“允许用户编辑范围”**对话框返回时：

单击**“保护页”**按钮。

步骤 8 当**“保护表”**对话框打开时：

取消勾选**“选择锁定单元格”**复选框。

勾选**“使用数据透视表和数据透视图”**复选框。

在**“取消保护的密码”**页签中输入密码。

在**“确认密码”**对话框的**“重新输入密码”**文本框中输入相同的密码（回顾一下，我们在文件 *EJBDashboard2* 中使用密码 TRIAL 来保护仪表盘）。

单击**“确定”**按钮。

步骤 9 选择工作表 Chart1 选项卡，然后按住 Ctrl 键并选择工作表 Chart2、Chart3、Chart4 和 Data 选项卡，这样文件 *EJB2Dashboard* 中除了工作表 Dashboard 之外的所有工作表选项卡都会被选中。

右击工作表 Chart1 选项卡并选择**“隐藏”**。

带有具备链接功能切片器的完整仪表盘位于文件 *EJBDashboard2* 的工作表 Dashboard 中。用户现在可以使用仪表盘上的切片器和过滤器，但不能改变或移动数据透视图、数据透视表或切片器。除工作表 Dashboard 之外的工作表也对用户隐藏，防止对原始数据和已用于创建数据仪表盘的数据透视图进行不必要的更改。

当需要修改仪表盘时，使用以下步骤对仪表盘工作表进行解保护，并对工作表 Chart1、Chart2、Chart3、Chart4 和 Data 进行解隐藏。

步骤 1 右击 Dashboard 工作表选项卡。

步骤 2 单击**“取消隐藏”**。

选择要取消隐藏的工作表。

8.4.5 最后审查数据仪表盘

最初的数据仪表盘可能并不完全符合设计团队、管理团队的期望或用户的需求。从仪表盘的所有利益相关者的角度来看，必须再次完成一轮评审，以确保最终产品正常工作：

- 数据仪表盘设计团队必须对其最终工作进行广泛的测试。切片器和过滤器应该在多个层次上使用，并在这些层次上审查数据透示图和数据透视表中的结果，以确保信息的准确性、展示的吸引力和充足的信息量。
- 设计团队还必须与授权开发数据仪表盘的管理团队一起审查最终的数据仪表盘，以确保数据仪表盘满足管理团队的目标。
- 设计团队必须为最终用户提供机会，在最终使用仪表盘的环境中广泛测试最终的数据仪表盘，以确保仪表盘是用户友好的，以用户期望的方式运行，并产生用户期望和需要的输出。

此外，设计团队必须与管理团队和用户合作，创建一个持续监控和修订数据仪表盘的过程，以确保其持续有效地满足组织的需求。遵循这些准则的过程确保了数据仪表盘将在整个生命周期为组织产生价值。

注释和评论

1. Excel 数据透视表的一个重要局限是只能创建柱形图、条形图、折线图、饼图、雷达图等几类数据透视图。
2. 切片器可以过滤数据透视表，所以如果用户需要的话，用户控制的数据表可以包含在数据仪表盘中。
3. 可以通过以下方法从每个切片器中删除边框：单击切片器，单击功能区中的“切片器工具选项”选项卡，在“切片器样式”组中右击当前样式，单击“复制”，选择“整个切片器”，在“修改切片器样式”对话框中单击“格式”按钮，然后单击“边框”选项卡并选择“无”。这将在功能区的“切片器工具选项”选项卡中为“切片器样式”创建一个新样式，你可以将其应用于工作簿中的任何切片器。

4. Excel 的“时间轴”与切片器的工作方式相同，但是时间轴专门与日期字段一起工作，以提供一种在数据透视表中对日期进行筛选和分组的方法。“时间轴”按钮可以在“插入”选项卡的“过滤器”组中的“切片器”按钮旁边找到。
5. Excel 的“开发人员选项卡”是另一组工具，可用于用户与数据仪表盘进行交互。一些“开发人员选项卡”工具的功能可以通过切片器集成到数据仪表盘中，而其他“开发人员选项卡”工具则需要编写宏。“开发人员选项卡”通常是隐藏的，必须激活才能添加到功能区。
6. 有多种用于开发数据仪表盘的商业产品。Tableau、Domo、Qrvey、GROW、Microsoft Power BI 和 ClicData 等产品可用于创建复杂的数据仪表盘。

8.5 数据仪表盘设计中常见的错误

在设计和开发数据仪表盘时可能会出现许多类型的错误，其中有几种类型的错误较为常见，包括以下几类。

- 没有考虑组织想要开发数据仪表盘的原因，即组织的需求和目标。包括：①忽略与组织目标相关的重要信息；②关注与组织目标相关的无意义信息。
- 在整个数据仪表盘设计过程中忽略了从实际用户那里获得足够的输入信息。
- 没有考虑数据仪表盘将要使用的环境。
- 未能以方便的及允许同时使用的方式在数据仪表盘上定位互补组件（图表、表格等）。
- 对数据及其信息使用不合适或无效的图表类型。
- 在创建数据仪表盘的各个组件时，忽略了良好的图表和表格设计的原则。
- 创建过于杂乱的数据仪表盘。
- 设计不吸引人的可视化显示。
- 没有考虑组织和用户未来的潜在需求。

◎ 总结

在本章中，我们讨论了数据仪表盘如何帮助用户理解和调查数据，并最终做出更好的决策。开发数据仪表盘的过程从了解有效数据仪表盘的原理、数据仪表盘的常见应用以及各种类型的数据仪表盘开始。

我们回顾了数据仪表盘设计的各个方面。我们讨论了需要了解数据仪表盘的用途和考虑数据仪表盘用户的需求，解释了要显示的信息的重要性以及如何在数据仪表盘中显示，展示如何使用数据透视表、数据透视图和切片器在 Excel 中构建数据仪表盘，讨论了如何将切片器链接到多个数据透视表，以及如何保护数据仪表盘，使用户无法进行永久性更改。最后，我们强调了对数据仪表盘进行最终审查和考虑未来需求的重要性，并列举了数据仪表盘设计和开发中常见的几类错误。

◎ 术语解析

分析仪表盘：分析人员通常使用仪表盘来识别和调查趋势、预测结果，并在大量数据中发现结果。由于分析仪表盘通常支持对长期问题的探索，因此这些仪表盘的更新频率通常低于操作仪表盘、战略仪表盘或战术仪表盘。

定制工具：允许用户根据特定需求定制仪表盘的功能。

数据仪表盘：一个数据可视化工具，可以给出多个输出并可以实时更新。

深层探究：向用户提供关于特定元素、变量或 KPI 的更具体和详细的信息的特征。

动态仪表盘：一种当新数据可用时自动接收并将新数据合并到仪表盘中的仪表盘。

分层过滤：一种通过嵌套的方式系统地选择几个类别的值或变量的值，使用户能够将显示的数据限制在特定的字段中的特征。

交互式仪表盘：一种允许用户自定义数据仪表盘显示方式以及允许用户对仪表盘上显示的数据进行筛选的仪表盘。

关键绩效指标：管理者用来高效地经营和维护其业务的指标，简称为 KPI。

非交互式仪表盘：一种不允许用户自定义数据仪表盘显示的仪表盘。

操作仪表盘：通常由下级管理者用来监控快速变化的关键业务状况的仪表盘。

数据透视图：一种允许用户通过应用过滤器来选择图中所要显示的数据，从而与数据进行交互的图。

数据透视表：一种允许用户通过应用过滤器来选择表中所要显示的数据，从而与数据进行交互的表。

切片器：一种允许电子表格用户筛选显示在数据透视表和数据透视图中的数据的工具。

静态仪表盘：一种可能会随着新数据和信息的收集而定期手动更新的仪表盘。

战略仪表盘：一种通常由高管们用来监控与总体组织目标相关的 KPI 的状态的仪表盘。

战术仪表盘：一种通常被中层管理者用来识别和评估组织的优势与劣势，以支持组织战略的制定的仪表盘。

时间间隔小部件：允许用户指定在数据仪表盘上显示的时间段的功能。

◎ 练习题

概念题

1. **数据仪表盘的定义。**对于数据仪表盘，下列哪一项是正确的？**学习目标 1**

   1）它是一种数据可视化工具，可提供多个输出并可以实时更新。

   2）其输出结果通常是公司或公司某个部门与组织目标一致的一组关键绩效指标。

   3）它可以帮助组织更好地理解和使用其数据。

   4）对于数据仪表盘，以上所有陈述都正确。

2. **理解有效数据仪表盘的目标。**理想情况下，一个组织的数据仪表盘应该做到以下哪一项？**学习目标 2**

   1）呈现所有关键绩效指标以提供尽可能广泛的信息。

2）呈现无关的关键绩效指标以提供尽可能多的对比信息。
3）同时呈现无关和相关的关键绩效指标以提供尽可能广泛的信息。
4）呈现与组织运营某个方面相关的关键绩效指标，以提供与特定问题或关注点相关的信息。

3. **理解有效数据仪表盘的原理。**在设计数据仪表盘时，以下哪项是正确的？**学习目标 2**
1）对于仪表盘或其任何组件（图表、表格等），均不需要遵循有效数据可视化的原则。
2）应遵循有效数据可视化的原则，适用于仪表盘的所有组件（图表、表格等），但不一定适用于整体仪表盘。
3）应遵循有效数据可视化的原则，适用于整体仪表盘，但不一定适用于仪表盘的所有组件（图表、表格等）。
4）对于整体仪表盘及其所有组件（图表、表格等），均应遵循有效的数据可视化的原则。

4. **数据仪表盘的常见应用领域。**以下哪种类型的仪表盘用于监控个人、部门、班次以及整个组织的劳动力绩效？**学习目标 3**
1）技术支持仪表盘。
2）市场营销仪表盘。
3）人力资源仪表盘。
4）投资仪表盘。

5. **数据仪表盘的常见应用领域。**以下哪种类型的仪表盘用于监控非营利组织的贡献者、潜在贡献者的活动和潜力，以及项目 / 活动的情况？**学习目标 3**
1）技术支持仪表盘。
2）捐赠者仪表盘。
3）市场营销仪表盘。
4）制造仪表盘。

6. **数据仪表盘分类。**以下哪种类型的仪表盘可以提供用户一天内的脉搏、血压、体重、体重指数和热量消耗等信息？**学习目标 4**
1）技术支持仪表盘。
2）制造仪表盘。
3）投资仪表盘。
4）个人健身仪表盘。

7. **数据仪表盘分类。**以下哪一个最准确地描述了动态仪表盘？**学习目标 4**
1）它定期接收和合并新的及修订的数据，并将这些数据整合到仪表盘中。
2）它以生动的方式提供信息。
3）它融合了动画效果。
4）当组织的关键绩效指标变化缓慢时，它是最有用的。

8. **交互式数据仪表盘的特点。**以下哪一个最准确地描述了交互式仪表盘？**学习目标 4**
1）它定期接收和合并新的及修订的数据，并将这些数据整合到仪表盘中。

2）它允许用户永久性修改仪表盘上显示的数据。

3）它允许用户根据需要筛选在仪表盘上显示的数据。

4）它包含了对用户的音频响应。

9. **在数据仪表盘中限制用户交互。**以下哪种特性允许用户通过嵌套的方式系统地选择几个类别的值或变量的值来对显示给特定的用户的数据做出限制？**学习目标4**

1）分层过滤。

2）数据清洗。

3）信息筛选。

4）方法选择。

10. **数据仪表盘分类。**根据下列描述，确定哪种类型的数据仪表盘最符合要求。**学习目标4**

（1）用于高管监控与组织总体目标相关的关键绩效指标状态的仪表盘。

1）操作型。

2）战术型。

3）战略型。

4）分析型。

（2）用于分析师在大量数据中识别调查趋势、预测结果和发现信息的仪表盘。

1）操作型。

2）战术型。

3）战略型。

4）分析型。

（3）用于中层管理人员识别和评估组织的优势与劣势，以支持组织战略发展的仪表盘。

1）操作型。

2）战术型。

3）战略型。

4）分析型。

（4）用于低层管理人员监控快速变化的关键业务状况的仪表盘。

1）操作型。

2）战术型。

3）战略型。

4）分析型。

11. **数据仪表盘过度拥挤和过于复杂。**以下哪项不是避免数据仪表盘设计中的过度拥挤和过于复杂的有效策略？**学习目标5**

1）在仪表盘中使用尽可能多的不同颜色来绘制图表和表格。

2）使用交互式仪表盘工具（深层探究、分层过滤、时间间隔小部件、定制工具）。

3）将信息组织成子集，每个子集满足终端用户的不同需求，并跨多个页面显示这些子集中的信息。

4）避免包含对终端用户无用的信息。

12. **在数据仪表盘中提供有效的情境**。以下哪项是为数据仪表盘的信息提供情境的有效方式？**学习目标5**

1）将关键绩效指标的值与组织目标进行比较。

2）展示关键绩效指标随时间变化的情况。

3）比较关键绩效指标在不同客户之间的值。

4）以上每一项都是为数据仪表盘的信息提供情境的有效方式。

13. **数据仪表盘测试过程**。以下哪项不是在数据仪表盘开发过程中进行测试的重要部分？**学习目标5**

1）在关键时刻与授权开发数据仪表盘的管理团队回顾进展，以确保正在生产的仪表盘符合管理团队的目标。

2）允许公众在各个开发阶段对数据仪表盘进行使用和评价，保证仪表盘可以被任何人使用。

3）允许最终用户在各个开发阶段对数据仪表盘进行测试和评价，以确保仪表盘是用户友好的、能够按照用户期望的方式运行，并产生用户期望和需要的输出。

4）仪表盘设计团队在每个步骤对仪表盘进行设计，以确保仪表盘按照团队的意图运作。

14. **Excel 中用于数据仪表盘中数据筛选的工具**。以下哪项是 Excel 中允许仪表盘用户筛选要在数据透视表和透视图中显示的数据的工具。**学习目标6**

1）筛选器。

2）切块器。

3）切片器。

4）过滤器。

15. **Excel 表格和构建数据仪表盘**。利用 Excel 中的原始数据创建 Excel 表格的好处是什么？**学习目标6**

1）通过将记录输入到与表的最后一行相邻的行中，可以为现有数据添加一条新的记录。

2）通过将字段输入到与表的最后一列相邻的列中，可以为现有数据添加一个新的字段。

3）通过为表格命名，可以利用该名称而不是其单元格范围引用表格。

4）以上每一项都是利用 Excel 中的原始数据创建表格的好处。

16. **数据仪表盘设计中的常见错误**。以下哪项是设计和开发数据仪表盘时常见的错误？**学习目标7**

1）使用大量动画来吸引和娱乐用户。

2）在数据仪表盘中为每个显示使用不同类型的图表，为用户提供多样化的视觉效果。

3）没有仔细考虑使用数据仪表盘的环境。

4）在数据仪表盘底部随机提供与组织无关但有趣的琐事，以鼓励用户经常访问。

应用题

17. **评估数据仪表盘的设计。**图 8-12 所示的 Espléndido Jugo y Batido 公司的数据仪表盘的替代版本如下。你会如何修改这个替代方案来改进仪表盘？**学习目标 2**

行标签	果汁 总销售额/美元	平均交货时间	奶昔 总销售额/美元	平均交货时间	总销售额/美元	总平均交货时间
苹果	1 436 632	4.481	1 116 500	4.318	2 553 132	4.409
甜菜	606 708	4.449	352 319	4.583	959 026	4.502
胡萝卜	1 110 233	4.345	932 670	4.417	2 042 903	4.378
芹菜	724 257	4.806	826 358	4.313	1 550 615	4.548
黄瓜	1 080 531	4.325	899 259	4.376	1 979 790	4.348
葡萄	1 269 622	4.411	1 007 050	4.301	2 276 672	4.362
橙子	1 740 004	4.437	1 387 955	4.381	3 127 959	4.412
梨	1 278 248	4.438	1 021 064	4.469	2 299 312	4.452
番茄	648 656	4.419	383 834	4.344	1 032 489	4.389
总计	9 894 891	4.447	7 927 009	4.379	17 821 898	4.416

18. **评估数据仪表盘中图表的选择。**图 8-12 所示的 Espléndido Jugo y Batido 公司的数据仪表盘的替代版本如下。你会如何修改这个替代方案来改进仪表盘？**学习目标 2**

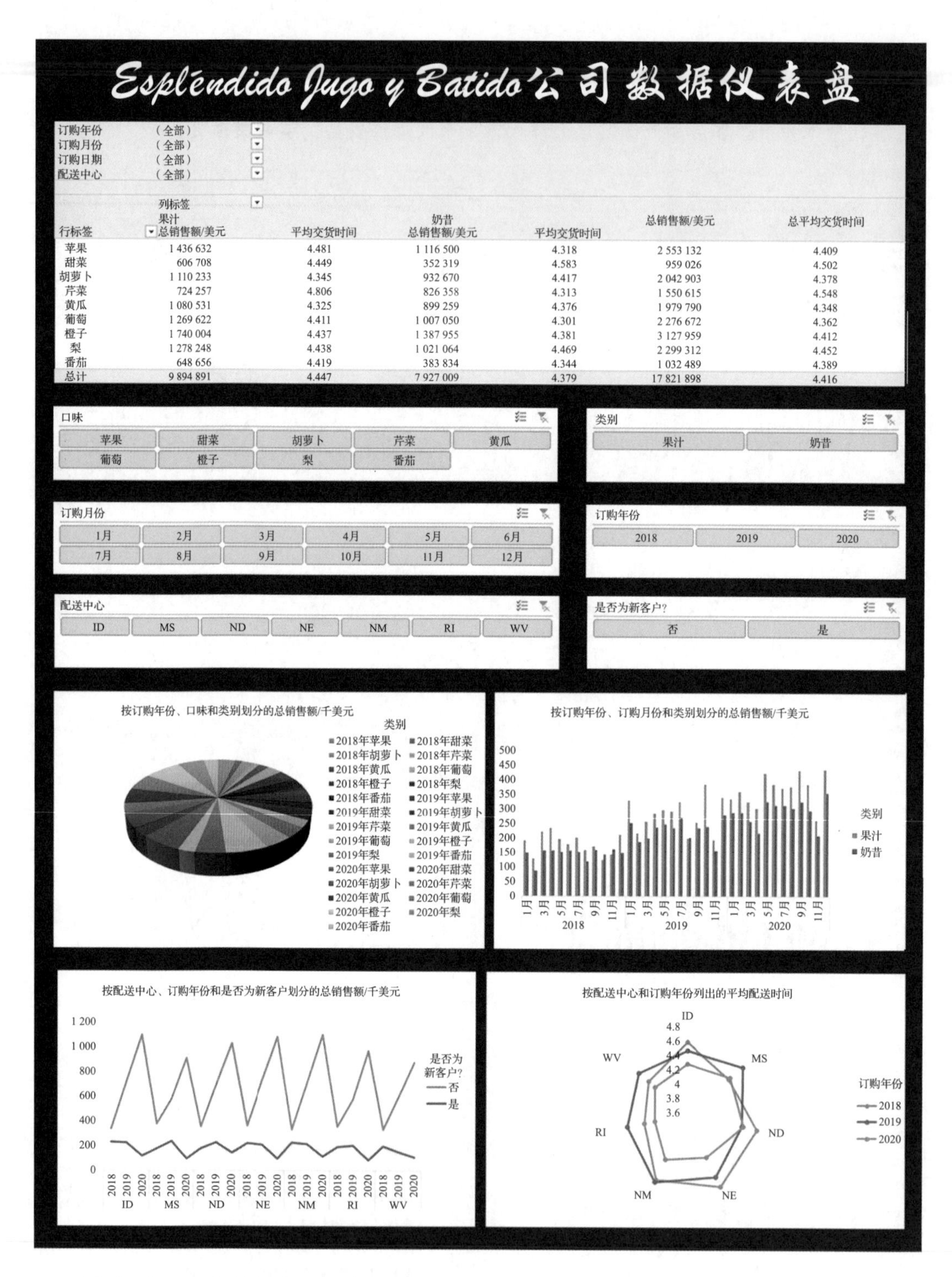

行标签	果汁 总销售额/美元	平均交货时间	奶昔 总销售额/美元	平均交货时间	总销售额/美元	总平均交货时间
苹果	1 436 632	4.481	1 116 500	4.318	2 553 132	4.409
甜菜	606 708	4.449	352 319	4.583	959 026	4.502
胡萝卜	1 110 233	4.345	932 670	4.417	2 042 903	4.378
芹菜	724 257	4.806	826 358	4.313	1 550 615	4.548
黄瓜	1 080 531	4.325	899 259	4.376	1 979 790	4.348
葡萄	1 269 622	4.411	1 007 050	4.301	2 276 672	4.362
橙子	1 740 004	4.437	1 387 955	4.381	3 127 959	4.412
梨	1 278 248	4.438	1 021 064	4.469	2 299 312	4.452
番茄	648 656	4.419	383 834	4.344	1 032 489	4.389
总计	9 894 891	4.447	7 927 009	4.379	17 821 898	4.416

19. **在数据仪表盘中添加图表。**除了图 8-12 所示的数据仪表盘上提供的信息外，EJB 公司的管理层还决定将过去三年中各配送中心的平均服务满意度评分和平均产品满意度评分之间的关系通过一系列图表进行展示。EJB 公司的管理层希望包含一个表，该表提供配送中心各个年度的平均服务满意度评分和平均产品满意度评分。**学习目标 2**

（1）你会推荐哪种类型的图表来显示过去三年各配送中心的平均服务满意度评分和平均产品满意度评分之间的关系？请解释为什么会推荐这样的图表。

（2）如何修改图8-12中的数据仪表盘，使之与（1）中建议的图表合并？

20. **构建技术支持数据仪表盘。**华盛顿州的体育用品连锁店Bogdan's Express希望构建一个技术支持数据仪表盘，以监控其技术支持团队在处理IT问题时的效率。管理层主要关心的是，在问题报告后，IT支持团队响应所需的时间（响应时间），以及在最近四个月里IT支持团队做出初始响应后，该团队解决问题所需的时间（解决时间）。他们希望能够按日期、技术问题类型（电子邮件、硬件或互联网）和办事处（贝灵汉姆、奥林匹亚、西雅图或斯波坎）来审查IT团队的绩效。

每个报告的问题都会立即被记录下来，并分配一个案件编号，Bogdan从其关系数据库中收集的数据包括案件编号、日期、办事处、技术问题类型、响应时间（以分为单位）和解决时间（以分为单位）。他们还为问题报告的月份创建了一个新字段。请注意，响应时间和解决时间都只包括在正常工作时间内的时间。

Bogdan的工作人员已经为Excel中的数据仪表盘创建了以下组件。**学习目标6**

1）按办事处分组的跨月平均响应时间折线图（在Chart1工作表中）。

2）按办事处分组的跨月平均解决时间折线图（在Chart2工作表中）。

3）按办事处和技术问题类型分组的平均解决时间的簇状柱形图（在Chart3工作表中）。

4）按办事处和技术问题类型分组的问题报告数量的堆积簇状柱形图（在Chart4工作表中）。

这些数据和图表都可以在文件*BogdanCharts*中找到，每个图表所在的工作表名称在Bogdan的描述中已经给出。

（1）为Bogdan的图表创建以下切片器。

1）在Chart1工作表中，一个用于月份的切片器和一个用于办事处的切片器。

2）在Chart2工作表中，一个用于月份的切片器和一个用于办事处的切片器。

3）在Chart3工作表中，一个用于办事处的切片器和一个用于技术问题类型的切片器。

4）在Chart4工作表中，一个用于办事处的切片器和一个用于技术问题类型的切片器。

（2）通过创建新的工作表并将其命名为Dashboard来创建数据仪表盘；将图表和切片器从Chart1、Chart2、Chart3与Chart4工作表移动到Dashboard工作表，并重新调整这些图表和切片器在Dashboard工作表中的位置；为仪表盘添加标题并进行必要的格式设置和编辑，使仪表盘兼具功能性和视觉吸引力。

（3）通过以下方式修改（2）中创建的数据仪表盘。

1）为Chart1和Chart2工作表中的图表创建单个切片器以筛选月份。

2）为Chart1、Chart2、Chart3和Chart4工作表中的图表创建单个切片器以筛选办事处。

3）为Chart3和Chart4工作表中的图表创建单个切片器以筛选技术问题类型。

修改数据仪表盘后，重新排列图表和切片器，以创建一个有效且具有视觉吸引力的仪表盘。测试每个切片器，以确保它在适当的图表上有效。

（4）保护（3）中的数据仪表盘不被用户修改。确保切片器无法调整大小或移动，为工作表 Dashboard 设置密码保护（使用密码 Problem820），并隐藏除工作表 Dashboard 之外的所有工作表。

（5）4 月 29 日至 30 日的 7 条记录如下表所示，将这些数据添加到表 BogdanData 中，并刷新所有数据透视表和数据透视图。描述生成的仪表盘与（4）中的仪表盘之间的差异。

案件编号	日期	月份	办事处	技术问题类型	响应时间 / 分	解决时间 / 分
1990	29 日	4 月	奥林匹亚	硬件	59.9	23.1
1994	29 日	4 月	斯波坎	硬件	15.8	64.1
2000	29 日	4 月	贝灵汉姆	硬件	26.7	53.4
2005	29 日	4 月	贝灵汉姆	互联网	41.4	12.8
2011	30 日	4 月	奥林匹亚	硬件	96.1	14.6
2012	30 日	4 月	斯波坎	硬件	125.6	55.0
2019	30 日	4 月	斯波坎	电子邮件	4.5	45.9

21. **构建捐赠者数据仪表盘。**美国寻回犬基金会（ARF）是一个非营利性组织，致力于解决六种不同的寻回犬所面临的健康问题。ARF 需要开发一个数据仪表盘来监测其捐赠者活动及其与潜在捐赠者的互动。管理层主要关注捐赠的数量和金额、历史捐赠者（过去 12 个月内有过捐献经历者）的数量和新潜在捐赠者的数量以及导致捐赠的募捐数量。他们希望通过日期和联系方式（电话、电子邮件或个人会议）来比较 ARF 的四位开发官员（兰德尔·沙利、唐娜·桑切斯、玛丽·莱登、阮华）的这些成果。

ARF 从其关系数据库中收集了去年每次募捐活动的数据。这些数据包括募捐号码、开发官员、募捐日期、募捐方式、募捐是否导致捐赠、募捐的潜在捐赠者是否为历史捐赠者等。ARF 还增加了一个募捐月份的字段。

ARF 的工作人员已经在 Excel 中为数据仪表盘创建了以下组件。

- 按开发官员和募捐是否导致捐赠的方式堆积的募捐数量的堆积柱形图（在 Chart1 工作表中）
- 按募捐方式和募捐是否导致捐赠的方式堆积的成功募捐比例的堆积柱形图（在 Chart2 工作表中）
- 按开发官员和历史捐赠者指定模式（legacy designation）的方式堆积的捐赠总额的堆积柱形图（以 1 000 美元为单位）（在 Chart3 工作表中）
- 按募捐方式和历史捐赠者指定模式的方式堆积的捐赠总额的堆积柱形图（以 1 000 美元为单位）（在 Chart4 工作表中）

这些数据和图表都可以在文件 *ARFCharts* 中找到，每个图表所在的工作表名称已在 ARF 提供的图表描述中给出。**学习目标 6**

（1）为 ARF 的图表创建以下切片器。

1）在 Chart1 工作表中的图表，一个用于开发官员的切片器、一个用于募捐是否导致捐赠的切片器，以及一个用于募捐月份的切片器。

2）在 Chart2 工作表中的图表，一个用于募捐方式的切片器、一个用于募捐是否导致捐赠的切片器，以及一个用于开发官员的切片器。

3）在 Chart3 工作表中的图表，一个用于开发官员的切片器、一个用于捐赠者历史状态的切片器，以及一个用于募捐月份的切片器。

4）在 Chart4 工作表中的图表，一个用于募捐方式的切片器、一个用于捐赠者历史状态的切片器，以及一个用于募捐月份的切片器。

（2）通过创建新的工作表并将其命名为 Dashboard 来创建数据仪表盘；将图表和切片器从 Chart1、Chart2、Chart3 与 Chart4 工作表移动到 Dashboard 工作表，并重新调整这些图表和切片器在工作表 Dashboard 中的位置；为仪表盘添加标题并进行必要的格式设置和编辑，使仪表盘兼具功能性和视觉吸引力。

（3）通过以下方式修改（2）中创建的数据仪表盘。

1）为 Chart1、Chart2 和 Chart4 工作表中的图表创建单个切片器以筛选募捐月份。

2）为 Chart1、Chart2 和 Chart3 工作表中的图表创建单个切片器以筛选开发官员。

3）为 Chart1 和 Chart2 工作表中的图表创建单个切片器以筛选募捐是否导致捐赠。

4）为 Chart3 和 Chart4 工作表中的图表创建单个切片器以筛选捐赠者的历史状态。

5）为 Chart2 和 Chart4 工作表中的图表创建单个切片器以筛选募捐方式。

修改数据仪表盘后，重新排列图表和切片器，以创建一个有效且具有视觉吸引力的仪表盘。测试每个切片器，以确保它在适当的图表上有效。

（4）保护（3）中的数据仪表盘不被用户修改。确保切片器无法调整大小或移动，为 Dashboard 工作表设置密码保护（使用密码 Problem821），并隐藏除 Dashboard 工作表之外的所有工作表。

（5）文件 *ARFNewData* 包含过去一年的 15 个条目，这些条目在这个仪表盘的数据被检索之前没有被输入到关系数据库中。将这些数据添加到表 ARFData 中，并刷新所有的数据透视表和数据透视图。描述生成的仪表盘与（4）中仪表盘之间的差异。

22. **构建个人健身数据仪表盘**。去年年底，维罗妮卡·坎普得知自己处于糖尿病前期。她的医生建议她立即开始有规律的锻炼，并将摄入的热量限制在每天大约 1 500 卡路里，同时还建议她每天监测收缩压、舒张压、心率和血糖水平。

从 1 月 1 日开始，维罗妮卡每周锻炼三次，每次锻炼时间约为 30 分钟，并且开始使用下载的应用程序来监控膳食中的热量摄入量，同时开始每天监测收缩压、舒张压、心率和血糖水平。她创建了一个数据库，记录了从 1 月到 11 月每一天的数据，并生成了以下图表，图表存放于文件 *VeronicaCharts* 中。**学习目标 6**

- 月平均收缩压折线图（在 Chart1 工作表中）
- 月平均舒张压折线图（在 Chart2 工作表中）
- 月平均心率折线图（在 Chart3 工作表中）

- 月平均血糖水平折线图（在 Chart4 工作表中）
- 月运动总分钟数折线图（在 Chart5 工作表中）
- 月平均每餐摄入热量折线图（在 Chart6 工作表中）

（1）通过创建一个新的工作表 Dashboard 来为维罗妮卡创建一个数据仪表盘；将图表从工作表 Chart1、Chart2、Chart3、Chart4、Chart5 和 Chart6 移动到工作表 Dashboard 中，并重新调整这些图表在工作表 Dashboard 中的位置；为仪表盘添加标题并进行必要的格式设置和编辑，使仪表盘兼具功能性和视觉吸引力。

（2）在（1）中创建的数据仪表盘中创建一个切片器，使用户可以对仪表盘上的所有图表进行日期筛选。修改数据仪表盘后，重新排列图表和切片器，以创建一个有效且具有视觉吸引力的仪表盘。测试切片器以确保它在适当的图表上有效。

（3）在 Excel 表 VeronicaData 的 L 列中新建“总热量”字段，将每日早餐热量、午餐热量、晚餐热量和甜点热量相加。刷新所有数据透视表和数据透视图，然后将平均每日总热量添加到每个月的平均每餐摄入热量折线图中。描述生成的仪表盘与（2）中的仪表盘之间的差异。

（4）保护（3）中的数据仪表盘不被用户修改。确保切片器无法调整大小或移动，对工作表 Dashboard 设置密码保护（使用密码 Problem822），并隐藏除工作表 Dashboard 之外的所有工作表。

23. **构建棒球统计数据仪表盘。**全美棒球协会的一支棒球队——斯普林菲尔德蜘蛛队希望为球迷创建一个数据仪表盘。蜘蛛队管理层希望球迷能够查看每场比赛的得分和失分，并能够查看对手的以及每周某天的比赛中赢球和输球的次数，以及平均每场比赛的观众人数。他们还希望球迷能够根据主场和客场比赛来进行筛选。

蜘蛛队收集了上一个赛季每场比赛的日期、对手、比赛是在主场还是在客场进行、蜘蛛队得分、对手得分、蜘蛛队胜负情况，以及每场比赛的观众人数的数据。他们还添加了一个显示星期几的新字段，并为其数据仪表盘创建了以下图表，图表存放于文件 *SpidersCharts* 中。**学习目标 6**

- 每场比赛得分和失分的折线图（在 Chart1 工作表中）
- 每个月的胜负次数的簇状柱形图（在 Chart2 工作表中）
- 每月主场和客场比赛平均每场观众人数的簇状柱形图（在 Chart3 工作表中）
- 每周某天主场和客场比赛平均每场观众人数的簇状柱形图（在 Chart4 工作表中）

（1）通过创建新的工作表并将其命名为 Dashboard 来为蜘蛛队创建一个数据仪表盘；将图表从 Chart1、Chart2、Chart3 和 Chart4 工作表移动到 Dashboard 工作表，并重新调整这些图表在 Dashboard 工作表中的位置；为仪表盘添加标题并进行必要的格式设置和编辑，使仪表盘兼具功能性和视觉吸引力。

（2）通过以下方式修改（1）中创建的数据仪表盘。

1）为 Chart1、Chart2、Chart3 和 Chart4 工作表中的图表创建一个用于筛选一周中的某一天的切片器。

2）为 Chart1、Chart2、Chart3 和 Chart4 工作表中的图表创建一个用于筛选对手的切片器。

3）为 Chart1、Chart2、Chart3 和 Chart4 工作表中的图表创建一个用于筛选月份的切片器。

4）为 Chart1、Chart2、Chart3 和 Chart4 工作表中的图表创建一个用于筛选主场和客场比赛的切片器。

修改数据仪表盘后，重新排列图表和切片器，以创建一个有效且具有视觉吸引力的仪表盘。测试每个切片器，以确保它在适当的图表上有效。

（3）通过以下步骤创建一个比赛得分和比赛失分的替代显示方案。

步骤 1　在表 SpidersData 的第一列中创建新的字段“得分差异”，为每场比赛得分减去比赛失分。

刷新所有数据透视表和数据透视图。

步骤 2　创建一个新的工作表并将其重命名为 Chart1A。

在 Chart1A 工作表中创建一个新的数据透视表和数据透视图。

将“数据透视字段表”任务窗格中的**“日期”**字段拖到**“行”**区域，将**“得分差异”**字段拖到**“值”**区域，以创建柱形图。

右击水平轴，然后单击**“设置坐标轴格式”**打开**“设置坐标轴格式”**任务窗格，单击**“轴选项”**按钮并单击**“标签”**，然后在**“标签位置”**下拉菜单中选择**“低”**，以将水平轴定位在图表底部。

仍然在**“设置坐标轴格式”**任务窗格中，单击**“轴选项”**按钮并单击**“填充与线条”**，然后在**“线条”**区域将轴的颜色更改为黑色，并将其宽度增加到 2pt。

单击图表中的任意柱形图，单击**“设置数据系列格式”**，单击**“填充与线条”**按钮，在**“填充”**区域单击“负向反转”框，并选择要应用于正柱和负柱的颜色。

步骤 3　将原来在 Chart1 工作表中创建的仪表盘上的折线图替换为在 Chart1A 工作表中创建的图表。

描述生成的仪表盘与（2）中仪表盘之间的差异。

（4）保护（3）中的数据仪表盘不被用户修改。确保切片器无法调整大小或移动，为 Dashboard 工作表设置密码保护（使用密码 Problem823），并隐藏除 Dashboard 工作表之外的所有工作表。

（5）新赛季第一个月的数据在文件 *SpidersNewData* 中可以找到。将此新数据添加到表 SpidersData 中，并删除（3）中仪表盘的数据工作表的表 SpidersData 中的前一个赛季的数据，以使仪表盘只显示新赛季的数据。数据仪表盘的结果传达了什么信息？你建议采用什么替代方案将新数据合并到现有的数据仪表盘中？

CHAPTER 9

第9章

用数据可视化讲述真相

■ 学习目标

学习目标1 利用 Excel 识别缺失数据和数据错误。

学习目标2 定义偏差数据的含义，解释选择性偏差和幸存者偏差的概念。

学习目标3 定义辛普森悖论，并解释使用散点图来识别辛普森悖论的一些实例。

学习目标4 说明在代表长时段的时间序列数据中根据通货膨胀进行调整的重要性，并使用价格指数来调整名义值，以应对通货膨胀的影响。

学习目标5 识别与图表中使用的轴相关的欺骗性设计实践，并建议如何改进这些图表中的轴，以便更清楚地向读者传达信息。

学习目标6 解释为什么双轴图对读者来说经常是混乱和具有误导性的，并提供更清晰的替代方案。

学习目标7 解释图表中数据的范围和数据的时间频率如何影响传达给读者的信息。

学习目标8 解释为什么一些地理地图会导致误导性的数据可视化，并为如何改进这些类型的地图提供建议。

■ 数据可视化改造案例

美国最受欢迎的“十大电影”

我们在互联网上可以找到许多有史以来最受欢迎的电影的名单。其中一些榜单是基于电影评分或意见等主观因素给出的，而另一些榜单则是基于收入、票房或利润等定量数据给出的。Box Office Mojo 是一个收集票房收入数据并向公众提供这些数据的网站，由亚马逊的子公司 IMDb 拥有。boxofficemojo.com 网站包含了大量关于电影和票房收入的数据。该网站持续追踪票房收入最高的电影，并收集了过去 100 年来美国制作的许多电影的数据。

图 9-1 展示了根据北美洲电影院的电影票房收入计算的美国史上“十大电影”。在图 9-1 中，横轴表示电影上映年份，纵轴表示北美洲地区的票房总收入。有趣的是，我们发现排名前十的电影都是最近制作的；“十大电影”中历史最悠久的是 1997 年上映的《泰坦尼克号》，其余九部电影都是在 2009 年之后上映的。

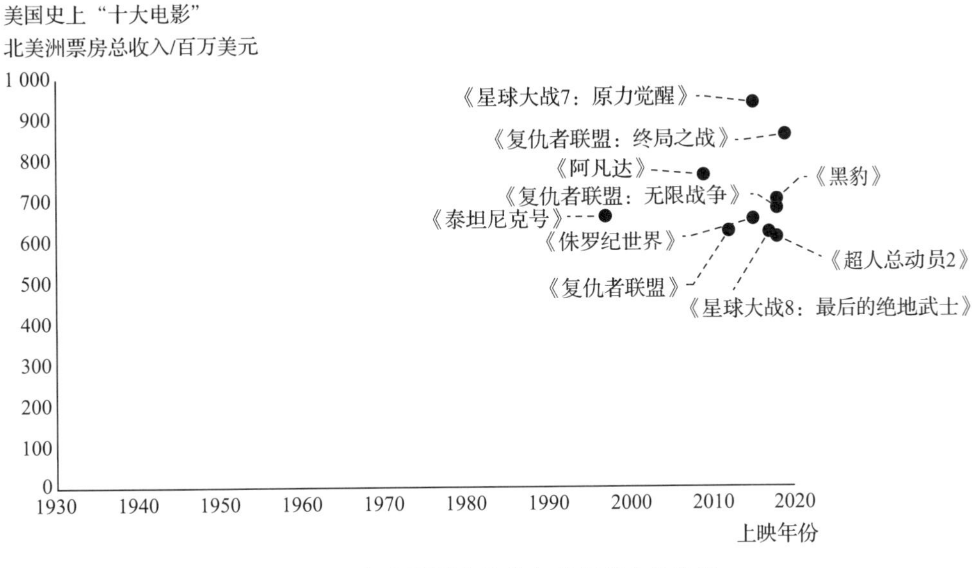

图 9-1　北美洲票房总收入排名前十的电影

根据图 9-1 我们可以得出结论：在北美洲地区根据票房收入计算，最近几年制作的电影产生了所有票房收入最高的顶级电影。从这张图中可以看出，从票房上看，1997 年以前的电影似乎不如近年来的电影受欢迎。

在检查图 9-1 的设计时，我们没有发现明显的错误——图表具有解释性标题，坐标轴标签清晰明了，没有明显的杂乱迹象，图表相对简单，数据－墨水比也比较高。尽管如此，我们在解读这张图表时仍然要格外小心。在检查不同时间点的收入、成本或利润等货币钱数时，会出现一个常见的问题，即 1951 年票房收入 50 万美元与 2020 年票房收入 50 万美元是不同的，这种差异是由通货膨胀造成的。根据 IMDb 的数据，[㊀]1951 年一张电影票的平均价格是 0.53 美元，而 2020 年一张电影票的平均价格是 9.37 美元。因此，一部电影要在 1951 年赚取 50 万美元的收入，需要卖出 50 万美元 /0.53 美元 =943 396 张票。而在 2020 年为了赚取 50 万美元的收入，一部电影只需要卖出 50 万美元 /9.37 美元 =53 362 张票。换言之，如果票房收入相同，2020 年一部电影卖出的票数仅仅相当于 1951 年一部电影卖出票数的 5.6%。这意味着老电影很难出现在前 10 名电影的排行榜上，因为老电影在票房上必须比最近的电影卖出更多的票。这实际上使数据偏向于更重权重的新电影票房销售。

㊀ 见 https://help.imdb.com/article/imdbpro/industry-research/box-office-mojo-by-imdbpro-faq/GCWTV4MQKGWRAUAP?ref_=mojo_cso_md#inflation。

为了帮助消除这些数据中的偏差，我们可以使用根据通货膨胀率调整后的票房总收入来评估史上票房收入排名前十的电影。在本章后面的内容中，我们将更详细地说明如何针对通货膨胀进行调整，但目前我们只是简单解释，即以 2020 年的美元来衡量票房总收入。这使得我们可以比较不同年份上映的电影，就好像所有的票房收入都是在 2020 年赚取的。图 9-2 显示了根据通货膨胀率调整后的票房总收入排名前十的电影。

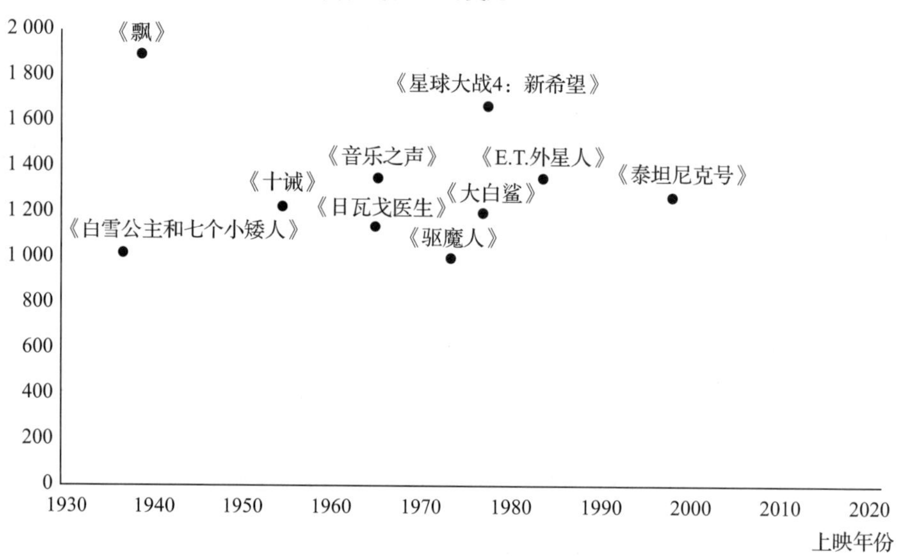

图 9-2　根据通货膨胀情况调整后，北美洲票房总收入排名前十的电影

从图 9-2 可以看出，经过调整后，许多老电影创造了北美洲最高的票房总收入。根据调整后的数据，1939 年上映的《飘》实际上创造了北美洲有史以来最高的票房总收入。同时还可以从图 9-2 中发现，从调整后的数据来看，2000 年之后上映的电影没有哪一部进入票房总收入的前十名。对比图 9-1 和图 9-2，我们看到只有一部 1997 年上映的电影《泰坦尼克号》同时出现在两张图中。

图 9-1 和图 9-2 说明了在展示发生在不同时间点的货币价值时，考虑根据通货膨胀率进行调整的重要性。当所有的货币价值都来自类似的时间段（一般在几年之内）时，通常不需要根据通货膨胀率进行调整，但是当货币价值涵盖很宽的时间范围时，如果不根据通货膨胀率进行调整，就会产生极其有偏差的可视化效果。图 9-1 蕴含的信息是，所有票房收入最高的电影都是近期上映的，前十名中只有一部电影在 2000 年之前上映。然而，通过观察经调整后的数值，图 9-2 展示了截然不同的结论——票房收入最高的十部电影都是在 2000 年之前上映的。

值得注意的是，通货膨胀只是这些数据存在偏差的一个潜在原因。在比较不同时间点的数据时，还有许多其他因素可能会影响数据。例如，北美洲人口在 1951 年至 2020 年间大幅增长。随着人口的增加，电影院的数量也在增加。这意味着 2020 年的电影院数量要比 1951 年多得多。因此，日期更近的电影可以在更多的影院上映，可能会卖出更多的电影票，从而带来更多的票房收入。然而，2020 年上映的电影也比 1951 年多得多。这意味着存在更多的竞争，更多的电影争夺上映的机会。另外，在 20 世纪 50 年代以前，电影也没有与电视争夺观众的实质性竞争。通货膨胀调整可以消除数据中一个潜在的重大偏差来源，更重要的是要认识到可能还存在其他偏差来源。数据可视化的设计人员需要考虑这些潜在的偏差可能对可视化产生的影响，并采取相应措施来减轻这些偏差的影响。

在本章中，我们将讨论如何设计数据可视化来传达真实信息，以及如何避免创建带有误导性或混淆性的可视化。有些数据可视化并不能完全反映事实，因为设计者有意试图误导或过分影响读者。更常见的情况是，由于设计者无意中犯下的错误，数据可视化并不能反映全部的事实，从而误导或引起了读者的困惑。如本章数据可视化改造案例所示，即使是简单的不进行通货膨胀调整也能完全改变数据可视化的结果和从中得出的结论。本章所涵盖的问题将有助于为读者创建清晰、真实的数据可视化。

所有的数据可视化都是从数据开始的。如果我们使用了错误的、不完整的或有偏差的数据，那么我们的可视化将无法反映全部的事实。因此，本章首先讨论数据的常见问题，如缺失数据和偏差数据，这些问题可能会导致误导或混淆的数据可视化。我们还探讨了在创建数据可视化时应当避免的欺骗性设计。这些欺骗性设计通常涉及未能恰当选择坐标轴或者未能合理选择在可视化中呈现哪些数据。我们还探讨了制作地理地图时可能会遇到的问题，并为避免欺骗性图表的创建提供了相关建议。

9.1　缺失数据和数据误差

现实生活中的许多数据集都可能受到数据值缺失和错误的影响。这些缺失值和数据误差出现的原因多种多样，我们需要深入了解背后的原因，才能采取适当的处理方法。删除或替换数据中的缺失值和错误会对后续的所有数据分析产生影响，包括创建数据可视化。在本节中，我们将探讨一些常用的方法来识别缺失数据和数据错误，并讨论处理这些问题的方法。

9.1.1　识别缺失数据

以美国汽车轮胎生产商布莱克利（Blakely）轮胎公司为例，为了了解其在得克萨斯州的汽车上的轮胎状况，该公司从 116 辆使用布莱克利品牌轮胎的汽车中获得了每一辆的轮胎信息，这些信息是通过得克萨斯州最近的汽车检查机构收集的。布莱克利获得的数据包括轮胎在汽车上的位置（左前、左后、右前、右后），轮胎使用寿命，轮胎里程（英里数），以及轮胎上剩余胎面的深度。在布莱克利的管理层试图深入了解其在得克萨斯州生产的汽车轮胎之前，他们希望先评估这些数据的质量。布莱克利收集的前几行数据如图 9-3 所示。

	A	B	C	D	E
1	ID编号	在汽车上的位置	轮胎使用寿命/月	胎面深度	英里数
2	13391487	LR	58.4	2.2	2 805
3	21678308	LR	17.3	8.3	39 371
4	18414311	RR	16.5	8.6	13 367
5	19778103	RR	8.2	9.8	1 931
6	16355454	RR	13.7	8.9	23 992
7	8952817	LR	52.8	3	48 961
8	6559652	RR	14.7	8.8	4 585
9	16289814	LR	6.2	10.1	5 221

图 9-3　显示布莱克利轮胎数据的部分 Excel 电子表格

轮胎的胎面深度是指胎面橡胶顶部到轮胎最深沟槽底部之间的垂直距离，在美国的测量单位是 1/32 英寸。新的布莱克利品牌轮胎的胎面深度为 10/32 英寸，如果胎面深度为 2/32 英寸或更少，则认为胎面深度不足。较浅的胎面深度是危险的，因为它会导致较差的牵引力，从而使驾驶汽车更加困难。布莱克利的轮胎一般可以使用 4 年到 5 年，也就是能支持行驶 4 万到 6 万英里。

现在我们开始评估这些数据的质量，首先我们来确定布莱克利轮胎数据中任何变量的缺失值（如果有的话）。可以使用 Excel 的 COUNTBLANK 函数来做到这一点。下面的步骤展示了如何为文件 *BlakelyTires* 中的每个变量计算缺失的观察值。

步骤 1　在单元格 G2 中输入 **"# 缺失数据"** 的标题。

步骤 2　在单元格 H1 中输入标题“轮胎使用寿命 / 月”，在单元格 I1 中输入标题“胎面深度”，在单元格 J1 中输入标题“英里数”。

步骤 3　在单元格 H2 中输入公式 =COUNTBLANK(C2:C457)。
将单元格 H2 的内容复制到单元格 I2 和 J2。

单元格 H2 中的结果表明，这些数据中的所有观测值都没有丢失其对轮胎使用寿命的价值。通过对 I 列和 J 列中数据中的其余定量变量（胎面深度和英里数）重复此过程，我们确定胎面深度没有缺失值，而英里数有一个缺失值。生成的 Excel 电子表格的前几行如图 9-4 所示。

接下来，我们将对布莱克利收集的关于英里数的所有数据从最小值到最大值进行排序，以确定哪些观测数据缺少该变量的值。通过 Excel 中的排序过程，我们将列出所有在排序变量“英里数”中缺少值的观测结果，这些观测结果将作为排序数据中的最后一项。

我们还可以使用 Excel 条件设置工具来快速探索数据，并使用可视化来帮助我们识别所有缺失值。图 9-5 表示 ID 编号为 3354942 的汽车左前轮胎缺失英里数的值。由于 456 个观测值中只有一个观测值的英里数是缺失的，因此可以通过确定一个逻辑上合理的值来代替这个缺失值以挽救这个观测值。假设 ID 编号为 3354942 的汽车左前轮胎的英里数与该汽车其他三个轮胎的英里数相同，对所有 ID 编号的数据进行排序，并突出 ID 编号为 3354942 的数据值，找到属于该汽车（见图 9-6）的四个轮胎。

	A	B	C	D	E	F	G	H	I	J
1	ID编号	在汽车上的位置	轮胎使用寿命/月	胎面深度	英里数			轮胎使用寿命/月	胎面深度	英里数
2	13391487	LR	58.4	2.2	2 805		缺失值数量	=COUNTBLANK(C2:C457)	=COUNTBLANK(D2:D457)	=COUNTBLANK(E2:E457)
3	21678308	LR	17.3	8.3	39 371					
4	18414311	RR	16.5	8.6	13 367					
5	19778103	RR	8.2	9.8	1 931					
6	16355454	RR	13.7	8.9	23 992					
7	8952817	LR	52.8	3	48 961					
8	6559652	RR	14.7	8.8	4 585					
9	16289814	LR	6.2	10.1	5 221					

	A	B	C	D	E	F	G	H	I	J
1	ID编号	在汽车上的位置	轮胎使用寿命/月	胎面深度	英里数			轮胎使用寿命/月	胎面深度	英里数
2	13391487	LR	58.4	2.2	2 805		缺失值数量	0	0	1
3	21678308	LR	17.3	8.3	39 371					
4	18414311	RR	16.5	8.6	13 367					
5	19778103	RR	8.2	9.8	1 931					
6	16355454	RR	13.7	8.9	23 992					
7	8952817	LR	52.8	3.0	48 961					
8	6559652	RR	14.7	8.8	4 585					
9	16289814	LR	6.2	10.1	5 221					

图 9-4　显示布莱克利轮胎数据中变量缺失值的数量的部分 Excel 电子表格

	A	B	C	D	E
19	12277878	LF	8.1	9.8	2390
20	20420626	RF	24.4	6.6	672
21	1383349	RF	25.9	7.1	6094
22	21514254	LR	17.8	8.3	5161
23	10363514	RR	31.9	6.2	57694
24	6427178	RR	13.3	9	6858
25	11980523	LF	21.3	7.8	28108
26	6465679	RR	18.4	8.3	43751
27	11320872	RR	12.9	9.1	27143
28	9091771	RF	1.8	10.8	2917
29	3354942	LF	17.1	8.5	
30	19783520	RR	45	4.2	356
31	10363514	RF	31.9	6.3	57694

图 9-5 使用 Excel 条件格式工具突出显示布莱克利轮胎数据中的缺失值

	A	B	C	D	E
52	2253516	LF	26.2	7.1	55231
53	2253516	RR	26.2	7.1	55231
54	3121851	LR	17.1	8.4	21378
55	3121851	RR	17.1	8.4	21378
56	3121851	RF	17.1	8.4	21378
57	3121851	LF	17.1	8.5	21378
58	3354942	LF	17.1	8.5	
59	3354942	RF	21.4	7.7	33254
60	3354942	RR	21.4	7.8	33254
61	3354942	LR	21.4	7.7	33254
62	3574739	RR	73.3	0.2	57313

图 9-6 显示布莱克利轮胎数据从最低到最高的 ID 编号排序与突出显示 ID 编号 3354942 的部分 Excel 电子表格

由图 9-6 可知，ID 编号为 3354942 的汽车上其他三个轮胎的英里数都为 33 254，因此对于 ID 编号为 3354942 的汽车的左前轮胎，这可能是一个合理的值。但是，在将该值替换为 ID 编号为 3354942 的汽车的左前轮胎缺失值之前，应该试图确定（如果可能的话）该值是有效的，即表明驾驶员是出于正当理由进行单个轮胎更换的。在这个例子中，假设左前轮胎的正确值是 33 254，并在电子表格的适当单元格中替换这个数字。

9.1.2 识别数据误差

许多数据集都包含误差。这些误差可能是由于人工录入错误、自动采集数据的传感器错误校正或其他多种原因造成的。通过使用汇总统计、频数分布、直方图、散点图等工具对数据集中的变量进行检查，可以发现数据质量问题和异常值。例如，在布莱克利轮胎数据中寻找胎面深度的最小值或最大值可能会发现胎面深度的不真实值（甚至是负值），这将表明对于任何这样的观测，胎面深度的值都存在误差。

这里需要注意的是，包括 Excel 在内的很多软件在计算均值、标准差、最小值、最大值等各种汇总统计量时，都会忽略缺失值。然而，如果数据集中的缺失值用某个特殊值（如 9 999 999）表示，那么这些值可能会被软件用于计算各种汇总统计量，如均值、标准差、最小值和最大值。这两种情况都会对汇总统计量产生误导性的数值，这也是为什么许多分析人员在使用汇总统计量识别数据中的错误异常值和其他错误值之前，更倾向于处理缺失数据的问题。

我们回到布莱克利的轮胎数据。计算每个变量的均值和标准差，以评估这些变量的值在总体上是否合理。

再次利用文件 *BlakelyTires* 中的数据完成以下步骤。

步骤 1　在单元格 G3 中输入标题 **"均值"**。
　　在单元格 H3 中输入公式 =AVERAGE(C2:C457)。
　　将单元格 H3 的内容复制到单元格 I3 和 J3。

步骤 2　在单元格 G4 中输入标题 **"标准差"**。
　　在单元格 H4 中输入公式 =STDEV.S(C2:C457)。
　　将单元格 H4 的内容复制到单元格 I4 和 J4。

单元格 H3 和 H4 的结果表明，轮胎使用寿命的均值和标准差分别为 23.76 和 31.83。这些数值对于以月为单位的轮胎使用寿命来说似乎是合理的。胎面深度的均值和标准差分别为 7.64 和 2.51，英里数的均值和标准差分别为 25 834.54 和 24 143.38。这些值似乎是合理的胎面深度和英里数。分析结果如图 9-7 所示。

	A	B	C	D	E	F	G	H	I	J
1	ID编号	在汽车上的位置	轮胎使用寿命/月	胎面深度	英里数			轮胎使用寿命/月	胎面深度	英里数
2	9091771	RR	1.8	10.7	2 917		缺失值数量	0	0	0
3	9091771	LF	1.8	10.7	2 917		均值	23.76	7.64	25 834.54
4	9091771	RF	1.8	10.8	2 917		标准差	31.83	2.51	24 143.38
5	7712178	LR	2.1	10.6	2 186		最小值	1.8	0.0	206.0
6	7712178	LF	2.1	10.7	2 186		最大值	601.0	16.7	107 237.0
7	7712178	RR	2.1	10.7	2 186					
452	3574739	RR	73.3	0.2	57 313					
453	3574739	RF	73.3	0.2	57 313					
454	3574739	LF	73.3	0.2	57 313					
455	3574739	LR	73.3	0.2	57 313					
456	2122934	LR	111.0	9.3	21 000					
457	8696859	LR	601.0	2.0	26 129					

图 9-7　显示布莱克利轮胎数据按轮胎使用寿命从最低到最高排序和汇总统计的部分 Excel 电子表格

虽然均值和标准差的汇总统计有助于提供数据的总体观点，但还需要尝试确定三个变量是否有错误值。我们从找出每个变量的最小值和最大值开始。返回文件 *BlakelyTires* 并完成以下步骤。

步骤 3　在单元格 G5 中输入标题**“最小值”**。

在单元格 H5 中输入公式= MIN(C2:C457)。

将单元格 H5 的内容复制到单元格 I5 和 J5。

步骤 4　在单元格 G6 中输入标题**“最大值”**。

在单元格 H6 中输入公式= MAX(C2:C457)。

将单元格 H6 的内容复制到单元格 I6 和 J6。

单元格 H5 和 H6 的结果表明，轮胎使用寿命（以月为单位）的最小值和最大值分别为 1.8 个月和 601.0 个月。轮胎使用寿命的最小值是合理的，但最大值（略大于 50 年）不是轮胎使用寿命的合理值。为了识别具有这个极值的汽车，我们对轮胎使用寿命的整个数据集从最小值到最大值进行排序，并滚动到数据的最后几行。

从图 9-7 中看出，轮胎使用寿命的值为 601.0 的观测值来自 ID 编号为 8696859 的汽车的左后轮胎。ID 编号为 2122934 的汽车左后轮胎的轮胎使用寿命为可疑高值 111。将数据按 ID 编号排序并滚动，直到找到 ID 编号为 8696859 的汽车的四个轮胎，发现该汽车的其他三个轮胎的使用寿命值为 60.1。该结果表明，这辆汽车左后轮胎的轮胎使用寿命的小数点位置是错误的。滚动查找 ID 编号为 2122934 的汽车的四个轮胎，发现该车其他三个轮胎的轮胎使用寿命值为 11.1，这表明该车左后轮胎的轮胎使用寿命值的小数点位置也有误。这两个错误条目都需要进行更正。

通过对 I 列和 J 列数据中的其余变量（胎面深度和英里数）重复此过程，可以确定胎面深度的最小值和最大值分别为 0.0 和 16.7，英里数的最小值和最大值分别为 206.0 和 107 237.0。胎面深度的最小值和最大值都不合理；没有胎面的轮胎是无法驾驶的，数据中胎面深度的最大值实际上超过了新布莱克利品牌轮胎的胎面深度。英里数的最小值可能是合理的，但最大值不合理。应该对这些极端值和其他极端值进行类似的调查，以确定它们是否错误，如果是错误的，那么需要予以修正。

数据集中并非所有的错误值都是极端值，因此那些错误值更难发现。但是，如果存在疑似错误值的变量与数据中的另一个变量有比较强的关系，可以通过散点图等数据可视化工具对数据集进行探索，以帮助我们识别数据错误。假设该例子考虑变量胎面深度和英里数。因为行驶里程越多，汽车轮胎胎面深度的值就越小，所以预期这两个变量会有负相关关系。散点图可以让我们观察数据集中是否有与此预期相反的胎面深度和英里数的值。

图 9-8 中的红色椭圆显示了代表胎面深度和英里数的点通常被期望位于此散点图上的区域。位于椭圆外的点至少有一个变量的值与椭圆内的点所表现出的负相关关系不一致。如果将光标定位在椭圆外对应较高胎面深度和英里数的点上，Excel 会生成一个弹出框，显示该点的胎面深度和英里数分别为 9.7 和 104 658。该点所代表的轮胎在此里程下具有很深的胎面深度，这表明该轮胎的这两个变量中的一个或两个值可能不准确，应该进一步

进行研究。注意，图 9-8 中红色椭圆外的另外两个数据点代表了之前确定的胎面深度数据误差。

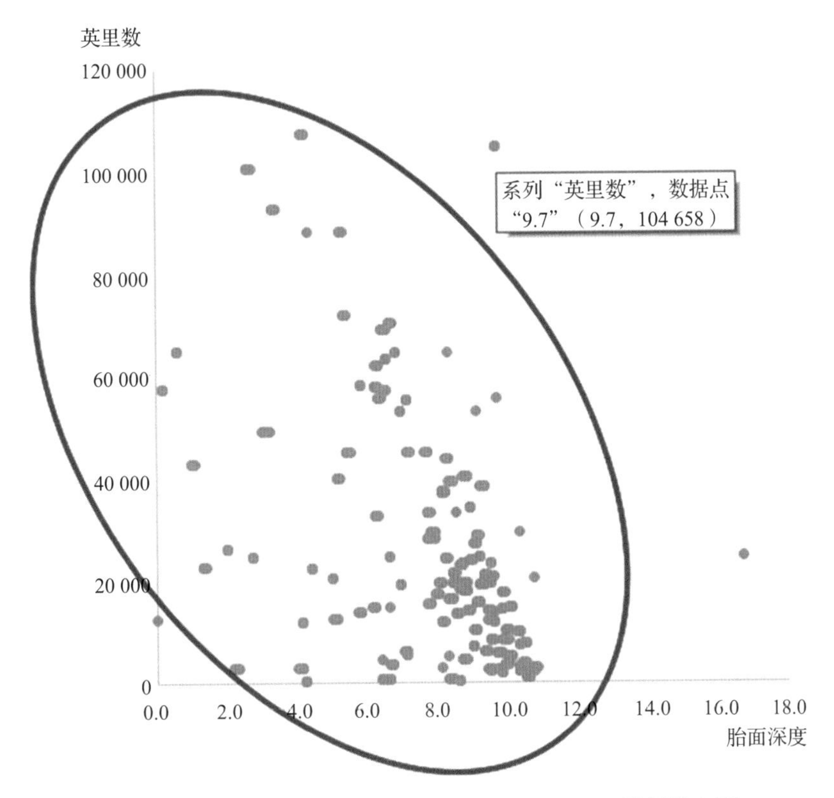

图 9-8　用于识别可能的数据错误的 BlakelyTires 数据散点图

对异常值和潜在的错误值进行更密切的检查可能会发现错误或需要进一步调查，以确定观测值是否与当前的分析相关。一种保守的方法是创建两个不同的数据可视化方案，其中一个有异常值，另一个没有异常值和潜在的错误值。如果两种数据可视化所传达的结论非常相同，那么应该追踪出现异常值的原因。

注释和评论

1. Excel 的数据验证工具可以用来控制用户输入到单元格中的内容，从而降低了手动输入导致数据误差的可能性。在 Excel 中通过单击功能区上的“数据”选项卡，然后单击“数据工具”组中的“数据验证”图标来实现数据验证。这将打开“数据验证”对话框，允许你创建规则，定义哪些类型的输入是有效的，并防止用户输入无效的内容。
2. 只有在仔细考虑异常值产生的原因和它们对从数据中得出的结论的影响之后，才可以剔除它们。如果异常值是由于明显的数据错误造成的，那么它可以被剔除或替换为一个修正值。如果不是由于明显的数据误差导致的异常值被剔除，一般建议在数据可视化或相关文档中注明这种剔除，以便读者知道异常值已被剔除。

9.2 偏差数据

另一个可能导致误导性或不正确的数据可视化的数据问题是偏差。当样本数据不能代表所研究的总体数据时，就存在**偏差数据**（Biased data）。导致偏差数据的原因有很多，在本节中，我们将讨论一些常见的导致偏差数据的原因，以及数据探索中识别潜在偏差数据的方法。

9.2.1 选择性偏差

选择性偏差（Selection bias）是数据中常见的偏差来源，会导致误导性的数据可视化和错误的结论。当数据来自一个没有被适当随机化以代表预期人群的样本时，就会出现选择性偏差。选择性偏差在包括政治学在内的许多不同领域频繁发生。假设有一个民意调查公司，想要对美国潜在选民进行调查，以确定他们在即将到来的选举中的偏好。如果调查公司打算只通过固定电话号码联系潜在选民，那么得到的受访者样本很可能在年龄方面存在偏差。因为老年人更有可能使用家庭固定电话，并在调查公司打电话时接听作答。在这种情况下，由于样本的收集方式出现了选择性偏差，导致样本年龄可能比选民总体的实际年龄大得多，因此，调查公司必须谨慎地使用这个样本来推断所有选民对候选人的偏好。

考虑帝国州立大学经济系的一个研究小组面临的一个相关但略有不同的挑战。这组研究者试图分析影响美国年收入的因素。研究者收集了 106 位受访者的样本数据，包括受访者的年龄、居住地、最近一年的年收入等多个因素。部分数据如图 9-9 所示，数据来自文件 *AgeIncome*。

为了验证他们的数据，研究人员创建了一个简单的散点图，探究样本数据中年龄与年收入之间的关系，如图 9-10 所示。研究人员还为这些数据添加了一条简单的线性趋势线，如图 9-10 所示。令人感到意外的是，在这些样本数据中，研究人员发现年龄与年收入之间存在负相关关系。这一发现与人们通常预期的情况不同，人们普遍预期随着年龄的增长，由于工作经验的积累和职业生涯的发展，年收入会有所上升。

然而，更深入的研究表明，这种负相关关系源于特定形式的选择性偏差。研究人员对数据的调查揭示了数据的来源，这些数据来自美国三个不同城市的居民：加利福尼亚州旧金山、得克萨斯州达拉斯以及佛罗里达州那不勒斯。这三个城市在地理上分布广泛，从西部的旧金山到中部的达拉斯再到东部的那不勒斯。然而，这并不一定代表着整个美国人口的情况。图 9-11 呈现了与图 9-10 类似的散点图，展示了相同数据的情况。

	A	B	C
1	年龄/岁	年收入/美元	居住地
2	52	72 600	达拉斯
3	58	53 802	那不勒斯
4	70	50 405	那不勒斯
5	52	109 522	旧金山
6	42	131 709	旧金山
7	32	52 338	达拉斯
8	67	58 456	那不勒斯
9	44	75 024	达拉斯
10	67	67 999	那不勒斯
11	55	45 096	那不勒斯
12	42	54 324	达拉斯
13	33	110 072	旧金山
14	58	40 349	那不勒斯
15	65	41 118	那不勒斯
16	54	48 012	那不勒斯
17	53	178 806	旧金山
18	46	67 913	达拉斯
19	36	144 141	旧金山
20	28	106 496	旧金山

图 9-9 用于检验年龄与年收入关系的部分数据

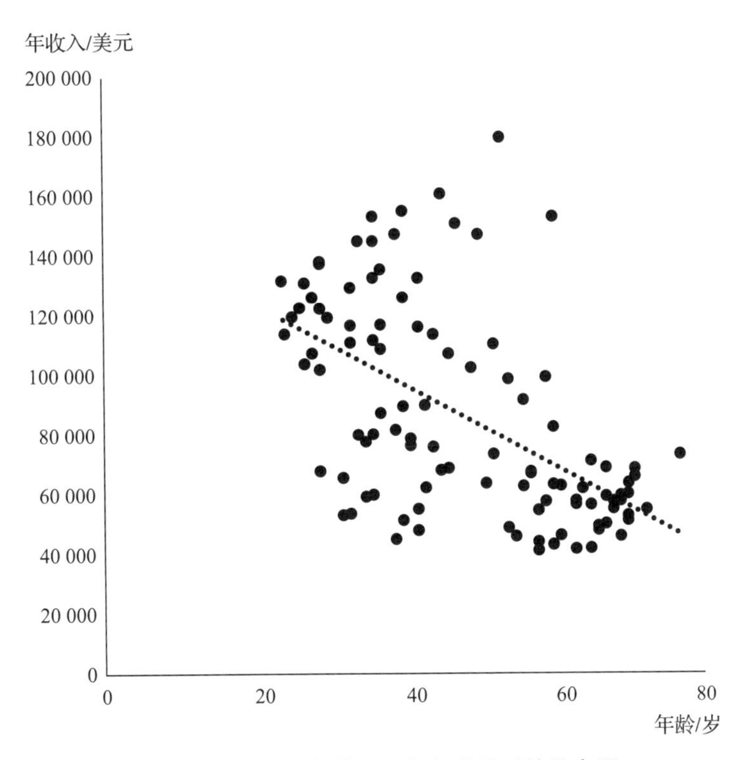

图 9-10　年龄与年收入呈负相关关系的散点图

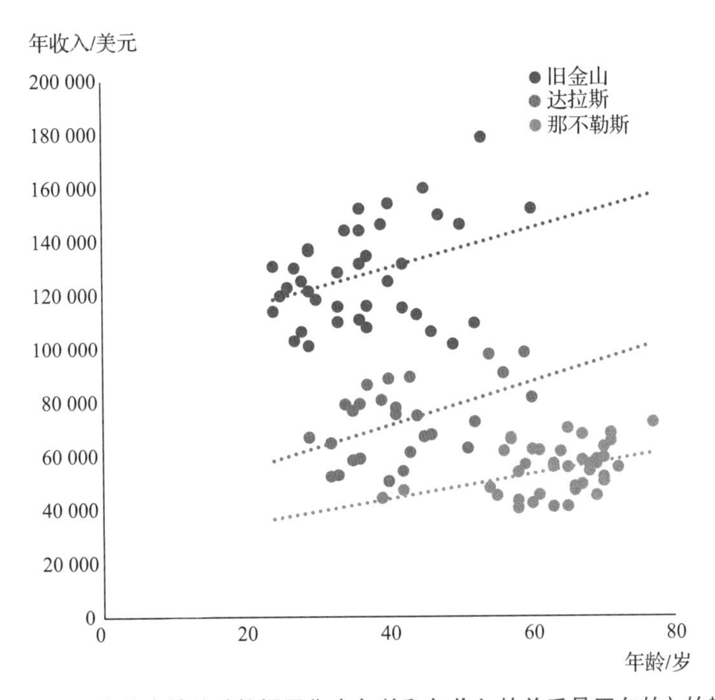

图 9-11　说明辛普森悖论（数据子集中年龄和年收入的关系是正向的）的散点图

在图 9-11 中，我们用颜色对受访者的位置进行区分，如何在 Excel 中创建包含多种颜色数据点的散点图我们在第 6 章进行过介绍。研究者还对不同城市的受访者年龄与年收入之间的关系进行了简单的线性趋势拟合。

从图 9-11 中可以观察到，在各个城市内部，年龄与年收入的关系是正向的：随着年龄的增加，年收入也增加。然而，当我们将所有城市的数据汇总在一起时，如图 9-10 所示，年龄与年收入似乎呈现负相关的关系：随着年龄的增加，年收入减少。这种现象源于三个不同城市的调查对象的年龄和年收入差异。通过在图 9-11 中对散点图进行着色来区分不同城市的数据，人口统计学上的差异变得更加明显。旧金山的受访者年轻且收入较高，那不勒斯的受访者则年长且年收入较低，而达拉斯的受访者则处于两者之间。

图 9-10 和图 9-11 所示的效应被称为辛普森悖论。辛普森悖论的含义是，数据子集出现的特定趋势在子集聚合时消失或反转。在这个例子中，每个城市的数据显示年龄与年收入之间存在着正向的趋势，然而当将所有三个城市的数据综合在一起时，这一趋势似乎发生了逆转。辛普森悖论也是一种选择性偏差的表现，因为我们在这里选择了一个并不能代表整体（即整个美国的人口）的样本（仅涵盖了来自三个城市的受访者）。

9.2.2 幸存者偏差

幸存者偏差是另一种常见的偏差来源，会导致误导性的数据可视化和错误的结论。**幸存者偏差**（Survivor bias）是指当一个样本数据集由不成比例的大量与特定事件的积极结果相对应的观测值组成时发生的偏差。它与选择性偏差密切相关，因为与选择性偏差类似，其样本数据并不代表正在研究的人群。

最早的幸存者偏差的例子之一是在第二次世界大战中发现的。这个故事是说，由于防空火力和敌方战斗机攻击，美军飞机遭受重大损失。美军对返航飞机遭受的损伤进行研究，以确定飞机最有可能受损的位置。他们发现，与图 9-12 所示类似，飞机尾部和机翼的某些部位发生了大部分损伤。从这个分析中建议采取的行动是在尾翼和机翼的这些部分增加装甲，以保护飞机的这些部分。然而，数学家沃尔德（Wald）认为，这与正确的行动背道而驰。由于唯一的研究数据来自观察到的损伤后幸存下来的飞机，因此机翼和尾翼这

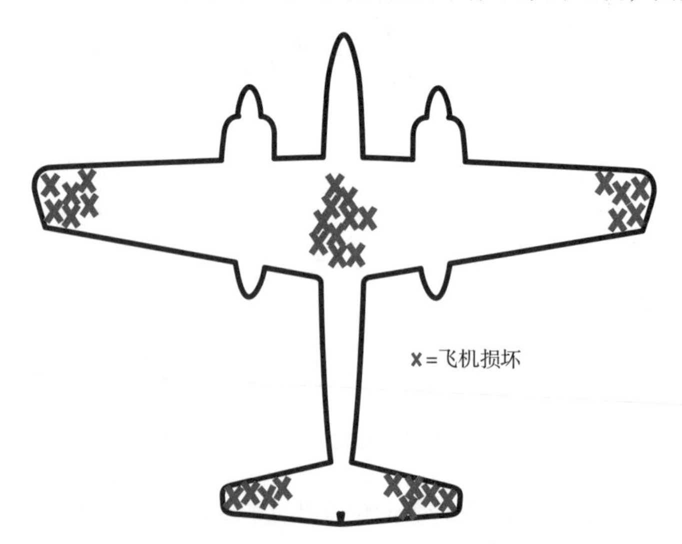

图 9-12 第二次世界大战中返航飞机常见损毁区域的示意图

些区域的损伤实际上对飞机的危害最小。所以，应该在幸存飞机没有出现损伤的区域添加装甲，因为这些区域的损伤很可能是导致非幸存飞机坠毁而无法返回的原因。

关于幸存者偏差，最近的一个例子是研究企业家精神和风险行为的商学院教授拉图里（Raturi）。拉图里教授假设，企业家比非企业家更有可能具有更高的风险承受能力。为了验证这一假设，拉图里教授收集了 87 位企业家的数据，这些企业家曾指导他们的公司从初创到首次公开募股（IPO）。拉图里教授通过一份详细的调查问卷来衡量这些企业家对金融风险的承受能力，从而判断他们的风险承受能力。问卷结果为每个企业家打分，范围从 1（最低风险承受能力）到 5（最高风险承受能力）。拉图里教授还向随机挑选的 100 名非企业家组成的对照组发放了同样的问卷。其研究结果总结于图 9-13 中。

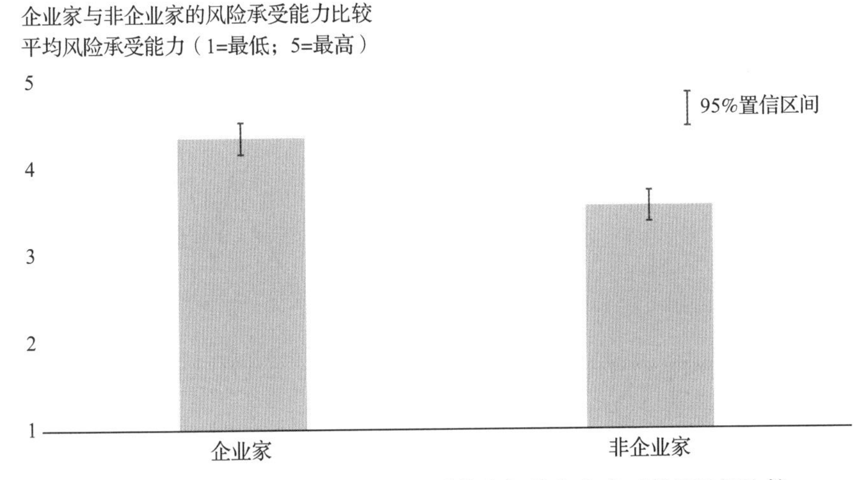

图 9-13　将企业家的平均风险承受能力与非企业家对照组进行比较

图 9-13 清楚地表明，即使在比较 95% 置信区间时，企业家也比控制组有更高的平均风险承受能力。那么，能否得出企业家比非企业家具有更高的风险承受能力呢？答案是不一定。因为我们的结果存在幸存者偏差，我们唯一掌握的数据是成功的企业家——那些幸存下来并成功上市的企业家。但我们没有失败的企业家的数据——那些在 IPO 之前失败的公司的企业家。有可能企业家无论成功与否，其风险承受能力都高于普通大众。由于缺乏不成功企业家的数据，就无法得出企业家比非企业家具有更高的风险承受能力的结论。

9.3　针对通货膨胀进行调整

许多数据可视化使用与收入、成本和利润等与货币量相关的时间序列数据。当数据收集的时间间隔变长，价格迅速增长，或者我们正在比较不同国家的货币单位时，为了避免误导的可视化和错误的结论，根据通货膨胀率进行调整是很重要的。**通货膨胀**（Inflation）是指价格随着时间的推移而普遍上涨。通过跟踪一组标准产品和服务的价格变化来衡量，简称为**价格指数**（Price index）。通货膨胀和价格指数会随着时间的推移而变化，也会随着国家或地区的变化而变化，因为当时的经济状况会发生变化。有许多由经济组织跟踪并用于通货膨胀调整的流行价格指数，包括**消费者价格指数**（Consumer price index，CPI）和**生产者价格指数**（Producer price index，PPI）。使用与所分析的产品类型最密切相关的价格指数是合适的。

在本章开头的数据可视化改造案例中，我们说明了在试图根据票房收入确定美国有史以来的最佳电影时，进行通货膨胀调整的重要性。在本节中，我们将提供一个额外的例子来说明这一点，并介绍一种调整受通货膨胀影响的时间序列数据的方法。观察美国汽油价格随时间变化的例子。图 9-14 展示了一个简单的时间序列图，显示了 1978 年至 2017 年期间的汽油价格。从这张图表中可以看出，美国的汽油价格在 1978 年至 2017 年大幅上涨。用于创建此图表的数据包含在 *PriceGasoline* 文件中。这些数据表明，汽油价格从 1978 年的每加仑 0.65 美元上涨到 2017 年的每加仑 2.47 美元。但是，这些价格代表的是**名义价值**（Nominal values），即这些价格没有根据通货膨胀率进行调整。

图 9-14　1978—2017 年美国非通货膨胀调整后的汽油每加仑价格

资料来源：Data from https://www.usinflationcalculator.com/gasoline-prices-adjusted-for-inflation/。

为了对汽油价格进行有意义的比较，我们需要调整名义价值，根据通货膨胀率调整后的值也称为实际值。图 9-15 给出了 1978—2017 年汽油平均价格的部分名义价值以及各年的年均价格指数。为了进行通货膨胀调整，需要指定一个年份并计算每一年的汽油价格在这个年份的相应价格，就好像汽油在同一个年份被销售一样，这个年份就称为基准年。这里我们将基准年定义为 2017 年。因此，为了对 1978 年的汽油价格进行通货膨胀调整，采用以下公式计算

	A	B	C
1	年份	汽油名义价格（美元/加仑）	价格指数
2	1978	0.65	51.9
3	1979	0.88	70.2
4	1980	1.22	97.5
5	1981	1.35	108.5
6	1982	1.28	102.8
7	1983	1.23	99.4
8	1984	1.20	97.8
9	1985	1.20	98.6
10	1986	0.93	77.0
40	2016	2.20	187.6
41	2017	2.47	211.8

图 9-15　包含 1978—2017 年美国汽油名义价格和价格指数的部分数据

$$1978\text{ 年汽油的价格} \times \frac{2017\text{年价格指数}}{1978\text{年价格指数}} = 0.65\text{ 美元} = \times \frac{211.8}{51.9} = 2.66\text{ 美元}$$

这个结果说明，尽管 1978 年的汽油价格仅为每加仑 0.65 美元，但这相当于 2017 年的价格为每加仑 2.66 美元。以 y 年给定的名义价值计算 x 年商品或服务经通货膨胀率调整后的价值的一般公式如下

$$x\text{ 年经通货膨胀率调整后的价值} = y\text{ 年的名义价值} \times \frac{x\text{年价格指数}}{y\text{年价格指数}}$$

图 9-16 展示了在 Excel 中使用的计算，将名义汽油价格转换成以 2017 年为基年的经过通货膨胀调整后的汽油价格。然后利用这些数值生成图 9-17，它显示了 1978—2002 年汽油价格的名义价值和通货膨胀调整值。从图 9-17 中可以看出，当我们进行通货膨胀调整时，得到的结论与图 9-15 有很大不同。1978—2017 年，美国经通货膨胀调整的汽油价格没有上涨，实际上反而略有下降。

我们可以使用时间序列中的任意一年调整名义价值来考虑通货膨胀的影响。使用的基准年的选择一般取决于要进行比较的对象。

	A	B	C	D
1	年份	汽油名义价格（美元/加仑）	价格指数	进行通货膨胀调整后的价格（2017年，美元）
2	1978	0.652	51.9	=B2*($CS41/C2)
3	1979	0.882	70.2	=B3*($CS41/C3)
4	1980	1.221	97.5	=B4*($CS41/C4)
5	1981	1.353	108.5	=B5*($C$41/C5)
6	1982	1.281	102.8	=B6*($CS41/C6)
7	1983	1.225	99.4	=B7*($CS41/C7)
8	1984	1.198	97.8	=B8*(SCS41/C8)
9	1985	1.196	98.6	=B9*($CS41/C9)
10	1986	0.931	77	=B10*($C$41/C10)
40	2016	2.204	187.602	=B40*($
41	2017	2.469	211.77	=B41*($

	A	B	C	D
1	年份	汽油名义价格（美元/加仑）	价格指数	进行通货膨胀调整后的价格（2017年，美元）
2	1978	0.65	51.9	2.66
3	1979	0.88	70.2	2.66
4	1980	1.22	97.5	2.65
5	1981	1.35	108.5	2.64
6	1982	1.28	102.8	2.64
7	1983	1.23	99.4	2.61
8	1984	1.20	97.8	2.59
9	1985	1.20	98.6	2.57
10	1986	0.93	77.0	2.56
40	2016	2.20	187.6	2.49
41	2017	2.47	211.8	2.47

图 9-16　在 Excel 中对通货膨胀进行汽油名义价格调整

图 9-17　进行通货膨胀调整后显示，1978—2017 年美国汽油的价格实际上有所下降

资料来源：https://www.usinflationcalculator.com/gasoline-prices-adjusted-for-inflation/。

9.4　欺骗性设计

有效的数据可视化能够清晰准确地传达数据中所蕴含的信息。我们要避免误导性的设计，这些设计不能真实地传达数据所表达的信息。实际上，即使分析人员没有故意欺骗读者，创造一种误导性的数据可视化也是很容易的。本章前面的部分强调了确保数据准确性的重要性。在这一节中，我们将展示图表设计方面的决策如何极大地影响向读者传达的信息，同时也会探讨如何避免误导性的数据可视化设计。

9.4.1　图表中轴的设计

在各种类型的图表中，与坐标轴相关的选择能够显著地影响读者所获得的信息。通过调整纵轴或横轴的范围，甚至改变图表的尺寸，都能够彻底改变读者从图表中获得的印象。在做与图表轴线相关的决策时，图表设计者必须极为慎重，以确保不会产生误导性的设计。这种谨慎的决策能够避免欺骗性设计出现。

民意调查公司经常会收集与选民在拟议的投票问题上的投票意向相关的数据。举例来说，让我们看看马里兰州富兰克林县的情况。在即将到来的选举中，该县计划就是否对图书馆征费进行投票。如果该提案通过，征收的资金将用于修复富兰克林县的两座老化图书馆。当地的一家民意调查公司进行了一项民意调查，以了解选民对这项征费提案的“支持”或“反对”立场。调查结果如图 9-18 所示。这张柱形图似乎显示，更多的选民“反对”征费，而不是“支持”。然而，需要注意的是，纵轴的范围仅限于从 48% 到 52% 之间。实际上，图 9-18 显示，有 51% 的选民反对征费，而有 49% 的选民支持征费。但由于纵轴截断，图表中的这种差异看起来比实际要大得多。此外，我们还应注意到使用的标题“大多数选民反对图书馆征费”强调了对图表的某种特定解读，但这种解读可能无法得到数据的完全支持。

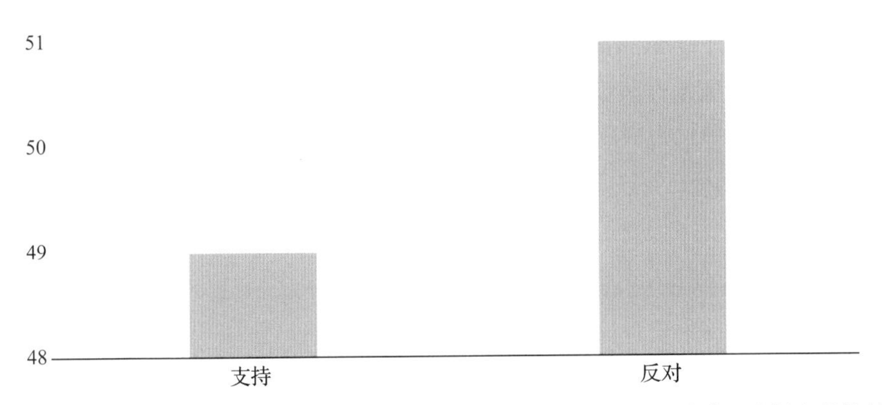

图 9-18　放大支持图书馆征费的可能选民比例与反对图书馆征费的可能选民比例之差的柱形图

图 9-19 呈现了经过修正的柱形图，相较于图 9-18，有几个显著差异。首先，纵轴的范围现在涵盖了 0 至 60%。其次，我们在每个柱形上添加了数据标签，以显示其具体值。此外，考虑到这些民意调查结果是对样本比例的估计，我们在图表中加入了误差条。通过这些变化，图 9-19 更准确地表明支持和反对征费的选民比例之间的差异不大。最后，图 9-19 还显示了两个比例的 95% 置信区间重叠，因此不能以 95% 的置信水平声称这些结果在统计上有显著差异。

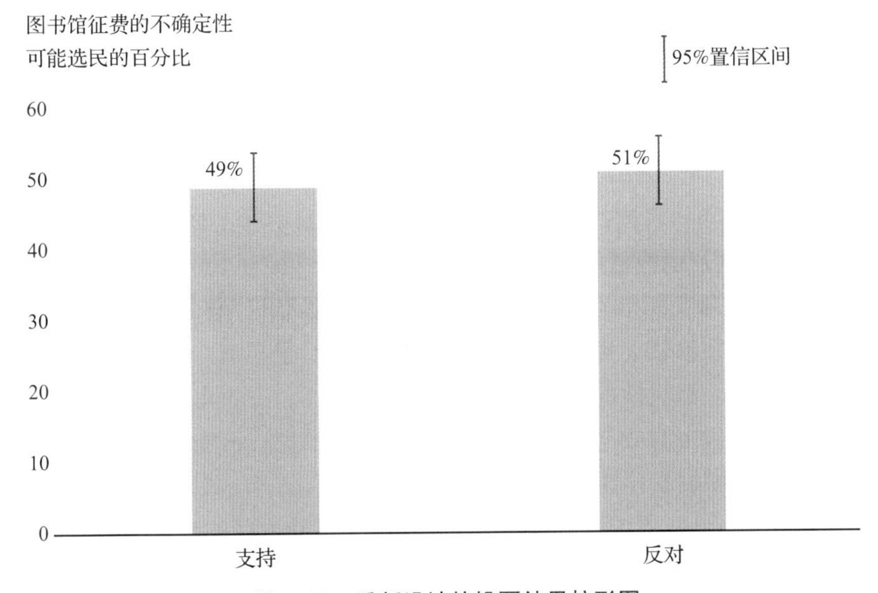

图 9-19　重新设计的投票结果柱形图

资料来源：https://datahub.io/core/global-temp#data。

一般来说，柱形图（和条形图）应以 0 作为纵（横）轴上的最小值。本建议的例外情况包括：显示的度量值具有一些非零的最小值，如可以采用负值的现金流或标准化测试的分数，其中400是最低分数。

图9-19中使用的标题“图书馆征费的不确定性”也呈现出与图9-18不同的见解。图9-18和图9-19说明了图表标题在决定将数据中的哪些信息传达给读者方面的重要性。

在折线图的纵轴上使用的最小值和最大值也能极大地影响传达给读者的信息。下面我们来考虑一个正在研究地球表面温度随时间变化的研究人员。图9-20为1880—2016年的全球年均地表温度，单位为摄氏度（℃）。

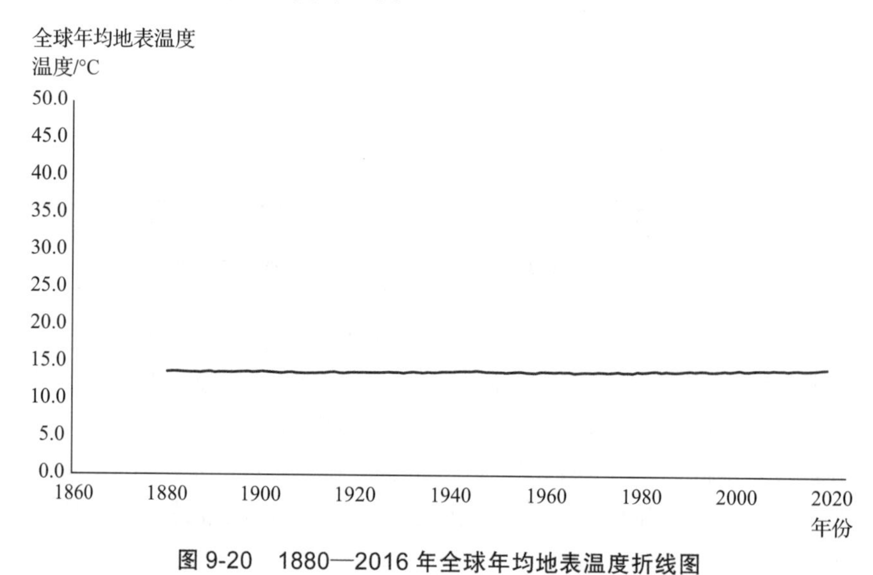

图9-20　1880—2016年全球年均地表温度折线图

资料来源：Data from https://datahub.io/core/global-temp#data and inspired by similar example on page 65 of Cairo, How Charts Lie: Getting Smarter About Visual Information。

这些数据传达给读者的信息似乎是，从1880年到2016年，全球年均地表温度基本保持不变。然而，图9-21显示的数据与图9-20相同，但纵轴的范围已更改成最小值为13.5℃，最大值为14.5℃。

从图9-21中我们可以看到，与图9-20相比，这些数据中存在着大量的变异性。图9-21还显示了在1920年前后的数据中出现的上升趋势，而这在图9-20中不明显。

对于使用与长度和宽度相关的预注意属性的图表，如条形图和柱形图，一般建议纵轴的值从0开始，除非在纵轴上使用的变量存在不同的相对最小值。然而，对于使用与方向或空间定位相关的预注意属性的图表，如折线图和散点图，并不总是建议纵轴的值从0或相对最小值开始。通过定向或空间定位来传达数据中的信息，可能需要在垂直轴上使用较小的范围来说明数据中的变异性、趋势性或相关性。

图9-22给出了另外两幅图来显示全球年均地表温度随时间的变化。虽然图9-22中的图表的坐标轴具有相同的范围，但是它们具有不同的纵横比。**纵横比**（Aspect ratio）是指图表宽度与图表高度的比值，我们在第6章曾对它进行过阐述。在图9-22a中，折线图较高，但不是很宽。图9-22b以短而宽的折线图展示了同样的数据。也就是说，图9-22a比图9-22b具有更小的纵横比。比较这两种不同的折线图可以发现，即使纵轴有相同的最小

值和最大值，但使用高而窄的（较小的纵横比）折线图可以夸大数据中的趋势，而使用短而宽的（较大的纵横比）折线图可以掩盖数据中的趋势。

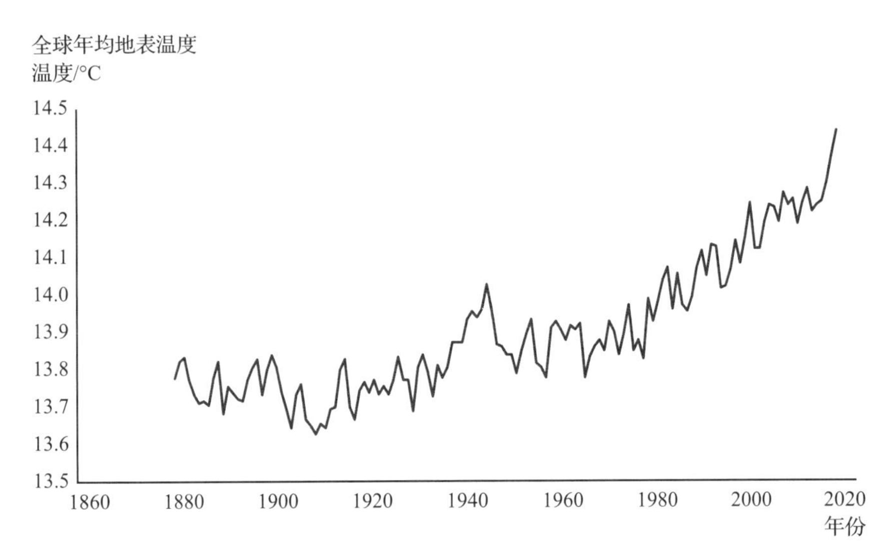

图 9-21　1880—2016 年全球年均地表温度在纵轴范围更改后的变化曲线

资料来源：https://datahub.io/core/global-temp#data。

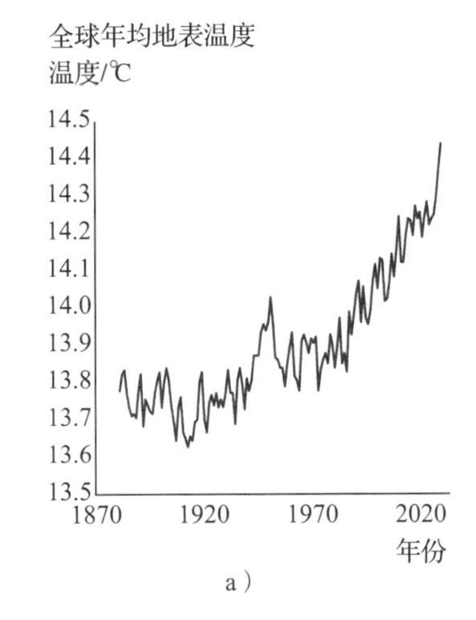

a）

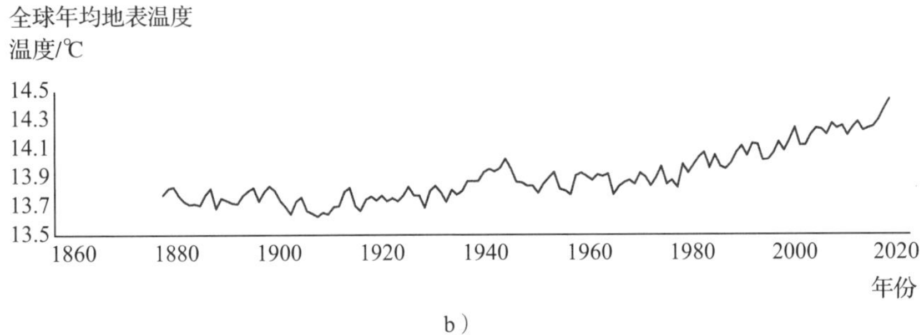

b）

图 9-22　对全球年均地表温度数据的两种不同的折线图显示了折线图的大小对比

资料来源：https://datahub.io/core/global-temp#data。

图 9-22 展现了向读者展示数据可视化时考虑纵横比的重要性，以及读者在观看数据可视化时考虑纵横比对数据可视化效果的影响的重要性。当设计允许动态更新的数据可视化时，例如数据仪表盘，这是特别重要的，也是具有挑战性的。

9.4.2 双轴图

有时需要将两个不同的变量在一个数据集中展示给读者，每个变量有不同的单位或不同的数量级。在这种情况下，常用的创建图表方法是使用所谓的双轴图。**双轴图**（Dual-axis chart）除了使用主轴表示一个变量之外，还利用一个次轴来表示另一个变量，使得两个变量可以显示在同一个图上。然而在大多数情况下，双轴图对于读者来说是难以解读的，实际上，我们有更好的方式可以呈现数据。

让我们观察一个引人注目的案例，比较自 2000 年以来美国的国内生产总值（GDP）和失业率。美国的 GDP 通常以万亿美元为单位，而失业率则以符合条件的劳动力的百分比值表示。图 9-23 采用同一纵轴将这两个变量的数据呈现在同一个图表中。然而，很明显，这张图表并没有向读者传达足够的信息。失业率看起来像是一条水平线，这是因为即便 GDP 已经以 10 亿美元为单位，纵轴仍必须被拉得更高。此外，由于 GDP 和失业率采用不同的单位进行测量，单一的坐标轴可能会让读者混淆纵轴的度量单位。

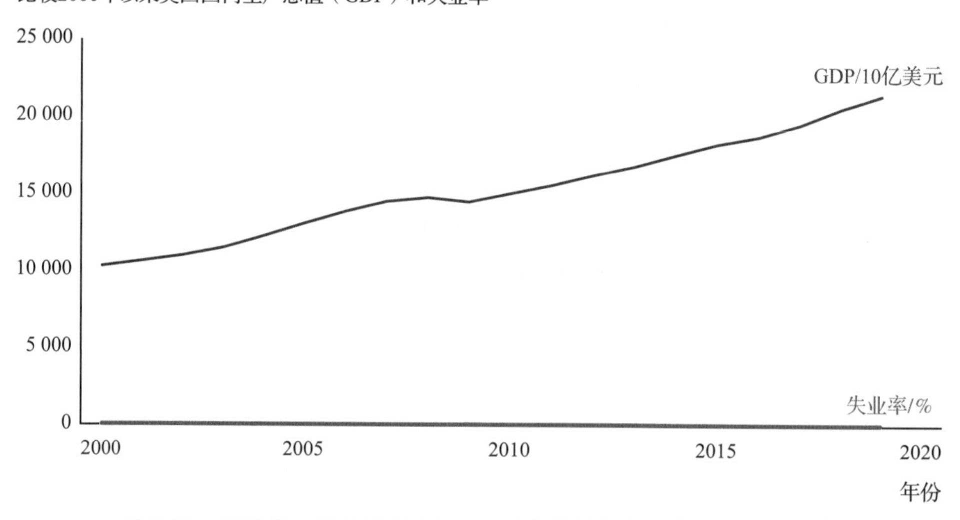

图 9-23 利用单一纵轴显示 2000 年以来美国国内生产总值和失业率

资料来源：美国劳工统计局和世界银行；https://data.bls.gov/timeseries/LNU04023554&series_id=LNU04000000&series_id=LNU03023554&series_id=LNU03000000&years_option=all_years&periods_option=specific_periods&periods=Annual+Data and https://data.worldbank.org/indicator/NY.GDP.MKTP.CD?end=2019&start=1960&view=chart。

图 9-23 所示图表的常见替代方案是使用双轴图。在此例的双轴图中，次纵轴代表失业率，得到的双轴图如图 9-24 所示。由于我们现在可以使用两个不同的纵轴，失业率不

再呈现为一条平直的直线。现在我们可以在图表上看到美国 GDP 和失业率的变化，并进行比较。

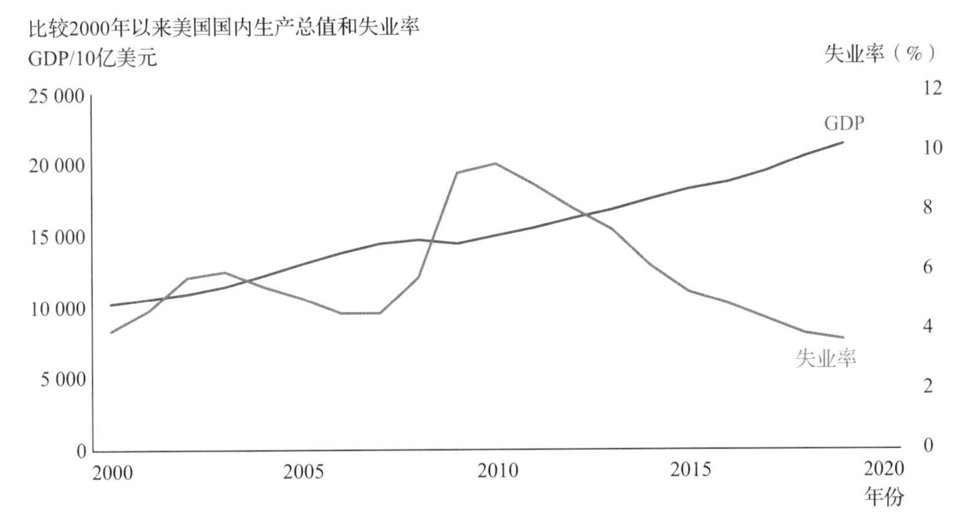

图 9-24　使用双轴图显示 2000 年以来美国国内生产总值和失业率

资料来源：美国劳工统计局和世界银行；https://data.bls.gov/timeseries/LNU04023554&series_id=LNU04000000&series_id=LNU03023554&series_id=LNU03000000&years_option=all_years&periods_option=specific_periods&periods=Annual+Data and https://data.worldbank.org/indicator/NY.GDP.MKTP.CD?end=2019&start=1960&view=chart。

然而，双轴图仍然可能产生误导，对于受众来说可能难以解读。因为图 9-24 中的线条呈现在同一张图表上，读者会自然地进行比较。初看之下，可能出现失业率在某些年份高于 GDP 的情况。读者必须将每一行正确匹配到相应的纵轴上，这会产生相当大的认知负荷。

对图 9-24 所示的线的斜率进行对比来解释意义也是错误的。由于每条线对应不同的纵轴，因此读者无法直接比较线条的斜率。且纵坐标轴的尺度不同，失业率的迅速上升不能直接与相应的 GDP 增长或下降相比较。如前所述，线的斜率取决于纵轴的范围。一般来说，不同变量对数据的表征量的大小无法直接比较，读者必须通过合适的纵轴的尺度来调整数据的每个表征量。

双轴图造成混淆的另一个可能的地方是，读者的目光通常被吸引到线条相交的地方。自然的想法是假设两个变量在图 9-24 的这些交点处相等。然而，在双轴图中这是不正确的，因为每个变量对应不同的纵轴。在现实中，如图 9-23 所示，如果两线对应同一纵轴，则完全不相交。

使用双轴图的一个简单的替代方法是将双轴图替换为两个图，使每个变量显示在不同的图上。一个例子如图 9-25 所示。使用两种不同的图表来显示数据，帮助读者理解每个变量对应于不同的纵轴，以及无法直接比较幅度和斜率。由于这些图表的横轴是相同的，因此可以将这些图表进行纵向叠加，使横轴对齐。但使用两个图表存在需要更多的空间来显示的缺点。

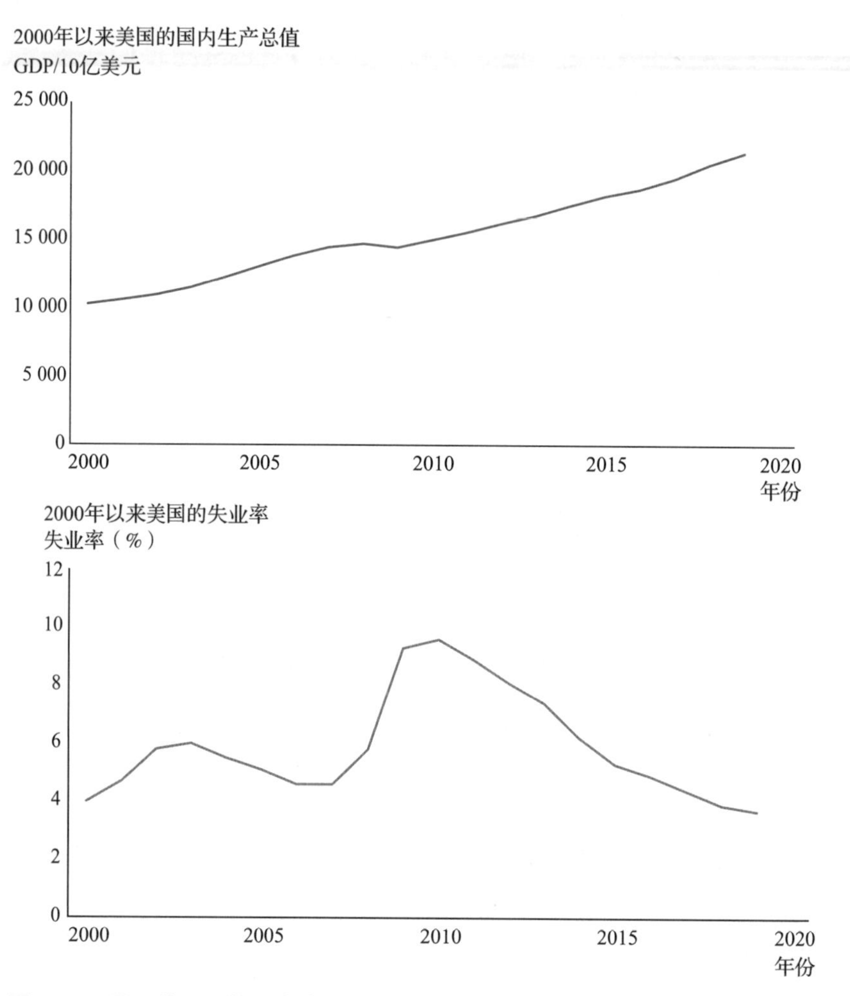

图 9-25　用两种不同的图表来显示 2000 年以来的美国国内生产总值和失业率

资料来源：美国劳工统计局和世界银行；https://data.bls.gov/timeseries/LNU04023554&series_id=LNU04000000&series_id=LNU03023554&series_id=LNU03000000&years_option=all_years&periods_option=specific_periods&periods=Annual+Data and https://data.worldbank.org/indicator/NY.GDP.MKTP.CD?end=2019&start=1960&view=chart。

9.4.3 数据选择和时间频率

选择图表中包含哪些数据将极大地影响向读者传达的信息。这对于时间序列数据尤其如此。金融中的股票价格、零售店的库存水平、河流中的水流速度、医院中的患者入住率、随时间收集的政治投票数据等许多应用往往依赖于时间序列数据的使用。

考虑图 9-26 所示的图表，它看起来呈现了两只股票（A 和 B）的潜在投资价格。趋势线也添加在这些图表中，以展示数据的一般线性趋势。在图 9-26a 中，股票价格波动较大，趋势线基本持平。而在图 9-26b 中，股票价格似乎更加稳定，且呈现上升趋势，因此可能被视为更有潜力的投资。然而，实际上这两幅图表代表的是同一只股票；图 9-26 中的两幅图表具有相同的结束日期，但开始日期不同。图 9-26a 显示的是过去 90 天的数据，而图 9-26b 显示的是过去 20 年的数据。投资者可能会对图 9-26a 所示的股票表现和

图 9-26b 所示的股票表现有不同的感觉，尽管它们实际上代表同一只股票。这凸显了调整横轴上的日期范围如何极大地影响向读者传达的信息。图 9-26 还凸显了标记纵轴和横轴的重要性。如果没有图 9-26 中所示的横轴标签，读者可能会更容易误解这些图表的意义。

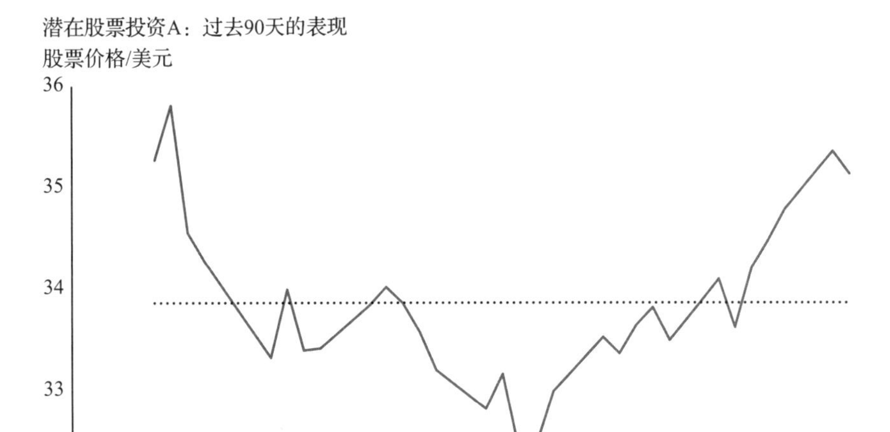

a）

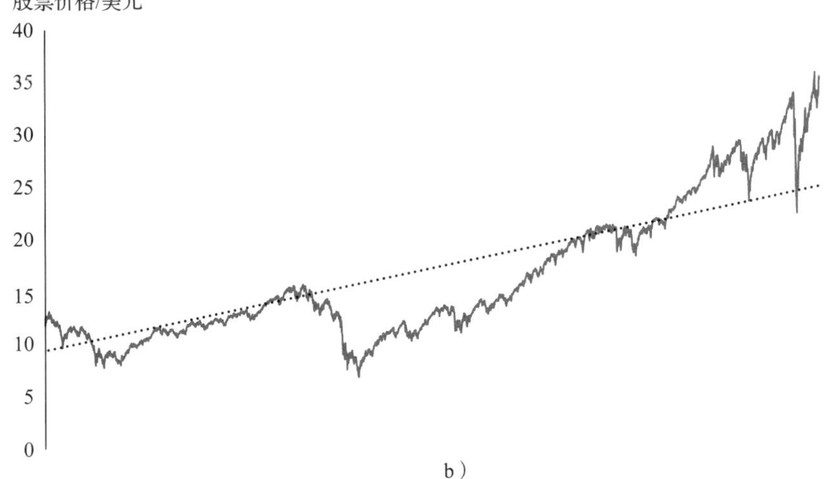

b）

图 9-26　显示不同时间框架下股票价格和相关趋势的两幅图表

资料来源：雅虎金融；https://finance.yahoo.com/quote/% 5EGSPC?p=^GSPC&.tsrc=fin-srch。

至于图 9-26a 还是图 9-26b 更合适，则取决于读者的需求。如果读者不打算长期持有股票，只对股价短期表现感兴趣，图 9-26a 可能更具有相关性。但是，如果打算长期投资，图 9-26b 可能更合适。

接下来比较图 9-27 所示股票的股价。在这些图表中，每个图表中的横轴使用相同的开始日期和结束日期。图 9-27a 显示的股票似乎比图 9-27b 显示的股票有更高的价格波动性[㊀]。然

㊀　波动性是衡量股票价格变动幅度的常用指标。

而，这些图表却显示了同一只股票的股价。虽然横轴在每个图表中具有相同的开始日期和结束日期，但这里不同的是绘制股价的时间频率。图表中的**时间频率**（Temporal frequency）是指时间序列数据在图表中显示的频率。在图 9-27a 中，股价按日绘制。在图 9-27b 中，股价按每隔一个月绘制。因此，图 9-27a 中采用的时间频率为每年 365 次，而图 9-27b 中采用的时间频率为每年 6 次。使用图 9-27b 中每隔一个月记录的数据可以减少图表中所示的变异性，即图 9-27b 平滑了数据。这种平滑效应还可能会隐藏数据中出现的季节性或周期性效应。以不同的时间频率查看时间序列数据可以显示出存在于当前频率下的模式，但与此同时隐藏了存在于其他频率下的模式。

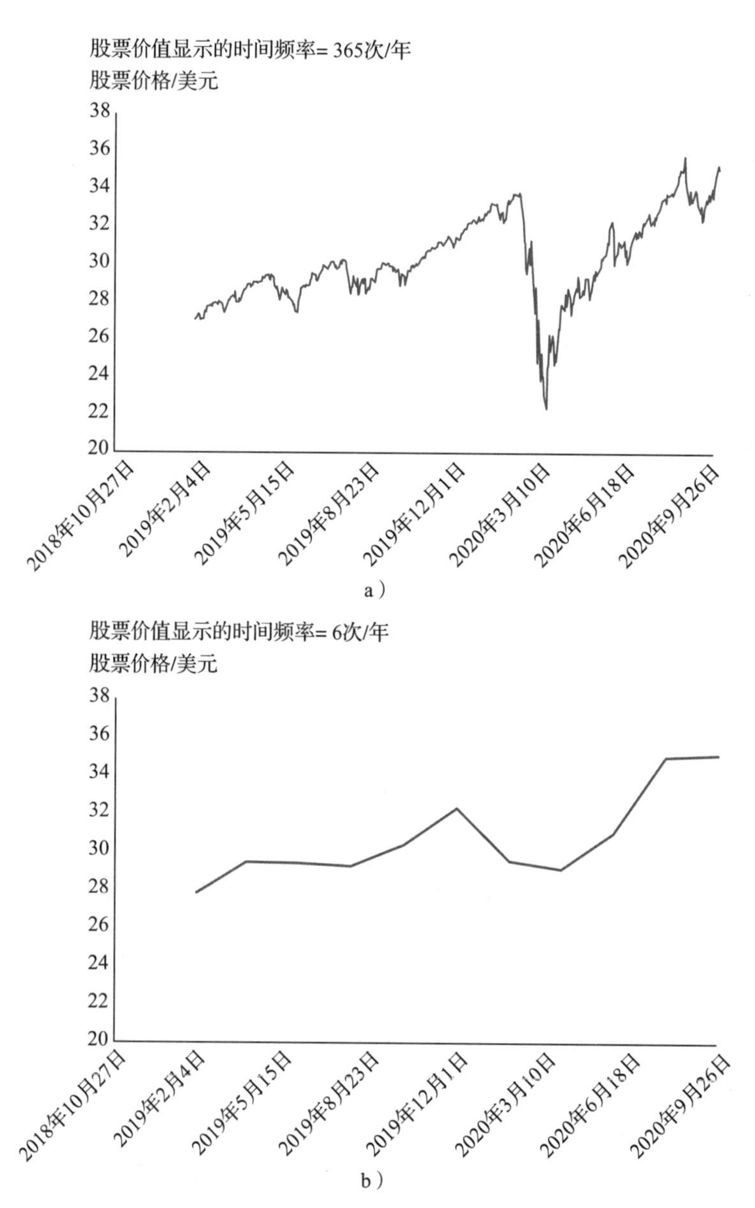

图 9-27 比较相同起止日期但不同时间频率的股票价格

资料来源：雅虎金融；https://finance.yahoo.com/quote/% 5EGSPC?p=^GSPC&.tsrc=fin-srch。

图 9-27 表明，即使时间序列图表在横轴上具有相同的开始日期和结束日期，图表中传达的信息仍然可以根据数据显示的时间频率而有所不同。使用较低时间频率的图表将会减少图表中显示的明显变异性。

对时间序列数据的一般性建议是以尽可能高的时间频率收集数据，即数据应在尽可能频繁的时间间隔内收集。因为聚合数据很容易，但通常很难甚至不可能做到分解数据。如果我们有日度层面的数据，那么就很容易将这些数据汇总到周度、月度、季度或年度层面。但如果数据仅存在于年度层面，则可能无法分解到季度、月度、周度或日度层面。

9.4.4　与地理地图相关的问题

使用地理地图进行数据可视化可能会误导读者。分级统计图是一种常见的数据可视化类型，使用颜色的不同色调来表示定量变量，用于探索和检查与不同地理区域相关的数据。分级统计图常用于考察许多不同的经济和健康变量的差异，如就业率、收入水平、癌症发病率、政治支持和平均寿命，在不同地理区域如各个县、州、地区和国家中的情况。

考虑图 9-28 所示的分级统计图，其中用彩色阴影表示美国各州生活在贫困线以下的估计人口（即贫困人口）数量。这张地图似乎表明，加利福尼亚州（CA）、得克萨斯州（TX）、佛罗里达州（FL）和纽约州（NY）等州的贫困程度最高。虽然从绝对意义上说，这些州生活在贫困线以下的人口数量是最多的，但实际上，这些州的总人口数量也是最多的。图 9-29 展示了一个表示美国每个州的人口数量的分级统计图。图 9-28 和图 9-29 极其相似。事实上，很多显示特定类别的绝对人数的分级统计图都会出现类似图 9-29 所示的情况。图 9-28 实际上只是展示了哪些州拥有最多的人口，并没有提供关于哪些州面临的贫困挑战最大的结论。

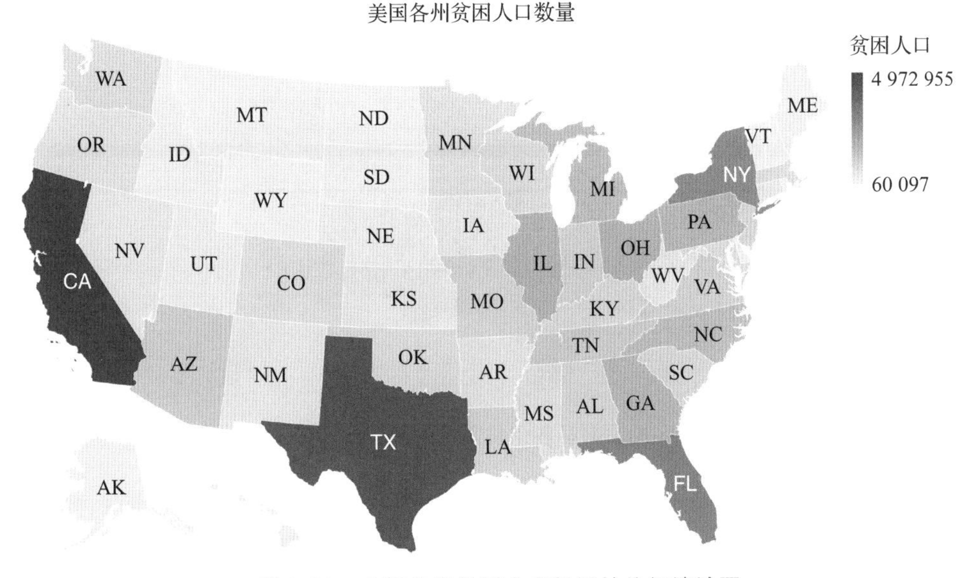

图 9-28　美国各州贫困人口数量的分级统计图

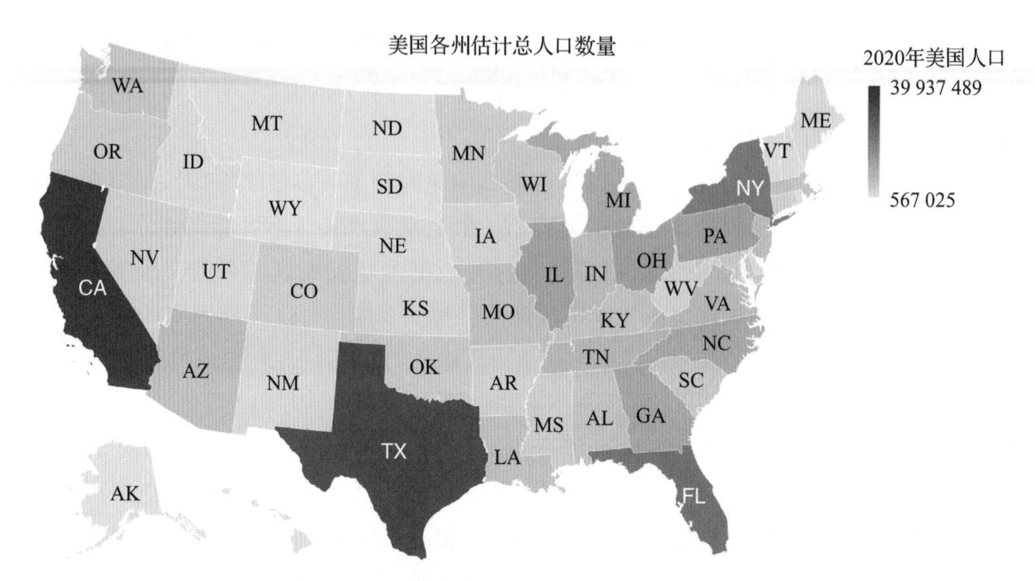

图 9-29　美国各州总人口数量的分级统计图

图 9-30 是一个较好的分级统计图，用于分析哪些州的贫困人口数量相对于该州的总人口数量最多。图 9-30 使用的是贫困率而不是总的贫困人口数量。每个州的贫困率计算公式如下所示

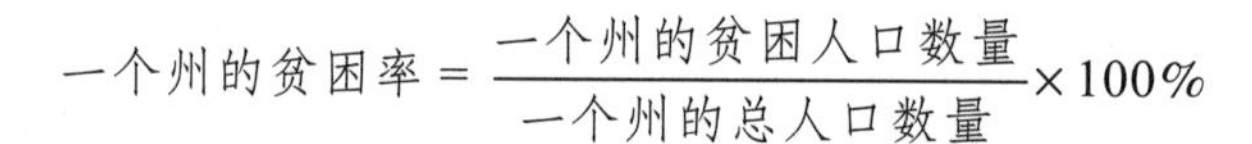

$$一个州的贫困率 = \frac{一个州的贫困人口数量}{一个州的总人口数量} \times 100\%$$

图 9-30　美国各州贫困率的分级统计图

贫困率衡量的是每个州处于贫困状态的人口比例。对于图 9-30，可以看到密西西比州（MS）、新墨西哥州（NM）和路易斯安那州（LA）等州的贫困率最高，而加利福尼亚州（CA）、得克萨斯州（TX）、佛罗里达州（FL）和纽约州（NY）等州的贫困率较低。在大多

数情况下，创建分级统计图时最好使用一个相对于该地区总人口数量的值。

注释和评论

1. 阿尔贝托·开罗（Alberto Cairo）所著的《图表如何说谎：对视觉信息变得更明智》（*How Charts Lie: Getting Smarter about Visual Information*）一书中包含了许多欺骗性图表设计的例子，并阐述了如何纠正这些欺骗性错误。
2. 在 Excel 中，可以通过单击功能区上的“插入”选项卡，单击图表组中的“插入组合图表”按钮，然后选择“创建自定义组合图表” Create Custom Combo Chart... 来创建双轴图。要创建双轴图，应为每个要显示在图表中的变量选择一个图表类型，然后为其中一个变量选择次轴下的复选框。双轴图既可以是单一类型的图表，如本章示例所示的折线图，也可以是柱形图、折线图等图表类型的组合。
3. 图表合适的纵横比取决于图表类型以及它将如何展示给读者。一般来说，我们建议用于展示变量之间相关性的图表（如散点图）使用 1 : 1 的纵横比。对于大多数其他图表，建议宽度大于高度，但也有例外，如第 7 章介绍的坡度图，其宽度通常小于高度。
4. 在 Excel 中，添加数据标签可以通过以下方式：单击地图，单击**“图表元素”**按钮 ⊞，单击**“数据标签”**旁边的箭头▶，并选择**“更多数据标签选项”**打开**“设置数据标签格式”**任务窗格。然后在**“标签选项”**下选择适当的选项，向地图添加数据标签。

◎ 总结

在本章中，我们讨论了数据可视化中几个常见的问题，这些问题会导致混淆和具有误导性的解释。有效的数据可视化的目标是以受众认知负荷尽可能小的方式准确、真实地传达信息。欺骗性数据可视化有时是为了误导受众而故意设计的，但更多时候是由于缺乏对受众需求的了解、数据质量不佳或数据可视化设计方案选择不当造成的。

创建真实的数据可视化始于拥有完整准确的数据。本章首先介绍了识别缺失数据和数据误差的一些简单方法。缺失数据和数据误差的确切性质具体到所分析的数据类型和问题设置。不过我们在这里介绍的方法足够简单，可以在 Excel 中完成，并且可以帮助使用者应对一些明显的数据缺失和数据错误的情况。

我们讨论了在处理长时间收集的时间序列数据时根据通货膨胀率进行调整的重要性。如果不进行通货膨胀调整，很容易导致错误的信息和具有误导性的数据可视化。我们讨论了在图表中考虑与轴的设计有关的选择的重要性。对坐标轴使用不同的取值范围，甚至简单地对图表使用不同的尺寸，可以极大地影响针对相同数据向受众传达的结论。我们解释了为什么使用双轴图对读者来说往往是混乱或具有误导性的，我们建议使用两个单独的图表，每个图表显示单一的变量。我们还讨论了时间序列数据的选择和频率如何改变传达给受众的信息。最后，我们讨论了与使用地理地图有关的一些问题，以及如何防止在使用这些类型的图表时误导读者。

还有许多其他数据可视化设计决策会导致误导性图表。像图表标题中使用的措辞这样简单的决定有时也会误导读者。通过突出数据中的特定信息来影响受众和使用欺骗性设计来误导受众之间有着微妙的界限。然而，有效的数据可视化的目标是尽可能真实地向读者传达信息。本章以及整本教材所涵盖的材料应该有助于创建更真实、更有效的数据可视化。

◎ 术语解析

纵横比：图表宽度与其高度之间的比例关系。
基准年：选择任意年份作为衡量成本和价格等经济变量的基础年份，以进行通货膨胀调整。
偏差数据：对正在研究的总体不具有代表性的样本数据。
双轴图：一种数据可视化的方式，利用主轴来表示其中一个变量，利用次轴来表示另一个变量，使两个变量可以展示在同一图表上。
通货膨胀：一段时间内物价持续而普遍上涨的现象。
名义价值：未根据通货膨胀率或其他重要因素调整的原始值。
价格指数：衡量一组标准产品和服务的价格随时间的相对变化。
实际价值：根据通货膨胀率进行了调整的实际价值。
选择性偏差：当数据来自未被适当随机化以代表预期总体的样本时发生的偏差。
辛普森悖论：数据子集表现出特定的趋势，这种趋势在数据整体集合中消失或反转。
幸存者偏差：当一个样本数据集由过多的与特定事件的正向结果相对应的观测值组成时，就会出现幸存者偏差。
时间频率：时间序列数据展示在图表中的速率。

◎ 练习题

概念题

1. **识别缺失数据。**以下哪种 Excel 方法可以用来帮助识别缺失数据？**学习目标 1**
   1）条件格式化以突出缺失数据值。
   2）使用 COUNTIF() 函数查找缺失数据值个数。
   3）对数据进行排序以找到缺失数据值。
   4）以上都可以。
2. **数据误差。**下列哪项关于数据误差的说法是正确的？**学习目标 1**
   1）数据误差总是由某个特定的数值来识别的，如 9 999 999。
   2）任何被确定为异常值的数据都应该被认为是数据误差并被剔除。
   3）识别数据集中的异常值有助于发现数据误差。
   4）只有在人工采集数据时才会出现数据误差。
3. **数据偏差的类型。**将以下每一种类型的数据偏差与正确的描述相匹配。**学习目标 2、3**

数据偏差类型	描述
选择性偏差	数据子集显示出特定趋势，但在数据整体集合中，该趋势消失或反转。
辛普森悖论	当一个数据集由过多的与特定事件的正向结果相对应的观测值组成时发生。
幸存者偏差	当数据从一个没有被适当随机化以代表预期总体的样本中提取时发生。

4. **减肥研究中的潜在偏差。**选取 249 名肥胖者作为研究对象，进行了一项临床试验来评估一

种新药对肥胖者的减肥效果。研究参与者必须每天在家测量体重以计算体重指数（BMI），并在当地医院进行为期 6 个月的每周一次的临床评估以完成临床试验。在 6 个月结束时，发现 47% 接受新药的受试者完成了临床试验。完成临床试验的受试者在 6 个月内平均 BMI 减少了 3.2kg/m^2。解释这些结果可能存在的偏差以及如何影响数据。**学习目标 2**

5. **棒球运动中的辛普森悖论。** 在棒球运动中，击球率是由一名球员的击中次数除以正式打击次数来计算的。下表为迈克・莱格和爱迪生・瓦斯奎斯在连续两个赛季中的击球表现。**学习目标 3**

球员	第 1 赛季		第 2 赛季	
	击中次数	打击次数	击中次数	打击次数
迈克・莱格	14	56	192	589
爱迪生・瓦斯奎斯	112	418	57	149

（1）计算迈克・莱格和爱迪生・瓦斯奎斯在第 1 赛季的击球率。哪个球员在第 1 赛季的击球率更高？

（2）计算迈克・莱格和爱迪生・瓦斯奎斯在第 2 赛季的击球率。哪个球员在第 2 赛季的击球率更高？

（3）计算迈克・莱格和爱迪生・瓦斯奎斯在第 1 和第 2 赛季的综合击球率。哪个球员在第 1 和第 2 赛季的击球率更高？

（4）解释（1）（2）（3）中的结果如何体现辛普森悖论。

6. **名义平均时薪。** 一位经济学家正在研究美国的工资增长情况。她收集了 2006—2020 年美国工人的名义平均时薪数据，如下图所示。她的结论是，自 2006 年以来美国工人的平均时薪一直在稳步增长。这个结论可能有哪些不正确之处？她该如何修改这些数据来检验这个结论？**学习目标 4**

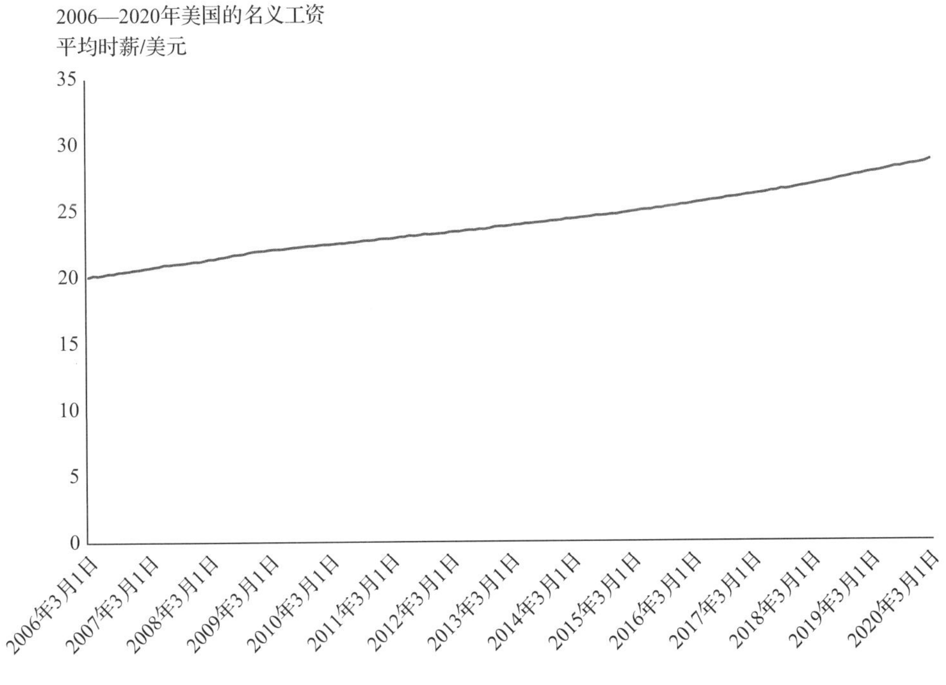

2006—2020年美国的名义工资

平均时薪/美元

35
30
25
20
15
10
5
0

2006年3月1日 2007年3月1日 2008年3月1日 2009年3月1日 2010年3月1日 2011年3月1日 2012年3月1日 2013年3月1日 2014年3月1日 2015年3月1日 2016年3月1日 2017年3月1日 2018年3月1日 2019年3月1日 2020年3月1日

7. **通货膨胀的含义。**以下哪项是关于通货膨胀的准确表述？（选择所有适合的选项）**学习目标 4**

   1）通货膨胀是指物价随时间增长的趋势。

   2）通货膨胀只发生在经历战争或饥荒等动荡事件的经济体中。

   3）未进行通货膨胀调整的价格称为名义价格。

   4）在与货币数额相关的时间序列数据中不进行通货膨胀调整会导致误导性的数据可视化。

   5）在创建成本随时间变化的折线图时，数据是否进行通货膨胀调整并不重要。

8. **县长选举的政治民意调查结果。**得克萨斯州贝尔县有两位候选人竞选县长：丽莎·阿达梅克和罗斯玛丽·安德鲁斯。当地报纸对可能投票的选民进行了民意调查，以了解候选人在选举中的地位。当地报纸分析了民意调查的结果，并在其网站上发布了以下图表。**学习目标 5**

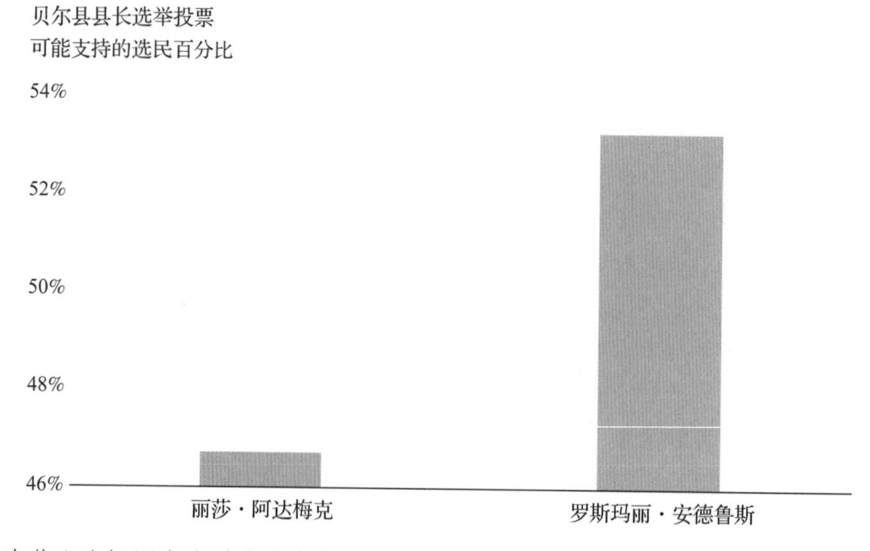

   （1）为什么这幅图表会对读者产生误导？

   （2）这幅图表如何改进才能减少对读者的误导？

9. **俄亥俄州 Covid-19 检测阳性率。**一位流行病学家收集了俄亥俄州 Covid-19 检测阳性率的数据。阳性率定义为 Covid-19 检测中呈现阳性结果的检测数量除以完成的检测总数。流行病学家创建了如下图表，显示了 2020 年 4 月至 10 月期间俄亥俄州的阳性率。该图表的读者希望从中了解在这段时间内 Covid-19 检测阳性率的整体上升或下降趋势。如何改进这张图表来满足读者的需求？**学习目标 5**

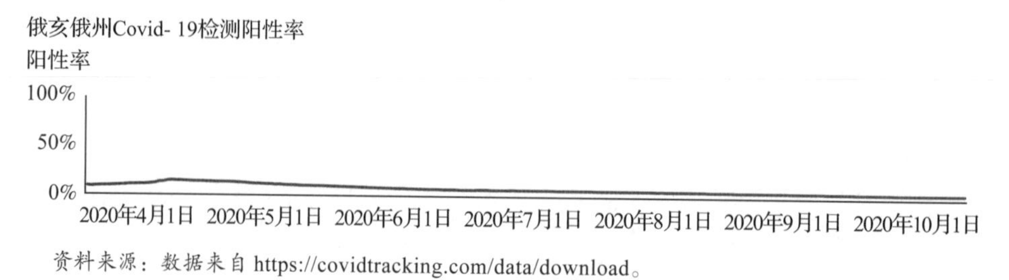

资料来源：数据来自 https://covidtracking.com/data/download。

10. **双轴图。**下列哪些关于双轴图的陈述是正确的？（选择所有适用的选项）**学习目标6**

1）双轴图使用一个次纵轴表示图中所示的其中一个变量。

2）双轴图需要为图表中显示的每个变量提供两个不同的横轴和两个不同的纵轴。

3）双轴图可用于在同一图表上显示两种不同类型的数据可视化，如折线图和柱形图。

4）双轴图可能会使读者难以理解，因为数据表示的大小不能直接比较，需要根据每个垂直轴的刻度调整。

5）双轴图只能用于创建饼图和柱形图。

11. **马克西姆斯时尚（Maximus Fashion）的销售人员人数和收入。**马克西姆斯时尚是美国伊利诺伊州纳珀维尔市的一家高档服装商店。商店经理希望创建一个数据可视化来显示商店的销售人员的人数和收入的变化趋势。在过去的八个季度中，经理收集了商店销售人员的人数［以全职等效（FTE）员工表示］和商店收入的数据，数据存放于文件*MaximusFashionChart*中。经理选择将这些数据用下面的双轴图进行展示。该图表的受众是商店的非正式咨询小组，他们在时尚领域拥有丰富的经验，但在财务分析或数据可视化方面的经验较少。**学习目标5、6**

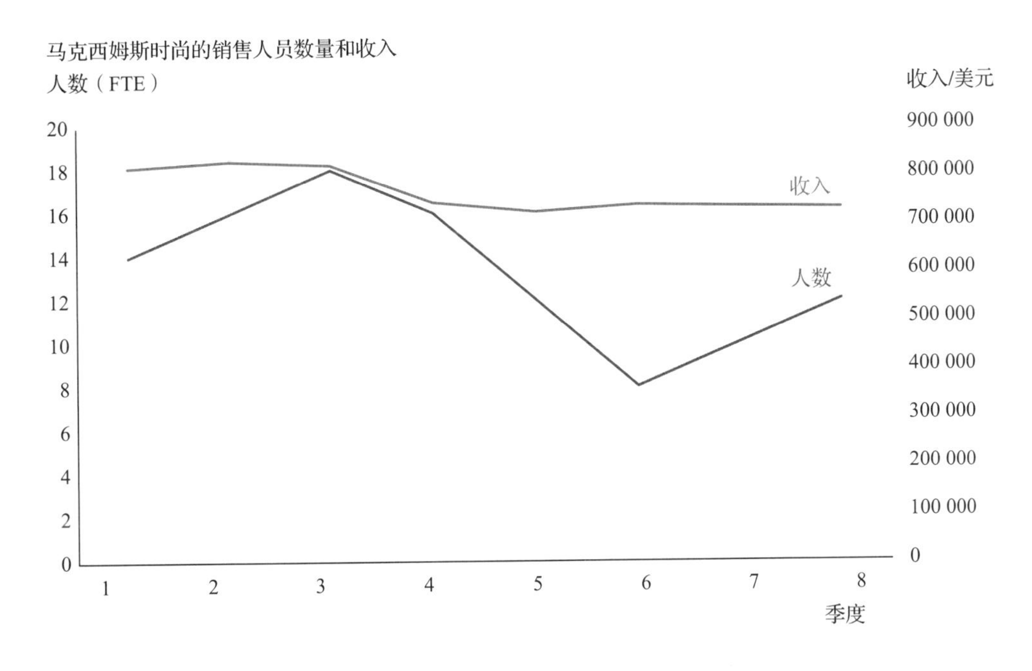

（1）这一图表可能会给受众带来哪些困惑？

（2）经理如何重新设计这一图表才能更好地将这些数据呈现给受众？

12. **投资亚马逊股票。**马里莎·瑞是一位30岁的软件工程师。马里莎正在考虑大量投资亚马逊股票，计划持有到她大约60岁退休时。考虑以下图表。每幅图表都显示了亚马逊股票的表现，但时间区间不同。其中一张图显示了过去5天亚马逊股票的表现，另一幅图表显示了过去5年亚马逊股票的表现。哪幅图表对于马里莎考虑投资亚马逊股票进行退休储蓄来说是最好的？为什么？**学习目标7**

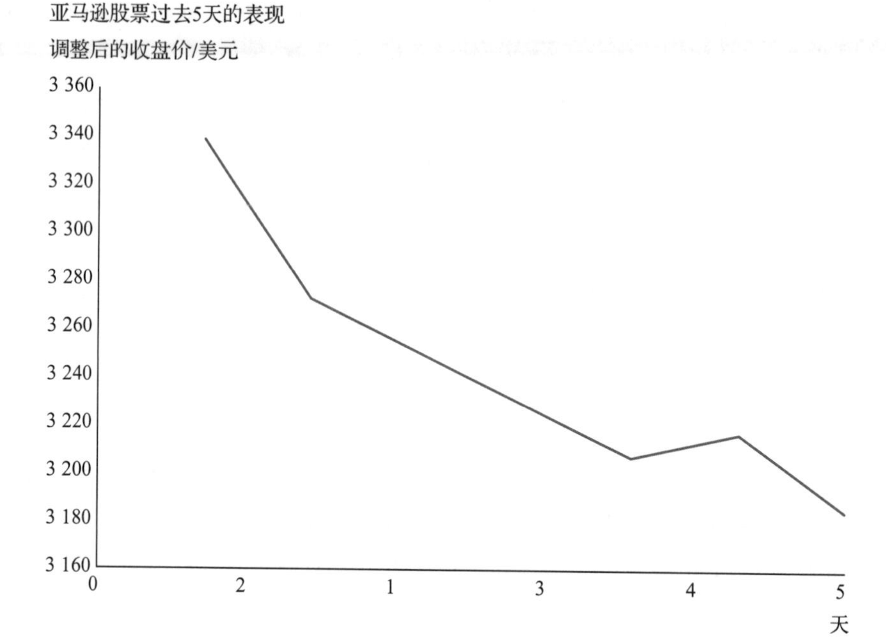

资料来源：https://finance.yahoo.com/quote/AMZN/history?period1=1445472000&period2=1603324800&interval=1d&filter=history&frequency=1d&includeAdjustedClose=true。

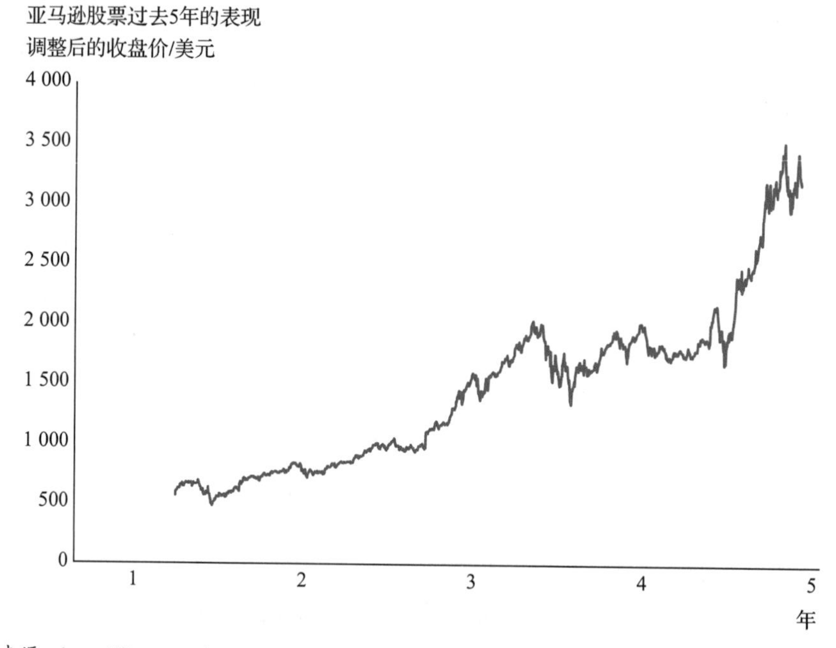

资料来源：https://finance.yahoo.com/quote/AMZN/history?period1=1445472000&period2=1603324800&interval=1d&filter=history&frequency=1d&includeAdjustedClose=true。

13. **用时间序列图表达信息。**时间序列图的以下哪一个性质能够影响传达给受众的信息？**学习目标 7**

1）数据显示的时间频率。

2）图表横轴上使用的起止日期。

3）在纵轴上显示的数值范围。

4）以上所有都是。

14. **贫困人口和百万富翁分级统计图。**下面的分级统计图分别展示了美国各州的贫困人口数量和百万富翁数量。有趣的是，这两幅分级统计图是类似的：拥有较多百万富翁的州同样也是贫困人口较多的州。比较这两幅分级统计图可能得到的一个结论是，贫困和高额财富似乎是正相关的。**学习目标 8**

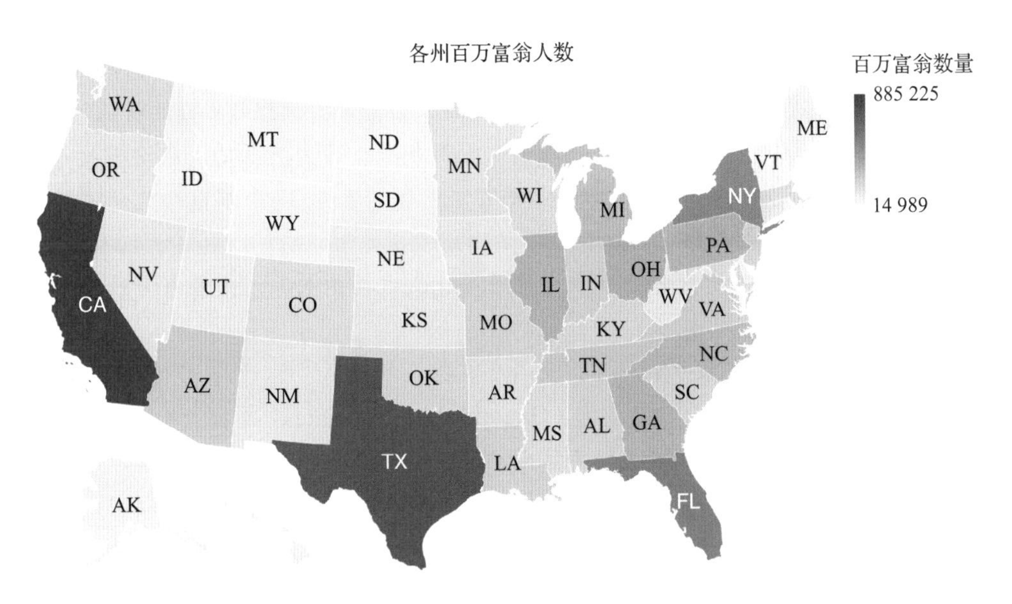

（1）为什么根据这两幅分级统计图来推断出贫困率较高的州也有较高的高额财富率可能是不正确的？

（2）如何改进分级统计图来更好地比较各州的贫困率和高额财富率？

应用题

15. **爪哇杯口味（Java Cup Taste）数据**。休伦湖糖果公司（HLC）开发了一款名为爪哇杯的新产品，这是一个牛奶巧克力杯，中心内馅是咖啡奶油。为了评估爪哇杯的市场潜力，HLC开展了一项口味测试和后续调查。受访者被要求品尝爪哇杯，然后为爪哇杯的味道、质地、内馅的奶油浓度、甜度和巧克力杯的浓郁程度打分，满分为100分。共有217名随机挑选的成年消费者参与这项口味测试和调查。从每个受访者处收集的数据存放在*JavaCup*文件中。**学习目标1**

（1）HLC的调查数据是否存在缺失值？如果是，确定哪些受访者的数据存在缺失，并指出每个受访者的缺失值是什么。

（2）HLC的调查数据中是否有错误值？如果有，确定数据可能存在错误的受访者，并指出每个受访者的错误值是什么。

16. **大联盟棒球队的观众人数**。体育经济学教授玛丽莲·马歇尔博士获得了2010—2016年每个赛季30支大联盟棒球队的主场观众人数数据集。马歇尔博士怀疑*AttendMLB*文件中提供的数据需要进行彻底的清理。你还应该为2010年至2016年期间的每支球队找到一个观众人数的可靠的外部来源，以帮助确定*AttendMLB*文件中缺失数据的合适填充值。（提示：ESPN.com包含美国职业棒球大联盟棒球队的观众人数数据。）**学习目标1**

（1）马歇尔博士的数据中是否存在缺失值？如果是，确定缺失数据的球队和赛季，并指出每支球队和赛季缺失的数据值是什么。使用2010年至2016年期间可靠的外部来源的大联盟棒球队观众人数数据，为每个缺失实例找到正确的值。

（2）马歇尔博士的数据中是否存在错误值？如果是，确定存在错误数据的球队和赛季，并指出每个球队和赛季出现错误的数据值是什么。使用2010年至2016年期间可靠的外部来源的大联盟棒球队观众人数数据，为每个实例找到正确的值。

17. **失业率和逾期贷款**。失业率往往与逾期贷款金额相关，因为失业的人在没有收入的情况下更难按时还贷款。*UnemploymentRate*文件包含了美国27个城市的失业率和逾期贷款比例的数据。**学习目标2**

（1）创建一个散点图来研究失业率和逾期贷款比例之间的关系。失业率与逾期贷款之间是否存在关系？

（2）根据（1）中创建的散点图来看，是否存在错误数据？

18. **咨询公司休假使用量**。瓜拉尔迪咨询（Guaraldi and Associates）是位于曼哈顿的一家管理咨询公司。公司旨在考察顾问每年休假量与在公司工作年限之间的关系。除管理合伙人外，瓜拉尔迪咨询的所有顾问根据他们的技能和专业知识分为初级顾问或高级顾问。*GuaraldiConsultants*文件包含了瓜拉尔迪咨询所有初级和高级顾问的数据，包括顾问在该公司的工作年限和顾问去年休假的小时数。**学习目标4**

（1）创建一幅散点图并添加一条趋势线以研究瓜拉尔迪咨询的所有顾问的工作年限和休假量之间的关系。基于散点图，分析工作年限与休假量之间存在什么样的关系。

（2）为相同的数据创建散点图，但这次是根据顾问是初级还是高级来区分散点图中的数据点。在这幅散点图中，观察到的初级和高级顾问的关系是否与你在（1）中观察到的所有顾问的关系相同？

（3）（1）和（2）中的结果是否提供了支持辛普森悖论的一个例子？为什么？

19. **名义平均时薪（回顾）**。在这个问题中，我们回顾练习题 6 中使用的数据。*NominalWages* 文件包含了用于创建练习题 6 所示折线图的数据。该文件还包含可用于调整文件中名义时薪数据的通货膨胀指数。利用通货膨胀指数，对以 2006 年 3 月 1 日为基期的名义时薪数据进行调整。创建一幅进行通货膨胀调整后时薪的折线图，并将其与练习题 6 中的折线图进行比较。进行通货膨胀调整后的时薪数据对 2006 年至 2020 年期间的时薪增长趋势有何影响？**学习目标 5**

20. **县长选举的政治民意调查结果（回顾）**。在这个问题中，我们回顾了练习题 8 中的图表。练习题 8 中显示的图表可能会误导受众对候选人丽莎·阿达梅克和罗斯玛丽·安德鲁斯的民意调查结果比较。使用 *CountyCommissionerChart* 文件中的数据重新设计该图表，以便对这两个候选人的民意调查结果进行更有效的数据可视化。**学习目标 6**

21. **俄亥俄州 Covid-19 检测阳性率（回顾）**。在这个问题中，我们回顾了练习题 9 中的图表。练习题 9 中的图表可能会误导受众对俄亥俄州 2020 年 4 月至 10 月期间 Covid-19 检测阳性率趋势的认识。使用 *PosivityOhioChart* 文件中的数据重新设计该图表，为试图深入了解俄亥俄州 Covid-19 检测阳性率的受众呈现更有效的数据可视化。**学习目标 6**

22. **马克西姆斯时尚（Maximus Fashion）的销售人员人数和收入（回顾）**。在这个问题中，我们回顾了练习题 11 中的图表。对于缺乏财务和数据可视化经验的受众来说，练习题 11 中使用的双轴图很可能不是一种有效的图表。利用 *MaximusFashionChart* 文件中的数据，重新设计双轴图，使其更有效地为受众服务。**学习目标 7**

23. **贫困人口和百万富翁分级统计图（回顾）**。在这个问题中，我们回顾练习题 14 中的图表。该问题中的分级统计图分别显示了美国各州估计的贫困人数和各州百万富翁人数。然而，这些图表可能会误导受众。*PovertyMillionaires* 文件包含美国各州贫困人口数量、百万富翁数量、总人口数量等数据。**学习目标 8**

（1）创建一幅分级统计图，显示每个州的贫困人口数量占总人口数量的百分比。哪些州的贫困率最高？

（2）创建一幅分级统计图，显示每个州的百万富翁数量占总人口数量的百分比。哪些州的百万富翁比例最高？

（3）将（1）（2）中创建的分级统计图与练习题 14 中的地图进行比较。在（1）（2）中创建的图中，是否发现与练习题 14 中的地图相同的贫困率和百万富翁比例之间的关系？为什么？

R E F E R E N C E S

参考文献

Alexander, M., and Walkenbach, J. *Excel Dashboards and Reports.* John Wiley & Sons, 2013.

Benton, C. J. *Excel Pivot Tables and Introduction to Dashboards: The Step-by-Step Guide Paperback.* Amazon Digital Services, 2019.

Berengueres, J., Fenwick, A., and Sandell, M. *Introduction to Data Visualization and Storytelling: A Guide for the Data Scientist.* Independently published, 2019.

Berinato, S. *Good Charts: The HBR Guide to Making Smarter, More Persuasive Data Visualizations.* Harvard Business Review Press, 2016.

Berinato, S. *Good Charts Workbook: Tips, Tools, and Exercises for Making Better Data Visualizations.* Harvard Business Review Press, 2019.

Cairo, A. *How Charts Lie.* W. W. Norton and Company, 2019.

Cairo, A. *The Truthful Art: Data, Charts, and Maps for Communication.* Pearson Education, 2016.

Camm, J. D., Cochran, J. J., Fry, M. J., and Ohlmann, J. W. *Business Analytics.* 4th ed., Cengage, 2021.

Camm, J. D., Fry, M. J., and Shaffer, J. A Practitioner's Guide to Best Practices in Data Visualization. *Interfaces*, 47:6, 473–488, 2017.

Choy, E. *Let the Story Do the Work: The Art of Storytelling for Business Success.* AMACOM, 2017.

Edwards, B. *Color: A Course in Mastering the Art of Mixing Colors.* Penguin, 2004.

Evergreen, S. D. *Effective Data Visualization: The Right Chart for the Right Data.* 2nd ed., SAGE Publications, 2019.

Few, S. *Information Dashboard Design: Displaying Data for At-a-Glance Monitoring.* Analytics Press, 2013.

Few, S. *Information Dashboard Design: The Effective Visual Communication of Data.* O'Reilly Media, 2006.

Few, S. *Now You See It: Simple Visualization Techniques for Quantitative Analysis.* Analytics Press, 2009.

Jones, B. *Avoiding Data Pitfalls.* Wiley, 2020.

Gallo, C. *The Storyteller's Secret: From TED Speakers to Business Legends, Why Some Ideas Catch On and Others Don't.* St. Martin's Publishing Group, 2016.

Goldmeier, J. *Advanced Excel Essentials.* Apress, 2014.

Goldmeier, J., and Duggirala, P. *Dashboards for Excel.* Apress, 2015.

Knaflic, C. N. *Storytelling with Data: A Data Visualization Guide for Business Professionals.* John Wiley and Sons, 2019.

Knaflic, C. N. *Storytelling with Data: Let's Practice!* John Wiley and Sons, 2019.

Kriebel, A., and Murray, E. *#MakeoverMonday: Improving How We Visualize and Analyze Data, One Chart at a Time.* John Wiley and Sons, 2018.

Mollica, P. *Color Theory: An Essential Guide to Color—From Basic Principles to Practical Applications.* Walter Foster Publishing, 2013.

Page, S. E. *The Model Thinker: What You Need to Know to Make Data Work for You.* Basic Books, 2018.

Reynolds, G. *Presentation Zen: Simple Ideas on Presentation Design and Delivery.* Pearson Education, 2009.

Tufte, E. R. *Envisioning Information.* Graphics Press, 1998.

Tufte, E. R. *The Visual Display of Quantitative Information.* Graphics Press, 1983.

Tufte, E. R. *Visual Explanations.* Graphics Press, 1997.

Urban, C. *Advanced Excel for Productivity.* Independently published, 2016.

Wexler, S., Shaffer, J., and Cotgreave, A. *The Big Book of Dashboards: Visualizing Your Data Using Real-World Business Scenarios.* John Wiley and Sons, 2017.

Wilke, C. O. *Fundamentals of Data Visualization: A Primer on Making Informative and Compelling Figures.* O'Reilly, 2019.